太平洋 1944年
JN040539
ソ連
日本海
日本
東京
大阪
長崎
上海
東シナ海
中
インド
沖縄
硫黄島
香港
台湾
ビルマ
ウェー
ルソン
マリアナ諸島
マニラ
ミクロネシア
タイ
グアム
インドシナ
フィリピン
ウルシー環礁
マーシャル諸島
南シナ海
パラオ
ミンダナオ
マラヤ
ボルネオ
メラネシア
セレベス
スマトラ
ニューギニア
ソロモン諸島
ジャワ
ティモール
アラフラ海
ガダルカナル
珊瑚海
ニュー
カレドニア
ヌメ
オーストラリア
インド洋
タスマン海
ニュージー
タスマニア

TWILIGHT OF THE GODS

War in the Western Pacific, 1944-1945 IAN W. TOLL

太平洋の試練
レイテから終戦まで

イアン・トール［著］

村上和久［訳］

文藝春秋

太平洋の試練
レイテから終戦まで

目次

上巻目次

装幀・デザイン　永井翔

地図　リスト

※本書の中の時刻は基本的に現地時間を採用している。

太平洋の試練
レイテから終戦まで

第九章 銃後のアメリカ

戦時経済は狂騒ともいえる活況を呈するが、
長期戦に倦み疲れる国内。
だがジリ貧の日本と対照的に大量の飛行機が
生産され、新米パイロットも続々養成される。

テキサス州コーパス・クリスティの海軍航空訓練施設で搭乗割を確認する飛行学生。「雲の上では捕まるな」という手書きの警告板がある。格納庫の後方にあるのは「黄禍」というあだ名で知られるボーイング=ステアマンN2S。Photograph by Charles Fenno Jacobs, U.S. Navy photograph

アメリカの銃後の狂騒

ヨーロッパと太平洋で連合軍の勝利が視界に入ってくると、人の心は戦後の未来と復員の難題へと向かいつつあった。多くの者が、海外で戦う兵士たちと「故郷の人たち」とのあいだに広がった大きな心理的へだたりについて、しだいに懸念を表明していた。歴戦の兵士のあいだでは、苦々しい思いと疎外感が一般的だった。彼らの憤り(いきどお)は複雑で、ときにどっちつかずで、はっきりしなかった——しかし、概して歴戦の兵士たちは仲間の市民たちに裏切られたように感じていた。彼らの怒りは突然、予想外に燃え上がる傾向があり、しばしば市民を驚かせた。産業界のストライキに少しでも触れただけで、妻への手紙で「心から嫌っている労働組合のやつらと高給取りの労働者たち」を非難した水兵のように、彼らの怒りをかき立てた。[1] 汚職や不当利益、買いだめ、闇市のごまかしの噂は兵士たちの耳にとどいていた。兵士たちは、かん高い声で口角泡を飛ばすワシントンの政治家たちをあざ笑った。連中は軍人たちが平時でもつまらないと思うような問題でいい争っていた。個人壕にこもる歩兵たちはときに、アメリカの都市が敵に爆撃されたらいいのにとさえ思った。民間人がショックを受けて、戦争の現実に目をさますかもしれなかったからだ[2]。

軍人たちは国内経済が活況を呈していることをはっきりと認識していた——稼がれるたくさんの金と、たくさんの使い道、たくさんの独身女性、そして（男性にとって）好ましい男女比があることを。彼らは民間人が配給や高い家賃、灯火管制、自動車の相乗り、長い行列、満員の列車、肉の値段といったつまらないことで文句をいうのが耐えられなかった。彼らは、専門の経済学者の多くと同様、戦争が国家を破産させ、戦争は国家を一九三〇年代の貧困へと引き戻すと思っていた。自分たちがいよいよアメリカの資本主義の冷ややかな抱擁に戻るときには、こうした人生に一度の〝大もうけできる〟仕事はすべて消えているだろう。そう彼らは悲観的に考え、信じていた。

検閲されたマスコミ報道を三年間、あたえられてきた市民は、戦争でなにが起きているか知っていることになっていた。そして、ある意味、活字によく目を通す民間人は、世界的な軍事戦略の複雑な部分について、平均的な陸軍兵や海軍兵、海兵隊員より多くの情報を得ていたかもしれない。さまざまな外国の戦域における連合軍部隊の動静について、詳細や数字を引用できたかもしれない。しかし、実戦経験のない民間人は、自分がなにを話しているのか本当にはわかっていなかったし、歴戦の兵士は民間人がぺらぺらしゃべっているのを聞くといらいらした。

「ぺちゃくちゃぺちゃくちゃ、連中がやっているのはおしゃべりばかりだ」と、あるアメリカ軍GIは本国で会ったおしゃべりな民間人たちについてそういった。「連中が戦争について話すことは、馬鹿げているか、どうでもいいことだ[3]」退役軍人病院に負傷した息子の見舞いに来た母親が戦争について話しはじめると、彼は不機嫌になって、こうたずねた。「どこかの新聞でそれを読んだのかい？[4]」軍人たちはラジオのアナウンサーが海外で戦うアメリカ軍部隊に触れるとき、一人称複数——われわれ——を使うのを聞いて顔をしかめた。彼らは「国内戦線（ホーム・フロント）」（訳註：日本でいう「銃後」）という表現を鼻で笑った。まるで屑鉄募集活動や必勝菜園が平和な共和国を戦場に変えられるかのようだ！　工場の壁のポスターは労働者に自分たちを「生産戦士」だと思うように訴えていた。戦士だと！　たった八時間の労働と、たんまりの給料で！

このいわゆるホーム・フロントのいたるところで、軍人たちは広告板愛国主義と戦時国債売り出しの安っぽい宣伝に出くわした。彼らはアメリカ国旗が商業広告に使われているのを見て悲しげに首を振った。戦闘員のために映画が上映され、星条旗が高まる管弦楽の音に合わせてひるがえると、彼らはときどきうめき声を上げて、やじを飛ばしさえした。「ブー、あの旗を振れ！(5)」この嘲りは彼らが崇敬する国旗自体に向けられたものではなく、ハリウッドとマディソン街の広告業界の陰謀にたいするものだった。ある海兵隊将校は一九四四年後半、自分の部下たちについてこう述べた。「名誉ある戦争を戦っているという偉大な幻想を、彼らは忘れてしまったか、知らなかった。かつてはパレードや歓声を上げる群衆、ブラスバンドに感激したかもしれないが、いまや彼らは戦闘が汚い仕事であることを知っていて、かつて彼らの想像のなかに存在していた魅力は失われていた(6)」

しかし、大恐慌の苦しい年月を生き抜いた市民にとって、この新たに得られた繁栄は心躍るものだった。一九四四年にはアメリカの失業率は一・二パーセントに下がった――かつて記録された最低の数字で、たぶんこれからも記録に残る最低の数字だろう。国民総生産は一九四〇年から一九四四年まで実質で六〇パーセント以上増加した(7)。利益は広く配分された。実際、最低所得者層の利益は相対的に最大になった。戦争景気はニューディール主義者がはじめたことを完了させた――黒人やラテンアメリカ系、貧しい田舎の白人をふくむもっとも貧しいアメリカ人の富を高めたのである。

一九四四年には、軍需産業の約二百万人をふくむ、あらゆる人種の女性千九百万人が、家の外で働いていた。上昇する賃金は配給制度と、自動車や大型家庭用品のようなある種の高額商品の強制的な購入禁止とぶつかった。その結果、貯蓄は空前の規模に達し、一家の財産は五倍近く増加した。銀行に預けたり、戦争債権に投資された個人の貯蓄は、一九四〇年の八十五億ドルから、一九四四年には三百九十八億ドルへと増大した[8]。

　おそらくもっとも驚くべきことに、戦時インフレは、物価と賃金の効果的な統制策によって抑制され、消費者の実際の購買力は、政府が戦時下の節約の美徳を説いているのに上昇した。真珠湾攻撃三周年の一九四四年十二月七日に、〈メーシーズ〉百貨店は、同社の歴史上、一日で最大の売り上げを記録した。買い物客はある種の贅沢品や消費財の不足ぐらいではひるまなかった。「みなさんお金を使いたいんですよ」とある店長はいった。「それに、もし繊維製品に使えないなら、家具にお使いになる。でなければ、ほかになにかお探ししますから[9]」経済学者のジョン・ケネス・ガルブレイスの意見では、「人間の戦争の歴史上、犠牲の話がこれほど多く、犠牲自体がこれほど少なかったことはなかった[10]」。

　豊かではあるが、これはたしかに〈国内戦線〉だと、批判的な者たちはいった。アメリカは以前より不親切で、冷たく、不寛容になっていた。約四百万世帯の家族、合わせて九百万人が、戦時労働をもとめて荷物をまとめ、国内のほかの場所へ移住した。列車と都市間バスは満員の混雑で、乗客は通路に置いたスーツケースに座った。ダフ屋が駅をうろつき、法外な上乗せをして切符を売っていた。いたるところで幼児と子供をつれた軍人の妻が、任地から任地へと夫に黙々とついていく姿が見られた。多くは太平洋戦争にもっと近い家を見つけるために西海岸に移っていった。太平洋に派遣された艦艇に乗り組む水兵は、事前の通知なしにいつサンディエゴやサンフランシスコに寄港して、三日間の上陸休暇パスをあたえられるかもしれなかった。もし再会したければ、家族は近くに住んでいたほうがよかった。しかし、カリフォルニアには何百万もの新しい移住者がいて――〈黄金の州〉の人口は戦時中に三分の一以上増加していた――住宅はじゅうぶんではなかった。サンフランシスコの市当局者はこう報告した。「家族はガレージに寝ている。セメントの床にマットレスをじかに敷いて、ひとつのベッドに三人、四人、五人が[11]」

マージョリー・カートライトはある水兵と、彼がマッカーサーの第七艦隊とともに出港する一週間前に結婚した。彼女は彼の乗艦の母港であるサンフランシスコまでついていき、そこで帰ってくるまで待つと約束した。彼女がウェストヴァージニア州の州境を越えて旅行したのはこれがはじめてだった。「わたしはひとりで知らない都会で暮らし、知り合いもごくわずかでした。まるで孤児になったようでした。完全にひとりぼっちだと感じました」彼女は集合住宅の家具付きの部屋を見つけ、〈スタンダード石油〉でキーパンチャーの職を得た。「わたしはこのとき編み物をするようになり、多くの夜を夫のために靴下を編み、ラジオで戦争のニュースを聞いてすごしました」と彼女は後年、回想した。「わたしは戦時中の四年間ずっとひとりで暮らしていましたが、あんなにつらくて寂しい年月をすごすことはもう二度とないでしょうね。ふりかえると、あの年月をいったいどうやって切り抜けたのだろうと思うけれど、若いときには、年を取ったらできないような多くのことができるものです。わたしはたくさんの夜をひとりっきりの自分の部屋ですごしました。寂しくてたまらなくて泣きながら[12]」

通常に機能する市場経済なら、一九四一年から一九四五年の人口大移動は、住宅建設ブームを引き起こしていただろう。しかし、労働力と資材を軍需産業に誘導するために、連邦政府は新たな住宅建設を取り締まった。一九四一年には住宅建設に六十二億ドルが投じられていた。この数字は一九四三年に二十億ドルという低い数値に下落し、一九四四年に二十二億ドルまでわずかに回復した[13]。戦時中の新興都市は住まいを見つけられない新参者に占領され、地主たちは強欲だった。

ミシガン州イプシランティの〈フォード〉社のウィロー・ラン工場は、国内最大級の航空機製造工場だったが、その周辺には住宅がほとんどなかった。労働力はデトロイトからバスで運ばれてくるか、あるいは道路ぞいのむさ苦しいトレーラー・キャンプに詰めこまれた。タール紙張りの小屋がならぶスラム街が、ミシガン州の泥んこにつぎつぎと誕生した。既存の住居では、所有者が空き部屋を貸して大もうけをした。古いヴィクトリア建築の家々は、超満員の宿泊小屋になり、ベッドは時間単位で貸しだされた。ふたりか三人が同じベッドで交代に眠り——いわゆる〝ホットバンキング〟——彼らの睡眠スケジュールは工場の勤務スケジュールとシンクロしていた。

何千という労働者が深夜に工場を出るので、小売業と娯楽業は終夜営業で利益が出ることがわかった。バーは二十四時間営業で、深夜すぎでも混んでいた。ナイトクラブの外の歩道には長い列がのび、〝半夜勤〟ショーは深夜から夜明けのあいだ三流芸人が呼びものだった。午前三時にボウリングをしに行くこともできた。映画館は一日二十四時間、連続上映で、つねに満員だった。家のない労働者は深夜上映の券を買って、椅子で寝ようとした。親たちは映画館で子供を下ろし、工場で交代勤務につき、それから迎えに戻ってきた。ジャーナリストのマックス・ラーナーは、戦時中のニューヨークの終夜映画館をこう描写している。「映画館はどこも長細くて、ひどい悪臭がする。屈強な人物がいて、よりひどい形の殺人や放火、破壊行為や強姦がまんまと行なわれないように見回っている。終夜劇場で映画を見るまでは、本当に映画を見たとはいえない」(14)

集団移住は、さまざまな人種、階級、そして民族のアメリカ人を過密都市に押しこんだ。彼らはそこで突然、自分たちがいつもいっしょにいて、働いていることに気づいた。軍需産業は、大統領命令によって人種差別が撤廃されていた。戦争はアフリカ系アメリカ人をアメリカの南部から産業の盛んな北部と中西部に移住させる動きを加速した。戦時中、約七十万人の黒人が荷物をまとめて引っ越した。高賃金の仕事の約束は、何十万という田舎の白人を都市へ呼びこみ、彼らはそこで見たことがない新しい生きかたを発見した。

人種間の分断と熾烈な選挙戦

一九四三年の暑い夏、人種間暴力の流行がアメリカの多くの都市で猛威をふるった。戦時中最大でもっとも悪名高い暴動はデトロイトで勃発した。同市の人口は一九四〇年から一九四三年のあいだにほぼ倍増していた。初期の火種は、一九四二年二月、ポーランド系アメリカ人が圧倒的に多い地域のとなりに、〈ソジャーナ・トゥルース・ホームズ〉という公共住宅プロジェクトが建設されたことだった。デモと反対デモが暴力化して、新しく開所した家に引っ越す黒人居住者を守るために、州兵が召集された。

この紛争は最終的に鎮静化したが、一九四三年六月、もっと広範囲の紛争がうだるように暑い夏の午後に勃発し、人種的偏見にもとづくけんかが、デトロイト川ぞいのベル・アイル公園で発生した。夕暮れに、何千という市民が市と島をつなぐ橋を渡って戻ろうとすると、何十という個々のけんかが集まって、黒人対白人の大乱闘に変わった。噂と暴力の扇動が口コミで全市にあっという間に広まった。両人種の何千という若者が騒ぎをもとめて、デトロイトの繁華街を目ざした。

暴力と破壊行為、放火、略奪が広まって、夜を徹して翌日までつづき、白人の暴徒が黒人に声をかけて殴りつけ、殺害するのが目撃されたが、そのあいだ警察はそっぽを向いていた。新聞のカメラマンは、群衆が路面電車から黒人男性を引きずりだし、通りでぶちのめすところを撮影した。悪いとき悪い場所でつかまった多くの白人が、黒人の暴徒の手で同じ目に遭った。デトロイト警察は数名の白人を逮捕し、数十名の黒人を撃った。報道によれば、警察は黒人地区に非公式の夜間外出禁止令を出し、時間外に外で見つかった多くの若い黒人男性を処刑した。

三日間の暴動のあと、連邦軍が市内に入って、秩序を回復したが、市はすっかり変わってしまった。のちに十六歳の白人少年は自分がやったことを自慢した。「こっちは二百人ぐらいが車に乗っていた。おれたちはやつらを八人殺したんだ。おれはナイフがやつらの喉を串刺しにして、頭が撃ち抜かれるのを見たよ。連中はニガーが乗った車をひっくり返していた。あれは見ておくべきだったな。本当にすごい暴動だった⑮」

同じ月、ロサンゼルスのチャベス峡谷のメキシコ系アメリカ人が大多数を占める地区（現在〈ドジャー・スタジアム〉がある場所の近く）で、暴力事件が発生した。暴動のきっかけは、近くの海軍予備隊訓練センターに配属された海軍兵と、ぶかぶかの〈ズート・スーツ〉を着て、鍔（つば）の広い帽子をかぶった地元のラテンアメリカ系の若者たちのあいだの一触即発の緊張関係だった。〈ズート・スーター〉と呼ばれる若者たちは、自分たちの〈地区（バリオ）〉に、何千という軍人が流れこんできたことを不快に思っていた。街角の怒りに満ちた対立は日常茶飯事だった。ロサンゼルスの新聞、とくにハースト系の地元日刊紙二紙は、一九四二年、ズート・スーターにたいする反対キャンペーンをはじめ、扇情的な言葉づかいで、彼らの暴力や窃盗、強姦、怠惰、徴兵逃れ、マリファナ喫煙を非難した。

一九四三年六月四日――ミッドウェイ海戦の一周年記念日――に、ある噂が地区の陸海軍基地に広まった。ズート・スーターたちの一団がひとりの海軍兵を襲って、それから地元の映画館に引き揚げたというのだ。野球のバットを振りかざした海軍兵たちが車に乗りこんで、チャベス峡谷に集まった。彼らは映画館に乗りこんで、映写技師に明かりを点けさせ、通路を行ったり来たりしては、ズート・スーツを着た人間を片っ端から通りに引きずりだした。犠牲者たちはぶちのめされ、ズート・スーツを脱がされた。ロサンゼルス警察と海軍の憲兵は大部分、傍観して、手を出さなかった。

暴動の二日目、海軍兵と海兵隊員の新たな集団がサンディエゴから到着すると、彼らはラテンアメリカ系の若い男性を、ズート・スーツを着ていようがいまいが、全員、狙い撃ちにした。騒ぎは繁華街と東ロサンゼルスに広がった。ハースト系新聞は暴動をメキシコ系アメリカ人社会のせいにした。「たくさんの人間が傷ついた。たくさんの罪のない人、あのたくさんのメキシコ系の若者たちが」と暴動を目撃した十八歳のダン・マクファデンはいった。「ぼくは軍人の一団が路面電車を止めるのを見た。ズート・スーターがひとり、乗っているのを見つけたんだ。連中は乗りこんだが、彼は降りられなかった。連中は意識を失った彼をどこかへつれさった。ひとりの男が路面電車に乗っていたら、たまたまメキシコ系だったせいでぶちのめされたんだ。ぼくはそれが起きるのをこの目で見た[16]」眉をひそめたある軍人はこう感想を漏らした。「わたしはわが軍の兵士たちのふるまいと、数で劣る非アーリア人をぶちのめすナチ突撃隊の殺し屋どものふるまいのちがいを見つけられなかった[17]」

連邦政府の人種差別廃止令が黒人差別法と衝突するアメリカ南部では、いくつかの都市で暴動が起きた——もっとも悪名高いのが、地元の造船所で黒人労働者十二人が昇進したあとで激しい暴力沙汰が起きたアラバマ州モービールと、アフリカ系アメリカ人が圧倒的多数の住宅地が全焼したテキサス州ボーモントの暴動だった。ジョージア州のキャンプ・スチュアートでは、白人と黒人のMPのあいだで銃撃戦が起きた。一名が死亡し、ほか四名が負傷した。テキサス州のエルパソとポート・アーサーでは、人種的偏見にもとづいた紛争が暴動にエスカレートした。無法状態と暴動は、フィラデルフィアやインディアナポリス、セントルイス、ボルティモア、マサチューセッツ州スプリングフィールドなどの、北部と中西部の街にも広がった。ニューヨークのハーレムでは、一九四三年八月に、警察官が黒人兵を撃ったあとで、暴動が発生した。

一九四四年の熾烈な大統領選挙戦では、共和党候補のトーマス・デューイはひじょうに不利な立場にあった。平時でも困難だったであろう彼の挑戦は、党の投票基盤を結束させつづけつつ、三度勝利をおさめたＦＤＲのニューディール投票連合の一部をむしり取ることだった。共和党は国内と国外両方の政策をめぐる党内の議論で分裂していた。多くの共和党員はニューディール改革のすべてを押し戻す決意をかたくなにいだきつづけていた――しかし、社会保障や労働保護、あるいは銀行改革法を撤廃するのは、不人気な提案だった。オハイオ州選出のロバート・Ａ・タフト上院議員のような共和党の大物議員は、戦前の孤立主義者の本能を依然として持っていて、戦後の条約や国際機関へのアメリカの参加を制限したがっていた。しかし、孤立主義は一九四一年十二月七日以来不評を買っていて、アメリカ人の明確な過半数はいまや、新たな世界大戦をふせぐために国際社会に関与することを望んでいた。

ローズヴェルトへの憎しみが共和党連合を結びつける接着剤だったが、しかし、デューイは選挙運動の主要な争点について〝わたしもそのひとり(ミー・トゥー)〟だというメッセージを発して、ニューディール改革の大半を残すと約束し、そのいっぽうで戦争にもっと早く、アメリカ人の犠牲者がより少なくなるように勝つと誓った。デューイは、真珠湾攻撃の事前の兆候を見落とした過失で政権を非難したかったが、そうすればアメリカ軍が戦前に日本の外交暗号を解読していたことがあきらかになる。マーシャル将軍は非難を控えるようデューイを説得して、もし暗号がやぶられたことを日本側が知らされたら、アメリカ側は外交メッセージのやりとりを入手できなくなると警告した。デューイはＦＤＲの衰えつつある健康状態にかんする（正確な）報告も耳にしていて、それを選挙運動の争点にしようかと考えたが、結局、そうした攻撃は大統領への国民の同情を招いて裏目に出るかもしれないと判断した。彼はローズヴェルト政権の「疲れた老人たち」にあいまいに言及するだけにした。この攻撃の一節はおそらく、彼の勝算を高めるのに役立つというよりはむしろ害になった。

選挙戦のハイライト（あるいはローライト）は、九月二十三日、ワシントンの〈スタトラー・ホテル〉で大統領が行なった演説だった。場所は全米トラック運転手組合が主催する晩餐会だった。FDRは広い舞踏場の奥に置かれた長い高座に座り、組合のアイルランド生まれの会長、ダニエル・J・トービン（彼の左隣）をはじめとする組合のリーダー二十人にはさまれていた。彼は林立するラジオのマイクに向かって演説し、彼の言葉は全国のラジオ聴取者に生で放送された。「ファラ演説」として知られるようになるこの演説は、党派心むき出しの熱烈な演説だった――FDRの長い政治家人生のなかでもっとも怒りに満ち、もっとも辛辣で、もっとも痛烈な攻撃演説だった。評判がいい労働法に反対してきた長い歴史から自分の党を切り離そうとするデューイのたくらみに言及したローズヴェルトは、「わたくしたちはみな、サーカスで数々のすばらしい曲芸を見てきましたが、どんな芸を仕込まれた象でも、後方倒立回転跳びをしようとすれば、あお向けにばったりと倒れるものです」といった（これを聞いたトービンは、笑いころげてあやうく椅子から後ろにひっくり返りそうになったようだ）。（訳註：象は共和党のシンボル）

大統領は、共和党が一九四一年以前には軍事支出に反対していた歴史をふりかえって、自分が国を戦争にじゅうぶんそなえさせるのをおこたったという対立候補の非難に異議を唱えた――「ゲッベルスでさえそんな話を持ちだそうとしたかどうかあやしいものです」。デューイをはじめとする共和党の重鎮たちは最近、FDRの政策が大恐慌を長引かせ、拡大したと非難する演説を行なっていた。信じられないというように芝居がかって目を丸くした大統領は、この新たな攻撃の一節に驚いたふりをした。「さて、こういう古くて物悲しい格言があります。『縛り首になった男の家でロープの話をしてはならない』」と彼は重々しくいった。「それと同様に、もしわたくしが種々雑多な聴衆に演説する共和党の指導者だったとしたら、辞書のなかでもっとも使いそうにないと思う言葉は、『不況』という言葉です」

その夜、〈スタトラー〉の舞踏場では、ワインと酒が気前よく注がれた。ある来賓、ＯＷＩ（戦時情報局）に雇われたジャーナリストは、全米トラック運転手組合員たちが暴動を起こすのではないかと恐れた。彼らは何度も立ち上がって、荒々しい歓声とともに拳を宙に突き上げた。ひとりはスープのレードルで銀の盆を叩き、もうひとりはＦＤＲの攻撃の一節ごとに句読点がわりにワイングラスを割った。

大統領の最後のせりふは、そして聴衆の記憶にもっとも残ることになったのは、その夏、ハワイとアラスカへの船旅の途中で広まった噂にかんするものだった――大統領の愛犬ファラが、あやまってアリューシャン列島のある島に置いていかれ、海軍の駆逐艦一隻が収容のためにシアトルから派遣されたという噂だ。この話は一見して馬鹿げていた。大統領の側近全員が犬を忘れることなどどうしてありうるだろう？　一行がシアトルに戻るまで犬がいないのに気づかないことなどどうしてありうるだろう？　なぜ飛行機の代わりに軍艦を送ったのだろう？　しかし、これは反ＦＤＲ派の報道機関で広くくりかえされた。

噂は雪玉式にふくれ上がり、駆逐艦は巡洋艦に格上げされ、それから戦艦になり、想像上の救助作戦の費用は二千万ドルに達した。それから一週間ほどして、レイヒー提督はこの話を公式に否定して、トップ記事から消させなければならないと感じた。しかし、ＦＤＲは自分の政敵たちが過剰反応をしているのを知っていて、この機会を逃すつもりはなかった。彼はわざとまじめくさって、聴衆の大爆笑に合わせて長い間を取りながら、感傷的なとどめの一撃をお見舞いした。「共和党の指導者たちは、わたくしや妻、息子たちを攻撃するだけでは満足していないのです」と彼はトラック運転手組合員に語った。「いや、それに満足せず、いまやわたくしの小さな愛犬、ファラをもその対象としているのです」

そう、もちろん、わたくしは攻撃に腹を立てておりませんし、家族も攻撃に腹を立ててはおりませんが、ファラは本気で彼らに腹を立てています。ご存じのとおり、ファラはスコットランド犬で、スコティッシュ・テリアである以上、わたくしが彼をアリューシャン列島に置き去りにして、彼を探すために駆逐艦を――納税者の二百万か三百万ドル、いや八百万か二千万ドルの負担で――派遣したという話が、議会内外の共和党のフィクション作家たちによってでっち上げられたと知ったとたん、彼のスコットランドの魂は怒りくるいました。彼はそれ以来、犬が変わってしまいました。わたくしは自分についての悪意に満ちた嘘を聞くのには慣れっこです――わたくし自身の不可欠なシンボルとなってきた、あの古くて虫に食われた栗のような。しかし、わたくしには自分の愛犬について腹を立て、自分の愛犬にかんする中傷的な発言に異議を唱える権利があると思うのであります。

愛犬家の国で、この攻撃は怒りをかき立てた。民主党全国委員会のあるメンバーはのちに、「FDRの犬とデューイの山羊」のあいだの選挙戦だったと結論づけた[18]。

午後十時三十分に晩餐会が終わると、ふたりの若い海軍大尉が、運悪く舞踏場の外の中二階で捕まった。ふたりは突然、たっぷりきこしめした、けんか好きのトラック運転手組合員の群れにかこまれた。組合員たちはふたりに民主党員か共和党員か、ローズヴェルト支持かデューイ支持か教えるよう要求した。二十三歳のミッドウェイ海戦経験者のランドルフ・ディキンズ・ジュニア大尉は、「きみたちには関係ない」と答えた[19]。もみ合いが起きた。ディキンズによれば、組合員たちは外地の軍人たちが労働組合のことをどう思っているか教えろと要求し、ふたりの士官が「軍とわれわれの最高司令官に忠誠ではない」と非難した[20]。

パンチがくりだされた。ある報道によれば、ディキンズはダニエル・J・トービン会長その人に一発食らわせ、全米トラック運転手組合のボスを床にのした。ディキンズはふたりのならず者に背後からつかまれ、三人目がくりかえし顔にパンチを浴びせ、「彼の目のまわりにひどい青あざを作ったので、傷口をふさぐのに数針縫わねばならなかった」[21]。ベルボーイが割って入ったが、骨折りの甲斐もなく手荒いあつかいを受けた。ホテルの支配人が海軍憲兵を呼び、やっとけんかにストップがかかった。ディキンズが運びだされるとき、組合員のひとりは、彼が合衆国大統領の個人的な友人をぶちのめし、その報いを受けるだろうといったとされる。

この〈スタトラー・ホテルの戦い〉は、おもに反ローズヴェルト派の報道機関で取り上げられた。トラック運転手組合はこのニュースを組合労働者の名誉を傷つけるために仕組まれた中傷だと非難し、ふたりの士官がけんかを引き起こしたと非難する宣誓供述書を百通以上、ワシントンに送りつけた。

ファラ演説のあと、選挙運動の言葉づかいは両陣営で辛辣になった。デューイの副大統領候補であるオハイオ州のジョン・W・ブリッカー知事は、労働組合と大都市の集票組織が「無宗教と結びついた共産主義勢力」に支配されていると非難した[22]。しかし、世論調査の結果が現職有利で固まると、こうした攻撃には絶望感がただよった。連合軍はあらゆる戦線で枢軸軍にたいして勝利の前進をつづけ、FDRは選挙遊説で健在ぶりを見せつけて健康にかんする懸念を払拭した。十一月七日、ローズヴェルトは一般投票で五三・四パーセントを獲得して再選をはたし、四百三十二対九十九の地滑り的勝利を確定させた。

終戦を待ち望む人びとの心理

平和が見えてきて、〝山を越えた〟という心理がアメリカ国民のあいだに根を下ろした。軍需産業は縮小しつつあった。配給制度は缶詰食品や肉といった商品でしだいに緩和されていた。陸海軍省は契約の解約通知書を何百通と出した。以前議会で割り当てられた何百億ドルもが、国庫に戻すために準備金勘定で留保された。一九四四年六月には、軍需産業で雇用される労働者の合計は、六カ月間で約五十万人減少した。新聞は複雑な調達契約の見直しとそれにともなう、契約解除の手数料、工場設備一新のための低利投資、税務のための繰り上げ減価償却方式、在庫処分といった細部にかんする法的争いのニュースでいっぱいだった。ジープなどの余剰軍事資産は民間市場で売りに出された。冷蔵庫などの大型家庭用品は一九四一年以降はじめて販売の広告が出された。合衆国造幣局は一セント銅貨の製造を再開した。灯火管制は主要都市で緩和され、やがて完全に廃止された。除隊したばかりの軍人が帰国しつつあった。人々はブロードウェイの初演などの行事でまた正装を身につけはじめた。競馬が再開され、馬券売り場は前例のない売り上げを記録した。ストライキが重要な産業を襲う恐れがあった。労働組合のリーダーたちが、産業が止まっても戦争遂行能力を損なう可能性はないと判断したからだ。

経済の梯子のてっぺんから下まで、ほとんどの者が、終戦は一九三〇年代前半の大恐慌状態への逆戻りをもたらすと思っていた。この症候群には「大恐慌精神病」という名前さえあった。戦争の最盛期、経済は五千五百万人の民間人労働者を雇用していた。さらに一千二百万人が軍服を着ていた。軍隊の動員解除と軍需産業の契約解除は同時に起きるだろう。これらの衝撃は合わせて二千万もの職を失わせるかもしれない。膨大な陸海軍の余剰物資は既存の市場を混乱させることなく経済に再吸収される必要があった。多くの経済学者は戦後の雇用危機は避けられないと警告していた。ニューディール主義者は大規模な公的資金による雇用プログラムへの回帰を要求した。経済界の指導者たちは、連邦政府が民需産業への「再転換」の費用に補助金を出すようもとめていた。

終戦のタイミングは重要な変数だと考えられていた。ドイツは一九四五年前半に崩壊すると予想されていたが、将軍たちも提督たちも日本を服従させるのにはどれぐらいの時間がかかるかわからないと率直に認めた。ある経済学者の委員会によれば、もし日本が思いがけなくもタオルを投げたら、「アメリカは大規模な失業を克服する準備がほとんどできていないことに気づくだろう[23]」。ある従軍記者は、太平洋戦争が突然早期に終結したら、「平和の真珠湾攻撃」になるだろうと書いている[24]。したがって、厳密に経済的な観点からいえば——人的損失をまったく考慮せずに——太平洋の戦いはナチ・ドイツの崩壊からすくなくとも数カ月間つづくことが望ましいと考えられた。ごく普通の市民のあいだでさえこうした意見を耳にした。ケンタッキー州の軍需工場で働くペギー・テリーは、仲間の労働者が、戦争は「彼女が冷蔵庫の代金を支払うまで終わらない」よう願っているというのを耳にした。「上司が傘で彼女の頭を叩いた。彼は『よくもそんなことを！』といった[25]」

一九四四年十一月、ＦＤＲの再選のあと、ヘンリー・スティムソン陸軍長官は銃後のアメリカ国民が気を抜くのはまだ早いと警告した。作物の期待はずれの収穫量は、配給制をふたたび敷く必要性をもたらした。議会で提案されたが制定されなかった国民兵役法は、連邦政府に、民間人労働者を徴兵して、軍需産業に雇用凍結を課す権限をあたえるものだった。〈バルジの戦い〉と呼ばれるドイツ軍の反攻は、ヨーロッパの戦いが早期に終結する希望を後退させた。アイゼンハワー将軍はＦＤＲに手紙を書いて、「西部戦線における軍部隊の明確な軍事的降伏」を期待しないよう警告した[26]。手紙はただちに報道機関に公表された。

一九四五年一月の大統領に宛てた共同書簡で、マーシャル将軍とキング提督は、陸海軍の迫り来る人的資源不足に警鐘を鳴らし、「人的損失と、戦争で疲弊した兵士」を補充するために、さらに九十万人を徴兵するようもとめた[27]。スティムソンは軍内部で士気が低下している兆候に危機感をつのらせていた。もし戦争が予想より長くつづくことになったら、軍人たちは故郷に帰してくれと要求するだろうか？　彼は、たとえそうした手段が主として象徴的なものであっても、国内戦線（ホーム・フロント）に耐乏生活を強いるよう大統領に働きかけた。

一九四五年一月三日、連邦令によって、あらゆる競馬場とドッグレース場の活動が停止された。表向きの目的は、道路と大量輸送機関への負担を減らすためだった。しかし、本当の目的は、政府高官がオフレコで認めたように、戦争成金が新たに得た富をレース場で賭ける見苦しい光景をなくすことだった。翌月、バーとナイトクラブに午前零時以降の営業禁止が課された。この場合は、表面上の目的は電気と燃料油の節約のためだったが、この施策は実際には、「たぶんお役所が民間人の『戦時下の意識』の不足と感じているものに対処する手段」だった[28]。

一九四五年前半には、外地の軍人と国内の民間人は、すくなくともひとつの点で、おおむね一致していた。みんな戦争に心からうんざりしていて、平時のごく普通の日課に戻りたがっていた。新聞のコラムニスト、ロバート・M・ヨーダーは、「数千人のボランティア士気高揚係と義務を解説する連中に、頭を冷やしてこいといってもかまわない。必勝菜園を掘り返して、地区長に蕪（かぶ）を投げつけることもできる」日が来るのを、心待ちにしていた[29]。同じ気持ちから、第一海兵師団のある伍長は、「妻のいる家に帰って、郵便車を運転する仕事を取り戻し、そっとしておいてもらえる」ことだけを望んでいた[30]。

戦後の期待は控えめだった。ホームシックにかかった何百万という軍人にとって、楽園とは、自由な国でごく普通の質素で退屈な生活を送ることだった。そこでは誰も彼らをこき使ったり、彼らを殺そうとしたりはしない。故郷のことを夢見るとき、生活を快適にするありふれたものや習慣は、より以上の意味を持った――プライバシー、娯楽、安雑貨店のカウンターで飲む一杯のコーヒー、公園の散歩、かたわらにいる女性、ぶらんこに乗る子供を押してやること、身体的安全、やわらかいマットレス、そしてきちんとした睡眠。「故郷の人たち」にたいする鬱屈した憤りがなんであれ、兵士たちは民間人だったとき以上に彼らの国を愛し、そのよさを認めるようになっていた。

彼らは自分たちの将来をあれこれ思い描いていた――将来結婚するであろう妻、住むであろう家、育てるであろう子供のことを。「わたしが以前知っていたとても賢い男は、人生の六〇パーセントは期待だといっていました」と兵士のエリオット・ジョンスンはいった。「こんな美しい女の子のところに帰るんだという期待がありました。そして、子供と職についての空想。これにはじつに元気づけられたものです(31)」同じ気持ちから、マージョリー・カートライトは働いていない時間を戦後の生活について夢想してすごした。夫が太平洋から戻ってきて、海軍から除隊するときのことを。ふたりは、広い玄関ホールと螺旋階段がある、煉瓦造りの二階建ての家を建てる。二階には子供五人分の寝室がある。「わたしはその家を心から愛していて、その間取り図を何年も心のなかで持ち歩いていました(32)」

飛行機の大量製造とパイロットの大量養成

一九四四年はじめ、アメリカ海軍は、一九四〇年以降十倍に増大した二万七千五百機の飛行機を保有していた。〈グラマン〉、〈ダグラス〉、〈マーティン〉、〈カーティス〉各社の組み立てラインが、同年三月から六月のあいだに生産のピークに達すると、海軍の新造機の保有数は急速に増加し、手に負えない過剰供給となる恐れがあった。軍は一九四四年の会計年度に二万四千機の新しい作戦機の納入を受けたが、これはそれ以前の三年間の総計を超える数字だった[33]。これは贅沢な悩みで、第二次世界大戦に参加したほかのどの国でもよろこんで直面したであろう問題だった。しかし、提督たちはすぐさま決断しなければならなかった。急増する生産数とふくれ上がった保有機の不釣り合いをいかに解決するか。二月、キング提督は保有機数の上限を三万八千機に決める命令に署名し、その命令を曲げるのを頑としてこばんだ[34]。

生産ラインは一九四四年の夏に急激に減少しはじめた――しかし、工場を完全に閉鎖することは許されなかった。この戦略的に重要な産業の物的資本とノウハウを維持するためには、減産体制で稼動させつづけることが必要だと考えられた。当時、海軍作戦部長の下で航空担当部長をつとめていたマケイン提督は、前線部隊に最新機だけを配備し、古い機体は訓練などの用途のためにアメリカに送り返す計画を提案した。一九四四年九月、海軍はもっと極端な計画を採用した――すでに太平洋に配備されているものもふくめ、何千機という古い飛行機を廃棄して、新しい機体のための場所を空けるのだ。全部隊に命令が飛んだ。必要とあらばどんな手段を使ってでも、古い飛行機を処分せよ。

その後の破壊の嵐は、一九四四年と一九四五年当時のアメリカの工業力を計るための物差しとして、千ページ分の統計データよりも実情をよくつたえてくれる。もし飛行機に小さな修理が必要になったら、飛行列線から引きだされて、廃棄され、かわりにぴかぴかに光る代替機が飛んできた。何百という飛行機が太平洋の辺鄙(へんぴ)な島の滑走路に飛ばされ、がらんとした空き地に駐機されて、放棄された。そうした飛行機の〝墓場〟の多くはのちに、アメリカ軍爆撃機の実弾演習で標的として使われた。ブルドーザーが廃棄された飛行機を穴に落とし、戦車が残骸を踏みつぶして小さくした。軽微な損傷を受けた艦載機は飛行甲板から海中に投棄され、新しい代替機が護衛空母から飛来した。この完璧に使用可能な飛行機の大量廃機処分は、戦争のさなか、日本が航空機の生産目標をかなり下回りはじめ、とにかく組み立てラインを動かしつづけることに必死だったときに、行なわれたのである。

パイロットの大量養成はまったく別種の難題で、海軍はこれを民間産業に外部委託する気にはどうしてもなれなかった。タワーズ提督と仲間のブラウンシューズたちは、一九三〇年代にこの問題を見越して、戦時に急速に拡大できる訓練部隊の基礎を築いていた。そして、それは実現した。海軍は〈金の翼章〉（ウィングズ・オブ・ゴールド）を一九四一年には新米搭乗員三千百十二名に、一九四二年には一万八百六十九名に、一九四三年には二万八百四十二名に、一九四四年には二万千六十七名に授与した。この驚異的な拡大は、訓練水準を落とすことなく達成された。それどころか、事実はその逆だった——一九四四年の新米たちは、平均して六百時間の飛行時間を体験して第一線飛行隊に到着した。そのうち二百時間は彼らが割り当てられる実用機で飛行したものだった。歴戦の搭乗員は、彼らが以前のどんな世代の飛行機乗りよりも高い技量を持ち、実戦に参加する準備ができていると評価した。

この快挙は、フロリダ州ペンサコラにある海軍の主訓練施設の拡張と、全国の十二カ所の新しい海軍航空基地の設置によって可能になった。そのなかでも最大で、規模においてペンサコラと匹敵するものは、メキシコ湾に面したテキサス州コーパス・クリスティ南部の平坦な低木地に建設された。テキサス州選出のリンドン・B・ジョンソン下院議員は、裏で手をまわして、最初の二千四百万ドルのコスト・プラス固定フィー契約が、自分の選挙運動資金の大口献金者であるヒューストンの建設会社〈ブラウン&ルーツ〉にあたえられるようにした。[35] コーパス・クリスティ海軍航空基地の建設費用は最終的に一億ドルにふくれ上がることになる。この大計画はジョンソンの政治家人生に急激なはずみをつけ、彼をもっと上の要職への軌道に送りこむ間接的な効果があった。

以前には、アナポリスの海軍兵学校の卒業生が海軍飛行学生の大半を提供していた。しかし、ヨーロッパで戦争の脅威が迫ってくると、新しい募集ルートが開設された。一九三九年の海軍航空予備隊法は、六千名の新人パイロットを訓練することを目的としていた。一九四〇年の補足法は、その目標を、あらゆる種類の海軍と海兵隊の新人パイロット一万五千名に拡大した。募集係が全国の大学に散らばり、教室や中庭にパンフレットを載せたテーブルを設置した。海軍は工学部の学生をもとめていたが、健康状態が良好で、完璧な正常視力を持ち、未婚で子供もなく、身長が五フィート四インチ以上、六フィート二インチ以下で、講義をすくなくとも四学期履修していれば、英語専攻でも妥協さえした（のちに海軍は資格要件を満たした高校卒業者を受け入れはじめた）。視力検査と身体検査はその場で行なわれた。入隊希望者は数学重視の知能テストを受け、精神分析医からこまかく質問を受ける。もし選考を通過したら、入隊書類に署名して、〈E基地〉と呼ばれる田舎の小さな飛行場に送られ、そこで小さな単発のパイパー・カブ機に乗って、三十日間の基礎教育を受ける。

〈E〉は「ふるい落とし（イリメネイション）」の頭文字で、まさにそれが目的だった。ある訓練生が「小さなエンジンがついた凧」にたとえた小さな羽布（はふ）張りのカブ機の操縦桿を握った新人は、基本的な飛行適性をしめすか、あるいは訓練からふるい落とされるかどちらかだった。サミュエル・ハインズはテキサス州デントンのほとんど周囲の農地と見分けがつかない草地飛行場でふるい落とし飛行を行なった。飛行場には小さな格納庫と、柱と横木でできた柵、そして吹き流しがついた竿があった。牧草地を兼ねた滑走路では羊が草を食（は）んでいた。カブが飛行場に地上滑走していくと、パイロットは飛行機をあやつって、羊を追いはらった。

生まれついての飛行機乗りは、すぐに操縦桿のあつかいをおぼえ、じきに小さな飛行機を自信満々でじょうずに飛ばした。それ以外の者たちは訓練から脱落した。アンクル・サムの訓練投資に高収益をもたらすことはないと教官が判断したからだ。

E基地の生き残りたちは、飛行準備学校に進んだ。ここで彼らは数カ月間の基礎訓練と座学を行なうことになる。そのほとんどは全国の民間の単科大学や総合大学に開設された教育課程に置かれていた。なかでもノースカロライナ州やアイオワ州、ジョージア州の各総合大学やカリフォルニア州セント・メアリーズ・カレッジは有数の規模を誇った。しかし、飛行準備訓練生は大学生だという考えはたちどころに打ち消された。彼らは軍服を支給され、髪の毛のほとんどを刈り取られた。そして、二等水兵として入隊し、海軍の上下関係の底辺に置かれた。脱落者は普通の水兵あるいは〝モップ乗り〟として艦隊に送られることになる。

海軍が借り上げた寄宿舎は兵舎に転用され、訓練生は二段ベッドで寝起きし、私物はフットロッカー（訳註：兵舎で使われる鍵のかかるトランク）にしまわれた。新兵訓練所と同じ規律が一等兵曹によって施行され、彼らを〇六〇〇時にベッドから叩きだし、健康体操と密集教練、長距離走に向かわせた。食堂や教室、練兵場やプール、どこへ行くのでも、彼らは隊列を組んで行進した。プールでの初日、彼らは飛び込み台のいちばん上に登って、飛びこめと命じられた。ある訓練生がまったく泳げないんですと説明すると、ひとりの将校が答えた。「わたしはおまえが泳げると思うかと聞いたのではない。飛びこめといったんだ。そうしたらおまえが泳げるかどうか教えてやろう[36]」

夜になると、兵曹たちは彼らに兵舎を染みひとつなくなるまでごしごしと磨かせた。彼らは〝甲板〟（床のこと）を未使用のディナー皿と同じぐらいきれいになるまで磨いた。ロバート・スマイスは、トイレを磨いていると、一等兵曹が彼の前に立ちはだかって、こうどなったのをおぼえている。「腕をそこにつっこんで、そのトイレの底を磨くんだ——こいつを磨いたら、戻って、おまえが磨き終えたやつをやりなおせ！[37]」

時間のおよそ半分は教室でついやされた。彼らは航空工学、数学、物理、通信、航法、気象学（地球大気の科学）の課程を修了した。勉強のほとんどは丸暗記が必要で、彼らの進み具合を計るためにテストが頻繁に行なわれた。彼らは手旗信号とモールス信号でやりとりすることを学び、一分間で十三語受け取れるようになった。写真やシルエット、小さなおもちゃのような飛行機模型で勉強して、全世界の交戦国が使っているあらゆる種類の航空機を見分けて、特定できるようになった。航空機用エンジンの基本と、空気が飛行機の操縦翼面をどのように流れるかを学んだ。ハル・ビューエルは、飛行準備学校が大学のまる一年分の勉強に相当するものを四カ月間で詰めこんだと推定した。彼はこれを「へとへとになる単調な勉強」と呼んだ。[38] 多くの海軍搭乗員志望者がこの教室という浅瀬で難破し、初等飛行訓練にたどりつく前に教育課程から脱落した。

「女の子のおっぱいをあつかうのといっしょだ」

フロリダ州の西に細長くつき出した部分の端っこに位置する優美なスペイン風の古い町、ペンサコラでは、それぞれ新しい飛行練習生の一団を乗せたバスが、大きな石の正門から基地に入った。バスは優雅な士官の家がならぶ大通りを走り抜けた。サルオガセモドキが垂れ下がったライブ・オークの木が、手入れされた芝生に等間隔にならんでいる。西の平坦な低木地には大小十カ所以上の飛行場があり、りっぱな赤煉瓦の格納庫で縁取られている。上空は昼のあいだずっと、しばしば夜になっても、低空で飛ぶ飛行機で混雑していた。

重大事故はめずらしくなく、空っぽの松材の棺桶が格納庫の壁ぞいに積み重ねてあった。戦争の最盛期には、ペンサコラでは平均して一日に一回、墜落事故が起きていた。練習生はおそるおそる飛びすぎて、失速して死亡した。滑走路の端に墜落した。飛行機が空中で衝突した。飛行機が離陸時に高度を失って、滑走路の端に墜落した。あるいは無謀な飛行をして命を落とした――たとえば、梢をかすめ、送電線にぶつかって。遺体が収容されるとき、衛生兵は飛行服の袖口と裾を紐で縛って、こう説明した。「これは彼が飛行服からすべりださないようにするためだよ。……遺体はゼリーみたいで、骨一本も残っちゃいない。するりとすべりだしちまうんだ[39]」

海軍の初等練習機はボーイング＝ステアマンN2Sだった。あざやかな黄色の羽布につつまれた開放式操縦席の複葉機だ。これは〈黄禍(イエロー・ペリル)〉というあだ名で呼ばれていた。操縦席は前後にふたつあった。教官が前に座り、「伝声管」と呼ばれる一方通行の通信線で後方の練習生に話しかける。飛び立つと、教官は基本的な空中機動をやってみせる――失速、回復、きりもみ、滑空、上昇、そして急降下。それから練習生に飛行機の操縦桿を握らせ、伝声管で指示を叫ぶ。マット・ポーツははじめて操縦桿を握ったときの教官の独白をおぼえている。「上昇が遅すぎるぞ。あの機首を下げるんだ。フラット・ターンはやめるんだ。きりもみに入れたいのか？　操縦桿の操作がぎくしゃくしているな。どうして自信が持てないんだ？[40]」この通話装置では練習生が教官に言葉を返せないので、彼は質問することも、弁解することもできなかった。

ステアマンは寛容な飛行機で、操縦が容易だった――それでいて身のこなしが軽く、宙返りや急上昇反転、急横転、インメルマン・ターン、スプリットS、そして〈木の葉落とし〉など、パイロットが戦闘機をあつかうさいに必要な基本的な空中機動をやってみせることができた。練習生たちは平地に離して置いた二つのパイロンのまわりを、高度わずか五百フィートを維持しながら、8の字を描いて飛び、正確な旋回を練習した。この練習は彼らに高度を失わずに急旋回する方法を教えた。飛行士にとってこれは必須の技量だった。彼らは強い横風のなかで着陸することを学んだ。そしてこれがひとつの飛行からつぎの飛行へとつづいた。十回から十二回の飛行のあと、練習生ははじめて単独飛行を許可された。これは誰もがけっして忘れることのない記念すべき出来事だった。

ボルティモアから来た十八歳（で未来の《ニューヨーク・タイムズ》のコラムニスト）のラッセ

ル・ベイカーは、飛行機を飛ばすのは車を運転するようなものだといわれた。ベイカーは車を運転した経験がなかったが、それをあえて認めなかった。教官が彼を低く見て、もしかしたら訓練課程から追いだしさえするかもしれないと恐れたからだ。のちに、ステアマンで大揺れの飛行をしたあとで、教官は彼に操縦桿をもっと軽く動かせといった。「いいか、ベイカー」と教官はいった。「女の子のおっぱいをあつかうのといっしょだ。やさしくやらなきゃいかん」ベイカーは自分が女の子のおっぱいにもさわった経験がないことをあえて認めなかった[41]。

　週を重ねるごとに、飛行練習生の列はどんどん少なくなっていった。なかには飛行は自分に向いていないと判断して、べつの将校訓練課程に移ることを願いでる者もいた。墜落で死ぬ者もいた。さらに多くが教官によってふるい落とされた。脱落者はすぐにひっそりと姿を消し、普通は仲間の練習生に別れの言葉さえ告げなかった。そうしていたら気まずかっただろう、とひとりは回想している。

「われわれ両方にとってあまりにも決まりが悪かった[42]」

　生き残った者たちは中等飛行訓練に進んだ。ここで彼らはだんだんとより高度な練習機で飛ぶようになった。ノースアメリカンＳＮＪ〈テキサン〉とヴァルティーＳＮＶ〈ヴァイブレーター〉は、密閉風防付きの低翼機で、実用機とほとんど同じ外見と性能を持っていた。〈黄禍〉にくらべるともっと厳しく、危険だった。「速度が上がるとあらゆることが起こるし、あらゆることがもっと速く起きるので、ミスが許される余地はずっと少なくなる」とビル・デイヴィスはいった[43]。この中等練習機で、練習生たちは基本的な爆撃戦術や格闘戦、射撃術を手ほどきされた。彼らはべつの飛行機が引っぱる曳航(えいこう)標的に向かって射撃した。〈模擬空中戦闘装置〉と呼ばれる装置で格闘戦に慣れた。サミュエル・ハインズはこの装置を「遊園地のブース」にたとえた。装置は操縦席の実物大模型とそれに向き合う映画の映写幕でできていて、映写幕には攻撃してくる敵機の映像が上映された。練習生が操縦桿を動かすと、映像の敵機が動く。一機が十字線に入ってきたら、練習生は引き金を引き、「命中」をしめすベルで報いられる。ハインズによればこれは、「人間を空から撃ち落とすことを無害な腕試しのように思わせる。時間つぶしにピンボール場で遊んで、キューピー人形をもらうようなものに」㊹。

練習生はまず地上で、〈リンク・トレーナー〉と呼ばれる初期のフライト・シミュレーターを使って、計器飛行の手ほどきを受けた。そのためには、〈鉄の処女〉に乗りこむ必要があった。これは操縦席に似せて造られた、息苦しくて閉所恐怖症になりそうな空洞である。蓋が練習生の頭の上で閉じられる。彼は模擬操縦装置を使って、模擬計器盤に目を光らせる。教官は伝声管で話しかけ、彼に指定された針路と高度で飛行するよう命じる。彼の成績は何ページものデータを吐きだす原始的なコンピューターによって測定される。

それまでの訓練飛行で抜群の成績をおさめた根っからのパイロットがときには、飛行の〝感覚〟をまったく感じさせない、動かない〈リンク〉のなかで、方向感覚を見失った。しかし、計器だけで飛行する技術をマスターすることはきわめて重要だった。海軍の搭乗員は誰でも、遅かれ早かれ夜間に、あるいは視程ゼロの天候で飛行することになるからだ。彼らは「ビームにそって飛ぶ」方法を学んだ――つまり、目的地まで航法用の指向電波をたどる方法を。彼らの技量はのちに、「フードをかぶって」飛行することで、実地でテストされた。練習機の操縦席周囲には、パイロットが外を見られないようにキャンバス製のカーテンがかけられ、パイロットは計器だけを使って飛行機を操縦することを余儀なくされる。多くの者はこの訓練が完全な恐怖であることを知った。スマイスは最初のそうした飛行が「棒の先に載ったビーチボールのバランスを取ろうとする」ようなものだったといっている㊺。

新米パイロットたちの青春

一年近い猛勉強のあと、練習生たちはあこがれの金の翼章を授与された。彼らはペンサコラの中庭に整列し、提督が列を進んできて、ひとりひとりの糊のきいた白い制服上衣に翼章をピンで留めていく。彼らは少尉に任官した。いまや彼らは正式に海軍の飛行機乗りを名乗ることができた。これは重要な記念すべき出来事だったが、これで訓練が終わったわけではなかった。

一九四四年には、新しく「翼章を授与された」飛行士は、高等空母訓練群（ＡＣＴＧ）でさらに三百時間から四百時間飛行してから、第一線部隊に配属された。多くの者はマイアミの北西のオパ・ロッカ飛行場に送られた。「焼けつくような熱帯の太陽に照らされた砂と低木の茂みとガラガラ蛇の地帯」[46]に。彼らは実用機を飛ばした――ヘルキャットやヘルダイヴァー、コルセア――彼らが実戦で飛ばすのと同じ機体だ。はじめて彼らは艦隊から最近戻ってきた経験豊富なパイロットといっしょに訓練を受けた。彼らは編隊飛行や射撃、爆撃、夜間飛行、洋上航法を訓練した。エヴァグレイズ湿地帯のどまんなかに置かれた合板の標的に発煙爆弾を投下して、急降下爆撃術に磨きをかけた。緊急の場合以外は、無線を使うなと命じられ――「電波から離れていろ！」――視覚的な合図で操縦席から操縦席へやりとりができるように、複雑な手信号方式を学んだ。

ＡＣＴＧの飛行群と飛行隊の隊長はほとんどが太平洋の空母作戦のベテランだった。彼らは新米が艦隊に派遣されたとき直面する試練と困難を知っていた。「われわれはとにかく飛びに飛んだ」と有名なヘルキャットのエース、ハミルトン・マクウォーターはいった。彼はアメリカに戻って、訓練中の完全編成の混成空母航空群である第十二航空群の戦闘飛行隊を指揮していた。「もし学生たちが習得しかけてきたら、われわれはもう少し飛行した。そして彼らが習得したら、それでももう少し飛行した――山ほどの編隊戦術、空対空射撃と空対地射撃、いくらかの計器飛行と夜間飛行、そしてもちろん格闘戦と、飛行場に戻る途中の通常の追従行動[47]」

第十二航空群はオレゴン州沿岸のアストリア海軍航空基地に数週間、配置された。朝はたいてい、飛行機は「ゼロ・ゼロ」状態で離陸した。つまり、一面の霧のなかを。彼らは先が見えない白い薄暗がりのなかを上昇し、先行機のかすかな青い排気炎がちらりとでも見えないかと目をこらした。高度四千フィートで突然、まぶしい太陽に照らされた空に出た。彼らの下にはふわふわした白い雲の絨毯が広がっていた。この種の飛行は若者の頭に白髪を生やさせかねなかったし、しばしばそうなった。しかし、マクウォーターが彼らに口を酸っぱくしていったように、これは彼らが太平洋の戦闘地域でやることになる種類の飛行だった。空母機動部隊が見とおせない霧につつまれる朝もあるだろう。パイロットが計器にも無線帰投装置にもたよれない日もあるだろう。風防ガラスごしになにひとつ見えないからだ。午後遅くの飛行で、夕暮れに帰投して、燃料計の針が空(から)に近づくなかで、暗くなった飛行甲板を血眼で探さねばならないこともあるだろう。くたくたに疲れて、操縦席のなかでうとうとする飛行も、銃撃で蜂の巣にされた飛行機で、たぶん負傷し出血しながら、帰り道を見つけなければならない飛行もあるだろう。訓練は、こうした来たるべき試練に直面するために必要な技量と直感をパイロットにあたえることになる。

若いパイロットたちは、ときには指揮官の暗黙の了解のもとで、しばしば規則をやぶった。〈帽子(フラット)つぶし(ハッティング)〉――つまり超低空飛行――は、永久規定で、とくに人口の多い民間人の居住地域では禁止されていた。しかし、とくに戦時中は、多くの飛行士が禁止事項を鼻で笑っていた。コーパス・クリスティ海軍航空基地から飛び立つ多くの海軍機が、近くの〈キング牧場〉の上空を低空飛行して、牛の群れを暴走させ、カウボーイたちは拳を振り回した。南カリフォルニアでは、超低空で飛行する搭乗員が砂浜の十フィートか十五フィート上を飛んだり、幹線道路のセンターライン上を飛んで、ときに車を道路から飛びださせたりした。

新米たちは先輩搭乗員たちの勤務時間後の習慣をすぐに真似た。つまり、地元のバーやナイトクラブでの深酒や夜更かしである。急降下爆撃機パイロットのジェイムズ・W・ヴァーノンは、ニュージャージー州沿岸の南端に近いワイルドウッド海軍航空基地で高等訓練を受けた。その経験は、飛行と近くの浜辺の街でのどんちゃん騒ぎがいっしょくたになっていた。「深酒のまがい物の高揚感、紫煙が立ちこめるクラブ、空虚なおしゃべり、気のないダンス、ぎごちない愛撫、安っぽいホテルの部屋、人気(ひとけ)のない深夜の通り、ひどい二日酔い、性病への不安。……われわれを戦争の汗まみれの手のなかで哀れなほど身もだえさせたのは、ホルモンと、仲間集団に認められることに関係があったにちがいない(48)」彼と仲間のパイロットたちは通常、〇六〇〇時の起床ラッパまでに三、四時間しか眠らなかった。操縦席のマスクで純粋酸素を吸うのは、頭のずきずきする痛みをやわらげるのに役立った。

性病は高等パイロット訓練飛行隊にとくに深刻な打撃をあたえた。衛生当局は軍人に安全な性行為を実践するよう勧める映画を配布した。ビル・デイヴィスはとくに〈蠅は細菌を繁殖させる。きみは広めないようにしよう〉と題した一本が気に入った。その映画では、ひとりの医者が水兵に、きみは性病にかかったとつたえる。「きっと公衆トイレでもらったんだな」と水兵がいう。すると医者はこう返すのである。「これはまたとんでもないところでデートをするんだな(49)」

一九四五年前半、勝利がぼんやり見えてくると、訓練飛行隊の多くの若い飛行士は戦争に参加しようと必死になった。突然の平和で、実戦で飛行する機会が失われることを恐れたのである。歴戦の搭乗員は、そんな熱意も三、四週間も毎日ぶっつづけで戦闘飛行したら薄れるさと彼らに教えた。パイロット疲労と呼ばれる症候群は現実的で、そこらじゅうに広まっていた。飛行機を飛ばすのは仕事だ。

労働だ。操縦席はしばしば暑すぎるか寒すぎて耐えがたい場所になる。人は何時間も座りつづけることを強いられ、しだいに窮屈で不快になる。飛行には持続的な集中が必要で、精神的な緊張は大きなダメージをあたえた。死とつねに隣り合わせの生活は神経をじょじょにむしばんだ。

とはいえ、とことん疲れ切ったパイロットもときおり、自分がそもそも飛びたいと思った理由を思いださせられることがあった。サミュエル・ハインズにとって、そうした瞬間は黄昏(たそがれ)の訓練飛行中、眼下の大地が影でおおわれたとき、おとずれた。「機体の表面が夕日の光と色を吸収してしっかりと捉えたようだった。輝きがわたしをつつみこんだ。まるで地球が死に絶え、わたしだけが生かされているようだった。自分は生きているという感覚が全身を満たした。わたしはぜったいに死なない。永遠に飛びつづけるだろう[50]」

ハルゼー艦隊の仕事の終わり

一九四五年の元日、第三艦隊はまた海に戻り、ウルシーから北を目ざした。その任務はおなじみのものだった――日本とフィリピンのあいだに横たわる群島にたいする再度の空母攻撃で、今回は一月九日に予定されているマッカーサーのルソン島侵攻の支援だった。目標は、日本から戦闘地域への航空増援部隊の流れを断ち切り、リンガエン湾の上陸拠点を孤立させることである。写真偵察機は、三カ月後に開始される来たるべき沖縄の侵攻を計画するのに使うため、沖縄の高角度および斜角写真を何千枚も撮影することになっていた。

一月三日と四日は悪天候で台湾上空の視界が悪く、マケイン提督は計画された同島への航空攻撃の約半数を中止した。帰投したパイロットたちはかつて遭遇したなかでも屈指のひどい飛行気象状態だと表現した。空母エセックス乗り組みの情報参謀ウィリアム・A・ベル大尉は、「高度七百フィートから一万フィートにプディングのように濃い不吉な灰色の雲、そこらじゅうの雨スコール、そしてスレート色の波の高い海」と記している(51)。作戦上の損失は大きかった。第三十八機動部隊は一月七日だけで二十八機の飛行機を失った。しかし、飛行士たちは根気よく作戦をつづけ、台湾とルソン島とペスカドレス諸島の飛行場を爆撃し、機銃掃射を浴びせた(52)。

南方のリンガエン湾では、マッカーサーの艦砲射撃群と掃海群が特攻機の波状攻撃を撃退していて、南西太平洋戦域司令官はくりかえしハルゼーに脅威を制圧するよう訴えていた。航空写真によって、恐るべき攻撃の原因が判明した。日本軍は地上の飛行機を擬装するのに並々ならぬ努力をかたむけて、木の枝や茂みに隠し、飛行場から何キロも離れた場所に駐機していたのである。一月七日、八日と九日は、空母部隊にとって長くいそがしい三日間で、パイロットたちは毎日四回もの〝ひとっ飛び(ホップ)〟を行ない、ルソン島中部と北部上空を大胆な樹頂の高度で偵察および掃射飛行した。

八月に第三艦隊の指揮を執って以来、ハルゼーはフィリピン西方の南シナ海に空母空襲を持っていきたいと思っていた。彼は中国南部とインドシナ（ヴェトナム）の沿岸部の港で大量の高価値目標を発見することを期待していた。イギリスの戦艦プリンス・オブ・ウェールズと巡洋戦艦レパルスがマレー半島沖で日本軍の航空攻撃によって撃沈された一九四一年十二月以降、潜水艦をのぞく連合軍艦艇は一隻もこの水域に入る危険を冒していなかった。ハルゼーは一九四四年十月と、十一月にもう一度、南シナ海に入る許可をもとめていたが、ニミッツとキングは危険すぎると判断していた（ハルゼーは、「おいしい目標がいるというわたしの判断に上官たちが不安をおぼえたようだ」といったが、そのとおりだった）(53)。いまハルゼーは再度要請した。彼はとくにインドシナのカムラン湾に停泊していると思われる日本の二隻の旧式戦艦、伊勢と日向(ひゅうが)をどうしても撃破したがっていた。ニミッツはついに承認した。

マッカーサーの部隊がルソン島に上陸したのと同じ日の一月九日遅く、第三十八機動部隊は台湾南方のバシー海峡を通過した。このルートは大艦隊を、台湾南部の日本軍の主要航空基地である恒春飛行場のわずか八十マイル南方に持っていくことになった。それと同時に、三十隻の艦隊給油艦と、護衛につく護衛空母(CVE)、駆逐艦、給弾艦からなる兵站艦隊が、ルソン島と台湾のあいだにつらなる島々を通り抜けるもうひとつの航行可能な主要水道であるバリンタン海峡を通過した。いずれの部隊も敵に探知されなかった。一月十日、陽が昇ると、アメリカ海軍の主力攻撃部隊は、四方を敵の航空基地と海軍基地にかこまれた閉鎖水域である南シナ海にいた。艦隊の状況は、ハルゼーがのちに書いたように、「極度に気を遣うものだった」。日本軍機はどの方向からでも、数方向から同時にでも、攻撃できたからだ。第三十八機動部隊はじゅうぶん身を守ることができたが、ハルゼーは脆弱な補給艦隊段列についても心配しなければならなかった。そのいっぽうで、この位置からなら、アメリカ軍空母はどの方向へも強力な航空攻撃を仕掛け、三年近く手を出せなかった目標を叩くことができた。

部隊は燃料を補給したあと、インドシナ沿岸に向かって夜を徹した高速航行を開始した。ハルゼーは搭乗員たちにメッセージを送った。「やるべきことはわかっているな。目にもの見せてやれ。諸君に神のご加護を。ハルゼー」(54) 翌朝、千機以上の艦載機がカムラン湾とサイゴンのあいだの目標を破壊した。彼らは飛行場を粉砕して、地上の飛行機を撃破し、橋を落として、貨物列車を脱線転覆させ、波止場や倉庫、燃料集積所を爆撃して、係留中の敵艦船を撃沈した。護衛がついていない日本商船十一隻の船団がサンジャック岬(ヴンタウ)近くの開水面で捕まった。

来襲する攻撃隊を迎撃するために飛び立つ飛行機はなく、対空砲火も取るに足らなかった。この地域の日本軍は完全に不意をつかれたようだった。航空写真は海岸沿いの破壊の光景を捉えた――ベル大尉の日記によれば、「どこを見ても炎上し黒煙を上げる艦船。沈没船も、おだやかな水面からマストと煙突をつきだしている。あるいは死んで横たわっている」[55]。伊勢と日向は二週間前にシンガポールに向けて出港していたが、この日の戦果はじゅうぶんだったので、ハルゼーは気にしなかった。地元の自由フランス軍の工作員はのちに、航空攻撃で十二万七千トン分の艦船四十一隻が沈没し、七万トン分の艦船二十八隻が損傷して、海岸全体が「修羅場」に変わったと報告した[56]。

折しも北東のモンスーンが真っ盛りの季節で、天候は荒れ模様に変わりつつあった。空には靄(もや)がかかり、海は荒く、強風が北から吹きつけた。三週間前に台風の試練を受けたおかげで、ハルゼーと部下たちは、慎重になる傾向があった。機動部隊はインドネシアから避退すると、嵐の被害を避けるために速力を十六ノットに落とした。駆逐艦は燃料が残り少なく、つぎに中国沿岸を攻撃する前に補給する必要があった。しかし、燃料補給はこういう状況ではひじょうに危険だった。艦隊給油艦の舷側に近づく駆逐艦はシーソーのように縦揺れしていた。艦首が高々と持ち上がり、竜骨が三十フィートか四十フィートむき出しになる——それから、迫り来る波の谷間に落ちて、推進器が顔を出し、水しぶきの幕が上がる。青波が甲板を洗い、スカッパーから噴流となって流れ落ちる。びしょ濡れの乗組員はロデオの雄牛乗りのようにしがみつく。この怖じ気づくような光景を見守るラドフォード提督は、二万七千五百トンの艦隊空母に乗っていることに感謝した。エセックスの飛行甲板から見守っていたベル大尉は、小さな艦が左右にあまりにも大きくかたむくので、「まるでマストが、強風のなかのポプラのように揺れて、荒れくるう水に浸かりそうに見えた」と記した[57]。

燃料補給作業は一月十三日いっぱいと、一月十四日の午前に入ってもつづき、六隻の艦隊給油艦は積んでいた燃料を最後の一滴まで空にした。その時点で、第三十八機動部隊の全艦の搭載燃料は最低でも六割に達していた。

翌日、部隊は香港と広東、海南島、そして（ふたたび）台湾にたいして攻撃隊を発進させた。香港上空では、多くの熟練搭乗員がかつて見たなかでもっとも激しい対空砲火に遭遇し、色とりどりの炸裂が高度三千フィートから一万五千フィートのあいだにはっきりと三つの層を成した。あるパイロットは対空射撃が「激しいものから信じられないものへ」変化したと表現した(58)。しかし、攻撃側にとってはまたしても特筆すべき一日だった。彼らは何万トン分もの艦船を撃破し、広東と九龍とストーンカッター島の水辺の施設や乾ドック、埠頭、石油精製所を破壊した。帰投するパイロットは台湾で列車十本を撃破あるいは脱線させたと主張した。しかし、その日の飛行機の損害は大きかった――戦闘で三十機が、作戦中の事故で三十一機が失われた。道に迷ったひと握りのアメリカ軍のヘルキャットが、中立国ポルトガルの植民地であるマカオの地上目標をあやまって爆撃し、機銃掃射した。ポルトガル政府はワシントンに怒りの抗議を申し立て、国務省は正式の謝罪と賠償を申しでた(59)。

一月十八日、天候はまるで機動部隊を南シナ海に閉じこめておこうとたくらんでいるようだった。低気圧がルソン海峡から流れこみ、波は高くなりつつあった。ハルゼーはこんな状況で第三艦隊にあの狭くて窮屈な海域を通過させることにあまり乗り気ではなかった。彼はフィリピンの国内水域を抜けて、東へ避退することを検討した――ミンドロ海峡、スールー海、ミンダナオ海、そしてスリガオ海峡へと。艦隊は狭い航路を高速で航行することになる。二カ月前、レイテ沖海戦で西村の南方部隊が取ったのと同じルートを。各機動群は特別の慣れない航行陣形を使うことを余儀なくされるだろうし、座礁の危険は高いだろう。行動は日本軍に発見される可能性があり、この地域の敵航空兵力は大幅に減少しているものの、特攻機の脅威は無視できなかった。ハルゼーがこの考えをニミッツに提案すると、太平洋艦隊司令長官はそれを却下して、天候がやわらぐまで部隊は南シナ海に留まるよう指示した(60)。艦隊は一月二十日、バリンタン海峡から脱出した。ハルゼーの南シナ海急襲は十一日間つづき、このあいだに艦隊は三千八百海里を航海した。

マッカーサーの部隊は無事ルソン島に上陸し、マニラに向かって南下していた。しかし、リンガエン湾の水陸両用艦隊にたいする航空攻撃はつづき、いつものように南西太平洋戦域司令官は第三艦隊にもっと直接的な支援をもとめた。一月二十一日、台湾と琉球諸島のいまやおなじみの目標にたいして一日中、攻撃が行なわれたが、日本軍の航空部隊は激しく反応し、艦隊に何波もの反撃を仕掛けた。日本軍機はどうやら朝の攻撃から帰投するアメリカ軍機を追尾したらしく、雲におおわれた空を抜けて見られずに接近し、周回するヘルキャットに攻撃されると雲に逃げこんだ。

正午から午後一時のあいだに、多くの敵機が雲の底を抜けて降下した。一機は空母ラングレーに小型爆弾を投下し、特攻機が駆逐艦マドックスにつっこんで、乗組員四名を戦死させた。ハンコックは所属機の一機が爆弾を積んだまま着艦して、爆弾が爆発し、水兵四十八名が死亡する大きな被害を受けた。二機の特攻機はエセックス級空母タイコンデロガ(CV-14)を大破させた。信号艦橋が破壊され、飛行甲板は使用不能になり、格納庫甲板は全焼した[61]。多くの上級士官をふくむ乗組員百四十名が戦死した。火災は艦の定数の三分の一以上にあたる三十六機の飛行機を破壊した。近くのエセックスから浮かぶ火焰地獄を見ていたベル大尉は、日記にこう書き記した。「このカミカゼ攻撃は太平洋戦争最大のニュースだが、故郷の人間はほとんどそれに気づいてもいない。少数のイカれた小さな野蛮人が乗った少数の飛行機で、ジャップはわれわれが実戦に投入しているだけの数の水上艦艇を大破あるいは撃沈できる。……カミカゼでジャップは戦争でもっとも効果的な秘密兵器を手にした。疑いなく考えうるもっとも邪悪でもっとも恐ろしい兵器を[62]」

第三艦隊の仕事は、すくなくとも今回は終わった。艦隊は二十八日間ぶっとおしで洋上にあり、一万二千海里以上を航海した。その艦載機は三十万トン分以上の日本側艦船を撃破した。一月二十五日、機動部隊はウルシーの〝納屋〟に戻った。礁湖の泊地はいまや、第三艦隊と第七艦隊の主要部隊がくわわって、以前にも増して混雑した。スプルーアンス提督の旗艦インディアナポリスもいた。彼は翌日、第三艦隊の指揮を引きつぐ予定だった。スプルーアンスと側近の上級士官たちはその晩、ハルゼー提督と会談するためにニュージャージーを訪問した。四つ星の提督ふたりは、ハルゼーの司令官私室で一時間以上、ふたりっきりで会った。どちらもふたりの会話の記録を残さなかった。

一月二十六日の午前零時、指揮権は自動的にハルゼーからスプルーアンスに移った。第三艦隊は第五艦隊となり、第三十八機動部隊はふたたび第五十八機動部隊となった。ミッチャーが第五十八機動部隊の指揮官に復帰し、その役目でマケインと交代した。ハルゼーは空路、真珠湾に戻り、それからもらって当然の長期休暇のためにアメリカへ帰っていった。

第十章 マニラ奪回の悲劇

米軍がついにマッカーサーの望み通りルソン島侵攻に動き出す。快進撃を続けて早々にマニラ奪回を宣言するが、狂乱の悲劇はそこからだった。

1945年2月23日、救護隊がマニラの瓦礫のなかの旧城市〈イントラムロス〉から負傷した米兵を後送する。National Archives

ルソン島侵攻はじまる

リンガエン湾はルソン島の北西岸にある馬蹄形の湾入で、一九四一年十二月には日本軍の侵攻の主侵入地点となった。それから三年と三週間後、歴史はくりかえしたが、その規模ははるかに大きかった。かつて太平洋で結集した最大の侵攻艦隊は、八百隻以上の戦闘艦艇と輸送艦艇で構成され、一九四五年一月六日、湾に到着しはじめた。その任務はリンガエン湾の南の海岸にアメリカ第六軍を上陸させることだった。〈シエラ・デイ〉つまり指定上陸日は一月九日とさだめられた。

新たな艦艇は、到着すると、混雑した停泊地を慎重に操艦して、ブイで印された水路をたどりながら、事前に割り当てられた〝停泊位置〟へ向かった。山岳地形が海岸線を縁取っていた。東には、森林におおわれた黒々とした高地や峰が、カガヤン山地の岩だらけの山頂に向かってそびえ立っていた。軍艦や輸送艦の乗組員たちはぴりぴりしていたが、それも当然だった。艦隊はあまりにも巨大で、湾はあまりにも小さく、高速回避運動が不可能だったからだ。大半の艦艇は作戦中ずっと、停泊をつづけることを余儀なくされた。彼らはぎゅう詰め状態で、身動きが取れなかった。日本軍の航空攻撃は、起伏の激しい海岸の地勢が作りだす、レーダーの影になる部分にそって飛ぶことで、接近を隠すことができた。レーダー員はスコープにずっと鼻を押しつけ、対空火器の砲員たちは油断なく目を光らせ、戦闘空中哨戒の艦載機は上空を守るように周回した。煙幕発生機が作りだす化学的な靄が湾の水面を這い、そよ風さえも寄せつけないようだった。

戦争ではじめて、アメリカ軍はいまや恐るべき〈震洋〉（〝大洋を震撼させるもの〟）自爆高速艇に遭遇した。この木製の小型艇はリンガエン湾の西岸ぞいの砂浜から出撃し、高速で艦隊に向かって突撃した（訳註：このなかには陸軍の水上特攻艇〈マルレ〉隊もふくまれていた）。一月六日の夜、数隻のアメリカ艦艇と上陸用舟艇が手痛い打撃を受けたあと、二十ミリ機銃手たちは、引き金に指をかけたままにして、なんでも識別できないものには火蓋を切った。夕暮れから夜明けまで、海岸線は星弾と探照灯でずっと照らしだされた。日本軍の決死隊員は、ただよう残骸の下に隠れて接近を擬装し、泳いでアメリカ軍艦艇の船体まで爆薬を運ぼうとさえした。フィリピンの漁師に化け、爆薬を隠した現地民の小舟に乗って、艦隊に接近する者もいた。そうした攻撃のひとつでは、輸送艦の舷側に穴が開き、乗組員数名が戦死した。

レイテ湾からの一週間がかりの航海中、連合軍の侵攻部隊はその時点までで最悪のカミカゼ攻撃を受けた。試練はジェシー・オルデンドーフ中将の艦砲射撃群にたいする猛攻撃ではじまった。艦隊はパナイ島の西の狭い沿岸水路を縫うように進んでいた。一月四日の午後五時十二分、横須賀空技廠「銀河」Ｐ１Ｙ（連合軍コード名「フランシス」）爆撃機が単機で雲の底を抜けてつっこんできて、護衛空母オメニー・ベイの甲板に激突した。攻撃は突然で予想外だったので、対空火器の砲員たちは射撃を開始する間もなかった。爆弾二発がジープ空母の薄い鋼鉄製の飛行甲板を貫通して、格納庫内で爆発した。火災は手のつけられないほど猛威をふるい、爆弾と航空魚雷の弾庫をつつみこんで、艦内爆発を引き起こした。小型空母は引き裂かれた。乗組員のうち九十三名が戦死した。生存者は海に飛びこみ、護衛の駆逐艦に拾い上げられた。破壊され炎上する艦はミンドロ海峡で自沈処分された。

アメリカ軍はまだ知らなかったが、フィリピンにおける日本軍の航空兵力は瀕死の状態になっていた。マバラカットに司令部を置く第二〇一航空隊は、飛行可能な状態の機体を約四十機しか集められなかった。フィリピン全体で残っていたのはたぶん二百機程度だった。十二月の最終週に、大本営はフィリピンがこれ以上、航空増援部隊を得ることはないと宣言していた。群島の北の航空路はもはや持ちこたえられなかった。レイテ沖海戦以降、台湾あるいは日本からフィリピンに送りこまれた日本軍機の約三〇パーセントが作戦上の事故で失われるか、第三艦隊の空母艦載機に撃墜された[1]。いまや、東京の命令で、残る全機は自爆攻撃でアメリカ軍艦隊にたいして発進することになっていた。航空基地の生き残りの要員は山地に後退して、日本陸軍と合流することになった。第二〇一航空隊司令部の上級士官は夜陰に乗じて空路、台湾に撤収することになった。この最後の命令は、この知らせが残される者たちの士気を低下させることを恐れて、秘密にされた。

ルソン島の飛行場はほぼ毎日、アメリカ軍の爆撃機と機銃掃射する戦闘機の訪問を受けた。日本軍機は、飛行場からじゅうぶん離れた場所に駐機され、擬装網か茂みの木の葉で隠されていないかぎり、すぐさま地上で撃破された。若くて経験の浅い特攻機パイロットは、乗機が擬装をはずされて発進位置に押しだされたらすぐに離陸し、アメリカ軍戦闘機に迎撃される前に高空まで上昇しろと指示された。彼らは、急降下攻撃で敵艦に体当たりすることはおろか、敵艦隊にたどりつくだけでも技量と幸運を必要とするだろう。

しかし、自爆任務で飛び立つ志願者に事欠くことはなかった。クラーク飛行場では、飛行可能な機体よりパイロットのほうが多かったので、若者たちは指揮官に群がり、自分を飛ばせてくれと懇願した。一月五日の晩には、翌日の攻撃のために残っていた飛行機は十三機だけで、十三名のパイロットが選抜された。失望した者たちは飛行場で飛行禁止となった故障機を漁って、「整備員に、廃機のいちばんいい部品を寄せ集めて、飛べるようにしてくれと懇願した(2)」。地上整備員の徹夜の奮闘のおかげで、遺棄された五機が離陸できる程度まで修復された（訳註：『神風特別攻撃隊』猪口力平・中島正著の該当箇所の日本語原文は、「整備員はわが子のような零戦にみずからの手で火を放つことができず、故障機をいろいろ工夫し、夜を徹して、涙ながらにその整備を完成したのであった」）。

夜明けに、飛行場の端で厳粛な出陣式が執り行なわれた。パイロットたちは白いリンネルをかけたテーブルから日本酒の杯を取り、戦友たちが敬礼するなかで、操縦席に乗りこみ、最後の離陸を行なった。

その日の午前遅く、百六十四隻からなるオルデンドーフの艦砲射撃群がリンガエン湾沖の位置についたとき、東から特攻機が襲来した。真珠湾攻撃の生き残りであるオルデンドーフの旗艦カリフォルニアは、主檣（メンマスト）近くの右舷側に直撃を受けた。爆発で三十二名が戦死し、さらに数十名が負傷した。突撃する爆装機は、ジョージ・ワイラー少将の旗艦である戦艦ニューメキシコの艦橋左舷側に命中し、すさまじい火の玉となって爆発した。戦死した三十名のなかには艦長のロバート・W・フレミング大佐とふたりの著名な賓客がいた――イギリス陸軍のハーバート・ラムズデン中将と《タイム》誌の記者ウィリアム・ヘンリー・チッカリングである。太平洋戦線で最高位の英軍高官であるサー・ブルース・フレイザー海軍大将は、見学者としてニューメキシコに乗艦中だった。彼は攻撃を生きのびた。その日の午後遅く、一機の特攻機が対空砲火の嵐を突っ切って巡洋艦ルイヴィルにつっこんだ。同機の二発の爆弾が起爆して、二番砲塔と操舵室の周囲で激しい火災を引き起こした。第四巡洋艦戦隊の司令官セオドア・E・チャンドラー少将は、ひどい火傷を負って、翌日、死亡した。特攻機パイロットの首のない裸の遺体が回収されると、ルイヴィルの応急隊はそのまま舷外に放り投げた。

リンガエン湾への最初の水陸両用上陸に先立つ五日間、特攻機は三十隻の連合軍艦艇に命中、あるいはあと一歩で命中するところだった。軍艦三隻が撃破され、十四隻が大きな損害を、十三隻が軽微な損害を受けた。攻撃輸送艦ドイヤン艦上のある目撃者は、破壊された上部構造物と、「かつては砲塔だった黒ずんで引き裂かれた空間」を持つ艦艇の「グロテスクな外観の行進」を描写している。[3]巡洋艦ボイシに乗艦していたマッカーサー将軍は、自分をあっさり殺していたかもしれない幾度かの攻撃をその目で見ていた。将軍は、艦内に隠れるよう勧める声をすべてそっけなくはねつけて、冷静にパイプをふかしながら、後甲板の手すりから戦闘を見守った。回想記のなかで、彼は「全艦艇が耳を聾する対空火器の砲声とともに火蓋を切ると、対空砲火の赤々と燃え上がる弾幕」と描写している。[4]

一月七日、キンケイドとマッカーサーの至急の要請に応えて、ハルゼーは彼の〈大きな青い毛布〉をルソン島に投げかけた。母艦搭乗員たちは艦に帰投して、すくなくとも七十五機の日本軍機を地上で撃破したと主張した。その日以降、ありがたいことに特攻機の脅威は目に見えて弱まった。

ルソン島侵攻の指揮官陣は、レイテ作戦とほとんど同じだった。クルーガー将軍は、二個師団編成の軍団二個——イニス・P・スウィフト少将麾下の第一軍団（第六および第四十三師団）とオスカー・W・グリズウォルド中将麾下の第十四軍団（第三十七および第四十師団）——を擁する第六軍の司令官に留まった。五個目の第二十五師団は、「洋上予備兵力」として沖合に留まることになっていた。キンケイド提督の第七艦隊はマニラとスービック湾を海上封鎖し、長い海上補給線を守る。ケニー将軍は第五ならびに第十三航空軍の指揮をつづけた。彼のアメリカ陸軍航空軍の戦闘機と爆撃機はクラーク飛行場をはじめとするルソン島の飛行場が確保されしだい進出する。依然としてアイケルバーガー将軍の指揮下にある第八軍は、日本軍に主上陸がルソン島南部で行なわれると思いこませることを願って、欺瞞手段を取る。

〈Sデイ〉には、クルーガーの四個攻撃師団はリンガエン湾の奥の上陸拠点に二十マイルの正面で横一線にならんで上陸し、それからルソン島中央平原を制圧するために内陸へ進撃する。左翼の第一軍団が日本軍部隊をカガヤン山脈に閉じこめておくいっぽうで、第十四軍団は南方へ突進して、マニラを襲う。その後、第八軍麾下の部隊が島南部の海岸に上陸。第六軍と第八軍は挟撃作戦でマニラとその湾を包囲する。もしすべてが計画どおりにいけば、日本軍地上部隊の大部分は島北部の山岳地帯で包囲され、首都と南部のほかの日本軍支隊と切り離されることになる。

すばやい上陸と快進撃

上陸前夜、艦砲射撃艦隊は大花火ショーを上演し、海岸に大口径艦砲弾の雨を降らせた。駆逐艦ハワースのジェイムズ・オーヴィル・レインズは、妻への手紙で、長く高い弧を描く弾道で海岸に向かって飛んでいく飛翔体を描写している。「いいかい、見ていると、すごくゆっくりと飛んでいるようなんだ。ゆっくりした流れ星のように、空をただよっているみたいだ。七マイルの距離から撃っていて、あいだには雲と煙の層がある。ぼくは艦橋の張り出しに立って、赤い玉がその層のなかに消えたり出てきたりするのを見ていた。ものすごく遠かったので、命中してもごくちっぽけな赤い閃光しか見えなかった(5)」砲撃は、リンガエン湾の海岸線全域で、日本軍の海岸陣地とおぼしき場所に向けられた。とくに馬蹄形の下側の湾曲部にある上陸予定海岸のリンガエンとダグパン、マビラオ、サン・ファビアンの町周辺に。敵の海岸砲台からの応射はほとんどなく、南側の上陸海岸付近からは皆無だった。リンガエンの町では、夜明けに、民間のフィリピン人の群衆がアメリカ国旗を掲げて行進する姿が見られた。双眼鏡でこの光景を観測したオルデンドーフは、その地域から射撃をそらすよう命じた。

強襲部隊がロープ・ネットをつたって上陸用舟艇に降りていくと、天候はおだやかで、微風が吹き、雲はまばらで、湾の閉ざされた水面にはほとんどうねりもなかった。南十字星が上陸海岸の真上にかかり、海岸は低い靄につつまれていた。舟艇はエンジンをアイドリングさせながら輸送ゾーンを動きまわり、上陸の合図を待った。西の海岸から数隻の震洋高速艇が決死の攻撃を仕掛けたが、全艇が体当たりする前に撃破されるか撃退された。

午前九時三十分、第一波が発進した。千隻以上の上陸用舟艇が海岸に向かって走り、その長い航跡が白い平行線を描いた。九時四十分には二万名近く、正午には六万八千名の将兵が上陸していた。彼らは湾南端のリンガエン、ダグパン、マビラオの町に隣接する幅十二マイルの砂浜にそって上陸した。砂浜は広く、ずっとつづいていて、まるまる二個軍団（横一線にならんだ四個歩兵師団）と、わずか何時間かで揚陸する予定の莫大な量の重装備、車輛、武器、そして物資を収容するだけの広さがあった。うれしそうなフィリピン人たちが握手とキスで彼らを歓迎した。日本軍の防御は三年前に本間雅晴将軍の攻略部隊が上陸した湾の東側に集中していた。アメリカ軍の前線の右翼では第四十師団はまったく敵の抵抗に遭わなかった。火砲も、迫撃砲も、小火器の射撃も、日本兵の姿さえ見あたらなかった。前進する偵察隊は、いくつかのトーチカと木造要塞を発見し、慎重に調べた——しかし、敵兵の姿はひとりも見あたらなかった。師団は内陸に進撃し、リンガエンの使える滑走路を占領した。

東では、第六師団がマンガルダン近くの〈ブルー1〉海岸と〈ブルー2〉海岸に上陸し、いっぽう第四十三師団はサン・ファビアン近くの〈ホワイト1〉、〈ホワイト2〉、〈ホワイト3〉海岸に上陸した。両師団はサン・ファビアンを見おろす東方の高地の日本軍陣地から長距離砲と迫撃砲の散発的な砲撃をいくらか受けた。この砲撃は脅威というよりいらいらの種だった。大きな損害を出すほど激しくも正確でもなかったが、貨物の揚陸はもっと西の海岸に移された。ひと握りの死傷者のなかには、暴走する水牛に押し倒された一名の兵士がいた(6)。

マッカーサー将軍は幕僚と従軍記者、カメラマンの取り巻きをつれて正午に上陸した。彼のバージ船は、上陸拠点の中央部に向かって進んだ。そこでは工兵が砂地に鉄舟二艘を固定して臨時の桟橋を急造していた。操舵員はこの桟橋につけるつもりだったが、マッカーサーの合図で向きを変えた。将軍はかわりに膝までの深さの波打ち際に降り立ち、水を漕いで上陸した。この儀式はトレードマークのようになっていた。レイテ島とミンドロ島のときと同じように、今度もこの出来事はカメラマンによって記録された。おなじみの元帥の制帽と飛行士用サングラス姿で、マッカーサーは、一機の零戦が低空で頭上を飛んだときも、背筋をのばして、ひるまずに歩いた。彼は敵機が対空砲火の「固い壁」で撃墜されるのを満足げに見守った(7)。

上陸拠点の北東部の第一軍団戦区では、第四十三師団の前進偵察隊が、ダモルティスとサン・フェルナンドの町を見おろす高地と尾根から浴びせられる火砲と迫撃砲のやっかいな射撃に出くわした。スウィフト将軍の第一軍団司令部は同師団に内陸へ進撃して、その草深い高地を占領せよと命じた。一個連隊が真東の四七〇高地を掃討する仕事をあたえられ、いっぽうもう一個連隊がマビラオを見おろす稜線を占領した。部隊のほかの各隊は「車に乗って」、海岸道路を進んだ。日本軍の野戦砲と迫撃砲は午後のあいだたえず損害をもたらしたが、侵攻部隊は地上では散発的な歩兵の抵抗にしか遭わなかった。一月九日の日暮れには、アメリカ軍は上陸拠点を海岸線にそってサン・ハシントとビンダイまで四マイル拡大していた。

侵攻の第二日目と第三日目、第四十三師団は、サン・ファビアンとダモルティスの東の峡谷道路と、南のロサリオとカバルアン高地へとつづく稜線にそって、威力偵察を開始した。この戦区のいたるところで、侵攻部隊は山地へとつづく道路で日本軍の強固な抵抗に遭った。情報によって、島の日本陸軍最上級司令官である山下奉文将軍が、約二十マイル内陸のカガヤン山脈の高地にあるリゾート地バギオに司令部を置いていることが判明していた。山道は、強固に築城され、巧妙に擬装された火力拠点や洞窟、地雷で守られていた。アメリカ軍は重砲や艦砲射撃、航空攻撃で反撃したが、日本軍はこの危険な高台にたいする総攻撃以外では、排除されそうになかった。それはできない相談だった。マッカーサーの第一の目標であるマニラは、べつの方角にあった。ボスのシナリオによれば、主攻撃は南方のルソン島中央平原とマニラに向けられる。したがって、クルーガー将軍は、左翼側の前線を強化して、日本軍が北東の山地から装甲部隊による反撃を仕掛ける準備をしていないことを願うほかなかった。

作戦三日目には、第六軍の上陸拠点は幅二十マイル、奥行き五から七マイルで、湾の南の基部全体をとりかこんでいた。約十五個陸軍師団相当が島内にいて、長さ約三十マイルにのびた戦線にそって配されていた。リンガエン湾のおだやかな海岸は大きな都市の海港に匹敵する貨物取り扱い能力をそなえた海陸補給処へと変わっていた。ＬＳＴが砂浜に艦首を乗り上げ、観音開きの艦首扉を開け、産業ペースで大型貨物を揚陸していた。積荷を満載したトラックやトラクター、ジープが舟橋の土手道を乗り越えて上陸していた。海岸拠点は積み上げられた木箱やドラム缶、駐車する車輛、テント村、そして土嚢（どのう）にかこまれた対空砲陣地のにぎやかな迷路だった。口うるさい海軍の海岸作業隊の隊長が拡声器でどなっていた。リンガエン湾はマニラ湾が占領され、連合軍の船舶交通に解放されるまで、米軍支配下の唯一の海港となることになっていた。

リンガエン湾のかつては澄んでいた紺碧の海は、八百隻の艦艇の蓄積する廃水で汚された。大部分は日本兵のふくれ上がった死体が、投錨する輸送艦のあいだにただよっていた。ときおり平底ごみ運搬船に乗った清掃班が残骸と敵の死体を集めて、浜辺でひとまとめに焼却した。

第十四軍団戦区の内陸部は、植物が生い茂る湿地帯で、小川が縦横に走り、養魚池が点在していた。このぬかるんだ地形は、兵站と工兵にとってやっかいな問題だった。リンガエンの町周辺では、大きな砂丘のせいで装輪車輛が通行できず、ブルドーザーが平坦な道をきれいにするために投入された。地域の橋のほとんどは破壊されていた——敵か、味方のフィリピン人パルチザン、あるいは米軍の爆撃と艦砲射撃によって。兵士たちの隊列は小銃を頭の上に掲げて小川を渡った。水陸両用トラクターがフェリーがわりに使われて、深すぎて渡れない水かさの増した流れを横断した。工兵はより深い渡河地点にかかる木橋を建設した。いったんしっかりと固定されると、何千という人間やトラック、戦車の重量にも耐えられた。ダモルティス＝ロサリオ線の二十マイル分の鉄道線路が解体され、路盤は重装備用の幹線道路に転換された。作戦四日目に、前進偵察隊が陸軍の前進路で最初の天然の障壁であるアグノ川にたどりついた。工兵が三十五トンの重量に耐えられるモジュラー式の鉄枠橋梁二本をすばやく組み立てた。

マニラへのルートは、ルソン中央平原の中心部を通っていた。この水田や放牧地や砂糖黍畑が広がる平坦で肥沃な地帯は、編み目のように走る小川や灌漑用水路によって潤されていた。両側を山地でかこまれ、南北の長さは約百二十マイル、幅は三十マイルから五十マイルだった。フィリピンで屈指の生産量を誇る農業地帯で、広い大農園の邸宅や、石造りの教会がスペイン風の広場を見おろす小さな市場町が点在していた。フィリピンでもっとも発展した道路網と鉄道の幹線二本があり、なかでも二車線のマカダム舗装の幹線道路は、一マイルかそこらおきに、東西に走る砂利道と交差していた。のどかな田園風景で、さまざまな色合いの緑であふれんばかりだった。茅萱（ちがや）の草地と交互するくぼんだ水田、ドリアンとマンゴスチンの木の茂みに縁取られた蛇行する川床、焦げ茶色のニッパ椰子で葺かれた川岸の高床式住居。草を食む黒いカラバオ水牛の何頭かの背には白鷺が留まっている。そして、ハイビスカスとブーゲンビリアの花に飾られ、錆びた波状のブリキ屋根がついた竹枠の小屋。

最初、日本陸軍は低地で形だけの抵抗しかしなかった。軽火器と火砲で武装した小部隊がアメリカ軍の偵察隊に発砲し、それからさらに南方あるいは東方の高地へと後退した。こうした一時的な射撃陣地は灌漑用水路や農園の建物の集合体に土嚢を積んで設置されていた。銃撃戦は短く突発的で、攻勢のテンポにはほとんど影響がなかった。第六軍の前線をひとつの広い正面につなぎ止めておきたいと思っていたクルーガー将軍は、グリズウォルドの第十四軍団が首都に向かって進撃する猪突猛進のペースがしだいに心配になってきた。スウィフトの第一軍団には、日本軍部隊の集団を北東の山地に閉じこめつづけて、軍の左側面を守る仕事があった。しかし、それにはスウィフトがグリズウォルドの前進ペースに合わせなければならなかった――そして、それはむずかしいことがわかった。第十四軍団の前に立ちはだかる日本軍はあまり多くなかったからだ。

第三十七師団はリンガエン＝バヤンバン道を突進したが、威勢のいいフィリピン人の群衆以外誰にも会わなかった。いっぽう、第四十師団は約十マイル西方を並行して走る幹線道路十三号線を南へ驀進(ばくしん)した。いっぽうで、第一軍団戦区の前進は、ダモルティス＝ロサリオ街道で、もっと強固な日本軍の抵抗によって遅らされ、第四十三師団の工兵は激しい砲撃を浴びながら、道路を片づけ、橋を架けるのに苦心していた――そして、カバルアン高地では、第六師団が、見上げるような突出部に入念に築城された陣地からの激しい射撃に出くわした。のびきった戦線に日本軍が反撃を仕掛ける危険に注目したクルーガーは、予備兵力である第二十五師団（一個連隊欠）を投入して、第四十三師団を補強した。

マッカーサーはリンガエン湾のダグパンに最初の司令部を置いていたが、一日のほとんどを前線かその近くですごした。彼のジープは行軍する兵士の長い列にそって走り、兵士たちは元帥の制帽をかぶって飛行士のサングラスをかけたおなじみの姿をちらりと目にすると、びっくりして見なおした。前進にはきまった時間割は取り決められていなかったが、マッカーサーはできるだけ早くマニラを占領したがっていた。その理由の一部は、市の境界にある収容所に収監されているアメリカの戦時捕虜と民間人被抑留者の危険を気にかけていたからだった。

彼は反撃の危険にかんするクルーガーの懸念は大げさではないかと思っていた。一月十二日、依然としてリンガエン湾に投錨するボイシ艦上の上級指揮官会議で、マッカーサーは第六軍司令官にマニラへの前進を加速するよう強調した。もし第十四軍団が大きな損害をこうむっていないのなら、もっと迅速に進むべきだ。彼はクルーガーに問いただした。「きみの死傷者はどこにいる？　彼らはどこだ？」(8)マッカーサーは、第五航空軍がルソン島で重爆撃機の運用をはじめられるように、日本軍がマバラカットと呼んでいる――そしてアメリカ軍が依然としてクラーク飛行場と呼んでいる――大航空基地を早く占領するよう主張した。しかし、クルーガーは北東部の山地からの装甲部隊による反撃をなおも警戒し、こう主張した。「わたしは早まったマニラへの前進はおそらく〔第十四軍団を〕大きな危険にさらし、いずれにせよ補給を追いつかなくさせるだろうと考えた――すべての橋が破壊されていたので、これは深刻な問題だった(9)」

マッカーサー、マニラへの進撃をいそがせる

山下将軍は悲観的だった。アメリカ軍の潜水艦と飛行機による封鎖線は実質上、日本とフィリピンとの絆を断ち切り、彼はこれ以上の補給も増援もあてにできなかった。彼はマッカーサーがリンガエン湾に上陸すると予測していたが、上陸がこれほど早く行なわれるとは思っていなかった。山下は意に反して彼の最優秀の部隊を海路レイテ島に送って死なせることを強いられていた。彼は依然として

かなりの兵力を指揮下に置いていた――ルソン島には約二十七万の日本軍部隊とそのほかの軍関係者がいた――が、彼の部隊は広く散らばり、陸軍と海軍のさまざまな重複する部隊に分断されていた。ルソン島の地上部隊の大多数は、遠く離れた三カ所の山地の孤立防御地帯で、身動きが取れなくなっていた。

輸送網は自動車と鉄道車輛と燃料の不足で機能しなくなっていた――さらに状況は道路や車輛、鉄道にたいするフィリピン人のゲリラ攻撃や破壊活動によって悪化した。日本軍の過半数がなかば独立した状態におちいり、小部隊がそこらじゅうをうろついて、なにか食べるものを探してジャングルをあさるようになるのは、時間の問題にすぎなかった。

山下はこうした悲惨な状況で、専守防御策を採用せざるを得なかった。彼の目標は、できるだけ長く持ちこたえて、本土に向かって押し寄せるアメリカ軍の侵攻の高潮を遅らせることだった。しかし、ルソン島とマニラは彼がなにをしようと遅かれ早かれ侵攻軍の手に落ちるだろうし、彼もそのことを知っていた。

日本軍部隊の最大の集団は、兵力十五万二千名を数える〈尚武集団〉で、リンガエン湾北東のカガヤン山脈にあった。山下将軍は海抜五千フィートのリゾート地バギオの司令部からこれを直率(じきそつ)していた。第二の集団はマニラ北方のクラーク飛行場を占拠し、バターンとコレヒドールに分遣隊を置いていた。兵力八万名を擁する第三の集団はマニラ東方の山地に立てこもっていた。近隣の地帯には、より小規模な分遣隊が散らばっていた。山下はアグノ川西方の平原でマッカーサーの軍隊に反撃するという提案を却下し、攻撃部隊は優勢なアメリカの砲兵と航空兵力によって撃破されるだろうと判断した。かわりに彼は部隊を展開させて、カガヤン山脈への考えうる侵攻ルートをすべてふさいだ。それ以外の現地指揮官は、「ルソン島におけるアメリカ軍の主力を阻止し、その戦闘力を撃滅して、同時に独立自給に基づいた長期間の抗戦にそなえる」ことを願って、高地に防御陣地を築くよう命じられた。

これによってマニラへの道は大きく開かれたが、山下は市も湾も防衛するつもりはなかった。彼はマニラの沿岸地区に備蓄されていた約六万五千から七万トンの物資を山地の貯蔵所に移動させるよう指示した。そこから既存の日本軍分遣隊に物資を補給することができる。この移送が完了したら、残っている守備隊はマニラから撤収し、市東部のもっと防御しやすい高地に後退することになっていた。

第一軍団が作戦の第二週目に南と東へ進撃すると、地形はひきつづき防御側に有利だった。日本軍の砲兵は高地や尾根の側面の洞窟に陣地を築き、前進する縦隊にいくつかの角度から縦射を浴びせられるように巧妙に布陣していた。町や交差点では、日本軍は浅い壕を掘り、土嚢を積んで機関銃と対戦車砲を防護した。いくつかの場所では、中戦車を砲塔まで土に埋め、固定砲座に変えていた。日本軍はいつもどおり頑強に戦い、こうした陣地を落とすには激戦を要した。第二十五師団はサン・マヌエルの村で熾烈な抵抗に遭遇した。ここでは日本の第七戦車連隊が装甲部隊による数度の反撃を仕掛けてきた。二週間の血なまぐさい戦闘のあと、アメリカ軍はついに町を占領し、残敵を掃討した。

マッカーサーは司令部をマニラの北方約七十五マイル、タルラクに近いサン・ミゲルの砂糖精製工場に移動させた。前線に近いこの司令部から、彼は野戦指揮官たちに作戦のペースを加速するようせき立てつづけた。一月十七日、マッカーサーはクルーガーにクラーク飛行場を攻撃せよと命じた。クルーガーはこの命令をグリズウォルド将軍に申し送った。彼の第十四軍団にはじゅうぶんな作戦の余地があったので、一月二十三日にバンバン川に到達してこれを渡った。しかし、翌日、グリズウォルドの部隊はフォート・ストーツェンバーグの北方で塹壕（ざんごう）防御線にぶつかった。東には休火山であるアラヤト山の威圧的な姿が平原の上にそびえ立っていた。クラーク飛行場周辺の一連の集中した防御線は、大西瀧治郎提督が築城の陣頭指揮に立っていた。彼の部隊は塹壕と対戦車壕を掘っていた。使いものにならなくなった飛行機から機銃をはずして機関銃陣地に据え、西の山麓の丘陵地帯へと登っていく幹線道路三号線を見おろす地点に、防衛拠点を築いていた[10]。

一月二十七日、第三十七師団は、戦車と歩兵の協同攻撃で日本軍の前線を突破して、航空基地を占領し、いっぽう第四十師団は、フォート・ストーツェンバーグの北方と西方の困難な地形で戦って、ひとつのトーチカと洞窟を同時に落とした。退却する日本軍は食料や補給品、武器の宝庫を残していった。一月二十九日付けの公式発表で、マッカーサーは鹵獲(ろかく)した資源を列挙している。そのなかには「新品の航空機用エンジン二百基、無線送受信機多数、大量の各種装備、数カ月分の弾薬、食料と装備、そして各種口径の火砲四十門以上」がふくまれていた[11]。

フィリピン人ゲリラはマッカーサーの司令部に、マニラの約六十マイル北方のカバナツアンに戦時捕虜収容所があることを知らせていた。数百名のアメリカ軍捕虜がそこの鉄条網でかこまれた収容所に入れられていた。航空偵察写真で見ると、施設の警備は手薄なようだった。マッカーサーは救出作戦を承認した。任務は第六軍のレインジャー大隊に割り当てられた。〈アラモ偵察隊〉チームが、ジャングルに身を隠せとの命令を受けて、小銃とブローニング自動小銃(BAR)と手榴弾(てりゅうだん)のみの軽装で、十四マイルの陸路を踏破するために送りだされた。収容所の警備兵は捕虜を残して現場から撤退していたが、ほかに何百名という日本兵がこの地域で野営していた。一月三十日の午後八時、偵察隊員たちは日本軍の野営地に奇襲攻撃を仕掛けて、二百名以上の敵をすばやく倒し、損害はレインジャー隊員二名戦死、一名負傷しか出さなかった。

いまにも日本軍に虐殺されると思っていたカバナツアンの捕虜たちは、びっくりしすぎて解放を祝うこともできなかった。彼らを後送するためには、開けっぴろげの土地を十マイル近く進まねばならなかった。捕虜の多くは弱っているか病気のせいで歩くことができず、水牛が引く荷車に乗せられた。レインジャー隊員と解放された五百十二名の捕虜は、一月三十一日にアメリカ軍の戦線に帰還した。元捕虜たちはフィリピンの学校に設置された第一騎兵師団野戦病院の保護下に置かれた。多くの者は臆病か内気で、医師や看護婦、あるいは従軍記者が会話しようとすると尻込みした。彼らはむさぼるように食べ、たちまち体重を増やした。しかし、肉体的および精神的に完全に回復するのには時間が必要だった。

　南方では、アイケルバーガー将軍の第八軍が戦いにくわわろうとしていた。一月二十九日、第十一軍団と命名された水陸両用部隊がスービック湾北方のザンバレス海岸に上陸した。上陸部隊は海岸でも最初の内陸への前進でもまったく抵抗を受けなかった。幹線道路七号線のジグザグ峠で、やっと日本軍はこのアメリカ軍の新たな攻勢の先鋒に抵抗した。数日間の激戦のすえ、道路は掃討され、開かれた。第十一軍団は峠を抜けて殺到し、マニラ湾の北の地域を確保して、バターン半島へのルートを封鎖した。そのいっぽうで、マニラの南方では、第十一空挺師団の二個連隊がナスグブに無抵抗で降下し、戦略的に重要な橋を日本軍が破壊する前に確保した。三つ目の連隊である第五一一パラシュート連隊は、タール湖の北岸のタガイタイ尾根にパラシュート降下した。第十一空挺師団はマニラ湾の南部を制圧し、首都の南の周辺地区を抜けて北上しはじめた。部隊は日本軍の形ばかりの抵抗にしか遭わず、二月三日にはイムスの町に到着した。ここでは、石造りの建物で、小規模だが頑強な日本軍の一隊が一日中、銃撃戦を展開した。最終的にひとりの軍曹が建物によじ登って、屋根からガソリンを注ぎ、それから黄燐（おうりん）手榴弾で火を点けた。ほとんどの日本兵は殺された。燃える建物から逃げだそうとした者たちは、出てきたとたんに撃ち倒された。

　北方では、マッカーサーがひきつづきペースを上げろとクルーガーをどなりつけていた。彼のジー

ルソン島 マッカーサーのマニラへの前進 1945年1～3月

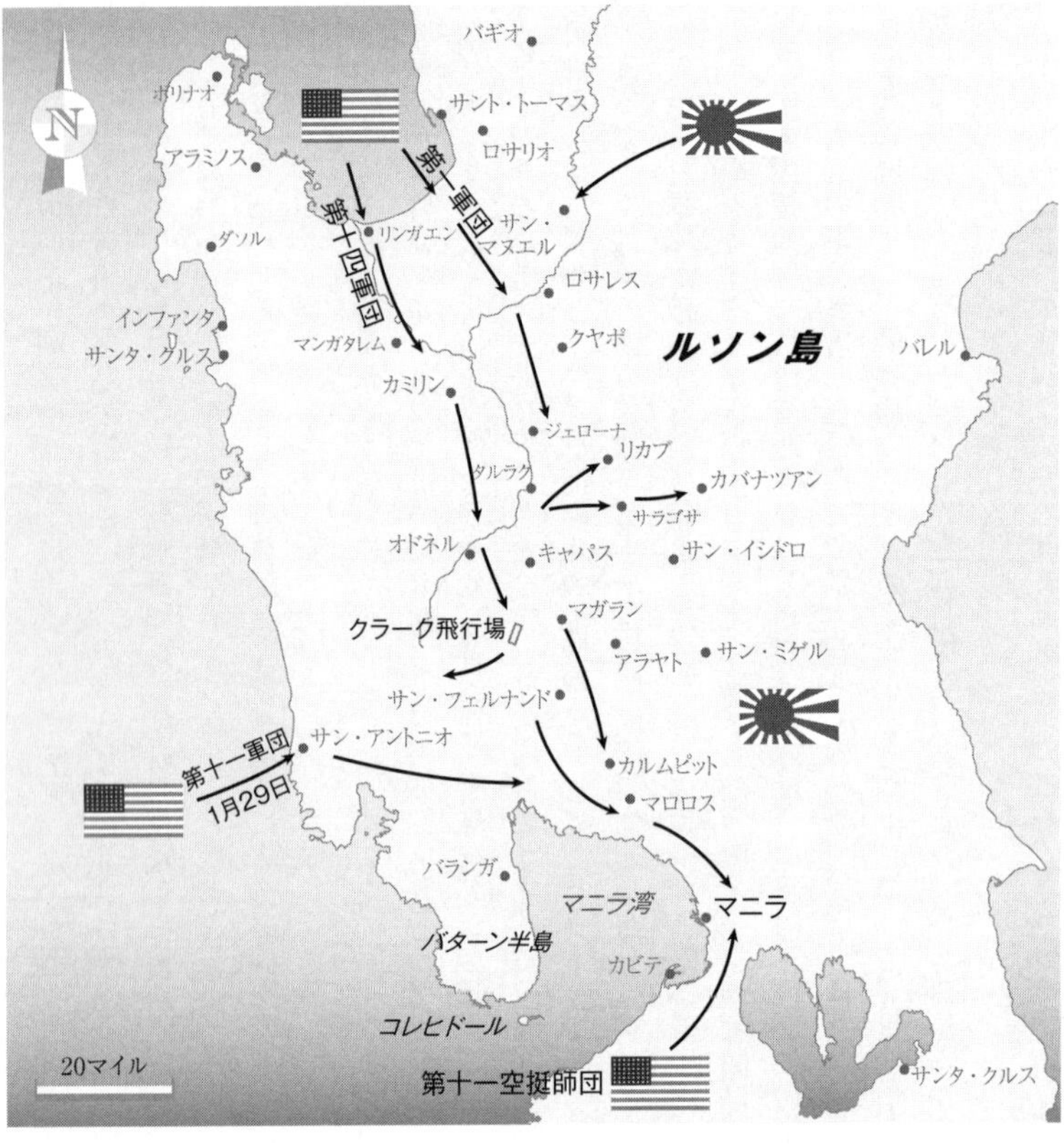

N
バギオ
ボリナオ
サント・トーマス
ロサリオ
アラミノス
第一軍団
第十四軍団
サン・マヌエル
リンガエン
ダソル
ロサレス
インファンタ
マンガタレム
クヤポ
ルソン島
バレル
サンタ・クルス
カミリン
ジェローナ
リカブ
タルラク
カバナツアン
サラゴサ
オドネル
キャパス
サン・イシドロ
マガラン
クラーク飛行場
アラヤト
サン・ミゲル
サン・フェルナンド
第十一軍団
1月29日
サン・アントニオ
カルムピット
マロロス
バランガ
マニラ湾
マニラ
バターン半島
カビテ
コレヒドール
20マイル
第十一空挺師団
サンタ・クルス

プの長い車列はしばしば前線に向かって走っていくところを目撃された。彼は前線で前進陣地を視察し、師団長や連隊長と話し合った。一月三十日、マッカーサーは、サン・フェルナンドとカルムピットのあいだの道路で第三十七師団を視察したあと、第六軍の司令官に無線で連絡し、「推進力と積極的な自発性の顕著な欠如」について文句をいった[12]。彼は早期にマニラを攻撃すれば、市内の日本軍は不意を突かれ、あわてて撤退するだろうと予測した。最良のシナリオでは、日本軍は首都を無防備都市と宣言するだろう――彼マッカーサーが、一九四一年十二月にやったように。

彼はサント・トーマス大学とビリビッド刑務所、そしてロスバニョスの収容所にいる何千というアメリカ軍と連合軍の戦時捕虜と民間人被抑留者の運命を心配していた。十二月には、細長い島パラワンの捕虜収容所で、日本軍の警備兵が百五十名の飢えた捕虜を壕に追いこんで、焼き殺していた。マッカーサーは当然ながら、さらなるそうした非道な行為をぜひとも阻止したいと思っていた。問題は抽象的なものではなかった。彼はマニラ市内と周辺の軍人および民間人の捕虜の多くを個人的に知っていた。タルラクの新しい南西太平洋戦域司令部で、ディック・サザーランド将軍はその問題にかんする自分とボスの立場を従軍記者にはっきりとわからせた。オフレコの発言で、サザーランドはクルーガーの慎重な態度を酷評し、こうつけくわえた。「もしわたしが第六軍を指揮していたら、われわれはちょうどいまマニラにいるだろう[13]」

クラーク飛行場とフォート・ストーツェンバーグがアメリカ軍の手中に落ちたので、第十四軍団は首都への最後の進撃のために兵力を増強した。予備兵力のヴァーン・D・マッジ少将指揮下の第一騎兵師団がリンガエン湾に上陸して、トラックで南の前線に運ばれた。そこで第十四軍団の南下する二股の攻勢の一方を担当することになっていた。一月三十日の朝、ギンバの町でマッジ将軍の指揮テントをたずねたマッカーサーは、「第一騎兵」が迅速に前進することを期待するといった。「マニラへ向かい、ニップどもを迂回し、ニップどもを跳ね返して、だがマニラへ向かうんだ」ジープやトラック、戦車、トレーラーを豊富に支給された師団全体は、幹線道路五号線を進撃した。競争心が彼らの熱意に火を点けた。マッジはなんとしてもボブ・ベイトラー少将の第三十七歩兵師団より速く進みたかった。第三十七師団は西の幹線道路三号線を市に向かっていた。

散在する日本軍部隊が道路ぞいに待ち伏せ攻撃を準備していて、数名のアメリカ兵が狙撃手にやられた。前進する縦隊はくりかえし急停止し、むき出しのジープに乗った兵士は飛び降りて道路わきの茂みに隠れ、戦車歩兵チームが前進して、敵を撃滅するか、撃退した。川や水路も縦隊の前進を遅くした。橋の多くは爆破されていて、橋が残っている場合でも、爆薬の専門家が慎重に点検して、爆薬が仕掛けられていないことを確認する必要があった。日本軍の小部隊が通りかかる輸送車隊に発砲すると、アメリカ軍はそれ以上の火力で撃ち返した——小銃、機関銃、そして軽砲を使い、しばしば車輛から降りることなく。《ライフ》誌の記者カール・マイダンスはこうつたえている。「われわれは、段列の全員があらゆるものを騒々しく発砲して敵を撃ちまくり、道路の両側に銃火を浴びせながら、動きつづけた(14)」

多くの場所では、縦隊は幹線道路を離れて、未舗装の道を走ったり、牧草地に新しい道をつけたりした。偵察隊は重い車輛が小川を渡れる浅瀬を探した。ジープやトラック、トレーラーの長い行列が、褐色の水に車軸の上まで、ときにはボンネットの上まで漬かりながら、川を渡った。アンガット川では、水はほとんどの装輪車輛には深すぎることがわかった。問題は、戦車が機関車役になってトラックとジープの列を引っぱる〝列車〟を作ることで解決した。そのあと車輛は一時間ほど止まって、日差しでエンジンを乾かさねばならなかった。

アメリカ軍は村を通過すると、熱狂するフィリピン民間人の群衆に歓迎された。裸足の少年たちが両手を勝ち誇って高々と上げながら、ジープやトラックと並んで走った。男たちは帽子を頭の上に掲げ、喜びに涙した。アメリカ国旗がすでに家々や公共の建物の上にひるがえっていた。フィリピンのゲリラ部隊がアメリカとフィリピンの旗の下で整列した。小さな都市バリワグでは、第一騎兵師団は、何千人というフィリピン人に出迎えられた。〈CBS〉ラジオの記者ビル・ダンの回想によれば、彼らは「通りに群がり、危険に気づかずに、われわれの縦隊のまわりで叫んだり、歌ったり、踊ったりして、ついにはほとんど身動きが取れなくなった。市の中心部でジープがついに完全に取りかこまれ、われわれは止まらざるを得なかった。止まるとすぐに、女たちと子供たちが花を投げて、必死に手にさわろうとしてきた。そしてこれは縦隊のどの車輌も同じだった」[15]。アメリカ軍はフルーツや魚、卵、そして焼きヤム芋を差しだされた。ふたりの若いフィリピン人が教会の塔のてっぺんに登って、石で鐘を叩いていた。マッジ将軍の〝遊撃隊〟は完全に身動きがとれなくなり、地元の警察と兵士たちは、前進が再開できるように、群衆を通りから移動させようと努力した。

人口が百万人に近い都市の衛生と飲料水の問題を予測していたアメリカ軍指揮官たちは、マニラの飲料水の供給を確保するために対策を講じた。第十四軍団は市の北のはずれにある重要な貯水池とダムと送水路を押さえるよう命じられた――ノバリチェス・ダム、マリカナ・ダム、バララ浄水場、そしてサン・ファン貯水池を。米軍指揮官たちはパシッグ川のプロビソール島の火力発電所をふくむ主要な発電施設も確保するつもりだった。

二月三日、第一騎兵師団は、トゥラハン川の北岸に面したノバリチェスに到達した。尖兵中隊は日本がちょうどダイナマイトで破壊しようと準備しているとき、主要な橋の渡河地点に到着した。熾烈な銃撃戦のさなかに、ひとりの爆発物専門家の海軍大尉が、橋に駆けこんで、燃える導火線を切断した。この勇気ある行動が橋を救い、前進の時間をすくなくとも一日分かせいだ。師団は川を渡ると、ごくわずかの抵抗しか受けなかった。その日の午後遅く、騎兵隊員たちは幹線道路三号線との交差点で第三十七師団と出会い、合流した。合同部隊は二月四日、マニラの市境に入った。

早まったマニラ奪回宣言

三個大隊はサント・トーマス大学を包囲するために前進した。塀に囲まれた大学のキャンパスは〈バターンの天使たち〉と呼ばれたアメリカ陸軍看護婦たちをふくむ欧米の民間人約四千名の抑留施設に転用されていた。一輛のシャーマン戦車が正門をぶち破り、歩兵一個大隊をひきいて敷地内に入った。林壽一郎中佐指揮下の日本軍警備隊は抵抗する気にはなれなかった。数発撃ち合ったあとで、林は被拘留者のほとんどをよろこんで解放すると合図した。痩せ衰えているが嬉々とした三千名以上の解放された欧米民間人が、門からぞくぞくと出てきはじめた。

しかし、林は残る二百二十一名の被拘留者にキャンパスの中心近くにある大きな建物に入れと命じ、彼らを人質にして、命がけの交渉をするつもりだった。米軍指揮官たちは、大虐殺を恐れて、停戦と和平交渉を提案した。林は、日本軍の戦線への安全通行の保証とひきかえに、被拘留者を解放することに同意した。太平洋戦争のほかのどの時点でもくりかえされなかった光景で、林は収容所警備隊をひきいて建物を出ると、何千というアメリカ兵のにらみつける視線を真っ向から浴びながら、大学の正門をくぐり抜けた。民間人の被拘留者たちは行進する日本兵に罵詈雑言を浴びせた。「少数の男女の集団は、日本兵たちが収容所から重い足取りで出ていって、門が音を立てて閉まるまで、あざ笑い、やじりながら、施設内をついていった――なかでも女たちの声がいちばん大きかった[16]」しかし、協定は尊重された。いずれの側も一発の銃弾も放たなかったし、林の部隊は日本軍地上部隊の主力集団に合流するために南へ向かうことを許された。アメリカ兵と別れるとき、日本軍の将校と兵士はひとりひとり、敬礼あるいは会釈をした[17]。

マッカーサー将軍はその日の午後のうちにサント・トーマスをおとずれた。彼は感謝して目に涙を浮かべた群衆にもみくちゃにされた。群衆はあらゆる方向から押し寄せてきた。マッカーサーは知っている人間に名前で呼びかけた。幼い子供のなかには、収容所のなかで三年すごして、戦前の生活をほとんどおぼえていない者もいた。「ひとりの男性はわたしに両腕を回して、頭を胸に押しつけ、人目をはばからずに泣いた」とマッカーサーはふりかえった。「すばらしく、けっして忘れられない瞬間だった――命を奪う人間ではなく、命を救う人間になれたという[18]」捕らわれていた者たちが事情を聞かれると、彼らの話によって、収容所の解放をいそげというマッカーサーの主張は正しかったことが証明された。被拘留者への食料の配分は過去一カ月で急激に減少し、多くの者が飢餓に瀕していた。もし解放者が三十日後に到着していたら、と〈CBS〉ラジオの記者ビル・ダンはいった。「その結果は完全に悲惨なものになっていたかもしれない[19]」

アメリカ軍がマニラ北部の家屋密集地域に進撃すると、不吉な煙の帳が都市に垂れこめた。退却する日本軍部隊は北部の商業産業地区で百件以上の火災を引き起こしていた。仕事を正しくやる手段がなかったので、彼らはそれをちんけな放火犯のように、南京袋とマッチ、そして五ガロン入りのガソリン缶でやっていた。市内の各ブロック全体が火災で全焼した。西の湾岸沿いには、トンドと呼ばれる人口が密集した住宅地区があった。そこでは隙間なく建てられた木造枠組みで化粧漆喰壁の家々が、火口のように炎上した。第十四軍団の報告書は「煙とほこりが激しく、燃える建築物からの熱がひどいため、ほとんど前進できず」と記している[20]。家を失った難民が主要な大通りをぞくぞくと北へ向かい、逆方向へ向かうアメリカ兵の横を通りすぎた。若い母親たちは赤ん坊をかかえ、家族はポニーが引く荷車に家財を山積みし、子供たちはアメリカ兵に食料や煙草をねだった。略奪者たちはせっせと働いて、焼け落ちて家主に見捨てられた建物や家の跡から、価値のあるものをなんでもはぎ取った。

グリズウォルド将軍はケソン橋を占拠するために、第五騎兵連隊第二中隊を送った。これはマニラの中心部を走るパシッグ川にまだかかっている最後の橋だった。しかし、旧ビリビッド刑務所とファーイースタン大学の大建築物にはさまれたケソン大通りとアスカラガ通りの交差点で、アメリカ軍は重機関銃と対戦車砲の射撃を浴びた。中隊は、大学の上層階の窓や南の通りの土嚢を積んだ銃座をふくむ数方向から、致命的な十字砲火を浴びて釘づけにされた。急造の銃眼付き胸壁が、乗り捨てられたトラック四台を針金でつなぎ合わせて作られ、歩道に打ちこまれた鉄の犬釘で守られていた。アメリカ軍はすばやく後退し、増援部隊とともに戻ってくるつもりだった。そのいっぽうで、第一騎兵師団のほかの部隊は、東のパシッグ川北岸ぞいの通りと小路を掃討し、マラカニアン宮殿を占領した。

トンド地区では、前進する偵察隊が民間人虐殺のおぞましい光景に出くわした。衛生隊のホバート・D・メイスンは、煙草工場の床に、多くの女性とわずか二歳の子供たちをふくむ四十九体の遺体が散乱しているのを発見した。彼らの手首は背中できつく縛られていた。そのほとんどが銃剣か日本刀で殺戮されていた。[21] 近くの〈ディ＝パック〉材木置き場では、アメリカ兵が殺害された民間人百十五名を確認した。子供や幼児までもが首をはねられていた。戦争犯罪捜査官に提出された宣誓供述書のなかで、デイヴィッド・V・ビンクリー少佐は、ふたりのわが子を救おうとした母親とおぼしき遺体についてこう説明している。「女性は両脇にひとりずつ子供を抱きかかえてうつぶせに倒れていました。この女性はサーベルのような武器で斬り殺されていました。ひとりの子供は頭蓋骨の一部がそぎ落とされていました[22]」

フィリピン人ゲリラは、普通のマニラ市民(マニレーニョ)のふりをして自由に通りを移動できたので、アメリカ軍が市内に近づくと蜂起していた。彼らは日本軍部隊を待ち伏せし、装備に破壊工作をして、トラックと鉄道車輌を爆破し、電話線を切断し、トーチカ一基一基や武器庫、地雷の位置にいたるまで、貴重な情報を侵攻軍に送信した。ゲリラ集団はマニラからマッカーサーの司令部に厚かましくも、しばしば平易な英語で、情報を送信してきた。日本軍はこれらの放送を傍受していたが、その発信源をめったに特定できなかった。中国や満州、マレー半島やそれ以外の場所で、日本陸軍は、ゲリラあるいは敵軍を援助している疑いのある地域社会全体を、〝厳重処分〟あるいは〝現地処分〟と呼ばれるやりかたで即座に一掃してきた。フィリピンの日本軍は三年以上にわたって、罪のない人間に向けられる無慈悲な暴力とサディズムの才能を証明してきた。しかし、敗北の痛烈な屈辱が、フィリピン庶民のあいだに広まる歓喜の印と相まって、前例のない一連の野蛮な報復を引き起こしたのである。

マニラ北部の孤立地帯では、散発的で断続的な銃撃戦がつづいていて、機関銃の射撃音がそこかしこで聞こえていたが、二月六日になると、日本軍が川の南側の退却を掩護するために遅滞作戦を行なっているだけであることは明白だった。アメリカ軍の戦車と歩兵部隊は各地区から敵を一ブロックずつ、さらには家一軒ずつでさえ、掃討することに力を注いだ。その日の午後、アメリカ軍はケソン橋への進撃を再開した。今回は戦車と大規模な砲兵支援があった。日本軍は戦いながら橋を渡って後退し、それから橋を爆破した。この展開で第一騎兵師団は急停止した。パシッグ川にかかる橋は残っていなかったので、トラックと戦車で直接川を渡る手段がなかった。進撃は新たな計画を立てるまで中断しなければならないだろう。

そのいっぽうで、アメリカ軍と連合軍の戦時捕虜千名がビリビッド刑務所から解放された。そのなかには一九四二年にバターンとコレヒドールで捕虜になった将兵もふくまれていた。マッカーサーは捕虜たちが施設から出てきたとき、そこにいて彼らを出迎えた。「痩せこけて苦しむ隊列をゆっくりと通りすぎていくあいだ、つぶやき声がわたしについてきた。ひとりひとりが、ささやき声よりかろうじて大きな声で、『戻ってきましたね』とか『やりましたね』とか『神のお恵みを』といっていた。わたしは『少し遅くなったが、われわれはついに来たよ』としか答えられなかった[23]」

南方では、第十一空挺師団がニコラス飛行場を占領し、市の南部地区に前進していた。マニラは南部と北部の両面で優勢な部隊にはさまれ、侵攻軍は両側面で市境の内側に到達していたが、散発的な抵抗にしか遭っていなかった。第十四軍団は連合軍の戦時捕虜と民間人の被拘留者を危害がくわえられる前に解放し、市の水道システムを確保せよとの命令を受けてマニラになだれ込んでいた。二個師団はいずれの任務も、賞賛すべき速さと効率で完了していた。

いきなりパシッグ川の北側の全市を制圧したグリズウォルド将軍は、対岸にどれぐらいの数の敵軍将兵が残っているのかも、彼らが最後の戦いを挑むつもりなのかどうかも、よくわかっていなかった。このはっきりしていないときに、マッカーサーは勝利を宣言することを決断した。依然として市のかなり北方のサン・ミゲルに置かれた彼の司令部は、マニラの戦闘が最終段階に入っていると示唆する公式発表を出した。「われわれの部隊は敵をマニラから迅速に掃討しつつある。分進合撃するわれわれの縦隊は……市内に入り、ジャップの防御部隊を包囲した。彼らの完全な撃滅は目前である[24]」翌日、全世界の新聞がマニラの輝かしい奪取を布告した。マッカーサーの幕僚は市中心部を抜ける戦勝パレードを計画しはじめた。実際には、前途にはさらに一カ月の激戦が待ちかまえていた。

部下の野戦指揮官たちは、性急な発表にいらだった。マッカーサーの報道工作が早まったことをしたのはこれがはじめてではなかった。グリズウォルドは日記に、マッカーサーは「宣伝に取りつかれている」と私見を書き記している。アイケルバーガーはもっと如才なく、この発表を「賢明ではない」と呼んだ。これから太平洋戦争で最大かつもっとも熾烈な市街戦をくりひろげなければならない者たちは、自分たちが「残敵掃討している」だけだといわれるのを好まなかった[25]。

第二次大戦屈指の過酷な市街戦

マニラは新と旧、貧と富、豪華と質素、アジアとヨーロッパの対比の街だった。多くの者はアジアでもっとも美しい都市と見なしていた。非宗教系とカトリック系の大学が十校以上ある学園都市でもあった。多くの近代的な病院はアジアで最高の医療を提供した。日本軍の侵攻前には、金融と経済の中心地で、主要な国際企業が大支店を置いていた。広い大通り、緑の豊かな公園、ファーストクラスのホテル、りっぱな公共建築、大きな広場、たくさんのゴシック式教会の尖塔があった。マニラにはスペイン風の特徴があり、マドリードあるいはセビリアの優雅さと壮大さをいくらか感じさせた。

第十四軍団がパシッグ川北岸ぞいの高い商業建築物や住宅を占領すると、アメリカ軍は高層階と屋上に監視哨を設置した。半分焼け落ちたホテルの八階に置かれたグリズウォルドの指揮所からは、南方の景色を一望できた。不吉な煙の帳が地平線に垂れこめ、太陽をおおい隠していた。市は北部も南部も同じように燃えていた。戦死した兵士と民間人の遺体は、火災が広がると焼かれて、焼ける肉の悪臭が宙にただよっていた。夜になると、教会と大聖堂のドームや尖塔が、一面の炎が投げかける銅色のスペクトル光で照らしだされた。日本軍の外辺防御線には、議会や財務省、農業省、市庁舎、郵便本局、マニラ警察署、首都給水地区ビルなど、首都の主要な政府庁舎がいくつかふくまれていた。こうした巨大なネオクラシック様式の大建築物は、鉄と煉瓦細工とコンクリートで建築され、大地震にも耐えられるように設計されていた。日本軍はこれを要塞に変えていた。そのドアと窓には土嚢が積まれ、火砲と迫撃砲が屋上に据えられた。

双眼鏡でこれらの防御を見たグリズウォルド将軍は、自分の部隊が長く過酷な戦闘をかかえこんだという結論を下した。日本軍はいつもどおり最後の一兵まで戦うだろうし、どうやったら市を救えるかはよくわからなかった。もしマッカーサーがちがったふうに考えているのなら、それは妄想だった。「彼はわたしとちがって、敵が組織的に市を破壊して、空が毎晩、赤々と燃えていることを理解していない」とグリズウォルドは二月七日の日記で語っている。「彼は敵の小銃、機関銃、迫撃砲の射撃、砲兵射撃がどんどん激しさを増していることも知らない。わたしの個人的な意見では、ジャップは全員殺されるまでマニラのパシッグ川の南側を死守するだろう[26]」

パシッグ川は実際には川ではなく、バイ湖とマニラ湾を結ぶおだやかな入り江だった。深く広い内湾、市中心部の切れ目で、「川」は通常、通りの高さの二十フィートほど下を流れていた。六本の橋が最近、パシッグ川にかけられていたが、日本軍がすべて破壊していた。第十四軍団は舟艇で渡河する必要があるだろう。またしても水陸両用侵攻作戦になるが、その場所はアジア屈指の大都市の中心部だった。

山下将軍は、遠く離れた北方の山地の司令部から日本軍部隊に、備蓄した物資と弾薬をすべて破壊するか運び去ったあとで、マニラから撤収するよう命じていた。しかし、いくつかの要素が重なって——とだえがちな無線交信、切迫した時間、分断された指揮系統、軍間のライバル関係——によって、これらの指示は実行されなかった。輸送状況は悪化して、ごくわずかの物資しか山地に移送することができなかった。マニラの守備隊司令官、岩淵三次海軍少将は、波止場や倉庫、工場、燃料タンク、発電所など、侵攻軍に役立つ用途に使われるかもしれない施設をすべて爆破する計画を早くに発動していた。遺棄された船舶がアメリカ軍艦艇が停泊できないように市の岸壁に沈められていた。カビテ海軍基地の建物と施設はすべて焼かれるか爆破された。二月三日の命令は、破壊が「そうした活動が市民の平安を乱したり、対抗宣伝で敵に利用されたりしないように」慎重に、可能なら秘密裏に行なわれるべしと明記していた[27]。日本軍の公式発表はその後、爆破と火災をアメリカ軍の飛行機あるいは砲撃、あるいはフィリピン人ゲリラのせいにした。

マニラ東方山中のモンタルバンに司令部を置く横山静雄陸軍中将は、山下将軍の部下だった。しかし、彼は守備隊に踏みとどまって戦えと命じた。「部隊はガダルカナル以来、斃（たお）れた数知れない戦友たちの弔い合戦をして、にっくき敵の北進計画を阻止しなければならない。……われわれは最後の最後まで神々の力を信じなければならない(28)」山下はこの正反対の命令が横山によって出されたことを知ってすらいなかったかもしれない。彼が首都に日本軍部隊が残っていたのを知りさえしなかったことをしめす証拠がある。しかし、対日協力政権のホセ・P・ラウレル大統領が山下に、マッカーサーが一九四一年にやったように、マニラを無防備都市と宣言するよう懇願したとき、山下は拒否した。そんなことをすれば日本軍の栄えある名に傷がつくと彼は説明した(29)。

岩淵提督は命令がどうであれマニラを離れる気は毛頭なかったようだ。彼は二年以上前、ガダルカナル海戦（訳註：日本側呼称、第三次ソロモン海戦）で戦艦霧島が撃沈されたとき、その艦長だった。彼の同僚たちのなかには、そうした出来事で生き残るのは名誉なこととはいいがたいと考える者もいた。市が彼らの頭のまわりに崩れ落ちるまで部隊を踏みとどまらせると提督が決意していたのは、それが理由だったのかもしれない。マニラの玉砕戦は、贖罪、あるいは仕返し、またはその両方の好機だった。

彼のマニラ海軍防衛隊は、海軍特別根拠地隊四個大隊と、さらに四個大隊の臨時歩兵部隊、そしてそのほか各種の陸海軍部隊、合計一万六千名の戦闘員で構成されていた（訳註：戦史叢書第九十三巻『大本營海軍部・聯合艦隊〈7〉戦争最終期』によれば、一月二十一日ごろの「マ海防」の兵力は合計二万名で、うち四千三百五十五名が陸軍）。岩淵は、アメリカ軍が到着して、もはや撤収が不可能になるまで、施設の破壊を完了するのにもっと時間が必要なふりをして首都でぐずぐずしていたようだ。この遅延のあいだに、彼はパシッグ川南方の旧市街中心部に強固な固定防御陣地を構築するのを監督した。道路障害物と鉄製のバリケードが通りに設置された。地雷と仕掛け爆弾が歩道と瓦礫のあいだに敷設された。人を寄せつけない古めかしい石造りの〈イントラムロス〉、つまり川南岸の城郭都市（旧城市）は、トンネルやトーチカ、砲掩体で蜂の巣状態だった。日本軍はブロックからブロックへ、建物から建物へ、部屋から部屋へと戦うつもりだった。逃れることも、降伏することも、生き残ることもないだろう。

パシッグ川を最初に渡ったアメリカ軍偵察隊は、イントラムロスの巨大な石垣から日本軍の迫撃砲と小火器の激しい射撃を浴びた。そこでグリズウォルドは第十四軍団隷下部隊を迂回運動でさらに東方に上陸させることにした。二月七日の夜明け、第一四八歩兵連隊の二個大隊がマラカニアン宮殿と〈サン・ミゲル・ビール醸造会社〉のあいだで川を渡り、直接攻撃で要塞化された南堤防を占領した。アメリカ軍は熾烈な反撃を撃退して、川の南の足がかりを強化し、部隊が川を渡ってくると急速に拠点を拡大しはじめた。第一騎兵師団の隷下部隊があとにつづいた。計画では、南のかつては静かだったパンダカン地区とパコ地区に攻めこみ、それから城郭都市に西向きの攻撃を仕掛けるつもりだった。

そのいっぽうで、第一二九歩兵連隊は市内最大の発電所があるパシッグ川のプロビソール島を攻撃した。日本軍の守備隊は施設を要塞に変えていた。その結果、激戦が三日間つづき、施設の暗い屋内で部屋から部屋への戦闘がくりひろげられた。この戦闘でアメリカ軍は戦死三十五名、行方不明十名をふくむ二百八十五名の損害をこうむった。蒸気タービン施設は戦闘で完全に破壊され、市内のほとんどがこの先何週間も電力の供給を断たれることが確実になった。

二月八日、戦闘はパンダカンとパコの燃える通りで猛威をふるった。この地区の日本軍は戦いながら、一九一五年に建設されたネオクラシック様式の大建築であるパコ鉄道駅に向かって退却した。(30)第一四八歩兵連隊は駅周辺の包囲網を狭めた。日本陸軍の精鋭三個中隊は、慎重に防御を準備していた。機関銃陣地と対戦車砲、重迫撃砲は土嚢の壁で守られていた。トーチカは接近する通りをすべて掃射の射界におさめていた。野砲は古くて美しい駅を石一個ずつ破壊していったが、日本軍は立ち直りが早く、増援部隊はアメリカ軍の前線をすり抜けて徒歩で駅に入ることに成功した。一個小隊（B中隊所属）は、駅の北側約百ヤードの広い大通りで釘づけにされた。

ふたりの兵士、クレート・〝チコ〟・ロドリゲスとジョン・N・リース・ジュニアは、激しい敵の銃火に向かって前進し、駅から六十ヤードほど離れた一軒の家に隠れ、それから交代で掩護射撃をしながら手近のトーチカの三十ヤード以内まで前進した。一時間の驚くべき戦闘で、ふたりの兵士は約三十五名の日本兵を倒し、さらに多くを負傷させた。弾薬が残り少なくなった彼らはアメリカ軍の前線まで戦いながら後退をはじめた。リースは機関銃の連射で戦死した。その日の夜、彼らの大隊は駅に突撃して、あたりに残っていた敵兵をすべて倒した。彼らの卓越した勇気が認められ、ロドリゲスとリースはふたりとも議会名誉勲章を受章した。

アメリカ軍は西の城郭都市のほうへ転じると、第二次世界大戦全体でも屈指の過酷な市街戦に遭遇した。彼らの行く手のあらゆる建築物、半壊したあらゆる残骸を、捜索して掃討する必要があった。彼らは歩道に打ちこまれた鉄の犬釘で即席に作られたバリケードや、ひっくり返されたトラックや乗用車、瓦礫を詰めたドラム缶の山、有刺鉄線のコイル、対戦車地雷や対人地雷をはじめとする、各種の手の込んだ防御手段に出くわした。コンクリート製のトーチカがこれらの障害物への近接路を守っていた。狙撃陣地が屋上や建物の高層階に設営されていた。歩兵は小部隊戦術を使って、こうした手強い防御手段に向かって前進し、これを破壊した。各地雷の位置は探知され、地図に記されて、シャーマン戦車か半装軌車（ハーフトラック）につけられた鎖で地面から引き抜かれた。軽迫撃砲は発煙弾を発射して敵の目をくらませた。機関銃が制圧射撃をしているあいだに、各分隊が前進して、直射距離から手榴弾や爆薬、火炎放射器でトーチカを攻撃した。各チームは家屋や建物に入ると、屋上と最上層階にまず駆け上がり、それから階段を降りながら、各部屋を慎重に捜索した。あやしいときはまず手榴弾を投げこむか、室内を火炎で満たして、敵を焼き殺した。戸口を抜けるよりも、壁に穴を開けた。もし敵の抵抗が激しすぎたら、後退して、建物全体を砲撃か爆薬で破壊した。

二月十二日、日本軍六個大隊（海軍四個、陸軍二個）の残っている中核部隊が、約一平方マイルの地域に追いこまれた。北側はパシッグ川、東はルナ、パコ市場、パコ・クリークのあいだを走る線、そして南側はポロ・クラブから湾に面した地区へと走る線にかこまれた地域である。フォート・マッキンリーとニコラス飛行場のあいだの日本軍の防御は第八軍のたえまない圧力で崩壊していて、この地域に残っている日本軍部隊は孤立地帯に閉じこめられていた。「破壊と混沌がマニラへのわれわれの進撃路を印していた」と第十一空挺師団のエドワード・フラナガンは書いている。「市の中心部へとつづく幹線道路の両側に立ちならぶ家や商店は、ジャップとアメリカ軍の砲撃で引き裂かれていた。ブリキ屋根の家々はまるで巨大な缶切りが切り開いたように見え、かつてはけばけばしかった豪邸は黒焦げの煙突と瓦礫のごみの山をさらしていた[31]」

しかし、マニラの戦いで最大の激戦は、まだ前途に横たわっていた。敵の孤立地帯にはマニラの主要な政府庁舎がいくつかふくまれていて、その鉄筋コンクリートの壁は最大口径の砲弾以外のあらゆるものに耐えていた。ドアにも屋根付きの玄関ポーチにも窓にも土嚢が積まれ、砲掩体があらゆる近接路を掃射していた。庁舎は大きな広場や公園、大通りでかこまれていた――つまり、アメリカ軍歩兵は、天然の遮蔽物をほとんど見つけられない開けた場所を横切らなければ近づけないということだった。よく擬装され、連繋したトーチカの帯が、各建物を守っていた。内部では、廊下や階段、部屋に土嚢と普通の家具でバリケードが築かれ、バリケードのてっぺんには、攻撃側に手榴弾を投げつけられるように、数フィートの隙間が残されていた。こうした拠点がいっしょになってイントラムロスの古いスペイン風城壁周囲の外郭防御線を形成していた。

マッカーサーは、物理的な社会基盤とその住民の両面で市に損害をあたえたくないと願っていたので、マニラの爆撃を厳格に禁じていた。同様の理由から、彼は重砲の使用も制限していた。戦闘の初期段階では、大口径砲の用途は、対砲兵射撃と、「既知の敵拠点にたいする観測射撃」に限定されていた。(32) しかし、敵の手強い防御のせいで、アメリカ軍の地上部隊指揮官には限られた選択肢しかなかった。死傷率が上昇すると、彼らは、敵の射撃が観測されたあらゆる建物を粉砕するという、実証済みの手法にたよった。歩兵が市中心部の日本軍の拠点にたいして前進すると、重砲の長い弾幕射撃がブロック全体を徹底的に破壊した。民間人の難民が破壊された地域からぞろぞろと流れだし、必死に安全な場所へたどりつこうとして、アメリカ軍の前線を通り抜けた。

いくつかの主要な建物は、孤立させて迂回することができたが、それ以外はアメリカ軍が安全に通りすぎて前進できるように、完全に破壊しなければならなかった。そうした建物はばらばらになって地面に崩れ落ちはじめるまで、百五ミリ榴弾砲と百五十五ミリ榴弾砲の砲撃を受けた。第一四八歩兵連隊の連隊長は、記者にこう語った。「マニラの有名な建物の多くを救う可能性はほとんど見あたらない。これは本格的な砲兵戦であり、それが市をどうするかはわかるだろう」(33) 戦車は直射距離以内に接近して、その戦車砲で集中的な強打に加勢した。迫撃砲は外壁と拱廊（きょうろう）に砲弾の雨を降らせた。ついに巨大な建物の構造的完全性が失われ、屋上が陥没した。それから歩兵分隊が壁の穴から突入し（ドアからではない。ドアは小銃や機関銃、仕掛け爆弾で守られているだろうからだ）、残っている敵兵をすべて倒した。

パシッグ川北側の〈ナショナル・シティ・バンク・オブ・ニューヨーク・ビル〉は、砲兵観測所として使われた。双眼鏡を持った将校たちが砲弾の着弾位置を観測し、地上と上空を旋回する観測機にいる砲兵観測員に話しかけた。市内の地図がテーブルに広げられ、座標が砲兵隊員に伝達される。六階のつづき部屋では、ジャーナリストたちが心地よい肘掛け椅子に腰掛けて、カナッペを食べ、冷えたビールを飲んでいた。彼らは驚きに口をあんぐりと開けてこの光景を見守り、旧市街の中心部が破壊されていく様子に悲しげに首を振った。マニラの主要な歴史的建造物はひとつまたひとつと、猛砲撃で崩壊した。日本軍は、おそらく人間の盾の役をはたすことを期待して、フィリピンの民間人を戦略的に重要な建物の外壁に縛りつけていた。アメリカ軍の火砲は彼らの命を救わなかった。〈ロング・トム〉という愛称の百五十五ミリ加農砲は、九十五ポンドの砲弾を最大九マイルの距離まで飛ばした。記者のジョン・ドス・パソスは、数百ヤード離れていても、その重砲が発する脳震盪を起こすような衝撃波に仰天した。「ロング・トムが砲撃するたびに、まるで野球のバットで頭を殴られるようだった(34)」ラジオ・アナウンサーのビル・ダンは、鼓膜に恒久的な損傷を受けたと思った。その日以来、彼は「しだいに耳が遠くなって」いると書いている(35)。

ハリソン公園とデ・ラ・サール大学近くの〈リサール記念野球場〉は、二月十六日の午前、熾烈な戦闘の現場となった。アメリカ軍の砲兵がライト近くの外壁に穴を開けた。シャーマン戦車隊が芝の伸びすぎた外野に突進し、第五騎兵連隊と第十二騎兵連隊の歩兵たちがそのうしろをかがんで前進した。よく武装した日本軍の三個中隊か四個中隊が、ホームプレートと一塁線の後方のスタンドやダグアウト、トンネルに立てこもっていた。すべての開口部は土嚢でバリケードが築かれ、壁には銃眼が開けられていた。ビジターチームは戦車のあとについて内野に向かって前進し、迫撃砲とバズーカを発射した。一日がかりの銃撃戦は、球場内の日本兵が全員倒されたとき終わった。

日本軍狂乱の所業

日本軍部隊はアメリカ軍の前線に向かう民間人難民の波を食い止めるよう命じられていた。兵士たちは人々がパシッグ川を渡ったり湾に漕ぎだしたりするのに使うかもしれない船を全部、組織的に破壊した。イントラムロスの拱廊がついた四つの門には、哨兵が配置された。マニラの戦いが終結段階に入ると、日本兵たちは全市の民間人をかき集めはじめた。彼らはまず、成人男性と十一歳か十二歳より上の十代の少年から取りかかった。罪のないフィリピン人と海外在住民間人はアメリカ軍の航空攻撃にたいする人質に取られた。この非人道的な手口は図に当たった。もっともマッカーサーはマニラへの爆撃をけっして黙認しなかったが。しかし、結局、大規模で持続的な砲兵の弾幕射撃が、爆撃機と同じ仕事をした。マニラの戦いで罪のない人間が何人死んだかは誰にもわからないが、膨大な数であることはまちがいない――たぶん十万人以上だろう。なかには住まいや隠れ場所、収容所の瓦礫に埋もれた者もいたが、さらに多くが――またしても、信頼できる数字ははっきりしないが――二〇世紀屈指の不道徳な虐殺行為で日本軍によって殺害された。

集団処刑命令は、文書で日本軍部隊に配布された。〝ゲリラ〟の一斉検挙と処刑は、アメリカ軍がパシッグ川を渡ると、しだいにより無差別になった。戦場で鹵獲された文書は、大規模な「処分」に言及していた。翻訳されて戦後の裁判に提出された、ある日本兵の日記には、つぎのような記載があった。

一九四五年二月七日　百五十名のゲリラが今夜処分された。自分でも十名を突き殺す。
二月八日　きょう新たにつれてこられたゲリラ千百八十四名以上を監視する。

二月九日　今夜、ゲリラ千名を焼き殺す。
二月十日　およそ千六百六十名のゲリラを監視。
二月十三日　敵戦車隊が万歳橋〔ジョーンズ橋〕付近に潜伏中。こちらの攻撃準備は終わっている。現在、ゲリラの収容所の監視任務中。当直中に十名のゲリラが脱走をくわだてる。連中は突き殺された。一六〇〇時、ゲリラ全員を焼き殺す。[36]

二月十三日、岩淵提督は日本軍の戦線内に残っている民間人を全員、殺すよう陸軍部隊に指示した。「女子供もゲリラになっている。……戦場にいる者は、日本の軍関係者と日本の民間人、そして特別建設部隊をのぞいて、全員処刑される[37]」その二日後、マニラ海軍防衛隊命令が、人的資源と弾薬の節約を目論んで、さらに詳細な指示をつけくわえた。殺される民間人は、家屋か建物にかき集めて追いこむべし。それから火を放つか爆破すればよい。そうすれば死体を処分する「めんどうな作業」を軽くすることができる。同様の理由で、「川に突き落とすべし[38]」。

二月十一日と二月十五日のあいだに、恐怖の支配はさらに暗く残忍になった。集団殺害は教会や大学、ホテル、そして病院での野放図な略奪、放火、強姦、拷問、切断騒ぎへと変わった。市のスペイン系と混血（メスティーソ）のエリート層がとくに狙い撃ちされた。国際的な首都の中心部に暮らし、働いていたさまざまな国籍の海外在住者も同様だった。家族が皆殺しにされた。処分隊はかつて警察あるいは軍の制服を着ていた者や、欧米の民間人被抑留者や戦時捕虜に同情をしめした者たちを片っ端から標的にした。

マニラのもっとも有名な宗教施設や医療施設、教育施設の多くが、悪名高い戦争犯罪の現場となった。神父や修道女などのキリスト教徒の聖職者が彼らの教会や祭壇で殺害された。何百という民間人

1945年2月、日本兵によって虐殺されたフィリピン人市民。全市じゅうがこうした状況だった。National Archives

がサント・トーマス通りとヘネラル・ルナ通りの角の大聖堂に追いこまれた。酩酊した兵士の集団が通路や信者席をうろつき、罪のない人間を銃剣で突き刺し、すすり泣く家族の手から若い女性や少女を引き離して、近くの礼拝所で強姦した。フランシス・J・コズグレイヴ神父の宣誓証言によれば、デ・ラ・サール大学の講堂では、二十名の日本兵が入ってきて、「わたしたち全員を銃剣で突き刺しはじめました、男も女も子供も同じように」。わずか二歳の子供もふくむ死者と負傷者は、階段の下に山積みされた。ひとりの女性は乳房を切り取られた。兵士たちは一時間ほど出かけて、外の中庭で酒を飲んでいる声がした。のちに戻ってくると、「彼らの犠牲者の苦しみを笑い、からかった」。コズグレイヴ自身も銃剣で二カ所突かれて出血していたが、死者のあいだを這って、臨終の秘跡を執りおこなった。犠牲者の一部は「それどころか、自分たちを処刑した者たちをお許しくださいと神に祈って」いたと、同感の意をこめて指摘している[39]。

フィリピン大学の教授、ウォルター・K・ファンケルは、自分たち夫婦とほかに六名が部屋の中央で縛られ、ガソリンをかけられたとき、妻に別れのキスをした。彼女は手榴弾で即死し、「わたしは愛する妻が焼き殺されずにすんだことを心から感謝しました[40]」。ファンケル博士は日本兵が現場を離れたあとで、室内からなんとか逃げだせたふたりのうちのひとりだった。セント・ポール大学の教室では、兵士の集団が室内の全員を銃剣で突きはじめたとき、カイェターノ・バラオナは家族をかばおうとした。ひとりの兵隊が彼の母親の手から男の赤ちゃんを奪い取り、宙に放り上げた。「着剣したべつの日本人がやってきて、ちょうど赤ちゃんのおなかのど真ん中を突き刺した」とバラオナはいった。彼は赤ん坊が即死しなかったことに気づいてぞっとした。「赤ちゃんが手を動かしながらぶらぶら揺れているのがわかった[41]」

フィリピン総合病院では、約七千名の民間人が病室と廊下に追いこまれ、そこで人質に取られた。夜になると、酔っぱらった日本兵が群衆のあいだを歩きまわって、顔を懐中電灯で照らし、若い女性と少女を引きずりだして強姦した。残虐行為は病院がアメリカ軍の砲兵と戦車によって攻撃を受けているあいだもつづき、壁が人質と人質を取っている者両方のまわりで崩れはじめた。セント・ポール大学では、日本兵が男性と少年を女性と少女から分けた。女性たちは銃剣を突きつけられて、デューイ大通りの〈ベイヴュー・ホテル〉まで通りを追い立てられた。恐怖に駆られ、すすり泣きながらたがいにすがりつく彼女たちは、三階まで階段を上るよう強要された。十五人から二十人のグループがべつべつの客室に入れられ、床に座らされた。彼女たちは水も食料もなしで何日間もそこに留まった。ときどき日本海軍の将兵が入ってきて、女性たちをひとりずつ検分した。犠牲者は引きずっていかれて、ホテルのべつの場所で強姦された。女性たちはできるだけ自分を魅力的に見えないようにしたり、顔を隠したりしようとした。「部屋にいる全員が自分たちになにが起きようとしているのかわかっていた」と、ある犠牲者は回想した。「部屋にいる全員が泣いて、マットレスやネットの下に隠れようとしていた[42]」

マニラのドイツ人住民は、枢軸同盟国の市民だったため、三年間の占領中、手出しをされなかった。アメリカ軍が近づいてくると、その多くはエルミタ地区の〈ドイツ人クラブ〉に避難した。しかし、自分たちの国籍が暴れまわる日本兵から身を守ってくれるのではないかとドイツ人たちが思っていたとしたら、それはまちがいだった。二月十日の朝、兵士の一隊がクラブに押し入った。居住者たちは必死に自分たちが同盟国人であることを説明した。幼児を抱いたひとりの女性が、おそらく子供が侵入者の敵意をやわらげるだろうと思って、前に進みでて慈悲を請うた。ひとりの兵士が銃剣で幼児の体を貫き、母親の体もいっしょに突き刺した。ほかの兵士たちは若い女性たちを家族から引き離しはじめ、彼女たちの衣服をはぎ取ると、引きずっていった。クラブはのちに火を放たれ、群衆はパニックを起こしてドアに殺到したが、自分たちがバリケードで外から閉じこめられていることに気づいた。

イサク・ペラル通りの赤十字本部では、あらゆる国籍の民間人難民すべてに扉を開き、避難所と医療を提供すると約束していた。建物内のどの廊下も、どの部屋も、どの階段も、難民があふれかえり、地面に隙間なく腰を下ろしていた。二月十日、日本軍の一隊がやってきて、居住者の名簿を見せるよう要求した。彼らは、国際法の保護下にあるというスタッフの言及を一蹴した。その日はそれから兵士のもっと大きな集団が建物に集まってきて、正面と裏のドアから同時に侵入した。彼らは銃弾やナイフ、軍刀や銃剣で無慈悲に殺しはじめた。ひとりの正看護婦が指揮官と話をさせてくれというと、その場で虐殺された。ひとりの母親は女の赤ちゃんを救おうとした。赤ちゃんは腹部を銃剣で突かれていた。「わたしは娘の腸(はらわた)をお腹に戻そうとしました。わたしにはどうすればいいのかわかりませんでした[43]」幼児は死亡した。

日本軍のふるまいには、おなじみの過激化のパターンが見受けられた。最初、アメリカ軍がマニラ市境を越える前は、彼らは威嚇的だったが、それ以外は規律が取れていた。将校にひきいられた日本兵の小さな班が家や施設をおとずれ、民間人居住者全員の名前と年齢を教えろと要求することもあった。情報はノートに記入される。一日か二日後に、彼らは戻ってきて、ゲリラあるいは禁制品を捜索する命令を受けていると説明するかもしれなかった。兵士たちは飾り戸棚や化粧台で見つけた貴重品を着服するかもしれないが、それ以外には居住者に手を出さなかった。三度目の訪問では、居住者と施設の捜索を要求するかもしれないし、窃盗はもっと厚かましくなった。女性はこうした捜索の過程で体をまさぐられるかもしれなかった。男性と年長の少年が逮捕され、つれさられることもあった。四度目の訪問では、単独の強姦が発生することもあった。

アメリカ軍が市内に入り、大砲の響きが遠くで聞こえるようになると、日本軍のムードはもっと無慈悲で、報復的になった。男性と女性は分けられ、輪姦がより一般的になった。アメリカ軍部隊が外辺防御線に迫り、砲弾が雨あられと降ってくる最終段階では、暴行はより狂暴で、残虐行為はより想像力に富んだものになった。いまや女性を強姦し、殺すだけではたりなかった――かわりに、手足を切断し、乳房を切り取り、髪の毛にガソリンをかけて火を放たねばならなかった。生存者たちは、屍姦未遂の事例を報告している。ときに殺人者たちは、おそらく現場の家や建物を焼失させて、犯罪を隠そうとした。アメリカ軍部隊が迫ってきた末期の段階では、日本軍は自分たちの忌まわしい所業を見せびらかす傾向が強かった――たとえば、拷問を受けた首なしの民間人を街灯柱から吊り下げるといったような。

マニラの略奪は日本の軍隊文化とイデオロギーの最悪の病理をあらわにした。これは「降伏せず」主義のまぎれもない誤りを指摘するものであり、日本人が「玉砕」と美化したものの堕落した裏面だった。岩淵提督の兵士たちは自分たちがあと数日しか生きられないことを知っていた。彼らはその権限がぜったいで、神のようでさえあった将校たちから、戦線内の男と女と子供を最後のひとりまで処刑せよと直接命令されていた。多くの者は、弾薬を節約するために、その恐ろしい作業を銃剣で、あるいは犠牲者を焼き殺すことで実行するよう指示されていた。彼らは、この身の毛もよだつような悪夢に閉じこめられ、自分自身の恐怖と憎しみに苦しめられて、凶暴になり、世界が簡単には忘れられない原始的な殺戮の狂乱にわれを忘れたのである。

悲劇から目を背けたマッカーサー

横山将軍はモンタルバンの振武集団司令部から岩淵提督に、手遅れになる前に脱出をこころみるようながした。しかし、そうした行動はその時点ではまちがいなく不可能だった。岩淵の六個大隊の残部は四方を包囲され、迫撃砲と火砲の弾雨のなかで塹壕や建物、トンネルにうずくまっていた。アメリカ第三十七歩兵師団が北から、第一騎兵師団が東から、第十一空挺師団が南から迫っていた。残っている日本軍の火砲はほとんどすべて沈黙していた。砲が破壊されたか鹵獲されたか、あるいは弾薬を撃ちつくしたからだ。二月十五日の無線通信で、提督は自分の状況を横山に説明した。

（「司令部ノ転進セラルルヤ」の問いにたいして）実行セラレズ。……一旦出撃ヲ企図シ計画ヲ立テタルトコロ到底夜中ニ市外迄突破ハ難カシク全滅ハ火ヲ見ルヨリモ明ラカナリ　此ノ儘籠城セバ後一週間ハ持チ得ベク問題ハ大局ニ鑑ミ拠点ノ持久ニヨルト何レカ敵ニ多クノ損害ヲ与ヘ得ルカノ二点ニ在リ　元来ノ強味ハ固定的陣地ニ拠ルニ在リ　茲（ここ）ニ移動セハ微力トナルヲ以テ極限迄持チコタエ最後ニ総員必死必殺ノ突撃実施然ルベシト思考致スニ付御高配　辱（かたじけな）キモ主作戦指導上当隊ニ考慮セラルルコトナク計画実施ヲ進メラレ度[44]（訳註：後半は実際には十八日の「マ海防」

一九四一発電の内容である）。

それから岩淵はバギオの司令部に連絡した。

> 小官菲才（ひさい）ノ為多クノ部下ヲ殺シ任ヲ全ウシ得ズシテ事茲ニ至ル　真ニ慙愧（ざんき）ニ堪エズ然レ共隊員ハ最善ヲ発揮奮闘シ余ス所ナシ　吾等ハ世紀ノ戦争ニ際会シ畢生ノ御奉公ヲナスノ機会ニ恵マレ衷心歓喜シ感謝措ク能ハザルトコロナリ　イデヤ残存兵力ヲ携ゲ射チ捲リ目ニ物見セン　謹ミテ天皇陛下ノ万才ヲ寿ギ奉ル（註　最後ノ一兵迄敢闘スル決心ナルモ通信杜絶ヲ考慮シ御挨拶申上グ）[45]。

約二千名の日本軍戦闘員が、イントラムロスの城郭都市の内側に準備された防御陣地に依然として立てこもっていた。十六世紀後半にスペイン人が築いたこの巨大な石の大建築物は、外周が約二・五マイルあり、高さは二十五フィート、厚みは十フィートから二十フィートまでさまざまだった。城壁はヨーロッパ、とくにイタリアやスペイン、フランス南部でよく見られる中世の壁と同じように見えた——しかし、ほかの太平洋の島々にこれに似たものはなかった。壁はかつては堀でかこまれていたが、それ以降、堀は水が抜かれて都市公園と九ホールの公営ゴルフコースに変わっていた。四カ所のアーチ門にはすべて土嚢がうずたかく積まれ、日本軍の機関銃と対戦車砲の掃射を受けた。日本軍は古い石造建築に砲掩体とトンネルをうがち、ほかの防御陣地と結んでいた。

この壁のなかには、何千人もの飢えた民間人人質がいた。その多くは川床の下の古い地下牢に押しこめられ、ほかの者たちはアメリカ軍の包囲部隊からよく見えるように外壁から実際に吊り下げられた。拡声器で降伏の勧告が放送され、観測機からビラが撒かれたが、答えはなかった。二月二十三日の朝、第十四軍団が城郭都市への攻撃を準備すると、アメリカ軍は要塞を襲撃して、残っている防御兵を最後までひとり残らず倒さねばならないことがあきらかになった。

グリズウォルド将軍はふたたび航空攻撃を要請した。そしてふたたび却下された。マッカーサーは依然として、愛すべき古い地区を保存する思いがけない神のみちびきを期待しているようだった。またしてもアメリカ軍は、爆撃機がやったであろう同じ仕事をするために、重砲の集中砲撃をもちいた。二月二十三日の午前七時半、百門以上の百五ミリ砲と百五十五ミリ砲が太平洋戦争でいまだかつてない規模の集中弾幕射撃を開始した。砲の一部は約三百ヤードの近距離に布陣して、砲弾を平射弾道で発射した。一時間で、火砲と戦車は合計して七千八百九十六発の榴弾を発射した(46)。城郭都市全体が一面の炎と煙とほこりのなかに消えた。まるでピナツボ火山がマニラ中心部で噴火したようだった。《ニューヨーク・タイムズ》のジョージ・ジョーンズ記者は、「黒い煙と降りそそぐ瓦礫と弾片の巨大な間欠泉。空気は煙とほこりで満たされ、すぐにイントラムロスは視界から消えた。このなかで唯一確実に見えたのは炸裂する砲弾の閃光だった」と描写した(47)。

フォート・サンティアゴの地下の墓地では、日本兵が、地下牢に残っている人質を全員、殺戮せよとの命令にしたがった。多くは突き殺され、斬り殺され、撃ち殺され、銃剣で突かれた。何日も水や食料をあたえられていない人質でいっぱいの大きな監房では、ガソリンが鉄格子のあいだから床にぶちまけられ、それから火が点けられた。のちに回収されたある日本海軍大尉の日記によれば、岩淵提督は自分の最後に残った部隊に、戦いで斃れる前にできるだけ多くのアメリカ兵を殺せと力説した。「弾がなくなったら、手榴弾を使え。手榴弾がなくなったら、刀で敵を斬り殺せ。刀が折れたら、やつらの喉笛を嚙み切って殺せ(48)」

砲兵の弾幕射撃が午前八時半に終わり、煙とほこりが消えていくと、古い城壁の大部分が瓦礫の山に変わっていた。第一四五歩兵連隊と第一二九歩兵連隊の各部隊がいっせいに突撃し、兵士たちはこの山を登って、向こう側の通りまで銃を撃ちまくりながら突進した。装甲ブルドーザーが前進して、シャーマン戦車のために道を空けた。約百隻の強襲艇の艇隊がパシッグ川の泥の川岸から川岸へと横断した。砲兵射撃は意図的に川と城壁のあいだの石組みに〝階段〟をうがっていたので、兵士たちは土手を上ることができた。小隊規模の各部隊は、発煙手榴弾を投げて敵の目をくらましながら、一列縦隊で壁の穴をくぐり抜けた。(49)

機関銃の響きと小銃の射撃音が聞こえると、突撃隊は城塞中心部の狭い迷宮のような通りに散開した。兵士たちは東の地区で磨きをかけた市街戦術をふたたび使いはじめた。彼らはすばやい勝利をおさめるよりも味方の損害を抑えるほうを選んで、時間をかけた。

岩淵とその主要な幕僚たちは、農商務省ビルの野戦司令部で、二月二十六日の夜明け前に自決したと考えられている。

幾人かの敵生存者はフォート・サンティアゴ地下のトンネルと地下墓地を死守していた。この地下の隠れ家への入り口は強力な爆薬で封鎖された。ガソリンがトンネルに注がれ、黄燐手榴弾がそのあとで投げこまれて、トンネル内を窯に変えた。

最後の最後までマッカーサーはマニラで起きている悲劇に目を背けているようだった。二月七日から二月十九日のあいだ、彼はタルラクの司令部にとどまり、短期間、首都を視察しただけだった。北部地区の廃墟を目にして、川の南側の火災と破壊に直面したあとでさえ、彼は自分の同僚たちに楽観的な意見を向けつづけた。彼はほぼ毎日の公式発表で戦闘と大虐殺の全容を自分の報道チームに説明させようとしなかった。おそらく先の早まった勝利発表を恥ずかしく思っていたからだろう。野戦指揮官たちに市の奪還をいそぐようにせっついていたマッカーサーは、日本軍が旧市街を強固に要塞化していた証拠を無視したのである。

南西太平洋戦域司令官は、やっと二月二十三日に瓦礫と化した首都に入ると、装甲車列で〈マニラ・ホテル〉の戦前の自宅に運ばれていった。かつては優雅だった歴史的な建物は火災で全焼していた。外側の石細工は大きな部分が崩れて、上層階の客室の名残がむき出しになっていた。短機関銃で武装した兵士たちをともなって、マッカーサーは瓦礫の散らばる階段を自分の古いペントハウスへ登っていった。悲しいことに、そこは焼け落ちて、瓦礫が散乱していた。玄関の間には日本陸軍の大佐の死体がころがっていた。彼の所有物はなにひとつ残っていなかった。彼の戦史の大個人図書館は完全に失われていた。日本の前天皇から父親に贈られた年代物の花瓶一対は、粉々になっていた。「楽しい瞬間ではなかった」とマッカーサーはふりかえった。「わたしはめちゃめちゃになった愛するわが家の悲痛を最後の酸っぱいひとかけらまで味わいつくしていた[50]」

その四日後、マラカニアン宮殿の公式の式典では、カーキ色の制服を着たアメリカ陸軍将校やフィリピンの国会議員、従軍記者が、凝った彫刻がほどこされた木造部とペルシャ絨毯、クリスタルのシャンデリアがそろった優雅なレセプション・ホールに集まった。フィリピン自治政府は戦前の権限を完全に回復した。マイクの放列を前に立つマッカーサー将軍は、フィリピンを奪還するための三年間の「悲痛、苦闘、そして犠牲」を物語った。彼は、自分が一九四一年にやったようにマニラから撤収して無防備都市と宣言しなかったと、怒りをこめて日本軍を非難した。「敵はそうしようとせず、わたしが守ろうとした多くのものが、追いつめられた敵の自暴自棄の行動によっていたずらに破壊されました――しかし、この廃墟によって、敵は将来の自分自身の破滅のひな形を軽はずみにも確定したのです[51]」さらに一分かそこら演説した将軍は、最後に言葉に詰まり、先をつづけられないことに気づいた。用意していた発言を締めくくることなく、マッカーサーはオスメニャ大統領に演壇を譲った。ニュース映像では、彼は大統領の後ろの奥のほうに立ち、ハンカチで顔を軽くぽんぽんと叩いている。(52)

豺狼のごとく忌み嫌われて

戦勝パレードについての話はもう出なかった。マニラの大部分は完全に消失した。パシッグ川南方の西部地区では、全焼した建物の抜け殻や、黒焦げになった瓦礫の丘がどの方角にも地平線まで広がっていた。節くれだった黒焦げの木の幹だけが、かつて大通りを縁取っていた成木の名残だった。目印となる建物はほとんど消え去り、道路標識もなくなった。生粋のマニレーニョでも、かつては見慣れた街の瓦礫のあいだを進んでいくと迷子になった。瓦礫のあいだには埋葬されていない遺体が散らばっていた――褐色で、日差しにふくれ上がり、うつろに見つめる目とおぞましく笑いかける口以外には、顔立ちは見分けがつかなかった。大虐殺の現場では、民間人の死者がいっしょくたに山積みされていた――男も女も子供もいっしょで、ふくれ上がった手は背中で縛られ、撃ち殺され、銃剣で突き刺され、あるいは首を切り落とされていた。腐敗した肉の胸の悪くなる悪臭からは、市境の風上のかなり遠くまで行かないかぎり、逃れられなかった。

難民たちは瓦礫のなかで野宿して、急造のゲットーを建てた。残骸から回収できた材料をなんでも使って原始的な小屋がこしらえられた――板切れや配管、煉瓦、毛布、そして波状のトタン板。略奪者は焼け落ちた建物の残骸や所有者が見捨てた家をあさりまわった。陸軍の衛生兵や赤十字の職員が精製水や食料、衣類、毛布などの物資を配布した。けがをした民間人は急造の野戦病院で治療を受けた。公衆衛生の緊急事態が発生する恐れがあった。市の給水施設は確保されていたが、被災地では水道本管と下水本管が分断されていた。多くの地区では一年以上、まったく水が出なくなり、排水路は下水溝だった。売春組織は、抵抗する日本軍の最後の孤立地帯が除去される前から、せっせと商売をしていた。浮浪児がアメリカ兵に近づいて声をかけ、自分たちの姉の値段を教えた。しかし、このみすぼらしい荒れ地でも、こんな苦難と絶望のなかで、多くのフィリピン人が通りで踊り、「マブーハイ！」（「人生に乾杯！」）と叫んで解放を祝っていた。(53)

マニラ湾は、浮かんだ死体や、沈没した船から流れだす油の渦で汚染され、手がつけられない状況だった。船にかんしては、種類も大きさもさまざまなものが五十隻は沈んでいた。全焼した貨物船が干潟で半分波に洗われ、日本の数隻の大型軍艦はそのパゴダ型の前檣（ぜんしょう）を水面につきだしていた。波止場はハルゼーの第三艦隊の艦載機と南方の地点から活動するアメリカ陸軍航空軍の爆撃機によって六カ月間、爆撃を受けていた。マニラ南方のカビテ海軍基地では、一棟の建物も無傷では残っていなかった。日本軍は空襲後に立っていたすべてを念入りに爆破するか燃やしていた。彼らは波止場に貨物船をわざと沈めて、使えなくした。アメリカ海軍の沈没船引き揚げ部隊によれば、ある重要な停泊位置では、三隻の小型船が折り重なって沈められ、鋼鉄の残骸が積み重なって、一部ずつ取りのぞかねばならない状態だった。港内を片づけて、海港を稼動状態にするには、とほうもない引き揚げ作業が必要だった——しかし、すぐにやる必要があった。マニラは沖縄と九州の侵攻作戦の主要な中継基地のひとつとなるからだ。

フィリピンの人々にとって、マニラを失った代償は計り知れなかった。古くて歴史ある市の中心部では、それは修復の問題でさえなかった——彼らは瓦礫を撤去して、白紙の状態から新しくはじめなければならなかった。国家の文化的な遺産の大半が完全に破壊されていた。建築物、図書館、博物館、公文書館、数世紀分の歴史が。政府の公式記録の破壊でさえ、広範囲にわたる影響のある問題だった。国家の戦後復興の法的基盤と行政基盤を揺るがしたからである。優雅で機能的な都市、〝東洋の真珠〟、マニラは、この新興のアジアの民主社会が所有するもっとも価値ある財産だった。国家の唯一の政治的、経済的、文化的首都だった。これを失ったことは、フィリピン国民の経済復興と独立へのつつがない移行の希望の残酷な妨げだった。

アメリカ議会下院で投票権のない代議員としてフィリピンを代表していたカルロス・P・ロムロ将軍は、一九四二年四月に日本軍が彼の首に賞金をかけたあと、妻と四人の息子を残して姿を消さざるを得なくなっていた。いまエルミタ地区のわが家に戻った彼は、それが灰になっていることを知った。彼には地所は人気（ひとけ）がなかった。地所の端で、彼は銃剣で突かれた、ひどく腐敗した遺体を発見した。彼にはその死体がとなりの住人だとわかった。破壊された自宅周辺を探索したロムロは、多くの知り合いに出くわした。彼は彼らが生きていたことに大喜びしたが、彼の家族の噂は、首都から逃げたということ以外、誰も知らなかった。通りに散乱する遺体を検分したロムロは、その顔の多くに見おぼえがあることに気づいてぞっとした。「わたしは隣人と友人たちの拷問された死体がマニラの通りに山積みされているのを見た。彼らの頭は剃られ、手は後ろで縛られて、銃剣の突き傷が完全に体を貫いていた。わたしを無言で見上げるこの娘は、息子と学校でいっしょだったが、彼女の若い胸は銃剣で十文字に切りつけられていた」[54]（一週間後、ロムロは妻と子供たちと再会した。全員が無傷で生きていた）

戦闘が市内でまだ猛威をふるっているあいだに、法律家やカメラマン、速記者、通訳、医師のチームが戦争犯罪の証拠書類と目撃証言を集めるつらい作業を開始した。証人は話を聞かれ、宣誓証言が記録され、捕虜は尋問され、生存者は調べられ、大虐殺の現場の写真が撮影され、鹵獲した日本軍の文書は連合軍の翻訳通訳部門によって翻訳された。一部の事件では、犯人が自分の所業を放火で隠そうとしていたが、残虐行為はあまりにも数が多く、広範囲におよんでいたので、実際に集めきれないほどの証拠があった。事件書類はじきに、組織的な戦争犯罪の動かぬ証拠でふくれ上がった。これらは「マニラの略奪とそれに付随する恐怖は、最後の凶暴な抵抗で正気を失った守備隊の行為ではなく、日本軍最高司令部の冷静に計画された目的である」という主張を展開する目的で集められた[55]（この主張は立証されなかったが、山下将軍はそれにもかかわらず絞首刑になる）。

もしすべてがちがったふうに進んでいたら――もし日本軍が残虐行為に手を染めず、民間人を無傷で解放していたら――マニラをめぐる死力をつくした戦いは、彼らの敵に渋々ながら賞賛の念を起こさせていたかもしれない。結局のところ、アメリカ人にも降参を潔しとしない独自の伝統と伝承があった――アラモ砦やジェイムズ・ローレンス艦長の「艦を見捨てるな」、そして（もっとずっと最近の）バストーニュ包囲戦で降伏を要求するドイツ軍にたいするアンソニー・マコーリフ将軍の一語の返答「くそ食らえ（ナッツ）」など。しかし、組織的な強姦や拷問、そして罪のない人々の大虐殺は、戦いからその名誉を奪い取った。それから七十五年後、マニラにおける日本軍のふるまいは、日本の右派の反動的なひと握りの神話作者をのぞけば、世界中の誰からも賞賛されていない。

一八八二年に下賜された明治天皇の『軍人勅諭』は日本の軍人の公式倫理規定だった。帝国日本の基礎を築いたふたつの文書のひとつである（もうひとつは一八九〇年の『教育勅語』だった）。明治天皇のふたつの勅語は第二次世界大戦期の日本では聖書に等しかったといっても過言ではなく、『軍人勅諭』は日本のあらゆる軍事的権限の唯一の基盤と見なされていた。軍服を着た人間は全員、これを暗記し、暗唱することがもとめられた。しばしば欧米の歴史で引用されるもっとも有名な一節は、「義は山嶽よりも重く死は鴻毛よりも輕し」である。しかし、もっと注目に値するのは、『勅諭』の三項目にふくまれる以下の一節である。

> 血氣にはやり粗暴の振舞なとせんは武勇とは謂ひ難し軍人たらむものは常に能く義理を辨（わきま）へ能

く膽力を練り思慮を殫して事を謀るへし小敵たりとも侮らす大敵たりとも懼れす己か武職を盡さむこそ誠の大勇にはあれされは武勇を尚ふものは常々人に接るには温和を第一とし諸人の愛敬を得むと心掛けよ由なき勇を好みて猛威を振ひたらは果は世人も忌嫌ひて豺狼なとの如く思ひなむ心すへきことにこそ(56)

四十年にわたって、陸海軍の兵士たちは、心してきた。十九世紀後半と二十世紀前半の戦争で、日本軍は欧米の軍隊に広まっていた規律と騎士道精神の水準を満たし、しばしばそれを凌駕していた。日本が義和団の乱を鎮圧する国際連合に参加したとき(一九〇一年)、中立の立場にあるジャーナリストたちは日本軍将兵の軍人にふさわしいふるまいを記録し、民間人のあつかいの面では欧米の同盟軍より良心的であると報じた。日露戦争(一九〇四〜一九〇五年)では、戦闘地域の民間人は日本軍よりロシア軍のほうを恐れ、日本軍はロシア軍戦時捕虜の待遇で模範的な水準を満たした――この事実は国際赤十字の関係者がその目で見て確認している。それ以降、一世代の期間内に、いまだに学者たちが首をひねって議論している理由で、日本の軍事的文化は野蛮へと急転換した。一九三〇年代前半には、日本軍将兵のふるまいは、国際的な悪評を招きつつあり、その傾向は第二次世界大戦の終結までにいっそう悪化した。

明治天皇の警告は、こうして予言となった。たくさんの鴻毛のように自分の命を投げ捨てたマニラの岩淵の部隊は、山嶽の重荷を肩から下ろした。勅語で述べられた「誠の大勇」を捨て、能く義理を辨えない陸海軍将兵は、無防備な罪なき人間にたいする野蛮な暴力に夢中になった。結局、天皇裕仁の祖父が予言したように、世界は彼らを忌み嫌い、豺狼などのごとく思うようになった。マニラの大量虐殺を生きのびたある目撃者はのちにこう述べた。「彼らは凶暴な野犬のようだった。人間でさえ

なかった――彼らは獣のようにふるまった」[57]（訳註：「豺狼」は、山犬と狼のこと）

「ルソン島全体がいまや解放された」

マニラ湾の西の向こうには、バターンの緑の山地とコレヒドール島をしめす低い灰色の陸塊がそびえていた。第九軍団はこの神聖な地域を奪還する責務をあたえられ、二月十五日にバターン半島への進撃を開始していた。ふたつの強力な縦隊が半島のふたつの海岸にそって南へ攻撃し、地域の劣勢な日本軍部隊をたちどころに制圧した。バターンは一週間で確保された。厳重に要塞化されたコレヒドールでは、約六千名の日本軍守備隊が艦砲弾の雨と、空から投下される爆弾のもとで頑強に持ちこたえていた。第五〇三パラシュート歩兵連隊が島西部の高台の〈トップサイド〉と呼ばれる山頂に降下し、東岸のマリンタ・トンネルの入り口近くに上陸した水陸両用部隊と合流した。防御側は典型的な最後の一兵までの死闘をくりひろげ、トンネルを爆破して、〈ザ・ロック〉のさらに内側に後退した。島は二月二十八日に確保と宣言されたが、まだ頑強に抵抗を続ける兵士や敗残兵が何百人も残っていて、掃討しなければならなかった。

三月二日、マッカーサーは一九四二年三月に自分とともにコレヒドールを後にした将校の代表団を集めた。彼らは伝統のために、新しい海軍の高速魚雷艇の戦隊でマニラ湾を横断した。記者と記録映画班をつれて、感動的な国旗掲揚式のために〈トップサイド〉まで岩を登っていった。第五〇三パラシュート歩兵連隊のジョーンズ大佐がマッカーサーに敬礼して、こういった。「閣下、コレヒドール要塞を贈呈いたします」

山がちの大きな島、ルソン島の攻略を完了するのには、まだ何カ月も必要だった。首都の北方百五十マイルにあるバギオ山中の司令部から、山下将軍は日本の記者に、ルソン島の戦いはまだ「いはゆる前期作戦といふところ」だと語った。アメリカ軍は七万名の損害を出していると、彼はいった（その時点での実際の数字は約二万二千名だった）。マッカーサーはまだ島内の自分の主力部隊と直面していない。「敵を中部ルソンの平原とマニラ方面に誘ひ込んで、これを各方面から攻撃して撃砕するといふのがわが軍の最初からの計畫であった」と山下は日本のニュース記者に語った。「その意味で作戦は実に順調に進んだ」[58]

これは型どおりのプロパガンダだったが、島内――とフィリピンの残り全体――の日本軍部隊の大部分が、依然として野放しなのは事実だった。山下はマッカーサーの一九四一～一九四二年の戦略的大失敗の再現を回避していた。このとき防御側は持ちこたえられない戦いを平原でくりひろげ、そのいっぽうで手遅れになるまで包囲攻撃のじゅうぶんな準備をするのをおこたっていた。この大戦初頭の戦いでは、アメリカ＝フィリピン軍は、日本軍のリンガエン湾侵攻から四カ月もたたずにバターンを明け渡さざるを得なかった。その三年後、形勢が逆転したとき、山下の尚武集団の中核部隊は、ルソン島北部の山地を、一九四五年八月の日本の公式な降伏まで、八カ月以上も死守した。

クルーガーの第六軍は、三カ所同時の攻勢で北と東を攻撃した――第一軍団はカガヤン峡谷とバギオの山下将軍の砦に向かって、第九軍団はマニラ東方のシエラ・マドレ山地へ、そして第十四軍団は島の南東地域へ。残っている日本軍の孤立地帯への圧力がやわらぐことはなかった。アメリカ軍は航空兵力、砲兵、戦車、機動力、野戦工兵技術、そして兵站面での優勢をフルに利用した。フィリピンのゲリラ部隊は日本軍部隊の位置や数、武装、そして計画にいたるまで、貴重な情報を提供した。山下はしだいに島内のほかの部分にいる部下たちと連絡がつかなくなっていった。五月二十三日、第二十五歩兵師団がバレテ峠の戦略的に重要な隘路（あいろ）を突破して、カガヤン峡谷になだれ込んだ。

これらと同時期に、マッカーサーは統合参謀本部の承認を得ずに、南方の島々を奪還するために、一連のもっと小規模な水陸両用侵攻作戦を命じていた。二月二十八日、第八軍の隷下部隊がパラワン島に上陸し、日本軍を近づきがたい山地へすばやく追いこんだ。つづいて四月十七日にはミンダナオ島上陸が実施され、パナイ、セブ、ネグロスと、南方のもっと小さな島々への小規模な上陸がそれにつづいた。損害は最小限で、日本軍部隊は概して山岳地形に退却し、それから物資と支援の欠乏で衰弱していった。生き残った日本軍将兵は奥地に散り散りになって、ジャングルの浮浪者のように少人数の集団でうろつき回り、しだいに飢えるか、熱帯病に倒れていった。現地のゲリラは敗残兵を狩りだし、しばしば彼らを拷問で殺したり、死体を切り刻んだりした。軍紀は崩壊した。下士官兵は将校に背を向けた。兵士たちは殺人や人肉食さえ起きるほど食料をめぐって争った。西原敬麿（たかまろ）は、病気で死にかけた戦友が、自分の尻を食べて生きながらえるよう勧めたとふりかえった。飢えていた西原はそんなことできるかと叫んだが、「尻の肉塊から目がはなせなかった[59]」。

若い海軍士官の小島清文は、ルソンの山中で飢えが隊員たちをつぎつぎに奪っていくあいだ、なんとか自分の小隊がばらばらにならないようにしようとした。彼と部下たちはフィリピン人とアメリカ兵を恐れるのと同じぐらい仲間の日本兵を恐れるようになった。「弱い落伍兵は強い者の餌食になりました。恐ろしい話です。包囲されたわれわれは、乞食のような格好で食料をもとめてジャングルをただぐるぐるとさまよっていました。敵と戦うことなど思いもよりませんでした[60]」小島は最終的に、アメリカ軍に降伏するという異端の考えを持ちだした。最初、彼の考えは部下たちに大声で一蹴されたが、彼らの抵抗の激しさはしだいにやわらぎ、ついに生存者たちはかつては考えられなかった不名誉を受け入れた。八名はアメリカ軍の前線への道中、残忍なフィリピン人ゲリラをなんとか避けて、捕虜になり、煙草と缶詰の食料をあたえられた。

自分を捕虜にした者たちを見て、小島は彼らの人種的民族的多様性に驚嘆した。「金髪や銀髪、黒い髪や茶色い髪、赤い髪。青い目や緑色の目、茶色の目、黒い目。白や黒、あらゆる種類の肌の色。わたしはびっくりしました。それから自分たちが世界中の人間を相手に戦っていたことに気づいたのです。同時に、アメリカというのはおかしな国だと思いました。こんなにいろいろな種類の人間がみんな同じ軍服を着て戦っているのですからね[61]」

六月二十八日、マッカーサーは「ルソン作戦の主要段階」の終結を宣言し、アメリカ軍はいまや島内全域のあらゆる平原、都市、戦略的に重要な峠を占領していると指摘した。「四万四百二十平方マイルの面積と八百万の人口を擁するルソン島全体がいまや解放された[62]」ルソン島は、アメリカ陸軍が太平洋戦争ではじめて、広大な地形に展開する能力をそなえて、軍団規模で戦った戦場だった。いいかえれば、ルソン島の戦いは、太平洋戦争のどの一幕よりもヨーロッパの戦争に似ていた。太平洋で最大規模の地上戦だった。唯一の例外は沖縄の戦いだが、その規模は匹敵していた。いくつかの点で、ルソン島侵攻を支持するマッカーサーの主張は正しかったことが証明された――とくに、地形が攻撃側に有利である点や、偵察隊やスパイ、破壊工作員、パルチザン戦士としての味方ゲリラ部隊の価値にかんする彼の主張は。

結局、日本軍はルソン島に投入した兵力の大多数を失い、終戦時には形ばかりの抵抗しか残されていなかった。二十万の日本軍将兵がルソン島で死んだ。一九四五年八月の東京の降伏以前に捕虜になったのは、わずか九千名だった。島で戦った日本軍将兵のうち、戦後最終的に帰国できたのは約四万名にすぎなかった。日本政府の統計によれば、日本軍はフィリピン全体で合計すると三十六万八千七百名の死者を出した[63]。アメリカ軍は日本陸軍の精鋭師団のうち九個を撃破し、さらに六個をもはや事実上戦闘不能な状態に追いこんだ。戦いは直接的あるいは間接的に三千機以上の日本軍機の破壊を引き起こし、日本軍が戦争の残りの期間、自爆特攻戦術を中心的な航空戦術として採用せざるを得なくした。アメリカ軍の戦闘による損害は約四万七千名に達し、うち一万三百八十名が戦死した――しかし、戦闘以外の要因、とくに病気によるアメリカ軍人の損害は、九万四百名に達した。

第十一章 硫黄島攻略の代償

小笠原諸島で唯一、飛行場に適した硫黄島。
米軍は圧倒的火力で地表を丸裸にするが、
島全体の地下を要塞化して引きずりこむ
栗林中将の防御戦術に大損害をこうむる——。

1945年3月、硫黄島が陥落した直後、摺鉢山上空のTBMアヴェンジャー。火山北方に広大な開発地域が見えている。U.S. Navy photograph, now in the collections of the National Archives

栗林中将、硫黄島へ

一九四四年六月、アメリカ軍部隊がサイパンに強襲上陸する二日前に、新司令官が硫黄島に空路到着した。栗林忠道中将は、中背の恰幅のいい男で、年齢は五十三歳、小さな細い髭を生やしていた。彼は日本陸軍の花形将校のひとりで、参謀職と野戦で名をあげていた。一九二八〜一九二九年にワシントンで駐在武官をつとめるあいだに英語をマスターし、アメリカ国内を広く旅行して回った。太平洋戦争前には、騎兵旅団を指揮していた。一九四一年以降は広東の南支那派遣軍（訳註：第二十三軍に改称）で参謀長をつとめた。もっと最近では、東京に転任して近衛師団を指揮していた。天皇と直接、接する機会がある名誉の職である。彼の新しい指揮官職は、第一〇九師団と小笠原兵団を彼の隷下に置き、小笠原諸島の全守備隊をふくんでいた。東京を発つさいに、東條英機首相は栗林に、「どうかアッツ島のようにやってくれ」と指示した。[1]これは事実上の自殺命令だった。栗林は最後の一兵まで島を死守しなければならない、という。

硫黄島は、八平方マイルの荒涼たる硫黄と火山灰と、ほこりっぽい砂糖黍畑、そしてごつごつした断崖の島だった。小笠原諸島の一部である火山列島の小さな不毛の島々のなかではもっとも大きかった。ポークチョップの形をした島は、サイパン＝東京間の飛行経路のほぼ真下に位置し、サイパンの六百二十五海里北方、日本本土の六百六十海里南方にあった。海岸線の大半は傾斜がきつい浜だった――しかし、浜は砂のかわりに火山灰でできていて、大型車輛の重みには耐えられなさそうだった。五百五十フィートの高さにそびえる休火山、摺鉢山は、島の南端に位置していた。摺鉢山北方の平原には、稼働中の二本の滑走路、元山第一と第二飛行場〔訳註：日本側名称は、第一〔千鳥〕と第二〔元山〕〕があった。三本目の第三飛行場は建設中だった。島は北部で広がって、地形は上り勾配のごつごつした段丘と、尾根と峡谷のくりかえしとなり、元山台地と呼ばれる海抜三百五十フィートのドーム状の岩盤へとつづく。島のいたるところで硫黄が地面のすぐ下で腐臭を放ち、蒸気の湧出口が地熱と硫黄ガスを地表に運んできた。暗く、荒涼として、悪臭を放つ場所だったが、B－29のような重爆撃機を収容できる飛行場に適した地形を持つ地域唯一の島だった。それが硫黄島を、手に入れる価値のある賞品にしていた。栗林は自分の司令部を、もっと人口が多くてすごしやすい島である百六十八海里北方の父島ではなく、ここに置くことにした。

栗林将軍は着任早々、木製のステッキを持ち、水筒を肩から下げて、歩いて島内を視察した。浜にほど近い第一飛行場の南端で、彼は地面に伏せて、まるで小銃のようにステッキで狙いをつけた。彼は参謀の堀江芳孝少佐に、別方向から近づいてくるよう命じた。それからノートに照準線を図で示した。到着から二時間以内に、彼はどのように部隊を配置し、防御陣地を建設するかを正確に理解した。アメリカ軍が完全に制海権と制空権を握るだろうと予測した将軍は、海岸で敵の水陸両用部隊を迎え撃ち、撃滅する望みをいっさい捨てた。彼は将兵と火砲を内陸深く、岩だらけの高地に集中させるつもりだった。彼の軍は洞窟やトンネル、地下壕の奥にひそんで、岩に掘った分厚い銃眼や防塞、掩体から敵を撃つ。摺鉢山は要塞に変えられ、独立戦闘支隊がこれを守るために展開する。彼の部隊の大部分は北の、島を海岸から海岸へと横切る強固な要塞線——第一の線は第一飛行場と第二飛行場のあいだ、第二の線は第二飛行場のすぐ北——に配置される。元山台地のてっぺんには複郭陣地、つまり〝蜂の巣防御陣地〟が築かれる——硫黄島の最強の城塞である。

その夏、島にたいするアメリカ軍の攻撃は頻度と激しさを増した。第五十八機動部隊の艦載機は七週間で五回、攻撃してきた。B−24爆撃機がサイパンから活動を開始すると、硫黄島に定期的な〝牛乳配達(ミルク・ラン)〟(訳註：早朝定期的にくりかえす爆撃飛行のこと)を実施した。最終的に一九四四年後半には毎日、島を襲うようになった。本土から物資と増援部隊を運ぼうとする日本の貨物船と兵員輸送船は、アメリカ軍の潜水艦に迎撃された。七月、アメリカ軍の巡洋艦＝駆逐艦機動部隊が沖合に姿を現わし、島に八インチ艦砲弾と五インチ艦砲弾の雨を降らせた。飛行機は地上で撃破され、テントはずたずたになった。司令部の建物と兵舎は跡形もなくなった。「こちらにできることはなにもなかった。反撃の手段はなかった」と、自分の零戦を地上で破壊されたあるパイロットは回想している。「兵士たちは叫び、悪態をつき、どなった。拳を振り上げ、復讐を誓った。そしてじつに多くの者が地面に倒れ、彼らの威嚇の声は、ざっくりと切られた喉からあふれだす血で詰まらされた(2)」

栗林は島の最上級将校だったが、陸軍と海軍の兵員はべつの野営地で暮らし、軍間の力関係はいつもどおりいい争いがたえなかった。海軍の指揮官たちは食料や水やそれ以外の物資の割り当てをめぐって栗林の司令部と厚かましくいい争った。増援部隊が到着し、守備隊の規模が大きくなると、物資の不足はより深刻になった。栗林が一九四四年六月に着任したとき、島には六千名の軍人がいた。その九カ月後、アメリカ軍が上陸したときには、その四倍近い人数がいた。もっとも急を要する問題は水だった。井戸を掘るのは意味がなかった。地下水は塩辛く、硫黄をふくんでいたからだ。兵士たちは「鬼の水」とか「死の水」と呼んでいた。(3) 貯水槽が雨水を集めたが、二万名の需要を満たすにはとうてい足りなかった。喉の渇いた兵士は水たまりから直接飲んだが、この行為はパラチフスや赤痢の大発生を引き起こした。水の配給は厳格だった。瓶が大発動艇（大発）で父島から運びこまれ、空き瓶は送り返されて詰めなおされる。栗林は兵の手本となって、コップ一杯の水で髭を剃り、顔を洗って、歯を磨いた。(4)

島の海軍士官たちは東京の上官たちの支持を受けて、〈水際防御〉を主張した。彼らはアメリカ軍の侵攻を海岸で撃退することを願って、第一飛行場の外周に二百五十から三百基のトーチカの連なりを構築したがっていた。海軍はセメントや鉄筋、ダイナマイト、機関銃、弾薬をふくむ必要な建設資材と兵器を日本から船で運んでくるつもりだった。水際防御は栗林の好む縦深防御とは相容れなかったが、将軍は資材と兵器を切実に必要としていたので、海軍の同輩を押し切るのをためらった。十月の指揮官会議で、彼は自分の主張を述べた。日本軍の守備隊は純粋な地上部隊である、と彼はいった。この部隊は敵の地上部隊、航空部隊、海上部隊と戦うことになる。海岸を向いた戦略は、防御側を圧倒的なアメリカ軍の艦砲射撃と爆撃にさらし、早期の壊滅を確実にするだろう。(5) しかし、海軍陣営は動じなかった。建設資材提供の申し出は、飛行場を防衛する方針が条件だった。もし飛行場を守らないのなら、海軍は日本から資材を船で運んでくるつもりはなかった。

堀江少佐は妥協案をまとめた。海軍が島に送る資材の半分は、希望するトーチカを海岸の上に建設するのに使われる。残りは、もっと高台の栗林の陣地構築物に割り当てられる。半分でもないよりはましだと判断した栗林将軍は同意した。

栗林は工兵と陣地構築専門家のチームを呼び寄せて、掘削工事を監督させた。硫黄島の地形の大半は「凝灰岩」でできていた。圧縮された火山灰でできた多孔質の岩で、つるはしやシャベルを受け付けた。掘削班は二十四時間態勢で週七日働いた。彼らは一日三フィートのペースを設定した。もしダイナマイトがあれば、そのペースを倍にできた。掘削された土と岩屑は背嚢で地表まで運び上げられた。それは地獄の亡者たちの労働だった。作業員たちが島の内部へより深く掘り進むと、彼らは地熱と硫黄ガスに悩まされた。地下足袋に褌一丁の彼らは、交代で十分ほど掘っただけで、新鮮な空気と休息のため地表に引き揚げることを余儀なくされた。「手は豆だらけ、肩にはシコリができ、地熱にあえいで咽喉がひりひりしても、飲む水がない」と、ある陸軍兵は回想した。(6)

一九四四年秋、奮闘が進むと、トンネルと階段と地下壕の複雑な蜂の巣が岩盤に掘り抜かれた。天然の大洞窟は一度に五百名も収容できた。電灯と換気装置は居住性を向上させた。むき出しの岩壁には漆喰が塗られた。各指揮所は無線網あるいは地中電話線で結ばれた。最終的に、約千五百箇所の地下壕が十六マイル分の回廊で結ばれ、広く散らばった出入り口が上の開豁地につうじていた。この日の当たらない地下都市には、病院も、寝台部屋も、食堂も、最新の技術が詰まった通信センターもあった。〈南方諸島航空隊本部壕〉と呼ばれる島の海軍の主指揮所は、地表から九十フィートの深さがあった。

地表では、海軍の作業班が飛行場の外周に何百というドーム型のコンクリート製防塞を築いた。周囲には、防塞を視界から隠し、艦砲射撃から守るために、砂が積み上げられた。小さな隙間状の銃眼は、上陸海岸を重複して射界におさめていた。対戦車壕は歩兵の塹壕を兼ねていた。海軍の設営隊員は、滑走路ぞいの急造の陣地構築物のために、飛行機の残骸を解体した。主翼や爆弾倉、尾部は建設資材に使うため回収された。破壊された胴体は半分地面に埋められ、それから石と土嚢でおおわれて、間に合わせのトーチカとなった。作業を点検したある士官は承認をあたえた。「よくやった。これらの飛行機は二度、お国の役に立つことになるな」(7)

栗林将軍は養う人間の数を減らすために、硫黄島の全民間人に日本への疎開を命じた。七月三日から七月十四日のあいだに、島に住む千名の民間人は本土に送還された。十六歳から四十歳までの扶養家族のない男性は全員、陸軍に徴兵された。上級将校たちがお役所仕事や管理業務を理由に司令部でぐずぐずしていることを知ると、栗林は彼らに「常ニ現場ニ進出シ陣頭指揮ノ徹底ヲ計ル」よう命じた。なかにははてしない労働をきらって、陰で将軍を批判する者もいた。「われわれは戦争をしにきたのであって穴掘りをしにきたのではない[8]」容赦ない一面もある栗林は、反対する者や不満を持つ者を排除した。彼は、参謀長と旅団長一名、大隊長二名をふくむ何名かの上級将校を更迭した。そして、若い将校をその職に抜擢するか、本土からかわりの人間をつれてきた。

なかには栗林を暴君と呼ぶ者もいたが、将軍は部下たちの福祉には本物の気遣いを見せた。本土からの訪問者が食料や野菜などの手土産を持ってくると、彼は部下たちに分けるよう指示した。彼は妻と三人の子供ひとりひとりを溺愛する家庭的な男でもあった。家族にべつべつに手紙を書き、しばしば彼らの家庭生活のこまごましたことに立ち入って、子供たちには各人の家事の役割を思いださせた。彼は来たるべき日本本土空襲の惨状を予見して警告を発していた。妻、義井に宛てた一九四四年九月十二日の手紙で、彼はこう書いている。「之(こ)れが若(も)し東京などだったらどんな光景（勿論凄惨な焼野原で死骸もゴロ〳〵している）だろうなど、想像し何としても東京だけは爆撃させたくないものだと思う次第です」

その二カ月後、スーパーフォートレスがマリアナ諸島の基地から活動を開始すると、栗林と将兵たちは、大きな銀色の爆撃機が頭上高く舞い上がって日本へ向かう姿を見ることができた。しかし、守備隊にはそれを止めることがなにもできなかった。爆撃機は高射砲がまったくとどかない高度を飛行していたからである。栗林は十二月八日に義井にこう書いた。「此の戦争で軍人で而かも最前線に出ている私が死ぬのは仕様がないとしても、お前達内地の婦女子迄生命の危険を感じなければならないのは、何としても我慢の出来ない話だから是非万難を排して田舎に退避し生命だけは全うして呉れ[9]」

日本軍の「消失マジック」

一九四五年一月、栗林と将校たちは侵攻が目前に迫っているという結論にいたった。準備に残された時間は数週間か、たぶんそれより短い。計画では、飛行場の地下深くを走る長いトンネルで元山台地と摺鉢山を結ぶことになっていたが、それを掘る時間も人手もなかった。日本への海上交通路はもはや安全ではなく、硫黄島と父島のあいだで小型舟艇を航行するのも危険になりつつあった。先の海軍との取り決めを破棄した栗林は、飛行場周辺のトーチカの建設を中止するよう命じ、元山台地の防御要塞を完成させるために全労働力と資材を再配分した。地下壕と火砲の砲門への入り口の擬装にもっと努力するようもとめた。栗林は訓練体制も強化し、演習は狙撃や夜間浸透攻撃、対戦車戦術の技術を向上させることにあてられた[10]。

東京への電文で、栗林はもっと武器や弾薬、物資を送るよう要請し、島にそれを空輸するようもとめた。父島から真水と食料を運ぶため、小型船舶や漁船さえ徴発することを望んだ。しかし、二月には、島の守備隊は二万二千名を越え、作業と生活の環境は悪化した。地下壕は暑く、超満員で、不潔だった。通気孔が増設されたが、地下の温度はしばしば六十度を超え、硫黄ガスで息をするのもきわめて困難なほどだった。島内にはトイレがじゅうぶんになく、激しい下痢に悩まされる者はその場で用を足さねばならなかった。黒蠅の群れがトンネル入り口近くの蓋なしの汚水溜めから湧いた。

容赦ないアメリカ軍の空襲から守備隊の物資を守るために、あらゆるものはトンネルと壕内に運び入れなければならなかった。通路にそって真水や燃料油、ケロシン、ディーゼル油の入った五十五ガロン入りのドラム缶がならべられた。兵士たちはドラム缶の上に薄いマットレスや毛布を敷いて、ベッドがわりにした。蝿や蟻、虱、ごきぶりの侵入は兵士たちをほとほと困らせた。風通しの悪い地下の空洞は体臭でむっとしていて、温度が上昇すると、長いことなかにいたら頭が痛くなる煮炊きなどのせいでむっとしていた。ある兵士は日記にこう書いた。「防空壕のなかは船の船倉のようだ。

この同じ週、グアムと真珠湾のアメリカ軍情報分析員たちは、日本軍守備隊の消失マジックらしきものに驚嘆していた。硫黄島は八カ月間、爆撃され、機銃掃射を浴び、破壊されてきた。沖から砲撃され、近くのマリアナ諸島を基地とするB－24とB－29に爆弾を落とされ、空母機動部隊の来襲を十数回受けていた。島のやわらかい火山灰には大穴がいくつも開けられてきた。B－24だけで過去七十日間連続で島を叩き、何千トンという爆弾を投下していた。しかし、この同じ時期に、硫黄島の地下要塞と砲掩体は、いっそう強力で大規模になっていた。砲爆撃は島の防衛にほとんど影響をあたえていなかったし、守備隊の作業のペースを乱してもいなかった。硫黄島はすみずみまで米軍機と潜水艦によって写真に撮られ、可能なあらゆる角度から高解像度の画像が作成されていた。写真によって、日本軍が、むき出しの兵舎と野営地をひきはらって、地下に引っ越したことがあきらかになった。毎日の偵察飛行は、事実上、一棟の建物もテント設備も島内には残っておらず、ほとんどひとりの将兵も上空からは見えないことを確認した。第二十六海兵連隊のトーマス・フィールド大尉はこう簡潔に表現した。「日本軍は硫黄島の上にいなかった。彼らは硫黄島のなかにいた(12)」

侵攻前夜、硫黄島は敵を迎え入れる準備をしっかりととのえていた。摺鉢山と元山台地は天然の要塞に変わっていた。岩盤には、鑿地砲廓の大口径海岸砲から迫撃砲、軽砲、対戦車砲、機関銃にいたる各種の武器が埋めこまれていた。外装式臼砲の発射筒とロケット弾発射機（訳註：日本陸軍では「噴進砲」と称した）は簡単に開閉できる鉄あるいはコンクリートの覆いの下に隠されていた。守備隊で射撃の腕前がトップクラスの者たちは狙撃銃をあたえられ、海岸と飛行場がもっともよく狙える洞窟の入り口に配置された。地下壕の入り口近くには何籠分もの手榴弾が積み重ねられた。海岸から段丘と飛行場へと登る小道には、対人地雷が一面に敷設され、道路と平地は、戦車やブルドーザー、トラックを破壊あるいは動けなくできる大型の対車輛地雷だらけだった。食料は守備隊を二カ月やしなえる量が備蓄されていた。

栗林将軍は部隊内で強硬な抵抗に遭ったが、最終的に守備隊に自分の意志を押しつけ、部下の指揮官たち全員に自分の計画を受け入れさせていた。開けた地形での集団反撃は行なわない。バンザイ突撃は厳に戒められた。日本軍は攻撃側がもっとも脆弱なときに火砲と迫撃砲の砲撃で上陸海岸をおおいつくすが、飛行場を守るために総攻撃をかけることはない。

栗林将軍は自分の部下たちが硫黄島の戦いに勝てるというような期待はいだかせなかった。彼らは持久戦を展開し、アメリカ軍に最大限の損害をあたえたのち、(最終的に)最後の一兵まで戦って死ぬことになっていた。侵攻前の最後の日々、栗林はごつごつした北西海岸近くの地下司令部壕から六項目の「敢闘ノ誓」の一覧表を書きだした。これは謄写版で印刷されて、島内の全部隊に配布され、兵士は全員、これを暗記し暗唱させせられた。誓いは地下壕の壁に貼りだされ、武器の銃砲身に糊づけされ、メモ帳にきちんと書き写され、紙片は折りたたんで兵士のポケットにしまわれた。

一　我等ハ全力ヲ奮ッテ本島ヲ守リ抜カン
一　我等ハ爆薬ヲ擁キテ敵ノ戦車ニブツカリ之ヲ粉砕セン
一　我等ハ挺身敵中ニ斬込ミ敵ヲ鏖殺(おうさつ)セン
一　我等ハ一発必中ノ射撃ニ依ッテ敵ヲ撃チ斃サン

一　我等ハ各自敵十人ヲ殪(たお)サザレバ死ストモ死セズ
一　我等ハ最後ノ一人トナルモ「ゲリラ」ニ依ッテ敵ヲ悩マサン(13)

一九四五年二月十六日、アメリカ軍の侵攻艦隊が沖に集結したとき、海軍通信兵の秋草鶴次は下の飛行場近くの監視壕にいた。長さ三フィートの銃眼からのぞいた彼は、軍艦の輪形陣が島をかこんで、水平線の向こうまで広がっているのを見た。「まるで海から山地が盛り上がったようだった(14)」遠くの戦艦が火蓋を切ると、砲声のあいだに閃光が見えた。銃眼から熱気が彼の顔に吹きつけ、火薬の刺激臭が鼻をついた。最初の砲弾が着弾すると、大量の土と岩を跳ね上げた。大地は揺れ、地下壕の壁がまるでマーマレードでできているように震えた。混成第一旅団工兵隊の高橋利春伍長は畏怖の念に打たれた。「島には大地震が起こった。火柱は天に届くかと思われるようだ。黒煙は島を覆う、鉄片はうなりを生じて四散する。直径一メートルもある大木も根の方が上になってふっ飛ぶ。轟音は雷が一〇〇も二〇〇も一度に落ちたようなものすごさである。地下三〇メートルの穴の中でも身体が飛び上がる。まさにこの世の地獄となった(15)」

空母から東京を空襲する

一九四五年二月十日、第五十八機動部隊がウルシーをあとにしたとき、そのパイロットの約半数は最近、艦隊に派遣されたばかりのひよっこだった。フィリピンの戦闘を戦い抜いたベテラン搭乗員の多くは、切実に必要だった休養のために、交代で勤務を離れていた。新米たちはすばらしく訓練され、飛行日誌に平均して六百時間の〝操縦桿時間〟を記録していたが、まだ実戦で技量をためしていなかった。

1945年2月15日、差し迫った東京攻撃についての説明を受ける第五十八機動部隊のパイロットたち。この前例のない任務に臨む戦闘機パイロットの半分は、訓練課程を終えたばかりで実戦の経験がなかった。National Archives

艦隊がおだやかな波と風のなかを北上すると、噂が飛びかった。誰もがつぎの大規模な侵攻作戦がありそうだと推測できた。ウルシーの礁湖に投錨しているのを目にした多数の兵員輸送艦と水陸両用艦艇で、多くのことは明白だった。二月十五日、電撃的なニュースが各艦で発表された。第五十八機動部隊は東京へ向かっていた。そこで航空基地と航空機製造工場を空襲したのち、南へ転じて、硫黄島の水陸両用上陸作戦を支援する。三年近く前のドゥーリットル空襲以来、日本を攻撃しようとしたアメリカの空母機動部隊はなかった。敵の首都を攻撃するのは、蜂の巣を蹴飛ばすようなものだった。何百機という日本軍戦闘機がたぶん彼らに挑みかかり、対空砲火は激しいだろう。ある若いヘルキャット・パイロットが拍手をはじめ、それから手をぴたりと止めて、飛行隊の仲間たちのほうを向くと、こうたずねた。「どうしたのかな、おれはなんで拍手なんかしてるんだ？」[16]

部隊がもっと高緯度まで北上すると、天候は雨に変わり、気温が下がって、風は激しくなった。どしゃぶりの雨スコールが甲板を洗い、艦橋と操舵室のプレキシガラスの窓に叩きつけた。各艦は艦首をもたげ、つっこませながら、持ち上げられ、身震いしつつ、灰色の冬の波浪を突き進んだ。スプルーアンス提督は「思いつくなかでもっともいまいましく不愉快な天候」と呼んだ(17)。上甲板で勤務する乗組員全員に、分厚いウールのウォッチコートと帽子、手袋が配布された。しかし、荒れ模様の天候にはそれを埋め合わす恩恵があった。機動部隊は警告を発することなく日本の沿岸水域に忍びこむことに成功したのである。敵の哨戒機は飛行禁止になるか、たとえ飛び立っても、空をおおう雲にはばまれて、接近する艦隊を発見できなかった。レーダー員はスコープから目を離さなかったが、敵機は一機も接近してこなかった。アメリカ軍の無線室で常時傍受されている日本放送協会のラジオと〈ラジオトウキョウ〉は、通常どおりの番組を放送しつづけた。

攻撃前夜、ミッチャー提督は全航空群に覚書を配布した。「第五十八機動部隊のＶＦ〔戦闘機〕パイロットの大多数は東京上空ではじめて航空戦に参加する。この事実は、もしパイロットが基本を忘れずに、冷静さをたもっていれば、大きなハンデにはならないだろう。……興奮しすぎないようにせよ。自分の飛行機がジャップのものよりあらゆる面でまさっていることを忘れるな。敵はたぶんわれわれが向こうを恐れる以上にわれわれを恐れているだろう」ミッチャーは、しっかりと編隊を崩さずに、個々の日本軍戦闘機を追いかけて編隊から離れたくなる衝動にあらがうことの重要性を強調した。これは低空でとくにあてはまった。低空ではミスの許容限度が小さく、零戦はその小さな旋回半径の利点を生かすことができるからだ。「最初のジャップを発見したら、最初の個人的な反応にしたがいたくなる衝動に抵抗せよ」とミッチャーは書いた。「もし編隊僚機なら、編隊長機にしたがい、ぜったいに離れるな(18)」

その夜、飛行士たちは待機室に集まった。心地よいリクライニング式の革張りの肘掛け椅子に腰を下ろした彼らは、飛行隊長と航空情報士官から説明を受けた。目標選択担当者は、東京とその周辺の飛行場と航空機製造工場を二十数カ所つきとめていて、各飛行隊に第一目標と第二目標を割り当てた。最優先目標のなかには、過去十週間、第二十航空軍のB－29が破壊しようとしてはたせなかった二カ所の重要な工場があった。東京西方の多摩地区の立川航空機用エンジン工場（訳註：〈日立航空機〉の立川工場）と群馬県太田の〈中島〉機体工場である（訳註：陸軍の主力戦闘機、四式戦疾風（はやて）を生産していた中島飛行機太田製作所）。

日本沿岸への最終的な夜を徹しての接近中も、天候は依然としてひどく、速力は二十五ノットから二十ノットに落とされた。それでも荒っぽい航海だった。各艦は船酔いするほど揺れ、エクスパンション・ジョイントが張力できしみ、うめいた。空母ランドルフでは、第十二戦闘飛行隊の若い少尉たちが寝棚に目をさまして横たわり、頭上を見つめて、重要な日を前に少しでも眠ろうとむなしい努力をしていた。鎖がランドルフの船体にあたって、ひどい騒音をたてていた。ひとりはのちにこう回想した。「やっとすこしのあいだうとうとしたと思ったら、突然、『総員配置。戦闘配置につけ』の合図でたたき起こされる。このためにわれわれは二年間、訓練を受けてきたのだ[19]」

十六日の払暁、機動部隊は本州沿岸の六十海里沖、東京の南西約百二十五海里の地点にいた。凍えるような風が三十ノットで北から吹きつけた。激しい雨が空母の飛行甲板に叩きつける。骨まで凍るような寒さのなかで、雨にはみぞれと雪さえまじっていた。視程は「ゼロ・ゼロ」だった[20]。ウールのコートと頭巾にくるまった機付員たちが、赤と緑の懐中電灯を振りかざし、駐機中の飛行機の迷路を抜けてパイロットをみちびいていく。〈フォックス〉旗の合図で、始動用カートリッジが点火され、エンジンが息を吹き返す。エンジンは咳きこみ、バックファイアを起こして、やがておなじみの野太い爆音におちつく。ヨークタウンの艦橋張り出しから見守っていたある士官は、この場面を見て、「暗く冷たく騒々しい、地獄の最底辺の断面図」を想像した。「エンジンの轟きが艦を震わせる。薄青い炎が排気管からまたたき、濡れた甲板に反射するが、やがてプロペラの突風が水たまりを干上がらせる」(21)

第五十八機動部隊は十七隻の空母から千百機の艦載機を発進させた。艦載機は湿った灰色の薄暗がりを抜けて北へ上昇し、各パイロットは前方を飛ぶ機体のかすかな青い排気炎から目をそらさないようにした。第十二戦闘飛行隊のマクウォーター大尉は、こう回想している。「わたしは凍るような風を閉めだすために風防を閉じ、吹きつける雨とみぞれが機体に騒々しく叩きつけると、本能的に身ぶるいした。わずか数百フィート下の白く砕ける波は、鉄灰色の怒ったような表情をしている──無愛想で寒々しい(22)」空母ランドルフの四十七機のヘルキャットは高度一万四千フィートで突然、雲のなかから晴れた空に出た。眼下には、ふわふわした灰色の絨毯がどの方角にも水平線まで広がっていた。富士山は航法の有益な基準点を提供してくれた。左舷約七十海里の富士山の雪を頂く丸いカルデラをのぞけば、日本はなにひとつ見えなかった。

日本の海岸線を横切ると、上空をおおう雲が切れはじめた。雲の切れ間から、彼らは敵の国土をはじめて垣間見た──雪につつまれた高地や棚田、黒い瓦屋根の集落からなる風景だ。マクウォーターは日本軍の零戦一機を左上方に発見した。編隊を崩すなという飛行前の指示を無視して、彼は左に急旋回して、追撃した。敵機はあきらかに戦いに乗り気ではなく、機首を転じて、雲に向かって急降下した。しかし、軽量の零戦は急降下ではヘルキャットの速度に太刀打ちできず、マクウォーターは獲物にたちまち追いついた。彼は零戦のエンジンと主翼に長い一連射を浴びせた。零戦は炎と煙を引いて雲のなかに消えた。

東京南部は雲につつまれていたので、攻撃する飛行隊のほとんどは第二目標に向かった。雲の切れ間から急降下した彼らは、東京の北方と東方の飛行場を攻撃した。ヘルキャットは五インチ高速空対地ロケット弾を斉射して、格納庫や整備場、駐機中の飛行機を叩いた。それから旋回して、低空機銃掃射のために戻ってきた。何百機という日本軍機が飛び立っていたが、多くはほとんど戦闘意欲をしめさず、雲を出入りして、追撃者をかわした。あきらかに、彼らは地上で撃破されるのを避けるために離陸したにすぎなかった。

沖合では視程は依然として悪く、帰投するパイロットはそれぞれの空母の〈YE－ZB〉無線帰投信号をたどることを余儀なくされた。上空をびっしりとおおう雲のなかを降下するあいだ、若いひよっこの多くは、目を操縦席の計器盤の計器に釘づけにして、〈リンク・トレーナー〉で積み重ねた長い時間と、練習機の「フードをかぶった」飛行に心のなかで感謝した。第五十八機動部隊の指揮官たちは作戦中の大きな損失を覚悟していたが、二月十六日に帰投しなかったのはわずか三十六機だった。帰投した機の一部はひどく被弾していた。一機のヘルキャットは左主翼を約十フィート分失っていたが、それでも完璧な着艦を行なった。ランドルフでは、水兵たちが蜂の巣になったヘルキャットを取りかこんで、それが受けた大打撃に驚嘆した。彼らは片方の主翼に銃弾の穴を五十四カ所発見し、「胴体はまるで射撃演習に使われたかのようだった。ジャップの射撃演習に」[23]。

十七日の夜明け、天候は前日からほんのわずかしか好転しておらず、雨が断続的に降りつけ、雲底は三百フィートから七百フィートだった。スプルーアンスは午前の戦闘機による敵機の撃滅を許可したが、ミッチャーに、状況は依然としてよくなさそうなので、「もしきょうの早い段階の作戦が実りのないものと認められたら、硫黄島の上陸を支援するために避退すべきである」と告げた[24]。

東京上空の空は前日より晴れていて、日本軍の防空網は完全警戒態勢だった。大きなひとつの「V

のV」編隊で飛行する第十二航空群は、十数機の日本軍戦闘機に追尾された。航空群司令のチャーリー・クロメリン中佐は、指揮下の戦闘機に編隊を崩すなと命じた。彼らの最優先事項は、ヘルダイヴァーとアヴェンジャーを第一目標である多摩の立川工場まで送りとどけることだった。急降下爆撃機は五百ポンド爆弾五十発で施設を攻撃した。ヘルキャットはさらに四十二発の航空ロケット弾を浴びせた。工場の中心部にある施設は逆巻く炎の塊と化した。SB2Cのパイロット、ジョン・モリス少尉は急降下から引き起こし、梢の高さの離脱ルートを飛んだ。そのほうが対空砲火がより激しい高高度にふたたび上昇するよりも安全に思えたからだ。彼は東京湾上空を低空飛行し、「上下左右に対空砲火をかわした。たまたま飛行経路上にいた艦船に残らず機銃掃射を浴びせたが、わざわざなにかを探しはしなかった」(25)。彼は無事、ランドルフに帰投した。

東京北東の神之池飛行場では、十数機の三菱一式陸上攻撃機G4Mが、飛行列線に翼をならべていた。神之池は、桜花（有人自爆ミサイル）の訓練センターで、陸攻はこの小さなロケット推進自爆機を運んで投下する母機だった。一式陸攻はその日の朝、訓練飛行が予定されていたために、燃料補給を終えていた。コルセア戦闘機の飛行隊は飛行場に低空で機銃掃射を仕掛け、五〇口径の焼夷弾で駐機中の飛行機を蜂の巣にした。一式陸攻は十二機すべてが地上で破壊された。日本のパイロット訓練生のひとりはこう回想している。「炎があらゆるものを燃え上がらせた。さっきまで青灰色であったものがいまや黄色とオレンジ色になっていた。こんなに恐ろしい場面でなければ、美しいといいたくなるくらいだった(26)」

午前十一時、スプルーアンスは打ち切りを決めた。彼はミッチャーに全機を収容して、硫黄島の上陸を支援するために避退せよと命じた。その日の午後四時には、機動部隊は高速で南へ遠ざかっていた。

悪天候による難題があったとはいえ、東京空襲は大成功だった。第五十八機動部隊の航空機搭乗員は約百機の日本軍機を撃墜し、さらに百五十機を地上で撃破した。多くのきわめて重要な飛行場施設や航空廠が煙を上げる瓦礫となって残された。艦爆は立川工場の操業をストップさせ、太田では〈中島〉機体工場の約六〇パーセントの建物を破壊した。第五十八機動部隊は戦闘で六十機、作戦中に二十八機の艦載機を失ったが、空母と護衛の艦艇は無傷だった。この攻撃は、継続中のアメリカ陸軍航空軍とのメタ議論において、海軍の飛行機屋たちから〈証拠A〉として取り上げられた。海軍は、急降下爆撃と低空機銃掃射とロケット弾攻撃が、スーパーフォートレスがもちいる高高度精密爆撃よりも確実に、地上の目標を叩くことができると主張した。〈立川〉と〈中島〉の工場における戦果は、彼らの主張が正しいことを証明しているように思えた。ミッチャーはおそらく、二日間の攻撃を「母艦航空にとって戦争で最大の空の勝利」と呼んだとき、この軍間の論争が頭にあったのだろう[27]。第五十八機動部隊（と第三十八機動部隊）は、文字どおり戦争の最後の日まで何度も戻ってきて、東京と日本のほかの地点をしだいに頻繁に激しく攻撃することになる。

二月十六〜十七日の攻撃で飛行した戦闘機パイロットの半数以上にそれまで実戦経験がなかった。彼らはベテランのようにふるまった。ミッチャーの戦闘報告書はこう結論づけている。「海軍航空の訓練組織とその手法は、どんなに評価しても評価しすぎることはない[28]」

Dデイはじまる

空母艦載機が東京を攻撃したのと同じ日、硫黄島沖に到着していた艦砲射撃部隊は、島を榴弾の雪崩で生き埋めにした。硫黄島は煙と炎の帳につつまれ、摺鉢山の頂を（散発的にだが）のぞけば、なにひとつ見えなかった。砲弾は、艦砲の口径と各艦が沖合に位置する距離によって、高低の放物線の弾道を描いて島に飛んでいった。連続する爆発は混ざり合って、ひとつの間断ない轟きに変わった。各艦の手すりから見守る者たちは、爆発の衝撃を腸で感じた。吹きつける温かい風が彼らのシャツの胸をはためかせた。Ｂ－24の編隊が頭上を舞い、鋼鉄の斜めの輝きがその開いた爆弾倉からばらばらと落ちてきた。一連の爆発が島の中心部を横切り、オレンジ色と黄色の炎の棘が、沸き立つ煙とほこりのなかからぱっぱっぱっと上がった。[29]従軍記者のボブ・シェロッドは、タラワ、クェゼリン、そしてサイパンの上陸を見てきたが、「わたしがかつて見た同様のどんな光景よりも恐ろしい」と思った。[30]

第四および第五海兵師団を乗せた第五十三機動部隊の兵員輸送艦は、Ｄデイの午前零時すぎに到着した。掃海艦が海岸への航路を啓開し、水中処分隊（ＵＤＴ）の潜水工作員が海底を調査して、上陸用舟艇を阻止するために設置されたあらゆる障害物を爆破した。こうした作戦の通例で、強襲部隊の隊員たちは、侵攻前の爆撃と砲撃のクライマックスを最前列の席で鑑賞した。第五海兵師団のロナルド・Ｄ・トーマス中尉にとって、「なにかが生きていられることはありえないように思えた。急降下爆撃機が空をおおい、それが急降下すると、島は大きなほこりのボウルとなった[31]」。

侵攻部隊は十一万一千名からなり、そのうち上陸部隊が七万五千名（ほぼ全員が海兵隊員）で、さらに陸軍の駐屯部隊が三万六千名だった。輸送艦と揚陸艦艇は九万八千トン分の物資を積んでいた。アムトラック（ＬＶＴ）や水陸両用トラック（ＤＵＫＷ）のような小型の水陸両用上陸艇の多くは、携帯糧食や弾薬、燃料などの物資とともに真珠湾で事前に積載されていた。ルソン島侵攻のためにマッカーサーの第七艦隊に貸しだされていた水上艦艇は、硫黄島侵攻に間に合うように北へ急行することを余儀なくされていた。たとえば、戦艦ウェストヴァージニアは、リンガエン湾に連続三十五日間いたあとで、二月十六日にウルシー環礁に入港した。戦艦は二十四時間で燃料補給と積載を終えた。真珠湾攻撃の復活した生き残りであるこの偉大な老戦艦は、最大速力を出して、五十時間で硫黄島までの九百海里を航行した。Dデイ（二月十九日）の午前十時三十分、侵攻がはじまって一時間半後に島の沖合に到着した彼女は、十一日間ぶっとおしで対砲兵射撃と砲撃要請の応答射撃を行なって、十六インチ砲弾をすべて撃ちつくした。

艦砲射撃はすさまじいものに思えたが、海兵隊員たちがもとめていたものにははるかにおよばなかった。〈デタッチメント〉作戦を計画するあいだ、ハリー・シュミット少将は、上陸前に最低でも十日連続の砲爆撃を要求していた。彼はターナー提督の幕僚部の艦砲射撃係将校であるドナルド・M・ウェラー海兵中佐の支持を得ていた。ウェラーはタラワ、サイパン、そしてペリリューの艦砲射撃の効果を組織的に研究していた。目標の選択と火力は重要だ、とウェラーはいった——しかし、対陸上射撃の持続時間も同じぐらいきわめて重要だ。陸上の防御陣地を何日も容赦なく巨砲で砲撃するのにまさるものはない。

しかし、シュミットの要求は、兵站上実行不可能であるとしてターナーに却下された。海軍はそれほど長期の砲撃をこころみた経験がなかった。数回の議論と交渉のあと、スプルーアンス提督は島がDデイ前に三日間の砲撃を受けると決定した。提督は決定の理由として、常駐する艦隊にたいする潜水艦と航空反撃の危険と、洋上での弾薬補給のむずかしさを挙げた。太平洋における海兵隊のトップであるホランド・〝ハウリン・マッド〟・スミス中将はのちに、戦後の回想録で不満を爆発させている。「われわれは、かけがえのない人命と替えのきく弾薬を秤にかけて、馬を売買するように交渉しなければならなかった。わたしは人生でこれほど落ちこんだことはなかった[32]」

指揮官の顔ぶれは、以前のギルバート諸島やマーシャル諸島、マリアナ諸島の作戦とほとんど変わらなかった。スプルーアンスは依然として海上のビッグ・ボスで、第五艦隊全体を指揮し、ミッチャーが第五十八機動部隊の指揮官だった。ターナー提督は六カ月前のタラワ作戦以来ずっとそうしてきたように、水陸両用遠征部隊を指揮し、その立場で、以前と同様、海兵隊地上指揮官たちに命令をあたえる。スミスは第三、第四、第五の各海兵師団と、島が確保されたのち上陸することになる陸軍の駐屯部隊からなる遠征部隊を指揮する。スミスは以前の作戦でやったように、第五水陸両用軍団（VAC）を直接指揮することはなかった。しかし、その仕事はシュミット将軍にゆだねられる。部下の野戦指揮官の多くが眉をひそめたこの取り決めは、実証済みの指揮系統に新たな段階をつけくわえることになった。スミスはシュミットとターナーのあいだに押しこめられたが、実際にはシュミットが、以前の作戦でスミスがやったのと同じ仕事をやることになる。六十二歳のスミスは第一線勤務からの定年退職に直面していて、硫黄島は彼の最後の戦闘になることになっていた。彼の仕事は、短気なケリー・ターナーといっしょに効率よく働ける実績を持った唯一の海兵隊高官として、提督の指揮艦エルドラド艦上に留まり、海兵隊の見解を代表して、その権益を守ることだった。いっぽう、シュミットは上陸して、現場で戦闘を指導する。

ターナーはアメリカ軍随一の——よって、世界随一の——水陸両用戦の専門家であり、余人をもって代えがたいと考えられていたが、かならずしも他人と仲良くやっていけるとはかぎらなかった。ターナーが毎晩、深酒をしていることは公然の秘密だった——現行規定に違反して、海上勤務中でも。「ターナー提督は酒でたいへん苦労していた」とスプルーアンスの提督付き副官のチャールズ・F・バーバーはいっている。「それでも彼は、夜には作戦不能でも朝には完全に作戦可能になる、すばらしい能力を持っていた。……スプルーアンス提督は彼の話に辛抱強く耳をかたむけ、彼の尽力を高く買っていた[33]」

第四と第五海兵師団は島の南東海岸に上陸することになっていた。第四師団は内陸部にまっすぐ進撃して、ふたつの飛行場のうちの大きなほう、第一飛行場を制圧し、それから北に転じて、第二飛行場を占領する。第五師団は島の比較的狭くて平らな地峡を横切り、それから南に転じて、摺鉢山を孤立させ、占領する。火山が米軍の手に落ちたら、第五師団は西海岸を北上し、第四師団とともに島を横切る連続的な前線を構築する。第三海兵師団は洋上予備兵力として沖の輸送艦に取っておかれることになっていたが、シュミットもスミスも、たぶん戦闘の三日目か四日目に陸に呼び寄せて、前線の中央部に投入することになるだろうと予想していた。それから三個海兵師団は横一線にならんで北へ進撃し、元山台地の日本軍防御陣地を制圧する。

誰も楽勝は期待していなかった。アメリカ軍は硫黄島で大量の死傷者が出る心構えをしていた。Dデイの一週間前の記者会見で、ターナー提督は記者たちにこういっていた。「硫黄島は現在の世界のどの固定陣地よりも厳重に防御されている」[34] べつの将校はジブラルタル要塞を攻めるほうが楽だろうと思った。スミス将軍は自分の強襲部隊が最低一万五千名の損害をこうむるだろうと予測した。艦隊は戦車揚陸艦（LST）四隻を、浮かぶ医療トリアージ・センターに改装していた。負傷兵はここで診断され、手当を受けてから、病院艦サマリタンとサレスに後送される。病院艦はサイパンとグアムに負傷者を運び、そこでは新設の陸軍病院と海軍病院で五千床が用意されていた。硫黄島の飛行場が使えるようになりしだい、ダグラス・スカイマスター〝空飛ぶ救急機〟が、もっとも重い負傷者をマリアナ諸島、あるいは直接オアフ島にでも後送する。

輸送艦では、第一波の海兵隊員たちがロープ・ネットをつたって、ヒギンズ・ボートやアムトラックに乗りこんだ。平底の上陸用舟艇は海面のうねりで縦揺れし、急に沈みこむので、各自、最後の一歩のタイミングを慎重に計って、艇が動きの最高点に達したとき手を離す必要があった。海兵隊員が足をすべらせて、艇の底に大の字になって落ちる「荒っぽい下船」も多々あった。[35] 起き上がった彼らはベンチに腰掛け、身を寄せ合って、ネットを降りてくるほかの者のために場所を作った。

上陸、そして猛反撃

ほとんど望みうるかぎりの良好な状況だった。北西の風は弱く、海は機動部隊の先遣隊が到着して以来、三日間かわらずおだやかだった。艦砲の弾幕はピッチを上げ、戦艦の十六インチ砲弾が頭上で轟き、トンネルを抜ける貨物列車のような音を立てた。すくなくとも数門の海岸砲が撃ち返していた。第一波の舟艇が上陸発起線の背後に集合すると、泡立つ水柱が輸送群のまわりに定期的に上がったからである。午前八時四十分、警笛の音とともに、艇長はスロットルを開いて、海岸への長い航走を開始した。各艇はうねりのなかで揺れ、持ち上がって、輸送艦の手すりから見守っている者たちの視点では、完全に海のなかに姿を消してから、また浮上して姿を現わしているように思えた。荒っぽい航海だった。兵士たちは船酔いと必死に戦った。尾骨が木製のベンチに不愉快にぶつかり、ダンガリーはぐしょ濡れになって、目は冷たく塩辛い水しぶきでひりひりした。砲撃をつづける軍艦を通りすぎると、爆風の衝撃が大きな艦砲からつたわってくるのを感じた。トーマス中尉の艇が戦艦テネシーの近くを通りすぎたとき、彼は艦砲が火を噴くたびに砲口の真下の海が真っ平になるのに気づいた。(36)

各艇が硫黄島に近づくと、傾斜のきつい黒貂(くろてん)色の砂浜が前方にそびえ立った。砂浜のてっぺんの段丘では、ずらりとならぶ日本軍機の残骸が第一飛行場の南端をしめしていた。日本軍の迫撃砲が口火を切ると、白い水柱が接近する艇のあいだに上がった。海兵隊員たちは日本軍の機関銃の連射音と、もっと大口径の火器の深い砲声を聞いた。Ｆ４Ｕコルセアの二個編隊が海岸を低空飛行し、段丘のすぐ内陸のトーチカを機銃掃射した。これは空母エセックスから飛来した第一二四および第二一三海兵戦闘飛行隊だった——ほとんどの歩兵がはじめて見た海兵隊機である。彼らは北と南の正反対の方向から侵入し、それから衝突寸前に東と西へ分かれた——ある海兵空中調整官がいったように、「これ見よがしの」機動で、「効果的というより見世物的」だったかもしれなかった[37]。一機のコルセアが対空砲火の直撃を受けて燃え上がり、海に墜落した。

砂浜に近づくと、艇長は平底の小艇がブローチングを起こして転覆しないように奮闘した。六フィートの波が艇を持ち上げ、激しく下に叩きつけ、粗い砂が船体の下でがりがり音を立てた。乗降用の扉が音を立てて落ち、海兵隊員たちは急斜面の砂浜を重い足取りで登った。苦しい登りだった。軍靴の下の〝砂〟は、やわらかい火山灰で、軍靴は靴紐まで埋まった。傾斜がきつい場所では、足がすべって、体が後ろ向きにずり下がっていった。第四海兵師団のある小銃兵は「ゆるいコーヒーの出し殻の上を走ろうとする」ようだといった[38]。

最初、上陸海岸の状況は手に負えるように思えた。海岸の部隊長たちは明るい報告を無線で送ってきた。「軽機関銃と迫撃砲の射撃。……海岸の抵抗は軽微。……ごく散発的な迫撃砲の連射[39]」着色照明弾が打ち上げられて上陸の成功を合図すると、第二波と第三波の舟艇が第一波のすぐあとにつづいた。上陸拠点の南端の〈グリーン〉海岸と〈レッド〉海岸では、強襲部隊は敵の防塞とトーチカを制圧して、最小限の損害を受けただけで三百ヤードの距離まで内陸部に進出した。艦砲の弾幕と航空支援が成果を挙げたと考えた者もいた。ホランド・スミスは日本軍が「わが軍の艦砲射撃の恐るべき爆発の衝撃で呆然と伏せている」と思った[40]。硫黄島の戦いの最初の九十分間で、海兵隊は、戦車二個大隊と二個砲兵大隊の隷下部隊をふくむ、八個大隊を上陸させた。

その朝、最大の激戦地となったのは、はるか北の側面に位置する岩だらけの地形だった。〈ブルー2〉海岸の上で、海兵隊が〈採石場〉と呼んだ地域である。ここでは峡谷も岩肌も、千ポンド爆弾や大口径艦砲の直撃にさえびくともしないように思えた。地形はコンクリートと鉄筋をふんだんに使って強化されていて、接近可能な通路はすべて機関銃の掃射を受けた。第二十五海兵連隊第三大隊は、

硫黄島

1945年2〜3月

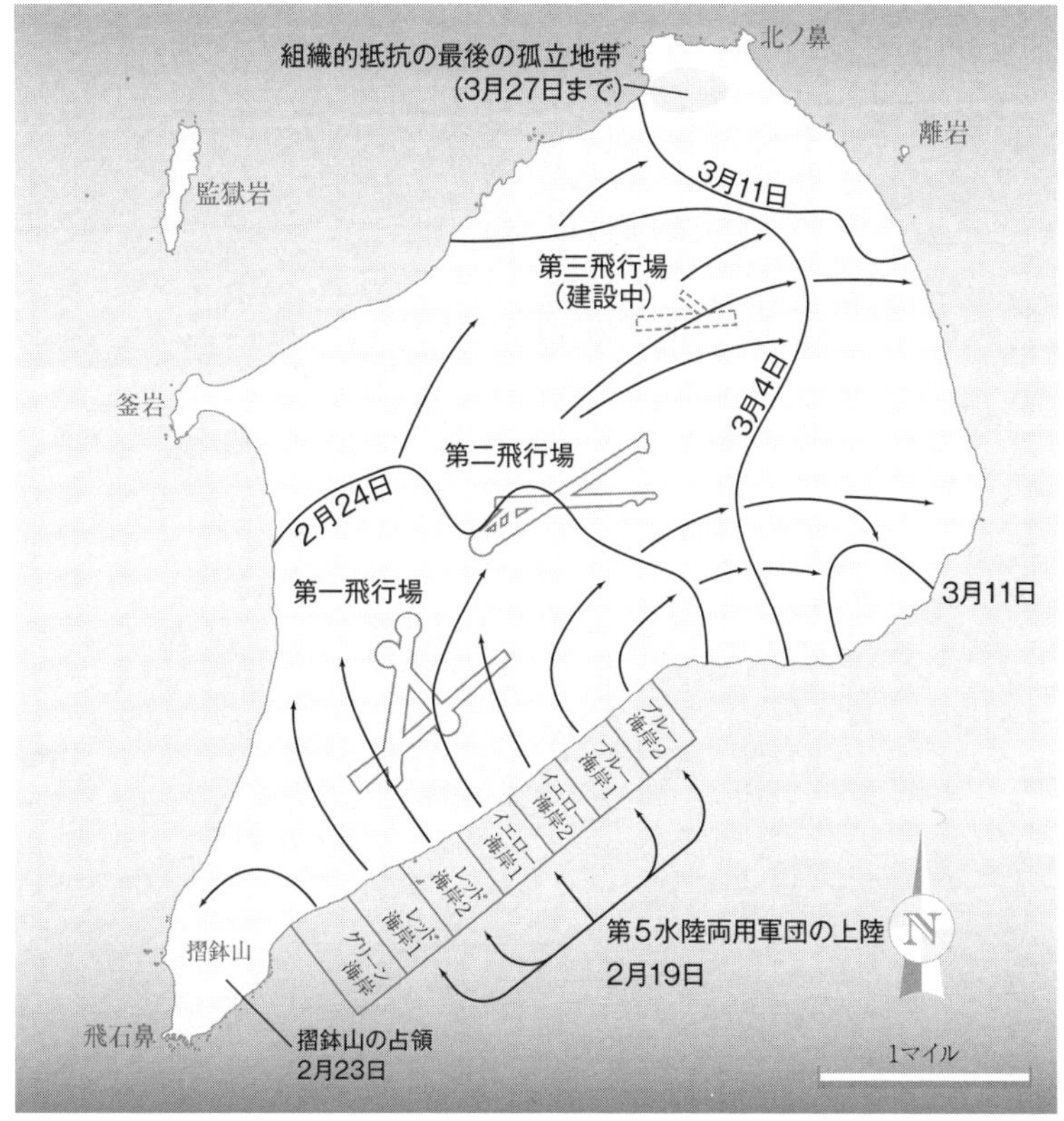

上陸した瞬間から機関銃と迫撃砲の激しい射撃を浴びていた。最初の段丘を越えて前進すると、内陸と南側のトーチカから交差射撃を浴びた。大隊長のジャスティス・M・チェンバーズ中佐は、日本軍があらゆる方向から自分たちを狙っているような気がした。「煙草を持って、飛んでくる弾で火をつけられるほどだった。わたしはすぐに自分たちがとんでもない目にあうということを知った」[41]〈採石場〉は米軍の戦線全体を左右する要だった。第二十五海兵連隊はきわめて重要な仕事を受け持っていて、そのことを知っていた。彼らは損害を出しながら戦いつづけるほかなかったし、そのとおりにした。

午前十一時、日本軍の迫撃砲と火砲の弾幕が突然、激しくなった。砲迫は侵攻海岸の、アメリカ軍将兵がむき出しの場所で密集している波打ち際の線とてっぺんの段丘のあいだに命中するように事前に試射されていた。海軍機動部隊と支援機はこの砲撃を沈黙させるために最善をつくしたが、摺鉢山と元山台地の日本軍砲兵陣地はよく擬装され、多くは上空からでも見えなかった。第三波と第四波で中型揚陸艦（LSM）から上陸したシャーマン戦車は海岸を登るのに苦戦し、日本軍の砲兵にとって格好の餌食となった。チェンバーズの第三大隊のあとから〈ブルー〉海岸に上陸した海兵隊員たちは、上陸用舟艇から降りたとたんに機関銃でなぎ倒された。重臼砲の砲撃も、朝のうちはもっとのんびりとしていた摺鉢山北方の〈レッド〉海岸に降ってきた。海兵隊員たちはやわらかい火山灰に伏せて、携帯シャベルやヘルメット、素手で穴を掘って隠れようとした。しかし、火山灰は粘りけがないため、彼らの個人壕は内側に崩れてきた。「ちくしょう！」とひとりが叫んだ。「こいつは小麦の樽の中で穴を掘るようなもんだ」[42]

正午には、上陸海岸は廃品置き場のようになっていた。約二マイル沖合のエルドラドから双眼鏡でこの光景を観測していたホランド・スミス将軍は、それを「竜巻のなかの木造家屋の家並み」にたと

硫黄島の浜辺で砲撃され、波に洗われるアムトラックや戦車や物資。沖合の指揮艦から観測していたホランド・スミス将軍はこれらを「竜巻のなかの木造家屋の家並み」にたとえた。National Archives

えた。[43] 戦車と水陸両用トラクターは急な砂浜の勾配を克服できないか、あるいは波打ち際で水没し、あるいは砲弾の直撃を受け、あるいは地雷を踏んだ。あるいは対戦車壕に落ち、あるいはキャタピラがはずれ、あるいは破壊され、あるいは立ち往生し、あるいは炎上するほかの車輛のあいだに通り道を見つけられなかった。死体と残骸が混雑した砂浜じゅうに散乱し、戦車は戦死した海兵隊員の遺体を踏みつけて進んでいた。残骸の山積は押し寄せる上陸用舟艇にとって危険だった。艇長たちは燃える残骸のあいだのさえぎられない砂の通り道に向かって舵を切ったが、多くの艇は波打ち際でブローチングを起こして転覆した。舟橋の土手道が係留をはずれ、野放しになって、打ち寄せる波に乗って制御不能でただよい、舟艇に衝突したり、砂浜を重い足取りで登っていく海兵隊員に後ろからぶつかったりした。しかし、上陸した海兵隊員たちはさらに多くの兵士と戦車、火砲、弾薬、そして物資を必要としていたので、ターナー提督にはさらに多くの舟艇を送って上陸をこころみさせつづける以外に選択肢がなかった。

小隊全体が身動きできずに横たわり、黒い火山灰に釘づけにされていた。臼砲のうなりと爆発が耳をつんざき、兵士たちは声を張り上げなければ話もできなかった。立ち上がって新たな位置に前進する者たちは、段丘のてっぺんのトーチカからの機関銃と小銃の射撃でなぎ倒される危険があった。しかし、いそいで掘った穴に留まる者たちは、容赦ない臼砲の直撃弾を食らう危険があった。日本軍は巨大な三百二十ミリの外装式臼砲を使っていた。この臼砲は六百七十五ポンドの砲弾を千四百四十ヤードの距離まで飛ばすことができた。海兵隊員たちはこれを〈空飛ぶ屑籠〉とか〈悲鳴を上げる（スクリーミング）神さま（ジーザス）〉と呼んだ。空を見上げると、醜い黒点が高いアーチ状の弾道を描いて近づいてくるのが見えた。ある将校はこう回想した。「人差し指を目の前に立てて、もしそいつが左あるいは右へ動けば、自分の近くに落ちてこないことがわかった。しかし、そいつがコンマ一秒以上、指に隠れたときには、自分がまずいことになったのがわかった[44]」

衛生兵はむき出しの地面を走り抜けて負傷者を看護したが、臼砲の弾片でもっともひどくやられた者には、してやれることはほとんどなかった。肉は切り刻まれ、四肢は切断され、顔は崩れ、傷口はいたるところにある火山灰で汚染されていた。衛生兵はモルヒネ注射を打ち、止血帯を巻いて、傷口に包帯を巻き、血漿の静脈注射の針を刺してやった。彼らはしばしば患者のかたわらにひざまずいているとき火砲や狙撃手に撃たれた。〈レッド〉海岸では、失明し、両手を吹き飛ばされた重傷の海兵隊員が、砲弾と機関銃弾の弾雨のなかを重い足取りで砂浜に向かって戻っていた。ひとりの衛生兵がむき出しの地面を駆けていって、その兵士を救護所にみちびいた。硫黄島では多くの衛生兵がこうした無私の奉仕の代償をはらった。第四海兵師団では、衛生兵の人的損害率は三八パーセントだった。

白波の散るうねりで前後左右に揺られる沖合の艦艇では、上級指揮官たちの表情が雄弁に物語っていた。悲惨な状況だった。あとの上陸波は前の上陸波より大きな損害を受けつつあった。海岸では溜まった負傷者たちが艦隊への後送を待っていた。沖合の艦艇も上空を旋回する艦載機も、日本軍の臼砲と火砲を発見して撃滅するために最善をつくしていたが、敵の火器は砲門の奥深くに据えられていた。直撃以外では沈黙させることはできなかったし、それすらきかない場合もあった。艦載機は見えた陣地にナパーム弾を投下して、日本軍の砲手を殺すか、地下へ追いやろうとした。しかし、臼砲弾の雨はたえまなくつづき、一連の爆発のたびに火山灰や残骸や死体を空高く舞い上げた。暗くなる前にさらに多くの将兵と戦車を上陸させることが、きわめて重要だった。全員、夜間の大規模な反撃を恐れていたからである。砂浜の海兵隊員たちは、たとえ大きな損害を受けることになっても、後続波に場所を空けるために、できるだけ早く内陸部に進撃しなければならなかった。

日暮れには、アメリカ軍は四万名の将兵を上陸させていた。彼らは、第一飛行場の北東端から、さらに南方の第五海兵師団が摺鉢山北方の狭い地峡を二分している地点まで、島の約一〇パーセントを占領した。日本軍は北と南の高地を占領し、そびえ立つ監視哨から海兵隊を見おろしていた。ひと晩中――実際には、これから一カ月、毎晩――戦場は沖の軍艦が発射する星弾で煌々と照らされつづけた。戦いのあいだ毎晩、平均して千発の照明弾が消費された。海兵隊は焼けつくようなスペクトル光が日本軍の小部隊浸透攻撃（訳註：いわゆる「斬り込み隊」）をふせぐと信じていた。ある駆逐艦の水兵は、故郷への手紙のなかで、奇妙な視覚効果を説明している。「星弾が厚くて白い雲のあいだをただよい降りてくるのを見守るのはおもしろかった。雲のなかで炸裂して、雲を雪のように輝かせると、雲の層のなかをただよいながら降りてきて、ついに雲の底を抜け、島全体を照らしだすんだ」(45)

その夜、少しでも眠れた者はほとんどいなかったし、見張りは敵の姿を探して目を光らせていた。

夜はひんやりとして、寒くさえあった——それが彼らに、いまは冬で、彼らは回帰線の北にいることを思いださせた。しかし、攻撃はやってこなかったし、夜明けにはアメリカ軍の指揮官たちは、自分たちが狡猾な歩兵戦術家を相手にしていることを理解しはじめた。アメリカ軍が優勢な火力と航空支援を向けることができる、むき出しの地形で、敵が大規模に反撃してくることはない。防御側は視界と射程の外の地下に留まって、攻撃側が獲得する領土一インチごとにその代償をはらわせるつもりだった。

摺鉢山にかかげられた旗

南部では第二十八海兵連隊が〈ホット・ロックス〉——彼らが摺鉢山につけた名前——を見上げていた。傾斜のきつい褐色の火山灰の塊で、植物はいっさい生えていない。硫黄の湧出口が鼻につくガスを噴出させていた。ハリー・B・リヴァースエッジ大佐ひきいる連隊は、この小さな火山を孤立化させ、その洞窟と地下壕を封鎖して、防御側を根こそぎにし、山頂を確保せよとの命令を受けていた。ふもとの周囲の地表面には、土におおわれた七十基のコンクリート製防舎の帯があり、厚地兼彦大佐ひきいる硫黄島南部防衛地区の兵士たちが詰めていた。摺鉢山に登る前に、まずふもとの要塞を掃討しなければならない。側面を迂回することはできなかった。歩兵の直接攻撃で落とす必要があった。

作戦二日目の朝、冷たい小雨のなか、野戦砲と艦砲、そして艦上爆撃機が合同したすさまじい猛攻が摺鉢山にたいして行なわれ、火山は一瞬、煙と炎とほこりのマントの向こうに消えた。指定された〈攻撃開始時刻(ジャンプ＝オフ・タイム)〉の午前八時三十分、砲爆撃は突然やんだ。海兵隊員たちは前かがみで走って前進し、岩から砲弾穴へ、砲弾穴から岩へと横切った。第二大隊は左方向へ、第三大隊は右方向へ攻撃した。機関銃と四十七ミリ対戦車砲に向かって突撃して、多くの者が斃れた。第二大隊はその日最悪の死傷率を記録した。彼らの前進のうち最後の二百ヤードは平らな火山土の上で、遮蔽物はほとんどなにもなかった。彼らは敵の目をくらますために発煙手榴弾を投げて、敵の銃眼に真正面から突撃した。E中隊のドナルド・J・ルール一等兵は、日本軍の手榴弾におおいかぶさり、命を捨てて小隊の仲間の楯となった。この究極の自己犠牲を認めて、彼には名誉勲章が死後授与された。

南カリフォルニアのキャンプ・ペンドルトンで、海兵隊員たちはこの戦いかたを学び、訓練していた。彼らはそれを辛抱強く、慎重に、細部にまで献身的に注意をはらって実行した。激しい艦砲射撃、飛行機から投下されるナパーム弾、直射距離まで前進する戦車と七十五ミリ砲搭載ハーフトラック、日本軍の目をくらますための発煙手榴弾、銃眼に投げこまれる黄燐手榴弾と爆薬、裏手の出口に火を放つ火炎放射器、銃剣やナイフ、素手まで使った白兵戦。地形のせいで戦車が日本軍の防御陣地に向かって前進できない場所では、三十七ミリ砲が前進陣地まで運ばれて、そこからコンクリートの構築物を少しずつ粉砕した——なかにいる者たちを殺すか、気絶させるか、さもなければ無力化して、歩兵分隊が突撃して仕事を終わらせられるように。防舎はひとつずつ墓地へと変わっていった。装甲ブルドーザーが土盛りを押しつけて、日本軍が再利用できないようにした。

戦闘の三日目は、どんよりとして風がとても強く、ときおりにわか雨が降った。第三大隊は戦線の中央部分で、アメリカ軍戦車が進めない、でこぼこの地形を抜けて攻撃した。左側では、第二大隊が、日本軍の狙撃手や戦闘員が忽然と現われた後方地域を掃討しようと努力していた。日暮れまでに、第二十八海兵連隊は山を包囲して、ふもとの敵射撃陣地のいくつかをのぞくすべてを沈黙させていた。副連隊長のロバート・H・ウィリアムズ中佐によれば、戦闘は連隊がいったん摺鉢山ふもとの敵前線を制圧すると、すぐに弱まっていった。彼は第五海兵師団長のケラー・E・ロッキー少将に報告した。「われわれはあそこで約八百名のジャップを殺したと思いますが、百名はなかなか見つからないでしょう。洞窟を五十は吹き飛ばしたはずです[46]」

アメリカ軍に山のふもとを支配された厚地大佐は、いまや包囲突破をくわだて、組織化された残りの部隊に、北部の戦線へ突進をこころみるよう命じた。表に出てきた日本兵はほぼ全員、なぎ倒されたが、約二十五名がなんとかアメリカ軍の前線を横切って、日本軍戦闘部隊の大部分が残っている元山台地にたどりついた。栗林は摺鉢山分遣隊がもっと長く持ちこたえられなかったことを知って失望した。彼は怒りの電文を送った。「予ハ第一飛行場ガ早々ニ敵手ニ落ツベキコトハ　コレヲ予想シタリアリ。シカレドモ三日ニシテ摺鉢山ヲ失ウトハ何ゴトゾヤ[47]」

戦闘の四日目、海兵隊員たちは山頂を取った。その朝は前日と同様、どんよりとして、小雨が降っていた——そして、前日がはじまったのと同じように、すさまじい艦砲射撃と爆撃が摺鉢山を叩き、煙とほこりでつつみこんではじまった。ふたつの偵察斥候隊が恐ろしげな東側の急斜面を登って、小道を噴火口まで偵察した。四十名の偵察隊があとにつづき、十時数分に山頂にたどりついた。抵抗は散発的だった。軍刀を振りかざして突撃してきた一名の将校をふくむ数名の日本兵がトンネルや洞窟から出てきた。全員が即座に殺された。海兵隊員たちは火炎放射器と爆薬を利用して、見つけられた洞窟の出入り口をすべて封鎖した。多くの日本兵は手榴弾を胸に抱いたり、小銃の銃口をくわえ、足で引き金を引いたりして、自決した。摺鉢山内部の空洞のいくつかからは胸がむかむかするような悪臭がただよってきた。摺鉢山の地面には日本兵の遺体が一面に散らばっていた。

アメリカ軍は、山頂から北方を一望することができた。飛行場、上陸海岸、沖の海軍機動部隊。仲間の海兵隊員たちが、ふたつの飛行場のあいだの平地で激しい銃撃戦を展開していた。戦闘の最初の四日間、日本軍はこの戦術的に有益な監視哨を支配してきた。いまや役割は逆転した。アメリカ軍が摺鉢山を所有し、彼らにはそれを証明する旗があった。第二大隊E中隊の海兵隊員たちは、瓦礫から長さ十フィートの鉛管を引きずりだし――これは貯水槽と山頂地下の壕とをつないでいた――これを旗竿がわりにした。午前十時二十分、彼らは大隊の国旗を掲げた。北部や沖の艦艇から見ていた者たちは、欣喜雀躍した。ロナルド・トーマス中尉は、「誰もが歓声を上げていたし、泣いていた者もいたようだ」と回想している。(48) 第五師団の副師団長、レオ・ハームル准将は、「自分の生涯で記憶に残る指折りのすばらしい光景」だと思った。「……見わたすかぎり、島全体からすごい歓声が上がった(49)」

ジム・フォレスタル海軍長官は、ターナー提督の指揮艦エルドラドから〈デタッチメント〉作戦を観戦していた。フォレスタルは贅肉のない中背の男で、獅子っ鼻ときりりとした大きな口をしていた。薄茶色の髪を後ろになでつけ、額の高いところで分けている。仕事熱心で人使いの荒い元ウォール街の債権セールスマンで、FDRのもっとも信頼が厚く影響力のある閣僚アドバイザーのひとりとなっていた。長官は作戦第五日目のこの朝を選んで上陸し、〈レッド〉海岸をちょっと視察した。ヘルメットと徽章(きしょう)のついていないグリーンの戦闘服を着用し、ホランド・スミス将軍と海兵隊一個小隊につきそわれて、彼がヒギンズ・ボートから降り立ったちょうどそのとき、南方の山頂の上に小さな旗が見えた。フォレスタルはスミスのほうを向いて、こういった。「ホランド、摺鉢山にあの旗を掲げたことで、海兵隊はこれから五百年間、安泰になったよ(50)」

海軍長官はニミッツの戦域で、より過剰な宣伝を推進してきた。検閲の機能を効率化することに直接手を下し、提督たちに報道向け複写や写真をアメリカのニュース編集室に翌日に送信することを約束するよう圧力をかけていた。現在の太平洋視察中に、フォレスタルはしばしば海軍と海兵隊の高官連中に、軍の再編と統合をめぐる画期的な政治闘争が待ちかまえていて、海兵隊の戦後の地位はまだ決まっていないことを思いださせた。「五百年間」の発言には、したがって、当時の時代背景と背後の意味があった。フォレスタルは、感動的なイメージが、戦後の防衛組織で独立した役割を主張する海兵隊の立場を強化するだろうといっていたのだ。

スミス将軍が戦後の回想録で物語る場面によれば、フォレスタルは砲弾や迫撃砲弾の炸裂があたりをおおうなか、混雑した砂浜で舟艇や戦車やトラクターの残骸のあいだを歩きまわり、驚く海兵隊員たちと握手した。彼らが立っていた場所の百ヤード以内で二十名が戦死または負傷した、とスミスは書いている――「しかし長官は危険にまったく無頓着なようだった」(51)。たぶんフォレスタルが無頓着に思えたのは、状況が将軍の描写したようなものではなかったからだろう。フォレスタルはその日の日記の記載で、「砂浜は朝のあいだ、いくらか砲撃を受けたが、たいしたものではなかった。もっとも一発の炸裂はわれわれがそこに立つ一時間前に死傷者を出していた」としか記していない(52)。

その三時間後、第二のもっと有名な国旗掲揚が行なわれた。第二十八海兵連隊のその後の偵察隊が、摺鉢山山頂にもっと大きな〝代わりの〟国旗を持ってきた。AP通信のカメラマン、ジョー・ローゼンタールがその場に立ち会って、この光景を記録した。六名の海兵隊員が旗竿を立てると、国旗がそよ風できれいにはためき、ローゼンタールはファインダーをのぞきもせずにカメラのシャッターボタンを押した。彼は未現像のフィルム・ロールをグアムに送り、そこでAPの写真編集者が現像してアメリカへ送った。あわただしく撮影された写真、偶然捉えられた構図の最高傑作は、太平洋戦争でももっとも代表的なイメージとなった。電話の銅線でアメリカ中のニュース編集室に送信された写真は、何百という新聞の一面と雑誌の表紙に同時に掲載された。ローゼンタールはピューリッツァー賞を受賞した。国旗掲揚は戦時公債の全国キャンペーンでテーマをつたえる格好の見本として採用され、写真のなかで生き残った三名の海兵隊員は、宣伝ツアーのためにアメリカに呼び戻された。写真はヴァージニア州アーリントンの海兵隊戦争記念碑でブロンズ彫像として複製された。

第二十八海兵連隊は摺鉢山の戦闘で死傷者五百十名を記録した。Dデイの損害をふくめると、連隊は五日間で八百九十五名の損害を出した。たしかに大きな損害だが、同時期に北部で戦っていたほかの連隊がこうむった損害より激しいわけではなかった。祖国では、多くのアメリカ人が、ローゼンタールの写真の国旗掲揚はきっと勝利をおさめた戦いの輝かしいクライマックスを表わしているにちがいないと思った。実際には、摺鉢山の征服は、犠牲の大きな長期戦の初期段階のひとつにすぎなかった。元山台地の戦闘では最終的に摺鉢山で失われた数の二十倍のアメリカ人の命が奪われることになる。作戦七日目（二月二十五日）に、第二十八海兵連隊は第五水陸両用軍団の予備兵力に戻り、島中央部を二分する血なまぐさい戦線で戦友たちに合流するために、北へ移動をはじめた。

島内のあらゆる場所が前線に

シュミット将軍はいまや平定された摺鉢山の北に第五水陸両用軍団（ＶＡＣ）の司令部を設置した。前線から半マイル後方の島のその部分全体が、しだいに作業基地の様相を呈してきた。過去数日のいやな天候は、もっと弱い風とおだやかな打ち寄せ波へと代わり、おかげで貨物の揚陸は進んだ。補給処や集結地、車輛置き場、燃料集積所、管理指揮テント、野戦病院が、敵の臼砲と火砲が依然として弾雨を降らせるなかで、後方部隊によって設営された。ブルドーザーは道路網を改良し、戦場清掃班が主輸送幹線道路から残骸を運び去っていた。第三十一海軍建設大隊のシービー隊員たちは、第一飛行場で作業中で、滑走路と掩体から地雷を処理し、沖合からコンクリートミキサーと重建設機械を運んできた。シュミットはあと五日間の激戦で硫黄島の敵の抵抗を根絶やしにできるだろうと記者に語った。「先週は十日かかるだろうといったが、気が変わったよ」[53]

主要な戦線はいまや第二飛行場を抜けて走っていた。第二飛行場は第一よりやや高台にあった。滑走路と誘導路には飛行機の残骸が散らばり、日本軍歩兵部隊はこれを即席の簡易トーチカ代わりにしていた。海兵隊員たちはこれらの陣地に艦砲射撃や重砲の砲撃、航空攻撃を要請し、それから戦車と歩兵でむき出しの地形を横切って攻撃した。元山台地の黒いドーム状の岩盤が北の前方にそびえていた。これを落とすには、恐るべき防御陣地で蜂の巣のようになった溶岩段丘の階段を登っていく必要があった。ホランド・スミスはこれを「海岸から海岸へと走る要塞の太いベルト、相互に掩護し合うトーチカの集団で、その多くはほとんど地下に潜っている」と説明した。[54] 地形は側面攻撃の見こみがあまりないため、海兵隊員たちには力ずくの直接正面攻撃以外に選択肢が残されていなかった。ジョゼフ・L・スチュアート中佐はこれを、「兵士がうめきながら、ざくざくと進むタイプの作戦」と呼んだ。[55] べつの将校は、お決まりのアメリカンフットボールの例えを使った。「ここではエンドランはできない。どのプレーもタックルとタックルのあいだだ[56]」

シュミットは洋上予備兵力の残りを呼び寄せた。グレイヴズ・B・アースキン少将ひきいる第三海兵師団（一個連隊欠）である。この歴戦の部隊は戦線の中央部に投入され、第五師団がその左翼、第四師団がその右翼をになった——そして、元山部落の廃墟と未完成の第三飛行場を抜けてまっすぐ北へ進撃し、元山台地中央の台地に達する困難な任務をあたえられた。シュミットは第五水陸両用軍団の砲兵火力の五〇パーセントをこの地域に向け、残りの五〇パーセントは第四師団と第五師団が面している翼側部のあいだで均等に分けるよう命じた。三個師団が横一線にならんで、新たな北への攻勢は、摺鉢山に国旗が掲揚された翌日の作戦六日目に開始された。

アメリカ軍は防御側にたいして兵力で三倍、砲兵火力では（艦砲を勘定に入れれば）十倍の優位に立ち、そして完全な制空権を握っていた。しかし、栗林の巧妙な地下防御体制はこれらの優位を実質上、無効にした。すくなくとも攻撃の初期段階では、戦車はしばしばあとに置いていかなければならなかった。より高い段丘へのルートはすべて、地雷がびっしりと埋められているか、対戦車障害物でふさがれていたからである。歩兵が先頭に立って、小火器や火炎放射器、爆薬で攻撃した。戦線の中央部では、第三師団が太平洋のあらゆる場所でも屈指の厳重に要塞化された地域に進撃して、大きな損害をこうむった。

前線の兵士たちにとって、戦闘の騒音は避けがたかった。機関銃の連射音と砲迫の泣き叫ぶような轟きは、けっしてやまなかった。彼らは高台に配置された日本軍の狙撃手が小銃のスコープでたえず見張っているのを知っていたので、ずっと頭を低くしていた。日本軍はもっと大口径の火器、とくに四十七ミリ対戦車砲さえ、狙撃に使った。対戦車砲は数百ヤードの距離で正確に狙いをつけてひとりの人間に命中させることができた。重火器があまりにもたくさん撃ってくるので、兵士たちはたんなる小銃の射撃には宿命論的になり、銃弾が近くの空間をかすめても無頓着にふるまうようにさえなった。第二十四海兵連隊I中隊のウィリアム・ケッチャム大尉は、片腕と片脚を撃たれたが、手脚に包帯を巻いたあと、自分の中隊とともに前線に留まった。彼はあざ笑った。「十二回も撃ってきたのに、二発の銃弾で皮膚を傷つけるのがやっととはな[57]」

歩兵たちは敵を憎むのとほとんど同じぐらい島を憎むようになった。硫黄島は「身の毛がよだ」ったと、第四海兵師団のテッド・アレンビーは回想した。「ほとんど地球に落ちてきた月のかけらのようだった[58]」海兵隊員たちが容赦ない敵の射撃から身を守るために地面を掘ると、悪臭を放つ硫黄ガスの湧出口が開いた。硫黄は焼けて腐った肉の悪臭と不快に混じり合い、その臭いは島のどこにいても逃れられなかった。眠ろうとすると、陸生の蟹が個人壕の底の灰から姿を現わし、彼らの体を這いまわった。細かな火山灰は風と爆発で舞い上げられ、兵士の目や耳、鼻、口に入りこんだ。地面はさわると暖かく、掘れば掘るほど暖かくなった。エルトン・シュロードは缶詰の携帯糧食を個人壕の底の地面に埋めた。三十分たって、缶を掘りだすと、「湯気を立てる暖かいC携帯糧食が食べられる。これはこの悲惨な岩盤でわたしが見つけられた唯一の利点だった[59]」。

八平方マイル以下の面積に約八万名の将兵が集中したおかげで、硫黄島は史上屈指の人口が密集した戦場だった。両軍の火力の量を思えば、殺戮はすさまじかった。もっとも激しかったのは前線だが、硫黄島には後方地域のようなものは実際にはなかった。各戦闘員が島内のどの地点にも重砲と迫撃砲の射撃を指示する権限を持っていた。その結果、島内のあらゆる場所がある意味で前線だった。移動弾幕射撃が砂浜や個人壕、指揮所を掃射した。中断は短時間だった。海兵隊員たちは敵の悪魔的な技量をしぶしぶながら賞賛した。「日本軍は砲撃がすばらしくうまかった」とスチュアート中佐はいった。「彼らが撃つたびに、誰かがやられることになった」安全地帯も、後方地域も、そして――アメリカ軍にとっては――小さな天然の遮蔽物もなかった。摺鉢山のすぐ北に置かれたシュミット将軍の第五水陸両用軍団司令部は、土嚢にかこまれたテントの集まりだった。シュミットの作戦参謀エドワード・クレイグ大佐によれば、指揮所は戦闘のあいだずっと、断続的な激しい砲撃を受けていた。土嚢の土手はどんどん高くなったが、衝撃は依然として恐怖だった。砲撃がはじまると、「われわれは狭い指揮所テントの床に三列に横たわって、終わるまでその状態でいた」とクレイグは回想している[60]。半マイル北方の第四海兵師団指揮所では、巨大な三百二十ミリ外装式臼砲の砲弾が四方に落下して、空は不気味な赤に染まり、こまかい火山灰の粒子のもやが宙にただよった。海兵隊の榴弾砲と沖の艦艇が対砲兵射撃で応戦したが、日本軍は動じないようで、彼らの重火器は衰え知らずの激しさで砲撃をつづけた。

司令部は無線あるいは伝令を使って、師団指揮所と前線との連絡を取りつづけていた。連隊長と中隊長が提供する知見がシュミット将軍とその幕僚の戦術的決定に影響をおよぼしていた。第五水陸両用軍団と師団指揮所の将校と下士官の多くは、戦闘任務で派遣され、戦死あるいは負傷した者のかわりに前方に送られた。負傷者はジープの〝救急車〟あるいは手持ちの担架で南部に輸送された。トラックや戦車、ブルドーザーは北部へ向かった。地雷が島内全体に敷設され、いたるところで惨禍をもたらしていた。小道を歩く海兵隊員たちは、車輛が残した轍を軍靴で踏むように心がけることを学んだ。大型の対戦車地雷は深く埋められているので、地雷処理チームはかならずしも発見するとはかぎらなかった。そうした地雷は戦車などの重い車輛が踏んだときに起爆した。シュロードは、第二飛行場南部の道路を拡張していた〈DSキャタピラー〉の重いブルドーザーにそれが起きるのを見た。「恐ろしい爆発が起きて、DSがわたしのすぐ目の前から消えたので、わたしは物陰に走った。そのトラクターの破片がそこらじゅうに雨あられと降ってきた。破片のいくつかは重さがすくなくとも千ポンドはあった。運転手は、神よ彼の霊を休ましめたまえ、わたしから約十ヤード離れたところに落ちてきた(61)」

地上部隊と海空の連携

戦いの最初の五日間で、海兵隊は平均して一日あたり千二百名以上の損害をこうむった。砂浜と飛行場周辺の平らな地形には、死者が散乱していた。砲弾穴は直撃の記録を残していた。そのいくつかには、十名か十二名の海兵隊員のすりつぶされた遺体がころがっていた。〈レッド〉海岸の上の段丘を探索した記者のボブ・シェロッドはこう感想を漏らした。「太平洋戦争のどの場所でも、これほどひどくずたずたになった死体は見たことがなかった。多くはまっぷたつに切断されていた。脚と腕はどの死体からも五十フィート離れてころがっていた。砂上のある箇所では、もっとも近い死者の集団から遠く離れて、長さ十五フィートの紐のような腸(はらわた)を見た(62)」損害は将校と下士官が比較的多かった。ガダルカナルにおける英雄的行為で名誉勲章を受章した全国的に有名な海兵隊員、ジョン・バシロン一等軍曹は、Dデイ当日、第一飛行場へ部下をひきいているとき戦死した。

装甲ブルドーザーは集団墓地となる壕を掘っていた。「ブルドーザーで掘った区画に一度に五十名を埋葬した」とゲイジ・ホタリング従軍牧師はいった。「ユダヤ教徒かカトリック信者かなにかはわからなかったので、われわれは一般的な埋葬の言葉を口にした。『汝を葬り、神の御慈悲にゆだねます』」(63)

艦艇が沖を遊弋していた。駆逐艦と砲艇は海岸近くを、巡洋艦と戦艦は遠く沖合を。前線の海兵隊調整員は、艦艇の砲術長と彼らを結ぶ開放無線系で、どの目標にも正確な艦砲射撃を要請することができた。艦艇はしばしば乗組員が座標を射撃指揮装置に入力して、レーダーの指示だけで砲撃した。艦砲は硫黄島では、敵味方の部隊が接近していたので、かならずしも効果的に使えたわけではなかった。とはいえ、ターナー提督が報告したように、作戦中には「前例のないほど数多くの」艦砲による応答射撃任務があった。十六インチから五インチまで各種の口径の榴弾が元山台地全域の目標に降りそそいだ。小型の砲艇――ロケット弾や軽迫撃砲、二十ミリ機銃で武装した改造上陸用舟艇――は、島北西部周辺の海岸近くを遊弋し、敵陣地に威嚇射撃を浴びせた。また、日本軍部隊が海岸ぞいを移動するのをふせぎ、北方の父島などの島々から上陸しようとする舟艇を迎え撃った。

駆逐艦ハワースでは、陸の海兵隊将校の声が艦内拡声器で流されていたので、艦内の全員が戦闘を追うことができた。島はしばしば煙とほこりで見えなくなったので、乗組員は自分たちの五インチ砲が命中するところをめったに見られなかった。ジェイムズ・オーヴィル・レインズ事務係下士官は、ハワースが割り当てられた目標に命中させていることを無線で声が確認したとき、誇らしく思った。「あん畜生どもが逃げまわっているのを見ろ!」そして、そのあと、「ご興味がおありかと思うので、貴艦の射撃はじつにすばらしいということをお知らせておこう。結果はじつに満足のいくものだ」。

レインズは双眼鏡をのぞいて、陸で起きていることを見分けようとした。煙が晴れたとき、彼は一輛のシャーマン戦車が重機関銃の射撃に向かって前進しているのをちらりと捉えた。そのうしろで歩兵分隊員が身をかがめている。妻への手紙で、レインズはハワースの艦砲が敵を叩いているのを知ってぞくぞくしたと書いている。「きみとぼくとがはらっていると感じている犠牲にもかかわらず、ぼくは自分がやつらの幾人かを殺すことに関与してうれしい。本当にすばらしい気分だ。やつらを殺して最高にぞくぞくする。こちらの砲弾が命中したとき、やつらの死体と死体の一部が空高く舞い上がるのを近くで見られたらよかったのに」そのいっぽうで、レインズはハワースの比較的安全な見晴らしのきく地点から戦闘を見守るほうがいいと認めた。「ウィンチを使っても、ぼくを海岸に引きずっていくことはできなかったろうね(64)」

硫黄島侵攻にたいする日本軍の航空反撃は、荒れ模様の天候と、東京の飛行場にたいする第五十八機動部隊の制圧的な航空攻撃があいまって、かなり弱かった。日本軍機は島の上空にほとんど姿を現わさなかったし、現わしても、ほとんどは上空を哨戒するアメリカ軍の艦上戦闘機にたちまち撃墜された。一度だけ、集団カミカゼ攻撃がこころみられた。二月二十一日（作戦三日目）、約五十機の双発三菱一式陸攻G４Mが零戦をともなって沖合の艦隊を攻撃した。空母サラトガに三機が体当たりして、戦死百二十三名、負傷百九十二名の損害をこうむり、空母は修理のため真珠湾に戻らざるを得なかった。護衛空母ビスマーク・シーは特攻機が後部に体当たりして、格納庫で致命的な誘爆を引き起こした。火災は手がつけられないほど激しく燃えさかり、彼女は転覆して沈没し、二百十八名の将兵を道連れにした。もう一隻の護衛空母ルンガ・ポイントは四機の特攻機を撃退したあとで、軽微な損傷を受けた。貨物艦とＬＳＴ各一隻も体当たりを食らって大破した。

島のアメリカ軍地上部隊が近接航空支援にこと欠くことはなかった。海軍、海兵隊、陸軍航空軍の三軍の飛行機が爆撃、偵察、機銃掃射の任務で飛んだ。ときにはアメリカ軍の飛行機が硫黄島上空であまりにも多数だったので、空中衝突は避けられないように思えたほどだった。何時間も、グラマン艦戦やヴォート艦戦、そしてカーティス艦爆の編隊が空母から飛来し、太陽がその翼できらめいた。急降下爆撃機は七〇度の降下角でつっこみ、敵戦線後方の見えない目標に爆弾を投下して、湧き立つ煙とほこりの塊から火柱を上げた。低空飛行する戦闘機は五〇口径曳光弾を日本軍の砲掩体に走らせ、高度二千フィートからロケット弾を発射した。

飛行士たちがすばらしいショーを上演していたことは海兵隊員たちも認めた。しかし、機銃掃射や爆撃、ロケット弾攻撃の有効性は、艦砲射撃を悩ますのと同じ要素によって限定されていた。その大半は島のがっちりした洞窟と鑿地砲台にほとんど効果がなく、パイロットたちは味方を攻撃することを警戒していた——対峙する前線の近さを思えば、むしろそのほうがよかっただろう。もちろん艦載機はそれ以外にも、砲兵のための空中観測や、むき出しの地形を日本軍が移動するのを阻止するなどの、有益なつとめをはたした。しかし、硫黄島の戦術的状況は、地上部隊と航空機搭乗員との前例のないチームワークをもとめていた。これは、磨きをかけるのに時間と経験を要する枠組みである。

海兵隊の空中調整官ヴァーノン・E・メギー大佐は、二月二十四日、上陸した。彼は摺鉢山北方の第五水陸両用軍団の施設に通信テントを設営した。最終的に、彼が硫黄島航空指揮官の任につくことになる。メギーは前線の航空連絡将校がわずか三百ヤードしか離れていない日本軍陣地に航空攻撃を要請できるシステムを開発した。海兵隊の戦術観測員は、TBMアヴェンジャーの後部席に乗って飛行し、地上の砲兵大隊と開放無線系でむすばれる。日本軍の対空砲火は概しておだやかだったが、予期せぬときと場所に、炸裂した。一カ月の戦闘のあいだに、二十六機のアメリカ軍機を撃破し、九機を大破させた。

三月六日、アメリカ陸軍航空軍の第十五戦闘航空群――P－51マスタングとP－61ブラックウィドウの部隊をふくむ――が第一飛行場に飛来した。陸軍の航空機搭乗員は地上戦闘作戦の近接支援の訓練を受けていなかったが、彼らは「頑張り屋の態度」を持つ一流のパイロットで、メギーがやってくれとたのんだことはなんでも進んでやってみた。P－51は、硫黄島のごつごつした北部高地の砂岩の軽石にたいして五百ポンド爆弾よりはるかに大きな効果がある、千ポンド爆弾を搭載して、投下できる馬力があった。マスタングは四五度の緩降下で目標に接近し、海兵隊員を危険にさらす不命中弾の恐れを減らすために、前線と平行に飛行した。この延期信管がついた半トン爆弾は、ごつごつした地形の閉ざされた谷や窪みに投下されると、破壊力を増して爆発した。いくつかの記憶に残る例では、P－51が投下した爆弾は「断崖の側面全体を海に吹き飛ばし、敵の洞窟とトンネルを海からの直接射撃にたいしてむき出しにした」とメギーはいった。[65]

メギーは大隊長と連隊長に話すときには、千ポンド爆弾が、とくにアメリカ軍の前線のほうに大きくはずれた場合、彼らの部下の将兵に深刻な危険をもたらすことを強調した。経験からいって、彼は目標までの距離を、爆弾一ポンドにつき一ヤードとすべきだと提案した。つまり、千ポンド爆弾は海兵隊員から千ヤード以上離れた目標を狙うべきだということだ。「前方二百ヤードから三百ヤードで爆発する千ポンド爆弾は、おもちゃじゃない」しかし、第四海兵師団は、島北東岸の洞窟要塞と悲惨な流血の死闘をくりひろげていたので、彼らの前線の真正面にある敵陣地をマスタング戦闘機に叩いてもらいたかった。ある大隊長はメギーにこういった。「いや、いま傷つけられている以上にわれわれを傷つけることなどありえませんよ」操縦席と無線で直結している海兵隊員たちは、爆弾が投下される直前に物陰に隠れた。「そこでわたしは向こうへ行って、この攻撃をすべて実行した」とメギーはいった。「そして、自分のをふくめ、たくさんの人間の奥歯をがたがた言わせたが、ジャップ以外の誰も傷つけなかった」[66]

地表人と穴居人の戦い

十日間で勝利をおさめるというシュミット将軍の予測は、あまりにも楽観的すぎた。三月四日の日曜日――二週間目の区切りの日――主要な戦闘は依然として戦いのどの時点とも変わらない激しさだった。海兵隊は硫黄島のほぼ三分の二を占領し、元山台地の栗林の外郭防御線を突破していた。第五水陸両用軍団は死者三千名をふくむ一万三千名の損害を出していた。最悪の打撃を受けた部隊は、指揮官と将校、下士官を失い、新しく着任した指揮官と将校、下士官に慣れたところで、その後任も失っていた。前線の東の拠点では、第四海兵師団がついに彼らが〈円形闘技場〉と呼んだ岩だらけの海岸入り江を制圧した。西部の第五海兵師団は西尾根と三六二B高地に向かって進撃して、海岸ぞいのごつごつした断崖で激しい抵抗に遭っていた。中央部では、第三海兵師団がでこぼこの高台に激しい攻勢をかけて、九日間の悲痛な戦闘で三千ヤード前進していた。〈元山複郭陣地〉の黒く恐ろしげな姿が真正面にそびえていた。この戦闘地域は、面積が約一平方マイルしかなかったが、無数の洞窟やトンネルの入り口があり、地下に横たわる高度な迷宮に通じていた。

南部の飛行場周辺の平地では、後方部隊が前進作戦基地を建設していた。海岸の揚陸はいまや、ときおり遠くから臼砲弾あるいは砲弾が飛んでくる以外には、ほとんど支障なく進行していた。どんどん長くなる白い十字架の列で印された墓地が、摺鉢山の穴だらけの斜面の陰に作られた。第一三三海軍建設大隊のシービー隊員たちは、浄水施設を六カ所、設置した。エネルギーをがつがつ食らう装置は海水を携行可能な精製水に変え、水は五ガロン缶で前線にトラック輸送された。三月六日には、浄水施設は毎日、島内の海兵隊員一名につき水筒三本分の飲料水を製造していた。そのいっぽうで、日本軍の洞窟と地下壕では、水の備蓄が急速に減少し、兵士たちは苦しい喉の渇きに屈しはじめていた。

三月四日、B－29スーパーフォートレス、〈ダイナ・マイト〉号（第九爆撃航空群第一飛行隊所属）が、アメリカ軍が〈南飛行場〉と命名した第一飛行場に緊急着陸した。日本への爆撃任務で激しく損傷した爆撃機は、もし硫黄島の滑走路がなければ、海に不時着水を強いられていたことだろう。B－29が地上滑走して停止し四基のエンジンを止めると、おそらく二百名ほどの海兵隊員とシービー隊員の群れがまわりに集まった。カメラマンと記録映画班がこの歴史的場面を記録した。巨大な銀色の爆撃機の到着は、戦いの忘れがたい節目であり、タイミングのいい士気高揚の材料だった。この出来事は血なまぐさい島の戦いのもっと大きな目的を劇的に表現していた――東京を容易に攻撃できる距離内に航空基地を獲得するという目的を。一カ月後、第八戦闘機兵団のP－51マスタングが北へ向かうB－29の編隊に合流しはじめ、爆撃任務中に戦闘機の護衛を提供することになる。三月十六日には、海軍のB－24（海軍名PB4Y）哨戒爆撃機の一個飛行隊が、硫黄島から作戦を開始する。一・五マイル北では依然として戦闘が猛威をふるっているあいだに、南飛行場は大規模な活動中の航空基地の様相を呈しはじめていた。

シュミットは、第五水陸両用軍団司令部の指揮官会議後、前線の三個師団全部に、集中砲撃をきっかけとした、新たな攻勢を命じた。三月五日、もっとも消耗が激しく、戦いに傷ついた部隊は、短い休養のためと、大きな損害を受けた大隊に補充の部隊を送りこむために、後方の集結地域に下げられた。彼らは、砲兵の〝下準備〟がはじまる三月六日の夜明け前に前線に戻った。これは戦いでもっとも激しい弾幕で、入手できるあらゆる野戦榴弾砲と、沖合の巨砲の支援を組み合わせた、長時間の猛攻だった。砲兵大隊はこの日の弾薬消費量を、〈ロング・トム〉加農砲の百五十五ミリ砲弾二千五百発、七十五ミリと百五ミリ砲弾二万発と報告している。戦艦一隻、巡洋艦二隻、駆逐艦三隻、そして各種の砲艇が二万二千五百発の砲弾で加勢した。目標の座標はすくなくともアメリカ軍の前線の二百ヤード先に設定されていたが、多くの砲弾が海兵隊員たちの不安なほど近くに落下し、数発の流れ弾は彼らの前線にまともに落ちた。飛行機も参加して、絶妙のタイミングで爆弾を投下し、機銃を掃射した。いつもどおり、アマチュアの観戦者たちは、この恐ろしい強打のなかで誰かが、あるいはなにかが生きのびられるかどうかは疑問だと思った。いつもどおり、彼らはまちがっていた。

弾幕が上がると、突撃部隊が敵戦線に向かって前進した。地形が許す場所では、シャーマン戦車が歩兵の先頭に立った。日本軍は機関銃と小銃の殺人的な一斉射撃の火蓋を切った。彼らの抵抗は以前とまったく同じように頑強に思えた。すさまじい銃火がトーチカと洞窟の入り口から注がれ、前進する海兵隊員を縦射で捉えた。黄燐弾が彼らの周囲に落ちて、彼らを地面に這いつくばらせ、身を隠すために穴を掘らせた。以前は気づかなかった新たな日本軍の射撃陣地がやっかいな角度から火蓋を切った。地形が岩だらけでがたがただったため、戦車は多くの場所で前進できず、歩兵は先に進まざるを得なかった。総攻撃の突進の勢いはたちまち消滅したが、海兵隊員たちは引き下がらなかった。戦闘はその日いっぱい激しい勢いでつづいた。膠着状態を打破するのを願って、前方部隊の指揮官たちは、自分の位置からわずか百ヤードしか離れていない地点に砲撃を要請した。いくつかの洞窟が封鎖され、トーチカが数基、火炎放射器と爆薬で破壊されて、何十名という日本兵が死んだ。しかし、防御側がむき出しの地形から攻撃して身をさらすことは、めったになかった。彼らは栗林将軍が命じたように、塹壕と要塞から離れず、地下のネットワークで移動した。

三月六日の終わりには、海兵隊は海岸ぞいの小さな谷や渓谷を約二百五十ヤード前進していたが、ほとんどの場所では、彼らの前進具合は五十ヤードがせいぜいだった。戦線のもっとも困難な部分では、三十ヤードしか進んでいなかったかもしれなかった——しかし、そうはいっても、これはたいしたことだった。前進の程度がさまざまだったため、両側にむき出しの側面と突出部が残され、これによって、以前は難攻不落だった日本軍の射撃陣地に側面攻撃を（さらには頭上からの攻撃さえも）かける見こみが出てきたのである。戦車と七十五ミリ砲搭載ハーフトラックが歩兵とともに前進できるように、装甲ブルドーザーがでこぼこの地形に道を切り開いた。しかし、戦車が通れる新しい道を切り開き、地雷を処理するには、時間と忍耐を要した。しかも、そのすべてを敵の銃砲火のもとで行なわねばならなかった。第四海兵師団をひきいるクリフトン・B・ケイツ将軍は、高官たちがいだいていたあきらめの気持ちを要約した。「そうだな、われわれはこれからもやつらを叩きつづける」と彼はボブ・シェロッドにいった。「連中も永遠に耐えられるわけじゃない。われわれはやつらがくじけるまで圧力をかけつづける必要がある。気を抜いちゃならんのだ[67]」

三月七日、シュミット将軍は各砲兵大隊に弾薬を節約するよう命じた。前日の朝の花火大会のあと、弾薬は危険なほど残り少なくなっていた。彼は第五海兵師団に攻撃を内陸部に向けて、海と北岬（訳註：日本側名称「北ノ鼻」）周囲の一連の手強い防御陣地を見おろす高地を占領するよう命じた。しかし、第二十七海兵連隊はちょうど攻撃を開始する準備をしているときに、壊滅的な臼砲の砲撃を受けた。第二大隊のE中隊は臼砲弾の直撃を受け、三十五名が戦死あるいは負傷した。当然ながら、その地域の攻撃はほとんど即座に行き詰まった。東方の第四師団の戦闘地区では、戦線後方の〈円形闘技場〉と〈ターキー・ノブ〉地域で、かなりの後衛掃討作戦を行なわねばならなかった。新たな日本軍の戦闘員がまるでなにかの黒魔術でも使ったかのように突然、出現したのである。師団はぼろぼろの状態だった。指揮体制はあまりにも多くの将校と下士官が戦死したため、危機にさらされていた。戦争神経症の症状が見受けられた。師団は中隊と小隊レベルで補充の海兵隊員を送りこむ問題に直面した。報告書は、「疲労と経験豊富な指揮官の不足の結果が、部隊の戦いかたにひじょうに明確に表われている」と指摘し、第四師団の戦闘遂行能率はDデイの基準値の約四〇パーセントと見積もった。〈円形闘技場〉の北方の地面は、一連のごつごつした岩の尾根と、鬱蒼たる藪が群生する峡谷が交互につらなっていた。第二十五海兵連隊は内陸へ前進をつづけ、敵を包囲して、縮小する孤立地帯を取り巻く包囲網をぎりぎりと締め上げていった。この孤立地帯は、千田(せんだ)貞季(さだすえ)少将がひきいる混成第二旅団が占拠していた。海兵隊員たちは、包囲突破攻撃、もしかしたら集団バンザイ突撃の危険さえあると考えて、コイル状の有刺鉄線をならべ、そのあいだに何百発もの対人地雷を埋めた。日本軍が攻撃するにちがいない地形を掃射するために、各種各口径の火器を据えて、彼らの前線正面の中間地帯に着弾するように駄載榴弾砲と軽迫撃砲を試射した。

　第三海兵師団の戦区では、三六二C高地にたいする進撃が不十分だった。これは、とくに戦術的に価値がある突出部で、台地の高い部分に鎖のようにつらなる防御陣地の重要な一環だった。唯一のルートは、硫黄島でも屈指の入り組んだ岩だらけの地面を通っていた。日本軍はここに悪魔のように強力な防御陣地を準備していた。不吉な風景で、強烈な硫黄の臭いがただよっていた。地面は歩くと暖かかった――伏せると不快なほどで、個人壕を掘るといっそうひどかった。それでもこの必殺地帯に前進する兵士たちは、敵の機関銃や擲弾筒(てきだんとう)、対戦車砲から身を守るために壕を掘る必要があった。このがたがたで複雑な地形に装甲車輌を持ちこむ見こみはほとんどないので、師団は昔ながらのやりかたでこれをやらねばならないだろう。歩兵の直接攻撃によって。

　海兵隊は、太平洋戦争ではこれまで一度も夜間に攻撃を仕掛けたことがなかった。それは彼らの用兵思想にはなかったし、その訓練も受けていなかった。しかし、アースキン将軍はしばらく前から、大隊規模の夜間浸透攻撃は日本軍の不意を打つのではないかと主張していた。アースキンは三月八日の夜明け前に攻撃を開始する許可をシュミット将軍にもとめ、それをあたえられた。まず、火炎放射器と爆薬を持った各分隊がこっそりとすばやく進んで、日本軍の前線後方の約五百ヤードまで侵入した。彼らは完全な奇襲の利を生かして、なかにいる人間が反撃の準備をする前に、トーチカと洞窟の入り口を封鎖した。多くの日本兵は寝ているあいだに、ときには銃剣で殺された。

夜が明けると、海兵隊はあたりに発煙弾を撃ちこんで、あらゆる照準線に煙のベールを引いた。第九海兵連隊第三大隊は、三六二C高地を占領する仕事をあたえられていて、最初、それを達成したと思った。しかし、煙幕は敵と同様、アメリカ軍も混乱させることがあり、〇六〇〇時ごろ、K中隊の将校たちは自分たちが三三一高地を占領したことに気づいてがっかりした――もう二百五十ヤード北にある三六二C高地ではなく。しかも、それは、日本軍の機関銃と小火器の銃撃に掃射されるむき出しの突出部を横切らねばならない、長い二百五十ヤードだった。一日中、熾烈な戦闘がつづき、海兵二個中隊は釘づけにされて、大きな損害を出した。しかし、攻撃を指揮するベーム中佐は、本来の正しい目標に向かって前進すると決断した。これは血なまぐさい死闘で、午前中いっぱいと午後の前半をついやしたが、日暮れには、大隊は三六二C高地の頂周囲に防御線を敷いていた。

その同じ日、やはり夜明け前に、千田将軍の包囲された部隊は、包囲突破のこころみを開始した。これは集団バンザイ突撃ではなく、前線全域にわたる、小部隊による一連の巧妙な浸透攻撃で、それに先だって、迫撃砲とロケット弾と火砲の集中陽動砲撃が行なわれた。斬り込み隊は夜陰に乗じ、入り組んだ地形を巧妙に利用して、こっそりとやってきた。しかし、第四海兵師団の海兵隊員は、防御の準備の恩恵を受けた。駄載榴弾砲は前進する部隊に砲火を浴びせ、攻撃側の多くが地雷を踏むか、鉄条網の斜面を切り開こうとして殺された。十数名の日本兵が第二十三海兵連隊第二大隊の指揮所まで侵入したが、そこでたちまち殺された。翌朝、六百五十名の日本軍戦死者が戦場で数えられた。戦闘で生き残ったひと握りの日本兵のひとり、大曲覚中尉によれば、〈ターキー・ノブ〉と〈円形闘技場〉周囲の地域は遺体安置所だった。「わたしは手脚を失った胴体や、切断された脚、腕、手、そして岩にぶちまけられた内臓を目にした[68]」

これは上の人間が下の人間と、地表に住む人間の軍隊が穴居人の軍隊と戦う戦闘だった。硫黄島の多くの日本兵は、人生の最後の数週間、まったく太陽を目にしなかった。彼らは頭上で戦車の轟音を聞いた。熱さを感じる前にガス状の炎の噴射音を聞いた。日本軍のある指揮官はアメリカ軍が「前面を清野と化して初めて前進。……さながら〝害虫駆除〟のごとき態度で戦闘す」と報告した[69]。海兵隊が地下壕の上の地形を占領すると、日本軍はときに爆薬を仕掛け、自分自身と敵を天国まで吹き飛ばした。それは第一次世界大戦の西部戦線における〈坑道地雷〉攻撃、あるいはアメリカ南北戦争のピーターズバーグの包囲戦を彷彿させる恐怖だった。エルトン・シュロードはそうした出来事のひとつを西部落の北方の丘で目撃した。「わたしは多くの人体が縫いぐるみ人形のように宙に舞い上がるのを見た[70]」巨大な爆発で四十三名の海兵隊員が戦死あるいは負傷した。

凄惨な戦場医療

硫黄島の戦いの最初の二十一日間で、衛生隊は一日平均千名の負傷者に対処した。作戦三十四日目には、合計で一万七千六百七十七名の患者が沖合の病院艦かマリアナ諸島の病院に後送された[71]。戦場の衛生兵から、前方救護所、野戦病院、沖合いの病院艦、サイパンとグアムの病院にいたる医療従事者の傑出した努力には、全員が当然の誇りをいだいた。戦場の疲れを知らない第一応答者である衛生兵と担架手は、敵の銃砲撃にさらされた地形を横切って駆けつけた。砲弾が近くで炸裂し、銃弾が頭上をかすめるなかで、衛生兵は、倒れた海兵隊員のかたわらでしゃがんで、〈ユニット3〉衛生兵用パウチに手を入れると、苦痛をやわらげ、ショック症状にきく〝ハイポ〟と呼ばれるモルヒネの使い捨て注射器を探した。スルファニルアミドの粉末を消毒剤として傷口に直接ふりかけた。止血鉗子や縫合、包帯、止血帯で出血を抑えた。出血が激しすぎる場合には、血漿の静脈内注射を打った――乏血性ショックの危険な効果をやわらげる命の液体である。血漿の瓶は高く持っているか、あるいは地面に突き刺した小銃に吊り下げられた。負傷者がついていれば、四名の担架手がすぐさま到着して、彼を後方の大隊救護所に運んでいき、そこで衛生兵が傷を診察して包帯を取り替える。ここで近くの砲兵の轟音を聞きながら、感染の危険を取りのぞくためのペニシリン注射も受けるかもしれなかった。普通の戦闘服とヘルメットを着用した従軍牧師は、やさしい言葉をかけたり、水をひと口飲ませてやったり、祈ったり、あるいは臨終の秘跡を執りおこなったりした。

担架は救急ジープ、あるいはもしかするとハーフトラックやトラクターの後部に積まれて、野戦病院まで島内を移送された。車輛は轍ができた道で苦痛なほど跳ね、血漿の瓶が架台で揺れた。硫黄島の野戦病院は前線のかなり後方の本道ぞいにあり、ほとんどは南飛行場に隣接する窪地や掩体に置かれていた――土嚢にかこまれた低く目立たない濃緑色のテントの集まりである。負傷した海兵隊員は灯火管制用の分厚い二重の入り口から、受け入れ病棟になっている長いテントに運びこまれ、そこで担架は携帯式の合板製手術台に載せられる。軍医と衛生兵がそれぞれの担架につけられたクリップボードにメモを書きこんだ。血漿の瓶はしばしば全血輸血のために交換された。血にまみれたり汚れたりした衣服は切り開かれ、傷口が清潔にされる。手術前の患者は身体を洗われ、毛を剃られる。息がつまるほど暑い環境で、とくに光が漏れないようにテントを閉じなければならない夜間は苦しかった。空気はよどんで、血と消毒剤の臭いがただよい、煙草の煙で息がつまった。

とはいえ、野戦病院は二〇世紀中期の医療の水準からすると、驚くほど設備がととのっていた――おそらく、かつて存在したなかでもっとも高度な軍野戦病院だった。病院には手術台、レントゲン撮影機、酸素マスクとタンク、血清用冷蔵庫、発電機、フレークアイス製造機、そしてアメリカの民間人が献血して、氷詰めで島に空輸された全血の血液銀行がそろっていた。緊急性の高い患者は手術室に直接戻され、さまざまな専門分野の軍医たちがただちに仕事に取りかかった。いちばんむずかしいのは〈腹部の患者〉だと、医師たちは認めた——胃や腸などの重要な臓器を撃ち抜かれた患者である。傷ついた臓器は取りのぞき、切除して、負傷者の腹部に戻さねばならなかった。そうした傷には長くて複雑な手術が必要で、しばしば四時間から五時間を要し、そのあとも長期の術後ケアが待っていた。それでも全患者の約半数は手術後、しばしば敗血症か感染症で死亡した。シーツが頭の上まで引き上げられ、彼らは外の地面に置かれて、墓地へ運ばれるのを待った。

九千名以上の海兵隊員が硫黄島から海路、後送された。彼らの担架は特別仕立てのヒギンズ・ボートかLVTに積みこまれ、浮かぶトリアージ・センターとなっている四隻のLSTの一隻に運ばれた。各艇では衛生兵が移送中の負傷者の面倒を見た。航行はしばしば荒っぽく、うねりが艇を上下させ、水しぶきが舷側を越えた。吊り下げられた血漿の瓶が架台で揺れ、負傷者のなかには船酔いにかかって、いっそう悲惨な状態になる者もいた。航行中に亡くなった者は海岸に戻され、墓地に埋葬された。

より重症の患者はさらに沖合の輸送艦か、専用の病院艦サマリタンとサレスに運ばれ、両艦が交代でグアムとサイパンに患者を運んだ。舷側には大きな赤十字が描かれ、緑の帯が船体を一周していた——そして、戦時中の事実上すべてのほかの艦船とちがって、夜でもこうこうと明かりをともしていた。担架は滑車装置で艦内に吊り上げられ、すぐさま受け入れ病棟となっている広間に運ばれた。治療室はとてつもない量の医療廃棄物を生みだした——血まみれの包帯とタオル、空の血清瓶、切り取られた衣類の端、いらなくなったギプス包帯と添え木——そして清掃班が頻繁に歩きまわって、廃棄するものを残らず集めた。水兵たちは血染めの甲板にモップをかけ、頻繁に立ち止まっては、バケツに赤く染まった水を絞りだした。

それでもどういうわけか、負傷した海兵隊員たちの大半は、依然として勇敢で、陽気でさえあった。脚を吹き飛ばされたある兵士はサレス艦上で軍医にこういった。「先生、おれは必要なだけの血をもらえればそれでいいです」軍医は答えた。「きみ、ここには必要な血液がいくらでもあるんだよ[72]」多くの者は自分の負傷の重さを軽視して、軍医や看護婦にもっとひどくやられたほかの者の手当をするよう主張した。なかには、さきほど苦痛で叫び声を上げて平安を乱したことをあやまる者もいた。なかには冗談を飛ばす者もいた。右腕を失った兵士はこういった。「まあ、とにかく、これで手紙を書かなくてもよくなったってわけだ[73]」顔色が真っ青で、死体のような海兵隊員たちが、全血の輸血で生き返ることもあった。顔色が戻り、彼らは意識を取り戻した。一部の患者は素直に大喜びして、自分がつとめをはたして戦争を生きのびたことに大きな満足を得た。

三月四日からは、スカイマスター〝空飛ぶ救急機〟が、硫黄島南飛行場から毎日約二百名の患者を後送しはじめた。作戦三十一日目の三月二十一日には、合計で二千三百九十三名の患者が島から航空後送された[74]。

戦場医療は第一次世界大戦以降の四分の一世紀で長足の進歩を遂げた。先の大戦では、アメリカの野戦病院に後送された負傷者の約八パーセントが、その後、死亡した。第二次世界大戦ではその数字が、四パーセント以下に下がった。これはすばらしい進歩であり、医療当局による戦場でのよりよい応急処置と、空路をふくむ負傷者のすばやい後送、血液型に合った新鮮な全血が広範囲で入手可能になったことのおかげだった[75]。しかし、硫黄島の衛生隊のすばらしい能力にもかかわらず、同島から後送された負傷者の死亡率は八パーセント近かった。いいかえれば、第二次世界大戦のほかの戦域の死亡率の倍であり、第一次世界大戦のアメリカ軍歩兵部隊とほぼ同じ率である。

このちがいは、硫黄島の戦いの恐るべき特徴で説明がつく。容赦ない臼砲の砲撃は人間を引き裂き、とくにむごたらしい負傷の高い割合を作りだした。彼らはしばしば島のこまかい火山灰で汚染され、容易に清潔にすることができなかった。輸送艦上の軍医のひとりはこういっている。「わたしはノルマンディー侵攻のときもこの艦に乗っていたが、大きな手術が必要な患者は五パーセントもいなかった。ここでは誓ってもいいが、九〇パーセントに達すると思う。こんなひどい傷は見たことがなかった[76]」

そして、ほかのほとんどの太平洋の島々の戦闘とちがって、殺戮は戦いの二週間日、三週間目、四週間目に入ってもほとんど下火にならなかった。最大の激戦に参加した部隊は、壊滅的な損害をこうむった。将校と下士官が高い割合で戦死または負傷したため、若い中尉や少尉が全中隊を指揮し、下っ端の兵隊が小隊をひきいたほどだ。第二十六海兵連隊第二大隊の将校の場合、死傷率は驚愕の一〇八パーセントだった。この計算のなかには前線で戦死または負傷した者の代わりに予備兵力から前方へ派遣された十四名の補充将校もふくまれていた。この十四名の補充要員のうち、十名がその後、戦死または負傷した[77]。第二十八海兵連隊第一大隊のB中隊は八名つづけて中隊長を失った。第二十四海兵連隊第三大隊のI中隊は、Dデイに小銃兵百三十三名で上陸した。中隊が三十五日間後に島を離れるとき、無傷で生き残っていたのは九名だけだった。

「父島ノ皆サン　サヨウナラ」

戦いの終盤では、日本軍の火砲と臼砲の弾幕は目に見えて弱まった。最後の大口径弾は三月十一日にアメリカ軍の前線内に落下した。しかし、島の北部区域に進撃する前衛部隊にとっては、戦闘は以前と同様に熾烈で、損害が大きかった。地形は過酷で、大部分、戦車が通れず、石がごろごろした原野やごつごつした岩の露頭、そして険しい峡谷が交互につらなっていた。硫黄ガスが荒々しい傷だらけの風景を屍衣のようにおおっていた。火炎放射器を持った歩兵分隊がトーチカをひとつずつつぶし、直射距離まで前進して、内部を炎で満たし、それから爆薬で仕事を片づけた。島の北岸に到達することは重要な心理的目標で、その画期的な瞬間は三月九日の朝、第二十一海兵連隊の六名の前進偵察隊が北の断崖を駆け下りて海に飛びこんだときにおとずれた。彼らは水筒に海水を詰めて、こう記してアースキン将軍に送り返した。「検査用、飲むべからず[78]」

三月九日の日暮れ、アースキンの部隊は硫黄島の北東端で約八百ヤード連続する海岸線を支配下に置いた。これは残っている日本軍部隊を、島の北東岸と北西岸のふたつの孤立地帯に分断する効果があった。東側の突出部は第四師団によって封じこめられた。同師団は、千田将軍の反撃が大損害を出して失敗したあとで、地域の支配力を強化していた。北西部の北ノ鼻岬周囲のけわしい海岸地形は、もっとやっかいそうだった。そこでは栗林将軍の司令部が深い地下壕のなかに置かれていた。この拠点は厳重に防御されていて、あたりの天然の地形の長所は直接攻撃を不可能にしていた。艦砲射撃と航空攻撃が何日間も振り向けられていたが、ほとんど効果はないようだった。栗林は、北ノ鼻とその南方のごつごつした断崖と峡谷が硫黄島における組織的抵抗の最後の孤立地帯になるだろうと予想し、そう計画していた。洞窟の入り口と銃眼は切り立った岩壁の高いところにあり、幅二百ヤードのごつごつした峡谷を掃射できた。おそらく三千名の日本兵が生き残って、戦える状態にあった。

防御側は洞窟と地下壕に閉じこもり、砲兵の弾幕と爆撃の終わらない猛威から比較的守られていた。しかし、騒音と衝撃は彼らの神経にたえず負担をかけ、多くの者が緊張病性昏迷に屈していた。彼らの地下世界はしだいに悪臭を放ち、住みづらくなった。死者を埋葬する方法はなかったので、生者は彼らをそのまま地面に横たわらせ、それをよけて歩いた。悪臭は言葉ではいい表わせないほどだった。

オーブンのような暑さと換気の欠如も助けにはならなかった。飲料水の不足も同様で、戦いの四週間目には最後の貯水槽が空になり、危機的状況になっていた。兵士たちはたえず水や日本の新鮮な渓流や泉の話をした。洞窟の床に少しでも水が溜まると、喉が渇いた兵士がすばやく舐めた。彼らは平気で壁の湿気を舐め取った。なかには自分の小便を飲む者もいた。独立臼砲第二十大隊のある兵士はこういっている。「夜降った雨水が道路に溜まっているのを四つんばいで飲んだ時の甘かった味が忘れられない思い出です」[79]

　栗林将軍の司令部防空壕は、北岬の約三百ヤード内陸部の、地下約七十五フィートに置かれていた。司令部壕は九フィートの天井を持つ広い洞窟で、会議テーブルと机、通信装置を置けるだけの広さがあった。トンネルをちょっと歩いたところにある彼の私室は狭い石の空間で、折り畳み式ベッドと机と椅子が置かれていた。施設全体には電灯が用意されていた。トンネルの迷宮がこの中心から広がって、さまざまなルートで頭上の世界へ、機関銃などの小火器を据えた銃眼へとつづいていた。真上には、長さ百五十フィート、幅七十フィート、屋根の厚さ十フィートの巨大な鋼鉄で補強されたコンクリート製防塞が岩と一体化していた。

　海兵隊が洞窟やトンネルを封鎖すると、前哨陣地からつぎつぎに最後の無線信号が入ってきた。多くの隷下部隊は敵にたいする最後のバンザイ突撃の計画をつたえたが、栗林は陣地に留まり、最後の一弾まで戦うように厳命した。彼は「早く出撃して楽にしてやりたいのは山々であるが」、できるだけ長く生きのびて、「敵に出血を与える」ことが島の日本軍人全員のつとめであるといった。[80]

　アメリカ軍は拡声器を据えて、栗林にじかに向けた個人的な訴えをふくむ降伏勧告を日本語で放送しはじめた。反応はなく、銃弾が返ってきただけだった。アースキン将軍の第三海兵師団幕僚は、第一四五歩兵連隊の連隊長にあてたメッセージを持たせて、日本軍の捕虜二名を日本軍の前線に送り返した。使者はなんとかアメリカ軍の前線に帰り着いて、栗林将軍はまだ生きていて、降伏するつもりはないと報告した。

三月十六日、東京に宛てた最後の訣別の辞で、栗林は「麾下将兵の敢闘は真に鬼神を哭しむるものあり」と書いた。彼の部隊は「特に想像を越えたる物量的優勢を以てする陸海空よりの攻撃に対し、宛然徒手空拳を以て克く健闘を続けた[81]」。この所感は大きなタブーをやぶっていて、東京の新聞で公表された文面は大幅に手がくわえられていた。「宛然徒手空拳を以て」というくだりは編集された。最後の一節は、栗林が「将兵一同と共に謹んで聖寿の万歳を奉唱しつつ」、最後の攻撃を敢行するという誓いに変更された[82]。

東京とほかの島々との無線連絡はまばらで断続的になった。堀江少佐は父島の指揮所から栗林にメッセージをつたえ、栗林が大将に昇進したことを彼に教えようとしたが、電文が受信されたかどうかははっきりしなかった。三月二十一日の硫黄島からの送信は、堀江に、残存部隊が五日間、飲まず食わずだとつたえた。硫黄島からの臨終の言葉は三月二十三日、父島にとどいた。その言葉は簡潔にこういっていた。「父島ノ皆サン　サヨウナラ[83]」

三月二十六日の夜明け前、約三百名の日本軍将兵が洞窟から出てきて、摺鉢山に向かって島の西海岸をじりじりと進んだ。彼らは南飛行場に近い平岩湾で海兵隊とアメリカ陸軍航空軍の将兵の野営地を奇襲した。三時間近い銃撃戦ののち、日本軍将兵は全員、戦死した。夜明け前の突然の猛攻を予期していなかったアメリカ軍は、百七十名が戦死または負傷した。海兵隊の公刊戦史はこう結論づけている。「この攻撃はバンザイ突撃ではなかった。そうではなく、最大限の混乱と破壊を引き起こすことを目的とした周到な計画のように思われた[84]」

栗林の死を目撃した者はいなかったし、彼の遺体も見つからなかった。日本の一部の情報源は将軍が最後の攻撃をひきいて戦死したと主張している。ほかの情報源は彼が壕を出る前に自決したのではないかといっている。アメリカ軍は平岩湾で日本兵の死体を捜索したが、階級章はすべてはずされ、誰も文書類をいっさい持っていなかった。

海兵隊は一九四五年三月十四日に〝積みだし〟――島を離れること――を開始していた。彼らは段階的に引き揚げ、まず第四海兵師団が出発し、第五海兵師団と第三海兵師団がつづいた。恒久的な駐屯任務は陸軍の第一四七歩兵連隊が受け持ち、三月二十日に到着した。陸軍は三月二十六日、平岩湾での奇襲攻撃が打ち負かされたのとほぼ同じ時刻に、島の指揮を引きついだ。

硫黄島を離れるのを残念がったアメリカ人はひとりもいなかったと思ってもまちがいはないだろう。あるシービー隊員は島からいっさい記念品を持ち帰らないと誓った。「この場所から持って帰りたいものは、かすかな記憶だけだ(85)」もちろん、多くの者たちにとって、島は忘れようとしても忘れられなかった。

勝者は勝利のために大きな代償をはらった。島で海兵隊と海軍は二万四千五十三名の死傷者を出した。これは上陸した人間の約三分の一にあたる。このうち六千百四十名が戦死した。捕虜になった数百名の日本兵をのぞけば、約二万二千名の全守備隊が全滅した。両軍の死傷者の合計を解釈すると、栗林の部隊はこうむった以上の損害をあたえたことになる。攻撃側が多くの強みをもっていたことを思えば、これは驚くべき偉業である。彼の穴居人軍は最後の最後まで統制が取れ、組織化されて、海兵隊員たちに占領するあらゆる土地の代償をはらわせた。

しかし、タラワやロイ＝ナムル、サイパン、ペリリューのあとで少しでも疑念が残っていたとしても、いまや日本軍は、彼らの敵が太平洋のどんな島でも、もしそれがほしいとなれば、たとえどんなに強固に要塞化されていたとしても、どんなに激しく防衛されたとしても、それを攻略できるということをまちがいなく知った。戦闘が最悪の時点でも、海兵隊員たちは自分たちが勝つことを一瞬たりとも疑わなかった。ガダルカナルでは、彼らはしばしば、「持ちこたえられるだろうか？」と疑問に思ったと、ロバート・E・ゲイラー中佐は回想した。しかし、硫黄島では、「疑問は単純に、『いつこれを終わらせられるだろう？』だった[86]」。

戦争の残りの五カ月間、第二十航空軍のB－29は、硫黄島に二千二百五十一回、緊急着陸した。マリアナ諸島と日本の飛行経路のほぼ真下にあるこの重要な途中駅を手に入れたことは、実質上、スーパーフォートレスの航続距離と搭載量を増大させることになった。さらに無数の人命を救った。四月、硫黄島を基地とするP－51戦闘機の飛行隊が、日本を爆撃するB－29編隊の護衛につきはじめる。約二万名のアメリカ陸軍航空軍の航空機搭乗員がすくなくとも一度、島に緊急着陸した。多くはそうでなければ海で命を落としていただろう。あるB－29のパイロットはこういったとき、仲間の飛行士全員を代弁していた。「この島に着陸するたびに、わたしはそのために戦ってくれた者たちのことを神に感謝した[87]」

マッカーサーのあてこすり

硫黄島の激しい損害は、アメリカ国民の気に障り、非難合戦と後知恵の批判の嵐を引き起こした。ホランド・スミス将軍は、以前にタラワとサイパンの大激戦で遠征部隊を指揮していたので、「殺戮者」や「冷血な殺人者」、あるいは「人命の無差別な浪費家」呼ばわりされるのに慣れていた[88]。いまや同じあだ名がさらに彼と海兵隊全体に投げかけられた。この島は代償にあたいするのか？　もっと少ないアメリカ軍の損害で占領できたのではないか？

同時期にルソン島の戦いが進行中だったマッカーサーは、この機会を逃さなかった。海兵隊が硫黄島に上陸して一週間後の二月二十六日、マッカーサーの部隊はコレヒドール島の奪還を完了した。約六千名の日本軍の守備隊はほぼ完全に掃討され、アメリカ軍の損害は死傷者わずか六百七十五名だった。南西太平洋戦域司令部の公式発表は誇らしげにこう宣言した。「強力な防備をほどこした島の要塞は、装備のととのった狂信的な敵によって全滅するまで死守されたが……支援の海上部隊および航空部隊と完璧に協同した奇襲と戦術、そして戦闘術の組み合わせによって、十二日間で陥落した」[89]このあてこすりに気づかない者は誰もいなかった。マッカーサーは、もっとすぐれた統率力があれば、もっと少ないアメリカ軍の犠牲で硫黄島の戦いに勝つことができただろうといっていた。

この問題はこの時点でとくに重要だった。太平洋の攻勢のふたつの軸が、じきにひとつにならねばならないからである。マッカーサーは太平洋の統帥権を手に入れたがっていて、アメリカにいる彼の支援者は彼の合図に気づいた。カリフォルニア中部海岸にあるサン・シメオンの丘の城で、ウィリアム・ランドルフ・ハーストは電話機を取って、硫黄島にかんする社説をサンフランシスコの《イグザミナー》紙の編集主幹に口述した。二月二十七日、それは《イグザミナー》の一面に掲載された。「攻撃するアメリカ軍部隊は島のために大きな代償をはらっている、たぶん大きすぎる代償を。……あきらかに、太平洋の作戦すべてにおいてわれわれが必要としているのは軍事戦略家だ」ハーストはマッカーサーを推薦した。なぜなら「彼は自分の部下の命を救う」からだ[90]。

その日の午後、非番の海兵隊員約百名の集団が、サンフランシスコの三番通りとマーケット通りの角の〈ハースト・ビル〉にある《イグザミナー》紙のニュース編集室にぞろぞろと入っていった。あわてた従業員が電話で警察を呼んだが、その数分後、かけ直してきて、警察はいらないといった。海兵隊員たちは冷静で、法律を守った。スタッフも施設も脅かさなかった。彼らはただ、編集主幹の目を見て、彼が事実を知らないことを説明したかっただけだった。

しかし、結局、海兵隊は世論という法廷で勝訴した。かつてハドソン・ヴァレーの番記者として働いたことがあるフォレスタル海軍長官は、海軍と海兵隊にもっと報道機関に協力的にする方針を強制的に採用させていた。一九四五年二月には、彼の努力は実を結びつつあった。何十人もの従軍記者が硫黄島で取材し、彼らの記事は四十八時間以内に本国に送信された。ふんだんなマスコミ報道は、戦いにたいする国民の高度の関心と、敵の地下要塞がもたらす前例のない戦術的問題へのよりよい理解を確かにした。ハップ・アーノルドをはじめとするアメリカ陸軍航空軍の指導者たちは、B－29による爆撃作戦を支援するために硫黄島を確保することがぜったいに必要なのだとおおやけに強調した。摺鉢山の国旗掲揚を捉えたジョー・ローゼンタールの感動的な写真は、百万語分の新聞社説にあたいした。

マッカーサーの暗黙の批判は、ひどく不当なものだった。硫黄島攻略の戦術的な選択肢はつねにかぎられていたし、栗林将軍の準備はすばらしかった。マッカーサーが野戦指揮官として才能にあふれていたことは疑いないが、硫黄島のような難題に直面したことは一度もなかったし、彼ならべつのやりかたができたとは想像しがたい。フィリピンでマッカーサーの愛弟子をつとめ、戦争最大の地上戦を指揮したドワイト・D・アイゼンハワーは、一九五二年、島を（次期大統領として）短時間、おとずれた。飛行機から降りて、あたりを見まわしたアイゼンハワーは、海兵隊が将兵六万名以上を上陸させたと知って驚嘆した。不毛の小さな島を「ノルマンディーの広く開放的な空間」と比較したアイゼンハワーは、こんな制約された地形で、そんな規模の戦いを思い描くことなどほとんどできないといった。「彼にはなかなか理解しがたかったのです[91]」

第十二章 東京大空襲の必然

初期のB－29の本土空襲の成果は限定的だった。しかしルメイが着任し、夜間焼夷弾攻撃への大転換を決断する。日本軍の残虐行為が、結果的に無差別爆撃を正当化したのだった。

テニアン島西飛行場の誘導路、第462爆撃航空群のB-29。U.S. Air Force photograph

初期の本土空襲の苦戦

グアムの第二十一爆撃機兵団司令部――北部の断崖に建てられた質素なかまぼこ兵舎の集まり――で、〝ポッサム〟・ハンスルと彼のチームは、憂鬱になるほどいらだちをつのらせていた。整備や訓練、補給、住まい、飛行場建設をふくむ彼らの活動のあらゆる側面に、操業開始時の問題と産みの苦しみがつきまとっていた。新しいB－29と搭乗員がマリアナ諸島に飛来しても、ハンスルの組織は日本にたいしてもっと多数の爆撃機を投入するのに苦戦していた。累積する〈飛行中止率〉――エンジン故障などの技術的問題で引き返さざるを得なくなった飛行機の割合――は、二一パーセントに達していた。彼らの最大の任務は一九四四年十一月二十四日の第一回で、百十一機のB－29が離陸し、九十四機が日本領空に到達した。この数字は三カ月たつまで超えられなかった。

硫黄島の占領までは、同島を基地とする日本軍戦闘機がマリアナ諸島の飛行場に定期的に低空爆撃や機銃掃射を浴びせた。なかでももっとも劇的なものは十一月二十七日にやってきた。十五機の零戦が波をかすめる高度で硫黄島から南へ飛んできて、サイパンのレーダー画面の下をくぐり、警告なしにアイスリー飛行場上空に現われた。完全な奇襲を成功させた零戦は、舗装駐機場にならぶB－29を機銃掃射し、三機を破壊、さらに八機を損傷させた。ハンスル将軍はこの大胆な攻撃をその目で目撃し、あやうく死にかけた。彼がジープの助手席に座っていると、一機の零戦が爆音とともに頭上を通過し、ジープに機銃を掃射した。ハンスルと運転手はころがり降りて、茂みに隠れた。日本軍のパイロットは弾薬を撃ちつくすと、車輪を下ろし、アイスリーの主滑走路に実際に着陸した。ハンスルが驚愕したことに、パイロットは拳銃を片手に操縦席から飛び降りて、アメリカ兵と銃撃戦をくりひろげ、すぐにアメリカ軍に倒された。

さらにこうした攻撃がつづき、損傷したり破壊されたりしたスーパーフォートレスの損害が増大すると、ついにハップ・アーノルドは島の防空能力の強化を要求した。「日本本土にたいするB－29の空襲は、ひきつづき死にもの狂いの狂信的な反撃をまねくだろう」[1]新たな戦闘機による哨戒が予定に入れられ、B－24の空襲が硫黄島の飛行場を穴だらけにした。探照灯とマイクロ波早期警戒（MAW）レーダー装置がサイパンの北端に設置され、駆逐艦が島の北方に配置されて、レーダー哨戒艦をつとめた。これらの対策は役立ったが、脅威は海兵隊が硫黄島を攻撃した一九四五年二月まで完全には消えなかった。

アメリカ本国から六千海里近く離れた島々にスーパーフォートレス千機のための飛行場と地上支援施設を建設するのは、巨大な規模の仕事だった。爆撃航空団一個には、それぞれ長さ八千五百フィート、幅二百フィートの二本の平行滑走路と、隣接する舗装駐機場、誘導路、そして整備用駐機場が必要だった。広大な面積の土地がならされ、舗装される必要があったが、ブルドーザーとスチームローラーは基本的な島の社会基盤が確立されるまで工事に着工することさえできなかった。航空基地の建設は多くの優先事項のひとつにすぎなかった。

け入れつつあった。グアムとサイパンは電力と上下水道、住宅、近代的な海港施設を必要としていた。マリアナ諸島は同時に、硫黄島と沖縄の作戦に参加する海上部隊と陸上部隊の急速な兵力集結を受作業は、飛行場と海港と珊瑚岩の採石場をつなぐ高度な道路網抜きでは進められなかった。マリアナ諸島初のB－29実戦基地であるアイスリー飛行場では、武器の搭載や燃料補給、整備はすべて、焼けつくような暑さと土砂降りの雨のなか、野外の混雑した舗装駐機場で行なわれた。工具や交換部品は屋外の補給品集積所に木箱で積み上げられ、防水シートがかけられて保管された。ダグラスC－54輸送機の編隊が週二回のスケジュールでカリフォルニアから交換部品を運んできた。整備兵は投光照明や、歯でくわえたペンライトをたよりに、二十四時間働いた。彼らはまだ巨大なボーイング機の複雑な多くのシステム、とくに気まぐれな二千二百馬力のライト・デュープレックス・サイクロン・エンジンについて学んでいるところだった。彼らはしばしば、スーパーフォートレスがまた十五時間の爆撃任務に出発する予定の何時間か前の夜中に、エンジン交換を完了することを要求された。

初期には、マリアナ諸島に到着する新しいB－29爆撃航空団はそれぞれ、一本の滑走路で作戦を開始することを余儀なくされた。つまりそれは、限られた数のB－29が所定の間隔で離陸できるが、前のほうの機は、あとのほうの機がまだ地上にあるあいだ、燃料を消費せざるを得ないということだった。燃料が残り少なくなって任務から帰投した搭乗員たちは、もうひとつの危険な障害に直面した。飛行場上空には二十数機のB－29が旋回して、着陸の順番待ちをしているかもしれなかったのである。こうした状態では、より多くの燃料が必要になり、そのぶん搭載できる爆弾の量は減って、日本に投下される爆弾の総トン数もそれに応じて減少することになった。この最後の数字はハップ・アーノルドとワシントンの彼の幕僚にしっかり監視されており、彼らは満足していなかった。ハンスルと彼のチームは、アンクル・サムがB－29につぎこんだ巨額の投資にたいする利益を出すよう強い圧力をかけられていた。

第二十一爆撃機兵団は、十一月の最初の任務から一九四四年末までに、日本本土に十回の空襲を行なっていた。任務は東京や横浜、浜松、沼津、名古屋の航空機工場や都市設備を目標にしていた。高度三万メートルから投下された爆弾はしばしば航空機工場をはずれて、近くの住宅地区に落ちた。十一月二十九日の空襲では、東京の神田と日本橋地区で壊滅的な火災を発生させ、約百名の民間人を殺し、推定二千五百軒の家屋を破壊した。東京南西の工場が密集する東海地方では、一九四四年十二月七日、大地震（マグニチュード八・一）と津波が襲った。この自然災害で千二百二十三名が死亡し、約三万軒の家屋が破壊された。名古屋港の東の巨大な機体製造工場、〈三菱発動機製作所〉は、大きな被害をこうむった。〈三菱〉が生産ラインを必死に稼動させようとしているなか、十二月の十三日、十八日、二十二日の三度、B‐29の大空襲が襲いかかった。空は晴れ、爆撃はいつもより精確だった。航空機組み立て工場と七棟の補助建屋が破壊された。空襲は〈三菱〉と政府に、この場所での生産をストップして、組み立てラインを地下施設や地方に分散させるよううながした。そのいっぽうで、アメリカ軍は名古屋上空で、「地震の次は、何をお見舞いしましょうか」と書かれたビラを撒き、日本の戦時体制の心理的基盤を攻撃した[2]。

一九三〇年代、アメリカ陸軍航空隊は、高高度精密爆撃の技術に資金をつぎこんだ——もっとも有名なのが、自慢のノルデン式爆撃照準器で、その支持者たちは戦争に勝つ要因となりうると宣伝した。スーパーフォートレスは敵領土上空を高度三万フィートで飛行し、爆弾を「ピクルスの樽に」投下できる兵器として構想された。ヨーロッパでは、英国空軍が夜間地域爆撃と焼夷弾攻撃を開発していたが、アメリカ陸軍航空軍の狂信者たちは自分たちの精密爆撃正説に信念を貫き通し、B‐17フライング・フォートレスは高高度からドイツの工業目標を爆撃して、ある程度の成功をおさめていた。第二十航空軍が統合参謀本部の庇護のもとで設置されたとき、その第一の任務は精密爆撃戦術を使って、航空機産業を手はじめに、「日本の軍需産業構造」を破壊することだった。

しかし、日本ではとくに冬のあいだは晴天がめずらしく、本州沿岸部はしばしば一面の分厚い雲でおおわれた。太平洋でもっとも優秀な気象予報官も、目標地域上空がいつ晴れるか予測できなかった。偵察のＢ－29を先に送って気象を偵察させることはできたが、爆撃機の編隊がマリアナ諸島から日本にたどりつくのに要する七時間か八時間のあいだに、状況は一変するかもしれなかった。強風はしばしば北上するＢ－29の編隊を、陸地を視認すらしないうちにばらばらにした。日本上空では、ジェット気流に遭遇したが、これはドイツ上空の爆撃作戦にはなかった要素だった。この初期の空襲でＢ－29が飛行した高高度では、風は通例、時速百マイルを超え、ときに時速二百マイルにも達した。スーパーフォートレスは追い風で飛行し、対地速度は時速五百マイル以上に押し上げられた。爆撃手はこうしたハリケーンのような状況が作りだす加速度誤差を修正するのはとうていむりだと匙（さじ）を投げた。

ドイツ上空では、Ｂ－17は通常、戦闘機の護衛につきそわれていた。しかし、一九四五年四月にＰ－51が硫黄島から合流をはじめるまでは、Ｂ－29を日本まで護衛できる友軍戦闘機はなかった。戦闘機の掩護がない昼間作戦では、燃料と銃がたっぷり必要だった――高高度まで上昇し、編隊で飛行するための燃料と、日本軍の迎撃機を撃退するための銃が。燃料と機銃と弾薬は重く、重量軽減のための妥協が必要だった。第二十一爆撃機兵団の作戦の最初の三カ月間には、搭載する爆弾量は一機あたり平均三トンだった――スーパーフォートレスの支持者たちが長年宣伝してきた十トンの爆弾搭載量の三分の一以下である。より高精度で爆弾搭載量も増えることが約束される技術である、夜間のレーダー爆撃の話もあったが、レーダーを使った爆撃の開発は遅々として進まなかった。それは部分的には、最新のレーダー爆撃照準器ＡＰＱ－7の導入が遅れていたせいだった――一九四四年末までに、第二十一爆撃機兵団隷下の一個航空団、第三一五航空団にしか支給されていなかった。

日本防空隊の健闘とルメイの着任

日本軍の戦闘機は無掩護のB－29にアメリカ陸軍航空軍の計画立案者たちが思っていたよりも多くの面倒をかけた。B－29の任務は予測可能なパターンにしたがっていた——爆撃機は真っ昼間、同じ地域（東京と名古屋）上空に、同じ高度（三万フィート）でくりかえしやってきた。やがて日本の陸海軍戦闘機部隊は、このパターンに気づいて、空襲に反撃するために戦術的な調整を行なった。沿岸地域のレーダーが来襲する攻撃隊を探知するとすぐに、戦闘機が高高度まで緊急発進する。日本軍はしばしば、護衛がついていない五十機から七十五機のB－29の来襲編隊に対抗するために、二百機以上の戦闘機を空に上げることができた。関東地方の防空は横須賀に近い厚木航空基地に集中していた（訳註：そのほかに関東地方の防空を担当する陸軍の第十飛行師団もあった）。四国の松山航空基地を本拠地とする精鋭第三四三航空隊は、真珠湾攻撃の戦術計画をたてた日本海軍の有名なパイロット、源田実が人を集めて組織した。南部の防空は宇垣纏海軍中将のもとで組織されていた。宇垣は海軍に残った最大の航空艦隊である新設の第五航空艦隊の指揮を執り、九州南部の鹿屋航空基地に司令部を置いていた。海軍はこれらの基地に、残っている最優秀の戦闘機とベテラン・パイロットを集中させた(3)。

本土防空飛行隊は各種の飛行機の寄せ集めで構成されていた。古い零戦も多かったが、より高い高度での性能が格段に向上したもっと新しい戦闘機も少数あった。三菱「烈風」A7Mは、零戦の後継機で、ヘルキャットとマスタングに匹敵する上昇速度と四万フィートの実用上昇限度を有していた。連合軍のコード名は「サム」だった（訳註：烈風は実戦配備される前に終戦を迎えた）。前身の水上戦闘機をもとに開発された川西「紫電改」Ｎ１Ｋ２－Ｊは、高速で馬力があり、機動性の高い戦闘機で、しっかりした防弾性能と、零戦の通常火力のほぼ倍にあたる火力を誇っていた。アメリカ軍はフィリピンと台湾上空で数機の紫電改に出会っていて、「ジョージ」というコード名をあたえていたが、まだこの新型戦闘機の能力に完全には気づいていなかった（訳註：フィリピンに投入されたのは、紫電改の原型である「紫電」だが、連合軍はどちらも「ジョージ」と呼んでいた）。「雷電」Ｊ２Ｍはアメリカ軍の重爆撃機を屠るために設計された〈三菱〉の高馬力の迎撃戦闘機だった。水平飛行時の速力は時速四百マイルを超え、Ｂ－29を撃墜するのにじゅうぶん以上の二十ミリ機関砲四門を搭載していた。連合軍は「ジャック」と呼んでいた。これらの戦闘機は熟練したパイロットを必要とする高性能機だったが、そうしたパイロットは日本軍航空隊には少数しか残っていなかった。戦争で最後の偉大な日本軍エースのひとりである赤松貞明中尉は、厚木近くの女郎屋に入り浸る大酒飲みの問題児だった。「彼はよく古い車で飛行基地にぶっ飛ばしてきた」と、同僚のひとりはのちに回想した。「片手運転で猛スピードを出し、もういっぽうの手でつかんだ瓶から酒を飲みながら。サイレンが警報を鳴らすなかで、車からぱっと飛びだすと、すでに整備員が暖めてある愛機に駆け寄る。彼は操縦席の天蓋が閉じられた瞬間、離陸した」[4]中国大陸と日本で八千時間以上の飛行時間をかさねた赤松は、最終的に二十七機の撃墜を認められた。信じがたいことだが、彼は戦争を生きのびて、一九八〇年、七十歳で亡くなった。

第二十一爆撃機兵団のＢ－29にとって、一九四五年一月は、戦争でもっとも恐るべき月だった。パイロットと搭乗員は日本軍戦闘機の迎撃が「恐ろし」かったと評した。敵機はあきらかにスーパーフォートレスの五〇口径機銃塔をものともせずに、前方上方から機銃を発射しながら襲いかかった。日本軍の搭乗員は機銃でＢ－29を墜とせなければ、ときに自殺的な体当たり攻撃に出た。機体側面に丸く突きでた銃手窓から五〇口径機銃を操作していたジョン・チャーディは、彼のB－29を攻撃しようとする日本軍戦闘機を数機、撃墜した。彼は飛行隊のほかの多くの爆撃機が墜ちていくのを見た。「被弾した機の真横を飛んでいるとき、わたしが見たもっとも悲しいもののひとつは、機体上面の大きな水滴風防内の調節可能な銃手席についている機銃手だった。彼はわれわれのすぐ横で丸見えだったが、墜落をはじめた。彼はただ、さようならと手を振った。できることはなにもなかった。手をのばして彼に触れることはできなかった。もちろん、あれはこたえた」(5)

重要な操縦翼面を吹き飛ばされないかぎり、そしてすくなくとも二基のエンジンがまわっているかぎり、スーパーフォートレスには帰還のチャンスがあった。しかし、損傷したスーパーフォートレスが長い帰路につくと、太平洋の距離の過酷さが牙をむいた。硫黄島がアメリカ軍の手に落ちるまで、日本沿岸の千四百海里以内に安全な滑走路はなかった。経験不足の搭乗員は見通しの悪い天候あるいは暗闇のなかで航法ミスをしでかし、コースに戻るために余分な燃料を消費しなければならなかった。ほとんどどの任務でも、B－29は海上に墜落する姿を見られるか、搭乗員が無線で不時着水をこころみると連絡してきた。

しかし、漂流する搭乗員を収容するのは、成功率の低い仕事だった。広大な青海原で小さな黄色いゴム筏を探すのは、とくに空が完璧に晴れていなければ、干し草の山のなかで一本の針を見つけだそうとするようなものだった。空海協同救難活動に使用される海軍の水上機は、基地から遠く離れた水域を徹底的に捜索するには、航続距離も航続時間も不足していた。人命救助任務の潜水艦はつねに日本の南方に配置されていたが、彼らが墜落した航空機搭乗員を発見する可能性は、機体が晴天時に指定された座標に不時着水しないかぎり、わずかだった。損傷したスーパーフォートレスは、はるばるマリアナ諸島まで帰還したあげく、滑走路で事故を起こして、ばらばらになり、炎上するかもしれなかった。

一九四五年一月には、平均して四機か五機のB－29が日本上空の爆撃任務のたびに帰還せず、平均損失率は五・七パーセントだった。もっとも損害が大きかった飛行隊は壊滅的な打撃を受けた。第八七三爆撃飛行隊は、十七機のB－29のうち十機を失い、損失機に乗っていて撃墜された九十九名の搭乗員のうち八十名が戦死した。アメリカ陸軍航空軍は暫定的に、一回の勤務期間を三十五回の戦闘任務とすることに決定した。搭乗員は計算ができた。任務あたりの損失が五パーセントを超えた場合、搭乗員は平均で二十回未満の任務を生きのびられると期待できる。さらに悪いことに、訓練を受けたばかりのB－29交代搭乗員の供給ルートは、戦域からの定期的な交代を可能にするには人数が不足しているようだった。それはつまり、彼らが三十五回以上の任務で飛ぶ必要があるかもしれないということだった。もし損失率が改善しなければ、B－29の全パイロットと搭乗員は死ぬまで任務で飛びつづけることが予想された。「われわれは宝くじを買っていた」とチャーディはいった。「一定数の機は失われざるを得ない。われわれはまったくの偶然で自分たちの機がそうならないことを願うだけだった[6]」

士気は低下した。B－29の搭乗員は自分たちが高い期待に応えられていないことを意識していた。爆撃の精度は、日本上空の冬のひどい天候のせいもあって、つねに期待はずれだった。損失は大きく、どんどんひどくなっていくようだった。ハンスルはワシントンの上司たちに、搭乗員があまりにも酷使されているといった。飛行編隊長や軍医からはパイロット疲労の症状が報告されていた。あるB－29パイロットは従軍記者にこう語った。「われわれはこれがやる価値のある仕事だと感じています。そう信じなければならないんです。しかし、代償は大きい。われわれは優秀な人間をたくさん失いました。とくに群司令や飛行隊長のような重要な人間を[7]」

任務のあいだには、搭乗員はほとんどなにもしていなかった。多くの者は折り畳み式のキャンバス製ベッドにただ寝ころがり、眠っているか、かまぼこ兵舎の天井の波打つ鉄のアーチを見つめていた。彼らは任務のあいだに休養をためこんでいたし、それが必要だった。体力が最盛期の若者でさえ、日本への往復戦闘飛行でついやされる神経エネルギーは、回復に四日か五日を要した。任務前夜には、多くの者が一睡もできなかった。彼らは目をさましたまま横になり、自分は一日を生きのびられるだろうかと暗い気持ちで考えていた。

一九四五年一月には、アメリカ陸軍航空軍の計画立案者と分析者たちは、日本にたいする昼間精密爆撃戦術の適合性に疑問を投げかけていた。日本の航空機製造施設を目標にした十回以上の任務の結果、大きく破壊されたのは名古屋の〈三菱〉工場だけで、それも部分的には十二月の地震のおかげだった。〈中島〉、〈立川〉、〈川崎〉の製造センターは攻撃を受けたが、あきらかに成功したとはいえなかった。東京、武蔵野の〈中島〉エンジン工場はハンスルのB－29の来襲を五回受けたが、大部分、無傷だった。ハップ・アーノルドとその司令部の計画立案者は、搭載する通常の高性能〝通常(アイアン)〟爆弾に焼夷弾を混ぜる実験をしたがっていた。なかにはもっと根本的に戦術を変化させて、日本の都市にたいする全面的な焼夷弾空襲をもちいるよう主張する者もいた——つまり、事実上、無差別に都市を焼きつくすのである。そうした任務は、日本軍の戦闘機の危険性がより低い夜間に行なうことができる。

ハンスルは焼夷弾爆撃への転換に抵抗して、精密爆撃も訓練で精度を高めることができると主張した。「わたしはそう信じています」(8)状況は忍耐を必要としていると、彼は主張した。技量を磨き上げ、飛行場と支援インフラを造成して、アメリカからもっとB－29と搭乗員をつれてくるには時間が必要だった。

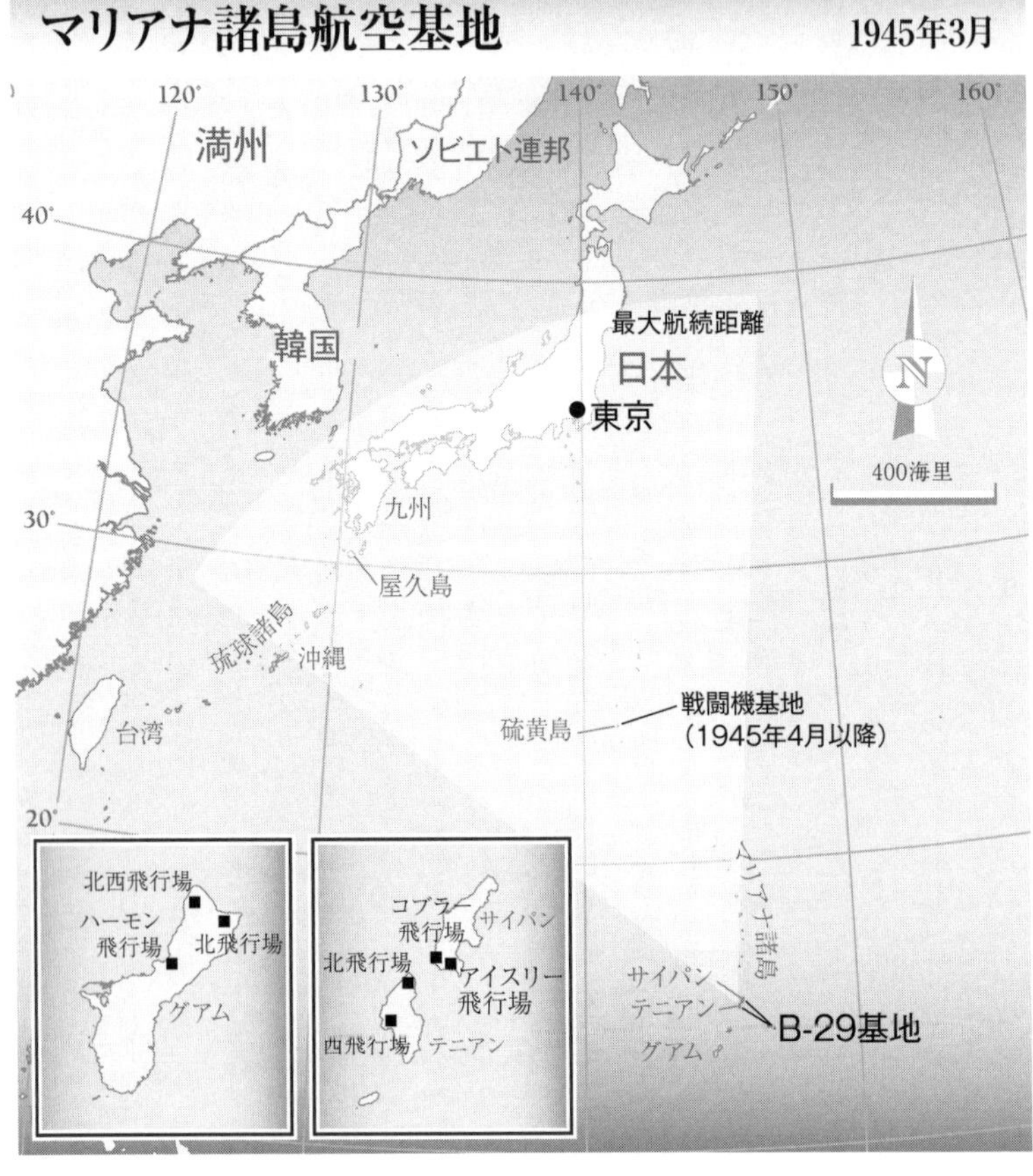

マリアナ諸島航空基地
1945年3月
120°
130°
140°
150°
160°
40°
30°
20°
満州
ソビエト連邦
韓国
日本
最大航続距離
東京
九州
屋久島
琉球諸島
沖縄
台湾
硫黄島
戦闘機基地
（1945年4月以降）
400海里
N
マリアナ諸島
サイパン
テニアン
グアム
B-29基地
北西飛行場
ハーモン
飛行場
北飛行場
グアム
コブラー
飛行場
サイパン
北飛行場
アイスリー
飛行場
西飛行場
テニアン

中国＝ビルマ＝インド（ＣＢＩ）戦域では、第二十爆撃機兵団がすでに解散され、急速に縮小していた。中国とインドのＢ－29は全機、マリアナ諸島に移されることになっていて、第二十爆撃機兵団の司令官は司令部をグアムに移すよう命じられた。カーティス・ルメイ少将は以前、ヨーロッパでハンスルの下で勤務していたが、それ以降、昇進して、いまやハンスルより上級だった。アーノルドはルメイを直接、第二十一爆撃機兵団の指揮官に据えることにした。ハンスルのほうは、ルメイの副司令官をつとめることになる。ハンスルはアーノルドの花形愛弟子のひとりだったので、アメリカ陸軍航空軍司令官は、自分が彼にたいする信頼を失ったわけではないことを強調するのに心を砕いた。しかし、新戦術への流れと、ハンスルがあきらかに集団焼夷弾空襲への転換を実行するのに乗り気ではなかったことを思えば、彼の解任は不可避だったかもしれない。

失望したハンスルはプライドを捨てて、ルメイへの全幅の信頼を表明したが、ルメイには「二の矢は必要なかったし……わたしはお飾りではみじめだったろう」と判断して、彼の副司令官として残ることは辞退した。[9] ハンスルはアメリカに戻って、Ｂ－29の訓練計画の指揮を執った。ルメイはインドのカラグプールに戻って、ＣＢＩ戦域でやり残したことを片づけると、一月十八日にグアムに戻り、新たに統合された第二十航空軍の指揮を引きついだ。

本土空襲が国民感情にもたらしたもの

日本の市民はＢ－29を好奇心と魅惑と、感嘆の念さえいだいて見つめた。小さな銀色の十字が頭上に姿を現わすたびに、彼らは通りにぞろぞろと出てきて、首をのばし、空を指さした。「われわれは興奮と不安の気持ちでこの初期の爆撃を体験した」と東京のあるジャーナリスト（訳註：加藤万寿男）は書いている。「冒険心さえあった。市民生活に縛りつけられていても戦争の危険を分かち合っているという得意げな思いが[10]」警察と民間防衛当局は見物人をどなりつけたが、多くの者は興奮して、地下防空壕に引っこもうとしなかった。彼らはなにが起きるのかを見たかったのだ。おそらく、ちょっとした皮肉をこめて、市民は「お客さま」の話をし、スーパーフォートレスを「Bさん」と呼んだ。東京のある男性は、望遠鏡でB－29の編隊を見て、そのデザインや活動の詳細を、目を丸くする近所の子供に話して聞かせた[11]。教師で将来の小説家の竹山道雄は、一月のある昼下がりに首都上空を飛行するスーパーフォートレスの編隊をこう描写している。「やがて雲の間に、きらきらとかがやく菫色の光の十字形が幾何学的な模様になって、点々とうつくしく浮びます。冬にはそれが氷った雲の尾をひくのですが、まるできゃしゃな水母(くらげ)の群がすきとおった白い繊(ほそ)い足をひいているように見えます[12]」

空襲は政権のプロパガンダ当局にとってジレンマとなった。何百万人もが目撃しているので、その存在を検閲で消すことができなかったからだ。ニュース報道は相反する衝動のあいだで大きく変わった――空襲をちっぽけで効果がないと矮小化するか、それとも大衆の怒りをかき立てるか。新聞は爆撃機があたえた損害を軽視し、そのいっぽうで対空砲火や日本軍の戦闘機が撃墜した米軍機の数を誇張する傾向があった。一九四五年一月一日の《朝日新聞》の大見出しは「B－29の葬列」と高らかに宣言した。記事は、本土空襲開始以来、五百五十機の大型爆撃機を叩きつぶしたと報じていた[13]（実際の数は、敵が五週間前に関東地方の空襲を開始して以来、その時点で五十機以下だった）。空襲による損害はしばしば「軽微」と表現されたが、詳細はわずかしか報じられなかった。皇居には被害がなく、天皇皇后が無事であることは、しばしば確約された。

それ以外の報道は、国民を怒らせ、復讐の念をかき立て、もっと勤勉に戦時体制のために働くよう市民を鼓舞することを狙っていた。《毎日新聞》によれば、「帝都の真中に敵弾を落して覚醒せしめる外はない」のだった[14]（訳註：これは徳富蘇峰の新聞寄稿にたいして、清沢洌(きよし)が日記内でその趣旨を解釈したものである）。アメリカ軍の爆撃機は病院や学校を目標にしていると報じられた。一九四五年一月十四日、Ｂ－29が投下した高性能爆弾の一発が、あらゆる神道の聖地のなかでも屈指の神聖な場所である伊勢神宮の豊受大神宮近くに命中した。大神宮は目標ではなく、空襲で被害を受けなかったが、《読売新聞》は、「驕敵の暴虐蛮行」と「鬼畜の如き本性」に怒りを爆発させた。見出しは叫んだ。「畜生今に見ろ[15]」

ほぼ三年前のドゥーリットル空襲以来はじめて、東京の市民は新聞報道と自分たちがその目で見た証拠とを比較することができた。通過する列車や路面電車の窓からのぞいた彼らは、家屋や建物の崩れて燃えた残骸を目にした。瀬戸物や衣類、畳が瓦礫のなかに散らばっていた。人々は廃墟をあさって、寝具や靴、食器類を掘りだした。避難者は残された財産を背負い、あるいは隣人に売りに出した。火鉢や書籍、籠、布団、青と白の陶磁器の鉢などを。ほかの者たちは、政府の布告で家を失った。解体業者が市街地に防火帯を作るために、地域全体を完全に破壊したからである。目撃者はこう回想している。「家から追いだされた家族は、小さく寄り集まって通りに立ち、作業班が自分たちの家を解体するのを悲しい表情で見ていた[16]」

一九四五年一月二十七日、七十二機のＢ－29が曇天で第一目標を断念した。彼らは東京の繁華街のどまんなかに搭載兵器を投下し、爆弾は上品な銀座地区の土曜日の買い物客のあいだに落ちて、数百人を殺した。こんな惨状の現場を目撃した都市生活者にとって、政権の「烈々たる士気」への訴えは辛辣な皮肉の種だった。清沢洌は日記のなかで、「Ｂ29を見ても、まだ竹槍と柔道でやれると思うところが、日本精神であろうか」と感想を漏らしている[17]。

戦後、アメリカ戦略爆撃調査団（ＵＳＳＢＳ）は、社会各層の日本人に横断的に話を聞いた。その結果、ＵＳＳＢＳの分析員たちは、爆撃が日本国民の士気を損なった「もっとも重要な単一の要素」

だったと結論づけた。ほかのどんな出来事よりも——国外の軍事的失敗や国内の食糧配給の減少をふくめて——敵機が日本の空に出現したことが、一般市民に勝利の公算への疑念と、戦争の早期終結への願いを起こさせたのである。日本の各都市への戦略爆撃は、「社会的、心理的混乱を作りだし、計画された侵攻の前に降伏を手に入れることに貢献した」[18]。さらに、日本人は空襲を敵よりも自分たちの指導者のせいにする傾向があった。「このとき、日本の地理的隔離の歴史が、何世紀もの文化的隔離によって助長されて、足かせとなった」とUSSBSの分析者たちは書いている。「隔離状態で育った指導者や国民の視野の狭さは、日本が攻撃を受ける可能性はほとんどないとか、本土を傷つけることはできないといった感覚に反映されていた。B－29は安全の夢から彼らを荒っぽく目ざめさせたのである[19]」

壊滅的な火災は、大昔から、日本の都市を何度も襲ってきた恐怖だった。最悪のものは、一九二三年の関東大震災である。震災は東京と横浜で七十万棟の建物を破壊し、十万人以上が命を落とした——しかし、太平洋戦争にいたる歳月には、ほとんど同じぐらいひどい火災がほかにも何度かあった。東京はほかの日本の大都市と同様、燃えやすかった。商業ビルや工場は、建物が密集する住宅地にかこまれていた。家屋は木材と紙、薄い漆喰壁で作られ、床は畳でおおわれていた。多くの家はいまだに石油ランプや行灯（あんどん）を点していて、煮炊きには炭火を使っていた。可燃性のガスは浅くて簡単にやぶれるガス本管で送られ、電気は低いところに下がった送電線で送られていた。それにもかかわらず、日本の消防隊は人手不足で、装備も足りず、硬直した地域組織に分けられていた。戦争によって、そのなかからもっとも健康で若い者たちが徴兵されたため、組織はいっそう弱体化した。一九四五年にまだ奉職していた消防隊員のほとんどは、盛りを過ぎた年長者で、その人数は重大な緊急事態に必要とされる数に遠くおよばなかった。

Ｂ－29が日本の領空に定期的に姿を現わすと、当局は民間防衛の備えをいっそう強調した。市民は厳粛な誓いを立て、「命令にしたがい、わがままな行動をつつしみ、防空でおたがいに協力する」と約束することを要求された[20]。全員が防毒面と、火の粉や落ちてきた瓦礫から身を守る詰め物入りの防空頭巾を携行するようもとめられた。どの家庭にも、砂の入った鉄バケツ、梯子、シャベル二本、防火水槽、モップ、濡れた毛布を常備するよう義務づけられた。町内会が避難壕や裏庭の防空壕を掘る作業を組織した。点検や演習はいついかなるときも、真夜中でさえも行なわれる可能性があった。上野動物公園の園長は、空襲で檻が破壊されて、東京の街に逃げだすといけないので、ライオンや虎などの大型肉食獣を安楽死させるよう命じた。生徒たちは校庭で教練をした。もっとも幼い子供たちは教師といっしょに歌ったり手を叩いたりして、決められた手順を学んだ。

空襲だ。空襲だ。空襲が来るぞ！　赤だ！　赤だ！　焼夷弾だ！
走れ！　走れ！　布団と砂を持ってこい！
空襲だ。空襲だ。空襲が来るぞ！　黒だ！　黒だ！　爆弾が来るぞ！
耳をふさげ！　目を閉じろ！[21]

防空演習と点検がより頻繁に、煩わしくなると、反感がつのった。民間防衛の日課は、多くの者がろくに食べていないときに、人々のエネルギーをじょじょに奪っていった。うんざりしたある日本人女性はこういった。「水の入ったバケツを持って坂を駆け上がるなんて、馬鹿馬鹿しくていやになる戦争の戦いかたのように思えた[22]」三夜か四夜おきに、空襲警報のサイレンが鳴り、人々は布団から出て、暗い地下の防空壕に入った。市民がつるはしとシャベルを使って掘った防空壕は、狭苦しく、粗末な造りで、しばしば明かりも、座るところさえなかった。雨など降ろうものなら、水びたしになった。まちがい警報は日常茶飯事で、サイレンがはじまると、人々は枕をかぶって、無視する傾向があった。規則違反は空襲の脅威が増しても広まった。

子供たちの疎開生活

一九四三年後半、政権は、非戦闘員と必要のない労働者は都市から疎開すべしという考えを宣伝しはじめた。集団疎開は空襲の危険にたいする部分的な解決策だったが、公共交通機関への負担をやわらげ、地方から食糧を輸送する物流上の問題を軽減する手段でもあった。キャンペーンは、高齢者、幼児、妊婦、そして体が弱い者——戦時体制に積極的に貢献していない者は誰でも——が田舎の親類に身を寄せるよう奨励する公共メッセージではじまった。内閣情報局の一九四三年十二月付けの公式発表によれば、「都市の疎開は単に都市から退散する、逃避するといふだけの意味ではなしに、もつと積極的に一億が戦闘配置に就く、疎開そのものがすぐ戦力増強になるといふふうにならなければなりません」[23]。軍需産業やそれ以外の戦時体制に必要不可欠と考えられた仕事で働く者たちは出ていくことを許されなかったが、工場全体が移転する場合は例外で、そのときには労働者は雇用者と仲間の被雇用者とともに引っ越すことを余儀なくされた。特別の「疎開列車」が、持てるだけの財産を持ち、それ以外のすべてを置き去りにした、不機嫌そうな顔をした都市生活者を乗せて、東京から出発した。

子供たちは一九四三年前半から自主的に都市から疎開させられていたが、一九四三年十二月、日本の文部省は都会の学校と親たちに、初等学校の生徒は全員、地方へ送るよう圧力を強めた。一九四四年六月三十日、アメリカ軍がサイパンに侵攻すると、政府は国内の十数の大都市から三十五万人の子供を強制的に疎開させると発表した。子供たちは田舎の旅館や集会所、寺院、いまは使われていない行楽地に再定住させられた[24]。十一月にB－29の空襲がはじまると、学校全体が教師の引率で、日の丸の旗で飾られた列車に乗って都会を離れ、親たちはホームから別れを告げた。

子供たちは目的地に着くと、超満員の大部屋に宿泊させられ、一日二十四時間の共同生活と日課にいそしんだ。配給食はしばしば不十分で、子供たちは衰弱し、栄養失調になっていった。東京から長野まで生徒たちに同行したある教師は、こう回想している。「子どもたちが、弁当箱のふたを開けると、半分になっているのを嘆くのはかわいそうであった[25]」わずかな食べ物をおぎなうために、子供たちは野にある食料を探しに行かされたが、そのほとんどはかろうじて食べられるものだった。雑草や蕨、蒲公英の葉、筍、蕗、柿の実、はこべ、蓬、芹。蛙や蛇を捕まえて、皮を剝ぎ、火であぶった。川海老や鯉、泥鰌をもとめて小川で釣りをした。蝗や雀、蝸牛、源五郎を油で炒めて食べた。政府の医学報告によると、終戦時までに、疎開した子供たちは一日平均千カロリーを摂取していた。これは最低限必要な食事量よりはるかに少なかった[26]。

日課は厳格に管理され、教室の授業と何時間もの重労働が課せられた。生徒たちは軍隊風の制服を着て、教師を先頭に列を作って行進した。「地位」が低い者は高い者に敬礼しなければならなかったし、全員が成績や態度、行い、命令への服従によって、昇格することも降格することもあった。生徒たちは出征兵士や特攻隊パイロットの見送り式に出席して、外地の軍人に手紙や慰問袋を送り、戦死した陸海軍兵士の帰ってきた遺骨を出迎えた。

戦争が進むにつれて、疎開した子供たちは教室で勉強するよりも、戦時体制への貢献で多くの時間をすごすようになった。一九四四年九月、小磯首相は国民総動員を発表した。「此の重大時局に直面致しまして、老若男女を問はず國内に一人の遊休者、一人の傍観者も存在することは許されませぬ……國民皆兵の精神に則り……[27]」政権が出した布告は、工場での労働が「教育に等しい」と規定していたが、一九四五年には、工場長たちは常習的な欠勤に悩まされていて、児童労働者が仕事にもっと時間をついやすように要求した。わずか八歳の子供が軍需工場で働かされた。ほかの者は収穫を手伝うために農業労働者として派遣された。森林地帯では、おおぜいの子供たちが、松根油を航空燃料にするというありそうもない目的のために松の根を集めに行かされた。

終戦時までに、約三百四十万人の学徒が動員され、多くは伝統的な教室での授業を一日に一時間しか受けていなかった[28]。「学校の授業はもうあまりありませんでした」と茨城県に疎開した六年生だった佐藤秀夫は回想している。「わたしたちがおもにやっていたのは、校庭の隅に対戦車壕を掘ることでした」これは、とくに多くの土を運ぶ力がない子供たちには、たいへんな作業だった。「先生が入ったときに、頭の上まで来るような深さのたこつぼ壕をひとつ掘るのに三日間かかりました。作業は組ごとに割り当てられ、各組には自分の作業を終わらせる責任がありました[29]」

この隔絶し閉じこめられた田舎の環境で、子供たちは文部省が聞かされるべきだと決めたことだけを聞かされた。教師たちは敗戦主義の兆しに目を光らせていた。一九四四年後半、新しい「国防思想普及運動」は、「教育の使命をまかされた者たちが、必勝の信念を堅持し、戦意高揚に断固邁進する」ことを確実にするのを目的としていた[30]。疎開した子供たちは、文章力をやしなうためと、心の奥底の考えや感情を記録するために、日記をつける必要があった。日記は教師に提出され、教師は文法や言葉づかい、筆跡、文体などの通常の評価基準だけでなく、感想の率直さや熱意にもとづいて採点した。

一九四五年に初等学校全体で東京から富山県に疎開した九歳の少女だった中根美宝子は、学んで、向上し、教師たちをよろこばせたいという切なる願いをしばしば表現した。日記のなかで、彼女は「よい子」になります、あるいは「もっともっとよい子供」になって、「りっぱな国民に」なるために最善をつくしますと誓った。美宝子の熱意は、薪を集めるときでも、「たのしい」教練行軍を終えたときでも、野生の蓬を集めるときでも、新たな出征者を見送るときでも、軍歌を歌うときでも、帰還した戦死者の魂を讃えるときでも、抑えがたかった。「本たうに悲しい事だ。……とてもありがたい」彼女はおきまりの敵にたいする憎しみをこう書き記している。「にくいにくいアメリカイギリス。なんとにくいべいえいなんだらう。私はさう思った」美宝子は、とぼしい配給食にけっして文句をいわず、しばしば昼食や夕食が「大へんおいしかった」と書き記した。班長の地位に昇格すると、彼女は自分の重大な責務を意識した。「だから一そうよい子になって班長らしくならうと思ふ[31]」

子供たちは、生まれつき純真で、信じやすく、順応性があり、彼らの両親や教師がしだいに幻滅しても、戦争にたいする熱意をいだきつづける傾向があった。彼らは空腹でなかったときが思いだせなかったので、よく食べることなど期待していなかった。軍需工場で働くことも、その経験が目新しかったし、退屈な教室の日課からの息抜きを提供してくれたので、気にしなかった。戦時体制のために武器を製造することは、自分が重要であると彼らに感じさせた。航空燃料のために松の根を集めるのは、上空を舞う日本の軍用機を飛ばすのを自分の手で手伝っているという感じをあたえた。風船爆弾の工場で働く者たちは、自分たちが作ったものがいかに地球をぐるりと飛翔して、本国内のアメリカ人を打ちのめすかという、心奪われる話を聞かされた。彼らは戦争の華々しさや、歌や行進、米英の国旗を踏みつけ唾を吐くという誘い、毎月の『教育勅語』の朗読、毎朝の集団健康体操を楽しんだ。体操では全員、上半身裸になり（女子もふくめて）、こう唱えた。「米英撃滅！　いち、に、さん、し！　米英撃滅！　いち、に、さん、し！[32]」ラジオが報じる華々しい勝利がでっち上げではないかと、子供たちが思うことはおよそありえそうになかった。

「わたしは戦時中に生まれました」と佐藤秀夫は半世紀後に記録された口述史で説明した。「男の子は戦争が好きです。戦争は遊びの題材になることもあります。……ほとんどスポーツのようなものです。誰もがなんらかの形で遊んでいるやんちゃな遊びの延長にすぎません」彼が十一歳のとき、彼のクラスは茨城県に疎開した。生徒たちはアメリカ軍の艦載機がくりかえし攻撃してくる飛行場で働かされた。秀夫と級友たちはヘルキャットとコルセアが来襲するたびにわくわくして、耐えられるだけ長いあいだ、ひるまずに直立して勇敢さを証明しようとした。

よく見ていたら、最後の瞬間にころがって逃げられるかもしれません。飛行機は左右の翼に機関砲があって、ものすごいスピードで低空を一直線に向かって来ますが、それでも時間はかかります。もし向こうが狙っていたらわかります。そのときは火花が散るのが見えますから。音はあとから来ます。経験すると火花の角度がわかるようになります。四五度で光ったときが、いちばんあぶない。そのときは無意識に目が閉じました。よく機銃掃射といいますが、機銃じゃなかった。二十ミリの機関砲で、弾の一発一発に炸薬が入っていました。映画とちがって、あんなふうに小さな煙がぱっぱっと上がるのが見えるわけじゃないんです。田んぼ全体で土が舞い上がり、根っこで火花が上がって、炸薬が爆発する、「どかん、どかん、どかん！　どかん、どかん！」

相手がはずしたとわかった瞬間、立ち上がって、駆けだすんです。超低空で飛んでいるので、パイロットはときどき操縦席の窓を開けて身を乗りだしました――米軍パイロットが飛行眼鏡をかけてこっちを見ていました。わたしは手さえ振りました。こういうことが十回以上ありました。(33)

小磯首相の「一億総武装」の国家政策に合わせて、疎開した子供たちは、来たるべき本土決戦に参加できるように、白兵戦の訓練を受けた。富山に疎開した九歳の中根美宝子は、この「鍛錬」をいつもの活気にあふれた調子で描写している。「とっても楽しかった」彼女のクラスは槍と木刀、模擬手榴弾で訓練を受けた。教練は、ドッジボールや肩車走、軍歌、宝探し競争といった通常のレクリエーション日課に組み入れられていた。子供たちは下着姿で、日の丸の鉢巻きを巻いた。「手りゅう単（ママ）なげ」では、敵兵の頭を表わしているといわれた大きなボールに向かって、小さなボールを投げた。それから木刀で訓練を受けた。「左かまえへや右かまへなどをした」美宝子が竹槍で突く練習をしているあいだ、教師は叫んだ。「つけつけ」のちに彼女は日記にこう書いた。「とてもおもしろかった。つかれたが一人でも大く（ママ）てきをころさうと思った[34]」

娯楽施設より飛行場を建設せよ

奪還から八カ月後、グアムには二十万人のアメリカ軍人と二万四千人のグアム民間人、そしてジャングルに隠れている数百名の（もしかすると数千名の）数え切れない日本軍敗残兵が存在した。一九四五年二月と三月に進行中だった大規模な建設計画のリストは、グアム島司令官の戦時日誌を、小さな活字で六ページ分埋めていた[35]。第五海軍建設旅団のシービー隊員たちは、道路を拡張し、延長して、海港を改良し、アメリカの大都市に匹敵する電力、上下水道インフラを構築していた。アプラ港は舟橋の桟橋と防波堤、三千九百フィートの土手道で拡大され、いまや月に二百六十五隻の貨物船を取り扱うことができた――これは戦前の能力の十倍である。島の道路網の基幹である新しい四車線のアスファルト道路が、スメイとアガナ間を走っていた。一万六千名の民間人（大半がチャモロ人）が、島の西岸ぞいの三カ所の難民キャンプで暮らしていた。民政部はできるだけ早く彼らの農場や村へ帰すつもりだったが、ある程度の再建は必要で、日本軍の敗残兵はいまだに辺鄙な地域では安全保障上の脅威となっていた。

グアムは「太平洋のスーパーマーケット」とあだ名されたが、そう呼ばれるのも当然だった。従軍記者のアーニー・パイルは、オロテ半島で見つけた、アーチ状のリブがある大洞窟のような倉庫を形容して、こう述べた。「K携帯糧食でも、材木でも、爆弾でも、好きなものを選ぶといい。ここには都市を食べさせ、それを建設し、そして吹き飛ばすだけの量がある(36)」

グアムのアメリカ軍将兵の大半は、来たるべき作戦で派遣されるまでぶらぶらしていて、彼らをいそがしくさせ、楽しませるために、かなりの努力がはらわれていた。たとえば一九四五年三月の一カ月間で、六十四の軍人野球チームが合計で二百五十六試合を行ない、五十のバスケットボール・チームが二百二十試合を戦った。スポーツのリーグはたくみに組織され、プロの審判やレフリー、色とりどりのユニフォーム、大きな木製のスコアボード、見物人用の観客席が用意されていた。映画は毎晩、四百のスクリーンで上映され、ひと晩の推定観客数は八万名だった。新聞《アイランド・コマンド・デイリー・プレス・ニューズ》が、十万人以上の読者にとどけられた。軍隊放送（AFRS）のWXLI局が、毎日九時間半、番組を放送した。推定三万人の観客がふたりの元ボクシング・ミドル級チャンピオン、ジョージ・エイブラムズとフレッド・アポストリの一連のエキシビション・マッチを観戦した。十数組のUSOミュージカル・バラエティ一座がどんなときでも島を巡業していた。大ヒットの《ガール・クレイジー》は、三月十二日から三月三十日のあいだ、一日に二回上演された。四カ所の海岸が、着替え用のテントとライフガードをそなえた海水浴場として確保されていた。平均して一日に四千人の海水浴客がおとずれた。アメリカから飛行機でやって来た野球のメジャーリーグのスター選手たちが、四万人の将兵が来場した四度のエキシビション・ゲームでプレーした。赤十字の現地本部によれば、「島内の女性軍人向けに美容師八人がいる美容院と、軍人向けのボウリング場四、五カ所の建設と営業の計画がたてられた(37)」。

長い話し合いと研究のすえに、一月、ニミッツ提督はグアムのB－29航空基地開発計画の拡大を承認した。作業はグアムの北部平原の二カ所の巨大飛行場、北飛行場と北西飛行場で進行中だった。それぞれが二個爆撃航空団用の二本の滑走路と地上施設をそなえていた。二月の第一週には、北飛行場の滑走路一本が運用を開始して、第三一四爆撃航空団のスーパーフォートレス百八十機に供用されていた。第二の滑走路は切り開かれ、一部整地されていたが、五〇パーセントしか舗装されていなかった。北西飛行場はまだ運用を開始していなかったが、ブルドーザーやスチーム・シャベル、コンクリート・ミキサー、グレーダーが四六時中、働いていた。

その月、グアムを見てまわった従軍記者のジョン・ドス・パソスは、スチーム・シャベルが砕いた岩をダンプトラックに積んでいる野球場サイズの珊瑚採石場をおとずれた。労働者たちは機械が蹴立てるこまかな白いほこりを吸いこまないようにマスクをしていた。ひとりがドス・パソスにいった。「以前は四十秒ごとにトラック一台に積みこみをしていましたが、いまは二十秒ごとです(38)」トラックの一見終わりがないように思える行列が、曲がりくねった道をスメイ＝アガナ幹線道路へと下っていき、四マイル北へ走ってから、北西飛行場の「ぬかるんだ台地」へとつづく一連のつづら折りの道を上っていった。ドス・パソスと運転手が到着したときには、暗くなってからかなりたっていたが、作業は活発なペースでつづいているのがわかった。トラックは砕いた岩の積荷を滑走路の路床に直接落とし、ブルドーザーがすぐさまそれを広げはじめた。「スクレーパーやグレーダー、シープフット・ローラー、名前も知らない機械がその後ろで均等に動いている。太陽で日焼けした男たちの光る体が、投光照明の輝きのなかで、白いほこりの条によってひときわ強調された(39)」

ニミッツ提督の太平洋艦隊司令部とルメイ将軍の第二十航空軍は、資源と労働支援の分配をめぐって、つねにぴりぴりした関係にあった。ルメイはニミッツの指揮系統外にいたので、彼らの議論は、しばしば統合参謀本部に解決がゆだねられた。ルメイはマリアナ諸島が日本にたいするB－29作戦を開始するために占領されたのであって、あらゆる建設と開発努力はその目的のために向けられるべきであるという見解を取っていた。海軍はマリアナ諸島が一九四五年におとずれる巨大な水陸両用侵攻作戦の中継基地でもあると反論した。資源はそこらじゅうでとぼしく、誰も満足しない困難な取り引きが必要だった。春は熱帯の豪雨をつれてきた――三月だけで十六日間が雨の日で、島には六・五インチの雨が降り、工兵は飛行場建設地で際限のない悲嘆に暮れることになった(40)。島の司令部が二個航空工兵大隊を北西飛行場の建設からほかの「より優先順位の高い」事業にまわすと、その反響はすぐさまワシントンにとどいた。

ルメイはグアム南部と沿岸部で豪華な保養娯楽施設を発見して憤慨した。「連中は島の司令官のためにテニスコートを建設した。艦隊保養センターや海兵隊リハビリ・センター、島間交通艇のための港湾施設、それ以外に、この島々の本来の占領目的に寄与するものをのぞいた、この世のあらゆるくだらんものを建設した」彼は、たぶんグアムには第二十一爆撃機兵団がまともな司令部を手に入れる前に「ローラースケート場」ができるだろうと冗談を飛ばした(41)。

ルメイは着任してすぐに、アプラ港を見おろす丘、フォンテ台地にあるニミッツの家で夕食会に招かれた。りっぱな白い家には、寝室が四部屋と、広い網戸付きのポーチ、軍高官や来訪する要人をもてなすのに適したダイニングルームがあった(42)。地所はきれいに造園され、花や自生の低木が植えられ、ニミッツの気晴らしのために蹄鉄投げ場が作られていた。夕食会にはグアムに配属された多くの陸海軍、海兵隊の多くの上級将校たちも出席した。「わたしが入っていくと、シャンデリアが輝き、すべての明かりがこうこうと灯っていた。ディナーのテーブルには白いテーブルクロスやぴかぴかの銀器といったものが準備されていた」とルメイは回想録で書いている。「誰もが糊のきいた白い制服姿でぼんやりと立って飲み物を口にしていた(43)」彼らは「ワシントンの大使館で目にするような」ハイボールとオードブルの前菜を供された。複数コースのディナーには、スープ、魚のコース、ロースト・ビーフ、そしてデザートがふくまれ、最後にはデミタスコーヒーとブランディ、葉巻が出た(44)。語って飽きることのない体験談のなかで、ルメイはお返しに海軍の高官たちを自分の野営地で夕食会に招いた。彼らはかまぼこ兵舎の食堂で行列を作り、缶詰の携帯糧食を食べた。これでいいたいことが伝わり、「やっと彼らはわれわれが必要としているものを用意した(45)」。

統合参謀本部からの猛烈な圧力を感じたニミッツは、B－29航空基地事業を加速するための手を打った。彼は、たとえ重機より先に到着することになっても、新しい航空工兵大隊を島に輸送するというハップ・アーノルドの要請を認めた(46)。海軍建設隊は自分たちの重機をある程度、譲渡して、ほかの優先事項を整理しなおすことを余儀なくされた。三月二十八日、太平洋艦隊司令部は、第二十航空軍が必要とする物資の貨物スペースを空けるために、それ以外のあらゆる目的でのマリアナ諸島への船舶輸送の「いちじるしい削減」を命じた。これ以降、貨物の割り当ては、「スーパーフォートレスに必要な軍需品やそのほかの物資のために、実行できる最大限度まで」取っておかれた(47)。海軍と海兵隊のほかの多くの筋は、この命令をうらめしく思った。ワシントンでキング提督の補佐役をつとめるリチャード・S・エドワーズ提督は、アーノルド将軍が、「現地の部下たちが面倒に巻きこまれるまで、ワシントンからすべて〔第二十航空軍〕を動かしたがり、それから戦域司令官が駆けつけて事態を収拾するのを期待している」と述べた(48)。

大部分平坦なテニアン島には、島の占領前に計画されていた四本ではなく八本ものB－29用滑走路が作れるという発見は、いくらかの埋め合わせになった。六個海軍建設旅団が、地面を平らにして、そのなかの岩を採掘するという二重の目的で、長い珊瑚の尾根の約半分を切り崩す作業に取りかかっ

陸軍航空軍のカーティス・ルメイ将軍。
National Museum of the U.S. Air Force

た。テニアン北飛行場には四本の滑走路が建設された。この基地はマリアナ諸島のほかのどの島より早く完成し、運用が開始された。一九四五年一月、テニアンの西飛行場の造成も前に進めることが決定された。これで、このマリアナ諸島に置かれた三カ所のうちで最小の飛行場は、二個爆撃航空団を完全に収容することができた。西飛行場で最初の滑走路は、一九四五年三月二十二日に運用を開始した。そのいっぽうで、測量技師たちはサイパンのアイスリー飛行場を拡張して、八千五百フィートの平行滑走路二本で、第七十三爆撃航空団の四個航空群を収容できることを発見した。

夜間焼夷弾攻撃への革命的転換

三月前半に自分の麾下部隊を評価したルメイ将軍はその結果に満足しなかったし、それを誰が知ろうと気にしなかった。高高度精密爆撃任務は期待された結果をつねに達成できなかった。アメリカ陸軍航空軍が目標にした最優先の日本の航空機製造工場十一カ所のうち、破壊されたものはひとつもなかった（数カ所では生産がいちじるしく削減されていたが）。武蔵野の〈中島〉エンジン工場を爆撃するために八回の任務がこころみられたが、最近の偵察写真で、施設が四パーセントの被害しか受けていないことが判明した。エンジンの故障や航法上の問題をふくむ作戦上の問題で、第二十航空軍は、じゅうぶんな機数を日本上空に送ることができなかった。いまや三百五十機のＢ－29がマリアナ諸島から活動していたが、平均的な任務では、実際には百三十機しか日本の領空に入っていなかった[49]。

ルメイにとって残念なことに、アメリカの新聞は、Ｂ－29が日本にすさまじい大打撃をくわえているという印象をあたえていた。これはかならずしもアメリカ陸軍航空軍の報道担当者のミスではなかった。彼らの公式発表は事実に忠実だった。どうやらアメリカの新聞は読者が心から聞きたいことを話したいようだった――スーパーフォートレスは日本のすみずみに聖書に出てくるような殺戮を広めていると。一九四五年三月六日、ルメイ将軍は広報担当官のセントクレア・マケルウェイ少佐にこういった。「この部隊は、実際には爆撃の結果でどえらいことをやってもいないのに、ずいぶんと世間の注目を集めているな[50]」

ルメイは一月に指揮を引きついで以来、戦術の革命的な変更を検討していた。低空高強度夜間焼夷弾攻撃である。そうした任務には、Ｂ－29を夜間に、典型的な作戦高度である二万五千フィートから三万フィートよりもはるかに低い、高度五千フィートから七千フィートで目標上空に送りこむ必要がある。Ｂ－29はジェット気流と、高高度まで長時間上昇することによって発生するエンジンへの負担を回避することになる。燃料の節約によって、より多くの爆弾を搭載できるようになる――以前の任務では平均三、四トンだったものが、六トンから八トンに増える。広い範囲にナパームの焼夷クラスター爆弾をばらまくことで、爆撃の精度は実質的に意味がなくなる。日本軍の戦闘機による防空は夜間にはずっと危険ではないと考えられた。Ｂ－29が空中であまり抵抗を受けないと考えれば、五〇口径機関銃と弾薬は全部、機体から下ろすことができる。これは重量の軽減になるし、「すくなくともうちの連中がおたがいに撃ち合うことはなくなるだろう[51]」。奇襲の要素で、アメリカ軍はまんまと切り抜けられるかもしれないと、ルメイは推論した。

ルメイは生まれつきの自己宣伝屋だったので、のちに低空焼夷弾攻撃が自分のアイディアだという印象をあたえた。実際には、ワシントンのアメリカ陸軍航空軍司令部の計画立案者たちはすでに日本の都市への焼夷弾攻撃に大きな関心をしめし、スーパーフォートレスを夜間に低空で送りこむことの潜在的利点を議論していた。アーノルド将軍は、統合参謀本部を代表して、日本のさまざまな都市中枢にたいする一連の「最大限の努力」のB－29爆撃任務を命じていた（「最大限の努力」の任務とは、整備員が飛行に適するといった飛行機はなにがあっても一機残らず飛び立つ任務と定義されていた）。B－29がマリアナ諸島から作戦を開始して以来はじめて、焼夷弾の備蓄が、五回か六回の「最大限の努力」任務を可能にするのにじゅうぶんな量になった。第七十三爆撃航空団はすでに夜間にレーダーを使って爆撃する目的で、徹底的な夜間作戦の訓練を受けていた。ユタ州のダグウェイ実験場には、わかっている日本建築の材料と技術を忠実に再現して、「日本の村」の模型が作られた。ナパームとマグネシウム焼夷剤の組み合わせを使った爆撃テストでは、模型はたちまち焼け落ちた。日本の都市はドイツの都市より焼夷弾爆撃にはるかに弱いことがわかっていた。人口密度がより高く、密集して建てられた木造建築は、より火災に弱かったからである。

焼夷弾空襲の主力は、M69ナパーム焼夷子爆弾で、五百ポンドのE46円筒形有翼爆弾に束（クラスター）になって詰められていた。ほとんどすべてがアトランティック・シティから約十五マイル内陸のニュージャージー州パイン・バレンズにある人里離れた秘密工場で製造された。M69子爆弾、別名〝子弾（ボムレット）〟は基本的には、目の粗いガーゼの靴下に詰めたゼリー状ガソリンを、鉛のパイプに入れたものだ。E46爆弾のなかには、三十八発のM69子爆弾がひとまとめにされ、時限信管ではずれるストラップで束ねられている。束は地上二千フィートでばらばらになるようセットされている。各子爆弾の後部には長さ三フィートの綿ガーゼの吹き流しがついていて、直径約千フィートの範囲に散らばるようになっている。地面に落ちると、第二の信管が起爆して、放出用の炸薬が、燃えるナパームの小球を半径約百フィートに飛び散らせる。この小球はぶつかったものになんでも——壁でも屋根でも人間の皮膚でも——くっついて、八分から十分間、摂氏五百度以上で燃焼する。日本の全都市の中心部にある、あふれんばかりに密集した木と紙の地区に激しい火災を発生させるのには、じゅうぶんな時間だ。

一九三〇年代と第二次世界大戦の初期、アメリカの指導者たちは空から都市を爆撃する手法に断固反対していた。一九三九年九月、ヨーロッパが戦争に突入すると、ローズヴェルト大統領は全交戦国に「一般市民あるいは無防備都市の空からの爆撃」を誓ってやめるよう呼びかけていた。[52] 陸軍航空隊のなかでさえも、都市の「地域爆撃」に根強い反発があった。一九四〇年、ハップ・アーノルドはこう明言していた。「航空隊は軍事目標の高高度精密爆撃の戦略に専念している。都市にたいする焼夷弾の使用は、軍事目標のみを攻撃するというわが国の方針に反している」[53] 五年間の世界的な残虐行為と、枢軸諸国のふるまいが、こうした見解をじょじょに見なおさせることになった。日本とドイツは一般市民に航空攻撃を仕掛けた嚆矢(こうし)だった——日本は上海や南京、重慶などの都市にたいする空襲で、ドイツはロッテルダムと、ロンドン、コヴェントリーをはじめとする多くのイギリスの都市への爆撃で。一九四〇年のドイツ空軍の〈ロンドン大空襲(ブリッツ)〉によって、イギリスは報復をもとめ、イギリス空軍の爆撃軍団が同年、それをあたえはじめた。

ドイツの都市にたいする無差別テロ爆撃は、一九四五年二月十三日から十四日の夜のドレスデン焼夷爆撃で頂点に達し、推定三万五千人のドイツ民間人が殺された。ドレスデン爆撃はアメリカの報道機関と、イギリスの下院にさえも、ある程度の批判を引き起こした。爆撃には明白な軍事的目的がないように思われたからである。ＡＰ通信のニュースはこう報じた。「連合軍の航空指揮官たちは、ヒトラーの破滅を早めるための無慈悲な手段として、ドイツ人の大居住区の意図的なテロ爆撃を採用するという、長年待ち望んだ決定を下した[54]」しかし、スティムソン陸軍長官はＡＰの報道を否定し、ドレスデン爆撃は軍事的に必要だったと正当化した。彼はこうつけくわえた。「われわれの方針が一般市民にたいしてテロ爆撃をくわえることだったためしはなく……われわれの努力は依然として敵の軍事目標の攻撃に限定されている[55]」

いまこの前例のない残忍な戦争の末期でさえ、アメリカの指導者たちは自分たちがテロ爆撃に反対する政策を放棄したことを認めるのを嫌っていた。日本の都市を焼夷弾で爆撃することには、もっともらしい軍事的な口実が必要だった。アメリカ陸軍航空軍の目標選択担当者たちは、日本の工業生産の大半が住宅地で行なわれていて、小さな「供給源」あるいは「影の」作業場である家内工業が、大工場のために部品を製造していると主張した。これらが集団焼夷弾空襲の本当の目的だといわれた。しかし、東京にたいする初の大焼夷弾空襲のわずか三週間前に実施されたドレスデンの炎上のあとでは、道徳的な反対はむしろ奇妙に思えた。もしドイツがああいう報復を招いたのなら、日本も同様だ。

のちにルメイは日本の戦争犯罪が、すくなくとも彼の心のなかでは、正当化の理由を提供したと認めた。「焼夷弾空襲における民間人の死傷者については、愉快ではなかったが、とくに気にしているわけでもなかった。わたしはどんな決定でもそのことに影響を受けなかった。なぜならわれわれは日本軍がフィリピンのような場所で捕虜にしたアメリカ人——民間人と軍人両方——をどのようにあつかったかを知っていたからだ[56]」焼夷弾爆撃作戦がはじまるわずか二週間前に、世界がマニラにおける日本軍の残虐行為を知ったのは、偶然ではなかった。

新しい戦術は大きな危険をともなった。ドイツ上空五千フィートを飛行する爆撃任務は、破壊的な戦闘機の攻撃と激しい対空砲火を招いた——ルメイがいったように、「こんな低空編隊はドイツ空軍にずたずたに切り裂かれただろう」[57]。しかし、彼は、日本軍の夜間戦闘機が暗闇のなかでB－29を撃墜できるほど熟練しておらず、数も多くないこと、そして高射砲は、とくに奇襲の要素を考慮すれば、不正確で効果が薄いことに賭ける覚悟だった。日本のレーダー管制の対空火器はドイツのものにくらべるとお粗末で不正確だと考えられた。しかし、これは証明されていない推測だった。八千フィート以下で日本上空を飛行したB－29の任務は一度もなかったし、それほど低く飛んだ唯一の任務は九州の八幡製鉄所上空の任務だった。東京、名古屋、大阪を守る高射砲部隊はもっと数が多く、たぶんもっと高性能だろう。日本軍がすくなくとも二個夜間戦闘飛行隊を訓練していることは知られていた。もしルメイがまちがっていたら、その代償は飛行機と搭乗員の壊滅的な損失となる可能性があった。

広報担当者のマケルウェイ少佐によれば、さまざまな爆撃航空団の対空火器専門家が、ルメイに大惨事を招こうとしていると警告した。彼らは東京の高射砲部隊が低空飛行する爆撃機を射的場のベニヤ板のアヒルのように撃墜するだろうといった。地上の日本軍の機関銃でさえ飛行機に命中させられるかもしれない。ひとりは十機のスーパーフォートレスのうち七機が失われると予言した。「もしきみが正しければ、低空で行った場合、そう多くの飛行機は残らないことになるな」[58]とルメイは答えた。ルメイは歴史上もっとも多くの人間を殺した人物のひとりだが、部下の搭乗員を死に送りだすことには「持って生まれた生来の嫌悪」をおぼえた。彼は自分で任務をひきいたかっただろうが、ワシントンは彼の階級の将官が敵の領土上空を飛行することを禁じていた。避けがたい状況で搭乗員を失うのはもじゅうぶんつらかったが、地上にしがみついている指揮官のお粗末な戦術的判断で彼らを失うのはべつものだった。「本当に胸にこたえるのはそういうときだ」[59]もし任務が失敗したら、ルメイはたぶん解任され、本階級に降格されることもありえただろう。彼はアメリカ陸軍航空軍における人生を平の大尉で終えていたかもしれない。

しかし、重要なことに、ルメイは部下の航空団司令たちの支持を勝ち取った。第二十一爆撃機兵団の三個爆撃航空団のそれぞれで先導機を操縦する准将たち――エメット・〝ロージー〟・オードヌル、トーマス・S・パワー、そしてジョン・H・デイヴィスの。三人の准将は提案された任務の利点をすぐに理解した。猛烈なジェット気流は彼らのはるか頭上だ。高度五千フィートの風は二十五ノットか三十ノット程度だろう。したがって、投弾時の偏流は問題にはならない。もっとも有能でベテランのパイロットと搭乗員は（航空団司令をふくめて）、先導の〈パスファインダー〉機で飛行する。パスファインダー機は焼夷弾を「X」字状に投下して、目標に目印をつける。この最初の火災が照準点の役目をはたす。後続機にとっては、航法が楽になる。日本の海岸線の陸地と海のコントラストは機上レーダーのスコープにはっきりと映るので、もっとも経験の浅い搭乗員でも、視程にかかわらず、難なく東京湾までたどりつけるだろう。その時点で、彼らは単純に「われわれがあたえた方向に旋回して、これこれの秒数進み、紐を引っぱる」ことになる[60]。

B－29の爆撃作戦ではじめて、天候は要素にならなくなる。ルメイがいったように、「天気など忘れろといえばいい。われわれはどんな馬鹿なレーダー手でもあの東京の陸地と海のコントラストを越えさせられることを証明している。先にベテランを何人か送れば、彼らは確実に目標に到達して、火災を発生させるはずだ。われわれは実際に大火災を起こさせて、あとからきた連中にはその光が見える。彼らはそれに向かって投弾すればいいんだ[61]」。

目標とされた地域は、東京の隅田川流域の下町地区だった。住宅が密集して、圧倒的に労働者階級が多い地域である。東京のこの部分を選ぶにあたって、アメリカ陸軍航空軍の計画立案者たちは戦略事務局（OSS）――CIAの前身部局――が作成した地図を参照した。この地図は東京の三十五区をその燃えやすさで順位づけしていた。OSSの分析官は建物の密集度と性格を考慮し、戦前に日本かの部分よりよく燃えるからだった[62]。
の火災保険会社が作成した危険性評価まで収集していた。要するに、下町が選ばれたのは、首都のほかの部分よりよく燃えるからだった[62]。

パイロットと搭乗員は任務前日に、島じゅうのさまざまな航空基地のこみあったかまぼこ兵舎で説明を受けた。秘密保持のため、誰ひとり、新しい戦術のことを事前に知らされていなかった。作戦参謀が詳細をくわしく説明すると、沈黙が会衆の上に降りた。ある大佐は自分のパイロットにこういった。「われわれは規則を投げ捨てようとしているんだ。今回、われわれは編隊で飛行しない[63]」彼らはずっと大量の爆弾を搭載するが、五〇口径機関銃と銃手は地上に置いていく。第四九八爆撃航空群のあるパイロットによれば、彼らが夜間に東京を叩くというニュースのあとに「完全な静寂」がつづいた。しかし、説明者が彼らは東京の中心部を高度五千フィートから七千フィートのあいだで飛行すると告げると、「すると搭乗員たちから、大きなはっと息を呑む音が聞こえた[64]」。過去の任務とくらべると、これは地上に五マイル近くも接近していた。

航空団司令から合図を受けて、作戦参謀が、なぜ新しい戦術が選ばれたのか、そしてなぜそれが成功すると考えられているのかを説明した。戦術的奇襲はアメリカ軍に味方するだろうし、彼らが過大な損害なしに飛行を終えることを可能にするだろう。しかし、搭乗員全員が納得したわけではなく、その夜、宿舎に戻ったとき、なかにはすくなくとも任務に参加する全機の三分の一が失われると予測する者もいた。その楽しい考えを胸に、彼らは折り畳み式ベッドにもぐりこみ、まずまずの眠りにつこうとした。

パイロットたちの東京大空襲

翌日の午後、北飛行場では、第三一四爆撃航空団のパイロットと搭乗員がキャンバスでおおわれたトラックで舗装駐機場の乗機へと運ばれていった。搭乗員は愛機に乗りこむと、細心の装備確認とチェックリストの点検を開始した。整備員は巨大なプロペラ羽根をまわして、エンジンから余分なオイルを排出した。計画された最初の離陸の三十分前、ライト・デュープレックス・サイクロン・エンジンが息を吹き返しはじめた。エンジンは咳きこんで始動すると、うなりを上げ、雷鳴のようなバックファイアを起こして、排気煙の雲を吐きだした。それからドアやハッチ、爆弾倉がばたんと閉じられて、先導機が舗装駐機場からそろそろ出ていき、誘導路を進みはじめた。プロペラが舞い上げるほこりが、滑走路の端から端までつめかけた地上整備員と多くの見物人の目や口、鼻に入った。ものすごい数の巨大なエンジンの混ざり合う轟音は、空気と地面を震わせた。ある目撃者は〈インディアナポリス五〇〇〉レースを連想した(65)。陸軍兵と海兵隊員はまるで野外コンサートの観客のように滑走路ぞいの小さな丘に座っていた。

午後六時十五分、太陽が西の空のごく低い位置にかかっているとき、緑色の照明弾が管制塔から打ち上げられ、先頭のスーパーフォートレスが離陸滑走をはじめた。パイロットは四本のスロットルをゆっくりと前に押しだし、ブレーキから足を持ち上げた。ラダーペダルを調節しながら、機体を滑走路の中心線にそって加速させる。操縦桿をしっかりと握り、もっと速度が上がるように機体を押さえつける。ある時点で、機体は速すぎて止められなくなり、離陸するか激突するかしかなくなる。時速百六十マイルで前輪が持ち上がり、後輪がアスファルトから浮き上がる。副パイロットが降着装置のスイッチを叩き、脚柱と車輪がきれいにたたまれ、格納部におさめられる。最初の一機が離陸するやいなや、つぎの機が滑走をはじめた。そしてこれが一時間以上つづいた。

断崖上空を越えると、パイロットは加速するために機首をほんのわずか下げ、それからフラップをゆっくりと上げた。重い機体は海上で沈みこみ、プロペラ後流が海にはっきりと見える白い航跡を四本残した。それから機体はごくゆっくりと上昇をはじめた。三月九日の任務では、ほとんどのB－29の離昇重量は許容できる最大限の十四万ポンドだった——七十トンである。

最初に離陸したのはグアム島北飛行場を基地とする第三一四爆撃航空団の第十九航空群と第二十九航空群の機体だった。その四十分後、サイパンとテニアンの先導機が離陸滑走をはじめた。グアムを最初に飛び立った機と、サイパンを最後に飛び立った機の間隔は、ゆうに二時間四十五分あった。最終的に、三百三十四機のスーパーフォートレスがずいぶん暗くなってから離陸して、東京へ向かった。[66]

編隊飛行をしないため、空中会合はなかった。各パイロットはただ機首を北に向け、指定された高度に上昇して、針路を飛行した。日本への七時間の飛行で、彼らはいくらかの空をおおう雲と乱気流に遭遇したが、状況は危険というほど厳しくはなかった。洋上わずか五千から七千フィートを飛行するエンジンは、低出力の設定で爆音を上げつづけた。搭乗員は窓や水滴風防で注意深く見張りをつづけ、ぴったりくっつきすぎている飛行機の痕跡はないかと暗闇をのぞきこんだ。あるパイロットはずっとぴりぴりしながら、機首の透明風防から空を見わたしていたと回想した——暗闇の左右、前方、上下をのぞきこみ、べつのB－29が突然、視界にぬっと現われるのを想像しながら。「空中衝突の可能性はきわめて高いように思えた。ぞくぞくした[67]」

先導の〈パスファインダー〉機では、レーダー手がAPQ－13レーダーのスコープにかがみこみ、接近する本州南部の陸塊を監視していた。真っ暗闇でも、海岸線は緑色の円形画面にはっきりと浮かび上がっていた。房総半島、野島崎そして東京湾を表わす海岸の深い湾入。パスファインダー機は、陸地にたどりつくと、東京湾の中央部と隅田川流域、そして造船所を真北へ飛行した。雲量は予想より少なく、目標上空は約一〇パーセントから三〇パーセントだったので、先導の爆撃手は照準点を見分けるのに苦労しなかった。

爆撃航程は、高射砲手の狙いと追撃機の攻撃機動をよりやりづらくさせるために、エンジン全開で、速度を増すために緩降下で行なわれた。エンジン音が高まり、速度は三百ノットに達した。爆弾倉の扉が開いた。レーダー手はスコープを見つめ、ヘッドセットで爆撃手と連絡を取り合った。午前零時十五分、最初のM47爆弾が投下された。上空百フィートで炸裂した爆弾は、焼けつくような白いマグネシウムを放出した。炎は大きな虹色の「X」字を描き、約十平方マイルの目標地域の目印となった。先導機の一機がグアムに無線で報告した。「目視で目標を爆撃。大きな炎を観測。対空砲火は中程度。戦闘機の抵抗は皆無[68]」

後続機が野島崎上空に到着したとき、東京の火の手は北の地平線上にピンク色の光を投げかけていた。〈Tスクエア12〉号機が隅田川流域上空を通過したとき、チャールズ・L・フィリップス・ジュニア大尉は、赤みがかったオレンジ色のスペクトル光で下から照らしだされた火災積雲の渦巻く塊を見た。東京の市街地図が見て取れた。一面の炎のなかを縦横に走る黒い線の編み目が。フィリップスと搭乗員は煙の臭いと、燃える肉のむかむかするような甘い臭気さえ嗅ぐことができた。「前部の搭乗員室にいるわれわれは、窓やドア枠の破片が機体をかすめて飛ぶのを実際に見ることができた[69]」〈Tスクエア12〉号機は、雲に入ると、上に持ち上げられた。吹きつける熱上昇気流に捕まって、機体は四分間で六千フィート以上も持ち上げられた。フィリップスは四基のエンジンを全基いっぱいに絞ったが、〈Tスクエア12〉号機は依然として上昇をつづけ、「暴風のなかの木の葉のように跳ねまわった[70]」。フィリップスはこれを「わたしが七千時間以上の飛行時間のなかで経験したもっとも激しい乱気流をともなう、もっとも荒っぽい飛行」と呼んだ。「われわれのB-29から主翼がちぎれるのはまちがいないように思えた[71]」

驚異的な上昇気流に捕まった機体は、上昇する以外になにもできなかった。パイロットは乗機に指定された高度を維持させようとこころみることはできたが、それは上昇気流のなかを急角度で降下して、結果的に対気速度が時速三百マイルの推奨最大〝プラカード速度〟をゆうに超えることを意味した。数機のB－29は本当に裏返しにされて、完全にひっくり返り、搭乗員はシートベルトでぶら下がって、固定していない装備は頭上に釘づけになった。もしばらばらにならなければ、機体は完全な宙返りをして、急降下を脱した。あるパイロットは対気速度が――〈ボーイング〉社の技術者がB－29にとって致命的と見なしていた――時速四百五十マイルを超えて、東京湾上空わずか二百フィートで機体を立て直したと報告した[72]。

〈Tスクエア12〉号機はM29の束を全弾投下した。突然、六トン軽くなった機体はさらに大きな速度で浮き上がり、高度計の針が文字盤の上で時計回りにくるくるまわった。フィリップスと副パイロットは肩のシートベルトをつけていなかった。高度一万四千フィートで上昇気流がぴたりとやみ、機体は突然ふたたび急降下をはじめた。パイロットはふたりとも操縦席から体を持ち上げられ、まるで重力ゼロの宇宙空間にいる宇宙飛行士のように、頭上に向かって浮き上がっていった。「ふたりとも必死でしがみついた」とフィリップスは書いている。「この状況は数秒間つづいた。それからわれわれは座席にふたたび沈みこみ、機体の操縦を取り戻した。かなり急な左旋回をしたあと、われわれは太平洋と帰投ルートに向かった[73]」

市民たちの東京大空襲

空襲警報のサイレンは、最初のB－29が到着する約一時間前、日本軍の沿岸レーダー局が最初に敵機の飛来を探知したとき鳴りだしていた。警防団員が通りや石畳の小路を走りまわって、注意をうながし、市民に持ち場につくよう命じた。最初、多くの者は、またまちがい警報だと思って、寝床と自宅から出るのをこばんだ。しかし、最初のB－29のパスファインダー機が以前よりずっと低く飛行して市上空に到着すると、エンジンの爆音が人々を通りに引き寄せた。彼らは顔を上げて、大きな銀色の爆撃機を見た。その下腹は眼下の火災のオレンジやピンク、紫の光を反射していた。ある目撃者はこう回想した。「手をのばせば、飛行機にさわれそうだった。それほど大きく見えた[74]」探照灯の光がB－29に手をのばし、高射砲弾がその上空で炸裂した。なかにはM69が長い綿ガーゼの吹き流しを後ろではためかせて、くるくるまわりながら落ちてくるのを見た者もいた。

その夜は乾燥した強い風が吹きつけていて、最初の火災は急速に広がった。東京の消防本部長によれば、最初のパスファインダー機の爆弾が投下された三十分後には、状況は「完全に手がつけられなくなって」いた。「まったく手の施しようがなかった[75]」消防隊が出動したが、彼らの努力は、とくに新たなナパーム焼夷弾の雨が新しく到着したスーパーフォートレスから投下されると、悲しいほど不十分だった。風にあおられた火災は広がり、合流して、密集して建てられた木と紙の地域を、北西は浅草から北東は本所まで、南東は深川から南西は日本橋までつつみこんだ——火災は嵐のように進み、家から家、塀から塀、屋根から屋根へ飛び火して、狭い石畳の小路を横切り、その通り道で見つけた燃料の豊かな供給源をむさぼり食って、熱さと激しさを増した。可燃性のグリースや潤滑油、ガソリンを貯蔵していた作業場や町工場は、まるで爆撃を受けたように爆発した。

炎の壁は、屋根を越え、通りを走り抜けて、人々をその場で丸焼きにしたり、逃げだす暇もないほどの速さで家を焼きつくしたりした。内務省が出版した防空の手引きは、焼夷弾攻撃に対処するには「最初の一分間がもっとも大切」と助言していた。たしかにそのとおりだった——しかし、手引き書は市民に逃げるのではなく踏みとどまって消火にあたるよう命じていた。彼らは、火が出たら、「水を周囲の燃えやすいものにかけて、延焼を防止することが第一」になっていた[76]。これほどの規模の大災害にそんな対策は役に立たなかった。生存の真の望みは逃げること、そして選ぶ方向に恵まれていることだけだった。

空襲の生存者たちは、自分たちがたえずすさまじい音を立てる地獄にかこまれていたと証言した。うるさくて叫ばなければ言葉が聞こえないほどだった。火災はぱちぱち音を立て、うなり声を上げ、しゅうしゅう音を立て、轟音を上げた。火の粉や燃えさし、燃え木が風の渦のなかでぐるぐるまわって、彼らの頭や背中に降ってきた。気温は上昇し、まるで巨大なオーブンの扉が開いているように、どんどん上がりつづけた。火災は赤外線加熱の波を発して、通り道にあるあらゆる物質を乾燥させ、可燃物を炎よりも先に燃え上がらせた。足の下のアスファルトはねばりけを帯び、泡だって、最後には完全に液化した。この熱さから闇雲に逃れるのが人間の本能だったが、助かった者たちはしばしば計画にもとづいた選択をした――いちばん広い通りや、水泳プール、川、あるいは公園に逃げるという。早稲田大学の学生だったナガミネタケシは、自分と家族が助かったのは、父親が西から強風が吹いていることに気づいて、炎がその方角から向かってくるとわかったからだと思った。父は炎が迂回するだろうと計算して、家族を隅田公園につれていった。彼らは生きのびた。ほかの者たちは避難所となっている学校に向かって走った――しかし、多くの市民にとって、その決断は致命的だった。

東京下町の大島町(おおじままち)で暮らしていた国民学校六年生の船渡和代は、両親と五人のきょうだいについて通りに出た。彼女たちは風下の砂町に向かって走ったが、炎はあらゆる方角から一度に向かってくるようだった。彼女の父親は地元の公園のほうへ家族をつれていったが、狭い人道橋を逆方向に渡ってくる人々の集団に道をふさがれた。家族は引き返さざるを得なくなり、闇雲に走ったが、大混乱のなかで家族はばらばらになってしまった。「風と炎がものすごくなりました」と和代はいった。

わたしたちはこの世の地獄にいました。まわりの家々は燃え、瓦礫が雨あられと降ってくる。おそろしかった。無数の火の粉が飛び散り、電線が火花を上げて落ちてくる。幼い弟をおぶっていた母が烈風に足をすくわれ、ころころころがっていきました。父は、「母さんッ、しっかりしろ！」と叫んで、あわてて追いかけました。喜秋(よしあき)兄さんが「お父さん！」と大声を上げました。父を助けたかったのか、いっしょにいたかったのかは、わかりませんが、みんなあっというまに炎と黒煙のなかに見えなくなってしまいました。(77)

東京の女学校四年生だった大窪道子は飛行機部品製造の勤労奉仕で福井県へ行っていたとき、同様の体験をしている。空襲のさなか、彼女は四歳か五歳の女の子に出会った。きっと炎から逃げているあいだに家族とはぐれてしまったにちがいなかった。道子は少女の手をつかみ、「一緒に逃げようね」といった。ふたりは手をつないで走った。見上げると、「ヒューと音を立て火を噴く」焼夷弾が自分たちのほうへ落ちてくるのが見えた。幼い少女の手が彼女の手から離れた。ふりかえると、数名が炎につつまれるのが見えた。「その子のずきんの切れ端が高く舞い上がった」この光景を数十年後にふりかえった道子は、こう書いている。「もみじのような軟らかい手の感触が忘れられない(78)」

何千人もが運河や隅田川に向かって走った。古くて狭い橋では、多数の人々が両方向に同時に逃げようとして、膠着状態になり、全員が進んでくる炎の前で身動きが取れなくなっていた。炎の壁が彼らを一掃して、空気から酸素を吸い上げ、全員を同時に殺した。彼らは息をしようとあえいだが、空気が熱すぎて呼吸できず、それから窒息して血を吐き、身もだえした。多くの者は橋から飛び降り、水中で一瞬ほっとしたが、ほかの者たちがその上につぎつぎと飛びこんできて溺れた。生存者たちは水のなかで必死にもがくおおぜいの人々を思いだした。「まるで地獄絵巻で、本当に恐ろしかった」

と消防官だった加瀬勇はいった。「人々は火炎地獄を逃れるために運河にどんどん飛びこんでいました(79)」もっと小さくて浅い運河では、水が沸騰して、死体の山が現われた。

日本有数の規模と知名度を持つ浅草寺観音堂は、一九二三年の大震災では周囲の地域が焼け落ちたものの無事だった。いまや何千人もの人々が避難しようと寺とその広々とした境内に向かって走っていた。群衆は寺の本堂に入り、ついに本堂は満杯になった。さらに多くの人間がやってきて、戸口から押し入ろうとするいっぽうで、なかの者たちは彼らを必死に入れまいとした。炎が本堂に迫ってくると、火の粉と燃えさしが大きな木製の扉の外でパニックを起こしている群衆に降りかかった。さらにナパーム焼夷弾が頭上を通過するB－29から投下され、何発かは本堂の瓦屋根に直接落ちた。木造の大建築が燃えはじめ、炎が急速に迫ってきた。本堂に閉じこめられた者たちの頭の上に、天井から燃える材木が落ちてきた。なかに入れろと叫ぶ群衆は、パニックを起こして外へ出ようと押し寄せる群衆とぶつかった。熱さが耐えがたくなると、多くの者がもみくちゃにされ、踏みつけられた。本堂は焼け落ちた。

東京の六大電話交換台のひとつ、墨田電話局では、規則によって、職員は職場に留まり、消火にあたる必要があった。交換台では若い女性が交換手をつとめ、その多くはまだ未成年だった。彼女たちは濡れたモップとバケツに入った砂と水で局を防衛する訓練を受けていた。B－29が頭上で爆音を轟かせ、炎が周囲の地域を呑みこんでも、交換手たちは職場に留まった。女性たちはトイレからバケツや休憩室のやかんまで使って水を運んできた。もし建物に爆弾が落ちても崩れないように、じょうぶな木材が爆風よけとして山のように積まれていた。しかし、材木が燃え上がり、炎が壁に燃え広がった。

避難命令が出ていなかったので、従業員たちは、残って消火につとめる義務があると感じた。「そこらじゅう燃えているというときに、局から避難しろという命令はいっさい出ませんでした」と機械係職員の小林広保はふりかえった。「帰れという命令は来ませんでした。死ぬまで職場を守らねばならない。それで終わりです[80]」宿直の主事はついに建物から避難する命令を出したが、職員の大半にとっては手遅れだった。生き残った交換手は四名だけだった。三十一名が炎のなかで死んだ。ほとんどが十五歳から十八歳のあいだだった。小林は電話局から脱出した数少ない職員のひとりだった。のちに彼は雇い主から逃げた理由を説明するようもとめられた。「しかし、調査してみると、公衆電話の料金箱までもが完全に溶けていることがわかりました。それでやっとわかってもらえたんです[81]」

焼失した地域の中心部では、少数の人々が純然たる幸運でなんとか生きのびた。彼らは早くに脱出ルートを見つけて、炎の風上にたどりついた。溝やコンクリートの建物が熱と炎からかろうじて身を守ってくれる開けた場所や、鉄道高架の下の安全な通路を見つけた。彼らはまだ呼吸できるだけの空気が残っている低いところに身をかがめ、火災より長く生きのびるために熱に耐えた。六年生の船渡和代は、学校裏の溝に避難場所を見つけた。妹は「熱いよー、熱いよー」と泣き叫びつづけた[82]。しかし、ふたりは賢明にもその場を動かず、生きのびた。ある少年は広い通りの排水路に伏せ、縁石が熱さからの楯になってくれたおかげで助かった。数百人は鉄道の両国駅の広大な車輛基地を目ざした。そこには燃えないコンクリートと鉄の建物にかこまれた開けた空間があった。

当時子供だった主婦の篠田智子は、押上駅をいそいで通りすぎようとしたとき、ここでとどまるようにいわれた。「あまり熱く苦しいので地面にほおをつけてみました。ひんやりきれいな空気でした[83]」彼女はひと晩中、知らない男の人の背中にぴったり背中をつけてそこに座っていた。夜明けごろ、彼女は立ち上がり、知らない男の人はぐらりと倒れた。「ゆすってみたが、その人は死んでいました。煙と炎の熱さで死んだとのことです[84]」工場労働者のツチクラヒデゾウは、幼い息子ふたりといっしょに雙葉高等女学校の屋根に登った。炎が近づくと、燃えさしや火の点いた瓦礫が頭に降ってきて、子供たちは痛くて泣きだし、おうちに帰りたいとだだをこねた。ツチクラは屋上の給水タンクに穴を開けて、すくった水を子供たちにかけてやり、服に点いた火を消した。それから一度にひとりずつ、くりかえしタンクのなかに漬けた。「それから九十分かそこら、この手順をくりかえしつづけた。空気があまりにも熱かったので、子供たちをずぶ濡れにして、屋根に戻すと、水はほとんどすぐに服から蒸発してしまった」ツチクラと子供たちは大きなけがもなく生きのびた[85]。

炎はこれほどの激しさと規模で燃え広がったので、かなり早く燃えつきた。三月十日の夜明けには、ほとんど下火になっていた。破壊された地域には煙がもうもうと立ちこめ、生存者は目を開けているのもつらかった。人々は通りをみじめに足を引きずって歩いた。皮膚は火傷を負って、火ぶくれができ、煤にまみれていた。衣類は一部燃え、目は赤く、ひりひりしていた。地面にしゃがみこむ者もいた。地面はまだ熱すぎて座りたくないからである。市はくすぶる荒れ地だった――灰と瓦礫の山のあいだに、いくつかの黒ずんで廃墟となったコンクリートの壁や煉瓦の煙突、鋼鉄製の金庫が散らばっていた。中年以上の者は一九二三年の大震災を思いだした。生存者たちはわが家の方角へ、あるいはわが家がかつて建っていた場所へと引きつけられたが、一部の地区は完全に破壊されていたので、目印となるものが消えてしまい、彼らは道がわからなかった。彼らは遠くの街の眺めに気づいた。前日は見えなかったであろう遠くの建物に。

当局は死者の数を数え、収容し、処分する、ぞっとする仕事に取りかかった。遺体は薪の束のように積み重ねられた。まるで木炭製のマネキンのようで、四分の三の大きさに縮まり、顔の特徴は見分けがつかないほど焼けていた。男女の見分けはつかなかった。もっと小さな姿の子供たちは親のかたわらで死んでいた。遺体はその場で焼かれるか、トラックに積みこまれ、集団墓地に埋葬されるか、あるいは市郊外で荼毘に付された。惨状のなかを歩いて家に向かっていた篠田智子は、地面に黒い軍手がいくつか落ちているのを目にした。かがんでよく見てみると、それは人間の手だった。彼女は、かつては赤かったがいまは黒く焼けただれた一台の消防車に出くわした。消防士たちは車のなかで焼け死んでいた。隅田公園は、「土まんじゅうが並び墓場となっています。大きな穴を掘り石油をかけて遺体を焼く人」と、小川すみは回想している[86]。浅草に住んでいる二十一歳の女性、清岡美知子はまだくすぶっている死体の山で暖を取った。「腕が見えました」と彼女はいった。「鼻の穴が見えました。でも、そのころにはわたしはなにも感じなくなっていました。あの『匂い』は一生忘れられません[87]」

当局は、避難所となっていた学校などのさまざまな建物のドアをこじ開け、何百人という死者を発見した。雙葉高等女学校近くの水泳プールでは、人々が水に飛びこんで、熱さと炎から逃れようとしていた。「見るも無惨だった」と、ある目撃者は回想した。「見たところ千人以上がプールにぎゅう詰めになっていた。最初、われわれが来たとき、プールは縁のところまで水があった。いまや水は一滴もなく、死んだ大人と子供の遺体があるばかりだった[88]」

東京警視庁によれば、空襲で八万八千人が命を落とし、四万一千人がけがをして、百万人近くが家を失った。約二十六万七千戸が全焼した。東京の十六平方マイルが灰燼（かいじん）に帰した[89]。日本政府はのちに訂正した推定で、死者の数を十万人とした。べつの推定では、死者は十二万五千人におよぶとされている。実際の数はわかっていない。その理由の一部は、破壊された地域の公式登録記録のほとんどを火災が焼きつくしたせいと、一部は、警察と軍当局者が正確な死者の数を数えるのをあきらめたせいである。ある東京の役人は戦後、アメリカ戦略爆撃調査団の調査員にこう語った。「状況は言葉にならないほどひどいものでした。空襲後、わたしは調査をすることになっていましたが、痛ましい光景を目にしたくなかったので行きませんでした[90]」三月九～十日の東京の焼夷弾爆撃は、すくなくとも当初は、広島あるいは長崎の原子爆弾投下より多くの人間を殺したというのはありえそうに思える。もしいちばん多い死亡者数の推定が正しければ、東京空襲は、広島と長崎を合わせたより多くの人々を（当初は）殺していたかもしれない。これはヨーロッパにおいても太平洋においても、戦争でもっとも破壊的な空襲だった。歴史上のどんな単一の軍事行動よりも多くの死者を残した。

日本の報道機関はこの大惨事の規模をじっさいより軽く報じた。報道は皇居が攻撃を受けず、天皇は無事だったという事実を力説した。見出しは、アメリカ軍を「盲爆」と「殺戮爆撃」で非難した。社説は敵の非道な行ないによって日本国民の魂は新たなる高みに引き上げられたと自信たっぷりに表明した。《朝日新聞》は読者にこう請け合った。「わが本土決戦への戦力の蓄積はかゝる敵の空襲によって阻止せられるものではなく、かへつて敵のこの暴挙に対し滅敵の戦意はいよ〳〵激しく爆煙のうちから盛り上るであろう[91]」

名古屋、大阪、神戸を焼きつくす

グアムの作戦管制棟で、ルメイは床を行ったり来たりしながら、任務の知らせを待っていた。幕僚のほとんどは眠りについていたが、ルメイは起きていて、葉巻をふかし、〈コカ・コーラ〉を飲んでいた。彼はマケルウェイ少佐に眠れないのだといった。「たくさんのことがうまくいかない可能性がある[92]」

最初の爆弾投下の無線通信文は、午前二時少し前に入電した。ニュースは心強いものだった。機体の損失は予想より少なそうだ。その七時間後、帰投した最初のB‐29が着陸すると、搭乗員は評決をいい渡した。「東京は松林のように火が点きました[93]」任務指揮官のパワーズ将軍は、進行中の火災の写真を持って帰投した。本州南方のアメリカ軍潜水艦は、海岸からゆうに百五十海里沖で海面の濃い煙を報告した。三機のB－29写真偵察機が三月十日の白昼に東京上空を飛行し、晴天のなかで何千枚という写真を撮影した。その夜、攻撃後の写真がグアムの作戦管制棟にとどけられると、彼らはそれを電灯の光の下でテーブルに広げた。写真には、隅田川両岸にそって約十六平方マイルをおおう醜い灰白色の傷が写っていた。ルメイは葉巻を歯でくわえ、顔は「無表情で」、テーブルの上にかがみこみ、手を写真のその部分に置いた。「これは全部、おしまいだ」と彼はいった。それから灰白色の帯に手を走らせた。「これもおしまい――これも――これも――これも」(94)

離陸した三百三十四機のスーパーフォートレスのうち、帰投しなかったのは十四機だけだった。損耗率は四・二パーセントで、これは過去の作戦の累積平均より低かった。ルメイと彼の搭乗員たちがずっと大きな損害を恐れていたことを思えば、三百二十機の無事帰投はうれしい驚きで、日本軍は不意を打たれるだろうというルメイの見解が正しかったことを実証した(戦後、アメリカ軍は、日本軍の戦闘機が火災の作りだす激しい熱上昇気流で操縦不能におちいったことを知った。彼らは攻撃することはおろか、B－29に近づくことさえできなかった)。パイロットと搭乗員の士気は、とくに敵の首都の五分の一が灰燼に帰したところを捉えた写真を見たあとでは、急激に高まった。写真は大きなサイズに引き伸ばされ、矢印と説明がつけくわえられて、サイパンとグアムとテニアンの管理室や受令棟のコルクボードに掲示された。

ルメイは日本軍が対応策を取る前に大空襲をただちにつづけたがった。爆撃隊をその日のうちに折り返し発進させて、三月十日の夜に名古屋を爆撃することを望んでいたが、これは実現不可能だった。第一波は三月十一日の午後、最後のB－29が東京の任務から帰投してわずか三十時間後に離陸した。名古屋空襲はまたしても「最大限の努力」の任務で、三百十三機が発進し、二百八十六機が目標に到達した。戦術は二晩前の東京空襲とほとんど同じだった。攻撃隊は、東京に投下されたものより少し多い千七百九十トンの焼夷弾を投下した。いくつかの理由から――風がそれほど強くなかったこと、建物の密集度がより低かったこと、消火活動がもっとうまくいったこと――名古屋は、東京がこうむった大惨事をまぬがれた。無数の火災は合流して大火にはならず、市の〝わずか〟二平方マイルを焼きつくしたにとどまった。しかし、東京の大災害をのぞくどんな基準でも、名古屋の火災は壊滅的だった。市のもっとも重要な産業目標のいくつかが、被害を受けるか壊滅した。

四十八時間以内に十五時間の任務で二度飛行したチャールズ・フィリップスは、飛ぶことをおぼえて以来、どんなときにも劣らず疲れていた。「われわれは二晩前、とてつもない火災を見ていたので、名古屋のような大都市が激しく燃える光景は実際には目新しいものではなかった」と彼は手紙で故郷に書き送った。「それでも前回とまったく同じぐらいすさまじかった。今回も、見おろすと、われわれが火を点けた都市の区画そのものを数えることができた。街は火炎地獄になっていた。煙がじつにすさまじく立ちのぼり、今回も名古屋が燃える臭いを機内で嗅ぐことができた[95]」

日本第二の都市、大阪は三月十三日の目標だった。二百四機のスーパーフォートレスが同市に飛来し、低空から二千二百四十トン分の焼夷弾を投下した。煙が市をおおい隠したが、過去の任務よりも「いっそう激しく一様の散布界」で、レーダー爆撃の正確さが証明された[96]。大阪の九平方マイルが焼け落ちた。破壊された重要な目標のひとつが、日本陸軍の砲弾の約五分の一を供給していた大阪造兵廠だった。市上空の熱上昇気流は四夜前の東京上空のものよりさらに激しかった。あるパイロットは「湧き上がる油煙の巨大なきのこ雲で、われわれは数秒で五千フィートも宙に放り上げられた」と描写した。いみじくも〈上を下への大騒ぎ（トップシー＝ターヴィー）〉号と名づけられた第三一三航空団のB－29は、上下逆にひっくり返されて、搭乗員は肩のシートベルトで逆さまにぶら下がった[97]。機体は真っ逆さまに一万フィート降下して――ほとんど地上まで――から、パイロットがやっと操縦を取り戻して、帰路につくことができた。〈上を下への大騒ぎ〉号は無事基地にたどりついた。驚くべきことに、この任務では二機のB－29しか失われず、十三機が損傷した。

三月十六日の夜、三百七機のB－29の大編隊が、日本第六の都市で、主要な海港と産業の中心地である神戸を襲った。二千三百トン分の焼夷弾は、市の三平方マイルを焼失させた。日本軍戦闘機の反撃は過去の空襲より激しかったが、迎撃機は有効な攻撃を行なえず、任務に参加したB－29のうち三機だけが帰還できなかった。

大空襲の五番目で最後の任務は、十九日夜の名古屋再爆撃だった。二百九十機のスーパーフォートレスは、同市に二千トンの爆弾を投下した。空襲は焼夷弾と高性能爆弾の緊密な散布界によって、より狭い地区を目標にした。マリアナ諸島の爆弾集積所に残っていた焼夷弾は実質上すべて爆撃機に搭載された。空襲は名古屋のさらに三平方マイルを破壊し、名古屋造兵廠や貨物置き場、〈愛知〉の航空機エンジン工場といった最優先目標に損害をあたえるかこれを破壊した。

これで一九四五年三月の焼夷弾大空襲は、すくなくとも当面は終わった。関係者は全員――パイロットや搭乗員、管理要員、地上支援員をふくめ――完全に消耗した。ひと休みが必要だった。さもなければ、作戦中の事故は危機的状況になるだろう。さらに、マリアナ諸島の焼夷弾の備蓄は五回の任務ですべて使いつくされ、消耗分は海路で補充しなければならないだろう。そのあいだ、B－29は汎用の〝通常爆弾〟を使った通常の爆撃に戻らねばならない。四月中旬まで日本の都市への焼夷弾空襲を再開するのは不可能だろう。しばらくのあいだ、B－29は沖縄侵攻の〈アイスバーグ〉作戦を支援する任務に狩りだされることになる。

十日間で五度の〈最大限の努力〉の焼夷弾作戦で、B－29は千五百九十五回の出撃飛行を完了し、一万トン近い爆弾を日本に投下した。空襲は日本の四つの大都市を三十二平方マイル焼きつくした。

東京にたいする最初の夜間焼夷弾任務に出撃した三百三十四機は、それ以前の各任務で出撃した機数のほぼ倍だった。第二十航空軍はほとんど一夜にして、五十機空襲から三百機空襲へと進歩した。三千マイルの往復距離を飛行した彼らは、日本有数の厳重に防衛された空域のわずか一マイル上空を飛び、アメリカ軍機の損失はわずか一・三パーセントで、搭乗員の損失は〇・九パーセントにすぎなかった。五月と六月には、新たな焼夷弾空襲がさらに大規模に開始され、損耗率はしだいに減少していくことになる。

焼夷弾空襲の成功は、統合参謀本部直轄の第二十航空軍の独立性を守り、強化した。B－29は、将来の戦術的任務に動員されることになる――なかでも重要なのは、目前に迫った沖縄作戦を支援するための九州の飛行場爆撃だった――が、ルメイはいまやより大きな自信をもって、自分は日本の都市を壊滅させる仕事を推し進めることを許されるべきだと主張した。彼は部下の搭乗員と爆撃機を持久力の限界まで追いこむことを計画して、ワシントンの上司たちに、自分の部隊は一九四五年八月までに月あたり六千回以上の出撃飛行率を超えられると語っていた。後年、彼は、もし自分のB－29隊が、日本にたいする「最大限の努力」の任務を中断なしにつづけられるだけの兵站支援を海軍から提供されていたら、日本は一九四五年八月より早く降伏していたかもしれないと推測した。「それは可能だったかもしれないと思う(98)」

日本政府は十八カ月間、東京などの都市からの疎開を奨励していた。いまや小川は奔流となった。何十万という人々が家を失い、退去するしかなかった。ほかの多くの人間も、将来のそうした大惨事への恐怖から大脱出にくわわった。東京の人口は一九四五年一月から八月のあいだに半分以上減少した。全国的には、都市（と都市の残骸）を離れた都市部難民の合計数は、終戦時にはおそらく一千万人を超えていた。都市部の工場では労働者の常習的欠勤が急増した。東京の消防本部長はこうした空襲から首都を守ることは不可能だと内密に意見を述べた。留まって消火につとめるべしという原則は、市民と当局の両方から放棄された。いまや最良の生き残りの策は、空襲警報のサイレンが鳴りだしたらすぐに逃げることだった。

三月後半のある午後、武装した車列が天皇裕仁を皇居の堀の外へと運び、天皇は破壊された下町の焦土と化した廃墟を視察した。マスコミ報道は、勇気ある控えめな表現で、損害が「小さくはなかった」とか「かなりの」と認めた(99)。しかし、政権にはそこらじゅうに情報提供者がいて、日本のほとんどの庶民は口をつつしむことを心得ていた。ご近所さんや知らない人が聞こえるところでは、「大したことないや」といっておくのが、いちばん無難だと考えられていた(100)。

第十三章 大和の撃沈、FDRの死

いよいよ沖縄への上陸作戦がはじまった。
日本海軍は最後の残存艦隊を名誉のためだけに
出撃させる。なすすべなく轟沈する巨艦大和。
一方米国ではローズヴェルトが急逝する。

1945年4月前半の沖縄海岸の上陸拠点。水陸両用の戦車揚陸艦と中型揚陸艦が物資と車輌を陸揚げし、LVTと戦車がキルトのような風景のなかを内陸に進んでいく。第一波に立ち向かう日本軍はいなかった。National Archives

温存されていた精鋭の反撃

第五十八機動部隊は、硫黄島の任務が完了すると、休養と修理、補給の短い幕間（まくあい）のためにウルシーへ帰投した。大艦隊は北部の泊地をほとんど限界まで埋めつくした。夜間には、戦時下の灯火管制が敷かれているにもかかわらず、投錨する艦艇に多くの明かりを見ることができた。広大な礁湖の周辺に点在する島々では、毎晩、野外劇場で映画が上映された。戦争は北へ移っていき、みんな、灯火管制の制限事項に心からうんざりしていて、しだいに規則をなおざりにする傾向があった。

三月十一日の日没から一時間ほどたったころ、ジョッコ・クラーク提督が旗艦の空母ホーネットの飛行甲板に立っていたとき、頭上で航空機エンジンの音がした。見上げると、主翼下面に赤い丸をつけた緑の双発爆撃機が一機、目に入った。爆撃機は四分の一マイル離れたところに投錨するもう一隻のエセックス級空母ランドルフに向かって急速に降下した。特攻機はランドルフの右舷後部の飛行甲板すぐ下に激突し、甲板に四十フィートの穴を開け、工作室と格納庫後方スペースで火災を発生させた。乗組員のうち二十七名が戦死し、飛行機十四機が破壊された。三十分後、もう一機の日本軍機が近くのソルレン島に激突して爆発し、十四名を負傷させ、地上施設に損害をあたえた。パイロットは明るく照らされた島を停泊中の船とまちがえたのかもしれなかった。(1)

この攻撃機は、〈丹〉作戦と命名された第五航空艦隊の特攻作戦で、千六百海里以上離れた九州からはるばる飛んできたのだった。二十四機の横須賀空技廠「銀河」Ｐ１Ｙ陸上攻撃機（連合軍コード名「フランシス」）は、その日の朝、鹿屋航空基地の主滑走路から離陸した。十機はエンジン故障で引き返すか、ほかの島に不時着を余儀なくされた。ほか数機は途中で行方不明になった。午後六時五十二分、九時間の飛行のすえ、先導機のパイロットは、残った機がウルシー上空で完全な奇襲を成功させたと鹿屋に打電した。その報告の楽観的すぎる推定をもとに、第五航空艦隊の幕僚は、同隊がアメリカ軍空母十一隻に命中させたにちがいないと結論づけた。(2)実際には、ランドルフが唯一の犠牲だった。

この超長距離攻撃は、特攻隊の戦術的な利点を浮き彫りにした。帰路の燃料を取っておく必要がないため、その飛行半径は実質上、倍になるのだ。クラーク提督はこれを、「じつに大胆不敵な行動で、われわれの敵である日本軍の特徴をよく表わしている」と評した。(3)

その三日後、第五十八機動部隊は海上に戻った。大規模な出撃は一日の半分以上を要し、半自立した空母機動群五個が一度に一個ずつ、ムガイ水道を抜けてつぎつぎに出ていった。機動部隊は熱帯前線を抜けて北上し、上空をおおう濃い雲の下、荒海を乗り越えていった。機動群はジョッコ・クラーク、ラルフ・デイヴィスン、テッド・シャーマン、そしてアーサー・ラドフォードの各ブラウンシュローズ（飛行機屋）提督にひきいられていた。夜間作戦を専門とするもっと小規模の五番目の機動群（第五十八・五）は、マット・ガードナー少将が指揮していた。第五十八機動部隊のマーク・ミッチャー司令官はシャーマン提督の第五十八・三機動群にくわわる空母バンカー・ヒルに座乗していた。

彼らの任務は、二週間後にはじまる沖縄侵攻の〈アイスバーグ〉作戦にたいする日本軍の航空反撃を弱めることを願って、九州、四国、本州南部の航空基地を叩くことだった。

三月十七～十八日の夜、機動部隊が九州南岸に近づくと、日本軍の偵察機が機動部隊の周辺に空中照明弾を投下した。エンタープライズの夜間戦闘機が二機の偵察機を撃墜したが、レーダー・スコープはさらに多くがアメリカ艦隊の端を動きまわっていることをしめした。今回、戦術的奇襲の見こみはなかった。(4)

第五航空艦隊司令長官の宇垣纏提督は、鹿屋基地の司令部でさまざまな視認報告やレーダー触接報告を注視していた。長距離偵察機はアメリカ艦隊の大部分が三月十五日にウルシーを出たことを確認していた。三月十七日の日没後、夜間哨戒機がアメリカ艦隊の前方部隊と触接した。宇垣は疑わなかった。彼は三月十八日の朝、激しい空襲が隷下の飛行場を見舞うことを予期した。

その二週間前、東京の大本営の陸海軍部は、本土における航空戦力の展開について慎重な政策を決定していた。もっとも優秀で経験豊富な飛行隊は、敵侵攻部隊が日本沿岸に近づくまで取っておかれることになった。たんなる〝空母空襲〟を撃退するために投入されることはない。たとえアメリカの空母艦載機が本土上空に現われても、日本軍のパイロットと飛行機は、可能なかぎり触接を避け、「積極作戦を避け沈着温存に努む」(5)。いいかえれば日本軍の搭乗員は、たとえ飛行場に無抵抗の空襲を許すという代償をはらっても、後日戦うために生きのびることになった。「要地防空ノ為戦闘兵力ヲ以テスル対戦闘機戦闘ハ状況特ニ有利ナルカ又ハ特ニ之ヲ必要トスル場合等ノ外之ヲ実施セシメザルヲ本則トス」(6)

しかし、宇垣はこの不甲斐ない自衛的な戦略の論理をけっして受け入れなかった。彼はアメリカ軍戦闘機による撃滅作戦が日本南部の航空基地に激しく襲いかかり、侵攻がやって来ているのかどうかを判断するための沖合の索敵あるいは偵察を不可能にすると予想した。第五十八機動部隊が九州東方の発進位置に移動すると、宇垣はアメリカの空母攻撃で「兵力を温存せんとして兵力を温存し得るの状況に非ず。地上に於て喰はれるに忍びず」と憂慮した。そこで、宇垣は自分の権限で第五航空艦隊の「全力」での反撃を決意した。[7]

三月十八日の夜明け前、九州南端の約九十海里沖の地点から、米空母は百三十機のヘルキャットとコルセアを発進させた。最初の戦闘機による撃滅作戦は空中でほとんど抵抗に遭わず、パイロットたちは地上でほとんど飛行機を発見しなかったので、地上施設を掃射することでがまんした。約四十分後、四十機の戦闘機に掩護された六十機の急降下爆撃機と雷撃機からなる爆撃隊がつづいた。その日の午後、第二陣の攻撃隊がさらに内陸部の九州北部の飛行場に送られた。飛行士たちは帰投して、敵機百二機を撃墜し、地上で二百七十五機を撃破あるいは損傷させたと主張した。[8]

沖合の機動部隊は低く厚い雲底の下にあって、上空をおおう雲は飛行甲板のわずか五百フィート上空にかかっていた。これは戦術的には危険な状況だった。おかげで日本軍機は、直衛戦闘機をかわして、対空砲火が反撃する前に突然、雲を抜けて降下できたからである。エンタープライズは前部エレベーターに大型爆弾を食らい、イントレピッドは一式陸攻が至近距離で海につっこんだとき軽く損傷した。三時数分すぎ、空母ヨークタウン（ラドフォード提督の第五十八・四機動群の旗艦）が信号艦橋の右舷側に被弾した。空母は三隻ともなんとか損害を食い止めることができたが、乗組員はこの断固として驚くほど巧みな（特攻ではない）通常爆撃に肝を冷やした。これは日本軍が戦争の最終段階にそなえて、もっとも優秀で熟練した飛行士の一部を温存していることを証明したように思えた。

この印象は翌朝、瀬戸内海の呉港と広島港に停泊中の日本軍艦艇にたいして大規模な航空攻撃が仕掛けられたときに裏づけられた。攻撃隊はさんざんな目に遭った。四国北岸の松山航空基地上空では、ヘルキャットの二個飛行隊が、高速で強力な川西紫電改N1K2－Jを飛ばす精鋭第三四三航空隊の戦闘機に後上方から待ち伏せされた。一九四五年三月十九日の松山上空の空中戦で撃墜されたアメリカ軍機の数はわかっていないが、日本側は十数機の撃墜を主張した。生き残ったアメリカ軍機は対空砲火が激しい呉上空に進んで、さらに大きな損害をこうむった。SB2CとF6Fのパイロットは七隻の日本軍艦艇に爆弾を命中させたが、一隻も沈めなかった。アメリカ軍は一日で六十機を失った。

そのいっぽうで、日本軍の航空攻撃隊は逆方向に機動部隊へと向かい、四国南岸沖わずか数海里でこれを発見した。ふたたび高度二千フィートで空を部分的におおう雲のおかげで、攻撃隊は直衛戦闘機をかわすことができた。ミッチャーは状況が「敵にとって完璧だった。……レーダーはまたしても立ち向かえなかった」と説明した[9]。たくみにあやつられた爆撃機の一群がデイヴィスン提督の第五十八・二機動群の中心にいる大型空母に襲いかかった。ワスプは午前七時十分に手痛い直撃弾を受けた。爆弾は甲板を三層貫通して爆発し、約百名の乗組員が戦死した。その数分後、横須賀空技廠「彗星」D4Y急降下爆撃機がフランクリンの真艦首約千ヤードの雲の底を突き抜けて降下し、砲員が反応する前に二百五十キロ爆弾二発を投下した。致命的な飛翔体はフランクリンの飛行甲板をぶち抜いて、艦の中心部につっこんだ。その結果は破滅的だった。〝ビッグ・ベン〟という愛称で呼ばれる空母艦内の火災と爆発は、太平洋戦争を生きのびたどんな空母がこうむったものよりひどかった。数百名が、おそらく艦が被弾したことに気づきもしないうちに、即死した。

攻撃はあまりにも突然だったので、艦橋にいたレスリー・ゲレス艦長は、爆撃機も、それが投下した爆弾もまったく見ていなかった。フランクリンは艦載機の発艦作業中だった。搭載兵器と対空火器の銃側弾薬が爆発で誘爆し、それがさらに多くの爆発を引き起こした。F6Fヘルキャットの何機かは〈タイニー・ティム〉ロケット弾で武装していて、それが引火し、破壊された飛行機から発射されはじめた。副長のジョー・テイラー中佐によれば、「ロケット弾の何発かは金切り声を上げながら右舷に飛び去り、何発かは左舷に、何発かは飛行甲板をまっすぐに飛んでいった。これほど間近をシュッと飛んでいくこの兵器のこの世のものとも思われない光景は、人類がかつて目にする光栄に浴したなかでも屈指のすさまじい見世物だった。何発かは直進し、何発かはつんのめって縦にぐるぐると回転した。一発が爆発するたびに、前部の消火隊員たちは本能的に甲板に腹ばいになった[10]」。

機動部隊のほかの艦では、目撃者たちが爆発する空母に双眼鏡を向けた。乗艦がすくなくとも十五海里は離れていたラドフォード提督は、一連のきのこ雲と、彼が一隻の船から上がるのを見たなかでもっとも巨大な煙の帳を認めた。「あんな苦難をこうむっている艦内で誰かが生き残っているとは信じられなかった」と彼は語った。「わたしは同期生のデイヴィスン提督と、フランクリンの艦長で友人のレスリー・ゲレス大佐に心のなかで別れを告げた[11]」十二海里離れたヨークタウンでは、当直将校が九回の巨大な爆発を数えた。仲間の乗組員が感想を漏らした。「これでおしまいだよ！　〝ビッグ・ベン〟にお別れをいおうじゃないか[12]」

しかし、ゲレスは艦を救うために奮闘することを選んだ。巡洋艦サンタフェが寄ってきて、デイヴィスン提督と幕僚をふくむ生き残りの乗組員の多くを受け入れた（提督は長旗をハンコックに移した）。消火班は四時間根気よくがんばり、午前十一時には火災は巡洋艦ピッツバーグがなんとかフランクリンを曳航できる程度まで弱まった。じきに重傷の空母は南向きの針路を三ノットで進んでいた[13]。翌日の午前三時、二十時間の命がけの奮闘のあと、〝ビッグ・ベン〟は機関出力を回復し、自力で二十ノット出せるようになった。スプルーアンスは彼女をウルシーに、ついで真珠湾に送り返した。そこから彼女はやはり自力でアメリカ東海岸のニューヨークまでの一万二千海里の航海を成し遂げた。

航海中、どの寄港地でも目撃者は息を呑んだ。フランクリンは黒焦げで内部が破壊された痛ましい損傷艦だった。飛行甲板上の焦げて変形した鉄の塊が、艦載機の唯一残った痕跡だった（火災があまりにも高温だったので、残骸が溶けて甲板と一体となり、海上投棄できなかったのである）。フランクリンの死傷者リストには、八百七名の戦死者と、四百八十七名以上の負傷者がふくまれた。これは艦の乗組員定数の半分近くにあたる。チェスター・ニミッツがのちにこう結んだように、「第二次世界大戦で、そしておそらく歴史のなかで、これほど徹底的な損害をこうむりながら、なおも浮かびつづけた船はほかになかった[14]」。

日本南部沖の二日間の攻撃で、第五十八機動部隊は日本の飛行場と港湾、艦艇を攻撃し、空中あるいは地上で約四百機を撃破した。しかし、そのお返しに、容赦ない打擲（ちょうちゃく）を受けた。六隻の空母が被弾して損傷し、うち三隻（エンタープライズ、ワスプ、そしてフランクリン）は後方基地での大修理が必要だった。三月二十日、ミッチャーは攻撃の第三日目を実施せずに引き揚げることを決定した。傷ついた艦は強力な護衛の艦をつけてウルシーに送り返され、残りは燃料と弾薬の補給のために、沖縄の南東百五十海里で支援艦隊と会合した。第五十八機動部隊に休息はなかった。空母航空群は四月一日に開始される沖縄侵攻の〈アイスバーグ〉作戦を支援するために必要とされていた[15]。

沖縄侵攻作戦開始

概して、太平洋の一連の水陸両用上陸作戦は、回を重ねるたびに、その前の上陸作戦より大きくなった。沖縄は戦争最後の水陸両用上陸作戦だった。したがって、それ以前のあらゆる上陸作戦をちっぽけに見せた。地上部隊には陸軍と海兵隊から集められた十八万三千名の戦闘部隊と、さらに十二万名の支援部隊と工兵隊がふくまれた。輸送および兵站艦隊は、千二百隻以上の艦艇で構成された。この隻数には、第五十八機動部隊と、空中掩護にあたるイギリス太平洋艦隊のざっと二百隻の艦艇はふくまれていない。沖縄はサンフランシスコから六千百海里、硫黄島からは八百五十海里、マニラからは九百二十海里、グアムからは千四百海里、ウルシーからはほぼ千四百海里の距離にある――しかし、日本の本土からはわずか三百三十海里の距離である。連合軍部隊は、この前例のない長さの補給線の末端にある、たえず敵の航空攻撃にさらされる海域で、ほぼ三カ月間、活動することになる。水兵たちがいう「根を下ろす艦隊」は、毎月六百万バーレルの燃料油を消費することになる。そのすべては、民間の油槽船と艦隊給油艦で戦闘地域に輸送しなければならなかった。

作戦に参加する艦艇の数は、秘密保持のために、上級指揮官とその幕僚しか実際には知らなかった。下っぱの兵士たちは推測することしかできなかったし、水平線に広がる艦艇の数を数えようとするのは、晴れた夜に星の数を数えようとするようなものだった。

侵攻一週間前の一九四五年三月二十三日から、第五十八機動部隊の艦載機はたえず沖縄上空にいた。艦載機は、爆撃および機銃掃射任務、写真偵察任務、戦闘空中哨戒で飛行した。空母ヨークタウン所属のあるＴＢＭアヴェンジャー機搭乗員は、沖縄上空をおおう切れ切れの雲間から見おろして、「木の生い茂る皺くちゃの丘が、整然とした黄褐色と緑色の農地のパッチワークに向かって下っていく優美な島」を目にした(16)。島の経済は主として漁業と農業にかぎられていた。重要な作物は砂糖黍と米、薩摩芋、ビーツ、大麦、そしてキャベツだった。砂糖黍畑と段丘、水田が、島中心部の平原のほぼすべてと、高地のかなりの部分を占めていた。高地の頂だけは依然として、ブナと常緑樹の松が鬱蒼と生い茂っていた。道路は土の小道とほとんど変わらず、荷馬車が通れる程度の幅しかなかった。あちこちに質素な小集落があり、屋根を藁で葺いた石造りの家が密集して建っていた。西向きの斜面には、竪琴あるいは鍵穴の形をした石造りの墓地が点在し、その多くはあきらかに日本軍の防御陣地構築物に組みこまれていた。

沖縄本島は長さ約六十マイルで、幅は約十五マイルから三マイルまで変化し、面積は約四百八十平方マイルだった。島の北部はごつごつとして、木が鬱蒼と生い茂り、人口は少なかった。戦前の人口の約八〇パーセントは、那覇市と首里市をふくむ島南部の三分の一に住んでいた。第五十八機動部隊の艦載機は、読谷（よみたん）、嘉手納、牧港（まちなと）（訳註：陸軍沖縄南飛行場）、那覇にある島の主要な飛行場を攻撃した。滑走路はいずれも穴だらけになり、日本軍は防御したり修理したりするのをやめてしまったようだった。日本軍の飛行機は残骸以外ほとんど見あたらなかった。那覇は一九四四年十月の第三艦隊の空母空襲で破壊され、大部分が焼け落ちて、人口が減少していた。島の南端は起伏が激しく、でこぼこの地形と、そびえ立つ尾根、深い峡谷、岩の断崖、天然の洞窟の地帯だった。切り立った崖が南岸にそって、岩だらけの海岸と境を接していた。島内唯一の舗装道路は、那覇と首里とを結ぶ二車線の幹線道路だった。

アメリカ軍の母艦搭乗員は何千枚もの写真を撮影した。沖縄は人口の多い島で、一九四〇年の人口は八十万人であることを、彼らは知っていた――しかし、いま見おろすと、人の姿はほとんど見えなかった。ニミッツの情報分析員たちは島内の日本軍の兵力を六万五千名と推定していた。実際の数は十万名に近かった――しかし、上空からトーチカや砲掩体の位置を特定するのは困難だった[17]。首里に近い南部の高地上空を旋回した目のするどいパイロットたちはじょじょに、島の東岸から西岸へと走る、よく擬装された陣地構築物の連続する線を見つけた。ミッチャーは三月二十五日、リッチモンド・ケリー・ターナー中将に打電した。「写真からは、沖縄全島は、とくに道路にそって、洞窟やトンネル、砲兵陣地で蜂の巣状態と思われる。戦車と装甲車が洞窟に入るところを視認。おそらく困難な戦いになるだろう[18]」

沖縄は日本に完全に組みこまれた県だったが、島の人々は文化的、民族的、言語的に、日本本土の人間とはことなる独自の特徴があった。概して、彼らは北方の同胞より背が低く、もっと丸顔だった。何世紀にもわたって、島は琉球諸島に広がる〈大琉球(グレート・ルーチユー)〉王国の君主の御座(おわ)す場所だった。より若い沖縄人は学校で標準日本語を学んでいて、流暢に話せたが、もっと年配で、学校教育をあまり受けていない住民は、琉球方言しか話せなかった。日本軍の兵士は、地元の人々を、より低い社会階層の人間としてあつかう傾向があった。太平洋戦争がはじまって以降、日本政府は何十万人もの島民に台湾と日本本土に疎開するようもとめていたが、同時期に何万人もの日本軍部隊がやって来ていたので、一九四五年時点の純人口は、四十五万人から五十万人で、そのうち十万人が日本の軍関係者か、日本軍の指揮下にある現地民兵だった。

九州から台湾までほぼ八百マイルの長さで広がる南西諸島と呼ばれる島々のなかで、沖縄本島はいちばん大きくていちばん重要な島で、戦略的な交差点に位置していた。台湾と中国沿岸と九州からは、ほぼ等距離に位置し、そのすべてからすぐに飛来できる飛行半径内にあった。沖縄は、連合軍の手中に落ちれば、日本本土侵攻時に兵站上のバックネットになるだけでなく、大きな飛行場や港湾に適した豊富な土地を提供することになる。その飛行場があれば、連合軍の航空部隊は東シナ海上空を支配できる。島は九州侵攻の第一の作戦基地となり、跳躍板となる。

アメリカ軍は第五艦隊司令長官スプルーアンス提督の総指揮のもとで編成された。沖縄侵攻を支持する彼の意見が、ニミッツとキングを説得し、作戦の支持にまわらせていた。ターナー提督は輸送艦隊と統合遠征部隊を指揮した。全体で第五十一機動部隊と命名された同部隊には、旧式戦艦や護衛空母、護衛の巡洋艦と駆逐艦、数百隻の攻撃輸送艦、数千隻の揚陸艦艇、掃海艦、病院艦、そのほか無数の補助艦艇がふくまれていた。一九四二年のガダルカナル以来、つぎつぎと上陸作戦を指揮してきた海軍のかけがえのない水陸両用戦専門家として、〝テリブル・ターナー〟は欠かせない存在だった。

しかし、提督は肉体的にも精神的にも疲れ切っていて、彼の気性は以前にも増してかっとなりやすかった。ターナーが現行規定に違反して、毎晩、深酒をしていることは公然の秘密だった。スプルーアンスもニミッツもキングも飲酒のことは知っていたが、ターナーは、素面であろうとなかろうと、ほかの誰よりもよい仕事をするだろうと判断した。

侵攻部隊は第十軍として編成され、アメリカ陸軍のサイモン・B・バックナー・ジュニア中将の総指揮下に置かれた。この部隊の主力は、三個歩兵師団（第七、第七十七、および第九十六）をふくむジョン・R・ホッジ少将指揮下の陸軍第二十四軍団と、第一および第六海兵師団からなるロイ・S・ガイガー少将指揮下の第三水陸両用軍団だった。さらに、陸軍一個、海兵隊一個の二個師団が洋上予備として取っておかれた。第五十七機動部隊と命名されたイギリス太平洋艦隊は、南方の沖縄と台湾にはさまれた地域の担当を割り当てられた。同部隊には空母四隻と、戦艦二隻、十五隻の護衛艦がふくまれ、アメリカの一個空母機動群とほぼ同じ規模と戦力だった。その指揮官のブルース・フレイザー提督は、スプルーアンス提督の直轄下に置かれた。イギリス艦隊はまだ航行中の燃料と弾薬の補給能力を磨いていなかったので、アメリカ軍に兵站支援を大幅にたよっていた。

沖縄周辺の海は概して深さが百尋以下で、したがって機雷を簡単に敷設できた。千発以上の係維機雷と浮遊機雷が島の近接路を守っていた。その脅威は、一九四五年三月二十六日、那覇の西方で駆逐艦ハリガンが突然撃沈されたことで劇的にしめされた。〝Lデイ〟（〝ラヴ・デイ〟、予定された四月一日の上陸日）前に、掃海艦隊は沖縄周辺で、島沖合の浅瀬の大機雷原六カ所をふくむ二十五万平方マイルの海域を掃海した。掃海艦は海岸近くで作業をするので、海岸砲台にやられやすかった――しかし、日本軍は、おそらく海岸砲の位置をあかすのを避けるために、射撃をひかえていた。掃海艦隊は、作業を終えると、レーダー・ブイを設置して、安全な水路をしめした。

ラヴ・デイ五日前の三月二十六日、第七十七師団隷下の三個大隊が沖縄南部の十五海里西方にある慶良間列島に上陸した。五百名ほどの小さな日本軍の守備隊はたちまち圧倒された。この小さな列島の山がちな島々には、飛行場に適した地形はなかったが、半分閉ざされた内海水路が、最大の島（渡嘉敷島）と西の小さな島々のあいだを南北に走っていた。この〈慶良間停泊地〉は、深さが二十尋から三十尋で、約七十五隻の大型艦艇を収容できる広さがあり、前進艦隊泊地として役立つことになる。その狭い入り口は、敵潜水艦にたいして防御することができた。主停泊地の西は水上機基地になった。そこでは長い大洋の大波も、もっとも荒れた状況以外では、離水と着水をじゃましなかった。三月二十七日、数十隻の補助艦艇と工作艦が停泊地に錨を下ろしはじめた。浮かぶ兵站任務部隊は、この沖縄の上陸拠点からほんの数マイルの保護された水域から、長い戦いのあいだずっと燃料と弾薬の補給にあたることになる。救難および修理群は、沖縄まで船で一時間もかからないこの前進位置で、艦艇の応急修理にあたった。慶良間上陸の思いがけない配当は、アメリカ側が、三百五十隻の合板製の「震洋」特攻高速艇を、アメリカ艦隊に向かって発進する前に鹵獲したことだった。

三月三十一日、べつの部隊が慶伊瀬島の島々に上陸した。沖縄のわずか八マイル西方のこの島々を占領したことで、百五十五ミリ砲が砲口を向けて、沖縄の目標を砲撃できるようになった。

侵攻前のこの週をとおして、日本軍は九州南部と台湾の基地からアメリカ艦隊にたいして航空攻撃をたえまなく仕掛けつづけた。連合軍の情報および航空分析員は、日本が空からもたらす脅威の残された規模と回復力を理解しようとした。意見は分かれた。本土に残る日本軍機の推定機数は、少ないほうで約二千機から、最大約五千機まで、大きく食い違った。九州から沖縄までの片道飛行距離は、四百海里以下だった。連合軍側では誰ひとり、日本軍の有能なベテラン搭乗員がどれぐらい生き残ってまだ飛んでいるかを知っているふりさえする者はいなかったが、三月十八日と十九日の空の小競り合いは、すくなくとも少数は残っていることを証明していた。第五十八機動部隊がその戦闘から引き揚げているあいだに、宇垣の第五航空艦隊は、三月十九日、「桜花」と呼ばれる有人自爆ミサイルで敵を攻撃する最初の大がかりな作戦を開始した。十九機の一式陸攻G4Mが、それぞれ操縦席にパイロットが乗りこむロケット推進式の桜花一機を搭載して、鹿屋を飛び立った（訳註：桜花の搭乗員は発進直前に母機から操縦席に乗りこむようになっていた）。爆撃機はアメリカ艦隊の四十海里以内まで桜花を運ぶことになっていた。そこで桜花は胴体から投下され、アメリカ艦につっこむ。しかし、編隊はレーダーで追尾され、ヘルキャットが迎撃して、一式陸攻がまだ六十海里離れて、桜花を発進させられる前に、全機を撃墜した。桜花は二トン以上の重量があり、この重荷のせいで爆撃機は速度が出せず、動きがにぶくなり、そのため簡単に撃墜できた。この桜花の戦術的アキレス腱――搭載重量が大きすぎて動きがにぶい母機は、発進距離にたどりつく前に迎撃されて撃墜されかねない――を、日本軍が真剣に考慮したことはなかった。

三月二十六日の午前零時すこしすぎ、駆逐艦キンバリーが急降下する愛知九九式艦上爆撃機D3A二機の攻撃を受けた。対空火器が一機を撃墜したが、もう一機は後部砲塔に激突し、乗組員五十名以上を戦死または負傷させた。慶良間停泊地で応急修理を受けたあと、彼女は修理のためにカリフォルニアに送り返された。翌日は一日中たえまなく特攻機が来襲し、戦艦ネヴァダとテネシー、軽巡洋艦ビロクシー、そのほか数隻の駆逐艦、輸送艦、掃海艦、機雷敷設艦が被害を受けた。上陸前日の三月三十一日、スプルーアンス提督の長年の旗艦インディアナポリスが中島キ－43戦闘機「隼」（連合軍コード名「オスカー」）一機の攻撃を受けた。急降下する飛行機は爆弾を投下した直後、左舷側面後部に激突した。機体は復水器室と兵員食堂をつらぬいて、艦の燃料タンクのひとつのすぐそばで爆発した。艦は慶良間で応急修理をして、修理のために本国へ送られた。スプルーアンスは将旗を、特攻とは無縁でないべつの艦、戦艦ニューメキシコに移した。提督付き副官のチャールズ・バーバー大尉によれば、スプルーアンスはいかにも彼らしく平然としていた。「インディアナポリスが上陸前に爆撃で失われて、自分が作戦を観測できるような場所にいないことにがっかりしている以外には、なんの反応も目にしなかった」[19]

拍子抜けの上陸

ラヴ・デイの七十二時間前、艦砲射撃群は、沖縄本島西岸の渡具知湾ぞいに位置する上陸海岸に榴弾を雨あられと浴びせた。ここは那覇の十一マイル北方だった。以前の水陸両用上陸作戦と同様、この火力支援任務の主力は古い〝ＯＢＢ〟——旧式戦艦（オールド・バトルシップ）——で、うち数隻は真珠湾攻撃で行動不能におちいり、のちに引き揚げられて改修されていた。空母機動部隊と行動をともにするには低速すぎたが、依然としてすさまじいパンチ力がある戦艦隊は、モートン・Ｌ・デイヨ少将にひきいられた。その火力支援群には、九隻の巡洋艦と二十三隻の駆逐艦、ロケット弾と迫撃砲で武装した百十七隻のＬＣＩ砲艇がふくまれていた。

掃海艦が海岸近くの水域を掃海すると、小型の艦艇は海岸に接近した。上陸前の最後の二十四時間で、デイヨの艦艇は沖縄の目標に三千八百トン分の艦砲弾を発射した。各艦艇は昼も夜も、組織的に容赦なく射撃をつづけ、ときにはとくに目標に狙いをさだめずに、ただ無作為に選んだ地帯に向かって発射した。なぜこんな手あたりしだいの砲撃をひと晩中つづける必要があるのかと疑問に思ったある駆逐艦乗りは、「ジャップたちを眠らせないためだ」といわれた[20]。大量の弾幕射撃に苦しむ陸上の者たちは、これを「鉄の暴風」と呼んだ。

この努力のほとんどは、あとから思えば、むだだった。沖縄南部の村はほとんどが猛砲撃でぺしゃんこになり、上陸海岸の内陸部の飛行場は不毛の月面のような光景――古い砲弾穴の上に新しい砲弾穴が、そしてその上にさらに新しい砲弾穴が――に変わったが、これらは日本軍に放棄されて、もはやまったく使われていなかった。

攻撃部隊は上陸海岸で激しい出迎えを受けることを覚悟するようにいわれていた。第十軍の作戦計画によれば、日本軍は上陸地帯に一個連隊分の野戦陣地構築物を用意し、敵の増援部隊は即座に地域に駆けつけることができた。アメリカ軍の上陸用舟艇の第一波は、激しい火砲と機関銃、迫撃砲の射撃にさらされた。海岸では満潮点のすぐ上に、高さ六フィートの防壁があった。攻撃側はそれを木製の梯子を使ってよじ登らねばならない。その向こう側では、トーチカと掩蔽壕、そして「激しい機関銃の銃火」にぶち当たることになる[21]。たまたま復活祭の主日とエイプリルフールの日にあたる沖縄上陸のラヴ・デイは、悲痛な一日になると予想されていた。第一海兵師団の兵士たちは海岸で八〇～八五パーセントの損害を覚悟せよといわれていた[22]。

べつの火力支援群兼攻撃師団（第二海兵師団）は、見せかけの〝示威〟の一部として、島南東部の海岸周辺に派遣された――日本軍をだまして、島のその箇所に増援部隊を送らせるための偽上陸作戦である。これはこの種のものとしては、太平洋戦争全体で最大かつもっとも本物らしいフェイントだった。戦域にいまや展開する前例のない数の輸送艦と上陸用舟艇が可能にした偉業である。日本軍の指揮官たちは策略に引っかかったようだ。その後、海岸のその箇所で大規模な上陸のこころみを撃退したと報告したからである。

一日の夜明け前、上陸部隊は寝棚から起きて、おなじみのDデイの儀式をはじめた――背嚢や小銃、弾薬、水筒などの装備をととのえ、小銃に油を差し、ナイフを研ぎ、トイレに行列を作り、伝統的なステーキと卵の〝死刑囚の朝食〟をかき込む。陸軍も海兵隊も同じように、各部隊には新米の補充兵と歴戦のベテラン兵が混じっていた。事実上すべての下士官は以前にすくなくとも一回、水陸両用侵攻作戦で戦っていて、多くの者は二回かそれ以上の経験を誇っていた。彼らは予期すべきことを知っていて、自分の知識を新米たちに分けあたえた。大型軍艦の大口径砲は、読谷飛行場（訳註：日本側名称、北飛行場）と嘉手納飛行場（訳註：日本側名称、中飛行場）をふくむ海岸奥の地域に猛砲撃をくわえていた。古参兵でさえ、壮大な砲撃には畏怖の念をおぼえた。以前の作戦でさんざん見てきたはずなのに、彼らはあんな恐ろしい猛威を生きのびられる生物がいるのだろうかと思った。彼らは海側のどの方角にも一見無数の艦艇が沖合の水平線の向こうまで広がっているのを見て口をあんぐりと開けた。ある海兵隊員はこう感想を漏らした。「わが艦隊の無限の広がりを見て勇気づけられた[23]」

暖かい日で、空には部分的に雲がかかり、北東の微風が吹いていて、うねりはおだやかだった。気温は摂氏二十四度だった。南太平洋の熱帯の暑さと湿気のなかで戦ってきた将兵は、より涼しい気候を歓迎した。兵員輸送艦でウルシーからの航海中、星を観察する者たちは、毎晩、南十字星が南の水平線のほうへ沈んでいき、ついに消えるのを見守ってきた（この星座は第一海兵師団の将兵が肩に縫いつける布製の師団章に描かれていた）。上陸部隊はジッパーのついたウール裏地のフィールド・ジャケットを支給されていた。ソロモン諸島やパラオ諸島では役に立たなかったであろう戦闘服の品目である。

夜明けの最初のきざしが東方の島上空に見えると、攻撃部隊はロープのネットをつたい降りて、待機するヒギンズ・ボートに乗りこみ、各自、となりの者と肩を接してベンチに腰を下ろした。艇長は満載の艇を攻撃発起線の海側の海域に持っていった。エンジンがアイドリング音を響かせ、排気煙が海上をただよい流れていく。艇は乾舷が低いので、うねりが舷縁で砕け、ときに艇内に入ってきた。艦載機が頭上を哨戒していた。上陸する将兵は、作戦の規模とバレエのような精巧さに驚嘆した。

午前八時三十分、統制艇に旗が揚がり、第一波の上陸用舟艇の各艇長はスロットルを開いた。各舟艇は、戦艦と巡洋艦の周囲を通過し、横に約百フィートずつ離れて、狭い直線レーンにしずしずと入っていき、各艇が前を行く艇の航跡につづいた。砲艇が先頭に立って、ロケット弾と三インチ艇首砲を発射した。そのつぎに来るのが誘導艇で、上陸海岸のそれぞれの区域に応じた色とりどりの旗をひるがえらせている。その白く長い航跡は、櫛の歯のように完全に平行だった。この光景を見ていた者は、第一波が「中世の戦いの色彩と華々しさのようなものをそなえて、旗をひるがえらせながら休みなく前進していった。朝のおだやかな日差しのなかで、それはじつに印象的な光景だった」と書き記している。(24) 戦艦テネシーの甲板から見守っていたサミュエル・エリオット・モリソンは、四十ミリ曳光弾を、「白熱の球のかたまりは、まるで舟艇のあいだに落ちるかに見えたが、その低伸弾道のおかげで落ちることなく海岸にとどく」と描写している。(25)

十六カ所の強襲上陸地帯が、海岸の幅七・五マイルにわたって指定されていた。水陸両用艦隊と海岸のあいだには、大きな珊瑚礁が立ちはだかっていたが、上陸は高潮の時間と重なるように調整してあり、水中処分チーム（ＵＤＴ）が珊瑚のあいだの航行可能な水路を掃海してあった。最初の艇が上陸すると、強襲隊員は各地帯の目印となる大きな色つきの旗を立てた。海兵隊は比謝川（ひじゃがわ）の河口の北側に、陸軍は南側に上陸した。

最初の艇が海岸にたどりつく前から、艇の乗組員と強襲隊員たちは自分たちが敵の砲火をほとんど受けていないことに気づいていた。あちこちに白く泡立つ水の柱が上がり、火砲あるいは迫撃砲の砲弾が落下していることをしめしていた——しかし、以前の強襲上陸にくらべると、ごく少なかった。日本軍の一梃の機関銃が、沖の軍艦の大口径砲でたちまち叩きつぶされた。散発的な迫撃砲火は比謝川の河口近くの射撃陣地から来ていることが判明したが、その火器もすばやく沈黙させられた。第一

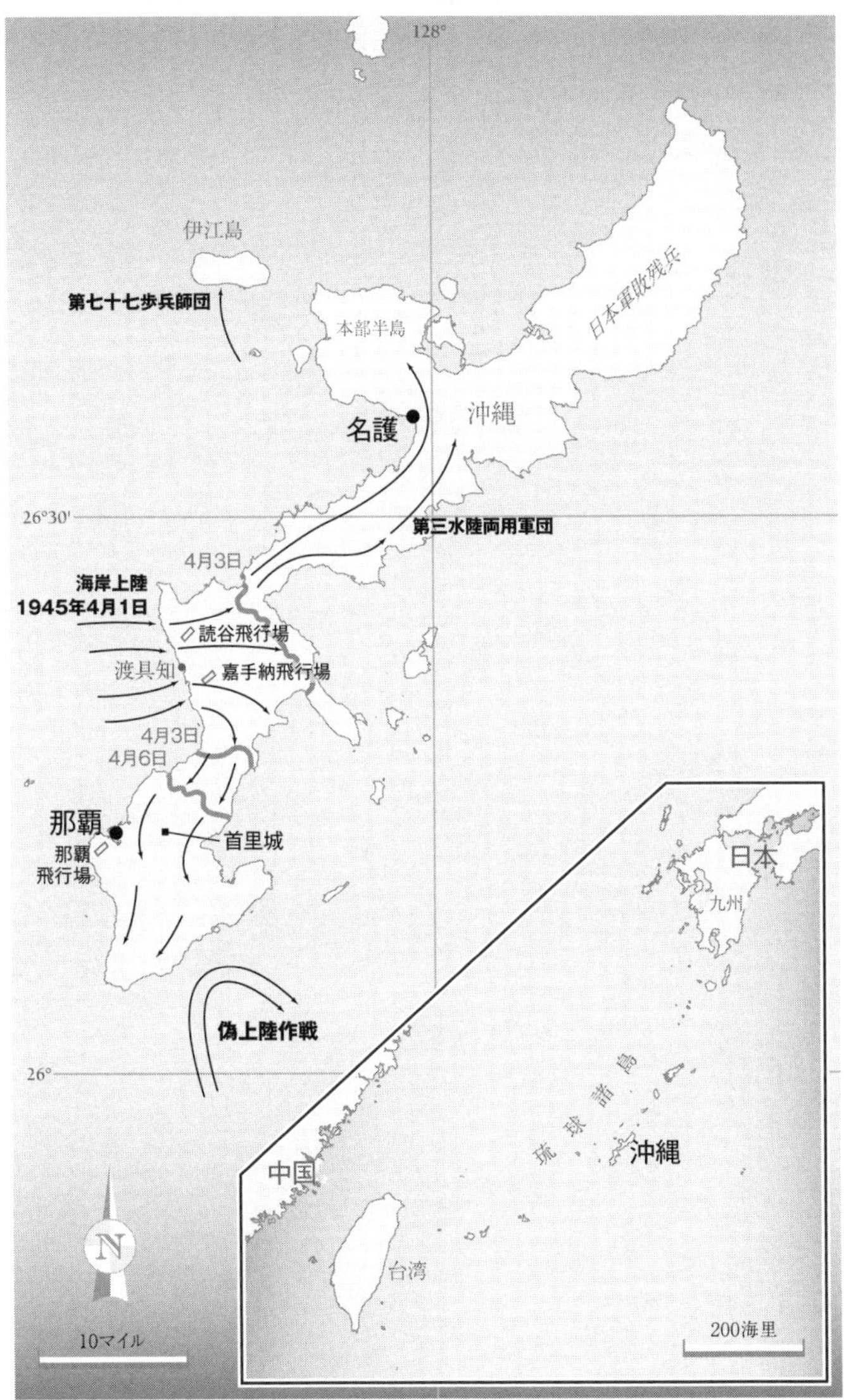
沖縄侵攻〈アイスバーグ〉作戦
1945年4～6月
128°
伊江島
第七十七歩兵師団
本部半島
日本軍敗残兵
名護
沖縄
26°30′
第三水陸両用軍団
4月3日
海岸上陸
1945年4月1日
読谷飛行場
渡具知
嘉手納飛行場
4月3日
4月6日
那覇
那覇
飛行場
首里城
偽上陸作戦
26°
N
10マイル
日本
九州
琉球諸島
沖縄
中国
台湾
200海里

波の舟艇は、海岸のてっぺんで予想されるといわれた防壁を登るのに使うために、木製の梯子を積んでいた。しかし、舟艇が上陸すると、陸軍と海兵隊の兵士たちは、防壁がいわれていたよりずっと低く――ほとんどの場所で三フィートしかなかった――しかも艦砲射撃で大半が叩きつぶされていることを知った。強襲隊員たちは小火器の射撃と長距離砲火に身構えていたが、まったくなかった。渡具知湾は不気味なほど平和だった。上陸は事実上、無抵抗だった。

第二波が上陸すると、兵士たちは身をかがめようともせずに、背筋をのばして海岸を進んでいった。川の北側の〈イエロー海岸〉では、第一海兵師団の各攻撃大隊が武器をかまえてじりじりと内陸部に進んでいったが、敵対的な射撃にまったく遭遇しなかった。艦上で説明を受けた恐るべき防御陣地構築物に類するものはなにひとつ見あたらなかった。第一波が上陸して一時間後、一万六千名のアメリカ軍将兵が沖縄に上陸して、弱く散発的な抵抗にたいして前進していた。あたりにはほとんど人がいなかった。日本軍は読谷と嘉手納の重要なふたつの飛行場を防衛するために戦おうともせず、両方とも正午には占領されていた。

上陸部隊は予想外の執行猶予に感謝した。上陸一時間後、第七師団のある兵士はこう感想を漏らした。「おれはすでに思っていたより長く生きている」[26]第一海兵師団のジーン・スレッジはこれを「戦争でいちばんうれしい驚き」と考えた。[27]《ニューヨーカー》誌の記者ジョン・ラードナー（訳註：風刺作家リング・ラードナーの息子）は、第六海兵師団とともに上陸したが、この侵攻を、「銃を持った男を追いかける警官たちが、一軒の家を激しく勇敢に急襲したところ、その家が突然、たんなる幽霊屋敷であることが判明した」のにたとえた。[28]

最初の一時間以降、強襲部隊の将兵たちは上陸用舟艇からおそるおそる降りてきて、軍靴を濡らさないように波打ち際を飛び越え、まるで週末の散歩のように海岸をぶらぶらと上がっていった。連隊と師団の指揮梯隊は、予定より早く上陸して、海岸に仮の指揮所を設営した。ブルドーザーはすでに内陸の飛行場と補給品集積所への道を切り開くため、海岸のてっぺんの砂丘を平らにならしていた。衛生救護所では、衛生兵が踵をつけてしゃがみこみ、所在なくおしゃべりをしていた。彼らにはなにもすることがなかった。海岸ぞいの漁師小屋で沖縄の民間人が数人見つかった。彼らは深々とお辞儀をすると、土着の沖縄人の入れ墨を見せて、「ノー・ニッポン」と説明した。彼らは日本の本土の人間ではなく、アメリカ人にそれをわかってもらいたかったのである。

ラヴ・デイの日暮れ、上陸部隊は幅八マイル以上にわたって上陸拠点を占領し、内陸部に最大で三マイル進出して、二カ所の飛行場を取りかこんでいた。五万名のアメリカ軍将兵が上陸していた。損害はありがたいことに、戦死二十八名、負傷百四名、行方不明二十七名と軽微だった(29)。

「必勝の信念は強固な築城から」

渡具知の十二マイル南方の緑生い茂る丘の頂上で、牛島満陸軍中将と幕僚の一群は、アメリカ軍部隊が上陸するのを見ていた。男たちは煙草をふかし、談笑し、双眼鏡で上陸の光景をかわるがわる観察していた。ほとんど人のいない地帯に熾烈な艦砲射撃がくわえられるのを見て、彼らは敵の弾薬がこれほど大量に浪費される光景に喜びをおぼえた。しかし、侵攻のとほうもない規模とスケールは圧倒的で、憂慮すべきものだった。ひとりは、「恰(あたか)も大海嘯(だいかいしょう)の押し寄せるが如き光景である」と思った(30)。

硫黄島とペリリューと同じように、日本軍は縦深防御戦略を選択して、主力部隊を上陸拠点からじゅうぶん下がった岩だらけの高地に集中し、優勢なアメリカ軍の航空戦力と沖合の艦砲射撃に対抗して地中深くこもっていた。防御側は、最初の上陸を認めて、自分たちが選んだ戦場でアメリカ軍を辛抱強く待つ計画だった。しかし、硫黄島とペリリューとちがって、沖縄の日本軍は、侵攻部隊がかなり内陸の主地上戦闘地域に入るまで、重砲を投入しようとしなかった。準備万端ととのえ、火砲を洞窟や擬装網の下に何カ月も隠して、最大の効果を上げられるときまで弾薬を取っておくつもりだった。

牛島の作戦計画は論議を呼んだ。作戦計画は、参謀と部隊指揮官の激しい議論のすえに、台湾と東京の上級指揮機関の意志に反して、ごく最近の一九四四年末、実行に移されていた。初期の計画は、防空に重点を置き、強力で物資も豊富な飛行場と、近くの九州から飛来する飛行機のたえまない流れに依存していた。一九四四年の最初の十カ月間、沖縄における軍の建設計画は、島の飛行場の拡大と改修にあてられていた。ある時期、沖縄本島と周囲のもっと小さな島々では、十八カ所の飛行場で同時に作業が進められていた。大本営は沖縄を長さ六十マイルの「不沈空母」と見なしていた。

しかし、最高司令部はこの構想の明白な欠点と矛盾をまったく理解していなかった。この島の飛行場のネットワークを、アメリカの強大な海＝空＝水陸両用部隊からどうして防衛できるのか？　この部隊は狙った島を占領できなかったことが一度もなく、ひと月ごとにどんどん大きく強力に、もっと有能になっていくというのに。平坦で低い地形は、とくに沖からの圧倒的な艦砲射撃によって支援された場合、優勢な地上部隊から守るのは不可能だった。飛行場を改修するために人的資源と建設資材を投入するのは、連合軍にとってその価値を高めることにしかならない。連合軍はいやおうなくこれを占領し、日本軍にたいして使うだろう。牛島の作戦計画参謀のひとりがいったように、「まるで敵に献上するために、地上部隊は汗水垂らして飛行場造りをやった感が深い[31]」。

島の日本軍地上部隊は、第三十二軍の旗印のもとで戦い、牛島は那覇東方の高地にある石造りの古い大建築物、首里城の複雑な地下司令部壕から指揮を執った。同軍は、第二十四歩兵師団、第六十二歩兵師団、第四十四独立混成旅団、第二十七戦車連隊、そして第五砲兵司令部で編成された。第三十二軍の司令部直轄部隊には、火砲や迫撃砲、高射砲、対戦車砲を専門とする多くの独立部隊や精鋭部隊がふくまれた。約九千名の海軍根拠地隊は、那覇のすぐ南にある小禄（おろく）半島に配置されていた。彼らは四月一日のアメリカ軍侵攻まで第三十二軍から独立して活動していたが、その時点で（事前の合意により）、牛島の指揮下に入った。それ以外のさまざまな部隊や要員をふくめ、島内における日本の正規軍将兵の総数は約七万六千名にのぼった。地元沖縄の民兵と召集兵は、一部が戦闘訓練を受け、残りは主として労働力を提供したが、島内の軍服を着た将兵の総数を約十万名に押し上げた。

一九四四年後半、連合軍の戦力が拡大し、侵攻の可能性が高まったように思えると、第三十二軍の軍高官たちは作戦計画の基本的な見直しをもとめた。作戦主任参謀の八原博通大佐は、第三十二軍には東京がもとめるような海岸と平原と飛行場を守るだけの兵力はないと主張した。彼は沖縄のもっと守りやすい南部高地で消耗戦を展開するほうを好んだ。参謀長の長勇（ちょういさむ）少将は八原の提案を支持して、牛島に意見具申し、牛島は独断で承認をあたえた。改訂された作戦計画は一九四四年十一月二十六日に配布されたが、大本営の承認は得ていなかった。

この大胆な行為は抗命すれすれだったが、反抗精神は沖縄の陸軍部隊の上から下まで広まっていたようだ。前線の兵士だけでなく、牛島の司令部壕のエリート参謀のあいだでも、ある者は、東京のお偉いさんたちにたいする怒りのつぶやきを聞いた。東京の連中は心地よいオフィスで甘やかされてばかりで、アメリカの飛行機と潜水艦がこわいあまり、状況をじかに視察するために沖縄に出張する危険を冒そうとしない。あるいはたぶん、ある将校が茶化していったように、那覇の赤線地区がアメリカ軍艦載機の空襲で焼け落ちてしまったので、連中には来る理由がないのだろう(32)。

手に入るあらゆる労働力と物資の大半は、沖縄南部に振り向けられた。この那覇東方のけわしい地帯で、相互に連結されたトンネルと地下壕とトーチカと塹壕と戦車障害物と砲兵陣地と個人壕の巨大な組織を作りだす野心的な建設掘削計画が開始された。陣地構築物は、尾根や峡谷、切り立った断崖の人を寄せつけない風景を海岸から海岸まで横切って、連続する線で島の両岸をつないだ。この地域は天然の石灰岩の洞窟で蜂の巣状態だった。洞窟はトンネルで拡張され、連結されて、ほぼ第三十二軍全体が武器や弾薬、物資、真水の貯水槽などとともに地下の避難所に身をひそめて、爆撃や機銃掃射、沖合のアメリカ軍戦艦が持つ最大口径の艦砲による砲撃にも耐えることができた。この天然の城塞の中心部は、歴代琉球王の古代の所在地、首里にあった。古い石造りの城と城壁は、岩の崖の上に立ち、空襲で破壊された街の名残りの上にそびえていた。牛島将軍の地下司令部への入り口は、城近くの尾根の反対斜面にあった。首里の周囲には、頑丈な陣地構築物の同心円が三方向に築かれ、高台に置かれた各陣地は、可能なあらゆる方向を掃射できる射界を持ち、掩蔽壕とトンネルで相互に連結されていた。まさに太平洋のヴェルダン要塞だった。

日本陸軍の各部隊は、戦線の自分の戦区で壕を掘り、準備をととのえる責務をあたえられていた。自分自身の努力が激しい艦砲射撃と爆撃から生きのびる鍵となることを理解した兵士たちは、骨の折れる苦しい作業にエネルギーをそそいだ。第三十二軍司令部によって公布された彼らのスローガンは、「必勝の信念は堅固な築城から生まれる」だった。[33] 硫黄島と同じように、陸軍には機械化されたトンネル掘削装置も爆薬もなかったので、兵士たちは、つるはしとシャベルで作業せざるを得なかった。セメントもそれを製造する機械もなかったので、トンネルは松の坑木で支柱をほどこさねばならなかった。その大半は沖縄北部の森で切りだされ、地元の小舟艇で海岸ぞいを南へ運ばれた。第五砲兵司令部の重砲は防御線の中心近くに集中され、激しく交戦しているどの陣地にも砲口を向けることができた。砲門はよく擬装され、車輪付きの火砲は洞窟のなかに引きこんで、トンネルを抜けてほかの射撃陣地に移動することができ、対砲兵射撃にさらされる危険を少なくした。沖縄の砲兵隊員は日本陸軍でもっともよく訓練され、もっとも経験豊富だった。

沖縄の多数の一般市民は問題を複雑にする要因だった。戦時中、沖縄県庁は台湾と日本本土への集団疎開を、最初、奨励し、それから強制した。しかし、この方策は人気がなく、とくに一九四四年八月、数百人の疎開者を乗せた船が九州へ向かう途中で沈められて以降（訳註：対馬丸事件）、多くの沖縄県民が抵抗をしめした。一九四五年三月、日本陸軍は、残っている沖縄の民間人のほとんどを島の北部に疎開させる命令を出したが、この方策も抵抗に遭った。島の日刊紙である《沖縄新報》に寄稿した長将軍は、民間人全員が民兵の一員として行動し、軍の命令にしたがわねばならないと警告した。侵攻のさいには、民間人ひとりが、殺される前に敵兵を十人殺すようつとめねばならなかった。長は、女性と子供たちは全員、「作戦の邪魔にならぬ安全な所へ移り住む」べきだとつけくわえた。「県民の生活を救うがために負けることは許されるべきものではない」からである。[34] 何百人という中学校と高等女学校の生徒が、少年も少女も、学徒隊として動員され、伝令や炊事係、作業員、看護婦をつとめた。男性については、一九四五年元日に総動員が発令された。十七歳から四十五歳までの沖縄県民男子は現地の「防衛隊」に直接召集された。そのほとんどが二度と家族に会うことはなかった。

侵攻前の最終週、陸軍と県庁は、非戦闘員を沖縄北部に移住させる努力をつづけていた。しかし、多くの民間人は、アメリカ軍に捕まったら誰でも拷問を受けて死ぬことになると請け合う日本のプロパガンダのせいでおびえていた。三月の最終週にアメリカ艦隊が沖合に姿を現わしたとき、約三十万人の民間人が島の南半分に残っていて、多くの者が必死に日本軍の戦線の向こう側へ行こうとしていた。彼らを食べさせるのにじゅうぶんな食料は備蓄されていなかったので、戦いがはじまる前から、人道上の大惨事がはじまっていた。

「本土への最終攻撃を遅らせる」

東京の大本営では、陸軍と海軍の参謀たちが琉球諸島と東シナ海の航空戦略にかんする合意を成立させた。海軍機は敵軍艦を目標とし、陸軍機は輸送船団を追う。両軍とも通常爆撃と特攻を実施するが、「重点は特攻兵力の集結と使用に置かれる」[35]。飛行練習生は訓練課程をおおいそぎで終えさせられ、実施攻撃部隊に直接送られ、そこで特攻隊員に志願するよう勧められることになる。沖縄の地上部隊が長引く消耗戦を展開すると、連合軍艦隊は数週間、海域に留まることを余儀なくされ、空からくりかえし攻撃を仕掛けることが可能になる。日本の最後の希望は、敵の「艦艇、飛行機、人員の優勢」を減じて、「前進基地の確立を阻害し、敵の士気を損ない、よって本土への最終攻撃をいちじるしく遅らせる」ことだった[36]。

ほとんどの仕事は九州南部の鹿屋基地に司令部を置く第五航空艦隊が行なうことになる。この「艦隊」は、多くの機種を運用する各種海軍航空部隊の集まりで、九州と四国の二十カ所以上の航空基地に散らばっていた。第五航空艦隊は、特攻専用部隊の約四百機をふくむ約六百機を擁していた。B－29とアメリカの空母艦載機のたえまない脅威のもとで、鹿屋をはじめとする航空基地の要員は、修理工場や弾薬集積所、燃料の貯えを地下壕や地下トンネルに移動するためにせっせと働いていた。滑走路周囲の原っぱでは掘削が進んでいた。沖縄と同様に、作業は、つるはしとシャベルで行なわれ、航空機搭乗員も手伝った。小さな飛行場はただの田舎道に擬装された。使わなくなった兵舎や格納庫は放置され、アメリカ軍爆撃機の囮の役目をはたした。第五航空艦隊の飛行機については、「特ニ飛行機繋留位置ノ分散、遮蔽、偽装ノ徹底及偽飛行機、偽掩体ノ設置……ヲ重視シ[37]」た。

宇垣は私的な日記で自分の航空部隊の悲惨な現状をしばしば嘆いた。パイロットも飛行機も燃料も足りず、日本の南方海域を毎日じゅうぶんに空中哨戒することもできなかった。墜落などの作戦中の損失は悲惨なほど頻繁で、天候などの要素のせいで多くの演習を中止せざるを得なかった。彼の第五航空艦隊は航空燃料の優先配分を受けていたが、日本にはごくわずかの石油輸入しか到着せず、とぼしい燃料保管量が作戦に影響をおよぼしはじめていた。二月二十七日、宇垣は松の根からバイオ燃料を抽出する過程について説明を受けた。日本の学童たちは松の根や松やにを大量に集めるために国内の森へ行かされていた。この努力は独創的だったが、焼け石に水で、一時間飛行するだけの燃料を製造するのに千時間以上の労働時間を必要とした。

鹿屋の滑走路近くのバラックに置かれた司令部は空襲に弱いと判断され、二月二十八日、宇垣と幕僚は地下壕に引っ越した。地上で撃破されるのを避けるために、飛行機を朝鮮半島か満州に移す話さえあった。第五航空艦隊作戦記録の三月十七日の記載は、幕僚の暗く悲観的な見通しを反映していた。「對機動部隊攻撃ニ於テ一撃ニ我ガ航空部隊ノ精鋭ヲ消耗スルヲ豫期セザルベカラズ」(38)

九州南部には早い春がおとずれ、基地の周辺の森や野原を少し散歩することで、宇垣の気分は高揚した。ある静かな午後、彼は散弾銃を持って、ひとりで丘を散策し、山鴫（やましぎ）を仕留めた。ある散歩のあと、彼は日記にこう書いた。「四五日の間春の進行著しきは小なる人間の世界に、やれ戦争だとか敵機動部隊だとかと騒ぎ過るあはれさを笑ふに似たり(39)」

三月十八日と十九日の戦闘で、日本の通常の急降下爆撃隊は予想外のよい働きをしていた。しかし、いつもどおり、推定戦果は大幅に水増しされていた。三月二十一日、鹿屋の司令部での会議のあとで、アメリカ軍は空母五隻、戦艦二隻、巡洋艦四隻を失ったと発表された(40)。この報告はいつもの高揚した調子の大見出しで高らかに発表された。桜花有人自爆ミサイルを搭載した一式陸攻の編隊が全機失われたことは報道機関に伏せられ、第五航空艦隊の分析員は、まず日本側が目標上空の一時的な航空絶対優勢を獲得できなければ、こうした攻撃はおそらく成功し得ないと結論づけた。日本の航空部隊の現状に鑑みれば、成功するかもしれない唯一の方策は、とほうもない数でアメリカの防空体制を圧倒することだった。つまり、すくなくとも数機が戦闘機と対空砲火をくぐり抜けて命中することを願って、何百機という飛行機をいっせいに発進させるのである。

三月二十五日、沖縄沖にアメリカ軍侵攻部隊が集結すると、日吉の連合艦隊司令部は〈天号〉作戦を開始するための命令を発した。この作戦計画は、アメリカ艦隊にたいする全面的な集中特攻および爆撃を命じていた。最近の日本本土空母空襲によって大きな損害をこうむったために、部隊を配置するのには時間が必要だった。新たな特攻飛行隊と特攻機が、最初の本格的な〈菊水〉攻撃（訳註：天号作戦中の特攻作戦）の準備で鹿屋をはじめとする飛行場に飛来した。航空部隊と水上部隊を配置するのが遅れた結果、選ばれた日付は四月六日だった。その同じ日、沖縄の日本陸軍はアメリカ軍の前線に反撃を開始し、最後に残った日本の水上艦艇（超戦艦大和をふくむ）が、海上バンザイ突撃で瀬戸内海から出撃することになっていた。数百名の自爆する神々が、「沖縄艦船攻撃撃滅ヲ期スル旨」の命を受け、九州の飛行場を飛び立つことになる。(41) 宇垣提督は日記のなかで、これほど多くの搭乗員を確実な死に送りだすのはひどい気分で、気がとがめると告白し、「而して吾も亦何時かは彼等若人の跡追ふものと覺悟しあるに因る。情に涙多き我身も克く茲迄に達せりと喜ぶ」と記した。(42)

帝国海軍最後の残存艦隊

第五十八機動部隊は沖縄南東の沖合で遊弋して、昼も夜も、陸(おか)の部隊と、島の反対側の水陸両用艦隊の航空支援にあたった。搭乗員も整備員も同じように、関係者全員にとって厳しい状況だった。強風と荒れた海が航空作戦をさまたげた。四月四日のどんよりとして靄がかかった朝、ヨークタウンのある士官は空母が、「ひと晩中、気性の荒い雄馬のように飛び跳ねた。けさ、髭を剃るときには、片手で洗面台につかまらねばならなかったし、区画を横切るときは、半分の距離が登りで、もう半分は突進だった」と書き記した。(43) 前夜、悪天候で視界がきかない状態の戦艦ニュージャージーが護衛の駆逐艦フランクスと衝突していた。大きさと質量の不釣り合いのせいで、戦艦はせいぜい傷がついただけだったのにたいして、フランクスのほうは左舷側全体をつぶされ、切り裂かれて、艦長は重傷を負った。(44) 敵の航空攻撃はこの時期、ごくまれだった。スプルーアンスはこの幸運を二週間前の九州にたいする空襲のおかげだと考えた。各空母群は三日間、飛行作戦を実施し、四日目に南東へある程度の距離、避退して、給油艦と弾薬補給艦と会合した。

四月六日は風が強く寒い一日で、波が荒かった。アーサー・ラドフォードの第五十八・二機動群は燃料と弾薬を補給していたので、シャーマンの第五十八・三機動群とクラークの第五十八・一機動群だけが前線にあった。夜明けの一時間後、沖縄北方の警戒駆逐艦が北から向かってくる敵機をレーダーで探知した。攻撃の先鋒の日本軍機は、大量の〝ウィンドウ〟――アルミニウムの細片――をばらまいて、アメリカ軍のレーダー装置を攪乱しようとしたが、空襲は大規模すぎて隠せなかった。

ミッチャーは各空母に雷爆撃機を全機、格納庫に下ろして、飛行甲板を戦闘機の運用のために空けるよう伝達した。戦闘空中哨戒を強化するためにヘルキャットとコルセアがさらに発進し、ほかの機は無線で迎撃針路に誘導された。戦闘機管制系はおしゃべりで沸き立った。アメリカ軍の戦闘機は日本軍機の編隊に襲いかかり、長い一日の戦闘の初期段階ですくなくとも六十機を炎上墜落させた。しかし、この最初の〈菊水〉攻撃の規模――約七百機で、半分以上が特攻機――をたのみにして、二百機以上が戦闘機の直衛幕をかいくぐり、アメリカ艦隊を攻撃した。

日本軍機は朝から日暮れまで何波も襲来し、もっとも激しい攻撃は午後遅くにやってきた。「彼らはどれほどやって来ただろう！」輸送艦上のある下級士官は回想した。「単機で、二機ずつで、編隊で、緩降下し、急降下し、さっと舞い降り、なかには海面すれすれを飛んで。……彼らはけっしてやって来るのをやめないようだった」[45]クラーク提督は群がる攻撃を「ほとんど抗しがたい」と思った[46]。空は対空砲弾の炸裂でまだらになり、曳光弾が黄昏の空を切り裂いて、赤と黄色の光の格子模様にした。多くの艦では、戦闘機管制官（ＦＤＯ）と戦闘機パイロットのあいだの無線交信が拡声器で放送され、乗組員は運動競技の実況放送を聞いているような不思議な感じをおぼえた。《タイム》と《ライフ》の記者ボブ・シェロッドは、ターナー提督の指揮艦エルドラド艦上で、日本軍機が渡具知の上陸拠点沖のＬＳＴに向かって急降下するのを見た。「恐るべき対空砲火の流れが二マイル以内の全艦から飛行機に向かって注がれた」と彼は書いた。「ジャップは、目標から三百フィートのところで炎上し、横転して、浅瀬につっこんだ[47]」

この日の終わりまでに、二十六隻のアメリカ軍艦艇に特攻機が命中した。戦時標準型船二隻、掃海艦一隻、ＬＳＴ一隻、駆逐艦ブッシュとカルホウンの二隻の合計六隻が沈没した。ほかの艦は、味方の対空砲火が陣形の近くの艦に命中したのをふくめ、激しく打ちのめされ、大きな犠牲者を出した。しかし、重要なことに、外側の直衛幕の警戒駆逐艦やそのほかの艦艇が犠牲になったことは、第五十八機動部隊の中心部の空母を守るのに役立った。数隻の空母は、神経をすり減らすような至近距離に何度か特攻機がつっこんだが、直撃あるいは損傷を受けた空母は一隻もなかった。空母航空群は警戒駆逐艦の戦闘機管制官と協力して一日で二百機以上の敵機を撃墜した。エセックス航空群は六十五機を撃墜し、一日の空母航空群撃墜数の記録をもう少しでやぶるところだった[48]。

その日の早くに、豊後水道（九州と四国のあいだの海峡）沖を哨戒中のアメリカ潜水艦が、外海に出ていく日本軍艦艇の縦陣を探知していた。これは戦艦大和と、巡洋艦一隻、駆逐艦八隻の護衛群だった。航海に耐えうる帝国海軍最後の残存艦隊である。大和部隊は過去一週間、定期的に空中偵察下に置かれ、Ｂ－29と空母艦載機が呉南方の泊地で艦隊を偵察して、写真におさめ、艦隊が瀬戸内海を進んでいくのを追っていたので、突然海上に出現したのは驚きではなかった。四月七日の夜明け前、ＰＢＭ飛行艇が慶良間諸島から飛び立ち、敵艦隊を追尾するために北へ飛んだ。午前八時二十三分、空母エセックスの索敵機が、北緯三〇度四四分、東経一二九度一〇分の地点で、針路三〇〇度を十二ノットの速力で航行する大和部隊を発見した。艦隊は九州南端をぐるりと回り、ほとんど朝鮮半島を目ざすかのように、いまや西北西に針路を取っていた[49]。

スプルーアンスとミッチャーとターナーはそれぞれべつべつに、日本軍が発見と迎撃を避けようとしているのだと推測した。大和と護衛艦隊は、東シナ海を抜ける回り道を取り、折り返して西からアメリカ艦隊に忍び寄りたいと思っていた。スプルーアンスはデイヨ提督麾下の強力な戦艦＝巡洋艦＝駆逐艦戦隊を分遣して、迎撃に向かわせた。しかし、ミッチャーと第五十八機動部隊の飛行士たちは空母航空戦力で大和を始末したかったし、彼らの飛行機はもっと早くそこにたどりつけた。彼らの目標までの距離は二百三十八海里で、飛行時間にして九十分以内だった。シャーマンの第五十八・三機動群がほかの二個機動群に合流していたので、アメリカ側は多くの航空戦力を割くことができた。三個空母機動群は午前十時十八分から、戦闘機百八十機、急降下爆撃機七十五機、雷撃機百三十一機からなる三百八十六機の空の大艦隊を発進させた。ジョッコ・クラークはアヴェンジャー機のパイロットたちに、不沈とされている大和を撃沈することを期待するといった。なぜなら彼らの魚雷は巨大戦艦の船体を引き裂き、「浸水させる」だろうからだ[50]。

無益な海上バンザイ突撃

大和と九隻の護衛艦の士官と乗組員たちは、幻想をいだいていなかった。彼らの任務は海上バンザイ突撃だった。実際の戦術目的には役立たない、無益な自殺行為の突進である。航空掩護がないため、彼らは対空火器だけでアメリカ軍機の波状攻撃を撃退するしかなかった。レイテ沖海戦時の日本軍の〝勝利〟作戦計画である過去の〈捷一号〉作戦と同様、艦隊は名誉という抽象的な問題のためにわが身を犠牲にすることをもとめられていた。しかし、過去の戦いとちがって、アメリカ艦隊を奇襲する望みはほんの少しもなかった。ある上級士官は、これは「特攻作戦ですらない。それならまだ戦果を期待し得る」と語った[51]。

この作戦は、〈捷一号〉作戦と同様、連合艦隊司令長官、豊田提督によって日吉の司令部壕から命じられた。今回も以前と同様、豊田は作戦を陣頭指揮しようとしなかった。この怠慢に、大和の艦橋上の皮肉屋たちは反乱まがいの不平不満をぶちまけた。豊田の参謀長である草鹿龍之介少将は、計画を受け入れさせる任務を帯びて呉から飛来した。栗田健男の後を継いで第二艦隊の司令長官になった伊藤整一中将は、自殺任務に頑として反対し、そのことをためらわずに口にした。片道任務は、本土防衛に必要な艦艇、燃料、弾薬、そして訓練を受けた戦闘員の無意味な投げ捨てだった。軽巡洋艦矢矧の原為一艦長は、「独断無謀の暴挙……岩に卵を投げつけるようなものだ」と思った[52]。草鹿はこれが「囮作戦」であり、真の目的は数百機の特攻機が九州の飛行場から敵艦隊を攻撃するあいだ、アメリカ軍空母の注意をそらすことだと反論した。しかし、草鹿はこうも認めた。大本営は大和が停泊したままで戦争を終えるのを見る不名誉だけはどうしても避けたい。長い議論のすえ、草鹿がいかにおだやかに訴えようとも、自殺任務は命令であり、要請ではないということが明白になった。

大和が出撃する前夜、全乗組員にふんだんに酒がふるまわれ、各分隊は無礼講の宴を開いた。副長は乗組員に訓示した。「時至ル。神風大和ヲシテ真ニ神風タラシメヨ[53]」第一士官次室では、艦長有賀（あるが）幸作大佐が、尉官の輪のなかに立ち、一升瓶から直接、酒を飲んでいた。空いた一升瓶が足下の甲板をころげまわる、「放歌乱舞」のさなかに、多くの手が艦長のほうにのび、彼の禿げた頭を撫でさすった。なかには叩く者さえいた。副長はほかの士官たちと取っ組み合いをして、制服の上衣をやぶいてしまった[54]。

翌日、乗組員たちが二日酔いをなだめ、家族に最後の手紙を書いているころ、大和は徳山の燃料廠からバンカー油の残る最後の一滴を吸い上げた。酒保に残っていた煙草などの嗜好品はすべて乗組員に無料で配られた。午後六時、前甲板で総員集合が行なわれた。大和は第二艦隊の戦闘旗をひるがえらせた。夕暮れがおとずれると、矢矧以下の艦隊は豊後水道に入っていった。縦隊は十二ノットで九州沿岸をしずしずと進んだ。黄昏が深まるなか、乗組員たちは海岸ぞいの桜の木がいくつか花をつけているのに気づいた。士官たちは規則違反の携帯瓶から酒をひと口飲んだ。対空火器の砲員は部署についたまま緑茶で握り飯を流しこんだ。甲板では、艦が沖縄に乗り上げ、島の陸軍部隊に合流することに成功した場合にそなえて、水兵たちが乗組員に支給する銃剣に刃を付け、戦闘装備を準備していた。

東の空には下弦の月が、太陽より先に昇った。縦隊が九州南端をまわるとすぐに、夜が明けた。鹿児島の緑の山々が艦尾後方に遠ざかっていく。数機の日本軍戦闘機が上空を哨戒しているのが見受けられたが、じきに九州の基地に戻っていった。大和艦橋が配置だった副電測士の吉田満少尉は、「艦隊上空に味方直衛機なし。水上特攻艦隊は空軍掩護を剝奪さる。これより再び味方機を見ることなし」と、苦々しく書き記している[55]。

大和の無線傍受員は、遊撃部隊の現在位置と前進を報告する送信を、一部は英語の平文で傍受していた。予想どおり、彼らは豊後水道沖で敵潜水艦によって偵察されていた。PBM飛行艇が大和の上空高くを旋回し、彼女の前進を追跡した。飛行艇は対空火器の射程の少し外に用心深く留まっていた。ときおり艦の主砲の一基が斉射を放ち、高角砲の炸裂が頭上に見えたが、つねに米軍機のはるか下方か遠方だった。

来襲する艦載機の第一波は午後零時二十分に大和のレーダー・スコープに現われた。大和の航海長が叫んだ。「敵機ハ百機以上、突込ンデクル[56]」遊撃部隊のほかの艦に警報が発光信号で送られた。その十分後、見張り員が、大和の巨大な四十六センチ砲の対空射撃でさえ射程外の高高度に、黒点の最初のかたまりを視認した。

アメリカ軍は時間をかけて、屍肉の上を舞うハゲタカのように遊撃部隊の上空で反時計回りに旋回し、後続の飛行隊が編隊にくわわるのを待った。高高度からの視界は悪かった。高度三千フィートから五千フィートの上空をおおう切れ切れの雲の層から見おろしたハリー・D・ジョーンズ少尉——ホーネットの第十七雷撃飛行隊所属のアヴェンジャー・パイロット——には、敵艦隊がまったく見えなかった。つぎの瞬間、雲の切れ間から、大和の姿がちらりと見えた。ジョーンズは超戦艦がまるで「水をかき分けて進むエンパイアステイト・ビルディング」のようだと思った。「じつに大きかった[57]」

燃料は余分にあり、わずらわしい敵機もいなかったので、攻撃隊の指揮官たちは、じっくりと秩序立てて攻撃を計画した。ヘルキャットとコルセアは大和に急降下して、小型爆弾を投下し、それから甲板に機銃掃射を浴びせる。カーティスSB2C急降下爆撃機はそのすぐあとにつづいて、千ポンド爆弾を投下し、アヴェンジャー隊は雷撃航程のタイミングを合わせ、急降下爆撃隊と同時攻撃になるようにする。魚雷のほとんどは、そちら側に転覆させることを願って、巨大戦艦の左舷側に狙いをつける。

最初の攻撃過程がはじまると、大和の対空火器が火蓋を切って、色とりどりの対空砲弾の炸裂を打ち上げた。射撃は激しかったが、不正確で、飛行機は安定した状態で急降下をつづけた。ヨークタウン所属のヘルキャットのあるパイロットは、「畜生め、連中はあの対空砲火をぜったいにくぐり抜けられないぞ！　まさに地獄だ！」と思った[58]。しかし、攻撃隊は速度を維持して、砲弾の炸裂を飛び抜けた。空母バンカー・ヒルの雷撃飛行隊をひきいるチャンドラー・Ｗ・スワンスン少佐は、べつのアメリカ軍機と空中衝突する危険をもっとも恐れていた。「われわれの飛行機は目標上空であらゆる方向から交差していた。それがもっとも危険な部分だった。われわれは味方の飛行機にぶつからないようにする必要があった。機数はあまりにも多く、機動する空間はあまりにも少なかった。空中衝突が起きなかったのは驚きだった[59]」

日本艦隊は二十七ノットで海を突き進んでいた。大和は激しく運動し、ヘルダイヴァーが投下した爆弾がわずかにそれると、艦のまわりに「間欠泉の森」が出現した。白く泡立つ水柱は、甲板に強力な水の瀑布を降らせ、乗組員の足をすくい、索具から装備さえもぎ取った。四発の大型爆弾がたてつづけに着弾し、対空火器を沈黙させ、残骸と死体を宙に舞い上げた。機銃掃射を浴びせる戦闘機が五〇口径機関銃の銃撃で艦の上部構造物を蜂の巣にし、艦橋の数名に命中させて殺した。火災が後部で猛威をふるい、煙の柱が大和の後方にたなびいた。吉田は、「雷跡が水面に白く針を引く如く美しく」数方向から艦に収束するのを見た[60]。有賀艦長は巧みに艦をあやつって、航跡に向かって舵を切り、数本を回避したが、大和はすべてを回避することはできなかった。三本が左舷中央部につづけざまに命中し、それから四本目がさらに後方に命中した。巨艦は命中のたびに跳び上がり、身震いすると、やがて左舷にかたむきはじめた。

大和の左では、駆逐艦浜風が爆弾を食らって、陣形から脱落した。浜風は艦尾から沈みはじめ、「渦巻く白い泡の輪だけを残して」、数分で沈没した。[61] 巡洋艦矢矧は水しぶきのカーテンの向こうに姿を消し、戦闘機が低空で艦上に機銃掃射を浴びせると、原艦長は、「敵機は機銃弾とプロペラ後流を浴びせかけ、マストの先の高度で引き起こした」と回想した。ＴＢＭが激しい対空砲火の炸裂のなかを突き進むのを見て、彼は「敵操縦士はまちがいなく度胸がある」と思った。[62] 一本の魚雷が右舷機関室に命中して、機関科員を殺し、艦の推進力を失わせた。六発か七発の爆弾が艦首から艦尾まで降りそそいだ。八千トンの矢矧はこの種の強打にはあまり耐えられなかった。艦は燃えてかたむく損傷艦と化し、敵機の波状攻撃にたいして回避運動もできなかった。駆逐艦磯風が、打ちのめされた矢矧からどうやら生存者を収容しようとして後方から近づいてきたが、爆弾一、二発が命中して、炎上し、戦闘不能になった。涼月（すずつき）は被弾して、航行不能におちいったが、なんとか生きのび、長崎近くの佐世保海軍基地によろよろと戻っていった。

戦艦大和の最期

大和の左舷側への傾斜は、反対舷への注水で復原したが、火災は艦後部に燃え広がりつづけた。消火班と応急班は攻撃で多数の犠牲者を出していたため、火災が消し止められることはなく、第二波の米軍機が遊撃部隊上空に飛来したときも、火はまだ広がりつづけていた。艦橋では、担架手が銃弾で蜂の巣になった遺体を担架に乗せて運びだすあいだ、伊藤提督が腕組みをして無言で立っていた。火災と死傷者、損傷の結果として、艦橋と艦内の各科、各部署との連絡は途絶えはじめていた。

攻撃の第二波は、第一波の約四十分後にはじまり、大和は左舷に魚雷をさらに五、六本、右舷にすくなくとも一本を食らった。さらにもう一本が艦尾で爆発して、舵柱を破壊し、大和は操舵できなくなった。ＳＢ２Ｃ急降下爆撃機は上甲板の構造物に大型徹甲爆弾の雨を降らせ、いっぽう低空飛行のヘルキャットとコルセアは、残っている対空火器を機銃で掃射した。吉田は、「間断なき炸薬の殺到、ゆるみなき光、音、衝迫の集中」をふりかえっている[63]。駆逐艦朝霜と霞は徹底的に叩かれ、沈没するか、自沈することになる。身動きが取れなくなった大和は、さらに四本の魚雷と、七、八発の爆弾を受けた。矢矧では原艦長が、艦首と艦尾方向を見わたし、自分の艦はほぼおしまいだと判断した。魚雷が船体で爆発すると白い水柱が上がる。爆弾は残骸と死体を宙に舞い上げる。鋼鉄甲板ではリベットがはじけ飛び、艦橋が彼の足下で震動をはじめた。「屍に等しいわが矢矧は爆発で地震のように揺れた」と原は書いている。「爆発はやっとやんだが、傾斜はつづき、波が甲板から血だまりを洗い流し、手脚のない死体が海にころがり落ちた[64]」

大和は海面に深く沈みこんでいた。艦内下部は浸水し、左舷への傾斜は一八度まで増大していた。上部構造物はめちゃめちゃだった——破壊され、黒焦げになり、炎上していた。乗組員の一部がパニックを起こしはじめた。艦長は拡声器について、命じた。「傾斜復旧ヲ急ゲ」しかし、応急班は大きな損害をこうむっていて、艦橋は艦内の部署との連絡を維持するのに困難をきたしていた。火災と浸水のせいで、乗組員は左舷の損傷区画を封鎖できなかった。ポンプとバルブの損傷が、大和の右舷側の「注水可能」部分に反対舷注水する努力を挫折させた。副長が艦長に告げた。「傾斜復旧ノ見込ミナシ[65]」

有賀艦長は艦が差し迫った転覆の危険にさらされていると気づいて、右舷の機械室と缶室に注水する計画的で非情な決断を下した。警告のブザーが鳴らされ、必死の電話が乗組員に退避を警告したが、時間が足りなかった。艦の機関を維持する何百名という男たち、機関科員（ブラック・ギャング）は、それぞれの区画に閉じこめられ、自分の配置で溺死した。吉田少尉はこれを「これまで炎熱、噪音とたたかい、終始黙々と艦を走らせきたりし彼ら、飛沫の一滴となってくだけ散る」と書いた[66]。

ヨークタウンの航空群が午後一時四十五分に到着したときには、大和は目に見えてかたむき、速力は十ノット以下に低下していた。防御火力は前の攻撃ですでに使いものにならなくなっていた。まだ機能しているのはわずかな火器だけで、弾薬庫から弾薬を運び上げるのはもはや不可能だった。今回も攻撃を計画し、実行する時間はたっぷりあったので、アヴェンジャーは、雷撃航程のタイミングをヘルキャットとヘルダイヴァーの機銃掃射と急降下爆撃に合わせた。艦橋の日本軍士官たちは敵の技量と勇敢さになすすべもなく感嘆しながら見守っていた。魚雷が打ちのめされた戦艦の船体につきささると、有賀艦長はどなった。「シッカリ頑張レ[67]」しかし、拡声器はもはや機能していなかったので、聞こえる範囲にいた者にしかその言葉は耳に入らなかった。大和の傾斜は三五度に増大し、やがて四五度になった。右舷側のビルジキールがむき出しになり、装甲していない脆弱な艦の底面が最後の雷装アヴェンジャー機のなすがままになった。

全動力が失われ、艦長は総員退去を命じる準備をはじめた。艦内通話装置がなかったので、下甲板にいた多くの者たちはたぶん部署を離れる命令を受け取らなかった。伊藤提督は生き残っている参謀たちと握手をして、それから私室に下がった。彼の姿は二度と見られなかった。

一海里後方では、急降下爆撃機隊が身動きできない矢矧に向かってつっこんでいた。原は歯を食いしばってつぶやいた。「いいぞ、ヤンキーの鬼ども、早く殺してくれ！[68]」午後二時六分、彼は乗組員に退去を命じた。Ｆ６Ｆヘルキャットが頭上で爆音を上げるなかで、彼は海に身を投じた。原は渦に巻きこまれて水中に引きこまれたが、救命胴衣のおかげで海面に浮上した。彼はそこで重油まみれの多くの漂流者たちとともに残骸にしがみついた。

大和はどんどんかたむいて、ほとんど転覆しかかった。頭上の煙はあまりにも激しかったので、ま

戦艦大和最後の出撃

1945年4月6～7日

本州
徳山
四国
済州島
B-29による視認
33°
五島列島
九州
米潜水艦に探知される
甑島列島
米索敵機による視認
鹿児島
米飛行艇を砲撃
大隅諸島
種子島
航空攻撃を受ける
大和沈没
30°
東シナ海
意図していた航路
トカラ列島
米軍索敵範囲
奄美群島
N
27°
第五十八機動部隊
沖縄
100海里
126°
129°
132°
135°

るで日中ではなく黄昏のように、空は暗くなっていた。吉田少尉は艦橋構造物にしがみつき、のちにこのすさまじい光景の印象を記録している。「狭き見張窓に水平線殆ど直立し、視界を黒白に縦断して圧迫しきたる　傾斜八十度」後方に目をやると、長さ三十フィートの巨大な旭日旗の戦闘旗が海に向かって垂れているのが見えた。若い水兵が旗竿の根元によじのぼって、あきらかに艦とともに沈む決意だった。船体の深いところから、がらがらいう音や震動、落下する機器が激突する音が聞こえてきた。艦橋では有賀艦長が羅針儀台に我が身をロープで縛りつけた（訳註：艦長の最期については諸説あるが、最後に羅針儀台をつかんで立っていたという複数の証言がある）。航海長と掌航海長はたがいにロープで体をしっかりとくくりつけ、「ともにかっと目玉を見開き、迫りくる海面を睨み据えたる」(69)。伊藤提督の参謀長は若い士官たちに生きのびろと叫び、若者の何名かがなかなか艦を退去しないと、つかみかかって、海に突き落としはじめた。波が艦橋の甲板にぶつかり、多くの者は手が離れて、流された。

吉田は凝固したバンカー油のなかを泳いだ。巨艦が沈没をはじめると、その周囲の海に大小の渦ができ、彼は海中に引きこまれた。海面下で、彼は大和が閃光を噴き、「火ノ巨柱ヲ暗天マ深ク突キ上グ」のを見た(70)。大和の主砲弾薬庫が爆発したのである。吉田は海面から顔を出したが、それからまた引きずりこまれ、ふたたび浮き上がって、自分が残骸やほかの溺者たちのあいだで立ち泳ぎをしているのに気づいた。

大和の上に立ち上る雲は直径が千フィート以上あり、海抜二万フィートの高さまで上昇した。爆発は百二十五海里離れた鹿児島でも見えた。雲が晴れると、大和はもうそこにいなかった。生き残ったのは士官二十三名と下士官兵二百四十六名だけだった。艦は三千名近くを深淵の道連れにした。残る無傷の駆逐艦三隻が溺者のあいだをまわって彼らを収容した。

四千名以上の海軍将兵がこの大部分象徴的な遠征で命を落とした。アメリカ軍はわずか飛行機十機、搭乗員十二名の損失で勝利を手にした。

攻撃隊が発進しているあいだ、第五十八機動部隊は約百機の特攻機に攻撃された。そのほとんどが撃墜されたが、一機が戦艦メリーランド――〝ファイティング・メアリー〟が戦争でこうした試練を受けるのは二度目だった――に命中し、もう一機は低い雲底を突き抜けて空母ハンコックの飛行甲板につっこんだ。燃えさかる炎は四十五分以内に消し止められ、ハンコックは帰投した艦載機を着艦させることができた。しかし、攻撃で乗組員六十四名が戦死し、七十一名が負傷した。死傷者の大半は甲板下に閉じこめられて、焼かれ、吹き飛ばされ、致命的な煙を吸いこんで死亡した。

幕間の海兵隊、激戦の陸軍

バックナー将軍が公布した侵攻計画によれば、第三水陸両用軍団は沖縄を横切って突進して、島を分断し、東海岸を支配して、それから北に転じ、島の中部と北部を占領して制圧することになっていた。彼らは水陸両用強襲で本部半島沖の小さな島、伊江島を占領する。沖縄の木々が生い茂る山がちの最北部をどんなに敵部隊が死守しようと、それを遮断して、孤立させることができる。そのいっぽうで、第二十四軍団の陸軍各師団は、南部の人を寄せつけない高地と尾根に向かって進軍して、県庁所在地の那覇とその港を占領し、首里山周辺の敵要塞線を蹂躙（じゅうりん）する。作戦全体は四十五日から六十日かかると予想されていた。

前途に立ちはだかる日本軍部隊がほとんどいないので、海兵隊員たちは戦いの初期には予想外に迅速な前進をはたした。前進偵察隊はラヴ・デイ＋１（侵攻翌日）の午後に沖縄を横切って東海岸に到達した。この動きで島は分断され、実質上、北部の日本軍支隊を南部の軍主力から切り離した。第一海兵師団、〝オールド・ブリード〟と、第六海兵師団麾下の三個連隊――海兵隊でもっとも新しく、〈こんにちにいたるまで〉もっとも番号の大きな師団――は、東と西の海岸道を進撃して、〈石川地峡〉と呼ばれる狭い北東の地峡に進出した。

抵抗は取るに足らず、事実上皆無だった。気候はもうしぶんなく、眺めはじつにすばらしかった。第五海兵連隊のスターリング・メイスによれば、「海は陽気な色あいの空色で、砂浜は汚されていない水晶のような白い色をして、美しい沖縄の馬が、飼い主に見捨てられて水際を走りまわっていた」[71]。砂丘の先の内陸部では、細い土の小道とさらさら流れる小川で区切られた小麦畑や砂糖黍畑、牧草地、水田のキルトのような光景を目にした。起伏する丘は耕作のために階段状になっていて、古い石の墓が点在していた。春の野花がまっさかりで、丘の頂は深い松林につつまれ、甘くつんとする香りをただよわせていた。海兵隊員たちは、半マイルかそこらおきに、密集して建てられた草葺き屋根の低い石造りの家々からなる小集落を通り抜けた。沖縄は「田園の絵画のように美しい」[72]とジーン・スレッジ一等兵は書いている。

一般島民の大半は日本軍とともに島の南部に移動するか、日本本土に疎開していた。そこかしこの道路や村で、アメリカ兵は民間人のグループに出くわした。ほぼ全員が女性と子供で、年老いた男性も少しいた。侵攻部隊が占領した地域では、若い沖縄の男性はどこでもほとんど見つからなかった。大部分が貧しい農民か小作人で、ズックのズボンか質素な木綿のローブを身につけていた。多くの者は裸足で、薄汚れていて、全員が栄養不良のようだった。年配者は呆然としていた。多くの者は深々とお辞儀をして、まるでぶたれるとでも思っているかのようにすくみ上がった。しかし、子供たちはアメリカ兵の温かい笑顔に応えて、すぐに恐怖を捨てた。子供たちは目をまん丸にして、手を開き、征服者たちが差しだす施し物を受け取りに近づいてきた――キャンディー、チューインガム、C携行糧食。「子供たちはほとんどみな、かわいらしく、賢そうな顔をしている」とスレッジは書いた。「彼らは丸顔で、黒い目をしている。少年は普通、髪を五分刈り(クローズ・クロップ)にしていて、少女たちはつやのある漆黒の髪の房を当時の日本の子供式におかっぱ(ボブ)にしていた。子供たちはわれわれの心をつかんだ(73)」

このなごやかな交流を呆然と見ていた大人たちも、安心して恐怖を捨てた。日本陸軍のプロパガンダ屋たちがいっていたこととちがって、侵略者たちは鬼でも悪魔でもなかった。沖縄県民は結局のところ、強姦されることも、拷問を受けることも、手脚を切り落とされることも、殺されることもなかった。それどころか、アメリカ軍は一般市民を食べさせるために物資を運びこんでいて、安全になりしだい、彼らを自分の家や村に帰らせるつもりだった。ラヴ・デイの四十八時間後には、民間人難民は、アメリカ軍のジープや戦車が列をなして通りすぎると、手を振ったり敬礼したりしていたし、歩兵たちは、通りすがりに手をのばして子供たちの髪の毛をくしゃくしゃにしていた。

海兵隊員たちにとって、沖縄に上陸して最初の一カ月は、静かな幕間だった。彼らははるか南方で砲撃の音を聞いたが、当面、それは陸軍の問題だった。新しい〝補充〟海兵隊員のなかには、古参兵をたしなめて、太平洋の島の戦闘にかんする彼らの話はどうせ誇張が入っているにちがいないとほのめかすものもいた。毎晩、野営のたびに、彼らは訓練されたとおりに、個人壕を掘って、外辺防御線を敷いた。迫撃砲班は日本軍の夜間浸透攻撃のもっとも可能性が高いルートと思われる場所に武器を試射した。沖縄の土はやわらかい埴壌土(しょくじょうど)で、つるはしと携帯シャベルで楽に掘ることができた。ペリリューのごつごつとした珊瑚の地面にくらべれば、楽な塹壕掘りはありがたかった。夜はひんやりとして、兵士たちはウール裏地のフィールド・ジャケットに感謝した。

砲兵と迫撃砲小隊は、武器と弾薬を運ぶために現地の馬を徴発した。海兵隊員たちが裸馬に乗る姿が見られた。なかには軍服を脱いで、現地の小川で水浴びをする者もいた。第六海兵師団に同行していたジャーナリストのアーニー・パイルによれば、「数十人の薄汚れて髭も剃っていない海兵隊員」は、破壊された家の瓦礫からピンクと青の日本の着物をあさってきて、軍服を洗濯するあいだそれを羽織っていたという[74]。小さな白い山羊をペットにしていた海兵隊員もいた。十八歳のある海兵隊員は従軍記者ボブ・シェロッドに、そろそろ敵の部隊に出くわしたいと語った。なぜなら「こういう弾薬運びにはもううんざりしている」からだった[75]。

そのいっぽうで、南部では陸軍が激しく交戦していた。渡具知の上陸拠点から南方を偵察したジョン・ホッジ将軍の第二十四軍団は、那覇北方の丘陵地帯で日本軍の塹壕陣地に出くわした。第九十六歩兵師団は、嘉数（かかず）高地と呼ばれる特徴ある地形で砲迫と頑強な敵歩兵の抵抗によって阻止された。四月四日から八日にかけての四日間の激戦で、第二十四軍団は千五百名以上の損害をこうむった。アメリカ軍は塹壕を掘って立てこもることを余儀なくされ、状況は長引く流血の膠着状態におちいる危険があった。〈首里ライン〉の強力な天然の要塞が前方にそびえていた。この要塞線は迂回することができず、狙いすました砲兵と迫撃砲の射程内にあるむき出しのルート以外には、近づくことさえできない。

第一次世界大戦中、西部戦線で戦ったことのある者は、ぞっとするような既視感をおぼえた。日本軍は立地をよく吟味していて、それを防御する巧妙な計画を持っていた。兵力の無駄遣いで無益なバンザイ突撃を仕掛けようとはしなかった。彼らの歩兵攻撃は以前の戦いよりずっとよく砲兵と迫撃砲の弾幕と協同していた。反対斜面の射撃陣地と陣地構築物をうまく使って、自分たちの火砲をアメリカ軍の砲兵や戦車のとどかない場所に置いていた。彼らの砲兵はもっとじゅうぶんに補給を受けているアメリカ軍より弾薬の使用を節約していたが、どの砲弾も効果を発揮していた。

第三十二軍の作戦参謀、八原大佐は、消耗戦をくりひろげて、アメリカ軍に流血を強い、本土の同僚たちが防御を強化する時間をかせぐ構想を持っていた。しかし、牛島将軍の上司たちは、読谷と嘉手納の飛行場を奪還する目的で、彼に全力で反撃せよと圧力をかけた。東京の大本営と台湾の第十方面軍は、侵略軍を海岸まで押し返すよう呼びかける至急電をつぎつぎに送ってきた。連合艦隊参謀長の草鹿提督は第三十二軍の参謀長である長将軍に電文を送り、ふたつの飛行場をアメリカ軍から奪い返すようもとめた。[76]四月二日、梅津美治郎将軍が天皇に上奏したとき、天皇裕仁は沖縄を失った場合の国民にあたえる影響に懸念を表明して、こうたずねた。「現地軍はなぜ攻勢に出ぬか[77]」

牛島の評判を気にした長将軍は、第三十二軍が反撃に出るべきだと主張した。八原はこの提案を「無責任もはなはだしい」と切り捨て、日本軍部隊は要塞化された防御線から出たとたんに殲滅されるだろうと警告した。しかし、東京と台湾からの圧力は無視できず、司令部壕内の雰囲気は攻撃を強く支持していた。長と八原の対立する主張を聞いたあと、牛島は四月十二日の夜間奇襲攻撃の計画を承認した。第六十二師団と第二十四師団から選ばれた一個旅団は、日没後、要塞線から出撃し、嘉数高地下のアメリカ軍の塹壕陣地に斬り込む。

攻撃は四月十二日の午前零時に開始された。死に物狂いの白兵戦をふくむ数時間の凄惨な戦闘のすえ、日本軍は退却したが、それから二晩にわたって、攻撃をくりかえした。アメリカ陸軍は損害をこうむったが、攻撃を阻止して、日本軍を押し返した。この経験は八原大佐の意見の正しさを証明したようだった――夜間浸透攻撃の優位がなんであれ、アメリカ軍の砲兵と火力における優位は、日本軍部隊が洞窟と塹壕陣地を出るたびに、不釣り合いな損害をもたらすだろう。牛島将軍は四月十三日の朝、作戦を中止したが、攻撃したいという強い欲求は日本陸軍の心髄にあり、長＝八原の論争はのちの戦いでくりかえされることになる。

連日の空中戦

四月六日の大特攻空襲のあと、アメリカ軍の情報分析員たちは、敵はきっと航空予備兵力を使いつくして、すくなくとも近いうちには、再度こうした規模の攻撃は仕掛けられないと判断した。しかし、この見通しは楽観的すぎた。日本軍は連合軍艦隊に何千機もの飛行機をぶつける準備をしていた。四月六日は十次の〈菊水〉作戦の第一次にすぎなかった——そして、こうした大規模な集中航空攻撃のあいまに、日本軍は沖縄の戦いでほぼ毎日、もっと小規模の空襲を仕掛けることになった。攻撃機には、アメリカ軍が長年目にしていなかった旧式機のさまざまな寄せ集めがふくまれていたが、もっと新型の爆撃機や戦闘機もたくさん使われた。通常の急降下爆撃や雷撃が、特攻やさらには桜花ロケット推進有人自爆ミサイルとも併用された。沖縄戦中の日本軍の航空出撃総数は、最終的に三千七百回を超え、攻撃機は二百隻以上の連合軍艦艇を叩き、四千九百名以上の海軍将兵を戦死させた。

日本軍の航空指揮官たちは、四月六日の攻撃が連合軍艦隊に強烈な一撃をお見舞いしたという思いにふけった。宇垣提督は日記のなかで、偵察機が百五十本以上の黒煙を数え、「沖縄島周邊は全く修羅場となり」と記している。アメリカ軍の戦闘機管制系を傍受した日本軍は、敵搭乗員の「狼狽振り」に満足していた。四月六日、宇垣は「空母四隻を撃沈破せる事概ね確實なり」と結論づけた[78]。大本営は、沖縄の第三十二軍の観測結果を利用したより完全な戦果判定で、米艦三十五隻に命中させ、二十二隻が沈んだという推定を受け入れた[79]。この誇張された戦果を受けて、最高司令部は、集団特攻が敵艦隊を圧倒し、粉砕して、アメリカ軍に沖縄を放棄させる可能性さえ持っていると信じこんだ。四月九日、豊田提督は〈菊水二号〉作戦の準備のために、日本全土の基地から航空増援部隊を九州の飛行場に集結させるよう命じた。

沖縄北東沖の六十平方海里の防御地帯で活動する第五十八機動部隊にとって、体力を消耗する死闘は日常茶飯事だった。部隊は一カ月近く休みなく海上にあり、たえず身の毛のよだつ航空攻撃や特攻機を撃退してきた。空母の三分の一以上がこの攻撃で激しく損傷し、しばしば驚くほど多くの死者を出した。昼と夜は悪夢のように朦朧とすぎていった。指揮系統のあらゆるレベルでの精神的過労は、深刻な懸念材料になった。戦域から艦艇を交替させる必要があった——部分的には修理や維持、補給のためだが、乗組員に短い休息をあたえるためにも。艦隊軍医長たちはパイロット疲労の症状が広まっていると警告した。ジョッコ・クラークの第五十八・一機動群の幕僚は、提督の精神衛生のために、彼が朝浴を終えて、静かに朝食をとるまで、夜間に受信した通信文を見せなかった[80]。海兵隊の戦闘機隊が四月八日に読谷飛行場に飛来したが、さまざまな理由から、陸上基地航空部隊は、戦いのずっとあとになるまで、島と艦隊を守る第一の責任を引き受けることができなかった。「根を下ろす艦隊」は、耐え抜いて、そのあだ名を実証せざるを得なかった。

戦いがつづくうちに、アメリカ軍は毎日の空中戦という容赦のない学校で、重要な教訓を学んだ。日本軍はたえず新しい戦術をためし、防御側はそれに順応せざるを得なかった。偵察機が超高高度で飛来しはじめると、アメリカ軍は高度三万五千フィートの〝高高度戦闘空中哨戒〟を空中待機させた。ヘルキャットとコルセアのパイロットはその高高度で旋回した。操縦席はカナダのイグルーのように寒く、パイロットたちは酸素マスクでボンベの酸素を吸った。持ち場に留まるには巧みな操縦が必要だった。その高度では、西風がしばしば風速百五十ノットを超えるからである。沖縄ではレーダーが——以前の戦いにもまして——天の恵みだったが、当時使われていた装置は、来襲する敵機の高度をかならずしも正確に推定できるわけではなかったし、距離が近くなると、しばしば探知を失った。

対策として、アメリカ軍は、沖縄のはずれと艦隊の哨戒区域の十六箇所の〝配置〟に、レーダー警戒駆逐艦を展開させた。なかでもいそがしい警戒配置は、駆逐艦二隻が哨戒にあたり、二隻から四隻の水陸両用砲艇が支援の対空砲火を提供した。彼らはレーダーと音響、そして目で、敵機と敵潜水艦をたえず捜索しつづけた。日中は強力な直衛戦闘機隊が頭上を旋回した。戦闘機管制官（ＦＤＯ）が警戒駆逐艦自体の艦上に配置され、上空を旋回する戦闘機に指示をあたえた。ＦＤＯと直衛戦闘機との隠語とコード名まじりの専門的会話は、戦闘機管制官間（ＩＦＤ）系で放送され、艦隊の全艦艇の拡声器で流された。この手段によって、各艦艇の士官と水兵は、飛来する空襲隊の動きを、頭上の空に見える前に追うことができた。「ＩＦＤ系はすぐにわれわれの救いとなり娯楽となった」と沖縄沖の戦艦の対空機銃長はいった。「接近する敵の動きをたどることで身を守る準備ができたし、もちろんこういう状況下ではじつに興味をそそられた」[81]

どの提督も声に出して認めたくはなかったが、冷徹な現実は、各警戒艦がたんなる早期警戒レーダーの〝仕掛け線〟ではなかったことだった。彼らは、来襲する敵機のうちのある程度の関心をそらすことを目的とした、囮部隊だった。駆逐艦と砲艇（ＬＣＳとＬＣＩ）は、南方の大型艦や、上陸拠点沖の満載状態の兵員輸送艦や輸送艦ほど重要ではなかった。彼らは犠牲にしてもよく、乗組員もそのことを知っていた。長い戦いのあいだずっと、警戒艦艇は特攻機の怒りの矛先に耐えていた。警戒配置上空の直衛機隊は、とくに曇った日や日没後には、しばしば手薄だった。艦上戦闘機とちがって、特攻機のパイロットは、暗闇のなかで基地に戻っていく心配をしなくてよかった。小さな警戒艦艇はしばしば、操艦と対空火器しか身を守るすべがなかった。そして、たとえ強力な直衛機隊が頭上にあって、日本軍機の来襲を迎え撃ったとしても、レーダー・スコープは敵味方の識別ができなかった。特攻機はいついかなるとき空中の格闘戦から抜けだして、眼下の艦艇に突然、つっこんでくるかもしれなかった。警戒駆逐艦が二機以上の急降下機に同時に狙われたら、射撃指揮官は射撃を分散せざる得ず、命中精度もそれによって低下した。

警戒駆逐艦の艦長は経験からしだいに攻撃をもっと効果的に回避するようになった。どの回避運動でも最大速力をしぼりだして、艦の敏捷さを高めた。舵を切って、急降下する敵機がつねに艦の正横にくるようにして、最大限可能な対空砲火を目標に向けられるようにした。警戒艦艇が一撃食らったら――あるいは敵機が損害をあたえるような至近距離に落ちたら――速力と運動性の一部が失われる可能性が高かった。一基以上の対空砲台が沈黙すれば――艦砲が使用不能になったり、砲員が戦死したら――後続の特攻機にたいしてより脆弱になるかもしれなかった。この問題は、四月十六日、第一番レーダー警戒配置の駆逐艦ラフィーの試練によって悲惨にもあきらかになった。二千二百トンの駆逐艦は、八分間に二十二機の日本軍機の攻撃を受けた。爆弾四発と特攻機六機が命中したラフィーは、三十二名が戦死し、七十一名が負傷して、乗組員の三分の一近い損害をこうむった。

四月六日から六月二十二日までの、十次の集団特攻作戦で、特攻機は数の威力で連合軍の防御を圧倒した。敵機は対空火器の有効射程外の五、六海里の距離で目標を旋回し、しかるのち全方向から同時に攻撃して、個々の対空火器が群がる敵機をほとんど無作為にしか撃てないようにした。沖縄の戦いの全期間をつうじて、十五隻のレーダー警戒艦艇が沈められ、五十隻が損傷した。これは、この期間に配置についた艦の三分の一近くにのぼる。レーダー警戒艦艇の乗組員の総死傷者だけで（艦隊の残りはふくまず）、戦死千三百四十八名、負傷千五百八十六名だった。[82]

ターナー提督はニミッツ提督に、特攻機によって損傷した警戒艦艇の二十八枚ひと組の写真を送った。どの写真も、悲惨なほどずたずたにされた駆逐艦と砲艇の姿をとらえていた。甲板には大きな破孔が開き、上部構造物は破壊されて黒焦げになり、砲塔は舷側にのしかかって、溶けた鋼鉄が海のほうへ垂れ下がっていた。ターナーは添え状にこう書いた。「これを見れば、わが軍将兵がどんな目に遭っているのかわかるでしょう。彼らがどうやって艦を復帰させるのかは謎ですが、彼らは陽気で、艦を後方地域に引き揚げさせるかわりに現場に留まるためなら、できることはなんでもやります。士気は、自分たちがなにに立ち向かっているのかをよく知っているレーダー警戒艦艇のあいだでも、われわれ全員と同様、きわめて高いようですし、彼らはこの線にそって戦い抜く所存です(83)」

ミッチャーは何度も空母機動群を北へ送って、九州の日本軍飛行場を空襲させた。彼らは滑走路を爆撃し、防空する戦闘機を撃墜して、見つけた駐機中の飛行機をかたっぱしから機銃掃射した。しかし、アメリカ軍は日本軍の航空脅威の息の根をその源で止めることにはついに成功しなかった。ルソン島でやったように、九州全域に〝大きな青い毛布〟をかけることがどうしてもできなかったのである。九州は広すぎて、あまりにも多くの飛行場があり、あまりにも分散していて、対空防御もルソン島よりずっとあなどりがたかった。宇垣提督の第五航空艦隊は、近くの四国と本州南部の飛行場にも飛行機を分散させることができた。ニミッツ提督はグアムの司令部から、暫定的な権限を利用して、第二十航空軍の参加を要請し、数百機のB－29が一九四五年四月と五月の十七日間、九州と四国の飛行場に高性能通常爆弾を投下した。

しかし、こうした空襲も第五航空艦隊を廃業状態におちいらせることはできなかった。鹿屋と多くの衛星飛行場は、特攻機の宝庫でありつづけた。日本軍機は分散して保管され、擬装網か茂みの陰に隠されて、夜明け前の夜陰に乗じて離陸位置に移動された。滑走路の爆弾穴は、手押し車やバケツ、シャベル、手押しローラーなどの素朴な道具と装備で作業する労働者の班によってすばやく埋められた。米艦上爆撃機とスーパーフォートレスは、飛び去ってから数時間後に起爆する延期爆弾を投下した――しかし、この爆発で何人の作業員が死のうと、日本軍がその損失を穴埋めする人的資源に欠くことはなかった。

こうした作戦はアメリカ陸軍航空軍の将軍たちには評判がよくなかった。彼らは、進行中の日本の都市と航空機工場にたいする戦略爆撃任務からＢ－29を転用するのに反対した。しかし、ルメイ将軍がニミッツに不満を漏らすと、太平洋艦隊司令長官は爆撃空襲をつづけるようきっぱりと告げた。この議論は指揮系統をさかのぼって統合参謀本部に持ちこまれ、統合参謀本部はニミッツを支持した。スーパーフォートレス部隊は、四月八日から五月十一日まで九州と四国の飛行場にたいして千六百回以上の爆撃任務を実施して、やっとこの望まない任務から解放された。ルメイは回想録で、この任務はあやまった着想にもとづいていて、努力の価値はなかったと主張している。「Ｂ－29は戦術爆撃機ではなかったし、そうであるふりをしたこともなかった。どんなにこれらの飛行場を叩いても、カミカゼの脅威をゼロにすることはできなかった。ある割合で、脅威はつねに存在した」(84)

〈菊水二号〉作戦

沖縄の西方、那覇と渡具知沖の混雑する沿岸海域では、海に漂流物やがらくたが散らばっていた。輸送艦と水陸両用艦隊の乗組員は、自爆高速艇や豆潜水艇、さらには爆薬のベルトを巻いた水中工作員に油断なく目を光らせていた。四月九日の夜明け前に、駆逐艦チャールズ・Ｊ・バッジャーが高速艇の落とした機雷にやられたあと、懐中電灯とトンプソン短機関銃(トミー・ガン)を持った番兵が全艦に配置された。彼らは運まかせにせずに、射程内にただよっているどんな残骸にでも銃をぶっ放す傾向があった。艦隊は艦砲応答射撃と、首里と那覇北方の戦場上空をひと晩中、照らしだすことで、第十軍を支援した。アメリカ軍と日本軍のあいだの〝中間地帯〟は毎晩、日暮れから夜明けまで、星弾でずっと煌々と照らしだされた。陸の将兵はこの支援に感謝し、これが夜間浸透攻撃の脅威を減らしたと認めた。

ＩＦＤ系の声が、〝敵機〟警戒線に接近中と報告するたびに、警報ブザーが艦内で鳴り響き、らっぱ手が拡声器で召集らっぱを吹き鳴らして、乗組員は総員配置についた。艦長は〈コンディション・ゼット〉を発令し、全防水扉とハッチを閉め、緊締金物を掛けるようもとめた。デイヨ提督の第五十四機動部隊の艦砲射撃艦艇は、昔の西部開拓時代の幌馬車隊よろしく、防御用の円陣隊形を組んだ。化学煙幕発生器が青灰色の濃い煙を発しはじめた。煙はそよ風に乗ってただよい、海から離れないようだった。砲員たちと射撃指揮官は空に目を走らせ、FDOと戦闘機パイロットとの無線交信に耳をかたむけた。各艦の〝火線〟の砲員たちは、上は五インチ砲から下は二十ミリ機銃まで、大小さまざまな対空火器につき、銃砲身を空に向けて、油断なく身がまえた。

この時期のもっとも破壊力があって多用途の火器が、中射程の四十ミリ・ボフォース連装機銃だった。ボフォースは二ポンドの飛翔体を銃口初速毎秒二千八百九十フィートで撃ちだした。各銃身の発射速度は毎分百六十発で、二マイル近い射程まで低伸弾道を維持した。ボフォースは急角度で降下する特攻機がまだ一マイル以上先にいる時点で射弾を命中させることができ、四十ミリ弾は機体をばらばらにしはじめる——主翼を切断し、胴体の一部をもぎ取って、前方風防と天蓋を粉砕し、プロペラを吹き飛ばす。飛行機でもっとも重く堅牢な部分であるエンジンと機体は、短いあいだそのまま突進するかもしれない——飛行機の残りの部分がなくなったあとでも——が、やがてついに機首を下げて海につっこむ。戦艦アイダホの対空機銃長ロバート・ウォレス大尉はボフォース機銃についてこう断定している。「もしその砲員が自分たちのやっていることを心得ていたら、四連装四十ミリ一基さえくぐり抜けられるカミカゼはいなかった(85)」

より口径の大きな五インチ／三十八口径砲の全潜在能力は、VT（可変爆発時）信管の採用によって理解された。「感応信管」とか「近接信管」とも呼ばれるVT信管は、砲弾自体に小型の短距離ドップラー・レーダーがセットされている。この技術的驚異は、急速に移動する小さな目標——敵機

――の下でも後方でもなく、近くで砲弾を爆発させるという問題を解決した[86]。見ている者にとって、ＶＴ信管がついた五インチ砲弾がうまく機能するのは、目を見張る光景だった。もし目標が爆撃機なら、砲弾は通常、搭載爆弾を誘爆させる。敵機は炎上して海に墜落するのではなく、空中でそのまま分解して、黒煙の雲しか残さなかった。

四月十二日は、晴れてさわやかな日で、視程はほぼ無限だった。宇垣提督は、戦闘機百五十機と雷撃機四十五機が帯同する特攻機百八十五機からなる〈菊水二号〉作戦を発動した。作戦は午前十一時すぎに開始され、百二十九機が九州南部の飛行場を離陸した。その二時間後、第一番レーダー警戒配置（通称〝棺桶街角（コフィン・コーナー）〟）につく一隻の駆逐艦と四隻のＬＣＳ（Ｌ）砲艇のレーダー・スコープに輝点が現われ、三十機の愛知九九式艦爆が駆逐艦パーディとカシン・ヤングに襲いかかった。二隻は対空砲火の壁を築き、十数機が炎上して周囲の海に墜落した。両駆逐艦と一隻の砲艇がその後の戦闘で被弾し、大きな損害をこうむった。パーディの艦長は戦闘報告書でこう述べている。「レーダー警戒配置任務を割り当てられた駆逐艦が長く輝かしい艦歴をおくる見こみは、平均予測値を下まわる。この任務はきわめて危険で、ひじょうに疲れ、まったく楽しいものではない[87]」

その日の午後、沖縄西方の〝カミカゼ渓谷〟と呼ばれる海域で、デイヨ提督の第五十四機動部隊の艦艇が敵機の大群に攻撃された。午後一時二十六分、ＩＦＤ系で招集がかかった。「エクスブルック。エクスブルック。〔全艦に達する〕指揮官より命ず。『フラッシュ・レッド、コントロール・グリーン〔接近する飛行機は視認しだい撃て〕』[88]」三機の雷撃機が波をかすめるような高度を高速で接近し、護衛艦艇をかわして、陣形中心部の戦艦に狙いをさだめた。一機は四十ミリ機銃の射撃で蜂の巣にされ、駆逐艦ゼラーズの左舷側に命中して、火の玉となって爆発し、乗組員二十九名を戦死させた。戦艦テネシーは、ゼラーズの上げる煙をくぐり抜けたさらに五機の低空攻撃機に襲いかかられた。敵機はテネシーとアイダホの四十ミリと二十ミリ機銃の収束する曳光弾を食らって一機また一機と撃墜された。その数分後、もう一機が空から舞い降りて、絶好のタイミングでテネシーに緩降下攻撃を仕掛け、艦の真正面で撃墜された。艦首左舷の一機の九九式艦爆は、上部構造物に直接、向かってきた。艦爆は四十ミリ四連装機銃の一基につっこんで、砲員全員を殺し、燃えるガソリンを甲板にぶちまけた。その二百五十キロ爆弾は甲板を貫通し、准士官の居住区で爆発した。テネシーは戦死二十三名、負傷百六名の被害を出し、うち数十名はひどい火傷を負った。

二機の中島九七式艦上攻撃機（連合軍コード名「ケイト」）がアイダホに爆撃航程を開始し、左舷後方から攻撃してきた。五インチVT砲弾が一機目の九七式艦攻の爆弾を誘爆させ、機体を完全に破壊したため、残骸も破片も海に落ちるところは見えなかった。二機目の九七式艦攻はなおも向かってきて、撃破された僚機の煙で一瞬、見えなくなった。二十ミリ機銃がついに直射距離でその敵機を食い止めたが、敵機はおそらくアイダホの左舷後方二十フィートまで迫っていた。その爆弾が爆発して、機体の残骸と弾片を甲板にまき散らし、艦の張りだした魚雷防御区画のうち八つを浸水させて、十数名を負傷させた。アイダホの上部構造物前部の配置から見ていたウォレス大尉は、敵機が艦につっこんだにちがいないと思った。「ごく近くで爆発する爆弾は、映画のようなどかーんという音はたてない」と彼は述べた。「稲妻のようにばりばりと音をたてる」[89]

たえまない戦闘は夕暮れまでつづいた。第五十八機動部隊は、いかなる直撃弾も、損害をあたえる至近弾もまぬがれ、その戦闘機隊は日本軍機百五十一機撃墜の主張とともに帰投した。[90]

ローズヴェルト死去

艦隊にたいする前例のない攻撃の翌朝、衝撃的なニュースがワシントンのフォレスタル長官から

〝ＡＬＮＡＶ〟──全海軍への通信文──経由ですべての艦艇と基地につたえられた。フランクリン・Ｄ・ローズヴェルト大統領が死去した。大統領はジョージア州ウォーム・スプリングズで大量脳出血により亡くなった。前日こうむった特攻機の直撃からいまだ回復中の戦艦テネシーでは、艦の拡声器がこう発表した。「よく聞け。ローズヴェルト大統領が逝去された。くりかえす、わが軍の最高司令官、ローズヴェルト大統領が逝去された[91]」

このニュースは衝撃と悲しみ、そして戦争の将来についての不安で迎えられた。若い兵士たちにはＦＤＲが大統領ではなかった時代の記憶がなかった。渡具知沖の攻撃輸送艦上のある水兵は回想している。「ほとんど誰も口をきかず、顔を見合わせることさえなかった。われわれは散っていき、本能的にひとりになりたがっているようだった。多くの者が祈った。多くの者が涙を流した[92]」《ニューヨーカー》誌の記者ジョン・ラードナーは多くの海兵隊員が「途方に暮れて、考えを言葉にできなかった。ほかの者たちはショックで黙りこみ、歩きながら夢想にふけるような感じで仕事に取りかかった。……こんな効果をあたえるニュースは見たことがなかった[93]」と述べている。

フランクリンと妻エレノアの六番目でいちばん下の子供、ジョン・Ａ・ローズヴェルトは、空母ホーネットの幹部補給係将校だった。ジョッコ・クラーク提督はローズヴェルト大尉の居室に降りていって、このニュースをつたえた。クラークは、父の葬儀のためにローズヴェルトを帰国させるといったが、大尉はことわって、こういった。「わたしの居場所はここです[94]」

フォレスタル長官の命により、全艦艇は四月十五日の日曜日、特別な追悼式をもよおした。典型的な礼式で、艦の全乗組員は五分間の黙禱を捧げ、小銃の一斉射撃が三度響き渡り、大統領を弔った。ハリー・トルーマンは一九三三年以来、ＦＤＲの三人目の副大統領だった。多くのアメリカ人は、彼の名前さえ認識していなかった。マッカーサーのマニラの司令部を取材中のＣＢＳラジオの記者ウィリアム・ダンは、現職副大統領の名前を思いだせないことをきまり悪そうに認めた。ＦＤＲの死のニュースを聞いて、「わたしは、自分の偉大な国家の舵を取っているのが誰か知らないアメリカ人記者という、あやしげな名声を手にしたのだ！」[95]。ジーン・スレッジは自分と仲間の海兵隊員たちがトルーマンのことを「気になり、少し心配した」と書き記している。「われわれはまちがいなく、〔戦争を〕必要より一日でも長引かせる誰かがホワイトハウスにいてもらいたくなかった」[96]

対照的に、日本の第三十二軍司令部壕の雰囲気は興奮状態だった。八原大佐によれば、「多くの者はいまや戦争の勝利はまちがいないと確信したようだった」[97]（訳註：出典の該当箇所の日本語原文は「何か沖縄戦の将来を卜(ぼく)する吉兆の如くにも思いなされ、一時将兵を大いに嬉しがらせたものである」）。なかには、四月十二日の沖縄における地上攻撃と〈菊水〉特攻総攻撃が、きっとＦＤＲを死なせた脳卒中の引き金を引いたにちがいないと憶測する者もいた。島内のアメリカ軍部隊に向けたプロパガンダのビラは、アメリカ軍空母の七〇パーセントが沈没したか損傷し、艦隊は十五万名の損害をこうむったと断言した。「故大統領でなくとも、このような壊滅的な損害の知らせを聞けば、誰でも心配のあまり死んでしまうだろう。諸君らの指導者を死に至らしめた恐るべき損失は、諸君らをこの島の孤児にするだろう。日本の特別攻撃隊は、諸君らの艦艇を最後の駆逐艦一隻まで沈めるだろう。諸君らは近い将来、それが実現するのをその目で見ることになる」[98]

ＦＤＲの死のニュースが全世界を駆けめぐる一方で、東京ではきわめて重要な政治的出来事が発表されていた。小磯首相と彼の内閣の大半が、権力の座を追われたのである。七十七歳の退役海軍提督で宮中の要人だった鈴木貫太郎が、新首相に任命された。〈最高戦争指導会議〉（〈六巨頭〉）の六人のメンバーのうち五人が交代した。唯一残ったのは、和平派のリーダーとして知られる米内提督だった。

宇垣提督はおそらく皮肉めかして、最近の沖縄の特攻総攻撃と地上攻勢が、「内閣を倒し『ル』を殺し、色々の反響あり」と書いている[99]（訳註：「ル」は、ルーズベルト〔本書では本来の発音に近い「ローズヴェルト」と表記〕大統領のこと）。

第十四章 惨禍の沖縄戦

死に物狂いの反撃で地上戦は膠着、
海上では特攻機が機動部隊旗艦を戦闘不能に。
だが十万人近い民間人を犠牲にした沖縄失陥は、
不可避の敗北の再確認でしかなかった。

1945年5月11日、沖縄沖で2機の特攻機につっこまれた直後の第五十八機動部隊マーク・ミッチャー提督の旗艦バンカー・ヒル。National Archives

長く厳しい流血の戦い

那覇＝首里＝与那原の防御線の膠着状態を打破する決意をかためたバックナー将軍は、新たな地上攻勢の計画を承認した。三個陸軍師団――西から東へ、第七師団、第九十六師団、第二十七師団――は横一線で同時に攻撃を仕掛け、嘉数高地と西原高地、棚原高地の支配権を獲得するのを目標とする。四月十九日の夜明け、アメリカ軍の砲兵と艦砲射撃が、沖縄の戦いで最大の弾幕射撃を開始した。米第十軍の砲兵は四十分間に一万九千発の砲弾を日本軍の前線に発射した。戦艦六隻、巡洋艦六隻、駆逐艦八隻の艦砲は、指定された目標に榴弾の雨を降らせた。海兵隊と海軍の艦載機が爆弾とロケット弾をそれに追加した。

その光景は見る者全員を魅了したが、砲爆撃はほとんどが空騒ぎだった。日本軍将兵は洞窟と地下壕に安全に身をひそめ、天然の石灰岩にしっかりと守られていて、砲爆撃がやむとすぐにすばやく地上に戻ってきた。第二十四軍団の直轄砲兵部隊を指揮するジョゼフ・シーツ准将は、日本軍の前線に撃ちこまれた百発の砲弾につき一名の日本兵士しか死んでいないと判断した。(1)

第二十七歩兵師団は、歩兵の支援を受けた三十輛のシャーマン戦車で嘉数高地を攻め上った。戦車が斜面の傾斜のきつい部分にさしかかると、日本軍の火砲と迫撃砲が突然、殺人的な砲火で彼らをつつみこんだ。数梃の機関銃が四十七ミリ対戦車砲の直撃を受けて使用不能になった。弾幕が上がると、何百という日本兵が叫びながら高地を下って突撃してきた。彼らはアメリカ軍歩兵を押し返し、手榴弾と十キロ梱包爆薬で戦車を攻撃した。二十二輛のシャーマン戦車が撃破された。これは太平洋戦争におけるアメリカ軍戦車の一日の損害としては最大だった。西方では、第七歩兵師団がむき出しの地形で、あらかじめ斜面の下のほうに着弾するように試射されていた火砲と迫撃砲の射撃につかまった。第九十六師団は、日本軍の第六十六師団が守る地帯の中心部にある棚原（たなばる）＝西原（にしばる）稜線を攻撃した。稜線を占領した二個前進小隊は、より高い場所からの射撃で釘づけにされ、大きな損害を出しながら後退するほかなかった。四月十九日の攻撃で、アメリカ軍は、地域の戦術的に重要などの高地でも恒久的な優勢を手に入れることができず、死傷者行方不明者七百二十名の代償をはらって、ほとんど攻撃発起線まで押し返された。

　バックナーと部下たちは、長く厳しい流血の戦いが待ちかまえていることを理解しはじめた。敵の陣地構築物の防御線はよく築城され、海岸から海岸まで島を横切っていた。地形上、迂回あるいは野戦機動の見こみはほとんどなく、多くの箇所は、けわしくでこぼこで、戦車が通れなかった。陸軍の公刊戦史によれば、この地形は「まったくパターンがなかった。小さな卓上台地（メサ）のような丘の頂上、深い小谷、円い粘土の丘、おだやかな緑の渓谷、むき出しででこぼこの珊瑚の丘、ごつごつした土盛り、狭い峡谷、そして高地の集まりから指のように下にのびる傾斜した尾根で、混沌としていた」(2)。アメリカ軍にとって、制空権と優勢な火力は貴重な利点だったが、それらは決定的要素ではなかった。ジレンマは海兵隊が硫黄島で直面したものと同じだったが、より規模が大きかった。アメリカ軍は物理的な力を使って、太平洋屈指のやっかいな地形に向かって攻め上らねばならなかった。

四月十九日の失敗した攻撃につづいて、前線の全域で熾烈な地上戦が五日間、展開された。アメリカ軍の歩兵は苦い経験から、恐るべき日本軍の陣地構築物を攻撃する方法を学びつつあった。戦場の大岩や洞窟、トーチカをひとつ残らず地図にまとめた彼らは、日本軍の銃眼のあいだの盲点、つまり〝死角〟を発見した。歩兵の動きを砲兵の弾幕射撃とよりいっそう密接にタイミングを合わせて、前進偵察隊は、日本兵がまだ遮蔽物から出てきているあいだに、この死角に入りこむことに成功した。各分隊がトーチカや洞窟の入り口を包囲するか、その上によじ登れれば、なかにいる日本兵は目つぶしを食らうことになる。これは火炎放射器や手榴弾、梱包爆薬、小火器、銃剣、ナイフや素手さえも使った、時間のかかる、血なまぐさい、危険な作業だった。バックナー将軍はこうした戦術を「ブロートーチとコルク抜き」方式と呼んだ。日本軍は「馬乗り攻撃」と呼んだ。

艦砲射撃と航空支援は沖縄では重要だったが、個々の歩兵部隊の勇気や自発性、根性の座を奪うことはなかった。つまるところ、陸軍兵も海兵隊員も、敵を地下から引きずりだして、殺さねばならなかった。ほかの手はなかった。迂回行動で優位を手に入れることはめったにできなかった。首里の高地周囲の狭苦しい地形では、各大隊は人口が密集した前線の一画――平均して六百ヤードにつき千名の将兵――に押しこまれ、敵を攻撃する唯一の方法は正面攻撃だった。彼らは正面の尾根を短いあいだ支配しても、その後、さらに南方の陣地からの激しい砲火や、優勢な日本軍歩兵の反撃によって、押し返されるかもしれなかった。これは沖縄でくりかえされたパターンだった。高地は、ときには十数回にもおよぶ一連の攻撃と反撃によって、持ち主がしばしば変わった。

アメリカ軍と日本軍の戦死者が戦場にならんで横たわっていた。かつては緑におおわれていた風景からは、木の葉が残らず吹き飛ばされるか焼きつくされ、彼我の前線にはさまれた地帯は、傷だらけで裸になった荒れ地だった。火砲と迫撃砲の砲弾はたえまなく落下して、塹壕と個人壕の壁を揺らした。日本軍の夜間浸透攻撃は夜ごとの恐怖だった。それまでのどんな太平洋の戦場よりも多くの歩兵が精神衰弱に苦しみ、〝精神病〟患者として後送しなければならなかった。従軍記者のジョン・ラードナーは、ひとりの兵士がふたりの衛生兵によって前線からつれだされるのを目撃した。彼は負傷していなかったが、目を大きく見開き、叫んでいた。「やつらはおまえたちをひとり残らずやっつけるぞ！　やつらはおまえたちをひとり残らずやっつけるぞ！(3)」

沖縄北西海岸につきだした本部半島では、第六海兵師団が日本軍の二個大隊をじょじょに追いつめ、撃破していた。半島中央部のけわしく木々が鬱蒼と生い茂った土地では、過酷な戦闘が必要で、海兵隊が支配権を確保したあとでも、長い掃討の過程を要した。第七十七歩兵師団隷下の三個連隊は、本部半島西部の岬のすぐ沖に浮かぶ小島、伊江島に上陸していた。偵察飛行では、島内の日本軍部隊の兵力が正確につかめず、陸軍は彼らが〈血染めの高地〉と呼んだ地形で、思いがけない激しい抵抗に遭遇した。伊江島の抵抗を鎮めるのには五日間を要した。アメリカ軍は戦死者二百五十八名、負傷者八百七十九名を出した。四千七百名の日本軍守備隊は事実上すべて殲滅された。

伊江島の激戦は、みんなに愛された高名な従軍記者のアーニー・パイルの命も奪った。GIたちは彼に〝兵士の友〟とあだ名をつけていた(4)。アフリカやイタリア、ヨーロッパ北部、そして太平洋の過去の戦闘で、パイルはしばしば野戦の兵士たちといっしょに行軍し、生活して、重大な危険に身をさらしてきた。伊江島の作戦は彼の最後の戦闘取材になるはずだった。彼はすでにアメリカに帰国するため、C－54輸送機の席を割り当てられていた。四月十八日、パイルは前線視察のため、一大隊長とジープの後部に同乗していた。車が交差点でスピードを落としたとき、日本軍の機関銃が火を噴いた。機関銃は道路わきから数フィートの濃い茂みの一画に隠してあった。運転手と同乗者たちは車から飛び降り、道路の反対側の溝に隠れた。その最初の連射では誰も撃たれなかったが、パイルはひと目見ようと頭を上げるというあやまちを犯した。彼はヘルメットのすぐ下の左こめかみを撃たれ、即死した。のちに兵士たちは木製の標識を立てた。「この場所で、第七十七歩兵師団は、一九四五年四月十八日、仲間のアーニー・パイルを失った(5)」

四月三十日、バックナー将軍は海兵隊に、〈首里ライン〉の中央部と西部に移動するよう命じた。五月一日にトラックで南へ向かった海兵隊員たちは、テント村や補給品集積所、ブルドーザーや土木機械が風景を作り変えている道路建設現場を通りすぎた。逆方向の北へ行進しているのは、流血を体験した第二十七師団の歴戦の兵士たちだった。第一海兵師団は彼らに代わって前線につくことになっていた。「悲惨な表情を見れば、彼らがどこにいたかはわかった」とジーン・スレッジは書いている。「彼らは疲れはて、薄汚れて、ぞっとするようで、うつろな目に、こわばった表情をしていた。ペリリュー以来、こんな顔を見たことはなかった」通りすがりのある兵士はスレッジに予期すべきことを教えた。「あっちは地獄さ、海兵(6)」

前線に近づくと、戦闘の音がどんどん大きくなり、起伏する田園風景が、灰色のあばただらけの荒れ地に取って代わられた。尾根の高い部分では、砲兵が象牙色の珊瑚の断崖をむき出しにしていた。岩は砲弾で削られ、吹き飛ばされていた。丘の頂上の高台から前方を見まわしたウィリアム・マンチェスター伍長は、その光景に「恐ろしいが、奇妙なほど見おぼえがあった。そのときわたしは気づいた、一九一四〜一九一八年（訳註：第一次世界大戦）の写真に似ていると。ヴェルダンとパッセンダーレはきっとこういう様子だったにちがいないと、わたしは思った。ふたつの大軍が、泥と煙のなかに向き合って陣取り、想像を絶するほど苦しみながら、からみ合っていた。迂回作戦の余地はなかった。東には太平洋が、西には東シナ海が横たわっていた(7)」。

攻勢に出る日本軍

首里城の地下深く、日本軍の第三十二軍の司令部壕では、アメリカ軍の砲弾や爆弾は迷惑程度でしかなかった。爆発はまるで遠く離れているかのように心地よく弱められていた。しかし、地下壕は、じめじめして息苦しく、ときどき爆煙が通気孔から吹きこんでくると、全員が防毒面を取りに走った。四月二十九日、長中将は参謀と師団長たちを会議に招集した。長はふたたび反撃を仕掛けることに前向きだったが、四月十二日の失敗に終わった作戦より何倍も大規模な反撃を望んでいた。いつものように、八原大佐は反対の立場をとった。彼は、三週間、アメリカ軍に流血を強いてきた防御的な消耗戦術をつづけることに賛成だった。八原は敵の首里への前進は一日約百メートルのペースに抑えられているといった。日本軍将兵を安全な陣地構築物から送りだし、膨大な数の敵砲兵、艦砲射撃、航空兵力にさらすことは、「無謀で、確実な敗北につながるだろう」[8]（訳註：戦史叢書第十一巻『沖縄方面陸軍作戦』によれば、八原は「劣勢なわが軍が絶対優勢な米軍に対し攻勢をとれば、米軍一の損害に対しわが方は五の損害を生じ攻勢は失敗する。無謀といえる」と反対した）。しかし、主導権を握りたいという長参謀長の願いは、師団長や野戦指揮官たちの心に響いた。彼らは八原の防御的な戦術が最終的にはきっと完敗を招くにちがいないと見越したのである。

牛島将軍は部下全員の意見を聞いたのち、攻撃の主張を認める決定を下した。攻撃は五月四日の夜明け前に予定された。最後の命令はこう呼びかけた。「総力を挙げよ。兵士ひとりひとりがすくなくとも米鬼ひとりを殺すのだ」[9]

作戦は沖縄の戦いでもっとも激しい日本軍の迫撃砲と火砲の弾幕射撃によって開始され、最初の三時間で一万三千発の砲弾が消費された。少人数のコマンドー偵察隊が日本軍の洞窟からしのび出て、アメリカ軍の戦線後方に浸透しようとした。日本軍の第二十七戦車連隊は軽戦車と中戦車を前進させ、米第七師団と第七十七師団の境界近くで第二十四軍団の前線中央にぶつけるつもりだった。日本軍の逆上陸部隊は、那覇と与那原南方の海岸から舟艇で出撃した。初期の進展は心強く思えた。第三十二連隊は前田村東方の高地を占領し、第二十二連隊は翁長北方の尾根まで前進して、その位置からアメリカ軍の機関銃チームふたつを追いはらった。アメリカ第一八四連隊隷下の三個中隊は側面に回りこまれ、〈チムニー・クラッグ〉と〈ルーレット・ホイール〉と命名された岩だらけの尾根の頂で孤立させられた。

しかし、正午には日本軍の前進の勢いは尽きつつあった。対砲兵射撃と航空攻撃は日本軍の火砲五十門以上を破壊し、それ以外のほとんどは遮蔽のため洞窟に引きこまれた。日本軍の戦車の一部は道に迷って、引き揚げざるを得なかった。それ以外は、アメリカ軍の火砲と飛行機によって動けなくなるか破壊された。逆上陸も東西両方の海岸で失敗した。舟艇の大半は部隊が上陸する前に破壊され、五百名から八百名の将兵とほとんどの上陸用舟艇が失われた。

五月五日の終わりには、牛島も攻勢の失敗を認め、全攻撃部隊をもとの位置に呼び戻した。日本軍はすくなくとも六千名の将兵を失い、第二十七戦車連隊には六輌の中戦車しか残っていなかった。各砲兵大隊は多くの砲を失い、さらに残っていた大量の弾薬を費消した。牛島は首里地下壕での沈痛な会談で、八原大佐に彼のいうことが正しかったと告げ、今後の沖縄の戦いでは防御的な消耗戦術に終始すると誓った。しかし、八原大佐が書いているように、「五月四日の重傷を癒やす奇跡の薬はなかった」[10]（訳註：日本語原文は「もとより活力を失った戦線に、起死回生の妙薬があろうはずなく」）。失望感が日本軍将兵に広まった。

アメリカ陸軍の二個師団は五月四日に三百三十五名の人的損害をこうむり、五月五日にはさらに三百七十九名の損害を出した。しかし、戦線全体の力のバランスは変わっていて、アメリカ軍はただちに自分たちの優位を拡張するために動いた。バックナー将軍は麾下の師団長と軍団長に、あと二週間後には首里まで突破することを期待するとつたえた。第一海兵師団は日本軍の前線西端の主要地物である六〇高地を攻撃した。その頂上は五月六日から九日のあいだの熾烈な戦闘で所有者を二度変えたが、海兵隊はついに高地に地歩を固めた。その左側では、第五海兵連隊が戦車と歩兵をもって安波茶（あはちゃ）南方の複雑な地形に攻めこんだ。第一八四歩兵連隊（第七師団）は、〈ガジャ・リッジ〉と〈コニカル・ヒル〉で新たな攻勢を開始し、五月七日と八日に驚くほど迅速に前進した。アメリカ軍の前線中央では、第七十七歩兵師団が五号線を進撃し、あらゆる高地と尾根で日本軍の死に物狂いの抵抗を制圧した。五月十一日には、第十軍は真栄田（まえだ）、幸地（こうち）、安波茶を通る前線を支配し、安全な補給線が渡具知の上陸拠点までつづいていた。しかし、首里城の恐るべき城塞は依然として南方に立ちはだかり、それを落とすにはさらに激しい戦闘が必要だった。

特攻機パイロットたちの心中

四月十四日、東京の大本営は、沖縄沖の連合軍艦隊にたいする航空攻撃で三百二十六隻の艦艇を撃沈破したと発表していた。「確実」な撃沈は空母六隻、戦艦七隻、巡洋艦三十四隻、駆逐艦四十八隻と、各種補助艦艇だった。公式発表によれば、実際の数はさらに多いと考えられた――しかし、慎重に慎重をかさね、いそいでミスをするのを避けるために、未確認の戦果は「さらなる確認」を待つあいだ公表をひかえられた[11]。その一週間後、〈ラジオトウキョウ〉は、敵が沖縄に送りこんだ千四百隻の艦艇のうち半分を失ったと報じた。うち四百隻が沈み、死傷者はなんと八十万名にもおよぶという。この衝撃的な損害はアメリカ人を「混乱と悲しみの暗いどん底」に追いやったと、アナウンサーは宣言した[12]。

この報道にくらべれば、東京の以前のはなはだしい誇張など、ちっぽけなものに思われた。宇垣の参謀長だった横井俊之提督はのちに、九州の航空指揮官たちはこの大幅に誇張された戦果を認定せよという下からの圧力を感じたと説明した。横井がこうした報道のひとつに疑問を呈すると、特攻隊指揮官のひとりは彼にこういった。「戦果をそんなに過小評価されるのでしたら、部下の死に申し訳が立ちません。司令部がこれらの戦果を完全に認めないのでしたら、自分は抗議の印と、謝罪のために、腹を切らねばなりません[13]」

しかし、東京の指導者たちは実際に、特攻隊が沖縄の戦いに勝利しつつあるのかもしれないと本気で信じていたようだ。海軍軍令部はアメリカ艦隊が「動揺の兆ありて、戦機は正に七分三分の兼合にあり」と見積もった[14]。大本営はノックアウトの一撃をお見舞いすることを願って、さらに菊水作戦を命じた。時間がもっとも重要だった。特攻機は、水陸両用艦隊が貨物の大半を陸揚げして、ウルシーかレイテに引き揚げるまでに、すばやく攻撃しなければならなかった。補充機とパイロットのたえまない流れが本州から南へ、九州の第五艦隊の出撃基地へと飛来した[15]。

鹿屋基地では、特攻機パイロットは基地でいちばんいい兵舎で寝起きした。彼らの宿舎は、青々とした竹林と野薔薇が点在する草地を曲がりくねって流れる小川の岸辺に立っていた。目前に迫った死の影のなかで生きる彼らは、この田園風景のなかを瞑想にふけりながら散策した。手紙や詩歌を書いた。地元の民間人が日本酒やアルコール類、このひもじい時代にはほとんど分けあたえられなかった食料などの差し入れを持ってきた。農民たちは彼らの最後の宴に供するために、卵や鶏、豚、牛さえも提供した。地元の勤労奉仕隊に所属する十代の娘たちが彼らの洗濯物や炊事、家事の面倒を見た。この〝勤労奉仕隊の乙女たち〟は、特攻隊パイロットと感情的に結びつくようになり——純潔な意味でのようだが——彼らを〝お兄さん〟と呼び、自分たちのことを〝妹〟と呼んだ。任務の前には、娘たちは夜を徹して特攻機を桜の花で飾り、操縦席に布製の人形や折り紙人形を置いた。彼女たちは飛行列線で出陣式にも参加し、出撃する飛行機に向かって涙ながらに桜の花のついた枝や日の丸の旗を振った。彼女たちはパイロットの遺髪と切った爪を集め、感謝の手紙とともに家族に送った。

特攻隊の初期には、志願者に事欠くことはなかった。しかし、一九四五年の春には、航空指揮官たちは、新しく誕生した特攻機パイロットたちの態度の変化に気づいた。多くの者は、ことわれない状況で、志願するよう〝もとめられて〟いた。ある海軍参謀によれば、「周囲のふんいきのため、志願には型式だけで、命令に近いような『志願』によって特攻隊員となった搭乗員も一部にはあったようである。かれらの気持も以前のそれとはちがってくるのが当然であった」。彼は、新参者の多くが「かなり動揺するようである」とつけくわえた[16]。水戸の陸軍訓練基地では、操縦学生の全クラスが指揮官から自殺任務に志願するようもとめられた。「わたしの足に動けといったおぼえはありません」と、ある学生はのちにいった。「そのとき、一瞬、風が吹いたような気がしました。誰かが動いたのです。それを機に、全員が一歩前へ足を踏み出していました[17]」

一九四五年の特攻機パイロットの約半数は、大学生のなかから選ばれた。その多くは、西洋の哲学や文学をはじめとする外国の思想や影響にさらされてきた、世界的視野を持つ知識人だった。この特質は、軍事訓練所で彼らの士官や下士官たちに気に入られる役には立たなかった。多くの若い学生は卑劣な体罰をはじめとする特別な虐待のために選びだされ、彼らに軍当局と国家の命運を握る専制政権への軽蔑と憎しみの感情を残した。こうした将来の特攻隊員の多くは、日記や手紙で、政治的進歩主義者とか民主主義者と名乗った。なかにはアメリカ式の社会や政府に、賞賛すべき多くのものを見いだした者もいた。急進思想、ユートピア思想、平和主義思想、さらにはマルクス主義思想さえいだく者もいた。

たとえば、林尹夫は京都大学から召集されていた。林は文書のなかで帝国主義政権の戦争目的を否定した。日本の敗戦は必要かつ望ましいとさえ考えた。それでも彼は自分の国のために死ぬ決意だった。「状勢いよいよ緊迫する。変な考えかたであるが、おれはJapanがやられるなら、やられてしまえ、とさえ思う。……世界史の必要が、我々の民族の危機を招来した。我々は愛する民族と国土の防衛に立つのだ[18]」林は、終戦まであと三週間もないときに、二十四歳で死んだ。東京帝国大学から召集された佐々木八郎は、日本が資本主義によってどうしようもなく腐敗していて、差し迫った敗戦は革命に取って代わられるだろうと信じた。この教養ある若き共産主義者は、一九四五年四月十四日、二十二歳のとき、沖縄沖の特攻任務で死んだ。彼は、独、英、仏、露、伊、ラテン語の歴史、科学、哲学、経済、文学書をふくむ個人蔵書の裏に、個人的な日記を残した[19]。九州の福岡出身の林市造は、敬虔なクリスチャンで、最期の飛行では、キルケゴールの『死に至る病』と母の写真といっしょに聖書を持参した。「お母さん達の写真をしっかと胸にはさんで征こうと思っています」と彼は鹿屋からの最期の手紙で母に書いた。「必ず必中轟沈させてみせます。戦果の中の一隻は私です。……お母さんが見て居られるに違いない、祈って居られるに違いないのですから安心して突入しますよ[20]」林少尉は、一九四五年四月十二日、二十二歳で、菊水二号作戦中に死んだ。

なかには行きたくない者もいた。公然非公然の反抗的な態度は、戦争がつづくにつれて、より一般的になった。横井提督の回想では、その態度は「生け贄の羊の絶望から、上官にたいするあからさまな軽蔑の表情まで」さまざまだった[21]。最期の任務に出かける前夜には、特攻飛行隊はどんちゃん騒ぎの酒宴を催し、酒をがぶ飲みして、家具をぶちこわした。ある目撃者はそうした光景をこう物語っている。「果ては遂に修羅場と化して、暗幕下の電灯は刀で叩き落され、窓硝子は両手で持ち上げられた椅子でガラガラと次ぎつぎに破られ、真白きテーブル掛布も引き裂れて、軍歌は罵声の如く入り乱れ、灯火管制下の軍隊でこゝガンルームでの酒席は、〝別世界〟。ある者は怒号、ある者は泣き喚き、今宵限りの命……」[22]反抗的なパイロットたちは離陸後、ときとして上官の宿舎の上空を、まるで突入するか機銃掃射でもするかのように、低空飛行した。もし彼らがそのまま飛んでいき、任務を完遂すれば、この違反を罰することはできなかった。

沖縄の戦いの後半になると、しだいに特攻機は引き返して、基地に戻って着陸するようになった。パイロットは不可解なエンジンの故障を報告したり、敵艦を発見できなかったと主張した。飛行機を九州と沖縄のあいだの島々に近い海上に不時着水させ、上陸して終戦まで生きのびようとする者もいた。パイロットたちは予定された出撃の前夜、闇のなかで飛行列線に忍び寄り、乗機に破壊工作をすることが知られていた。引き返す口実として、燃料が不足するように、ただ燃料タンクの蓋をゆるめる場合もあった。あるパイロット（早稲田大学の卒業生）は九回連続で基地に引き返したあとで、射殺された。べつの有名な例では、特攻隊員は、家の近くで死ぬことを選んだらしく、乗機を鹿児島の実家近くを走る鉄道の土手につっこませた。

九州南部は春満開だった。宇垣提督は毎日午後、数時間、鹿屋近くの野山で雉を追った。四月十三日、彼は麦が「高く」、木の芽が「青々として」いると書き記した。[23]桜の花は真っ盛りだった。地元の民間人たちは空き地にじゃが芋と野菜を植えていて、提督は植えた作物が順調に育っているのを見てよろこんだ。彼は麦が「伸び切りて穂先を揃え来れり、國民全部の總武装を求むるが如く」と記した。[24]春の狩猟シーズンが四月二十一日に終わると、宇垣は狩猟免許を返納し、散弾銃をしまった。彼は日記に、秋の狩猟シーズンが来たときに自分が生きていることは期待していないと書いた。[25]

九州の飛行場はほぼ毎日、B－29と艦載機の攻撃を受けていた。ヘルキャットとコルセアは飛行場

1945年4月12日、南九州の知覧飛行場。勤労奉仕隊の乙女たちが桜の小枝を振って飛び立つ特攻機を見送る。

上空を低空飛行して、駐機中の飛行機と地上員に機銃掃射を浴びせた。スーパーフォートレスは上空高く飛行して、滑走路を横切って落ちるように千ポンド高性能爆弾の束を投下した。一部の爆弾は即座に爆発したが、それ以外は――延期信管がついたものは――アスファルトにめりこんで、見えないところにひそんだ。鹿屋の主滑走路はまだ爆発していない時限爆弾の位置をしめす小さな赤旗の印で彩られた。宇垣提督は、これらの「處理目鼻附きあらず。……長さは七二時間のものあれば過早に不發彈として處理も出來ざるなり」と考えた[26]。

鹿児島湾の知覧飛行場では、勤労奉仕隊の娘たちが滑走路の補修作業に駆りだされた。彼女たちは掌にまめができ、腰が痛くなるまで、爆弾穴に土と砂利をすくって入れた。五月前半のある日、彼女たちの作業は空襲警報のサイレンで中断され、彼女たちは滑走路わきの壕に走った。F6Fヘルキャットの縦隊が滑走路上を低空で飛び抜け、駐機していた飛行機と地上施設を掃射した。「米軍機はとても低く飛んでいたので、ピンク色の顔と青い目、そしてかけている大きな白縁の四角い飛行眼鏡が見えました」と鳥濱礼子はいった。「認めたくはなかったけど、わたしたちはあんなに低く飛んでくる米軍機の生意気さに感心しました。とても勇敢だったのか、それとも恐れるものはなにもないと見くびっていただけなのかは、いまもわかりませんけど[27]」

予定された特攻任務の朝、地上勤務員や現地の司令部要員、勤労奉仕隊の娘たちは、飛行列線で哀調に満ちた出陣式に立ち会った。「出発すればけっして帰ってくることはない神鷲」と讃えられたパイロットたちは、白いスカーフと日の丸の鉢巻きを巻いていた。なかにはこの日のために全身の毛を剃っていた者もいた。部隊長とともに彼らは杯を上げて最期の乾杯をした。それから娘たちが磨き上げて飾り立てた操縦席に乗りこみ、エンジンを始動して、滑走路へと地上滑走していく。彼らは一機、また一機と離陸し、それから沖縄沖の敵艦隊に向かう二時間の飛行のために南へ旋回した。彼らは九州南部の棚田や小麦畑、丘陵の上空を低空で飛んだ。「わたしたちは外に出て、旗や手を振りました」と、そうした光景を目にしたある特攻隊員の妻は回想した。「一機の飛行機、たぶん隊長機が、低く飛んで、翼を振ってあいさつしました。わたしたちはぽろぽろ泣きました。あの方々の姿を見るのはこれが最後だとわかっていたからです。わたしたちは姿が見えなくなるまで夢中で手を振って、それからあの方々のために祈りました[28]」

疲弊する沖縄沖の艦隊

沖縄沖の艦艇の乗組員にとって、昼夜は攻撃と、まちがい警報の退屈なくり返しですぎていった。神風が吹きはじめるたびに、耳をつんざく警報が鳴り響き、乗組員を戦闘配置につかせた。発煙装置が不透明な化学的霞を吐きだし、五インチ高角砲が低くくりかえす砲声（ドン！　ドン！　ドン！）とともに射撃を開始し、黒い高角砲弾の炸裂が空を汚す。高角砲は低い弾道で発射されると、近くの艦に致命的な危険をもたらし、友軍の誤射は沖縄の戦いのあいだに無数の死傷者を出した。この艦砲が発する一見終わりのない砲声の衝撃は水兵たちを参らせ、頭が変になりそうにした。しかし、砲員が五インチ砲や四十ミリ機銃、二十ミリ機銃の銃砲火をいくら打ち上げようが、慶良間列島の補給艦にはつねにもっと多くの弾薬が待っていた——したがって、彼らは節約を心配することなく撃ちつづけた。渡具知の上陸拠点の沖では、対空砲火の量は信じられないほどだった。ある目撃者は、夜間に戦艦が航空攻撃を受けて、艦砲がまばゆく光る曳光弾の射撃のたえまない流れを吐きだすのを見たときのことを回想した。「生まれてこのかた一箇所からこれほど多くの砲火と曳光弾が上がるのを見たことはなかった。……砲火は上空に大きな円錐形を作りだし、その円錐形が動きまわる。それから一機の飛行機が円錐形の端で燃え上がるのが見え、円錐形はそのまま動きつづける。まさに壮観だった」[29]

破壊され、黒焦げになって、航行不能におちいった艦艇が、慶良間列島の修理用停泊地に押し寄せた。アメリカ軍はここに〝ぶっこわれた船湾〟とあだ名をつけた。列島を占領するというケリー・ターナーの初期の決断は、りっぱに正当性を証明された。もし艦隊が沖縄のこれほど近くに保護された停泊地を持っていなければ、ずっと多くの傷ついた艦艇を自沈処分しなければならなかっただろう。実際には、工作艦と浮きドックが小修理に対応できたし、もっと損傷が激しい艦艇は、応急修理をして、ウルシーか、さらには真珠湾にまで自力で送りだされた。四月六日から六月二十二日のあいだに、二百隻以上の連合軍艦艇と支援艦船が特攻機あるいは通常の爆弾による攻撃で直撃を受け、あるいは至近距離の命中で損傷した——しかし、撃沈あるいは自沈したのは三十六隻だけだった。

長引く作戦のストレスは海軍の乗組員をすり減らしたが、第五艦隊の長はいつもどおり平然として、冷静なままだった。レイモンド・スプルーアンスは、攻撃部隊が沖縄に足を踏み入れる前の三月三十一日、特攻機による攻撃で最初の旗艦インディアナポリスから移乗を強いられていた。二隻目の旗艦である旧式戦艦ニューメキシコは、四月と五月のあいだ、ほぼ連日の航空攻撃を撃退してきた。しかし、ほっそりとしてよく日に焼けた四つ星の提督は疲れていないようだった。いつもどおり提督は、毎日何時間も前甲板を歩きまわって日課の運動をこなし、ニューメキシコの艦砲が夜中、火を噴いていてもぐっすりと眠った。

第五艦隊の海軍医官デイヴィッド・ウィルカッツは、一九四五年四月末のある事件を回想した。スプルーアンス提督は数名の士官とともに後甲板に立って、北西から近づいてくる日本軍機の群れを見守っていた。一機の特攻機がニューメキシコに急降下攻撃を開始した。ほかの士官たちは下がって身を隠したが、スプルーアンスは手すりのところに留まり、背筋をのばしてひるむ様子もなく、双眼鏡をつっこんでくる敵機に向けていた。四十ミリ機銃群がやっと特攻機を撃破し、特攻機は「ばらばらになって、ニューメキシコから本当にわずか数フィート先の海に突っこんだ」

ウィルカッツ軍医は意を決して、無用に身を危険にさらしたことで提督を叱った。スプルーアンスはこう答えた。「もしきみがよき長老派教会員なら、運が尽きないかぎり危険はないことを知っているだろう[30]」

いつもどおり、外周の十五箇所のレーダー警戒配置につく駆逐艦と砲艇がやられた。この〝風の強い街角（ウインディ・コーナー）〟のひとつで三日間か四日間連続の任務についたあと、乗組員は激しい疲労の兆候をしめしはじめた。彼らは調理室から配食されるサンドウィッチや固ゆで卵、コーヒーを口にして昼も夜も戦闘配置に留まっていた。「緊張はほとんど耐えがたくなった」と、LCS（L）砲艇の艇長は回想している。「われわれは痩せ衰え、薄汚れ、目は充血し、悪臭を放っていた。艇内はひどいありさまで、空薬莢（からやっきょう）がそこらじゅうにころがっていた。わたしの顔は燃焼した火薬の粒子であばたができていた。一梃のエリコン対空機銃がわたしの戦闘配置からほんの三ヤードのところで火を噴いていたからだ。

われわれは悪天候を祈った。それが日本軍機の流れをやわらげるほとんど唯一のものだった[31]」べつの砲艇の水兵は、乗組員全体が「限界点」に来ていたと書いている。神経はささくれ立ち、乗組員たちはささいなことでいがみあった。誰かが甲板に重いレンチを落としたとき、「わたしは高圧電流の衝撃を受けたみたいに跳び上がった[32]」。

一九四五年五月三日には、第十番レーダー警戒配置で、典型的な死に物狂いの戦闘がくりひろげられた。日暮れで、ちょうど戦闘空中哨戒のヘルキャットとコルセアが母艦に帰投するため引き揚げたあとのことだった。駆逐艦アーロン・ワードとリトルは、四隻の砲艇とともに、約五十機の特攻機の攻撃を受けた。アーロン・ワードには七機の特攻機が命中した。艦は激しく浸水して、沈没寸前の状態となり、猛烈な火災が下甲板に広がった。四十五名の乗組員が戦死し、四十九名が負傷した[33]。長く果敢な消火作業と救助活動のあと、破壊された艦は慶良間列島に曳航された。

そのいっぽうで、リトルはすくなくとも十八機の特攻機に狙われ、四機が命中した。うち一機はほぼ垂直に急降下して、後部魚雷発射管に激突した。貫通の衝撃でリトルの竜骨は折れ、主甲板は二分以内に水に浸かった。乗組員のひとりは、甲板に出てきて、その惨状に衝撃を受けた。「士官たちは、甲板を無言でせかせかと歩きまわり、まだ温かくて血を流している遺体に灰色の毛布をかけていた……多くの点で、死者はわれわれ全員のなかでもっとも幸運だった。彼らは退去する必要も、思いだす必要もなかったからだ[34]」最初の特攻機が命中してわずか十二分後、リトルは沈没した。乗組員のうち三十名が戦死し、七十九名が負傷した。

第五十八機動部隊は沖縄東方に居座りつづけ、約六十平方マイルの海域でたえず哨戒していた。ミッチャー提督は遅くとも四月末までに水陸両用艦隊と島を守る任務から解放されることを願っていた——しかし、陸軍と海兵隊の航空部隊は、五月最終週までこの責務を引き受けられなかった。この遅延にはいくつかの複合的な原因があった。沖縄の飛行場造成は、地形がやわらかく湿っていたせいで予定より遅れていて、五月に春雨が降りはじめるといっそう長引きつつあった。レイテ島同様、島には滑走路を舗装するのに使う珊瑚岩の豊富な供給源がなかった。読谷と嘉手納の日本軍が建設した滑走路は、でこぼこでぬかるんでいて、夜間にはガソリンとケロシンを滑走路の縁にそって掘られた穴で燃やして照らしだされた。パイロットと地上整備員は、落下する対空砲弾の弾片でずたずたになったテントで野営していた。

五月二十四日の夜、日本軍は読谷飛行場に大胆なコマンドー強襲を仕掛けた。五機の日本軍爆撃機が突然、低空で車輪を下ろして飛来し、飛行場に着陸しようとした。四機は着陸前に撃墜されたが、五機目は実際に着陸し、舗装駐機場の近くまで地上走行して停止した。十数名の日本軍コマンドー隊員（訳註：義烈空挺隊員）が飛行機から飛びだしてきて、駐機中の米軍機のあいだに散らばり、手榴弾と梱包爆薬で爆破した。九機のアメリカ軍機が破壊され、二十数機が損傷した。海兵隊の警備兵は、同士打ちをふくめ見境なく銃を撃ちはじめ、多くの者が味方の銃撃で負傷あるいは死亡した。日本兵は燃料集積所を爆破し、七万ガロンの航空燃料を破壊した。銃撃戦はひと晩中つづき、ついに最後の日本兵が夜明け後に追いつめられ殺された。基地の海兵隊航空将校、ロナルド・D・サーモン大佐は、この状況を「じつに恐ろしい……わたしがあらゆる戦争で見たなかで屈指の興奮した夜」だったと説明している。[35]

各機動群は九州を空襲するためにくりかえし北方に分遣されたが、第五十八機動部隊の主力は依然として上陸拠点に釘づけにされ、その機動力はいちじるしく制限されていた。日々のパターンは予想がつくようになり、予測がつくということが危険だった。ミッチャーは自分の機動部隊が「日本軍航空部隊の高速固定目標」になっていると不満を漏らした。[36] 夜はたいてい、敵哨戒機の小グループが艦隊を偵察しに来て、照明弾を落とし、ときには爆弾か魚雷で攻撃してきた。侵入機はレーダーで追尾され、夜間戦闘機が迎撃に差し向けられた。

より大規模な空襲は日中、しばしば午前遅くか午後早くに行なわれた。大半の日本軍機は、通常、機動部隊の中心からすくなくとも三十海里の地点で、戦闘空中哨戒の直衛戦闘機に迎撃され、撃墜されたが、数機が外側の警戒幕をくぐり抜けて、空母に急降下攻撃を仕掛けるのもめずらしくなかった。これは艦の乗組員にとってつねに高度に緊張する出来事だった。なにもかもがあっという間に起き、いつ敵機が対空砲火の嵐をすり抜けて艦に激突するかは誰にもわからなかった。下甲板の乗組員はとくにこの空襲に震え上がった――そして、それもむりはなかった。下甲板は死亡率が不釣り合いに高かったからだ。そこでは乗組員は容易に火災で閉じこめられ、煙で窒息する可能性があった。

退屈な日常の手順は終わりがないようだった。ユーモアはいくらかの息抜きを提供してくれた。悲惨な攻撃が数日間ぶっとおしでつづいたあと、ジョッコ・クラーク提督は自分の機動群に信号を発した。「『ヘブル人への手紙』十三章八節を見よ」群内の全艦で聖書が開かれ、その一節が読み上げられた。「イエス・キリストは、きのうもきょうも、いつまでも、同じです」[37]（訳註：「やれやれ（ジーザス）、きのうもきょうも、永遠に同じじゃないか」とも取れる）

乗組員は短気で怒りっぽくなった。多くの水兵が格納庫甲板の兵器庫から盗んだ高濃度のアルコール入りの〝魚雷ジュース〟を飲んでいることは艦隊中で公然の秘密だった。多くの乗組員は、顔や手に油性の白い艶が残る火花対策の火傷用軟膏を塗るよう指示されていたが、多くの者はその感触と臭いをひどく嫌った。補充飛行隊の若いパイロットはいまやパイロット疲労の意味を知り、航空医官はすぐに交代させないと、作戦中の事故がいちじるしく増加するだろうと警告した。拡声器からの命令と通知は、全員につねに警戒をおこたらなければ生きつづけられると訴えた。ある空母では、誰かが戦闘飛行隊の搭乗員待機室の黒板にメッセージを書きなぐっていた。「つねに警戒をおこたるな——艦内のおびえた哀れな仲間のことを忘れるな！」[38]べつの空母では、一日の計画がしめされていた。「現在の作戦がくたびれて困難であることは完全に理解されているが、平衡感覚は失わないようにしよう」乗組員は全員、「自分をおとしめるだけでなく、乗組員仲間の友情を失うことになる不適切な言葉を、軽率にべらべらしゃべるのを慎む」ようながされた。「腐った気分は、腐ったキャベツと同じように、すりつぶして、海に投げ捨てなければならない」[39]

提督旗艦を直撃する

一九四五年五月十一日の朝、ミッチャー提督の旗艦バンカー・ヒルは、戦争中屈指の恐ろしい特攻機による攻撃の犠牲になった。二機の三菱零戦は、機動部隊上空にかかる低い雲の天井を利用して、砲員が反応する前に空をびっしりとおおう雲を突き抜けて降下した。一機目は空母の右舷後方から緩降下で接近し、二百五十キロ爆弾を投下した直後、飛行甲板の第三エレベーター後方に激突し、燃料を満載したヘルキャット三十四機の飛行隊につっこんだ。爆弾は甲板を三層貫通したのち、船体を突き抜け、舷外近くで爆発した。二機目はほぼ垂直に降下して、おそらく五百ノットを超える速度でつっこんできて、艦橋構造物の基部で飛行甲板をつらぬいた。

こうした大惨事の通例で、もっとも壊滅的な損害は、バンカー・ヒル自体の兵器と燃料が引火して、誘爆と火災によって引き起こされた。数百名の海軍将兵が脱出の機会もいっさいなく戦死した——爆風、あるいは火災、あるいは窒息によって。さらに何百名もが飛行甲板からキャットウォークや回廊に押しやられ、そこで救助を待つか、そのまま自発的に海に飛びこんだ。火災は荒れくるい、黒煙の柱が千フィートの高さまで立ち上った。ジャーナリストのフェルプス・アダムズは、近くのエンタープライズに配置されていたが、燃える空母をこう描写した。

艦の後部全体が手に負えないほど激しく炎上していた。燃える油田を捉えたニュース映画の場面そっくりだったが、もっとひどかった――この火災は高度に精製されたガソリンと実弾で焚きつけられていたからだ。黒い油煙が艦後部から巨大な柱となって立ち上り、そこに桜桃色の炎の怒れる舌が入りまじっていた。炎上する飛行機や機銃座の銃側弾薬が誘爆し、まばゆい白の閃光がたえず現われた。またひとつ落下タンクが爆発するか、折れた航空燃料配管から下の格納庫甲板に流れ落ちたべつのガソリンだまりに炎がとどくと、数分おきに煙の柱全体が大きな炎の爆発に呑みこまれる。

一時間以上、炎の激しさがおとろえる気配はなかった。数十万ガロンの水と化学消火剤がそそがれると、かすかに下火になるかに思えたが、破壊された艦内でなにか新しい爆破が起きると、以前にもまして貪欲に燃え上がった[40]。

死者のなかには、第五十八機動部隊幕僚部の士官三名と下士官兵十名がいた[41]。ミッチャー提督自身も航空群と艦の乗組員の多くのよき友を失っていた。その日の午後三時、彼は幕僚部の六十名の生き残りとともに、まだ燃えているバンカー・ヒルを離れ、エンタープライズに移乗した。アダムズによれば、ミッチャーが乗艦したとき、「彼はくたびれ、年をとって、かんかんに怒っていた。深い皺が刻まれた顔は、風雨にさらされたどころではなかった――まるで黄塵地帯の浸食の一例のようだった――が、目は炎と報復をちらつかせていた[42]」。

炎を鎮圧し、損傷を修理する八時間の奮闘を終えたバンカー・ヒルは、悲惨な姿で、六週間前の姉妹艦フランクリンそっくりだった。空母は戦死三百八十九名、負傷二百六十四名の損害をこうむった。死者の割合が異常に高いわけは、状況が説明した——犠牲者は特攻機が命中したとき、下甲板にいて、ラッタルを昇る前に煙を吸いこんで死んでいた。空母の戦闘飛行隊、第八十四戦闘飛行隊（VF-84）の搭乗員待機室を掘り返していた救助チームは、昇降階段で折り重なった二十二名のパイロットの遺体を発見した。彼らは区画に煙が充満したとき、そこから逃げようとしていたのだった。

バンカー・ヒルの機械室と主機械はほとんど無傷で、二十ノット近い速力でウルシー環礁まで避退できた。五月十二日、艦は三百名以上の乗組員を水葬した。全焼した空母はウルシーで応急修理を受け、自力で太平洋横断の航海を行なった。三カ月後、戦争が終わったとき、彼女はピュージェット・サウンドのブレマートン海軍工廠で修理中だった。

ミッチャーの新しい旗艦エンタープライズは、その三日後、特攻機が命中して、提督はまたしても将旗を空母ランドルフに移さざるを得なかった——ランドルフ自体も特攻機の攻撃には無縁ではなかった。ミッチャーは作戦参謀のジェイムズ・フラットリーにこういった。「ジミー、機動群の指揮官たちに、もしジャップがこの調子でつづけるのなら、連中はそのうちわたしの頭に毛を生やすだろうといってくれ[43]」

バンカー・ヒルの惨禍の翌日、スプルーアンス提督の旗艦ニューメキシコがやられた。戦艦は弾薬を補給して慶良間列島から渡具知湾に向かって戻っているところだった。ひんやりとしておだやかな日だった。午後五時、低空飛行の日本軍機二機が艦尾方向から〝太陽を背に〟接近した。五インチ砲弾が先頭の機を直撃し、敵機はニューメキシコの左舷後方から四分の一マイルほどのところに墜落した。二機目は対空砲火をくぐり抜けてまわりこみ、艦の右舷側の前檣すぐ後ろに激突した。その爆弾は砲甲板で爆発し、機体の残骸は煙突にめりこんで、煙突の薄い鋼鉄板に三十フィートの穴を開けた。

爆発で航空ガソリンの貯蔵タンクに穴が開き、炎が上部構造物をつつんだ。四十ミリと二十ミリの機銃の銃側弾薬がバトル・バーを抜けて煙突内に落ち、誘爆しはじめた。しかし、応急班が六十秒以内にホースを作動させ、じきに火災を制圧した。火災は一時間以内にすべて消し止められた。

最初、スプルーアンス提督の姿が見つからず、幕僚たちは死んだのかもしれないと恐れた。参謀長のアーサー・C・デイヴィス少将と提督付き副官のチャールズ・F・バーバー大尉は、いっしょに食堂甲板を出て、司令艦橋にいそいで昇っていった。スプルーアンスはそこにいなかった。最終的にふたりはスプルーアンスが第二甲板にいて、ほかの乗組員たちといっしょに消火ホースに取りついているのを発見した。彼は無傷で、いつもどおりおちついていた。バーバー大尉はこうふりかえった。「スプルーアンス提督はよくそうしたように、時間をかけて、自分のやっていることを終わらせた[44]」攻撃の一時間後、ニューメキシコの損害が食い止められると、彼は幕僚に、ふたたび将旗を移す理由はまったくないと告げた。「われわれはこの場にとどまり、修理を完了させ、任務を続行できると信じている[45]」

ニューメキシコは戦死五十五名をふくむ百七十七名の死傷者を出した。爆弾は煙突に「ぞっとするほど巨大な穴」を開けたが、艦はそれ以外は航海に耐えられた[46]。翌朝、スプルーアンスは前の参謀長のカール・ムーアに手紙を書いた。「ちょうど艦橋に向かって歩きだしたとき、対空火器が射撃をはじめたので、わたしは遮蔽物からはなれずに第二甲板を前に進んでいった。わたしがそれほど遠くへ行かないうちに艦はやられたが、これはわたしにとって幸運だった。艦橋へのふたつのルートは、まさに敵機と爆弾が命中した区域を通っていたからだ」いつもどおり第五艦隊の司令長官は客観的に評価した。「自爆機はじつに効果的な兵器で、過小評価してはならない。その作戦地域にいたことがない者が艦艇にたいするその能力を理解できるとは思えない[47]」

豪雨、泥の海、蛆虫

一九四五年五月八日、ナチ・ドイツの無条件降伏の知らせがもたらされた。沖縄沖の艦艇は太平洋戦争でも屈指のすさまじく持続的な艦砲射撃を開始することでこの歴史的瞬間を記念した。しかし、塹壕にいる兵士たちは、ヨーロッパ戦勝記念日（V‐Eデイ）にも、肩をすくめ、顔をしかめただけだった。その出来事は自分たちの窮状とほとんど関係なく思えた。もしV‐Eデイによって将兵と飛行機がヨーロッパから転戦するのであれば、それが歓迎すべきことだった。しかし、彼らはV‐Eデイを祝うべきだという忠告を腹立たしげにはねつけた。沖縄で戦うある海兵隊員がいったように、その知らせは「こっちの前線の位置や、泥の手触り、この空の色合い、あるいはひとりひとりがポンチョで運ぶ弾薬の量を変えるわけではなかった」。べつの海兵隊員も同意見だった。「ナチ・ドイツなど月にあったも同然だった[48]」

その三日後の五月十一日、第十軍は二個混成軍団による一斉攻撃で攻勢を再開した――西部では第一および第六海兵師団からなる第三水陸両用軍団が、東部では第七十七および第九十六歩兵師団からなり、第七師団を予備兵力とした第二十四軍団が。最右翼と最左翼の側面では、陸軍と海兵隊は、海岸ぞいを南下するいっぽうで、首里城周囲の防御陣地帯全体に強力な圧力をかけつづけた。これは、沖縄をふくむ太平洋戦争のあらゆる島々の地上戦中で、もっとも激しく死に物狂いの段階のはじまりだった。陸軍兵と海兵隊員は、特徴がなく、以前には名無しだった高地や尾根で、厳重に防備をほどこした日本軍の陣地に向かって前進した。アメリカ軍は地図を作成しながらそれらに名前をつけていった。〈チョコレート・ドロップ〉、〈フラット・トップ・ヒル〉、〈トゥームストーン・リッジ〉、〈コニカル・ヒル〉、〈ワナ・リッジ〉、〈ワナ・ドロー〉、そして〈シュガーローフ・ヒル〉など。その六週間前、ここはのどかで、緑にあふれ、耕作された地域、起伏する丘と階段状の丘の斜面の風景で、みごとな青い海を一望できた。いまやそれは色を失った荒れ地で、植生ははぎ取られ、死体が散乱し、泥にまみれていた。

対峙する両軍は前進し、退却し、攻撃し、反撃した。斜面を這い上がり、なだれ落ちて、戦車障害物と地雷原を越え、機関銃の銃火の顎（あぎと）に飛びこみ、山頂を占領して、それから押し返され、ついには日本軍とアメリカ軍の死者が地面に積み重なり、いっしょくたになって散らばった。新たな突進の前にはかならず火砲と迫撃砲が弾幕射撃で空を引き裂き、そのいっぽうでシャーマン戦車はハッチを開けてアイドリング音を響かせ、操縦手は前進の合図を待った。迫撃砲班と榴弾砲の砲兵は、座標と射撃図、そして何発をどんな種類で、どれだけの時間、発射するかの指示をあたえられ、〝射撃任務〟を割り当てられた。歩兵は弾薬を受け取り、水筒を満たして、装備を着装した――それから個人壕や塹壕で頭を下げて緊張し、将校や軍曹からの前進の合図を待った。砲撃は最高潮に高まり、沖合の艦砲がその圧倒的な火力で野戦砲兵に加勢して、判別できない轟き以外、なにひとつ聞こえなくなった。最後に、迫撃砲の黄燐弾が飛来して、敵の照準線に煙幕のカーテンを引いた。

合図とともに、戦車のエンジンにがつんという音とともにギアが入って、キャタピラが泥を嚙むと、歩兵たちは立ち上がって、前後の兵と五歩分の間隔をたもちながら、上体を低くして小走りで前進をはじめた。彼らの目標は日本軍の射撃陣地の死角で、そこならトーチカや洞窟の入り口を側面から攻撃できた。煙幕のなかから、敵の小銃と機関銃の銃火が耳のまわりで銃声とうなりを上げて飛びかい、彼らは自分たちがいまや平均の法則をたよりにして、生死を純然たる幸運の問題にしていることを知った。迫撃砲弾が彼らのあいだに降ってきた。煙幕が濃くなると、日本軍の〈南部（ナンブ）〉軽機関銃が、弾薬節約のため、すばやい二点射、三点射を浴びせてきた。「タタ……タタタ……タタ」しかし、煙幕が晴れ、目標が見えるようになると、日本軍の機銃手は引き金を引きつづけて、射界を斉射した。左あるいは右の兵士が倒れても、仲間たちは進みつづけた。「それを見ても進みつづける」と、ある海兵隊員は回想した。「立ち止まることはない。なぜならそいつは死んだからだ」[49]

側面運動のチャンスはめったになかった。地上攻撃は一直線だった。前進のたびに、各種の武器が、難攻不落に思える陣地から激しい銃火を浴びせてきた。五月十五日の〈ワナ・ドロー〉への攻撃では、日本軍の四十七ミリ対戦車砲がシャーマン戦車数輛をたちどころに撃破し、残りの戦車は後退せざるを得なかった。もし戦車がこうした防御陣地にたいして前進できないとしたら、ただの歩兵になにが期待できるだろう？　ときには彼らはいっさいの前進をあきらめた。機関銃の連射音と小銃の銃声が弱まることはめったになく、その背景には火砲と迫撃砲の低い轟きとすすり泣き、爆発音があった。空中の鋼鉄の量はあまりにも多く、どんな攻撃も自殺行為以外のなにものでもないように思えた。それでも命令は単刀直入で、圧力は強烈だった。彼らは日本軍の防御の根幹を打ち砕かねばならず、それもすぐにそうしなければならなかった。彼らには敵の防御線を執拗に攻撃することしかできなかった。

犠牲をともなう試行錯誤の結果、じょじょに彼らは新たな戦術に磨きをかけた。新機軸はしばしば下級将校や下士官によって前線で生みだされた。彼らはふとどうすれば敵の陣地を攻略できるかに気づき、その場でその思いつきを実行に移した。日本軍は巧妙かつ効果的に反対斜面の塹壕陣地を利用したが、これは精確な迫撃砲火をきっちりとタイミングを合わせて浴びせることで対抗できた。アメリカ軍の迫撃砲手は、少しずつ思いだしたように、射距離をつかんでいった。迫撃砲弾は高地や尾根の頂を越えて打ち上げられ、塹壕や洞窟の開口部のあいだに直接着弾することができた。もし弾幕射撃が偽の地上攻撃とタイミングが合っていれば、迫撃砲弾は、ちょうど日本兵たちがアメリカ兵を撃退しようと地下の防護された陣地から出てきたところで着弾することになる。多くの者は殺され、残りは退却した。おかげでアメリカ軍の各歩兵分隊は、敵がまだ地下にいて、まわりが見えず、戦術的に不利な状況のあいだに、〈ブロートーチとコルク抜き〉攻撃を仕掛けることができた。

五月二十一日から降りだした十日間の猛烈な豪雨のせいで、戦場は泥の海と化した。陸軍兵と海兵隊員は、ずぶ濡れのみじめな気分でポンチョをかぶって身を寄せ合った。個人壕には水が溜まりはじめ、彼らはヘルメットで水を掻きだした。兵士たちは弾薬箱を再利用して、水に漬かった塹壕陣地の底に木製の床をしつらえようとした。手指の皮はふやけて白くなった。足が乾かずに傷口が開き、さわるとねばねばになった――軍靴を脱いでみると、死んだ皮膚の小さな塊が濡れた靴下にひっついていた。故郷からの手紙を読むときには、インクが雨でにじんで消える前に、すばやく読まねばならなかった。携帯糧食の缶を開けると、缶は雨水でいっぱいになり、食べものが冷たいスープに変わった。ジープとトラックは車軸まで泥に沈んで、動けなくなった。戦車と装軌車輛でさえ前進できなくなった。弾薬や物資、五ガロンの水缶は、日本軍の銃火が掃射する戦場を横切り、土砂降りの雨のなかを、膝まで泥に浸かりながら、手で前線まで苦労して運ばねばならなかった。

容赦ない豪雨のなかでは、視程はときに十フィートまで落ちた。ときどきアメリカ軍は敵の姿をちらりと目にした――褐色の軍服を着て、鍔の広いヘルメットをかぶったずんぐりした男たちが、荒廃した地形をすばやく、てきぱきと移動していた。両軍の中間地帯は星弾とパラシュート付き照明弾を使ってひと晩中ずっと照らしだされていた。アメリカ軍は、こっそりと侵入する少人数の斬り込み隊や、「日本、万歳！」と叫びながら襲ってくる、中隊規模の銃剣突撃による、歩兵の夜襲をたえず警戒していた。日本兵は鹵獲したアメリカ軍のヘルメットと軍服を着て、平然とアメリカ軍の前線に歩いてきて、突然、発砲することで知られていた。沖縄では、敵はいついかなるとき、どの方向からくるかわからなかった。日本軍の前線からはもちろんだが、トンネルや迂回された陣地を経由して、側面、あるいは後方から近づくこともあった。アメリカ軍歩兵は飛行機のエンジン音が聞こえたらかならず空にも警戒の目を向けた。パラシュート兵に気をつけろと警告されていたからだ。

戦場には死体が散らばっていて、腐敗した屍肉の胸が悪くなるような臭いが蔓延し、逃れようがなかった。前線では、埋葬班を恐るべき銃火にさらすことなく死体を運びだすのは不可能だった。遺体をその場で埋葬すれば、迫撃砲と火砲の砲弾の爆発がそれを乱暴な力で掘り起こし、ばらばらにして戦場にまき散らした。たえまない爆発はむき出しの遺体を叩きつぶして骨と肉の断片に変え、ついには泥のなかの赤い染み以外なにも残らなかった。衛生の問題は太平洋のほかの戦場より深刻だった。ウィリアム・マンチェスターはこう述べている。「もし二十五万人以上の兵士を、糞尿処理の施設もなく、前線に三週間立たせたら、不愉快な問題に直面することになる。われわれは、ひとつの広大な汚水だめで戦い、眠っていた[50]」

もぞもぞ動く太った白い蛆虫が泥のなかで彼らと共存していた。兵士が倒れてまた立ち上がってみると、蛆虫がダンガリーと弾薬ベルトの上で身をよじり、あるいはポケットからころがり落ちてきた。仲間の海兵隊員がそれをナイフの刃でこそげ落としてやった。ジーン・スレッジにとって、蛆虫はほとんど我慢の限界に近かった。「戦争の腐敗物のなかをころげまわらねばならないのには、われわれのなかでいちばんの猛者でもほとんど耐えられなかった[51]」その七カ月前のペリリューで、彼は自分と仲間の海兵隊員たちが想像できる最悪の戦闘状況を耐え忍んでいると確信していた。しかしいま、「わたしはときどき生きていて、ときには死んだほうがましかもしれないと考えた。われわれは深淵の底にいた。戦争の究極の恐怖に。ペリリューのウルムルブロガル孤立地帯周辺の戦闘で、わたしは人命の浪費に暗澹たる思いになった。しかし、首里を前にした泥と豪雨のなかで、われわれは蛆虫と腐敗にかこまれていた。兵士たちは、みんな地獄そのものの汚水だめに投げこまれたにちがいないとわたしが思ったほど屈辱的な環境で苦しみ、戦い、血を流していた[52]」。

首里城をめぐる攻防

前線の西端では、第六海兵師団が、〈シュガーローフ・ヒル〉と名づけた地形に何度も襲いかかった。この丘を日本軍は〈天久台(あめく)〉と呼んでいた。珊瑚岩と火山灰の尾根は、だいたい長さ三百ヤード、高さ百フィートで、ほかのふたつの高地〈ハーフムーン〉と〈ホースシュー〉と側面を接し、矢印状にならんでいた。切り立った断崖は掘削され、トンネルと銃眼で蜂の巣状になっていた。地形の配置のおかげで、日本軍はつねにあらゆる方向からの接近にたいして重複する複数の射界を得ることができた。

両軍とも防御線のこの部分がきわめて重要であることを理解していた。もしアメリカ軍が突破すれば、首里城を側面から攻撃し、包囲するための開けた道が手に入る。首里の監視所から戦闘を直視できた日本軍の指揮官たちは、アメリカ軍が新たな攻撃を仕掛けるたびに、それに対応してその地域に増援部隊を投入した。アメリカ軍は火砲やロケット弾、ナパーム、発煙手榴弾、艦砲の弾幕で〈シュガーローフ〉を粉砕した。第六海兵師団は十日間連続で戦車と歩兵を使って防御施設を攻撃した。海兵隊は何度も〈シュガーローフ〉の頂上に一時的な足がかりを獲得しては、そのたびに激しい日本軍砲兵の弾幕射撃と歩兵の突撃によって退却を強いられた。最終的に五月二十六日、アメリカ軍はその位置を占領し、猛烈な反撃を何度も撃退して守り抜いた。

八原大佐は、もし日本軍砲兵がもっと多くの弾薬を備蓄していたら、海兵隊をいつまでも寄せつけなかったかもしれないと考えた。実際には、防御側は「頑強で、じつに果敢に戦ったので、天久台の戦闘は思ったよりずっと長くつづいた。天久台が占領されたあとも、それはわが軍将兵にとってあまりにも信じがたいことだったので、彼らは戦いつづけた」[53]（訳註：日本語原文は「以上各部隊の死闘により、一挙潰えるかに思われた天久台の戦闘は、不思議にも一旬に亘り継続した。台上をすっかり占領されながら、かくも長期に亘り台端を確保し得たのは……」）。

膠着状態は、日本軍の防御線の東端と西端が崩れると解けはじめ、陸軍兵と海兵隊員たちは海岸を進撃した。この二重の進展は日本軍の防御線中央部の主防衛拠点を孤立させる恐れがあった。〈シュガーローフ〉で日本軍の側面をまわっていた海兵隊は、安里川を渡って南岸道路を掃討し、荒廃した那覇市街に入った。その位置から、海兵隊はいまや国場高地への開けたルートを手に入れた。このルートは首里の防御陣地帯へとつながっている。東方では第九十六師団が、与那原周辺の海岸平野の上に四百七十六フィートの高さでそびえる〈コニカル・ヒル〉の東の山肩を占領し、中城湾を見おろす日本軍の陣地は持ちこたえられなくなった。戦術的撤退がつづき、日本軍部隊は約半マイル後退して、首里のすぐ北の新しい防御線についた。

牛島将軍はいまや、彼の部隊が一カ月間持ちこたえてきた海岸から海岸への防御線をもはや死守することはできないと説き伏せられた。東西の側面は敵の休みない猛攻に屈しつつあった。日本軍の防御線全体は約半マイル押し下げられ、牛島には、損害の穴埋めをするための歩兵の予備兵力がもう残っていなかった。彼の部隊は依然として首里周辺の集中陣地構築物を死守していたが、アメリカ軍は二方向から激しい挟撃を仕掛ける態勢を整えていた。八原大佐はのちにこう書いた。戦況は「大局的に観察して、やや安定しているかに見える。しかし実際は五月二十日過ぎにおける状況は肺病患者の第三期的状態に陥っていたのである。形ばかりで中身はがらん洞といった方が、手っ取り早いだろう」[54]。

五月後半の大雨のあいだ、第三十二軍の司令部壕はいっそう悪臭がただよい、みじめになっていた。浸水はひどくなり、「坑道は小川のようになってしまった」。全員が大騒ぎで寝棚や家具を高くした(55)。アメリカ軍の砲弾は洞窟の口を狙い撃ちしているらしく、四六時中、入り口の近くに激しく落ちてくるので、いかなる理由でも壕を離れるのは危険なことだった。東京への至急電で、牛島将軍は大本営に、自分の陣地が蹂躙されようとしていると通告した。彼は、アメリカ軍地上部隊が弾薬と物資に事欠くこともありうるという証拠に一縷の望みをかけて、沖合の敵艦隊に再度の特攻機による攻撃を要請した。大本営は牛島に、できるだけ長く防御線を死守して、本土が防衛の準備をする時間をかせぐために戦いを長引かせよと命じた。

過去にその意見が正しかった八原大佐は、沖縄南端の喜屋武(きやん)半島への戦術的撤退を具申した。そこではすでに地下陣地が、アメリカ軍の戦車を阻止する岩だらけの高台に準備されていた。南部への移動が沖縄の戦いの結果を変えることはないだろう――第三十二軍は撃滅されるだろうし、日本軍の全指揮官はそのことを知っていた――が、戦いを長引かせ、アメリカ軍により多くの戦死者と負傷者の犠牲を強いることになるかもしれない。この考えは幾人かの師団長と旅団長の反対にあった。第六十二師団の参謀長は、首里を守るために何千名もの将兵が死んでいて、彼らの戦友たちは同じ地で死にたがっていると指摘した。首里を守るために何千名もの負傷兵がいるが、彼らは置いていかねばならないだろう。沖縄の県知事は首里地域の民間人の運命を気にかけていた。多くは軍にしたがって南部へ行こうとして、十字砲火につかまったり、敵の手に落ちたりするだろう。

対立する議論を聞いたあとで、牛島は南部への退却を認める決断を下した。「なお残存する兵力と足腰の立つ島民とをもって、最後の一人まで、そして沖縄の島の南の涯、尺寸の土地の存する限り、戦いを続ける」といった(56)。

日本軍指揮官たちは彼らの退却を隠すために欺瞞と奸計をもちいた。指定された前線部隊は、アメリカ軍の前線に〝示威〟攻撃を仕掛け、そのあいだに軍主力は夜間、陣地を離れ、車輌あるいは徒歩で南部に移動した。第六十二師団は五月二十四〜二十五日の夜に退却し、そのあいだ、後衛部隊はアメリカ第七十七歩兵師団に激しい攻撃を仕掛けた。日本軍の第二十四師団はその三夜あとに後退し、第四十四独立混成旅団は五月三十一日に撤退した。退却する兵士はそれぞれ、ひとりあたり約六十キロの、できるだけ多くの弾薬と食料を携行した。負傷者の大半は置いていかれた。多くの者は青酸カリ入りのミルクを飲まされて殺された。

第三十二軍の上級指揮官たちは、五月二十七日に首里の地下壕から連れだって引き揚げた。牛島将軍はひとり、徒歩で出発し、暗闇のなか、岩だらけの小道を歩いていった。参謀たちは彼についていこうとしてつまずき、倒れて、ひどい打撲を負った。道中には日本兵や沖縄の民間人の死体が散らばっていた。その多くは長いあいだ、野ざらしにされて腐敗していた。将校たちはトラックの荷台に乗りこみ、暗くなった道路をヘッドライトを点けずに運ばれていき、退却する日本軍将兵の長い列と、民間人難民のおびただしい群衆のわきを通りすぎた。

アメリカ軍は、日本軍の主力が喜屋武半島の新しい防御陣地に逃げおおせるまで、なにが起きているのかに気づかなかった。荒れ模様の天候が日本軍の有利に作用し、雨や霧、空をおおう雲が昼間でも彼らの動きを隠してくれた。アメリカ軍パイロットは、雲の切れ間からときおり多数の日本人が南へ殺到しているのをちらりと見ていたが、全員、民間人だろうと思っていた。首里周辺の難攻不落に思える防御線をくりかえし攻撃してきたアメリカ軍指揮官たちにとって、日本軍がこのきわめて重要な要塞を進んで明け渡すことなどありえないように思えた。軍団司令部と師団司令部内の情報部門でさえ、日本軍はこれらの高地で最後の抵抗を行なうことを計画していると判断していた。

アメリカ軍の挟撃はいまや、弱体化した首里防御施設に迫っていた。たとえ第三十二軍の退却を掩護するために残されたわずかばかりの日本軍の後衛部隊が相手でも、戦闘は長く熾烈だった。バケツをひっくり返したような雨のせいで、視程は十フィートまで落ちた。車輛は流失した道路を尾根の頂まで登ることができず、補給は困難だった。低空飛行のアメリカ軍機が、照明弾と発煙筒で印された地帯に物資と弾薬を投下した。最終的に、五月二十九日、第一海兵師団の先遣隊が首里城に——あるいは城の古い石造建築に——入り、いっぽう第七十七師団の隷下部隊が隣接する街を占領した。献身的な日本軍の後衛部隊は、最後の最後まで熾烈な抵抗をくりひろげ、ひとり残らず戦死した。

ハルゼーまたも台風で失策を犯す

ハルゼー提督は、五月二十七日の午前零時、スプルーアンスと交代して、艦隊の指揮を引きついだ。翌日、マケインがミッチャーに代わって高速空母打撃部隊の指揮官となった。第五艦隊はその名称を第三艦隊に戻した。第五十八機動部隊はまた第三十八機動部隊になった。ニュージャージーは修理中だったので、ハルゼーとその〝汚い手部門〟の面々はいまや姉妹艦の戦艦ミズーリに座乗した。

指揮官の交代は予定より一カ月早く行なわれた。理由は公表されなかったが、ニミッツとキングが、来たる十一月の九州上陸〈オリンピック〉作戦で、スプルーアンスとミッチャーとターナーという彼らの〝一軍〟に指揮をとらせたかったためだった。五カ月交代の指揮サイクルをつづけるには、ハルゼーとマケインを早めに戻す必要があった。(57)

さしあたり、第三十八機動部隊は沖縄沖の水陸両用艦隊の掩護をつづけ、その艦載機は島上空を近接航空支援任務で飛行した。陸上の戦闘は順調に進んでいて、特攻機の攻撃は以前より小規模で、頻度も減っていたが、脅威はつづいていた。空母群は二カ月以上、激しい作戦を毎日つづけたせいで疲弊していた。一個機動群、テッド・シャーマンの第三十八・三は、休養と補給の期間のためにレイテ湾に送られた。アーサー・ラドフォードの第三十八・四機動群は、九州の航空基地にふたたび戦闘機による航空撃滅作戦を行なうために北へ派遣された。ジョッコ・クラークの第三十八・一機動群（ハルゼーの新しい旗艦はその内側の警戒幕で行動していた）は沖縄近くに留まって、島上空で戦闘空中哨戒にあたった。

六月一日には、南方のペリリュー近くで、台風発生の最初の兆候がつたえられた。グアムの気象台は北向きの〝熱帯擾乱〟を追跡し、艦船や潜水艦、長距離哨戒機の気象通報を集めて、総合した。通報はばらばらで、しばしば矛盾し、混乱した全体像をしめした。しかし、ミッドウェイ海戦の三周年である六月四日には、本格的な台風が沖縄東部沖の海域にまっすぐ向かっているという気がかりな予報が出ていた。第三艦隊の現在位置である。

いつもどおり、嵐の通り道は完璧に正確には予測できなかったが、去年の十二月の大惨事を忘れた者は誰もいなかった。艦載機は母艦に呼び戻され、格納庫甲板に下ろされて、二重にも三重にも固縛された。駆逐艦にはいそいで燃料が補給された。ハルゼーは幕僚と気象予報係と話し合ったあとで、麾下の二個機動群を東南東一一〇度の針路に向かわせることにした。それなら台風をじゅうぶんかわせ、沖縄から離れて、〝操艦余地〟もたっぷり取れるだろうと踏んだのである。しかし、その後の予報は、台風がもっと北寄りのコースを取り、以前に思っていたよりも速く進んでいることをしめした。気圧は下がりつづけ、空は荒れ模様に変わった。ハルゼーは北西に針路変更を命じた。彼が考えたのは、台風の前方を横切り、予測される進路を大回りして、もっとおだやかな西側の半円に出ることだった。しかし、台風は独自の邪悪な目的でも持っているらしく、第三艦隊をわざと追いかけているかのようだった。六カ月前、艦隊にいた者たちは、既視感（デジャヴュ）のいやな感覚をおぼえた。

クラークの第三十八・一機動群がやられた。六月五日の早い時刻、旗艦ホーネットのレーダー・スコープが、まっすぐ向かってくる、きっちりと丸い台風の〝目〟をとらえた。これは強力な台風の特徴である。(58)空母ホーネットは切り立つ波で駆逐艦のように揺すぶられていた。もっと小さな艦は水没する危険があった。午前四時二十分、クラークは短距離無線電話でマケインに連絡を取り、麾下の全艦が台風を背にして進めるように、南に変針する許可をもとめた。マケインはこの問題を上司のハルゼーにまわし、回答は二十分遅延した。このあいまに、クラークは全艦に跼蹐(ヒーブツー)して、できるかぎり波に向かって舵を切るよう命じた。午前四時四十分、マケインの許可するというメッセージがホーネットの司令艦橋にとどいたときには手遅れだった。クラーク麾下の各艦は、金切り声を上げる大渦巻きのなかで釘づけにされていた。

夜明けの茜色の光がはじめて東の水平線に現われると、「山のような水」が空母ホーネットの艦首で砕けた。「なんてことだ!」と艦のロイ・L・ジョンスン副長はいった。「家の高さの十倍はあったにちがいない。そのすべての衝撃が、飛行甲板に落ちてきて、すべてを持っていった。飛行甲板の端は下に折れ曲がり、アンテナは残らずなくなった。すべてのキャットウォークと数機の飛行機が海に消えた。艦はひどいありさまだった(59)」

状況がしだいにおさまると、機動群全体が容赦なく痛めつけられたことがあきらかになった。失われた艦はなかったが、第三十八・一機動群の四隻の空母すべてをふくむ、ほぼ全艦がかなりの損傷を報告した。ホーネットとベニントンの飛行甲板前端は、本の目印のように、下に折り曲げられていた。重巡洋艦ピッツバーグの艦首約百フィート分が、完全に船体から引きちぎられていた。ピッツバーグの姉妹艦ボルティモア――前年、ＦＤＲをハワイまで運んだ艦――もまた激しく打ちのめされたが、ばらばらにならずにすみ、のちに乾ドックで修理を受けた。飛行機の全損害は、二百三十三機が海に押し流され、三十六機が修理不能なほどの損傷を受けて海中投棄され、さらに二十三機が大きく損傷した。六名が海上で行方不明となり、ほかに四名が重傷を負った。

嵐がおさまると、ハルゼーはふたたび九州にたいする一連の攻撃を命じた。ホーネットは艦載機を発進させられる状態ではなかったが、クラークはやってみようと決意した。一機のＦ４Ｕコルセアが短くなった飛行甲板で発艦をこころみたが、まっすぐ海につっこんで、パイロットとともに沈んだ。折れ曲がった飛行甲板が激しすぎる乱気流を生じさせていたのである。乗組員たちはブロートーチを持ちだして、甲板の損傷部分をできるだけ多く切断しようとこころみたが、昼間の残りと夜を徹して作業をしても、ブロートーチ班は損傷した鉄のほんの一部しか切除できなかった。クラークにうながされて――彼は艦長ではなかったが――ホーネットは艦尾から飛行機を発艦させることに成功した。この驚くべきカーニバルの手品は、エセックス級の空母ではいちどもためされたことがなかった。機関が逆回転させられ、風に向かって〝後進〟がかけられた。機関長は主機械への過剰な負担を懸念した。しかし、ホーネットは二日間、このやりかたで飛行作戦を実施し、艦尾部分の真上を越えて飛行機を発進させ、損傷した艦首ごしに収容した。

六月十日、ジョージ・ケニー将軍の第五航空軍が沖縄上空の防空を完全に担当する準備をととのえ、第三艦隊は解放されて、切実に必要とされていた修理と補給、休養の期間のためにレイテ湾に戻っていった。艦隊は疲弊して、台風の猛威はその状況を悪化させただけだった。旗艦ヨークタウンがサン・ペドロ湾に錨を下ろしたあと、ラドフォード提督は寝棚に倒れこみ、ほぼ二十四時間ぶっとおしで眠った(60)。シャーマン提督の第三十八・三機動群は七十九日間、海上にあり、このうちの五十二日間、戦闘に参加した――これは海軍記録である(61)。

六カ月間で二度目の台風にうっかり入りこんだハルゼーは、自分の指揮権が危機にさらされていることを知っていた。彼はただちに防御のための土台作りにとりかかった。気象予報はひどいものだった、と彼はニミッツにいった。台風の現在位置と進路の予報は文字どおり海図を埋めつくしていた。「台風の現在位置の推定は最初のころ、三万四千平方海里の海域に広がっていました。予報はまた、大きく遅れていました」[62] 査問会議は戦艦ニューメキシコの士官室で開かれた。議長はジョン・フーヴァー提督だった。十一月の台風でハルゼーを非難した査問会議の議長をつとめたのと同じ、するどい目をした船乗りである。

機動群指揮官のクラークとラドフォードは手厳しい非難の証言をした。将来の統合参謀本部議長ラドフォードは、「ハルゼー提督には完全に責任があり、この場合には重い過失でした」と断じた。彼はハルゼーとマケインがいずれも本国での長い休暇のあと艦隊に戻ったばかりだったのに、プライドが高すぎてもっと経験豊富な部下の助言に耳を貸さなかったと示唆した。気象予報のお粗末な状態を認めたラドフォードは、基本的な艦艇運用術を心得ていれば、ふたりの提督はもっとよい判断にみちびかれたはずだといった。「なぜ〔ハルゼーが〕三個機動群を懸命にいっしょにしておこうとしたのかは、わたしには依然として謎です。個々の群でしたら、それぞれの判断でもっとよい対処ができたことでしょう。わたしの群はその場に留まって台風を逃れられたでしょう」[63]

査問会議は、ハルゼーとマケイン双方の解任とほかの任務への再配置について「真剣な検討」を行なうよう勧告した。最終的な決定は、上層部にゆだねられた。キングはあきらかに両提督を解任することを真剣に検討したし、フォレスタル長官は決定を支持すると明言した。しかし、結局、ハルゼーを現職に留め、いっぽうでマケインは、ワシントンに呼び戻して、復員軍人局の副局長をつとめさせることが決定された（戦争はマケインが解任される前に終わり、提督は新しい役職につく前に心臓発作で亡くなった）。

この場合、国民の英雄としてのハルゼーの地位が彼の指揮権を長らえさせたようだ。この一九四五年の夏をとおして、彼の写真とその荒っぽい名文句はアメリカの新聞雑誌で目につくように取り上げられていた。査問会議が評決をいい渡したまさにその週に、ハルゼーのいやらしい顔が、彼の名高いモットーとともに《タイム》誌の表紙を飾った。「ジャップを殺せ、ジャップを殺せ、そしてジャップを殺しつづけろ！[64]」

沖縄県民の悲劇

アメリカ第十軍は退却する日本軍を追って島を南下したが、その進撃は降りつづける雨と泥濘の道路でじゃまされた。戦車や装軌車輛でさえ茶色のぬかるみにはまり、その多くは放棄しなければならなかった。補給の問題は部分的には物資を海岸に陸揚げすることによって、部分的には空中投下することによって解決された。サミュエル・ハインズは何十回という補給任務で飛行したが、眼下に見えたのは、「大昔の平和な世界の廃墟のようなもの——小さな野原や古い石塀、節くれ立った古い木に縁取られた深く狭い小道、かつて家があった場所の石の山、すべてが翼の下のごく近くにあり、雨のなかでも全部はっきりと見えた[65]」。

南へとつづく道路は、野ざらしの死体安置所で、日本兵と沖縄県民の死体が散らばっていた。アメリカ軍歩兵は清掃作業に駆りだされ、道路から死体を引きずりだして、トラックと戦車に道を空けた。第六海兵師団のトーマス・マキニーは、退却する軍隊を追いかけて南へ這って進もうとしていた日本軍負傷兵の死体を発見した。「われわれは、よくわかりませんが、手脚を失った彼らが何百人とそこに横たわっているのを発見しました。彼らが這って進もうとしていたことはあきらかでした。切断された脚やらなにやらの付け根にはまだ包帯が巻かれていましたが、泥やその他もろもろでおおわれていました。彼らはそのなかを這っていました。そうしようとしていました。彼らは行かねばならなかったし、そう決意していました。彼らはその途中で死んだのです(66)」

第三十二軍は、沖縄最南端のけわしい台地と珊瑚の断崖の突端部、喜屋武半島を分断する防御線で、最後の抵抗をするつもりだった。主防御線は与座岳と八重瀬岳の山系を抜けて走っていた。この沖縄の紛争地で最後の一画は、約十一平方マイルをその範囲に収めていた。

首里からの退却は巧妙に実行された。アメリカ軍が移動に気づいたときには、退却する縦隊を無防備な状態で撃滅する機会を利用するのには手遅れになっていた。とはいえ、第三十二軍はひどく弱体化していた。喜屋武への退却はもう二、三週間、敗北を遅らせるだけで、それすら困難だった。六月四日、各師団長と連隊長からの報告を総合して、司令部幕僚は、軍の残存兵力を、二週間前の四万から減少して、約三万名と判断した。最精鋭部隊の一部は首里防御線の後衛戦で失われていた。残存する最大の編成部隊は、将兵一万二千名を有する第二十四師団だった。しかし、戦闘能力は重火器と弾薬などの物資の損失によって大幅に低下していた。

六月六日、アメリカ軍四個師団（陸軍二個、海兵隊二個）が八重瀬と与座の断崖にある主要な拠点にそって威力偵察を開始した。野砲が珊瑚岩の露頭を吹き飛ばして、第七一五装甲火炎放射大隊の戦車のために道を開き、戦車はあたりの天然石灰岩の洞窟の口に火炎の奔流を噴射した。アメリカ軍は、地形が少しだけおだやかだった防御線の東部に向かってすばやく前進し、六月十一日の夜、〝九五高地〟と呼ばれる地形を占領した。日本軍の抵抗は散発的で、大部分混乱していたが、沖縄の戦いのこの最終段階で、多くのアメリカ兵が命を投げだすことになる。陸軍と海兵隊が敵の縮小しつつある外辺防御線を取り巻く包囲線を狭めていくと、日本軍の少人数の分隊が夜間浸透攻撃やバンザイ突撃を仕掛けてきた。尾根の狙撃手は多くの犠牲者の命を奪い、アメリカ軍が地形をすばやく前進すると、

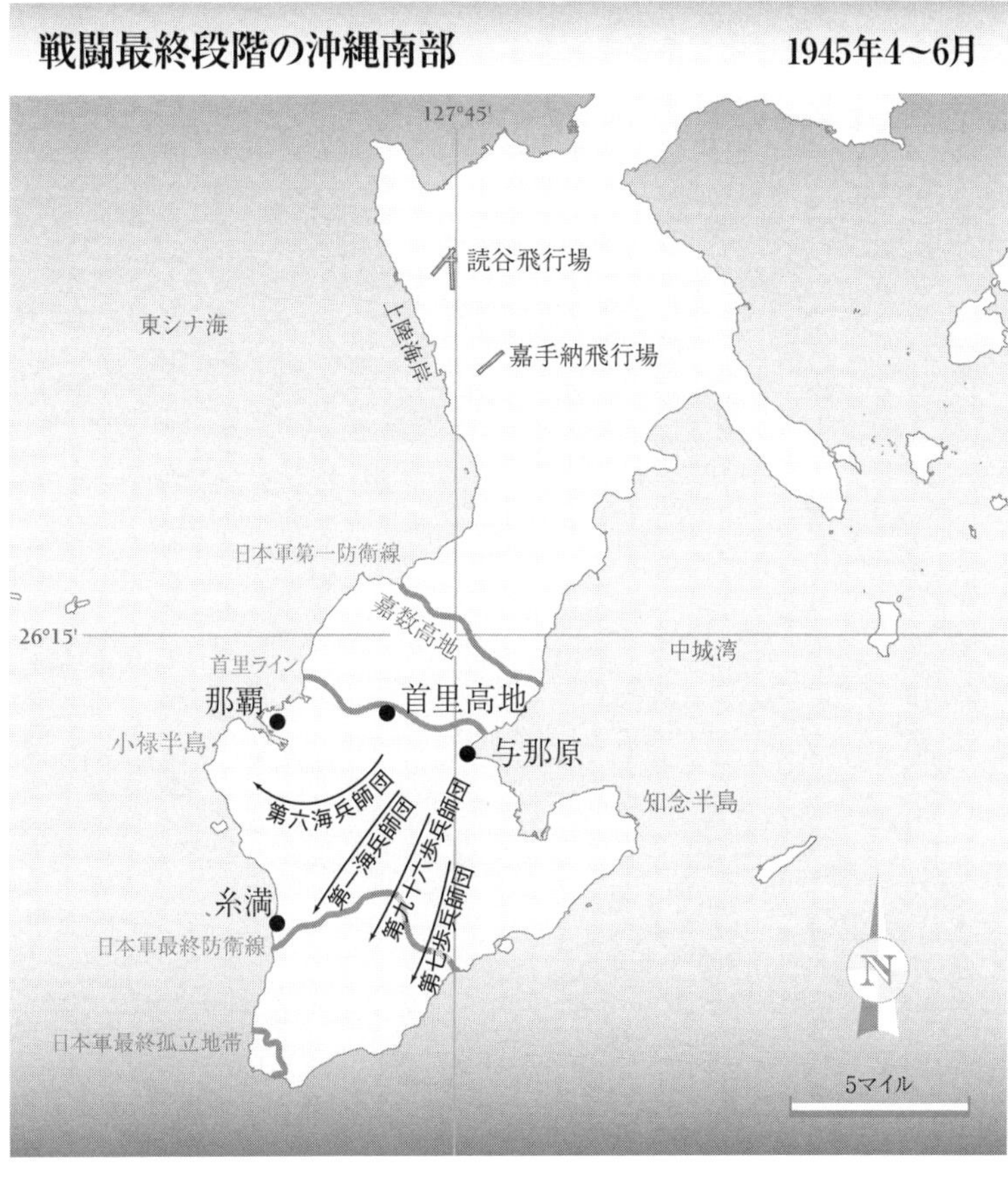
戦闘最終段階の沖縄南部
1945年4〜6月
127°45'
読谷飛行場
東シナ海
上陸海岸
嘉手納飛行場
日本軍第一防衛線
嘉数高地
26°15'
中城湾
首里ライン
那覇
首里高地
小禄半島
与那原
知念半島
第六海兵師団
第一海兵師団
第九十六歩兵師団
第七歩兵師団
糸満
日本軍最終防衛線
日本軍最終孤立地帯
N
5マイル

友軍の迫撃砲と火砲の射撃による死傷者が増大した。いちばん打撃を受けたのは、〝オールド・ブリード〟こと第一海兵師団で、六月十一日から六月十八日の一週間で千百五十名の人的損害をこうむった。

アメリカ軍は、以前のどんな太平洋の戦場にもまして、敵を説得して戦いをあきらめさせようとした。降伏の誘いは日本軍将兵と沖縄の民間人両方に向けられていた。飛行機は何十万枚というビラを投下し、六月十二日だけで三万枚のビラが撒かれた。第十軍の心理戦局は日本語新聞《琉球週報》を発行した。拡声器がジープやトラック、哨戒艇に積まれ、日系アメリカ人〝二世〟の通訳が原稿にもとづく呼びかけを流した。携帯式のバッテリー式無線機がパラシュートで投下されたので、米軍の放送は洞窟でも聞けた。

過去の努力にくらべると、ビラと降伏の呼びかけは上手に書かれ、理解しやすかったし、日本人特有の文化的感受性にもっとよく合わせてあった。すべてはいくつかの主要なテーマを強調していた。軍事的敗北は避けられず、日本の軍国主義指導者たちは腐敗して無能で、日本人は完全な破壊から祖国を守るために結集しなければならない(67)。〝降伏〟という言葉は慎重に避けられた。かわりに日本軍部隊は「望みのない窮地を脱する最良の道として、やってきて戦友たちと合流する」ようさそわれた。日本軍兵士は、りっぱに戦ったが、いまや「できることはすべてやったし、戦争が終わったときには必要になるだろう」といわれた(68)。

この呼びかけは太平洋戦争のそれ以前の段階より効果的だった。喜屋武半島の戦闘の最終段階では、数千名の日本兵が洞窟から手を上げて出てきた。もっとも驚くべきことに――そして伝統的な日本人の考えかたでは、けしからぬことに――部隊全体が将校の組織的な指揮下にあるあいだに降伏した。この過程は雪だるま式に増える傾向があった――より多くの日本兵がアメリカ軍の前線に投降すると、

より多くの者が進んでその例にしたがった。多くの勇敢な日系二世が――両親やきょうだい、妻子が本国で収容所に入れられていた者もふくめて――志願してひとりで洞窟に降りていき、敵兵と面と向かって交渉にあたった。捕虜になった日本兵のなかには、進んで元戦友が隠れているとわかっている洞窟や地下壕に戻っていき、降伏を勧める手伝いをする者さえいた。全部で約一万一千名が沖縄で戦時捕虜となり、うち七千名以上が日本軍の正規兵だった。戦時捕虜の収容所はこの殺到を収容するためにしだいに拡大された。アメリカ軍のある中尉は、「戦時捕虜収容所の端から端まで行くにはジープが必要だった」と驚嘆している[69]。

何万人という沖縄県民が、悪魔のようだと考えるように教えられていた敵に恐れをなして、日本軍とともに南へ避難していた。島南部の戦闘地域近くには、おそらく十万人の民間人がいた――戦場の日本兵ひとりにつき民間人三人以上の計算になる。たぶんマニラの戦いをのぞけば、太平洋戦争の主要な戦場がこれほど民間人で混雑していたことはこれまでなかった。日本軍はしばしば洞窟から民間人を立ち退かせ、火砲の弾幕射撃にさらされている外に追いだした。彼らは民間人の食料を奪った。泣きわめく幼児をかかえた母親を洞窟から出ていかせたり、その手でわが子を殺

沖縄の戦時捕虜収容所の日本人捕虜。National Archives

させたり、あるいは自分たちの手で幼児を殺したりした。男も女も子供たちも、砲撃や艦砲射撃、爆撃、機関銃の交差射撃、火炎放射器などの歩兵の野戦火器で命を落とした。日本軍の事前命令で、標準日本語以外の言葉を使っているところを見つかった民間人は、スパイとして処刑される可能性があった。しかし、多くの年配の沖縄県民は標準語を知らず、その代償をはらった。ある沖縄県民は日本軍が民間人を捨て駒のようにあつかったと述べた——囲碁の「捨て石のように[70]」。

南下するアメリカ軍は、逆方向に進んでくる難民の長い列に出くわした——絶望し、腹を空かせた、薄汚れた人々の痛ましいパレードで、女たちは子供をおぶって、衣類などの身の回り品の束を肩にかついでいた。多くの者が砂糖黍の茎を嚙んでいた。なかには負傷して、両手両脚をついて這っている者もいた。十六歳の沖縄の女学生だった宮城喜久子は、ひどい光景を回想している。「何万人という人々が蟻のように動いていました。一般住民です。おじいさん、おばあさん、子供を背負ったお母さんが、泥だらけでいそいでいました。傷ついた子供たちは、道ばたに置いていかれました。置き去りです。そういう子供たちにはわたしたちが女学生だとわかりました。すると『ネーネー』と呼びかけて、しがみつこうとするのです。ネーネーは沖縄の方言で『お姉さん』のことです。本当にかわいそうでした。いまでもあの叫び声が耳に残っています[71]」

多くの沖縄の民間人がアメリカ軍の陣地に近づいて射殺された。アメリカ軍の歩哨は、軍人と民間人の区別がむずかしいときには、全員撃てと命じられていた。照明弾と星弾が北のアメリカ軍の前線のほうへやって来る群衆を照らしだした。いくつかの例では、日本軍部隊は沖縄の民間人を自分たちの前に押しだして、一種の人間の盾として進ませさえした。無用の死をふせぐために、挿絵と簡単な日本標準語と沖縄方言の注意書きが載ったビラが、島内に広く配布された。「飛行場に近寄るな。道に近寄るな。弾薬廠に寄るな。軍事施設に近寄るな。例へ間違ひにしても以上の注意を犯た（ママ）場合には此の様な運命に陥る事があります[72]」

第六海兵師団所属のノリス・ブクターは、多くの日本兵が民間人のような格好をして、一般市民に混じって前線をすり抜けようとしたと回想している。なかには女に見せかけようとする者さえいた。「その結果、残念ながら、われわれは彼らを撃たねばならなかった。このとき多くの不運な沖縄人も殺された。彼らは戦争の犠牲者だった。われわれはそうしなければならなかったことで気分が悪かったが、われわれは自分の命を守っていたのだ[73]」第七歩兵師団の一等兵、ジョン・ガーシアは、夜間に野原を横切って近づいてくる黒い人影を撃った。夜が明けると、彼は前に進みでて、「そこにひとりの女性と、背中に紐でおぶわれた赤ん坊」を見つけた。「銃弾は彼女を突き抜けて、赤ん坊の背中から出ていました。わたしはいまだにそのことで思い悩んでいます、それが心から離れずにいます。いまも自分が殺人を犯したと感じているのです。暗闇に人影が見える、それが前かがみになっている。それが兵士か民間人かなんてわかりません[74]」

しかし、第六海兵師団に所属していたチャールズ・ミラーは、仲間の海兵隊員の多くが多かれ少なかれ無差別に沖縄の民間人を撃っていたといっている。「連中はこういうんだ、『ほら、目の吊り上がったチンク（訳註：中国人の蔑称）が行くぞ、バン、バン。……ほら、目の吊り上がったブタ野郎が行くぞ、バン、バン』われわれは世界一すばらしい人間ではなかった[75]」

それと同時に、多くのアメリカ海兵隊員と陸軍兵が、民間人を救うためにかなりの身の危険を冒した。海軍衛生隊の士官、ルイス・トーマスは沖縄北部の名護町に配属された。医療施設は海兵隊の一個中隊が警備に当たっていた。道路を横切って仕掛け線が設置されていた。ある暗い夜、照明弾が、道路をやってくる民間人の大きな群衆を照らしだした。海兵隊の警備兵が無線でいった。「撃ちかた、待て。民間人だ」それから土嚢の山を乗り越えて、前方の闇のなかに走っていった。数分後、彼は老人と女性、子供の一団をつれて戻ってきた。「誰もこの行為を記録していないと思うが、もしわれわれに権限があれば、彼に金メダルの授与を認めたことだろう」と、トーマス大尉は回想している。「実際には、われわれは拍手喝采をして、彼にきみは偉大な海兵隊員だといった[76]」

あらゆる抵抗の壊滅

第三十二軍の最後の司令部壕は、兵士と民間人難民であふれていたので、牛島将軍でさえ最初は私的な空間を持てなかった（訳註：のちに司令官室と参謀長室が作られた）。参謀たちは残っているいくつかの寝棚に交代で寝るか、汚い通路の地面にごろりと横になるしかなかった。石灰岩の洞窟内部の空間は悪臭がただよい、じめじめしていた。水が鍾乳石からしたたり落ちていた。洞窟内の兵士のなかには、原隊から切り離された何百名という落伍兵もいた。多くの者は無表情で、ぼんやりと前を見つめ、洞窟内をあてどもなくさまよっていて、ひと言ふた言しか言葉を発しなかった。米軍機が頭上の尾根にナパーム弾を投下し、洞窟網の上のほうにいた者たちは、炎か煙を吸いこんで死んだ。海岸沖の哨戒艇は洞窟の口にたえず射撃をつづけ、ついに口が少しずつ崩れはじめた。「大型の爆弾や砲弾が摩文仁（まぶに）の断崖で爆発すると、洞窟全体が大地震のように揺れた[77]」（訳註：日本語原文は「大型爆弾や主力艦の巨弾が落下すると、坑木のない我々の洞窟は、ぐらぐらと動揺し、側壁の弱い部分が崩壊する」）

牛島将軍は最後の日々を、小さな机に向かい、蠟燭の光で読書をしたり、感状を清書したりして、ひとりですごした。ときどき団扇（うちわ）で顔をあおいだ。長将軍は、となりの洞窟の一室で大きなパイプをふかし、読書をしていた。六月十八日の月曜日、牛島将軍は全部隊に最後のメッセージを送った。彼は、「親愛なる諸子」に、りっぱに任務を遂行したことを感謝した。これからは、全員がそれぞれの現地指揮官の命令にしたがうことになった。長将軍は追伸の指示を加筆した。「生きて虜囚の辱めを受くることなく、悠久の大義に生くべし[78]」残っている落伍兵は、アメリカ軍の前線を突破して、日本軍の小規模な分遣隊が高地に残っている島の北部へ行き、ゲリラ戦を展開するよう命じられた。

指揮官たちは、沖縄の民間人に投降を薦める降伏の呼びかけが沖の哨戒艇の拡声器で放送されるのを聞くことができた。徹底抗戦派の将校のなかには、この呼びかけを一蹴して、「アメリカ軍が勝手なことばかり述べておるわい」とつぶやく者もいた[79]。しかし、多くの民間人と軍人さえもが、沖合の哨戒艇に向かって泳いでいく姿を見ることができた。六月十七日、幕僚部は、牛島将軍に直接宛てたバックナー将軍からの降伏勧告文を受け取った。「貴官指揮下の部隊は勇敢に善戦し、貴官の歩兵戦術は貴官の敵手の敬意にあたいするものである。……小官同様、貴官は長きにわたって歩兵戦術の訓練を受け、経験を積んだ歩兵科の将軍である。……よって、貴官は、小官同様、島内の日本軍のあらゆる抵抗の壊滅が時間の問題にすぎないことをはっきりと理解していると信ずる[80]」このメッセージは大笑いを誘った。牛島は皮肉めいた感想を漏らした。「いつの間にか、俺も歩兵戦術の大家にされてしまったな[81]」

六月十八日、牛島は東京に別れのメッセージを打電した。それから参謀たちを最後の晩餐会に招待した。残っていた最後の日本酒とアルコールの瓶が開けられ、全員が別れの杯を飲みほした。その五日後、敵の攻撃が司令部壕に迫ってくると、牛島と長は未明に洞窟を出て、東シナ海を見おろす狭い岩棚に腰を下ろした。牛島は通常礼装の軍服姿で、長は純日本式の白の肌着だった（訳註：八原参謀の手記によれば、長は軍衣を脱いで、白いワイシャツ姿だった）。六月二十三日の午前四時三十分、ふたりは腹部に短刀を突き立て、日本刀をかまえた介錯役の部下の将校がすぐさま首をはねた。

大田昌秀によれば、アメリカ軍はその後、牛島将軍の墓を発見した。大田はアメリカ軍のナイフが墓標に突き刺さっているのを見つけ、英語で殴り書きされた侮辱的なメッセージを読んだ(82)。

南岸ぞいの洞窟には、まだ約一万五千名の日本軍将兵が残っていて、それを全部一掃するには少し時間がかかることになった。小部隊の戦闘は七月中つづくことになるが、組織的な抵抗は基本的に終わっていて、もはや沖縄に〝戦線〟はなかった。洞窟は火炎放射器で組織的に焼かれ、爆薬で封鎖された。何千人という日本軍将兵と民間人が閉じこめられた。組織的抵抗が崩壊したあと、戦いの最後の八日間で、推定八千九百七十五名の日本兵が殺され、何千名という日本人が捕虜になった。ほかの多くの者は自決した。

十六歳の女学生だった宮城喜久子は、二週間以上も洞窟に隠れていた。六月十七日、洞窟はおそらくアメリカ軍の手榴弾によって爆破された。喜久子は無傷だったが、仲間の学生の多くが致命傷を負った。

血の臭いがしました。わたしはすぐに「やられた！」と思いました。わたしたちは真っ暗ななかで暮らしていて、臭いですべてを感じていましたから。下から級友たちの声が聞こえました。「足がない！」「手がないよ！」担任の先生にうながされて、わたしはおびただしい血のなかに降りていきました。看護婦や兵隊、女学生が即死または重傷を負っていて、そのなかには友だちの勝子さんも腿に傷を負っていたのです。「早く、先生、早く」と彼女は叫んでいました。「痛い！」わたしは言葉を失いました。薬はもう残っていないし、近くでは上級生が、必死に内臓をお腹のなかに押し戻そうとしていました。「おなかがやられた人が助かることはない」と彼女はいいました。「私はいいから他の人を見てあげて」それから彼女は息を引き取ったのです(83)。

喜久子とほかに数名の娘が、なんとか洞窟を脱出した。彼女たちは崖をつたって、岩だらけの海岸に降りていった。みんなひどい脱水状態で、髪の毛には虱がたかり、爪はのびすぎて、体は蚤だらけ、皮膚は汚物でおおわれていた。飢餓状態までやせ細り、肌がかゆくてたまらなかった。彼女とほかの娘たちは誓い合った。「もしわたしが動けなくなったり、あなたが動けなくなったりしたら、青酸カリをあげるわ」彼女たちはひとり一発の手榴弾を「お守りのように」ずっと持っていた(84)。

海岸で彼女たちは日本兵と沖縄の民間人をふくむ何万人という群衆を見つけた。アメリカ軍の哨戒艇がすぐ沖にいて、日系アメリカ人の話者が拡声器で降伏を呼びかけていた。「オヨゲルモノハ、オヨイデコイ。タスケテヤル。オヨゲナイモノハ、ミナトガワニユケ。ヒルハアルイテモイイガ、ヨルハアルクナ。コチラニハ、ショクリョウガアル。タスケテヤル」

しかし、娘たちはその声を信用しなかった。「子供のころから、わたしたちは彼らを憎むように教わってきました」と喜久子はいった。「彼らは娘たちを裸にして、好き放題にしてから、戦車で踏みつぶす。本気でそう信じていたのです。……わたしたちはその声に応えずに、逃げつづけました。裸にされるのがただ恐ろしくてならなかった。娘がいちばん恐れるのはそれでしょう(85)」彼女は、ひとりの日本兵が両手を上げて、海に入っていきかけるのを見てショックを受けた。べつの日本兵が彼を引き戻した。

その四日後、彼女は捕虜になった。彼女は気を失っていて、朦朧として目をさますと、ひとりのアメリカ兵が彼女を銃でつつき、立てという身振りをしていた。彼女はてっきり殺されるか、暴行されようとしているのだろうと思ったが、そのとき驚いたことに、ほかの女学生たちがアメリカ軍の戦闘衛生兵の手当を受けているのを目にした。彼女たちの傷には包帯が巻かれていて、生理食塩水の注射を受けていた。「その瞬間までわたしはアメリカ兵のことを鬼や悪魔とばかり考えていました。わたしはその場で凍りつきました。自分の見ているものが信じられなかったのです[86]」

太平洋戦争最悪の戦い

渡具知湾周辺の野営地と休養所に戻ってきたとき、戦闘で疲弊したアメリカ軍歩兵は、沖縄をほとんど見分けられなかった。土木工学建設チームが風景を作り変えていた。六百四十平方マイルの島は、史上最大の水陸両用上陸作戦の主力中継基地となることになっていた——一九四五年十一月一日に予定された、予想される九州侵攻〈〈オリンピック〉作戦〉の。第八航空軍のB－24、B－17、そして陸軍戦闘機が、平和になったヨーロッパからすでに到着しつつあった。上陸海岸に近い読谷では、七千フィートの滑走路が六月十七日には運用されていた。道路建設員は新たに千四百マイル分の舗装道路を建設することになっていて、そのなかには島の全長にそって南北に走る四車線の幹線道路二本と、海岸から海岸に走るさらに数本の道路がふくまれていた。破壊された橋に代わって川にかけるために、工兵隊は〈ベイリー式組立橋〉を使った——イギリスが開発した運搬可能なプレハブ式トラス鉄橋である。

主要な飛行場と補給施設周辺の道路は、あらゆる種類の交通で渋滞していた——トラック、ジープ、トレーラー、そして荷馬車。兵士たちが交通整理をしていた。嘉手納飛行場近くでは、交通量があまりにも多かったので、主要な交差点に環状交差点がもうけられた。何十台というブルドーザーが丘全体を平らにし、峡谷や川床を埋め立てた。沖縄の港湾は桟橋や埠頭、浚渫（しゅんせつ）バージで拡張された。六月には、ニューヨーク港の典型的な平時の一カ月分以上の貨物を毎月あつかっていた。海軍の基地建設計画の公式史は、目の玉が飛びでるような数値の集成を列挙している。「一九四五年末までに、沖縄の海軍施設は二万エーカーにおよび、長さ四千百八十フィート分の埠頭、七十一万二千平方フィート分の一般屋内集積所、一千百七十七万八千平方フィート分の屋外集積所、十九万三千立方フィート分の冷凍貯蔵所、さらに八百八十二万ガロン分の航空ガソリン、三万バーレル分のディーゼル油、五万バーレル分の燃料油、一万三千平方フィート分の弾薬の集積をふくんでいた。航空機修理工場は三十二万四千百平方フィート、一般修理工場は九万千平方フィートを占めていた。病院のスペースは三十三万八千平方フィート、宿舎は四百七十五万五千平方フィートにおよんだ[87]」ある海軍建設隊員は、もっと簡潔に表現した。「沖縄におけるわれわれの土地開発は、処女森林地からロードアイランドを完全に開発するのに匹敵した[88]」

前線から遠くへ移動すればするほど、軍間のライバル意識の怨恨が、より多く見受けられた――やんわりとしたからかいから、不快な非難、どなり合いから、殴り合いのけんかまで。退屈した海兵隊員たちは沖縄の子供たちを陸軍の野営地に近づかせ、こう叫ぶよう訓練した。「マッカーサー将軍なんか、くそ食らえ！」（子供たちはそれが「煙草ちょうだい」という意味だと教わっていた[89]）しかし、海軍建設隊員はめずらしく姉妹部隊のどこからも好かれ、賞賛されていた。ジョン・ヴォリンジャー軍曹ともうひとりの海兵隊員は、棒状の石けんを一本もらえないかと、沖縄の海軍建設隊野営地に出かけていった。そこで彼らはプロの靴職人を見つけてびっくりした。ヴォリンジャーは職人に踵から釘がつきだした自分の軍靴をみせた。「彼は踵を調べると、『もう片方をくれないか』といった。そうして、両方の踵をはずし、新しいのをつけてくれた。彼はそれからもう飯は食ったかとたずね、われわれが砲兵中隊に戻るまではなんとかなりそうだと請け合うと、『いっしょに来いよ』といった。彼はわれわれを一等兵曹の食堂につれていき、われわれは牡蠣フライの信じられないごちそうを食べた。これは進取の気性に富む海軍建設隊員の誰かさんが、珊瑚礁で採ってきたものだった[90]」

どう判断しても、沖縄はじつに悲惨な戦いだった。アメリカ軍の人的損害は（海上、空中、地上をふくめ）太平洋のどの水陸両用戦よりも大きかった――四万九千百五十一名で、うち一万二千五百二十名が戦死または行方不明になり、三万六千三百六十一名が負傷した。第十軍は七千六百十三名の戦死者と約三万一千名の負傷者を出した。戦死者のなかには、六月十八日に砲撃で戦死したバックナー中将もいた。第二次世界大戦で敵の砲火に斃れた最高位のアメリカ軍人である。さらに二万六千名が〝戦闘によらない〟死傷者とされた。病気になった者だけでなく、〝戦闘神経症〟あるいは〝戦争神経症〟のせいで前線から下げられた者たちもふくんだカテゴリーである[91]。

あるアメリカの軍事アナリストが述べているように、「沖縄の戦闘は、第二次世界大戦の機動的な各種の兵器、戦車や飛行機、無線機、トラックをフルに使ったにもかかわらず、第一次世界大戦の前線の均衡状態と致死性をしめしたという点で、異例だった[92]」。アメリカ軍の戦車は日本軍の洞窟防御線があたえる優勢の一部を無効にした。しかし、〈首里ライン〉のもっとも強固な陣地構築物にたいする前進は、個々の歩兵分隊の勇気と自発性と忍耐なしには成し得なかった。彼らは進んで激しい銃火に向かって前進し、白兵戦の距離で敵と交戦した。

海軍は太平洋戦争で最悪の打撃をこうむり、三百六十八隻が損傷して、水陸両用艦艇十五隻と駆逐艦十二隻をふくむ三十六隻が沈没した。海軍は主として特攻機の攻撃で将兵四千九百七名の戦死者を出した。沖縄戦で死んだ海軍軍人の数は、陸軍あるいは海兵隊のいずれもの人数を上回っている――ただし、地上戦における陸軍と海兵隊合計の損害は、より多い。

日本軍は地上では二対一で劣勢だった。また砲兵の火力、海軍の火力、航空戦力の分野では大きく凌駕されていた。しかし、牛島将軍の部隊は十二週間近く持ちこたえ、敵に大きな損害をあたえた。戦術的に愚かな反撃を仕掛けよという東京と台湾からのたえまない圧力にもかかわらず、軍は、頑強な一メートル刻みの地形防御という、もとの作戦計画に大部分したがった。結局、意図したとおり、全軍が失われ、九万名近い戦闘員と支援部隊の将兵が戦死し、一万一千名が捕虜になった。

過酷な戦いの歯車に巻きこまれた沖縄の民間人は、ほとんど想像できないほどの苦しみを味わった。彼らはあやまって、あるいは故意に、十字砲火で殺され、砲爆撃で殺された。彼らは飢えに苦しみ、あるいは病死した。ほぼ一年前のサイパン同様、日本のプロパガンダは、アメリカ軍に捕まった民間人には死より恐ろしい運命が待ち受けていると警告していた――そして、サイパン同様、多くのおびえた民間人が自分自身の命と、彼らの愛する者の命を断った。多くの者が洞窟に閉じこめられ、その遺体は数えられなかったので、民間人犠牲者の正確な数は推定することしかできない。沖縄県庁によれば、戦いで九万四千人の沖縄の民間人が亡くなった。うち五万九千九百三十九人は一九四五年六月、日本軍が首里から退却したあとで命を落とした。(93)

勝者にとって、島の所有は、すばらしい戦略的利益をもたらした。島は将来の日本侵攻の部隊集結地と跳躍板となり、九州南部の目標とされる上陸海岸から四百海里も離れていなかった。アメリカ軍の爆撃機と戦闘機は、日本に楽々と到達できる距離に飛行場を、艦隊と水陸両用部隊は、防護された停泊地を手に入れた。スプルーアンス提督は一年前、沖縄占領に賛成する主張をしたときに、こうした利点をすべて見越していた。日本にとって、沖縄の失陥は、彼らの指導者たちがすでに知っていることを確認したにすぎなかった――この戦争は負け戦で、彼らの敵は、自分たちの祖国を侵略し、征服する手段と意志を持っていることを。

第十五章 近づく終わり

一億総玉砕を叫びつつ和平を探る日本だが、
曖昧な権力構造が合理的決断を妨げていた。
一方、原爆の開発に成功した米国と
ソ連の思惑はポツダム会談で交錯する。

1945年7月16日、ポツダム会談での（左から）ハリー・トルーマン大統領、ジェイムズ・バーンズ国務長官、ウィリアム・レイヒー提督。この数時間後に、彼らは〈トリニティ〉核実験の成功を知ることになる。Harry S. Truman Library

何も知らなかったトルーマン

トルーマンが大統領になって最初の数週間、ある言い回しがしばしばホワイトハウスの記者室でくりかえし聞かれた。「フランクリン・D・ローズヴェルトは人民のためのだった。ハリー・S・トルーマンは人民のだ」（訳註：リンカーン大統領の演説「人民の人民による人民のための政治」より）この引き締まった中西部人は、立ち上がっても、車椅子に乗った前任者より小さく見えた。彼は新しい役目にとまどい、照れくさがっているようだった。楽団が〈ヘイル・トゥー・ザ・チーフ〉を演奏したときは、トルーマンは慣習を知らず、手をどうすればいいのか決めかねていた。敬礼するのか？両手を脚の外側につけ、気をつけをするのか？　来客と握手をするのか？　最初そういうことが起きたとき、彼は三つ全部やろうとした。新大統領の個性をつたえる記事を書くよう指名されたある記者は、担当編集者にこういった。「この男の個性は、まったく個性がないということにつきます。彼はミスター平均です。バスや路面電車で見かける。ドラッグストアのソーダ売り場でとなりにすわっている。彼に似た人間はきっと何百万人もいます[1]」

トルーマンが宣誓して就任した翌朝、彼はホワイトハウスに早く到着した。彼は上級軍事補佐官たちとの朝の状況説明会を予期していた。しかし、メッセージはあきらかにつたわっていなかった。補佐官たちは指示を受けておらず、その姿はどこにもなかったからだ。新大統領は一時間以上、「少しいらいらして」待ったが、やっとあわてた秘書が、ホワイトハウスの首席補佐官、レイヒー海軍大将と、ホワイトハウスの先任海軍武官、ウィルスン・ブラウン海軍中将を探しだした。彼らは状況説明の書類を集めて、大統領執務室（オーヴァル・オフィス）へいそいだ。執務室に入っていくと、新大統領はＦＤＲのマホガニーの机の向こうに座っていた。机の上にはまだ前任者のさまざまな小物や道具がずらりと並んでいた。

ふたりの提督は、気をつけをして、統合参謀本部が直面する最新の問題を要約しはじめた。トルーマンは言葉をはさんだ。「たのむから、座ってくれないか！　立っていられるといらいらする！　わたしからよく見えるこの明るいところに出てくるんだ」レイヒーとブラウンは椅子を引っぱりだした。トルーマンは、「われわれも彼を観察していることを気にする様子は微塵も見せずに」、彼らの顔をしげしげと見たと、ブラウンは回想している[2]。

彼らとの会話と、十一時の統合参謀本部とのもっと大きな会議のなかで、トルーマンが状況をよく知らないことが痛いほどあきらかになった。彼はヨーロッパと太平洋両方の戦況についてじゅうぶんな説明を受けていなかったし、ソ連と対戦している地球規模の戦略地政学的なチェス試合の最新の一手についてほとんど知らなかった。新大統領は賞賛にあたいする労働倫理を持っていて、目が使いすぎでずきずきするまで最高機密の報告書や覚書に目を通した。彼は日記のなかで、彼がホワイトハウスにつけたあだ名「大きな白い監獄」での長く「あわただしい日々」について書いている[3]。ときに彼は、補佐官や軍首脳の側近との私的な会議でも、自分の知識の空白について身構えているように見えることもあった。トルーマンはあきらかにもっと情報を必要としているときでも、無知に見られるのを恐れて、質問したがらないことに気づいた者もいた。ある行動指針が提案されると、トルーマンはしばしば自分もすでに同じ線で考えていたと答えた。まるで、自分はいわれたとおりにしているだけだという印象をあたえるのを避けようとするかのように。

歴史家たちは、トルーマンが最高司令官の役割にしだいになじみ、最終的にはその仕事に適任以上であることを証明したと結論づけている。しかし、一九四五年の春と夏には、産みの苦しみは明白だった——この最初の時期に彼が直面しなければならなかった決断は、彼の大統領時代でもっとも重要なものばかりだった。

ビル・レイヒー提督は、日記のなかで、「〔トルーマンが〕背負わねばならない戦争と平和の信じがたいほどの重責」に懸念を表明していた。レイヒーの息子によれば、内輪では提督は、新しいボスのことを「マイナーリーグ（ブッシュ＝リーガー）の選手」と見なしていた。彼はローズヴェルトに本音を語ることに慣れていて、亡き大統領が「チームのキャプテン」であり、自分の判断で彼の助言を受け入れたり却下したりすることを知っていた。しかし、トルーマンはまだ補佐官に反対する自信も主体性も持っていなかった。トルーマンは自分たちの手の内にある、とレイヒーはほかの補佐官に語った。それはつまり、大統領に助言する者は全員、大きな責任を負い、自分が正しいことを完全に確信しなければならないということだった(4)。

日記とその後の回想録のなかで、レイヒーは、新大統領が相対的に無知であったことに責任を感じるとか、自責の念をおぼえるとは告白していない。それ以外では見識と的確な判断力で尊敬されていたこのワシントンの政治家の自己認識の欠如には驚かされる。彼がＦＤＲの衰えゆく健康状態についてなにを知っていたにせよ、知らなかったにせよ、レイヒーは故大統領の最後の一年間、ほとんど彼のそばにいた。彼はまちがいなく事情を知っていて、トルーマンがいついかなるとき急に最高司令官ない。

の役目につかされるかもしれないと予測していた。レイヒーはホワイトハウスの首席補佐官で、統合参謀本部の議長だった。副大統領が状況説明をまちがいなく適切に受けるために、彼はどんな手段を講じたのだろうか？　彼でなければほかの誰がその責務を負っていたのだろうか？　この健全な立憲政体の基本的な手順が機能していなかった問題については、いまだにじゅうぶんな説明がなされていない。

レイヒーはＦＤＲと個人的に親しく、彼の死に「動揺している」と、トルーマンに語った。彼は海軍を退役して、ホワイトハウスの首席補佐官としての地位から退きたいと思っていた。しかし、トルーマンはすくなくとも継続のために彼を必要としていて、彼に「戦争という仕事の糸を拾い集める」のを手伝うために、職に留まってもらいたいとたのんだ。トルーマンがＦＤＲの使っていたのと同じ意思決定の手順を守ると保証すると、レイヒーはすくなくとももう数カ月、職に留まることに同意した(5)。実際には、彼はあと四年、トルーマンの最初の在任期間の最後まで奉職した。

この戦争の後期である現時点でも、太平洋の軍事戦略と外交政策の基本的な問題は、依然として未解決だった。日本侵攻は必要なのか、それとも海上封鎖と爆撃作戦を強化するだけで降伏を強いるにはじゅうぶんだろうか？　連合軍は中国沿岸地域に上陸すべきか？　ソ連の参戦は依然として必要あるいは望ましいだろうか？　日本の支配層で〝和平派〟はどれぐらいの力を持っていて、それを強化することは可能なのか？　故ＦＤＲの無条件降伏政策は断固として適用しなければならないのだろうか？　天皇裕仁は戦争を終わらせる力と影響力を行使するだろうか？――もしそうなら、連合国は彼が玉座を維持できることを示唆すべきだろうか？　これらは複雑な問題で、明確な答えはなかった。軍事計画立案の通常の仕組みが、国際政治の高度な判断と組み合わされた。日本を敗北に追いこむことは、もっとも差し迫った問題にすぎなかった。前途に待ち受けるのは、スターリンの領土的野心、中国の赤い脅威、そして英仏蘭の元植民地の地位が密接に関係する、新しいアジアの戦後秩序だった。

五月一日の国務省＝陸軍省＝海軍省会議で、ジム・フォレスタル海軍長官はふたりの同僚に、「極東におけるわれわれの政治目標を徹底的に検討」すべきときだと語った。東ヨーロッパの政治的独立にかんするスターリンの最近の違背を思えば、彼らは極東におけるソ連の野心を警戒すべきだった。フォレスタルはたずねた。「われわれはソ連の影響にたいする対抗勢力をもとめているか？　そして、それは中国であるべきか、日本であるべきか？」もし後者なら、アメリカは、日本の経済力と地域における地位を再建する計画を持たねばならない。その後の会議で、閣僚は、将来の朝鮮、香港、インドシナ（ヴェトナム）、そして満州の地位を検討した。フォレスタルの日記の記載は、彼らがこうした問題にはじめて直面したという印象をあたえる。五月二十九日のべつの国務＝陸軍＝海軍省会議では、三長官は、トルーマンが無条件降伏の意味を明確にし、おそらく日本の皇室の戦後の地位に触れる声明を出すべきかどうかが検討された。この問題は全員一致で棚上げにされた。「時期は〔大統領が〕こうした声明を出すにはふさわしくない」からである。(6)

海軍と陸軍航空軍の高官たちは、ひとつの点でおおむね合意した。日本侵攻は不必要で、避けるべきである。彼らは空海の封鎖の累積的効果を強調した。この封鎖は、残っている日本への海上交通を事実上すべて遮断する見こみがあった。この輸入される石油、原材料、そして食糧の最後の一滴がなければ、日本経済は動きを止め、国民は飢えに苦しむだろう。同時に、爆撃作戦の破壊的な強度は、新たな高みに引き上げられる。新たに就役した何百機というB－29スーパーフォートレスがアメリカから戦域へと飛来し、第八航空軍の何千機という爆撃機と戦闘機がヨーロッパから再展開しつつあった。第三艦隊は敵領海での三週間の軍事作戦を準備中で、日本の都市や海港、鉄道道路網にたいする史上最大の空母航空攻撃が約束されていた。

こうした激しい打撃が功を奏するいっぽうで、アジアの本土に将兵を上陸させることに賛成する主張をする者もいた。中国派遣アメリカ陸軍司令官のアルバート・C・ウェーデマイヤー少将は、「沿岸地方の拠点の確立は、もちろん中国側を感動させ、陸上の連絡とそれによる自由な情報伝達を獲得する彼らの努力を倍加させることになるだろう」と書いた。(7) ニミッツとスプルーアンス両提督は、上海南東の舟山(しゅうざん)群島と、それに近い揚子江河口の南側の寧波半島を占領するよう主張した。彼らの目的は、中国に上陸拠点を確立して、蔣介石に命綱を投げ、「さらに飛行場を建設して、日本をひたすら爆撃で屈服させる」ための時間をもっと提供することだった。(8) この将来の〈ロングトム〉作戦は、統合参謀本部の暫定的な支持を得て、一九四五年八月という仮の作戦開始日時を割り当てられた。

日本本土攻略作戦を指揮するのはだれか

マッカーサーは、可能なかぎり早い日時の日本の直接侵攻を主張していた。中国沿岸部をつっつきまわすのは、時間と人命と貴重品の無駄遣いにすぎないと、彼はいった。日本は封鎖と爆撃だけで敗北に追いこめないと、彼はいった――そして、同盟国ドイツの例を指摘した。ドイツは都市が瓦礫と化しても降伏を拒否した。「日本最強の軍部隊は陸軍で、われわれの成功が確実になる前にこれを打ち負かさなければならない。それは大規模な地上部隊の使用によってのみ達成できる。……ドイツの場合とまったく同じように、われわれは日本陸軍を打ち破らねばならないし、その目的のために、われわれの戦略はわが地上部隊が敵地上部隊と決定的な地点で接触するような方法と手段を考えださねばならない」(9) マッカーサーはマニラの司令部からマーシャル参謀総長に、自分はすでに太平洋にある兵力で九州を攻略できると語った。もし本州の侵攻と東京の占領が必要になれば、ヨーロッパとアメリカ本土から増援を要求することになるだろう。(10)

〈ダウンフォール〉という暗号名をあたえられた作戦は、ドイツの最終的な敗北から十八カ月以内に日本を攻略して制圧することを目的としていた。ワシントンの統合参謀本部の計画幕僚が立案した初期の計画は、一九四五年二月、マルタ島の〈アーゴノート〉会談でFDRとチャーチルに提示された。〈ダウンフォール〉作戦は二段階からなっていた。一九四五年後半の九州南部侵攻〈〈オリンピック〉作戦〉と、それにつづく一九四六年春の本州侵攻〈〈コロネット〉作戦〉である。この大水陸両用強襲作戦はいずれも、とくに〈コロネット〉作戦は、前年のノルマンディー侵攻をちっぽけに見せた。〈ダウンフォール〉作戦は、マッカーサーとニミッツの両戦域内のあらゆる軍種、あらゆる部隊の連合兵力を必要とし、イギリスなどの連合軍部隊が支援任務にあたる。九州への攻撃は、フィリピンの戦いのベテランであるクルーガー将軍指揮下の経験豊富な第六軍があたることになっていた。彼の部隊には、増強された二個軍団にくわえて、三個海兵師団からなる三つ目の軍団がふくまれる。彼らは東岸の宮崎と南部の有明湾（訳註：志布志湾の別名）、そして西岸の串木野に同時に上陸する。

決定的な第二段階の〈コロネット〉作戦は、人口が多く工業化された地域である関東平野を目標とする。先陣を切るのはアイケルバーガー将軍指揮下の第八軍で、その隷下部隊は相模湾の北端の海岸に上陸する。〈コロネット〉攻撃部隊には、二十五個もの師団がふくまれ、必要に応じて追加の増援部隊が投入されることになっていた。もし東京にたいする圧倒的な挟撃でも降伏を強いることができなければ、連合軍は首都を占領する――そしてその後、その中心地からあらゆる方向に打ってでて、国全体がひれ伏し、支配下に置かれるまで、一地方ずつ組織的な抵抗を殲滅していく。

一九四五年三月後半に統合参謀本部がさだめた最初の予定表では、〈オリンピック〉上陸作戦は一九四五年十二月一日に、それにつぐ〈コロネット〉上陸は一九四六年三月一日に想定されていた。〈オリンピック〉作戦の目標日は、ニミッツの具申で、冬の嵐がもたらす艦隊への危険を考慮して、

九州侵攻〈オリンピック〉作戦

目標日1945年11月1日

130°
132°
34°
32°
瀬戸内海
福岡
長崎
九州
東シナ海
都農
宮崎
川内
串木野
志布志湾
(有明湾)
第一軍団
太平洋
第五水陸両用軍団
第十一軍団
第十一軍団
種子島
屋久島
N
50マイル

一九四五年十一月一日に前倒しされた[11]。

統合参謀本部は当面、指揮の統一というつねにいさかいの種になる問題を未解決のままにした。あらゆる水陸両用上陸作戦と同様、〈ダウンフォール〉作戦では陸海空各部隊のあいだの持続的で複雑な協力が必要になる。しかし、一九四五年春には、太平洋におけるさまざまな内輪の軋轢やライバル意識は、いいほうではなく悪いほうにどんどん向かっていた。ふたりの戦域司令官のあいだの個人的なやりとりは、いいときでも冷え冷えとしていた。四月、ふたりはおたがいをマニラとグアムのそれぞれの司令部に招待したが、いずれの招待も残念なことに辞退された[12]。ニミッツの戦域の最上級陸軍将校であるリチャードスン将軍は、マッカーサーと会談するためにフィリピンへ出張することをもとめた。ニミッツは許可を保留して、まず現在進行中の交渉に決着をつけたいと説明した[13]。その一週間後、ニミッツはプライドを捨てて、マニラへ飛び、〈ダウンフォール〉作戦のマッカーサーの草案について説明を受けた。南西太平洋戦域司令官は、自分が沖縄と琉球諸島のそれ以外の島々と、太平洋の陸上基地航空部隊すべての指揮をとることを提案した。ニミッツはたじろいだ。彼はグアムに飛び帰り、必要に応じてマッカーサーと〝話し合う〟だけのつもりで、参謀たちに海軍独自の〈ダウンフォール〉作戦の水陸両用上陸段階の計画に取り組ませた[14]。

ニミッツは、額に入れたマッカーサーの写真をグアムの執務室に目立つように飾っていた。訪問者は普通、それを敬意の印と取った。太平洋艦隊の情報参謀、エド・レイトンがなぜ写真を飾っているのかとたずねると、ニミッツは微笑んでこう答えた。「教えてやろう、レイトン。馬鹿者になるんじゃないと自分に思いださせるためだ[15]」

四月十三日、マッカーサーの右腕のサザーランド将軍がグアムに出張して、太平洋戦域の指揮権の基本的な再編成を提案した。複数軍種の戦域司令部は、役に立たない「お題目」であることが証明されている、と彼はいった。マッカーサーは、ニミッツの指揮下にある島々の守備隊をふくむ太平洋全域の全陸軍部隊の指揮をもとめている。ニミッツは、過去三年間、マッカーサーの指揮下にあった第七艦隊の指揮を、自由にとってもらってかまわない。陸海軍は所在地に関係なく、それぞれの所属部隊の管理と兵站の責任を引き受けることになる。沖縄の作戦以降、「いかなる陸軍部隊も提督のもとで勤務することは許されないでしょう」と、サザーランドはつけくわえた⑯。

マッカーサーの提案は、陸軍と海軍の円満な離婚に等しかったが、戦争最大の作戦の準備中に、幕僚の注意を奪う複雑な管理上の配置転換を必要とするだろう。この問題は統合参謀本部しか決定できなかった。レイヒーがのちに述べたように、「太平洋の指揮権の問題は、一連の〝調停〟が行なわれているのにもかかわらずおさまらないたぐいの状況のひとつだった⑰」。陸軍と海軍のおおっぴらな絶縁を避ける唯一の手段と判断した参謀長たちは、必要な命令を下達した。マッカーサーは新しい肩書き、〈在太平洋合衆国陸軍部隊総司令官〉、略称ＣＯＭＡＦＰＡＣをもらった。マッカーサー宛ての〝親展〟メッセージで、ジョージ・マーシャル将軍は、陸海軍の確執にかんする「このじつに遺憾な大量の国内の噂と憶測」に触れ、新ＣＯＭＡＦＰＡＣに「そうした批判的な発言を、指揮系統の下の段階で抑えるために、全力をつくす」ようもとめ、「わたしも、こちらで厳格に同様のことをするつもりだ」とつたえた⑱。

しかし、この問題が解決するとすぐに、新たないさかいが〈ダウンフォール〉作戦の指揮組織にかんして勃発した。ニミッツは自分の指揮官たちが一九四三年十一月の〈ギャルヴェニック〉作戦以来、使ってきた方式を守ることを望んでいた。その方式では、侵攻部隊は海軍の指揮下で上陸し、地上部隊の将軍は、陸上に司令部を設置したときやっと部隊の指揮を引き継いだ⑲。マッカーサーはこの提案をしりぞけただけでなく、統合参謀本部に裁定を仰ぐと主張して、それ以上話し合うことを拒否した。

彼は、艦隊司令官が侵攻海岸への航行中と最初の上陸段階で、「海軍部隊だけでなく陸軍もふくめた、あらゆる広報」を監督するという提案に、特別な不快感をおぼえた[20]。

ワシントンでは、この問題は膠着状態に向かうかに思えた。マーシャルはキングに、自分たちが〈ダウンフォール〉作戦の指揮構成にかんして、「あきらかにまったく意見が合わない」と単刀直入にいって、統合参謀本部がすぐさま「この軍事作戦の一義的な責任を負う指揮官」を選ぶよう主張した[21]。この脅しは有無をいわさなかった。もしこの問題がつぎの統合参謀本部会議で解決しなければ、アメリカ合衆国大統領の裁定をあおがねばならないだろう。太平洋のふたつの反撃が日本で収束すると、ふたりの独立した戦域司令官を支持する主張をつづけることがしだいにむずかしくなっていた。マッカーサーはニミッツより先任で、国民の人気や名声ではならぶ者がなかった。ＦＤＲは根っからの海軍びいきだったが、トルーマンは陸軍の退役軍人だった。キングは自分の立場の弱さを認めて引き下がった。統合参謀本部は、〈ダウンフォール〉作戦の「一義的な責任」をマッカーサーにあたえるという命令を下達し、ニミッツあるいは彼の指定する艦隊司令官は、作戦の水陸両用上陸段階で、独立ではないにせよ大幅な自由裁量の余地を持つという、面子をたもつ但し書きをつけた[22]。提案された中国沿岸部上陸の〈ロングトム〉作戦は、廃案になった。

合理的決断を妨げる日本の権力機構

一九四五年四月に権力の座についた鈴木貫太郎男爵提督は、七十七歳のよぼよぼの老人で、耳がよく聞こえず、会議でうとうとしがちだった。大昔に海軍の現役を退いた彼は、十年近く侍従長をつとめたことがあり、天皇裕仁と個人的にしたしかった。一九三六年二月の未遂に終わった陸軍のクーデターでは、撃たれて死にかけた。鈴木と天皇のあいだには、新政府はたとえ連合軍の過酷な要求を涙を飲んで受け入れることになろうとも、戦争を終わらせる方法を見つけなければならないという了解が内々にあるようだった。機が熟したら、天皇は戦争を終わらせる「詔勅」を渙発するよう上奏されることで、意見が一致していた。

それと同時に、指導部の全員が、軍部の蜂起や暗殺、さらには内戦の脅威を認識していた。もし政府が転覆させられたら、連合国と協議をはじめる機会がなくなり、日本は完全に破壊されるだろう。ある意味、戦争を終わらせるための和平派の努力は、成功するまで秘密にしておかねばならない陰謀だった。鈴木がかつて暗殺の目論見で命びろいしたことも、この問題をいっそう切実にした。リチャード・B・フランクが太平洋戦争終結にかんする彼の研究書、『ダウンフォール』で書いているように、「内部からの致命的な脅威を認識することは、日本の命運を握るほんのひと握りの人間のうちの何人かの動機を理解する鍵である[23]」。

新内閣は、戦争と平和という根本的な問題で膠着状態にある、さまざまな権力派閥をまとめようとする努力を表わしていた。ひそかに和平を目論む米内提督は、海軍大臣として残った。阿南惟幾将軍は陸軍大臣として迎え入れられたが、この動きは東條英機をはじめとする陸軍の支配的な〝統制〟派の強硬論者をなだめた。元連合艦隊司令長官の豊田副武提督が海軍軍令部総長となり、その立場で、阿南と梅津美治郎陸軍参謀総長とともに、強硬な〝徹底抗戦〟派にくわわることになる。元駐ソ大使の東郷茂徳は外務大臣に任命された。東郷は、一年以内に日本を戦争から抜けださせる計画を自由に進めてよいという確約を受けたあとで、やっとその職を引き受けた。

政府の主たる意思決定機関は依然として六巨頭の〈最高戦争指導会議〉で、上記の全員がそのメンバーだった。しかし、ここで新しく重要な変化がもたらされた。〈最高戦争指導会議〉の話し合いは、メンバーの六人に限定され、副官や階級の低い士官を室内に入れてはならなかった。〈六巨頭〉は閉ざされた扉の向こうで話し合い、そこに木戸幸一侯爵（内大臣）と天皇がくわわって八名となった。そして、この八人が——おそらくさらに十人か十五人の影響を受けて——太平洋戦争最後の数週間に、合意に向けて努力することになる。

合意は彼らのとらえどころのない目標だった。まとまらないかぎりそれまではなにもできなかった。集団の意思決定の骨の折れるやりかたを表現するために、日本人は昔の造園の技法から来た表現を使った。つまり〝根回し〟である。文字どおりの意味は、成木を新しい場所に移植する前に、土から根を掘りだす作業である。根は一本一本、土から掘りだされねばならない。これは細心の注意を要する繊細な作業で、時間と気遣いが必要だった。もし手違いをしたら、木は死んでしまうかもしれない。元首相で、一九四四年の入閣以来、影の和平派を主導してきた米内提督のような並はずれた政治家が、指導会議の同僚たちに思い切って率直に話せなかった理由は、この〝根回し〟にあった。ナチ・ドイツの敗北以降、日本の敗北が避けられないことにもはや疑いの余地はなくなったときでさえ、米内は「終戦問題を持ち出すなどということは、相手が誰であろうと、私には、いや、誰でもそうだったでしょうが、ほんとうに難しいことでした」と感じた。彼は鈴木にだけは「抽象的な言い方」で話し、「私の考えでは、こんな状態のまま、あまり長く続けるわけには行くまいと思う」と感想を漏らした。[24]

一九四一年に日本の不合理な開戦の決定をみちびいたのと同じ制度的な欠陥が、いまや戦争を終わらせる合理的な決断をじゃましていた。東京には真の責任能力あるいは説明責任の中心が存在しなかった。権力はさまざまな軍参謀部や官僚組織にばらばらに分散していた。陸海軍の指導者たちは、軍内部の若手将校にあやつられ、追いだされ、置き換えられ、殺されることさえあるお飾りだった。戦争から平和への急転換には、両軍の中堅将校をふくむ、広く分散した多くの権益と関係者の承諾が必要となる。コンセンサスの徹底的な欠如は、たえずあった反乱の脅威とともに、アメリカ戦略爆撃調査団がいうところの、「敗北を受け入れるという文民政治家の決定と、最終的な降伏とのあいだの、異例の時間差」の原因を説明するものだった(25)。

米内海相の提案で、鈴木首相は、最高戦争指導会議の書記官（訳註：迫水久常内閣書記官長兼総合計画局長官）に日本全体の経済的ならびに戦略的な状況の調査報告書を用意するよう命じた。『一九四五年六月一日から十日時点の国力の現状』（訳註：『国力の現状（御前会議報告第一号）』）と題した秘密報告書は、六月八日に提出された。結論は文化的に異例の率直さで明快に述べられていた――敗北は避けられないだけでなく、国家経済は崩壊に向かっており、日本国民は指導者への信頼を失っている。

統計値は、船舶の損失、生産の減少、石油備蓄の枯渇、鉄道輸送の分断、悪化する食糧事情を物語っていた。差し迫った沖縄の失陥により、アジア本土との海上交通路は断たれ、産業全体が操業を一時中止せざるを得なくなるだろう。消費財の不足によってインフレは天井知らずとなり、食糧事情は一九四五年末には危機的状況に達して、「局地的ニ飢餓状態ヲ現出スルノ虞（おそれ）アリ」。軍事的状況にかんしては、残っている軍用機はすべて特攻機としてもちいられることになるが、航空ガソリンの深刻な不足が迫っていた。たとえ特攻任務の飛行機と潜水艇がアメリカ侵攻艦隊の四分の一を撃沈することに成功しても、「海上においての全滅を通じて米国の計画を失敗させることは困難であろう」（訳註：これは戦後のアメリカ戦略爆撃調査団による注記で、報告書原文にはない）。報告書はアメリカ艦隊と航空部隊の圧倒的な兵力を詳細に説明し、「欧州西部戦域の作戦に使用された約六十個師団の大体半分が対日戦に再展開されることになった」と警告した(26)（訳註：同前）。

〈六巨頭〉の強硬派三人衆のひとり、豊田提督は、のちにアメリカ軍の調査員に、この統計値によって日本の戦争遂行能力が急激に低下していることが証明されたと語った。それでも室内の誰ひとり、勇気をふりしぼって、日本が連合軍の条件どおりに降伏を受諾することを提案しようとはしなかった、と彼はいった。「というのは、そんなに大勢の人の列席している所でそんな風に頭を下げるべきだと主張することは、とてもむずかしいことだからです」と豊田はいった。「それで、採用された決議は、この戦争を継続するため、何かやらねばならぬということでした[27]」根は土のなかから一本ずつ掘りださねばならないだろう。もっと時間が必要だった。和平をもとめる欲求と、戦いつづける欲求の対立の板挟みになって、〈最高戦争指導会議〉は、どちらもやる方向に動いた。会議は全員一致で二重路線の〝基本方針〟を採択した。陸海軍は、総力を挙げた本土防衛のために兵力を動員する。外務省は、連合国との和平交渉を持ちかけて仲介してくれるように、ソ連に依頼する。六月八日、天皇は、助言者たちが全員一致の場合にいつもそうするように、この計画に公式の裁可をあたえた。

「一億総玉砕」と和平交渉

　連合軍の本土侵攻を撃退する作戦計画、〈決号〉作戦は、鈴木内閣が政権の座についたのと同じ週に配布された。この計画には、日本に残る軍事資源と経済資源の事実上すべてを侵攻の反撃に投入する、死力をつくした最後の努力が必要だった。〈決号〉作戦は、新設と予備の陸軍師団の動員によって達成される大規模な部隊の集結、侵攻地点になる可能性がもっとも高いと思われる地方への兵力の展開、予想される上陸海岸奥の沿岸陣地構築物の建設、そして連合軍艦隊にたいする前例のないほど大規模な特攻隊による攻撃をもとめていた。計画は侵攻が一九四五年の年末前に行なわれると正しく予測していた。日本軍はさらに、最初の上陸が九州南部にやって来て、それにつづいて一九四六年春に関東平野と大東京地域に、より大規模な侵攻があると正しく推測していた。

　つい一九四五年一月まで、日本本土には完全に動員された陸軍師団が十一個しかなかった。四月と五月に、アメリカ軍が沖縄を蹂躙すると、帝国日本陸軍は朝鮮半島と満州から部隊の移動を開始し、本土では新設と予備の師団を動員した。一九四五年七月には二段階の動員により、その総数は、第一線戦闘師団三十個、沿岸防衛師団二十四個、独立混成旅団二十三個、機甲師団二個、戦車旅団七個、そして歩兵旅団三個に達していた。[28]それと同時に、日本軍部隊はつぎの連合軍の攻撃が予想される九州に移動した。七月末には、九州に十五個師団、七個独立混成旅団、三個独立戦車旅団、そして二個沿岸防衛部隊が配備され、総兵力は八十万人を超えていた。軍需生産の不足と減少のせいで、これらの部隊のすべてに武器あるいは装備が正しく行き渡っていたわけではなかった。弾薬を砲爆撃にやられない洞窟や地下壕に備蓄する並はずれた努力にもかかわらず、九州の多くの日本軍第一線部隊は、戦いが数週間以上つづけば弾薬が不足すると予想されていた。

それと同時に、東京は民間人民兵を組織して、武器をあたえ、訓練する努力を強化した。十五歳から六十歳までの男性全員と、十七歳から四十歳までの女性全員は、こうした地元の戦闘組織に召集され、その兵籍登録名簿の人数は公式には二千五百万人を超えていた。その多くは竹槍か家庭にある武器しか持っていなかった。多くの市民兵士は、討ち死にする前に、すくなくともひとりの野蛮な侵略者を殺せと焚きつけられた。こうした準備は新たな国家スローガンのもとで進められた。「一億総玉砕[29]」

一九四五年六月前半をすぎると、日本軍の航空部隊はアメリカ軍の空襲にたいする防空を大部分、断念して、残る飛行機を最終決戦のために温存した。七月には、約九千機が本土全体で保存されていた。事実上全機が、練習機もふくめ、アメリカ侵攻艦隊にたいして特攻機として使われる予定だった。航空産業は九月末までに、この用途のためにさらに二千五百機を送りだすよう指定されていた。パイロットの訓練は極度に短縮され、将来の特攻機乗りの多くは、離陸して、基本的な空中機動を行なうことしかできなかった。航空燃料の枯渇を考えれば、彼らのほとんどは最後の任務で飛び立つ日まで、地上に留め置かれることになるだろう。

アメリカ軍の爆撃機の空襲と戦闘機による敵機殲滅は日本軍の飛行場を目標にしつづけ、多数の飛行機が地上で撃破された。しかし、アメリカ軍が特攻機の脅威に対抗するためにできることはそれぐらいだった。彼らが地上で撃破した敵〝飛行機〟の一部は、実際にはベニヤ板製の実物大模型で、本物は分散され、巧妙に隠してあった。アメリカ軍の爆撃機は滑走路に大穴を開けたが、特攻機は離陸するだけでよかった――まったく帰投あるいは着陸するつもりはなかった――ので、すばやく安価に補修できる粗末な土の滑走路から作戦ができた。九州沖の侵攻艦隊を攻撃する場合、特攻機は、沖縄戦ではなかったふたつの戦術的利点を得ることになるだろう。まず第一に、飛行距離が短い。そして第二に、攻撃側は九州全域のさまざまな飛行場から飛び立つことになる。つまり、べつべつの方向から同時に侵攻艦隊に近づけるのである。日本海軍もまた、特攻用の潜水艇や高速艇のほかに、山頂から発進させられる特攻グライダーの製造に主要な努力をかたむけていた。計画では、アメリカ侵攻艦隊の四分の一を撃破することを目標にしていた。その見積もりはほぼまちがいなく達成できなかったが、たとえそうでも、特攻機は沖縄沖よりも多くの流血を九州沖で強いることが現実的に期待できた。

日本軍は九州に増援部隊を投入していたが、最初の攻撃が東京に近い本州に来襲する可能性は無視できなかった――あるいは、本州北部や四国のような、もっと遠くにさえも。〈決号〉作戦は、侵略軍がどこに上陸しようと対抗できる部隊移動の不測事態対応計画を準備していた。可能ならいつでも、沿岸海上輸送と鉄道輸送が提供される。しかし、いま起きている輸送網の分断と、迫り来るエネルギー危機のさまざまな問題を考えれば、地上部隊の機動力は制限されるだろう。必要なら増援部隊は、昔の武士と同じように、原野を徒歩で行軍することになる。もしアメリカ軍が九州を迂回して、関東平野に上陸した場合、大本営の見積もりによれば、九州から名古屋まで増援部隊を移動させるのに六十五日必要で、戦場に展開させるのにはさらに十日を要する。この増援部隊を実戦に投入するのに二カ月半かかるとしたら、首都を救うのに間に合うように到着できるかどうかは疑わしかった(30)。

状況があまりにも切迫して、司令部が地方との連絡を維持できなくなる可能性もあった。基本的な指揮統制機能の崩壊を予測して、陸軍は、半独立した地方軍に再編成された――第五方面軍、第一総軍、第二総軍で、それぞれが日本北部、日本中央部、日本南部を担当した。民政は地方に分権され、より多くの地方自治が県庁に認められて、食糧不足や輸送手段の分断によって起きた地方の危機に対処できるようになった。増大するB－29の爆撃、瀬戸内海や日本海でさえ失われた海上交通路、送電網の遮断の危機、残された燃料備蓄の枯渇、飢餓の不安――これらの破滅的な傾向を考慮すれば、日本軍が一元的に組織された本土防衛を行なえるかどうかはあきらかでなかった。

鈴木内閣がたどる第二の〝路線〟、和平交渉の努力は、東郷と外務省を通じて調整された。ヨーロッパの中立国の首都では、おずおずとした和平の使者たちが、外交官や一般市民を通じて、そしてカトリック教会を介して、送りだされていた。連合軍の情報機関は、こうしたさまざまな隠密工作を追跡し、報告して、彼らが日本の政権の完全かつ一枚岩の支持を受けていないと正しく推測していた*。

＊ＯＳＳの工作員としてスイスのベルンに配属された将来のＣＩＡ長官アレン・ダレスは、日本政府の代表と間接的に接触していた。その興味深い詳細は、一九九三年に機密解除された。"OSS Memoranda for the President, January-July, 1945," accessed September 7, 2018, https://www.cia.gov/library/center-for-the-study-of-intelligence を参照。統合参謀本部のウィリアム・レイヒー議長から直接たずねられたとき、ダレスはそうした接触をいっさい知らないと否定した。Leahy, *I Was There*, p.384

中国との停戦の望みは実を結ばず、蔣介石の国民党政権に連合国とのより広い和平交渉を仲介してもらうよう依頼する計画も同様だった。

モスクワは依然として東京の外交交渉の焦点だった。日本は、四十年前の日露戦争で勝ち取った領土と商業的特権の大半を（もしかするとすべてを）進んで明け渡すつもりだった。その見返りに、シベリアから石油などの必要な原料を手に入れ、ソ連と英米勢力の利害関係の均衡をたもつ、東アジアの〝緩衝国家〟としての地位を維持することを望んでいた。日本政府は、強硬派をふくむ〈最高戦争指導会議〉の支持を受けて、クレムリンに、休戦と連合諸国との交渉による和平のお膳立てを手伝ってくれるよう公式に依頼した。この嘆願は、モスクワの日本大使と東京のソ連大使を通じて同時につたえられた。日本側はソ連側に、モスクワへの外交特使を受け入れるようもとめた――一九四一年に権力の座を追われた元首相の近衛文麿公爵を。

ソ連はこうした哀れっぽい嘆願に耳をかたむけ、希望の持てる答えを返さなかったが、即座にはねつけもしなかった。スターリンの外務人民委員であるヴャチェスラフ・モロトフは、わざともたもたしているようだった。彼にはしばしば面会できなかった。面会は延期され、スケジュールが変更され、それからまた延期された。モロトフは日本大使の佐藤尚武（なおたけ）に、もっと具体的な提案を持ってくるようもとめた。

ソヴィエト連邦は、自分とスターリンがドイツのポツダムで開かれる連合国の会談（一九四五年七月十七日～八月二日）から戻ったあとで、日本の依頼にたいして回答すると、モロトフは佐藤にいった。日本側はまだ、すでにソ連側が対日戦に参戦すると誓っていることを知らなかったし、疑ってもいなかった。ヤルタ会談では、スターリンはソ連の攻撃の日付をドイツ崩壊の三カ月後と決めていた。ソ連の独裁者は日本側を埒のあかない外交的やりとりで引きずりまわして、ただ自分の軍隊がヨーロッパから再展開する時間をかせぐつもりだった。六月と七月のあいだに、ソ連軍の将兵や戦車、火砲は、鉄道で東へ移動し、満州国境に集結していた。いかにもスターリンらしい腹黒いゲームの真意は、彼の国を対日戦の最終段階に参戦させ、それによって領土を安上がりに吸収することだった。

六月十八日の〈最高戦争指導会議〉の会合で、天皇裕仁は自分が和平派と同意見であるというこれまででもっとも明確な信号を送り、こう述べた。「戦争の終結についても、この際、従来の観念にとらわるることなく、速やかに具体的研究をとげ、これを実現するよう努力せよ」[31]（訳註：外務省編『終戦史録』によれば、これは六月二十二日の天皇のお召しによる最高戦争指導会議構成員の懇談会でのこと）天皇は近衛公のモスクワ派遣のタイミングを知りたがった。近衛はのちに、アメリカ軍の調査員に、「どんな犠牲を払っても和平を確保せよとの天皇の個人的訓令」をあたえられたと語った。〈最高戦争指導会議〉の書記官によれば、鈴木首相と東郷外相は、もしクレムリンが和平交渉の仲介をことわったら、アメリカに直接、条件を請うことをひそかに申し合わせていた[32]。

しかし、東京の各派閥は、ソ連にたいする漠然とした訴えのその先では、なにひとつ合意に達していなかった。これ以上の具体的あるいは融和的なものはいっさい陸軍が許さないだろう。政権のおおやけの政策は、悲惨な最期まで戦い抜くことだったが、そのいっぽうで、その外交活動は秘密にされていた。鈴木首相の公式声明は以前と同様、熱烈で好戦的なままだった。降伏という考え自体が受け入れがたいものだった。

和平の使者たち自身でさえ、ある種の取り引きはできるだろうという前提のもとで活動していた。指導部の一部の者たちは、個人的に、日本が海外の帝国すべてをあきらめざるを得なくなるだろうと認識していたが、ほかの者たちは、その前の数十年間支配してきた朝鮮や台湾などの領土を維持することを期待していた。陸軍の最高司令部は、中国と東南アジアから進んで引き揚げるつもりで、それに熱心でさえあった――しかし、彼らは、降伏も武装解除もせずに、部隊を日本軍の指揮下で撤退させるつもりだった。戦わずに連合軍の占領部隊を日本の国土に入らせるかについては、そうした不名誉な考えを提案する日本の指導者は誰でも、眉間に銃弾をぶちこまれるのを誘っているのも同然だった。一九四五年夏のいまでさえも、日本を統治していた者たちは、自分たちが時計の針を単純に一九四一年、あるいは一九三七年、あるいは一九三一年、いや一九〇五年にさえも巻き戻すことはできないのをなかなか理解できなかった（訳註：それぞれ日米開戦、日中戦争開始、満州事変、日露戦争終結の年）。彼らは和平を望んでいたが、まだ自分たちの全面的な敗北という厳しい現実に直面することができなかったのである。

潜水艦とB－29の新戦術

西太平洋を哨戒するアメリカ軍の潜水艦にとって、一九四五年の春は飢餓の季節だった。彼らはいかなる種類の日本艦船もほとんど発見できなかった。「帝国へ猛スピードで戻ろうとする、略奪品を積んだ実入りのいい船団はいなくなった」と太平洋潜水艦部隊司令官のチャーリー・ロックウッド中将は書いた。「弾薬を山積みして、将兵を手すりまで詰めこみ、敵の祖国から南方へと向かう大輸送船団は消えた[33]」撃沈数は激減した。四月には、十九隻の潜水艦が、わずか十八隻の敵貨物船、総トン数六万六千三百五十二トンと、艦艇十隻、総トン数一万三千六百五十一トンをなんとか沈めた。五月には、戦果は三万百九十四トン分の商船と、四千四百八十四トン分の軍艦五隻に減少した[34]。のこるわずかな目標は、ファイフ提督のスービック湾部隊の担当区域で見つかった――ジャワ海、シャム湾、そしてインドシナの海岸ぞいの近海で。アメリカ軍潜水艦はしだいに、こうした海域でつねに群がっているのが見つかるおんぼろの小型トロール船やジャンク、サンパンを餌食にするようになった。その大半は米や小麦、魚、コーヒー、砂糖、あるいは塩といった罪もない非禁制品の荷を積み、中国人やタイ人、マレー人が乗り組んでいた。しかし、彼らは日本の占領地の港を往復して沿岸貿易を行なっていて、それだけで彼らの破滅を決定するにはじゅうぶんだった。一九四五年七月のマレー半島東岸沖の哨戒で、潜水艦ブレニーは、甲板砲で六十三隻の小型舟艇を沈めた。すべてではないが大半の場合、ウィリアム・ハザード艦長は発砲前に乗組員に警告をあたえ、彼らが船から退去して、筏や救命ボートに乗り移れるようにした。

単艦による通商破壊航海が有効でなくなると、潜水艦隊は、ほかの連合軍部隊とのより密接な協力にかかわる、新たな任務に専念せざるを得なくなった。硫黄島と沖縄の戦いでは、潜水艦は多種多様な役割を演じた——日本沿岸を偵察し、敵の警戒艇を撃沈し、特攻機の攻撃の早期警戒にあたった。敵の機雷原を偵察して、配置図を作成し、敵船舶が航行する水道に自分でも機雷を敷設した。[35]支援するテクノロジーは、長足の進歩を遂げた。一九四五年春までに、アメリカ軍の潜水艦は、彼らを狩人としてよりいっそう危険にする新型のソナーおよびレーダー装置と、潜航中も通信文を送受信することを可能にした新型の無線送受信機を装備していた。

それぞれの司令部がいまやグアムでお隣さんとなったロックウッド提督とルメイ将軍は、墜落したスーパーフォートレスの搭乗員の収容率を改善するために個人的に協力した。一九四五年二月には、すくなくとも四隻の潜水艦がB－29の各爆撃任務の飛行経路の真下に配置されていた。彼らは〝ライフガード連盟〟を自称した。手順はたえず改善されたが、けっしてロックウッドもルメイも満足させるペースではなかった。六月には、ライフガード連盟の潜水艦乗組員は、頭上を哨戒する海軍の〝ダンボ〟——捜索救難哨戒機——の航空機搭乗員と無線で直接連係していた。[36]

日本とアジアとの残された最後の持続可能な海上補給線は、日本海経由だった。敵本土と、朝鮮半島と満州の不可欠な領土とのあいだの〝裏口〟である。一九四三年十月にマッシュ・モートンの潜水艦ワフーが撃破されて以来、この大部分閉ざされた縁海に侵入しようとこころみたアメリカ軍潜水艦は一隻もなかった。その間に、日本軍は三箇所の主要な出入りルートで対潜防御を改善強化していた。北の宗谷海峡と津軽海峡は飛行機と小型艦艇が厳重に哨戒し、沿岸砲兵によって守られていた。九州と朝鮮半島のあいだの対馬海峡は幅四十マイルだったが、強い暖流が海峡を抜けて北へ流れ、世界でも屈指の機雷が多く敷設された水道だった。ロックウッドは、潜水艦が対馬海峡の機雷障壁を通り抜けるのを可能にするかもしれない、新型の周波数変調（ＦＭ）ソナー装置に関心を持っていて、一九四五年には、そのテクノロジーはあきらかな危険を冒す価値があるように思えるほど成熟していた。真珠湾沖の擬機雷原でテストしたあと、ロックウッドはこの思いつきをキングとニミッツに売りこんだ。作戦は〈バーニー〉と命名された。

　一九四五年六月四日、潜水艦九隻の狼群が対馬海峡にしのびこんだ。彼らは三隻ずつ三つのグループに分かれて侵入し、それぞれが四層の機雷障壁を抜けるかすかにちがったルートを取った。深さは百五十フィート以下の深深度を維持し、ＦＭソナー装置は、浮遊する機雷の位置を〝見る〟ために、上に指向された。各潜水艦が鋼鉄の機雷係維索の森をすり抜け、ＦＭソナーのスコープに映るかすかな幽霊のような画像をかわすあいだ、一秒は一分のように、一分は一時間のようにすぎていった。潜水艦フライングフィッシュは二次電池の持続時間の限界に近い十六時間、潜水をつづけ、そのあいだ乗組員たちは酸素のとぼしい船殻の狭苦しい空間内であえぎ、汗だくになっていた。[37] 潜水艦ティノサでは、機雷の係維索が外殻を前から後ろへとこすっていき、乗組員全員がぞっとするほどはっきりとそれとわかる音をたてた。係維索は機雷を引き寄せて、潜水艦をばらばらに吹き飛ばすだろうか？ある水兵は日記に、ティノサ艦内の緊張感は耐えがたいほどで、「甲板に一セント銅貨を落としたら、みんな天井まで跳び上がっただろう」と書き記した[38]。

九隻とも機雷原を無事に切り抜けて、「ヒロヒトの専用バスタブ」にたどりつき、そこで三週間、暴れまわって、合計で五万四千七百八十四トン分の船舶二十八隻を沈めた[39]。海事経済が崩壊の危機に瀕していた日本に、これらの船舶を失う余裕はなかった。潜水艦ボーンフィッシュは六月十九日、富山湾で日本の海防艦沖縄と小型の哨戒艇の戦隊によって撃沈された。残る八隻は生き残り、二年前、ワフーが最期を遂げたのと同じ北部の水路である宗谷海峡を走り抜けて、閉ざされた海から脱出した。彼らの戦術は、全艦ひとかたまりになって浮上をつづけ、甲板砲を使って、自分たちを阻止しようとする日本軍の駆逐艦や哨戒艦艇を撃退することだった。しかし、ありがたい濃霧が六月二十四日の彼らの大胆な高速水上航走を隠してくれ、彼らはまったく抵抗に遭わなかった。彼らはまっすぐ真珠湾に帰投し、七月四日に到着した。ボーンフィッシュとその乗組員の戦没は悼まれたが、二十八隻の撃沈は満足のいく結果と見なされた。ロックウッドはもっと期待していたが、〈バーニー〉作戦は成果の面で、太平洋潜水艦隊の目覚ましい戦時の経歴の最後を締めくくった。

ルメイのＢ－29部隊は、沖縄侵攻を支援するため、九州に何百回という戦術任務を実施したあと、日本の都市と産業にたいする戦略爆撃作戦を再開した。拡大の一途をたどるスーパーフォートレスの空の大艦隊は、大東京と名古屋の航空機工場と、大阪、川崎、神戸、横浜の残っている産業地域を何度も襲いに戻ってきた。原料の不足と壊滅的な航空攻撃に直面した日本は、航空機の損害を補充する希望をほとんど放棄した。

都市中心部への無差別焼夷弾爆撃はつづき、激しさを増した。四月十三日、東京北西部が焼夷弾と五百ポンド通常爆弾の組み合わせを搭載した三百二十七機のスーパーフォートレスに攻撃された。市民はとどまって消火につとめるのでなく、逃げることを学んでいたので、死傷者の数は三月九～十日の大空襲より少なかった。それ以外では、地上の被害はほぼ同じだった。市街地の十一平方マイルが焼失した。その二日後、べつの大空襲が東京南方の川崎を襲い、市の大半を破壊した。東京はそのころにはほとんど焼け野原になっていたが、スーパーフォートレスはさらに数回、首都に戻ってきた。五月二十四日には、五百機の昼間空襲が南部と中央部の下町地区を目標にした。その二晩後、五月二十四日の空襲の火災がまだ一部つづいているとき、さらなる大空襲が、皇居に境を接する高級商業住宅地区の銀座と日比谷に三千二百五十二トン分のM－77爆弾を投下した。

七回の大規模な焼夷弾空襲のあと、東京には爆撃するものはあまり残っていなかった。大都会の半分、約五十七平方マイルが灰燼に帰した。人口は約五〇パーセント減少し、家を失った難民は終戦まで東京脱出をつづけた。

三月後半、第三一三爆撃航空団は、日本の港湾と内海水路に機雷を敷設しはじめた。この作戦はいみじくも〈スターヴェイション〉つまり「飢餓」と命名された。ルメイは最初、この新しい任務に取り組むことに抵抗した。これもまた主たる戦略爆撃計画からの腹立たしい転換と見なしたからだ——しかし、空中機雷敷設は最終的に、B－29のもっとも有効な使い道のひとつであることが判明した。最初の一週間の大空襲で、爆撃機は九州と本州のあいだの海峡、下関海峡に何百個という機雷を投下した。必要不可欠な船舶輸送の要衝にたいするこの突然の機雷の雨に不意を打たれた日本には、効果的な対抗手段がなかった。アメリカ軍は、さまざまな深さまで沈む各種の機雷——音響機雷、磁気機雷、水圧機雷——を取り混ぜて投下した。日本軍の掃海艇は圧倒され、装備もノウハウもなかったために、機雷の一部しか発見できなかった。その一部には、時限装置と特定の数の艦船が通過するまで弾頭を触発状態にしないカウンターをふくむ、悪魔のように賢い起爆装置がついていた。水圧機雷は、通過する艦船が発生させる水圧の変動で起爆し、掃海艇ではまったく探知できなかった。日本軍はこれを

「掃海不能」と呼んだ[40]。

四月と五月、第三一三航空団のスーパーフォートレスは、瀬戸内海の全主要水路と呉＝広島泊地、佐世保の海軍基地、東京港、名古屋港、神戸港、大阪港、豊後水道、そして日本海の主要港に機雷を敷設した。掃海艇が下関海峡の掃海に進展を見せはじめると、何波ものB－29が何千個という新しい機雷の雨を降らせた。この攻撃は、この必要不可欠な瀬戸内海への西の門戸を実質上閉ざした。しだいに自暴自棄になった日本の商船の船長たちは、幸運を祈って機雷原を強行突破しようとした。多くの船が巨大な水柱のなかに姿を消した。

〈スターヴェイション〉作戦は、最終的に一万二千個以上の機雷を日本領海に敷設した。この作戦は、太平洋戦争の最後の五カ月間しかつづかなかったが、戦時中の日本の全船舶損失の九・三パーセントにあたる百二十五万トン分の船舶を沈めるか、さもなければ損傷させた。任務は通常、対空火器で厳重に守られていない地域の上空で夜間に実施された。千五百二十九回の機雷敷設任務で、帰還できなかったB－29は十五機にすぎず、損耗率は一パーセント以下だった。アメリカ戦略爆撃調査団の分析員たちは、この壊滅的な作戦がもっと早くに開始され、もっと大きな比重が置かれているべきだったと結論づけた。「機雷投下は、船舶輸送にたいするあらゆる種類の戦いのなかで、人的にも物質的にももっとも経済的だった[41]」

第二十航空軍は、中国大陸とアメリカから増援部隊が飛来するにつれて急速に拡大しつつあった。七月には、合計でB－29一千機以上、総兵員数（航空機搭乗員、管理要員、地上支援部隊をふくむ）八万三千名を擁する五個航空団にまで成長した。第五十八爆撃航空団は、第二十爆撃機兵団の解隊のあと、中国インド戦域から再展開し、テニアンの西飛行場に店を開いた。新たに編成された第三一五爆撃航空団は、完成したばかりのグアムの北西飛行場を活動拠点とした。新型のAN／APQ－7イーグル・レーダー装置を装備した第三一五航空団のB－29は、日本の大石油精製工場や備蓄施設、パイプラインに一連の精密爆撃を実施した。特別な訓練を受けた搭乗員たちは、レーダーだけを使って、たとえ上空をおおう見通しのきかない雲のなかで爆撃しても、恐るべき精度で目標に命中させることができた。太平洋戦争の最後の六カ月間、最大限の努力の爆撃任務――六百機か七百機のスーパーフォートレスが参加する巨大な空襲――が週に二回から三回、日本本土を襲った。パイロットのチャールズ・フィリップスは、この戦争後期の任務についてこう書いている。「われわれはどの都市でも思いのままに選んで、焼失させることができた。好天でも悪天候でも、有視界でもレーダーでも」[42]

実績と整備の指標も飛躍的に向上した。かつては故障に泣かされたR－3350エンジンの平均エンジン寿命は、二百五十時間から七百五十時間に三倍増した。任務中止率は一〇パーセント以下に低下した。P－51マスタング戦闘機隊は、北へ向かうB－29の編隊に、硫黄島の新たに拡張した航空基地から合流した。P－51は、来襲する編隊を迎撃するために上がってきた日本軍の戦闘機をかたっぱしから撃墜し、約八対一の累積撃墜率を記録した。六月中旬以降、アメリカ軍の搭乗員は日本軍の迎撃機をめったに見かけなかった。B－29の損耗率は任務あたり一パーセント以下に低下した。ルメイが好んでいったように、戦争が終わるころには、統計上の数字では、アメリカ本国の訓練任務で飛行するより、日本上空を爆撃任務で飛行するほうが安全だった。

日本海軍の消滅

七月一日、第三艦隊は洋上に戻り、電波管制をして日本本土に向け北上した。空母十七隻と戦艦八隻をふくむ百五隻の大艦隊は、三個機動群に分かれていた。これは史上かつて結集されたなかで断然最大の海軍打撃部隊だった。その任務は日本の本土にたいして作戦を実施し、本州と北海道の沿岸に航空攻撃を仕掛けて、都市や工場、造船所、船舶輸送および陸上輸送施設を叩くことだった。艦隊はＢ－29の航続距離外にある日本の北部地方の〝処女〟目標を攻撃することになる。さらに、東京湾と瀬戸内海に停泊する日本艦隊の最後の名残を片づけようとこころみるつもりだった。ハルゼー提督とその部隊は数週間洋上にとどまり、事前に決定された日時と座標で会合する兵站支援艦と油槽艦から武器と燃料の補給を受け、何度も戻ってきては、前例のない激しさで本土の島々を攻撃する。

七月十日の夜明け前、艦隊は東京の南東約百七十海里の発進地点についた。最初の戦闘機による航空撃滅戦は完全に日本軍の不意を打った。長くいそがしい大東京上空の航空作戦の一日で、艦載機は工業施設や造船所、橋梁、発電所、飛行場に四百五十四トン分の爆弾を投下し、千六百四十八発のロケット弾を発射した。日本軍の戦闘機は一機も迎撃に上がって来なかった。対空火器は米軍機十機を撃墜した。さらに五機が作戦中の事故で失われた(43)。

太平洋のいずこかに姿を消した艦隊は、高速で北上し、それから引き返してきて、突如、本州北部と北海道南部に襲いかかった。これらの地方はまだ敵の空襲に遭っていなかった。艦載機は地域の多数の港上空を巡業曲芸飛行しながら、停泊中の船舶に爆弾を投下し、ロケット弾を発射して、二十四隻を撃破し、さらに多くを損傷させたという主張とともに帰投した。彼らは北部の辺鄙な飛行場で翼をならべて駐機する飛行機を地上で破壊した。弾薬集積所や建物、無線局、工場、倉庫を破壊した。ほかの編隊は鉄道インフラを目標にして、操車場をずたずたにし、鉄橋を破壊して、機関車と貨車を叩きつぶした。

本州と北海道は、海峡を横断する鉄道連絡船の航路で結ばれていた。艦載機の搭乗員は青函連絡船四隻を沈め、さらに数隻に命中弾をあたえて、座礁を余儀なくさせた（訳註：青函船舶鉄道管理局『青函連絡船五十年史』によれば、沈没七隻、座洲炎上二隻、損傷二隻）。この一日の働きで、産炭地である北海道から本州への石炭の輸送は約五〇パーセント減少した[44]。天候は雨と雲が多くて視界が悪く、飛行に適さなかったため、多くの攻撃が中止された。しかし、第三十八機動部隊はそれでも日暮れまでに八百七十一回の出撃をなんとか完了した[45]。ラドフォード提督によれば、「空中での抵抗は実質的に皆無だった[46]」。

七月十五日（訳註：日本時間十四日）には、戦時中の新たな画期的事件が起きた。敵本土にたいする初の艦砲射撃である。戦艦＝巡洋艦＝駆逐艦部隊は、大製鋼所の所在地である釜石近くの沖合に移動し、夜明けに火蓋を切った。戦艦サウスダコタ、インディアナ、そしてマサチューセッツの放った十六インチ砲弾は二時間にわたり、鋳造所とコークス炉を破壊した。翌日（訳註：日本時間十五日）、べつの水上部隊が北海道の室蘭の日本製鋼所と輪西製鉄所を攻撃した。戦艦ミズーリは室蘭沖の艦砲射撃群にくわわり、ハルゼーに「すばらしい見世物」の特等席を提供した[47]。両日、空母機動部隊は釧路も空襲して、市内の約二十の街区が焼失した。ミック・カーニーによれば、敵機の姿は皆無で、海岸砲台からの応射は弱々しく、断続的だった。彼は日本がもうほとんどおしまいにちがいないと結論づけた。「われわれは戦艦を海岸ぞいのどこでも気の向いた場所で艦砲射撃の射程内にまで接近させていたのに、事実上、抵抗する能力はなかった。したがって、われわれが死んだ馬を鞭打っていることは火を見るよりあきらかだった[48]」

この戦争最後の数週間、日本は沖合の偵察をほとんどか、まるでしていなかった。アメリカ軍の潜水艦と艦載機は彼らの沿岸警戒艇の大半を沈めていた。哨戒機もそのパイロットもほとんど残っていなかった。「敵が艦隊を偵察するために飛行機を一機送りだすと、われわれはきまってそれを撃墜した」と、空母ベロー・ウッドの第三十一戦闘飛行隊（VF-31）に所属するヘルキャット・パイロットのアーサー・R・ホーキンズは回想した。「すると敵は翌日、また同じことをする。飛行機を一機送りだす。

もしそれが戻ってこないと、艦隊が向こうにいるのがわかるというわけだ[49]」日本沿岸が見えるところでも好き放題に活動できることに気づくと、アメリカ軍はわざわざ自分たちの位置を隠そうとはしなかった。「撃つものはまったくなにもなかった」とホーキンズはいった。「敵は空にいなかった。われわれは爆撃に出て、侵入し、爆弾を投下すると、そのままぶらぶらして、地上で敵を撃った[50]」

十六日、第三十八機動部隊は東へ避退して、燃料補給および兵站群と会合した。艦隊給油艦の横ににじり寄った大艦隊は、三十七万九千百五十七バーレル分の燃料を呑みこんだ。同時に、六千三百六十九トン分の弾薬と千六百三十五トン分の物資と食糧が、給糧艦から艦隊の倉庫と弾薬庫に積みこまれた。作業全体は約十八時間で完了した。ラドフォード提督はこれを「外洋でかつて実施された最大の兵站上の偉業」と呼んだが、それは誇張ではなかった[51]。

七月十七日、ふたたび本州に押し寄せた第三十八機動部隊の艦載機は、東京湾と横須賀海軍基地に舞い降りた。彼らは湾内に停泊していた戦艦長門に攻撃を集中した。開戦時と真珠湾攻撃時、彼女は山本五十六提督の旗艦だった。いまや彼女は黒焦げになって煙を上げ、かたむいた損傷艦と化した。ほかの艦載機は地域全体の飛行場を機銃掃射し、爆弾を投下して、将来の特攻機予備軍を地上で破壊した。戦艦と巡洋艦はもっと海岸線に近づき、水戸＝日立地域を砲撃した。バーナード・ローリングズ中将ひきいるイギリス太平洋艦隊がくわわった巨大な部隊全体は、瀬戸内海東部の主要な港に協同航空攻撃を仕掛けた。彼らは呉海軍基地沖に投錨する日本艦隊の残存部隊にとくに注意を向けた。

日本海軍は行動不能におちいり、もはや連合軍にとって脅威ではなかったが、搭乗員たちは四十四カ月前の借りの最後に残った分を返す決意だった。艦隊の搭乗員待機室の黒板には、チョークで「真珠湾を忘れるな」と書かれた。「どう呼ぼうと勝手だが」とミック・カーニーはいった。「それがわたしたち全員の心に深く根づいた感情だった。真珠湾の屈辱は、完全にお返しをするまでは、彼らが完

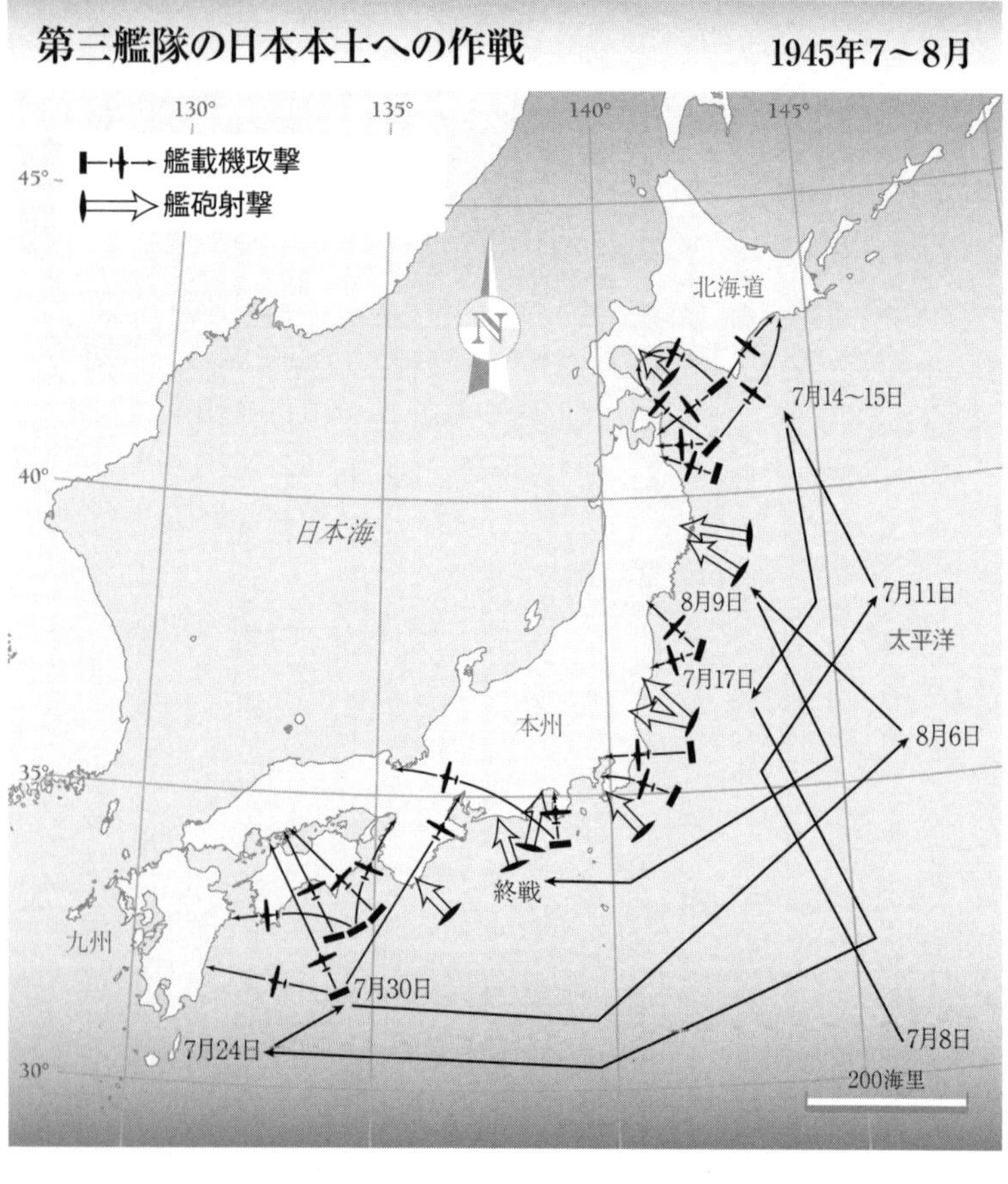

第三艦隊の日本本土への作戦
1945年7〜8月
130°
135°
140°
145°
45°
40°
35°
30°
艦載機攻撃
艦砲射撃
北海道
日本海
本州
九州
太平洋
7月14〜15日
7月11日
8月9日
7月17日
8月6日
終戦
7月30日
7月24日
7月8日
200海里

膚なきまでに撃滅されるまでは、けっして帳消しにならないという」[52]七月二十六日のとどめの一撃で、艦載機は投錨中の日本軍艦艇二十数隻を粉砕し、実質上、日本の海軍力の最後の残部を一掃した。「その晩の日没には、日本海軍は消滅していた」とハルゼーは書いている。[53]

プロパガンダの効果

こうした戦争後期の作戦では、ハルゼーは第三艦隊に同乗するために配属された従軍記者と定期的に話をして、日本に報復的な和平を強いるというおなじみの脅しを再々持ちだした。日本の降伏条件についてたずねられると、彼は天皇裕仁が「神になりすました報いを受ける」べきだといった。[54]彼は天皇の白馬を戦利品として手に入れると誓った。《コリアーズ》誌のインタビューでは、ハルゼーは、日本が「文明世界には適していない」と語り、虜囚の身で命を落としたアメリカの戦時捕虜ひとりにつき、ひとりの日本軍士官を処刑すべきだと提案した。[55]七月二十三日、彼のキャッチフレーズ、「もっとジャップを殺せ」が《タイム》誌の表紙で彼の顔の下に掲載された。[56]ハルゼーは東京の皇居を爆撃してはならないという禁令にいらだった。カーニーによれば、第三艦隊司令長官には、天皇裕仁が戦後の役割で連合国に役立つかもしれないという「いくじなしの考え」の余裕はほとんどなかった。「われわれの見るところ、やるべきことは彼をやっつけに行き、クラブの一番をつかんで、ぶちのめすことだった」[57]

ハルゼーの好戦的な攻撃演説はアメリカの報道機関では受けがよかったが、連合国のプロパガンダのテーマとは矛盾し、害をおよぼした。ハルゼーが太平洋に戻って一週間後、戦時情報局（ＯＷＩ）が公表した分析はこう警告した。

日本人の士気の下降傾向は、戦争の終結を可能にする程度に達するまでに長い時間を要するかもしれないし、短い時間しか要しないかもしれない。有効にくわえられた軍事的圧力はいちばんの支配的要素だが、とくに重要なのは、日本人の大半が連合国は以下のことを意図していると信じつづける度合いである。

a．日本国民を殺し、拷問し、奴隷にすること。

b．天皇と関連する価値観とともに、日本人の生活様式を破壊すること。(58)

その夏じゅうずっと、ハルゼー自身の艦載機が日本上空で何百万枚というビラを投下していた。文書は日本の市民に、平和で、豊かで、公正な戦後の未来を楽しみに待つよう励ましていた。「アメリカ合衆国はあなたや家族を傷つけることを望んではいません。合衆国が望んでいるのは侵略の終了と全世界の平和です(59)」

国務省と軍、そして戦時情報局の協同努力で、アメリカは最終的に日本にたいする〈サイオプ〉つまり心理戦の一貫した戦略を作り上げていた。グアムにおける戦時情報局のビラ製造作戦には、何百人という民間人と、大手新聞社規模の印刷機が動員された。印刷されたばかりのビラは、五百ポンド爆弾型の容器に詰められ、上空四千フィートで開くようにセットされていた。この手段によって、一発のビラ〝爆弾〟で都市ひとつを丸ごとカバーできた。戦時情報局の推定によれば、戦争最後の三カ月で、六千三百万枚のビラが日本に投下された(60)。

プロパガンダ用のビラでは、いくつかの主要なテーマが強調された。日本の軍事的敗北は避けられない。軍国主義政権は無能で、嘘つきで、私腹を肥やしている。平和は日本国民の生活を向上させるだろう。あらゆる連合国のプロパガンダの根本的信条は、天皇への言及をいっさい避け、〝軍部〟にたいする最大限の批判に集中する。日本の主要同盟国であるナチ・ドイツは完敗を喫した。いまや日本は孤立し、連合軍の矛先がすべて向けられることになる。「間もなく聯合軍の総勢力が日本に向ひ集中されんとしてゐる危急存亡の時にあたり」と、典型的なビラは述べている。「果して日本は弧獨(ママ)の念を覚えないであらうか[61]」文書はしばしば富士山や満開の桜のような日本人が好む図柄で飾られていた。

初期のビラで使われた言い回しはかなり堅苦しく、形式ばっていた――ある分析員がいったように、「実際的な効果には高尚すぎる[62]」。しかし、日系アメリカ人の二世をはじめとする言語の専門家がこの問題に専門知識を発揮すると、語り口はもっとよどみなく、単刀直入になった。場合によっては、日本軍の戦時捕虜がメッセージの下書きや編集を手伝うこともあった。戦時情報局の長であるエルマー・デイヴィスは、あらゆるプロパガンダ・メッセージが三つの包括的なテーマをくりかえしていたと書いている――「われわれはやって来るだろう、われわれは勝つだろう、そして長い目で見れば、われわれが勝つことで誰もがもっと幸

米戦時情報局によるプロパガンダのビラ。蘭印から日本列島に石油を運ぶ海路を締めあげるチェスター・ニミッツとダグラス・マッカーサーが描かれている。1944年から45年には、日本とその占領地域に何百万枚ものビラがばらまかれた。Office of War Information files, Hoover Institution Archives

せになるだろう」[63]。

ビラ作戦にハワイとカリフォルニアから出力百キロワットの短波ラジオ放送がくわわり、のちにサイパン北岸に立てられた出力五十キロワットの専用周波数AM放送のラジオ塔によって増幅された。戦時情報局の放送は同じ内容を何度も反復し、しばしばビラに印刷されたのと同じメッセージをくりかえしたが、戦後の調査では、聞いていた日本人はいたとしてもごく少数だったことがあきらかになった。もっとも効果的なプロパガンダ放送は、直接日本の指導部に向けられたものだった。なかでも有名なのが一九四五年六月と七月の〈ザカライアス放送〉である。

エリス・ザカライアスは一九二〇年代に日本で暮らし学んだ海軍情報士官で、流暢な日本語を話した。ミッドウェイ海戦を勝利にみちびいた真珠湾の暗号解読部隊をひきいていた太平洋艦隊情報参謀のエドウィン・レイトンは、彼の友人であり同僚だった。ザカライアスは東京の支配層が戦争終結の直接の訴えかけに影響を受けやすいかもしれないと考えた。彼は、〝無条件降伏〟政策の意味を修正する、あるいはすくなくとも明確にする一連の放送を提案した。何週間もの討議のすえ、一連の放送台本は国務省と戦時情報局、そして統合参謀本部の承認を受けた。

ザカライアスは一九四五年五月八日――ヨーロッパ戦勝記念日（VEデイ）――に最初のラジオ放送を行なった。放送は一週間の間隔で、八月第一週までつづいた。全部で十四回の放送だった。毎回、ザカライアスは、「無条件降伏」が「戦闘行為が終結する形態」にのみ適用され、日本を服従させるとか、奴隷にするとかいった意図とは見なされないとくりかえした。彼は、太平洋憲章やカイロ宣言のような普遍的な人権と民族自決を約束するほかの連合国の声明を引用した。日本は岐路に立っている、とザカライアスはいった。そして国は明確な選択に直面している。「ひとつは日本の事実上の滅亡と、それにつづく命令された和平である。もうひとつは無条件降伏と、それに付随する太平洋憲章によってさだめられた恩恵である[64]」

ザカライアスの四回目の放送では、井上勇博士からの直接の回答が発表された。彼は政府の公式スポークスマンと名乗っていた。回答は東京からの短波ラジオ放送の形でとどいた。文章は堅苦しく、慎重で、態度を明確にしなかった。しかし、調子はおだやかで、和平調停の提案を拒絶していなかった。「日本は和平条件を討議する用意がある」と井上はいった。「その無条件降伏方式になんらかの変更があるというならば[65]」（訳註：井上勇は当時、同盟通信海外局次長で、海外ミステリなどの翻訳者としても知られる。井上によれば、政府の公式スポークスマンというのはザカライアスの思いちがいだった）

マンハッタン計画

物理学者は四十年前から原子のなかに膨大なエネルギーの蓄積が閉じこめられていることを知っていた。第二次世界大戦直前に、ウランのめずらしい同位体Ｕ－２３５には、高度の「核分裂性」の特性があることが、実験で証明された。つまり、その中性子が正の電荷を帯びた原子核の障壁を突き抜け、その過程で「自由」エネルギーを解放できるということだ。核分裂は安価で無限の電力源として大いに有望だった。しかし、きわめて重大な発見は、もっと不吉なシナリオも提示していた——自然界では存在しないある条件下では、純粋Ｕ－２３５の塊が、壮大なエネルギーの爆発を解き放つ連鎖反応の引き金を引くように操作できるというシナリオを。その爆発の威力はＴＮＴ火薬約二万トン分に相当した。科学に疎い者たちは物理学者がなにを話しているのかを理解するのに四苦八苦したし、ほとんどの者は本能的に疑念をいだいた。しかし、この分野でトップクラスの科学者たちのあいだには、見すごせない意見の一致があった。彼らは原子「超爆弾」の理論的基礎が正しく、それを製造するために必要な気が遠くなるような挑戦は、資金と専門知識、そして工業規模の工学技術をじゅうぶん投じることによって、おそらく数年以内に克服できるだろうと警告した。

人類はこの恐るべき力を持たないほうがまちがいなく安全だっただろうが、誰もアドルフ・ヒトラーが同じ意見だとは信用できなかった。ドイツは原子爆弾を製造するのに必要不可欠な科学的能力を有していると考えられていたし、連合軍の情報機関はナチが必要な材料を確保する手を打っていると警告していた。ドイツは征服によってノルウェーの〈重水〉工場を手中におさめ、チェコスロヴァキアとベルギー領コンゴのウラニウム鉱脈を利用できるようになっていた。万一ヒトラーが核兵器を手に入れたら、効果的な対抗手段はないだろう。ナチの独裁者は、たとえその軍隊が通常の軍事的観点では消滅していても、世界に自分の意思を押しつけるために核兵器を利用できる。唯一の防御策は、同じやりかたで確実に報復できる脅威をそなえた、同種の怪物を所有することだろう。

この分野におけるイギリスの研究は、〈チューブ・アロイズ〉と命名され、アメリカが参戦した一九四一年には、一定程度まで進んでいた。チャーチルとローズヴェルトは国家的な努力を結びつけて、アメリカ本土で研究をつづけることに同意した。一九四二年十二月二十八日、FDRは大規模な産業建設を開始する命令書に署名した。ペンタゴンの建設を監督したことがある陸軍工兵将校、レスリー・R・グローヴズ大佐が、秘密計画の責任者に据えられた。計画は最優先事項AAAの等級をあたえられ、これによりグローヴズは自分がなにをやっているのかを説明しなくても、資金や資源、人員を要求する権限をあたえられた。もし計画を特定する必要がある場合には——たとえば、請求書の空欄を埋めるために——グローヴズは事務員たちに〈マンハッタン工兵地区〉と書くよう指示した。計画のどの部分もニューヨークには置かれていないことにヒントを得た巧妙なごまかしである。

この〈マンハッタン計画〉の資金を調達するために、スティムソン陸軍長官とマーシャル参謀総長は、手はじめにさまざまな通常兵器開発計画の会計を切り崩した。しかし、巨大で高額な放射性同位体分離施設をテネシー州とワシントン州に建設するときがくると、長官と陸軍参謀総長は、議会の権限が必要であることを知った。彼らは連邦議会議事堂に出かけていき、上下院の指導者たちと話し合った。スティムソンは自分でも実際にはわかっていない難解な科学について漠然とした話をした――しかし、議員たちもその点は同様なのだから、細部に立ち入っても意味はありますまいと、彼はつけくわえた。

　陸軍省はただちに六億ドルを必要としていて、じきにもっと必要になるだろう。秘密保持のため、歳出予算の分野にかんする細目はあってはならず、一般の議員にはなにひとつ話してはならない。マーシャルが記憶しているところによれば、スティムソンは議員たちに、「われわれがこの追加の金を得ることはきわめて重要であり、この一件が実際にはどういう内容であるのかがひと言も囁かれないことが同じくらいきわめて重要であるという彼の言葉とわたしの言葉を、額面どおり信じてもらわねばならない」と語った[66]。彼らは詳細も白紙のままの計画に白紙小切手を要求し、それを手に入れた。〈マンハッタン計画〉の総費用は最終的に二十億ドルにふくれ上がった。

　カリフォルニア大学バークリー校の物理学者Ｊ・ロバート・オッペンハイマーが、計画の頭脳中枢を運営した。ニューメキシコ州ロス・アラモスの厳重に警備された辺鄙な施設に、専門家と科学者が集められた。ここは岩だらけの渓谷にはさまれた不毛の台地で、西のヘメス山脈と東のサングレ・デ・クリスト山地のあいだに位置していた。未舗装で、春の雨でぬかるむ道路は、ジープと軍用トラックが頻繁に通った。研究開発作業は、フェンスで囲まれた四都市街区分の広さのオフィスと研究所の複合施設である〈技術区域〉で行なわれた。外側の境界線には住居地域があった。判で押したようなプレハブの集合住宅や洗濯場、食堂、学校、映画館が集まった町である。ロス・アラモスは戦時中、どんどん拡大し、最大時の人口は約五千八百人に達した――わがままで頑固な天才たちの山村で、その科学者や数学者、技師たちのなかには、それぞれの分野で屈指の著名人がふくまれていた。厳重な警備――フェンスや監視塔、検問所、綱でつながれた警備犬、着剣した兵士――が敷かれていたにもかかわらず、ロス・アラモスは若くて活気のある民間人の町で、妊婦たちは歩道でベビーカーを押し、子供たちの集団が白い下見板張りの建物のあいだをぶらぶらしていた。多くの住民は、ナチ第三帝国の暴れまわる軍隊から逃れるためにヨーロッパを脱出してきていて、ここでの彼らの存在に因果応報の側面をあたえていた。

設計者たちが最初に直面した問題は、ウラニウムのふたつの主要な同位体を分離し、より軽く希少な同位体のU－235の純粋な〝臨界質量〟を得ることだった。最初は、誰も臨界質量がどれぐらいか正確にはわからなかった。推定は、低いほうが約一ポンドから、高いほうは約二百ポンドまで、幅があった。もし数字がその幅の最低値だったら、爆弾は実現可能かもしれなかった。もしもっと大きければ、どんな国の生産技術資源でも手がとどかないかもしれない。すくなくとも、予想される戦争の期間中には。その意味で、〈マンハッタン計画〉は失敗するかもしれないと完全にわかっていて実行された。物質U－235は、超顕微鏡的な量をのぞけば、純粋な形で分離されたことはなかった。より多くの量を濃縮する手段の候補はいくつかあった。有望な候補は、ガス拡散法、電磁分離法、熱拡散法だった。第四の可能性はU－238をプルトニウムに転換することで、その発見は大きな突破口となった。この新たなきわめて核分裂を起こしやすい元素は、その後、残留ウランからもっと楽に生産できた。しかし、いずれの場合でも、原子爆弾に必要な兵器級の純度を実現する容易な手段はなかった。近道は存在しなかった。提案された濃縮過程はどれも、とてつもない規模の生産技術を必要とした。

アメリカの納税者から白紙小切手を受け取った計画の監督者たちは、あらゆるルートを同時にたどることにした。ウラン濃縮工場がテネシー州オークリッジの五万六千エーカーの地所に建設された。この場所は、一部は人里離れているせいと、一部は多くのエネルギーを必要とするウラニウム〝放射性同位体分離装置(カルトロン)〟が近くのテネシー川流域開発公社の電源能力をあてにできるせいで選ばれた。プルトニウム施設はワシントン州リッチランド近くの〈ハンフォード・エンジニア工場〉に建設された。ここはコロンビア川北西の山蓬が生い茂る人里離れた土地で、原子炉を冷却するための水をふんだんに手に入れることができた。建設の規模は〈マンハッタン計画〉の水準でも壮大で、ハンフォードの敷地には千二百棟以上の建物が建設され、建設段階では、秘密の仮設小屋の人口は六万人を超えて、州内第四の都市となった。(67)

ロス・アラモスの科学者たちが直面した二番目のハードルは、核分裂性物質のふたつに分離した塊をほぼ一瞬でくっつけて、自動継続的な連鎖反応を引き起こすような臨界質量を形成することだった。ふたつの塊は高速でぶつけ合わないと、連鎖反応は全質量が融合する前に失速して、ずっと小さな爆発を起こすか、まったく爆発を起こさないかもしれない。核分裂性物質と引き金装置は、飛行機が搭載して投下できるほど小さな金属製容器におさめられねばならない。

もともとの案は、〈連装銃(ダブル・ガン)〉方式で通常爆薬を使って、臨界値以下の半分ずつの塊をおたがいに発射し合うというものだった。しかし、一九四四年七月に、科学者たちはプルトニウムは自然の核分裂性が高いので、単純なガン・タイプの装置では、完全な核爆発ではなく弱い〝火花〟が出るだけだということを発見した。提案された解決策は、複雑なレンズ装置を使った対称な爆縮衝撃波を発生させることだった。この課題の作業は遅れ、この仕事をまかされた科学者のなかには問題解決を実際にあきらめた者もいた。ハンガリー人数学者のジョン・フォン・ノイマンの理論的貢献と、ロシア生まれの化学者ジョージ・キスティアコフスキーの応用工学研究により、すったもんだのすえに、実用的な爆縮引き金装置の準備が一九四五年春にととのった。

そのころにはじゅうぶんな量の兵器級核分裂性ウラニウムとプルトニウムが、オーク・リッジとハンフォードでやっと製造されていた。オッペンハイマーとそのチームは同年中期まで三発の爆弾——ウラニウム爆弾一発、プルトニウム爆弾二発——を用意できると確信していた。爆縮装置は失敗の危険があったために、彼らは一九四五年七月に最初のプルトニウム爆弾のテストを計画した（もっと単純なウラニウム爆弾のガン・タイプの引き金装置は設計どおりに機能すると確信していたので、事前テストの必要はないと考えられていた）。そのために、最初の原子爆弾は、完全な運命の気まぐれによって、ドイツの敗北後だが日本の敗北前に、手に入ることになったのである。

トルーマンは、大統領職を引きつぐ前には〈マンハッタン計画〉についてごくかすかにしか知らなかった。一九四三年、彼がまだミズーリ州選出の上院議員だったとき、軍需産業の浪費と腐敗を調査する彼の特別委員会（いわゆる〈トルーマン委員会〉）は、テネシー州とワシントン州で建設中の謎めいた工場にかんする情報を要求した。スティムソン長官は彼に近寄るなと警告し、科学の新分野が関係する極秘兵器の開発とだけ言及して、トルーマンはこれ以上調査しないことに胸を張って同意していた。副大統領時代には、この計画に適用された「必要な人間にだけ教える」という厳格な制限条件にもとづいて、それ以上なにも知らされなかった。

一九四五年四月の大統領になって最初の日、トルーマンはスティムソンから口頭で、「ほとんど信じられないほどの破壊力を持つ新型爆薬」を製造する秘密の活動について短い説明を受けた。その日の午後さらに、トルーマンはじきに国務長官に任命されることになる戦時動員の元責任者、ジェイムズ・F・バーンズからもっと話を聞いた。トルーマンは回顧録のなかで、「全世界を破壊する」力を持つかもしれない爆弾の簡潔なスケッチに「とまどった」と書いている。[68] 四月二十五日、彼はスティムソンとグローヴズ（あれ以来、少将に昇進していた）から公式のフルコースの説明を受け、ふたりは計画にかんする大統領の多くの質問にすべて答えた。

原子兵器とエネルギー、その戦時中と戦後期の使用がもたらす問題に助言するために、トルーマンは政界、産業界、科学界の要人の委員会を設置した。その当座しのぎの性格は〈暫定委員会〉というその名称に表われていた。もっと公式の機関はのちに設立されることになる。しかし、現時点では、秘密保持の制限により、すでに〝事情を知っている〟メンバーによる少人数の委員会しか認められなかった。スティムソンが議長に任命され、バーンズがそのメンバーのひとりだった。ほかにはヴァネヴァー・ブッシュやジェイムズ・コナント、カール・コンプトン、ラルフ・バード（フォレスタルの海軍省における補佐役）、そしてウィリアム・クレイトン国務次官補が名をつらねた。科学諮問委員会は小委員会としてつけくわえられ、そのメンバーのなかにはロバート・オッペンハイマーとエンリコ・フェルミがいた。

〈暫定委員会〉の最初の会合でスティムソンは前置きとして、同僚たちに目の前の問題を幅広く考えるようにうながした。「現在までのこの分野における進歩は戦争の必要性によってうながされたものだが、この計画がおよぼす影響は現在の戦争の必要性をはるかに超えるものであることを理解するのが重要だった」[69]委員会は一九四五年五月三十一日と六月一日の二日間連続で会議を開き、新型爆弾を「できるだけ早く」日本にたいして使用すべきであるということで同意した。[70]大統領への公式の提言は後日に延期されたが、議事録は以下の統一見解を反映していた。「われわれは日本にいかなる警告もあたえることはできない。われわれは民間人の居住地域に焦点を合わせることはできない。しかし、可能なかぎり多くの住民に深い心理的印象をあたえるよう努力すべきである」コナント博士は、「もっとも望ましい目標は、多数の労働者を雇用し、労働者の住宅に密接に囲まれている重要な軍需工場だろう」と提案し、スティムソンも同意した[71]。目標の選択は〈目標委員会〉にゆだねられ、そのメンバーにはグローヴズ将軍と〈マンハッタン計画〉の数名の科学者がふくまれた。

ポツダム会談の思惑

一九四五年五月から八月のあいだにアメリカの指導者たちが下した多種多様の主要な政策決定は、アメリカ史上屈指の複雑なものだった。純粋な軍事戦略が外交政策の高度な判断と融合された。陸海軍の高官をふくむ全員の考えは戦後秩序のほうに向けられつつあった。大統領の部下たちはヤルタ合意をめぐるスターリンとの毎日の小競り合いや、ドイツの占領と再建、フランスのシャルル・ドゴールの政治的主張、そして国際連合の憲章に忙殺されていた。彼らはアジアの将来や日本の元領土の地位、イギリスの植民地の運命、中国の共産主義者の反乱、連合国占領下の日本の将来、そして外地の日本軍が東京の命令どおりに武器を置くのか、それとも本土を支配下に置いたあとでも現地で打ち負かす必要があるのかという、いまだはっきりしない問題については考えはじめたばかりだった。

主要な決定は時間と出来事の重圧下で取り組まれていた。決定は少数の文官や軍人のあいだで下された。彼らは秘密保持のために人数を限られ、長年、驚くほどの作業負担を担ってきた。彼ら自身の話によれば、大統領の部下たちはときとして、長期にわたる肉体的精神的疲労の重圧を感じていた。将来にわたる決定が、ドイツのポツダムで連合国の会議に出ているあいだに、「道中で」下された。彼らの新人最高司令官は、この仕事にじゅうぶんな準備をしておらず、前任者のような専門知識や自信、手腕を習得するほど長くこの仕事についていなかった。

天皇裕仁を玉座に留まらせるか否かを検討するとき、アメリカの政策立案者たちは迷っていた。戦前最後の東京駐在大使ジョゼフ・C・グルーは、現在、国務次官をつとめていたが、天皇が戦争犯罪者として責任があると見なされるよう要求するアメリカの世論に敏感だった。彼は、日本と降伏条件を交渉することは、「殺人と妥協し、人間の姿をした裏切りと交渉する」ようなものだとラジオの聴取者に語ったときのように、公式声明ではタカ派的な論調を取った。[72]グルーは連合国を長引く交渉に引き入れるかもしれない外交的やりとりを警戒していた。しかし、個人的には、天皇が戦争の最終幕に一役買うべきだと主張した。天皇だけが国内と国外の彼の全軍隊を説き伏せて、武器を置かせる力を持っているからだ。昭和天皇が下賜する詔勅は、「効き目があるかもしれない唯一のもので、われわれ自身の何万という勇士の命を救うかもしれない」と、グルーはジャーナリストの友人に語った。[73]

ポツダム宣言が出される前の討議のなかで、アメリカの中心的な関係者の大半は（トルーマンもふくめ）、無条件降伏でも皇室がなくなるわけではないというシグナルを日本に送ることに賛同していた。六月の統合参謀本部と閣僚との会議では、天皇をパートナーあるいは傀儡（かいらい）として留めておくことがアメリカと連合国の国益に役立つということで総意がまとまったように思えた。しかし、こうした声明の正確な言葉づかいはつねに意見の相違を引き起こした。全員が亡き最高司令官の無条件降伏の方針をくつがえそうとする変更に敏感だった。彼らは一見、場当たり的に思える異議に答えて、アメリカと連合国の公式声明から天皇とその王朝にかんする言及をくりかえしすべて削除した。

これがやっと変わったのは、広島と長崎に原爆投下された後で、日本が最終的に降伏する前の、一九四五年八月の第二週、アメリカが天皇に手を出さないと暗に約束したときだった。グルーが残念そうにいったように、結局、アメリカは「無条件降伏を要求し、それから原爆を落として、無条件降伏を受諾した」のである。[74]

六月十八日の大統領執務室（オーヴァル・オフィス）での大統領との会議で、スティムソン長官とフォレスタル長官、四人の統合参謀長たちは、対日戦略全体を再検討した。日本本土の封鎖は進行中で、強化されることになっていて、全員が降伏は九州侵攻より先かもしれない、すくなくとも翌年春の本州侵攻より先かもしれないと期待しえた。しかし、いずれの場合でも、十一月一日の上陸を準備するための計画と兵站上の措置は、すぐさま取らねばならなかった。

マーシャルは、〈オリンピック〉作戦が、「締め上げ戦略に不可欠」だと主張した。空海封鎖を強化する効果があると同時に、関東平野の決定的な〈コロネット〉侵攻作戦に兵站上のバックネットを提供するからである。海軍を代表して発言するキング提督は、〈オリンピック〉、〈コロネット〉両作戦に付随する準備をすべて進めるのが重要であることに賛成した。しかし、彼は「日本の敗北は、侵攻の必要なしに、海空戦力で達成できる」と考えていた。(75) レイヒーは相変わらず、日本侵攻は必要ではなく、望ましくもないと主張したが、不測事態対応計画を準備することに異議は唱えなかった。トルーマンは〈ダウンフォール〉計画を承認し、ヨーロッパとアメリカから必要な兵力を移動させる命令に署名した。

その夏、もっとも難解な問題は、ソ連を極東の戦争に参加させるのが望ましいかということだった。FDRは、対日戦争に参加するという約束をスターリンから取りつけるために労を惜しまなかった。一九四三年と一九四四年には、おそらくそれがアメリカとモスクワとの外交関係における最優先事項だった。しかし、一九四五年六月には、共産主義と民主主義がこれから何十年ものあいだ長い世界的な競争をくりひろげるにちがいないことが明白になっていて、アメリカ側の多くの人間は、ソ連は対日戦争に必要かどうか、いやもとめられているかどうかさえ、疑問に思っていた。ソ連の参戦は、日本に降伏を強いる可能性が高かったが、同時に、ソ連赤軍が容易には追いだせない戦略的領土を手に入れることを可能にするだろう。極東にソ連がより多くの足跡を印すことは、地域全体で共産主義の影響力を強める恐れがあった。

マッカーサーはのちに、ソ連を戦争に引きこむ取り引きがまとまっていたと知って「驚嘆した」と言明している。「わたしの見るところでは、一九四五年中のソ連の介入は必要ではなかった[76]」キングとアイゼンハワーはそれぞれべつべつに、大統領にソ連の参戦を確保するためにいっさいの譲歩あるいは勧誘をしないよう助言した[77]。新たに宣誓就任したジェイムズ・F・バーンズ国務長官は以前、ソ連を戦争に引き入れることに賛成していた。いまや彼はソ連を閉めだしておきたがっていた。バーンズは東ヨーロッパにおけるソ連の裏切り行為を根拠に、彼らを信用していなかった。そして彼らが必要だとも思っていなかった。原子爆弾が日本にすばやい降伏を強いると予期していたからである[78]。バーンズの特別次官補ウォルター・ブラウンは、日記にこう記している。「国務長官(JFB)はまだ当面、原子爆弾のあとで日本が降伏して、ソ連は日本という獲物を仕留めるのにあまりくわわらず、したがって中国にたいする要求を強く主張する立場にはないことを願っている[79]」

トルーマンは、ポツダムへの旅をよろこんではいなかったし、できれば会談を避けたかったことだろう。しかし、統合参謀本部と閣僚は全員一致で、大統領の出席が必要だと同意した。ワシントンから、八日間の大西洋横断航海のために巡洋艦オーガスタに乗艦する予定のヴァージニア州ニューポート・ニューズへ向かう列車内で、トルーマンは妻に手紙を書いて、「旅行のことで藍のようにブルーな気分だ」といった[80]。彼の側近をひきいるのは、レイヒー提督、バーンズ長官、そして軍民両方の補佐官の大代表団だった(バーンズはライバルのヘンリー・スティムソンを船に近づけないことに成功していた。スティムソンは空路ヨーロッパへ向かい、ポツダムで一行に合流した)。オーガスタは七月十五日、アントワープに到着した。トルーマンとその一行は四十台の車列でブリュッセル近郊の飛行場に移動し、それから降伏したドイツ帝国の戦争の傷跡が残る荒れ地を飛び越え、ベルリン西方にあるプロイセン王家の歴史的所在地ポツダムへ向かった。

ポツダム会談は主として、同年のヤルタ会談で未解決だったヨーロッパの問題をあつかうことになっていた。そのなかには、ドイツ＝ポーランド＝ソ連国境や、賠償、ドイツ国内の占領地区、ダーダネルス海峡にたいするトルコの権利などの問題がふくまれていた。日本にたいする最後の攻勢と、戦後のアジアに広まることになる取り決めは、主要な会議の議題の合間に、おもに主導者たちのあいだの非公式な集まりでのみ、取り扱われた。チャーチルはポツダムに出かけたが、会議の二週目に、新首相のクレメント・アトレーと交代した。アトレーの労働党は一九三九年以降最初のイギリスの国政選挙で地滑り的勝利を獲得していた。

ポツダムはソ連の占領地区内にあったので、スターリンが会議の主催者をつとめた。公式会談は元王子の住まいだったチェチリエンホフ宮殿の豪華な大広間で開かれた。数カ国の要人たちは近くのバーベルスベルクの街の大邸宅に宿泊した。邸宅のもともとの居住者たちは銃を突きつけられて即座に追いだされた。トルーマンとその一行は、カイザーシュトラーセに面した三階建てのスタッコ仕上げの家に移った。アメリカ人たちはこれを〈小ホワイトハウス〉と呼んだ。家にはそこらじゅう盗聴器が仕掛けられていて、接客係のなかにはソ連のＮＫＶＤ（訳註：内務人民委員部）の工作員がまじっていた。

一日遅れで到着したスターリンは、七月十七日の正午に〈小ホワイトハウス〉でトルーマンにはじめて会った。ふたりの指導者は、おたがいに満面の笑みを浮かべ、歯を見せて、陽気な仕草で握手をした。スターリンは、自分の政府と中国との進行中の交渉を要約した。その目的は、差し迫ったソ連の満州攻撃のために、境界と条件を確定する合意を得ることだった。トルーマンは態度を明確にしなかった。この姿勢はスターリンを失望させたかもしれない。ソ連の指導者は、アメリカ大統領が極東におけるソ連の参戦を公式に要請して、ソ連が日本との中立条約を破棄する口実をあたえることを願っていた。しかし、トルーマンとその政府には、その満足をあたえるつもりはなかった。予想されるソ連の参戦にたいして彼らが熱意を失っていることがいまや明白だったからだ。ウィンストン・チャーチルはこの新たな態度に気づき、イギリス外相のサー・アントニー・イーデンへのメモでそのことについて意見を述べた。「アメリカが現時点で、ソ連の対日戦参加を望んでいないことはきわめて明白だ[81]」

トリニティ実験とスターリン

最初の核実験である〈トリニティ〉実験に選ばれた場所は、ロス・アラモスの約二百マイル南方で、ニューメキシコ州の砂漠の奥深くにある荒涼たる平原だった。爆弾は、〈グラウンド・ゼロ〉と名づけられた座標の、高さ百フィートの鉄塔のてっぺんで起爆させられることになっていた。土でおおわれた太い丸太造りの管制壕は、鉄塔から六マイルの位置に置かれ、ベースキャンプは十マイル離れていた。テストは一九四五年七月十六日の夜明けに予定されていた。

時計の針が〈ゼロ・アワー〉に向かって進んでいくあいだ、砂漠は闇につつまれ、底冷えがした。鉄塔近くに置かれた探照灯の光線が空をおおう低い雲を切り裂いた。ベース・キャンプ南方の観測地点、〈サンディ・リッジ〉では、科学者やジャーナリスト、訪問者たちが魔法瓶からコーヒーを飲み、足を踏みならして暖を取っていた。彼らは双眼鏡をめぐらせて、投光照明に照らしだされた遠くの鉄塔を順番に観察した。

ひとりの陸軍軍曹が懐中電灯の光で指示を読み上げた。二分間の秒読みがはじまったら、見学者は地面に伏せて、顔を鉄塔から背けてください、と軍曹はいった。爆発のあとは、ふりかえって、鉄塔の上の雲を見てもかまいませんが、目を傷つけないように、火の玉を直接見てはいけません。爆発を直接見る覚悟の者たちには、溶接用のガラス板が手渡された。彼らはそれを顔の前に持って、ガラスごしにのぞくよう指示された。肌を守るために、長袖長ズボンを着用しなければならなかった。日焼けローションのボトルが真っ暗闇のなかでまわされ、みんな露出した顔と手にそれを塗りつけた。彼らは衝撃波が通りすぎるまで伏せたままでいることになっていた。「爆風の危険は、飛んでくる岩やガラスなどの物体が爆風源と個人とのあいだに来ないようなやりかたで地面に伏せれば、軽減される」[82]自動車の窓は開けたままにしなければならなかった。

地面から立ち上がっても安全になったら、サイレンが合図することになっていた。その時点で、職務であとに残る必要がない者は全員、即座にベース・キャンプに戻り、待っているバスに乗りこまねばならない。あたり一帯は、放射線測定が行なわれるまで人払いされることになる。

〈マンハッタン計画〉の初期段階では、物理学者たちは、爆風が計算で予測されるよりずっと大きい危険性について議論していた。一部の者は、爆発が地球の大気中の窒素に火を点けて、もしかすると地球を壊滅させせさえするかもしれないと心配していた。その後の計算で、そのシナリオは除外されたようだった。しかし、その夜、〈サンディ・リッジ〉の観測所にいたエンリコ・フェルミは、絞首台のユーモアを愛好していた。彼は、爆弾が大気に火を放ち、そうなった場合にニューメキシコ州全体あるいは全世界を破壊するかどうかの確率を賭けようじゃないかと提案した。彼の同僚たちはこう返したかもしれない。どっちにせよ、その賞金を集める者は誰もいやしないと。

管制壕では、オッペンハイマーとグローヴズが二十名ほどの技術および通信要員を統括していた。狭い閉鎖空間は、電子機器と無線機であふれていた。彼らは天候を気にかけていた。空をおおう雲に稲光が見え、局所的なにわか雨が南部で報告されていた。気象チームは、上空の特別装備のB－29気象偵察機と無線で連絡を取り合っていた。もし風が具合の悪い方角に強く吹きすぎていたら、致命的な放射性降下物が三百マイル東へ流され、テキサス州アマリロに降る危険があった。しかし、夜明けの一時間前、状況は実験に適していると判断された。

二十分前、数回の赤い警告用照明弾の一発目が〈グラウンド・ゼロ〉で打ち上げられた。鉄塔に残っていた要員は全員、ジープで立ち去り、管制壕へ向かった。残り時間が無線網の抑揚のない声で告げられた。壕のなかでは、人々が計器盤に身をかがめていた。緊張が高まった。時間が遅くなったように感じられた。コナント博士は「一秒一秒がこんなに長くなりうるとは思わなかった」といっている[83]。オッペンハイマーは無言で、息さえしていないように思えた。彼は木製の柱につかまって体をささえながら、壕のほとんど不透明な青みがかった窓ごしに見つめていた。十秒前、緑色の照明弾が打ち上げられ、〈グラウンド・ゼロ〉上空の雲のなかをゆっくりと落ちてきた。最後の十秒間は永遠につづくように思えた。

科学者たちはこの爆弾を軍事兵器としてどのように考えていたにせよ、これを作り上げるために人生の何年かを捧げてきた。彼らは現代物理学の名声をこれに託してきた。彼らはアンクル・サムを説得し、納税者の金を湯水のように流用して、この代金をはらわせた。ある見学者はこう述べている。彼らの信仰する宗教がなんであろうと、あるいは信仰する宗教がなかろうと、「この場にいた者の大半が祈り、それもかつてなかったほど熱心に祈っていたといっても差し支えない[84]」。

午前五時三十分、秒読みがゼロになり、拡声器の声がいった。「いまだ」焼けつくような白い光の小さな点がほとんど即座に拡大して、直径半マイルほどの小さな太陽となり、夜明けの闇がカメラのフラッシュのようにまばゆい宇宙の閃光に消えた。一瞬、砂漠は真昼のような明るさで地平線まで照らしだされ、それから光のほとんどが突然、爆風の渦に吸い戻された。あるいは、目撃者にはそのように見えた。上昇する巨大な球体は、液化して、沸き立つけばけばしい色彩に変わったように思えた。金色や緑、オレンジ、青、灰色、紫色のめくるめく万華鏡に。それは垂直に長く伸びて柱の形になり、雲底を抜けて、一万フィート、二万フィート、三万フィートまで上昇した。きのこ雲がそのてっぺんの、のちの推定では四万一千フィートの高度に形成され、そのいっぽうで残る根元は、押し寄せ、渦巻き、揺れ動く大量のガスと煙とほこりで、燃えるマグネシウムのように明るく、しかしもっと色彩豊かだった。ニューメキシコの原野はどの方向にも四十マイルにわたって紫色の光を浴び、どの丘も尾根も谷も焼けつくように鮮明に照らしだされた。

壕や観測所、ベース・キャンプでは、人々が立ち上がり、抱き合って背中を叩きあい、握手をして、歓喜の叫び声を上げ、子供のように笑ったり踊ったりした。オッペンハイマーの顔の緊張はとけ、感謝に満ちた安堵の表情に変わった。たったいま機能することを実証したプルトニウム爆縮引き金装置の設計者、キスティアコフスキー博士は、オッペンハイマーに両腕をまわし、勝ち誇って叫んだ。誰かがグローヴズ将軍にこういった。「戦争は終わった」グローヴズは答えた。「そうとも、われわれが日本に爆弾を二発落としたらな(85)」

〈サンディ・リッジ〉では、ほとんどの見学者が、衝撃波の到達を待つあいだ伏せているようにという指示を無視した。爆発の四十五秒後、走馬燈のような活人画は無言のままだった——彼らは顔に熱を感じたが、音はまったく聞こえなかった。やっと音が彼らを襲ってきた。熱気の突風と足下の地面の揺れをともなった、いつまでもつづく、すさまじい、しわがれた轟音が。反響が音の波といっしょになり、消えていくまで長いあいだ大きくなったり小さくなったりした。目撃した壮大な視覚効果のあとでは、爆風はおだやかで、拍子抜けさえしたと感じた者もいた。それは疑いなく事実だったが、それは彼らが〈グラウンド・ゼロ〉から遠く離れていたからにすぎなかった。

見物人たちは、最初の大成功の興奮のあと、もっとおちついて、内省的になった。アーネスト・O・ローレンスは、「畏敬の念に近い静かなつぶやき」を記憶していた(86)。キスティアコフスキーにとって、原爆の衝撃は「人が想像しうるなかで世界滅亡の日にもっとも近いものだ。わたしは世界の終わりに――地球が存在する最後のコンマ一秒に――最後の人間は、われわれがたったいま見たものを見るだろうと確信する(87)」。彼らがそのエリアから退去するために車に乗りこむと、太陽が東の地平線に顔をのぞかせた。フィリップ・モリスンは顔にあたる暖かい感覚が先ほどの爆発によるものと同じであることに気づいた。その朝、「わたしたちにはふたつの太陽があった」と彼はいっている(88)。

光は、遠く東のサンタフェや、西のシルヴァー・シティ、南のエルパソの地域社会でも見えた。〈グラウンド・ゼロ〉の百七十五マイル北にあるアルバカーキでは、早起きの市民が南の地平線の閃光に立ち止まり、なんだろうと思った。地元紙によれば、市内の目が不自由な女の子が、「あれはなんだったの?」と叫んでいた(89)。グローヴズは、具合の悪い質問を思いとどまらせるために、アラモゴード航空基地の司令官に、弾薬集積所が爆発したと発表させるよう手配した(90)。

テスト後の数日間に、数名の勇敢な者たちが、結果を調査するために〈トリニティ〉実験の現場に戻った。彼らの携帯式ガイガー・カウンターがあまりにも騒々しく鳴ったため、即座に彼らはスイッチを切った。放射線被曝を制限するために、十分間のルールが適用された。各自は現場を一度だけおとずれることができ、十分間しか留まることができない。〈グラウンド・ゼロ〉から一マイル離れた砂漠の茂みは黒焦げになって、爆心地を背にしてぺちゃんこになっていた。もっと近くでは、完全に焼き払われていた。かつて鉄塔が立っていた場所は、直径千二百フィートの浅いクレーターの底の砕かれた土の窪みだった。地面はガラスのようになめらかで、緑がかった縞が走っていた。砂が文字どおりガラスに変わっていたのである。

かすかな赤錆色の染みがクレーター中心の地面についていた。調査員たちはそれが蒸発した酸化第一鉄だと断定した。凝縮されて、砂のなかのケイ素と融合したものだ——いいかえれば、〈トリニティ〉の爆弾をささえていた十階建ての鉄塔の最後の痕跡だった。

最初の報告は、その日遅く、現地時間の午後七時三十分にポツダムにとどいた。陸軍省の補佐官がスティムソンに打電した。「けさ、手術を行なった。診断はまだ終わっていないが、結果は良好の模様で、すでに予想を上回っている」[91]スティムソンは〈小ホワイトハウス〉まで歩いていって、トルーマンとバーンズにニュースをとどけ、ふたりは大いによろこんだ。暗号化された最初の電文のあと、さらに数通がとどいたが、すべて同様の多くを語らない言葉で記されていた。グローヴズからの詳細な長文の報告書は、七月二十一日、急使によってとどけられた。爆発の威力はTNT火薬一万五千トンから二万トンに相当した。これは予想範囲の高いほうだった。グローヴズはかつてペンタゴン（彼の以前の創造物）が爆撃にも耐えられると豪語していた。いまや彼はその主張を取り下げた。

スティムソンはトルーマンとバーンズに全文を読んで聞かせた。陸軍長官は日記に、大統領が「ものすごく元気づいて、会えば何度でもその話をした」と書き記した[92]。チャーチルは、トルーマンの新たに得た元気が翌朝のスターリンとの交渉でしめされたと書いている。トルーマンは「じつに断固として決然たる態度でロシア人たちに立ち向かい、ある要求について、彼らがそれを手に入れることはぜったいにできないし、アメリカは断乎反対すると話した[93]」。

トルーマンは助言者たちと話し合ったあとで、スターリンに〈トリニティ〉実験のことを知らせると決めた。ただし、ごく一般的な言葉で。彼は七月二十四日の晩、ソ連の独裁者に近づき、彼に（通訳を介して）アメリカが「並はずれた破壊力を持つ新兵器」を開発したと告げた。スターリンは動じない様子で、アメリカ人がそれを日本にたいして有効に使うことを願うとさりげなくいった。トルーマンは相手が聞いたことの意味を理解しているのだろうかと思った。彼はソ連の諜報活動が〈マンハッタン計画〉にまんまと入りこんでいて、ロシア人たちはすでに原爆についてじゅうぶんな情報を得ていることを知らなかったし、疑ってもいなかった。

アメリカ軍の暗号解読員は、日本政府が外国の首都で自国の外交官とやりとりをするのに使う暗号を、とっくの昔に解読していた。この通信文のやりとりは、〈マジック〉という暗号名をあたえられ、アメリカの文民と軍両方の高官に配布される極秘覚書で要約され、分析されていた。おかげでアメリカの指導者たちは、ソ連を説得して連合国との停戦を仲介させようとする東京の努力を完全に知っていた。東郷茂徳外相と佐藤尚武モスクワ駐在大使との活発なやりとりは、生き生きとしてじつに興味深い読み物になった。佐藤大使にたいする東郷外相の〝至急〟電の文言には、彼の切羽詰まった感じが表われていた。七月十一日には、彼は大使に、クレムリンに嘆願するために「大至急」行動するようせき立てた。翌日、東郷は佐藤に、「陛下」が「なるべくすみやかに平和の克服せられんことを」希望していると、モロトフ外相につたえるようつけくわえた(94)。この傍受に添えられた注釈で、アメリカの情報分析員は、これは天皇がこうしたモスクワへの外交的請願を支持している最初の具体的な証拠を提示するものだと指摘した。

佐藤は外交団における勤務年数では東郷より先輩で、以前、外相をつとめたこともあった（一九三七年に）。そのため、現在の外務省のトップにもまったく恐れをなさなかったし、こうした切羽詰まった瀬戸際の申し入れについて、自分の驚くほど率直な意見を臆せずに表明した。佐藤は東郷に、クレムリンは自分が行なうよう指示された漠然とした嘆願などにはけっして乗らないだろうとつたえた。「きわめて現実的」なロシア人は、連合国が受け入れられると見なすような条件で戦争を終わらせる具体的な提案以外は、なにものにも心を動かされないだろう。「もし帝国にして真に戦争終結の必要に迫るとせば」と彼は七月十二日に外相に説教をした。「先づ自ら戦争終結の決意をなさざるべからず[95]」より正確な言葉は書かれていなかったが、東郷は、〈最高戦争指導会議〉が同意した中途半端な合意にしたがって行動することしかできなかった。特定の和平条件をふくむいかなる提案も、支配層を分断させ、鈴木内閣を崩壊させただろう。

佐藤は、東京に宛てたのちの電文で、戦争はすでに負けであることを認めるよう政府に訴えた。それは日本が、「無条件又はこれに近き講和をなすの他なき」ことを意味した。連合国を引きつけるかもしれない唯一の条件は「国体の護持」、つまり天皇を玉座に留まらせる保証だろうと、彼は断じた[96]。しかし、東郷はクレムリンに停戦の手配を手伝ってくれるよう請願するという以前の指示をくりかえしただけだった。和平は一刻を争うが、「一方国内においては一気に具体的和平条件を決定するの困難なる」と彼は書いた[97]。佐藤は、行間の意味を理解できた。政権は手の打ちようがないほど分断されていて、妥協しない軍国主義者たちは、無条件降伏に類するいかなる条件も拒絶している。東郷に行動の自由はなく、それは佐藤も同様だった。

原爆をどこに落とすのか

ポツダム会談が第二週に入ると、アメリカ人たちは太平洋戦争の終盤にかんする喫緊の決断に直面した。〈ダウンフォール〉作戦の準備は十一月一日を侵攻の予定日として進行中だった。情報源は九州に日本軍部隊が集結していることを察知していた。アメリカはソ連の参戦を警戒するようになっていたが、かつての共産主義同盟国の参戦をふせぐためにできることはなにもないと知っていたし、ソ連赤軍は遅くとも八月後半には満州侵攻の準備をととのえるだろう。

グローヴズ将軍によれば、二発の原子爆弾は、つぎの二週間以内に日本にたいして使用する準備ができるだろう。一部の者は道徳的理由から、明確な事前警告をあたえることなく、この兵器を使うこと、あるいは軍事目標ではなく都市にたいして使うことに反対していた。〈マンハッタン計画〉に従事する科学者のさまざまなグループから、嘆願書が提出されていた。海軍次官で〈暫定委員会〉のメンバーであるラルフ・バードは、事前警告に賛成だった。彼はスティムソンにこう書いた。「偉大な人道国家としての合衆国の立場と、わが国民全般のフェアープレイを愛する態度が、この気持ちの主たる原因です[98]」

しかし、〈暫定委員会〉とその小委員会、そして政府の支配的な想定は、つねに原爆を日本にたいして使用することだった。デモンストレーション、あるいは警告の提案は、検討されたが、主として降伏につながる可能性が低いと思われたために、却下された。〈科学小委員会〉（オッペンハイマー、コナント、ローレンス、そしてフェルミ）は、〈マンハッタン計画〉の科学者たちの意見がさまざまであることを認めたうえで、こう結論づけた。「われわれは、技術的デモンストレーションが戦争に終わりをもたらす可能性は低いと提言できる。直接的な軍事使用の、受け入れ可能な代案はない[99]」

〈目標委員会〉は四つの都市からなる最終リストを提出した。広島、長崎、小倉、そして新潟だった。四都市が選ばれたのは、まだ通常爆撃で完全に破壊されておらず、よって原爆の威力を最大限劇的に印象づける見こみがあったからだった。スティムソンは初期のリストから京都を消去していた。スティムソンは、古都の歴史的文化的重要性が京都を唯一無二のものにしていると判断して、それを破壊することは、次世代の日本人の憎しみを買うのではないかと心配したのである（陸軍長官は京都を二回、取り消すことを余儀なくされた。あきらかにグローヴズは、この街を本気で攻撃したがっていた）。広島と小倉は、重要な軍事基地や補給処、造兵廠の所在地だった。長崎と新潟は、重要な船舶輸送と産業の中心地としか見なされていなかった。これらの四都市は、第二十航空軍の命令により、取っておかれていた――原子爆弾が一撃で破壊できるように、保存され、隔離され、無傷のままにされ、ルメイの焼夷弾の猛威をまぬがれていた。レーダー照準はいまや信頼できるようになっていたが、原爆は爆発が空中から目視して写真におさめられるように晴天で投下されることになった。「四つの目標は、天候がさまざまな場合でも、ひとつは開かれている確率がきわめて高い……それらはかなり離れているからだ(100)」

連合国は、日本に最終的な警告をあたえることで原則的に合意していた。この宣言を、ポツダムのナチ・ドイツの廃墟のなかから出すことは、最後通牒に象徴的な力をあたえるだろう――日本にいまや同盟国はなく、じきに同じ運命をわかちあうことを強調して。しかし、宣言の正確な文言は、長くこみ入った討論のテーマだった。太平洋憲章やカイロ宣言、国際連合憲章（一カ月前にサンフランシスコで調印された）といった以前のいくつかの声明で、連合国はすでに戦争の目標と戦後国際秩序の構想をしめしていた。ここで疑問が生じてきた。これらをくりかえして、くわしく説明すべきだろうか？　連合国は日本占領の意図をどの程度まで説明すべきか？　スティムソンとグルーをはじめとするアメリカ側の主要人物の何人かは、皇室が立憲君主として存続できるという保証をあたえることに賛成した。彼らはそうした保証が東京の和平派を力づけ、もしかしたら天皇を直接、決断にみちびくかもしれないと推論した。さらに、連合国は、裕仁が、降伏を執行し、同意のうえで臣下となるために、必要になるだろうと、つけくわえた。ほかの者たち、とくにバーンズ国務長官は、そうした約束は無条件降伏の方針を危うくし、日本側から優柔不断の印と取られるかもしれないと反対した。

七月十七日、〈三国共同声明〉の草案が連合国政府に回覧されると、統合参謀本部機構は、ワシントンからの電文で、編集を提言した。草案は、日本国民が自分の政府を選択し、「もしそうした政府が二度とふたたび侵略を志向しないであろうと世界が完全に満足するようにしめされた場合には、そこに現皇室のもとでの立憲君主制がふくまれるかもしれない」と述べていた。ＪＳＣ——統合参謀本部内の〝シンクタンク〟——の提言で、参謀長たちは、この文章を完全に削除することを提言した。その理由はふたつ挙げられた。第一に、「現皇室」への言及は、裕仁を退位させてその息子を支持する意図と誤解されるかもしれないからだった。そして第二に、この条項は連合国が「天皇崇拝」の制度を維持することを意図していると示唆することで「日本の急進派分子」を失望させるかもしれないからだった(101)。

いずれの論点も根拠は説得力を欠いていた。最初の異議は、完全な削除ではなく、文言の明確化を必要としていた。ふたつ目は、まったく筋がとおらなかった。「日本の急進派分子」には、降伏の決定に影響をおよぼす力がなかったからである。にもかかわらず、提案された削除は、見たところたいした話し合いも討論もなく、トルーマンとポツダムの彼の助言者たちに承認された。レイヒーとマーシャルも、ふたりとも以前は天皇の戦後の地位を明確にすることに賛成していたにもかかわらず、異議なく削除を支持したようだ。

七月二十四日、スティムソンは、日本の君主制を維持することを申してる条項をふたたび書きくわえる土壇場のこころみを行なった。彼がその日の遅くに書いた日記の記載によれば、スティムソンはトルーマンに会って、「日本人に皇室の存続を再保証することに起因する重要性について話をしたし、わたしは、これを公式の警告に記載することは重要であり、まさに彼らの受諾の成否を決めるものかもしれないと感じている(102)」。トルーマンは現実的理由でことわり、宣言の草案はすでに署名のために蔣介石に送ってしまったと説明した。スティムソンはその理由を受け入れたが、もし日本政府との直接対話がはじまった場合に、トルーマンが外交チャンネルを通じて口頭での保証をあたえる準備をしておくように提言した。

そのいっぽうで、原爆攻撃を実施する命令が、ワシントンで起草され、配布されつつあった。テニアンを基地とする特別なB－29航空群は、原子爆弾を投下する訓練を受け、任務を遂行する準備をととのえていた。兵器のさまざまな部品が空と海からマリアナ諸島に運ばれつつあった。最近、太平洋におけるアメリカ陸軍航空軍の戦略航空軍総司令官に指名されたカール・スパーツ将軍は、ワシントンにいた。七月二十五日、彼は陸軍省に出頭し、マーシャルの補佐役で、マーシャルの不在時の陸軍参謀総長代理をつとめるトーマス・T・ハンディ将軍と協議した。スパーツは二発の原爆を投下せよと口頭で命令を受けたが、彼はハンディに、命令をくわしく説明する〝紙きれ〟がほしいといった。ハンディは、第二十航空軍が「おおよそ一九四五年八月三日以降に、天候が有視界爆撃を許ししだい、広島、小倉、新潟、長崎の目標のひとつに最初の特殊爆弾」をとどけるよう指示する命令書を書き上げ、これに署名した。追加の爆弾は、「計画スタッフによって用意されしだい」、同じ目標都市リストに投下されることになる。(103) 最後の項目は、この命令がスティムソン長官とマーシャル将軍の「指示と承認によって」発せられたものであるとつけくわえた。これは日本にたいする原子爆弾の使用に関連する唯一の文書による命令だった。

ポツダムの〈小ホワイトハウス〉では、その同じ日（七月二十五日）に、トルーマンが陸軍長官とひとりで会っていた――そして、もし大統領の日記が信じられるとしたら、彼のスティムソンへの口頭での指示は、ワシントンでたったいま出された命令と辻褄が合わなかった。

陸軍長官のミスター・スティムソンには、あれを女性と子供にたいしてではなく、軍事目標と陸海軍将兵が目標となるように使えといってある。たとえジャップが野蛮で、冷酷で、無慈悲で、狂信的だとしても、われわれは公共の福祉をもとめる世界のリーダーとして、この恐るべき爆弾を、古い首都あるいは新しい首都〔つまり、京都あるいは東京〕に投下することはできない。

彼とわたしは同意見だ。目標は純粋に軍事的なものであり、われわれはジャップに、降伏して命を救うよう警告する文書を出すことになる。彼らがそうすることはぜったいにないだろうが、チャンスをあたえておくつもりだ。(104)

しかし、スティムソンの権限下で書かれたハンディの命令書は、彼がすでにポツダムから受けていた指示と一致していた。この命令書は、閣僚と大統領の承認を受けた〈暫定委員会〉と、その小委員会の提言にもとづいていた。原爆は用意され、気象条件が許ししだい、〈目標委員会〉が選んだ日本の四都市に投下されることになる。命令書には、警告や軍事目標、あるいは女性と子供に危害をくわえないといったことにはいっさい触れていなかった。各都市はその軍事的性格から選ばれたわけではなく、市内の軍事施設は爆弾の照準点として特定されていなかった。各都市が選ばれたのは、〈目標委員会〉が指定した三つの条件を満たしていたからだった——すなわち、「直径三マイル以上の大市街地」で、「爆風で効果的に損害をあたえることができ」、「つぎの八月までに攻撃を受ける可能性が低い」という条件を。(105)

七月二十五日のトルーマンの日記の記述は、依然として不可解で奇妙なものだ。もしかすると彼は、突然良心の呵責をおぼえ、心を癒やす妄想でそれをまぎらしたのかもしれない。未来の歴史家と伝記作者が自分の肩越しに見ているのを感じ、繊細な良心の持ち主と褒めてもらいたかったのかもしれない。そうだとしても、この記述は無益な意思表示で、日記がトルーマンの心の内を忠実に記録していないという印象を残す役にしか立っていない。彼のよく知られた素朴なモットー——「責任はわたしが取る」——は、オーヴァル・オフィスの彼の机の上に目立つように置かれたプレートに印刷されていた。最初の原子爆弾が日本第七の都市の中心部上空で起爆したあと、けっして誰かに責任を転嫁しない最高司令官は、広島を「重要な日本陸軍基地」と認めることになる。これは軍港の街サンディエゴを重要なアメリカ海軍基地というのと同じだった。

一九五五年に出版された回想録で、トルーマンは原子爆弾を使用する決定の責任を認めた――しかし、その事実から十年たった引退後のそのときでさえ、彼は都市が目標にされたことを認める気にはなれなかった。回想録にハンディ将軍が署名した一九四五年七月二十五日の命令書の全文を翻刻したトルーマンは、こう注釈をつけくわえた。「この命令によって、軍事目標にたいしてはじめて原子爆弾を使用するための行動が開始された。わたしがその決断を下した。わたしはまたスティムソンに、われわれの最後通牒にたいする日本側の回答が納得のいくものであることを彼に通知するまでは、この命令書は有効であると指示した[106]」

ポツダム宣言の「黙殺」

七月二十六日、ポツダム宣言がアメリカ、イギリス、中国の各政府から世界の報道機関に発表された。この宣言は日本軍の即時の無条件降伏を要求し、拒否すれば日本本土の「完全な破壊」をまねくと警告した。「われわれの条件はつぎの通りである。われわれはこの条件から離脱することはない。これに代わる条件はない。われわれは、遅延を認めない[107]」日本が外国征服の道を歩むことは二度と許されない。軍国主義階級の影響力は、完全かつ永久に取りのぞかれる。戦争犯罪は国際裁判所で訴追される。国外の領土はすべて差しだされ、日本の主権は永久に本土に限定される。外地の軍隊は武装解除され、平和に帰国することが許される。連合国は、「わがままな軍国主義的な助言者」が駆逐され、軍が解散させられたことを確認するのに必要なかぎり、「日本国領域内の諸地点」を占領する。

産業は立ち直ることを許され、経済は国際貿易に参加できる。日本の政権が広めたプロパガンダに反して、「われわれは日本人を民族として奴隷化しようとしたり、また、国民として滅亡させようとするものではない」し、「日本国民の自由に表明する意志に基づいて」、平和的で責任ある内閣が樹立されるだろう、と宣言は述べた。

この宣言は七月二十七日の夜明け少しすぎに、サンフランシスコからの短波ラジオを介して東京で受信された。この〈三国共同声明〉の原文が翻訳されて、各省に配布されると、日本の指導者たちは、この宣言がアメリカ、イギリス、中国の指導者によって署名されているが、スターリンは署名していないという事実にこだわった。このたよりない手がかりに彼らは大きな望みをかけた。彼らはスターリンがポツダムにいて、アメリカとイギリスと密に接触しているのを知っていたが、なのにソ連は最後通牒を支持していなかった。これはソ連が仲介者として介入するつもりであることを意味しているのだろうか？

東郷外相はすぐに行動を起こし、先手を打って宣言を拒否することを阻止した。天皇に上奏した東郷は、宣言が「具体的なことについては、なお研究の余地があります」ので、「それについてはソ連を通じ、先方と折衝して十分判明するように致したい」と述べた[108]。その日の午前遅くに開かれた〈最高戦争指導会議〉の緊急会議で、東郷は同僚たちに、この宣言は以前の要求からの軟化と解釈することができ、面目をたもつ「条件」降伏だといっても無理はないかもしれないと語った。皇室への言及はふくまれていないが、「日本国民の自由に表明する意志」というくだりは、天皇がその地位に留まりつづけられるという期待をいだかせた。

東郷は、即座に宣言を拒否すれば破滅的な結果をまねくだろうと警告し、彼の外交官たちがソ連に探りを入れるまで公式な反応をいっさい控えるよう提言した。その後の話し合いで、不確かなコンセンサスがまとまった。日本の先の嘆願にたいするソ連の反応を待つあいだ、政府はポツダム宣言にいっさいの見解を表明しない。新聞はこれを軽視するよう指示された。

翌七月二十八日の午後四時に、年老いた鈴木貫太郎首相は記者会見を開き、会見はラジオでも放送された。〈六巨頭〉のふたつの派閥のあいだで取り決められた妥協的な政策を説明するのは簡単なことではなかった。鈴木はモスクワでの申し入れにかんしては、秘密だったのでなにひとついえなかったし、ポツダム宣言が和平交渉の好機を提供するとほのめかすこともできなかった。強硬派が抗議して蜂起するだろうからだ。彼はあきらかに思いつきの発言で、政府がポツダム宣言を「黙殺」するつもりだと報道機関にいった。この慣用的な日本語表現は、英語で直訳すれば「黙って殺す」だが、「無視する」とも「拒絶する」とも「気に留めない」とも訳すことができる。現状では、「黙殺」は、最後通牒の「受諾」と「拒絶」の中間コースを行くこころみと見られるかもしれなかった――いいかえれば、「ノーコメント」と。

もし「ノーコメント」が鈴木の狙いだったとしたら、彼は大失敗をしでかした。この言い回しは、英語の翻訳だけでなく、日本語でも複数のニュアンスを持っていた。政府からの明確な逆の指示がなかったので、日本の報道機関は、首相が軽蔑した態度でポツダム宣言を「拒絶」したと報じた。二十九日付けの《読売新聞》は見出しに、こう掲げた。「笑止、対日降伏条件[109]」そのころには、鈴木が自分の発言を引っこめるには手遅れになっていた。

その後の〈最高戦争指導会議〉の会合で、三人の強硬派は、政府がポツダム宣言にあいまいな立場を取るのは受け入れがたいということで同意した。和平派の東郷と米内は、これ以上なにもいうべきではないと主張し、首相は釈明することに同意した。その日の午前の記者会見で、鈴木首相はこういった。「わたしは三国共同声明はカイロ会談の焼き直しと思う。政府としてはなんら重大な価値あるものと思わない。ただ黙殺するのみである。われわれは断乎戦争完遂に邁進するのみである」[110]

いっぽうアメリカの翻訳者たちは、最初、「モクサツ」に頭を悩ませ、考えうる意味、あるいは強調のニュアンスについて議論していた。しかし、この第二の発言はずっとはっきりとした信号を送ってきた。トルーマンはこれを自分で辛辣に翻訳してみせた。「連中はわたしにくたばれといった、そういう趣旨の言葉を」[111]ワシントンの古株の日本専門家は、鈴木が最後通牒を即座にはねつけるのを慎重に避けていると指摘した。彼らは鈴木が、最後通牒を発した各国政府にではなく、日本軍内部の潜在的な叛徒に話しかけているのだと推測した。翌日、無線傍受員が、東京の一部の者のあいだにポツダム宣言にもとづいて降伏する用意があることを示唆する軍部および外交部のやりとりを受信した。しかし、こうした情報の断片は、アメリカの指導者たちがすでに知っていたことを確認したにすぎなかった——日本の統治集団は行き詰まり、強硬な〝継戦〟派は依然として和平へのいかなる動きも阻む力を持っている。

〈小ホワイトハウス〉からの機密電は、グローヴズ将軍に、最初の原子爆弾投下任務をポツダム会談最終日の一九四五年八月二日以降に開始するよう指示した。トルーマンは最初の原子爆弾が投下されるとき、ポツダムを離れて海上にいたいと思っていた。[112]

その同じ週、日本本土にたいする通常爆撃作戦は前例のない規模に達していた。爆撃作戦の地上での結果は、ヨーロッパで行なわれたどんなものをもはるかに上回っていた——いや、それどころか、戦史におけるほかのどんな場所をも。主要都市の中心部では、どの方角も地平線まで見わたせ、焼け野原と瓦礫の山、そしてそこかしこに立っているいくつかの黒焦げになった煙突や鉄骨以外には、なにひとつ見えなかった。戦時中最大の空襲は一九四五年八月一日に行なわれ、八百五十三機のB-29が六千四百八十六トン分の焼夷弾、精密爆弾、空中投下機雷を、西日本全域の都市や水路に投下した。

その日までに、日本全体の民間人死者数はおそらくゆうに数十万人に達していた。

もし戦争が実際よりもっと長くつづいていたら、通常爆撃作戦の規模と激しさは、想像を超えた新たな高みに達していたことだろう。米英のあらゆる種類の爆撃機と戦闘機がヨーロッパから再展開しつつあった。それと同時に、新しい飛行機がアメリカの航空機工場から送りだされ、訓練を受けたばかりの搭乗員がそれを近くの沖縄に建設されたばかりの飛行場に空輸していた。一九四五年の四月から八月の爆撃作戦の絶頂期には、月平均三万四千四百二トンの高性能爆弾と焼夷弾が日本に投下された。(113)

アメリカ陸軍航空軍の司令官ハップ・アーノルドによれば、一九四五年九月には月合計が十万トンに達し、それ以降、毎月着実に増加することになっていた。一九四六年には、もしまだ日本人が戦っていたら、アメリカ陸軍航空軍の戦闘群八十個、合計約四千機の爆撃機が、日本にたいして作戦を実施していただろう。一九四六年一月には、日本本土に十七万トンの爆弾を投下することになっていたが、これは太平洋戦争の全期間に日本に実際に投下された累積トン数をたった一カ月で上回ることになる。関東平野にたいする〈コロネット〉上陸作戦が予定されていた一九四六年三月には、ひと月あたりの投弾量は二十万トンを超えることになる。(114)破壊の雨は国内の輸送インフラを麻痺させ、経済をストップさせて、都市部では集団飢餓をもたらしたことだろう。「あと六カ月で日本は暗黒時代へと逆戻りさせられていただろう」とカーティス・ルメイはいった。「いずれにせよ、事実上、そういう状態だった」(115)

戦争最後のこの数週間、第二十航空軍は、新しく衝撃的な形の心理戦を仕掛けはじめた。スーパーフォートレスは「爆弾を落とす場所を予告し」はじめた——つまり、爆撃する予定の都市の上空でビラを撒いて、住民に避難するよう警告し、それから翌日か翌々日に戻ってきて、都市を破壊するのである。たとえば七月二十七日――ポツダム宣言が日本で受信されたのと同じ日――六万枚のビラが十一の都市に撒かれた。この十一都市のうち六つが翌日、実際に爆撃を受けた。

この策略は八月一日に再度、そして八月四日にもう一度くりかえされた。いずれの場合も、警告は本物だった。日本政府とニュース・メディアは警告をもみ消そうとしたが、ニュースは口コミで広まり、パニックがビラを撒かれた都市を席巻した。都会の住民全員が田舎に逃げようとして、避難民が道路と列車を渋滞させた。軍需産業は労働者がいなくなって麻痺した。戦後、アメリカ戦略爆撃調査団は、「空襲予告」のビラが「心理戦でもっともすばらしい手のひとつ」だったと結論づけた。[116]この作戦は、日本の軍と航空部隊の無力さを浮き彫りにし、多くの日本の庶民に、敗北は避けられないと確信させた。戦略爆撃調査団は、日本人の約半数がビラのひとつを見たことがあるか、口コミでその内容を聞いたことがあったと結論づけた。

それと同時に、警告は多くの日本人から、思いやりと同情の意思表示として感謝された。長岡のある女性はビラが自分の命を救ってくれたと思った。日本の政府は、市が目標としてリストアップされているというきわめて重要なニュースをつたえようとしなかった、と彼女はいった――しかし、「アメリカ人は正直でいい人たちだから、これから来る空襲を前もって知らせてくれたのだと思いました」。彼女は逃げだして、その三日後、長岡は焼夷弾爆撃を受けた。秋田の工場労働者も同じ気持ちだった。「彼らは野蛮人ではなかった」と彼は頭上で巨大な銀色の爆撃機を飛ばす男たちについていった。「彼らは警告をあたえた。避難しろといったんです」[117]

第十六章 戦局必ずしも好転せず

原爆投下には意外な舞台裏があった。ソ連が電撃参戦し、日本は天皇の聖断でようやく降伏を受諾する。長き試練への遺言を残し、特攻機に乗り込む宇垣提督——。

1945年8月9日、二発目の原爆が長崎で爆発した。National Archives

B－29秘密部隊

サイパン南方のかつては緑におおわれていた熱帯の島テニアンは、いまや世界最大の航空基地だった。三十九平方マイルの面積の半分近くは、B－29と戦闘機用の飛行場を置くために舗装されていた。北飛行場と西飛行場には、スーパーフォートレス用の大きな滑走路が八本あり、それぞれが二マイル近い長さと、十車線の幹線道路と同じ幅を持っていた。滑走路は全長十一マイルの誘導路で駐機用のエプロンや舗装駐機場、燃料貯蔵所と結ばれていた。長い尾根の大部分は平らにならされ、この広大な舗装とアスファルトに珊瑚岩を供給した。空から見たテニアン島は、「甲板に爆撃機を積んだ巨大な航空母艦」に似ていたと、ある目撃者は回想した(1)。ほかの者たちはマンハッタンを連想した。同等のサイズで、同じように一面舗装された島を。テニアン島の道路網は、マンハッタン島と同様に、格子状に配置されていた。南北方向の二本の主要道路はブロードウェイと八番街と呼ばれ、東西方向の〝交差道路〟には、ウォール・ストリートや四十二丁目、百十丁目があった。島中心部の未開発の家畜保護地は、〈セントラル・パーク〉と呼ばれた。

北飛行場の辺鄙な北端近くに位置する八番街と百二十五丁目の交差点では、一棟の衛兵所が謎めいた秘密主義のB－29部隊、第五〇九混成群への入り口の門をしめしていた。その施設は二重にフェンスがめぐらされ、武装した歩哨が見回っていた。第五〇九は自己完結型の部隊だった――つまり、自前の独立した地上支援、兵站、通信、保安、管理組織を持っていた。組織上は所属している第三一三爆撃航空団とは、まったく交流がなかった。派手な赤と黒の標識が、許可のない人間に境界線に近づくなと警告していた。第三一三航空団司令であるジェイムズ・デイヴィス准将でさえ、表向きは彼の指揮系統内にあるこの得体の知れないスーパーフォートレス部隊の目的を知らなかった。施設を訪問しようとしたデイヴィスは、銃を突きつけられて追いはらわれた。

第五〇九混成群の唯一の任務は、原子爆弾を投下することだった。二十九歳のポール・W・ティベッツ・ジュニア中佐が群を指揮していた。ティベッツは任務を遂行するために事実上無制限の資源をあたえられていた。彼にはなんでも選んだ物資や装備、人員を徴発する権限があり、彼はほかの航空群からB－29飛行隊をまるごと問答無用でかっぱらって、自分のチームを作り上げた。一九四四年十二月、第五〇九航空群はユタ州のウェンドーヴァー陸軍飛行場に店を開いた――ユタ州の塩原とネヴァダ州の国境にはさまれたわびしい不毛の飛行場に。搭乗員と地上支援員は、自分たちがやっていることを誰にもひと言も漏らしてはならないと命じられた。たとえ内部でもあまり質問をしすぎる者は馘（くび）になる。全員が厳格な「必要な人間にだけ教える」という原則にしたがわされていたが、パイロットと爆撃手は、九千ポンドの〝特殊爆弾〟を投下するための訓練が必要であるといわれた。この爆弾は秘密保持のために、〈装置（ガジェット）〉と呼ばれた。[2]

新型爆弾を投下する飛行機は、装置が起爆するようセットされた地点からすくなくとも八マイル離れる必要があった。その空中機動を完了する時間は四十秒間ある。そのためには、一五五度の急旋回をする必要があった。そのかんにパイロットは急激に降下して速力をつける。日本軍戦闘機の防空体制を戦術分析した結果、ティベッツは機体から大半の武装を下ろし、速度と高度をたよりに迎撃を阻止するという結論に達した。第五〇九混成群はB－29の大改造も監督する必要があるだろう。新型爆弾は通常の爆弾倉におさまらないからだ。同群はウェンドーヴァーで〈南瓜爆弾〉を使って訓練を行なった。これは、それぞれ〈リトルボーイ〉と〈ファット・マン〉と名づけられたウラニウム爆弾とプルトニウム爆弾の大きさと重量、弾道特性をまねた訓練用爆弾である（訳註：南瓜爆弾は、〈リトルボーイ〉を模した擬製爆弾だった）。B－29は訓練爆撃航程で、地上に描かれた三百フィートの円にこの擬製爆弾の照準をさだめ、それから回避運動を実施した。

〈トリニティ〉実験が完了するとただちに、二発の爆弾の主要部分はテニアンに輸送された。〈リトルボーイ〉の〝ガン・タイプ〟引き金装置をおさめた木箱と、爆弾のウラニウムU－235核心の半分は、サンフランシスコに空輸され、巡洋艦インディアナポリスに積みこまれた。木箱は、第五〇九群の施設内にある、〈マンハッタン計画〉の科学者と技術者の専門チームが配属された組立用の建物に運ばれた。ウラニウムの残りは、ふたつの木箱に詰められて、C－54輸送機で太平洋を横断して空輸された。八月一日には、爆弾の全部品はテニアンにあり、いつでも組み立てられる状態だった。

謎めいた貨物を下ろした巡洋艦インディアナポリスは、レイテ湾に向かって出港した。その航海は七月三十日、途中でさえぎられた。日本軍の伊号第五十八潜水艦の放った魚雷二本が艦に命中したのである。彼女は十二分で沈没した。遭難通報は受信されず、艦の亡失は三日後まで気づかれなかった。救難艦艇が現場に到着するまで四日が経過した。千二百名の乗組員のうち約九百名が沈没時、艦から退去していたが、救命艇はほとんど下ろされなかったため、乗組員たちは立ち泳ぎをするか、残骸にしがみつくしかなかった。大海原を漂流する四日間の試練のあいだに、約六百名が低体温症や脱水症、海水中毒、溺死、あるいは鮫の襲撃で命を落とした。乗組員のうち助かったのは三百十七名だけだった。レイモンド・スプルーアンス提督の以前の第五艦隊旗艦であるインディアナポリスは、第二次世界大戦で最後に失われたアメリカの大型艦艇だった。

Ｂ－29の作戦は一九四四年の草創期以来、安全にはなっていたが、離陸時の事故は依然として日常茶飯事だった。燃料を満載した飛行機は、任務のどの時点よりも離陸時に重かった。事故を起こしたスーパーフォートレスの燃えつきた残骸が、第二十航空軍のさまざまな飛行場の滑走路周辺にずらりとならんでいた。広島爆撃任務の二日前の八月四日、マリアナ諸島全体で四機のＢ－29が飛行場で離陸時に事故を起こした。事故は原子爆弾を、それを搭載する爆撃機が無事飛び立つまで、組み立てずにおく必要性を浮き彫りにした。それはつまり、組み立てチームを搭乗員といっしょに飛び立たせるということだった。

ティベッツ中佐は、ウラニウム爆弾を投下するＢ－29を操縦することになっていた。形式番号Ｂ－29－45－ＭＯは、〈エノラ・ゲイ〉という名前のほうでよく知られていた。ティベッツはこの飛行機を自分の母親エノラ・ゲイ・ティベッツにちなんで命名していた。第五〇九航空群の二機のスーパーフォートレスが、観測機として〈エノラ・ゲイ〉といっしょに飛行し、各種の測定機器を投下する。さらに三機が先行して、目標上空の天候を偵察することになっていた。

パイロットたちの八月六日

八月六日は、厳重に警備されたかまぼこ兵舎内での午前零時の任務前説明と従軍牧師による祈りではじまった。〈エノラ・ゲイ〉号とほかの機の搭乗員は、ベンチがならんだ幌付きのトラックに乗りこみ、飛行場へ運ばれていった。彼らは途中で数多くの検問を通過した。舗装駐機場に到着した搭乗員は、予想外の光景に出くわした。〈エノラ・ゲイ〉号は、何百人という群衆にかこまれていた——重要人物や地上要員、兵士、そして報道機関の大代表団に。大型機は映画撮影用の強力なクリーグライトで明るく照らしだされていた。映画用のカメラが移動式の一段高い壇に載っていた。フラッシュが光った。目撃者たちはブロードウェイの初日かハリウッド映画の封切りを連想した。

ティベッツとその搭乗員たちは、公式写真のために、乗機の前でポーズを取った。午前二時二十分、ティベッツはいった。「それじゃあ、仕事に取りかかろう」搭乗員は飛行機に乗りこみ、ふたたび手を振ってから、ハッチを閉めた。エンジンを始動する前に、ティベッツは左側の機長席の窓からにこやかに笑った顔をつきだして、最後にもう一度、カメラのために手を振った。窓の下には、彼の母親の名前〈エノラ・ゲイ〉が黒い文字で描かれていた。

群衆は巨大なエンジンが始動すると後ずさった。長いプロペラがまわりはじめ、エンジンが咆哮を上げ、爆撃機はA滑走路とB滑走路の端に向かって地上滑走した。〈エノラ・ゲイ〉号は夜間航空灯をつけずに、二時四十五分、離陸滑走をはじめた。五トンの原子爆弾と満載された燃料のせいで、爆弾投下機は、離陸するのに滑走路のほぼ全長を使った。測定機器搭載機〈ザ・グレート・アーティースト〉号（訳註：「アーチスト」「アーティスト」と表記されることが多いが、綴りはArtisteなので、フランス語式の発音が正しい。当時の記録映画でもそう発音されている）は、正確にその二分後、B滑走路を離陸し、その二分後、もう一機の観測機〈ネセサリー・イーヴル〉号がつづいた。三機は北へ翼をかたむけて、上昇を開始した。

〈エノラ・ゲイ〉号が無事飛び立つと、機上乗組原爆技術長のウィリアム・S・〝ディーク〟・パーソンズ海軍大佐が、爆弾倉にふたたび潜りこんで、〈リトル・ボーイ〉を起爆可能状態にする複雑な手順に取りかかった。爆弾は長さ十フィート、直径二・五フィートで、重量は九千八百ポンドあった。パースンズはガン装置に炸薬を挿入した。彼は数時間後、点火線を接続するために戻ってくることになっていた。

午前五時四十五分、搭乗員は硫黄島を目視した。朝日のなかで摺鉢山が鮮明に見えた。〈ザ・グレート・アーティースト〉号が、〈エノラ・ゲイ〉号の右主翼端からわずか三十フィート離れて編隊を組んだ。〈ネセサリー・イーヴル〉号が合流して、先導機の左側についた。硫黄島の北方二時間の地点で、三機は高度九千フィートまでゆっくりと上昇をはじめた。仕事のない数名の乗組員は、数時間眠った。

三機の気象観測機、〈ストレート・フラッシュ〉号、〈ジャビットⅢ〉号、〈フル・ハウス〉号は、もっと早い時刻に離陸して、広島上空と副目標である小倉と長崎上空の天候を偵察するために先行していた。〈エノラ・ゲイ〉号の機上無線員は広島上空を旋回する〈ストレート・フラッシュ〉号からの暗号通信文を受信した。「雲量は全高度で十分の三以下。勧告、第一目標を爆撃せよ」搭乗員は防弾服を着用し、パラシュートを装着した。ティベッツは搭乗員室内を与圧し、〈エノラ・ゲイ〉号はゆるやかな上昇を再開して、最終的に高度三万二千七百フィートで水平飛行に移った。午前八時五十分、同機は四国の南岸を横切った。日本軍の戦闘機は空に一機もなく、対空砲火も見あたらなかった。

パースンズ大佐とその助手は、爆弾倉に戻り、起爆可能状態にするためのチェックリストを完了した。彼らは安全装置を取りのぞいて、実用尾栓をねじ込み、点火線を接続して、これらの機構の上から装甲板をかぶせた。〈リトル・ボーイ〉はいまや完全に起爆可能な状態だった。彼らは爆弾倉から作業用のキャットウォークを片づけて固定すると、爆弾倉をあとにした。彼らはもう戻ってくることはない。

ティベッツと副パイロット（ロバート・ルイス）は、〈エノラ・ゲイ〉号の透明風防の機首ごしに瀬戸内海の海岸線の見慣れた曲線と島々を見おろした。明るく晴れた朝で、上空をおおう雲はわずかに散らばるだけだった。彼らは日本海軍の兵学校があるロブスター状の島、江田島の真上を飛行した。呉の港と街が右下方を通過した。前方に、人口が密集した広島の扇状の三角州が見えてきた。この広く平らな街は、太田川の枝分かれする感潮河口によって分断され、いっぽうは瀬戸内海に面し、残りの三方は緑の尾根でかこまれていた。ティベッツは磁針方位二七二度へ最後の旋回を行なった。雲の切れ間から、彼と副パイロットは照準点をはっきり見ることができた——中島のすぐ北で太田川にかかるT字型の相生橋である。〈エノラ・ゲイ〉号とその随伴機は、高度三万一千六百フィート、市のほぼ六マイル上空を飛んでいた。午前八時〇五分（日本時間）、航法士が告げた。「APまであと十分」

午前八時十四分、投下の一分前、ティベッツは命じた。「眼鏡着用」搭乗員全員が保護用の黒い偏光溶接眼鏡をかけた。爆撃手のトーマス・フィアビーはノルデン式爆撃照準器をチェックして、照準点が〝内側〟にあることを確認した。つまり、爆撃機は目標を正確に捉えていた。無線警告信号が二機の観測機に送られた。午前八時十五分、〈エノラ・ゲイ〉号の爆弾倉扉が開き、〈リトル・ボーイ〉の拘束フックが溝に引っこんだ。フィアビーはティベッツにいった。「爆弾投下」——しかし、パイロットはいずれにせよそのことを知っていただろう。飛行機は突然、五トンも軽くなり、それによって急激に浮き上がったからだ。ティベッツは機体を右にかたむけた。

〈エノラ・ゲイ〉号のすぐ右側で〈ザ・グレート・アーティースト〉号を操縦していたチャールズ・スウィーニーは、爆弾投下機から長さ十フィートの円筒形が落ちていくのを見守った。彼は思った。「もう手遅れだ。紐もケーブルもついていない。うまくいこうがいくまいが、あれを引き戻すことはできない」(3)〈リトル・ボーイ〉は、かすかに〝ポーポイズ運動をして〟、つまりふらふらして、それからミサイルのようにしっかりとコースに乗った。より急な弾道を描くと、あっという間に視界から遠ざかっていった。爆弾は相生橋の上空千八百フィートの起爆点まで、四十三秒間落下することになっていた。

〈ザ・グレート・アーティースト〉号は計器の入った容器を投下した。計器は測定結果を集め、無線で飛行機に送り返してくることになっていた。それからスウィーニーはB‐29を左に大きくかたむけて、彼をはじめとする第五〇九群のパイロットたちが九カ月練習してきた一五五度の急降下旋回に入れた。〈エノラ・ゲイ〉号は右に同様の弧を描いて旋回していた。ウェンドーヴァーでのテストで、スーパーフォートレスはそうした旋回に耐えられ、機体構造を損傷する過度の危険もないことが証明されていた(4)。

ティベッツもスウィーニーも旋回中、計器を注意深く見ていた。ふたりとも、溶接眼鏡ごしに計器を読み取るのに苦労したので、眼鏡を額に押し上げた。〈ザ・グレート・アーティースト〉号は爆心地から遠ざかりつつあったが、機内は突然、目もくらむような青みがかった銀色の光で満たされ、スウィーニーは前方の空が色あせてまばゆい白の色合いになっているのに気づいた。彼はとっさに目を閉じたが、光の感覚が頭を満たすのを感じた。同時に、口のなかの鉛のような奇妙な味に気づいた（これはガンマ線に起因するオゾンだった）。いまや爆風から十五マイル離れている〈ネセサリー・イーヴル〉号では、ひとりの搭乗員が、搭乗員室内の光があまりにもまぶしいので、黒い眼鏡ごしでもポケット版聖書の小さな印刷文字が読めることに気づいた。

ティベッツは金属的な味と閃光に同時に気づいた。「わたしは輝く光を得た」と彼はのちにいった。「それを味わった。そう、それを味わうことができたんだ。鉛のような味だった。そして、それはわたしの歯の詰めもののせいだった。だからあれは放射線だ、わかるね。だから口のなかにこの鉛の味がして、そのことで大いにほっとした――彼女が爆発したことがわかったんだ[5]」副パイロットのロバート・ルイスは座席のなかでふりかえって見た。彼は荒々しく叫ぶと、ティベッツの肩を叩いた。「あれを見て！　あれを見て！　あれを見て！」ルイスはのちに飛行日誌のなかで任務についてこう書いた。「なんということだ、われわれはなにをしてしまったのだろう？[6]」

その約一分後、〈エノラ・ゲイ〉号は最初の衝撃波に襲われた。機体のアルミニウムの外皮が、まるで誰かがひじょうに大きなハンマーで外から機体を殴りつけたかのように、するどいカーンという音を返した。飛行機は、がたがた揺れ、身ぶるいしたが、ばらばらにはならなかった。ティベッツは衝撃がおよそ二・五Gに相当する力だったと推定した。この最初の衝撃波につづいて第二の衝撃波がすぐに襲ってきたが、以前ほど激しいものではなかった――これは最初の衝撃波の反響で、地面にぶつかって上に跳ね返されたものだった。

搭乗員たちは、〈トリニティ〉実験を見ていなかったので、飛行機が写真を撮影するために爆心地に向かって引き返すとき、自分たちが目にした光景にたいして心の準備ができていなかった。〈ザ・グレート・アーティースト〉号の機上無線員、エイブ・スピッツァー軍曹は、まるで「太陽が空から落ちてきて、地上に横たわっている」ようだと思った[7]。それはとほうもなく恐ろしい光景だった。火の玉が、湧き上がる大量のほこりと燃えるガスのどまんなかで、紫色と琥珀色のさまざまな色合いを見せながら立ち上っていた。薄汚れた灰色のきのこ雲が、巨大な煙の柱のてっぺんにできようとしていた。柱はすでに飛行機の高度より高くまで立ち上っていたので、搭乗員たちはきのこ雲を見上げていた。

水辺の大きな桟橋の端以外には、広島のどの部分も空からは見えていなかった。北方と西方の緑の尾根は破壊の嵐の上にそびえていたが、煙とほこりの絨毯が蛇行する川の流域にそって内陸部に広がっていた。「眼下に見えるのは、黒く煮えたぎる巣だけだった」とティベッツは語った。「地上でなにが起きているのかは考えなかった――このことについては客観的になる必要がある。わたしが爆弾を投下せよと命じたわけではなかったが、わたしにはやらねばならない任務があった[8]」

〈エノラ・ゲイ〉号と〈ザ・グレート・アーティースト〉号は広島上空を三周して、らせん状にしだいに高度を上げていき、いっぽう搭乗員たちは言葉にできないような眼下の惨状に圧倒されて呆然としていた。長いあいだ、誰も口をきかなかった。測定機器搭載機の高速度カメラは何百枚という写真を撮影し、技術者たちはすばらしい記録が取れたと報告した。パースンズ大佐はテニアンに暗号電を送信して、爆発は成功し、B－29は基地に帰投中と報告した。

〈エノラ・ゲイ〉号の搭乗員のひとり、ジョー・スティボリクはのちに、機内の全員が長い帰路の途中、ほぼ完全に黙りこんでいたと回想した。「わたしは言葉を失った」と彼はいった。「とうてい言葉ではいい表わせなかったのだと思う。われわれは全員、ある種のショック状態だった。なによりもみんなの心のなかにあったものは、この代物が戦争を終わらせるだろうということだったと思うし、われわれはそういう風にこれを見ようとした[9]」

広島市民の八月六日

夏のあいだじゅう、不吉な噂が市内に広まっていた。アメリカ軍が広島になにか恐ろしい運命を用意しているというのだ。街が爆弾の洗礼を受けずにいる理由がほかにあるだろうか？　地域の他の都市は呉や岩国、徳山などほとんどすべて破壊されているというのに。八月五～六日の夜、空襲警報のサイレンが二度鳴った。なかには律儀に起きて、防空壕に入る者もいたが、ほかの多くの人間は警報のあいだずっと寝ていた。

その朝早く、沿岸地域のレーダー網が、〈エノラ・ゲイ〉号に先行する気象偵察用のB－29を探知していた。空襲警報のサイレンが回って、市民を防空壕へ向かわせた。午前七時三十一分、警報解除の合図が鳴り響いた。多くの学童をふくむ警防団の隊員たちは、持ち場から解散させられた。

晴れて、気温が高く、おだやかな朝で、空にはほとんど雲がなかった。朝の混雑する時間帯とあって、通りは歩行者や自転車、人力車、荷馬車、自動車、路面電車の流れであふれていた。〈エノラ・ゲイ〉号と二機の随伴機が南方から近づいてきたとき、三機は地上からはっきりと見えた。目撃者たちは高高度でパラシュートのかたまりが開くのを目にした。それは〈ザ・グレート・アーティースト〉号が投下した計測機器の容器だった。

〈リトル・ボーイ〉は午前八時十六分、上空千八百七十フィートで爆発した。照準点を五百五十ヤードはずれただけだった。爆弾が引き起こした核連鎖反応は、摂氏約百万度の中心温度を発生し、周囲の直径一キロ近くの空気に火を点けた。火の玉は市中心部をつつみこみ、地上にいた約二万人の人間を蒸発させた。熱放射と電離放射線は、火の玉の表面の一キロメートル以内にいたほとんどすべての人々を焼死させるか、内臓に裂傷を負わせて殺した。

爆心地を中心とする一連の同心円のさらに遠くでは、人々はガンマ線や中性子線、閃光熱傷、爆風、旋風にさらされた。最初の衝撃波は爆心地から音速をはるかに超える時速およそ九百八十四マイルで広がった。路面電車はレールから持ち上げられ、おもちゃのように揺れた。衣服は体からむしり取られた。二・三キロ以内の木造建築はほとんどすべて完全にぺちゃんこになり、半径三・二キロまでのそうした建築物も約半数が同様だった。のちに調査団は、爆心地周囲の内半径のなかで捉まった人たちの影を見つけた。彼らは蒸発させられてしまったが、その体は敷石や近くの壁にかすかなシルエットを残していた。

上空のＢ－29の搭乗員たちと同じように、地上で生き残った目撃者たちは、閃光（ピカ）と口のなかのオゾンの味をおぼえていた。蜂谷道彦医師は、居間がまばゆい白の光で満たされたとき、家で寝ころんでいた。家が崩れ落ちる一瞬前、医師は、誰かが窓のすぐ外でマグネシウム・フラッシュを焚いたのだろうかと思った。広島の日刊紙のカメラマン、松重美人（よしと）は、「写真撮影によく使っていたマグネシウムを発火させたような、青白い一瞬の閃光」をおぼえている。[10]ドイツ人のイエズス会司祭で東京の上智大学で現代哲学を教授していたヨハネス・ジーメス神父は、首都から広島郊外の長束（ながつか）にあるイエズス会修練院に疎開していた。彼が爆心地から一マイルほど離れた質素な寝室に座っていたとき、室内が突然、「写真で焚くマグネシウムの光のようなぎらぎらした光」で満たされ、「わたしは熱の波を感じた[11]」。

それからすぐに大きな引き裂くような音がして、突然、天井と壁が崩れ、深淵に落ちていく、あるいはすべりこんでいくような感覚をおぼえた。蜂谷医師の家は渦巻くほこりに満たされた。彼にはかたむいた木の柱しか見えず、それから屋根が崩れ落ちたことに気づいた。彼は下着を着ていたが、閃光のつぎの瞬間には、真っ裸になっていた。ただし彼は衣類がはぎ取られたのに気づいていなかった。ほかの多くの者たちと同様、医師は最初、通常爆弾が家を直撃したのだと思った。彼は妻に向かって叫んだ。「五百キロ爆弾だ！[12]」

外で捉まった者たちは足をすくわれ、宙を投げ飛ばされた。電話交換台の職場に向かう途中だった十五歳の娘、山岡ミチコは、爆弾が爆発したとき、頭上の飛行機を見上げていた。「それが押し寄せてきたのかはっきりしません」と彼女は後年、回想した。「説明するのはむずかしいのです。わたしはただ意識がふっと遠のきました。体が宙に浮いていたのはおぼえています。たぶん爆風だったのでしょうが、どこまで飛ばされたのかはよくわかりません[13]」ガラスの破片と木片が肌に突き刺さった。

幼い息子を抱いた二十一歳の母親、田岡英子（えいこ）が、市中心部に近づく路面電車に乗っていたとき、車内が「奇妙な臭いと音」に満たされた。彼女が視線を落とすと、わが子の額にガラスの破片が突き刺さっているのが見えた。幼児は血を流していたが、なにがあったのか理解していなかったし、痛みを感じてもいないようだった。母親を見上げて、血だらけの顔でにこにこしていた⑭。

これも若い母親の中村初代は、自宅の瓦礫から子供たちを掘りだそうと必死になっていた。八歳の愛娘は痛みで悲鳴を上げていた。「痛いの、痛くないのといってるときじゃないよ」と彼女は答え、娘を引きずりだした。彼女は打ち身だらけだったが、それ以外は無傷だった⑮。防火帯の家屋解体作業で勤労奉仕していた三十三歳の女性、北山二葉は、自分が取り壊し作業の手伝いをしていた家々の木片や瓦の下敷きになった。残骸から這いだした彼女は、出血しているのに気づいた。髪には燃えさしが載っていて、ガラスの破片が肌に突き刺さっていた。彼女はタオルを見つけて、顔の血をぬぐいはじめた。「ぬぐった顔の皮膚がズルッとはがれた感じにハッとした。ああ、この手は――右手は第二関節から指の先までズルズルにむけて、その皮膚は無気味にたれ下っている。左手は手首から先、五本の指がやっぱり皮膚がむけてしまってズルズルになっている⑯」

煙とほこりは市全体に分厚く立ちこめたため、太陽がおおい隠され、夜のように暗かった。中村の娘は自宅の瓦礫から逃げながらずっと質問していた。「どうしてもう夜になったの？　どうしてお家が倒れたの？　どうしたの？⑰」避難民の行列――人間の不幸と悲惨の波――は、火災を前に逃げだし、爆心地から遠ざかって、川岸へ押し寄せていた。彼らは腕を体から離して、ぎくしゃくと動いていた。多くの者は皮膚の大半を失っていて、腕が体にこすれて摩擦で激痛が走るのを避けていたのである。多くの者は裸で、自分が裸であることに気づいていないようだった――そして多くの者が裸足だった。靴が燃えるアスファルトにへばりついて、もぎとられてしまったからだ。顔はひどく黒焦げで腫れ上がり、髪は焼けてちりちりだった。瓦礫の下敷きになった者たちは通りすがりの者たちに声をかけ、助けあるいは飲み水をもとめていた。そこらじゅうでもの悲しい呪文のような声が聞こえた。「水、水、水！[18]」

山岡は意識を取り戻すと、自分が大やけどを負っていることに気づいた。「着ていたものが焼け、皮膚も焼けていました。わたしは悲惨な姿になっていました。髪を編んでいたのが、いまではライオンのたてがみのようになっていました。息をするのもやっとな人、臓物を押し戻そうとしている人がいました。首のない人。あるいは顔に火傷をして、形がわからないほど膨れ上がっている人[19]」松重美人は通りにカメラを持ちだして、新聞のために写真を撮ろうとしたが、最初はとてもこの恐ろしい光景を記録する気にはなれなかった。「みんな全身に火傷を負い、その火傷が膨れ上がっていました」と彼はいった。「皮膚がつぶれて、ボロ布のようにたれ下がっている。顔は黒く焼け焦げていました。カメラに手をかけたのですが、地獄のようなありさまにシャッターを切れないのです[20]」

炎は勢いを増しながら燃え広がり、合流して、動きの速い空襲火災に変わった。火災は破壊された光景の上をあっというまに進んで、瓦礫をむさぼり食らい、徒歩の避難民を呑みこんだ。この点では、広島爆撃の直後は、それ以前の東京をはじめとする都市の焼夷弾空襲と同様だった。そうでなければ助かったかもしれない多くの人間が、ほこりや灰、煙を吸いこんだせいで死亡した。炎は竜巻のような強力なつむじ風を煽り立て、屋根の一部やドア、畳などのさまざまな残骸が持ち上げられて、飛ばされた。燃える肉の悪臭が市の上に屍衣のように下りた。松重によれば、「死体の脂は燃えながら泡立ち、ぱちぱちはじけました。人間が焼かれるのを見たのはこのときかぎりです[21]」。

本能が、傷の痛みをやわらげるためか、水を飲むために、人々を橋や川床のほうへ駆り立てた。彼らは狭い泥の川岸まで土手の石段を駆け下りた。そこにいたのは信じられないほど多数の避難民の群れだった。焼夷弾爆撃を受けた都市と同様、川は集団墓地となった。大やけどを負った北山二葉は近くの鶴見橋に直行した――しかし、水面を見おろしたとき、彼女は恐怖であとずさった。「橋の下の流れに無数の人がうごめいているのだ。男か女かさえ分らない、一様に灰色に顔がむくれ上がって、髪の毛は一本一本逆立ちになり、両手を空に泳がせながら、言葉にならないうめき声を上げて、我もと川に飛込んでいるのだ。着ているモンペがボロボロになるほどの強い光線にあたったのだから、からだ中が無性に苦しい。私も飛込もうとして身がまえたとたん、自分の泳げないことに気がついた」[22]その決断がたぶん彼女の命を救った。それ以外の多くの人間は、橋から人の頭の上に飛び降りた――あるいは川岸に下り、浮かんでいる死体を押しのけて、水のなかに入っていった。広島は沖積平野で、それぞれの川は感潮河口だった。水は汽水で、飲めなかった。水を飲んだ者は吐きだし、その吐瀉物にはしばしば血が混じっていた。

爆発から二時間後に、黒い雨が降ってきた。異常なほど大きく重い雨で、小石ほどの大きさがあり、色と濃度は、黒くねっとりとしていた。立ち上った灰とほこりを吸収した凝結によって引き起こされた黒い雨滴は、避難民の上に落ちると痛いほど大きく、洗っても落ちない黒い染みを皮膚に残した。黒い雨はひどく冷たく、雨の下に居合わせた者たちは震えはじめた。生存者たちはのちになるまで知らなかったが、この邪悪な降雨は放射物で汚染されていた。

市内にいた者たちは閃光を見たが、ドンという音を聞いていなかった。もっと遠くの郊外に住む者たちは、閃光を見て、それからドンという音を聞いた。広島の日本人は、「ピカ」つまり閃光と、「ドン」つまりとても大きな音の話をした。こうして、核爆発は「ピカドン」と呼ばれた。[23]

長束のイエズス会修練院では、神父たちが、市から峡谷をぞくぞくと登ってくる歩行可能な負傷者たちを助けるために、できるかぎりのことをした。礼拝所と図書室は緊急病棟となったが、じきに患者でぎゅう詰めになり、これ以上受け入れられなくなった。神父たちは草の上に畳を敷いた。ひとりは聖職につく前に医学の勉強をしていたので、ほかの者たちに基本的な応急手当を指示した。しかし、修練院の包帯と薬の蓄えはじきにつきてしまった。彼らはできるかぎり傷をきれいにして、それから火傷に軟膏として料理油を塗った。

その日の午後、神父たちは仲間のイエズス会士ふたりが市内の司祭館にいて、重傷を負っていることを知った。ふたりは猿猴川の先の縮景園（広島城の残骸と第二総軍司令部の近く）に避難していた。ジーメス神父と同僚数人は、担架二台を集めて、市内へ向かった。逆方向にやってくる避難民の波のせいで前に進むのは困難だった。破壊は市中心部に近づくにつれてどんどんひどくなった。「街が建っていた場所には、燃えつきた巨大な傷跡があった」とジーメスはのちにいった。傷ついた人々が彼らに泣いて訴えた。神父たちはできるかぎりのことをして、そこかしこで傷を負ったひとりぼっちの子供を拾い上げたが、全員を救うことはできず、多くの痛ましい嘆願に聞こえないふりをせざるを得なかった。縮景園の光景は恐ろしいものだった。何万人という人々が地面に座りこんでいた。火災の旋風は大きな木々を根こそぎにし、道に投げだしたので、見たところ無数のひどい傷を負った男女や子供のあいだを、ゆっくりと歩かなければならなかった。救出隊は仲間の神父を見つけ、担架に乗せた。彼らは翌朝の夜明けに長束に帰りついた。往復の行程には十二時間かかった。

広島市役所に近い赤十字病院は、一部崩壊し、火災で内部が焼きつくされたが、まだ生き残った医師と看護婦たちは立ちずくめで、病棟は推定一万人のひどい火傷を負い、けがをした患者で埋めつくされていた。最悪の火傷患者には、できることはほとんどなかった。医師たちが衣類を脱がそうとしただけで、皮膚がいっしょにはがれてきた。放射能中毒の兆候は八月六日でさえ見られた。それ以降、何週間、何カ月と、どんどん目立つようになる。犠牲者は皮膚や歯肉、目から出血した。血を吐くか、出血性の下痢をした。髪の毛がごっそり抜けた。病院の多くの患者は、傷にヨーチンを塗る以外、なんの手当も受けなかった。ある人は救護所で軍医につっかかり、なぜ医療スタッフは縮景園のおびただしい群衆のためになにもしないのかとたずねた。軍医は答えた。「このような非常事態では、できるだけ多数の者を助け、できるだけ多数の生命を救うことが、第一の任務だ。重傷者は見込みなし。いずれ死ぬ。そんな者にかまってはいられない[24]」

広島の生存者たちにとって、時間は歪んでいた。市内では、八月六日のほぼ一日中、空は午後遅くまで暗かった。ほとんどの掛け時計や腕時計は破壊されていた。蜂谷医師はいまが昼なのか夜なのかと思ったことをおぼえている。「時間は意味を持たなかった」と彼はいっている。「わたしが経験したことは、一瞬に押しこまれていたのかもしれないし、あるいは永遠の単調さのなかで耐え忍ばれたのかもしれない」原子爆弾というものをまったく知らなかった彼は、なにが起きたのだろうと思った。アメリカがなんらかの手段で見えないガソリンの霧を全市に噴霧して、それから火を点けたのだろうか？　七日の朝、空気はもっときれいになり、広島市民は自分たちの街がかつて立っていた場所をしめす醜い傷跡をはじめて垣間見た。そこかしこで鉄筋コンクリートの壁や鉄骨がいまも立っていた。北側と東側の緑の山々と南側の瀬戸内海は、以前にも増して近く、鮮明に思えた。ぺしゃんこになった街が視界を広げていたのである。「家が焼けてしまえば広島も狭いものだ[25]」

生存者のなかに怒りをあらわにする者はほとんどなかった。支配的な雰囲気は、消極的なあきらめムードだった。多くの人間は肩をすくめて、「しかたがない」といった[26]。この表現は戦時下の日本では一般的だった。大惨事は起きてしまい、もうそれは止めようがないだろう。ある者は生き、ある者は死に、そして戦争は権力者たちが終わったというまでつづくことになる。

トルーマンの八月六日

トルーマンは、巡洋艦オーガスタで大西洋を横断中にニュースを受け取った。彼は兵員用食堂でベンチに座って長テーブルに向かい、乗組員たちと肩をならべて、鉄のトレイから昼食をとっていた。武官が失礼を詫びて、ワシントンからの最優先電文を手渡した。電文は最初の特殊爆弾が理想的な気象条件のもとで広島に投下され、結果はニューメキシコのテストより上々であるらしいことをつたえていた。トルーマンは顔を輝かせ、武官と握手すると、こう叫んだ。「これは歴史上もっとも偉大な出来事だ！[27]」

その十分後、二通目の報告がスティムソン長官から直接とどき、爆発がＴＮＴ火薬二万トン分に相当すると見積もった。トルーマンは立ち上がって、こみあう食堂甲板に向かって声に出してそれを読み上げた。集まった水兵たちは拍手喝采した。大統領はそれから士官室へ上がっていき、艦の士官たちに発表をくり返し、士官たちも同様に拍手した。リグダン大尉は乗組員が、「太平洋戦争はもっと早く終わるかもしれないという望み」で元気づけられたといった。[28]

ホワイトハウスは示し合わせて、アメリカが世界初の原子爆弾を、「重要な日本陸軍基地」広島に投下したと発表する声明を出した。[29]トルーマンは同行する記者団とちょっと会見したが、公式声明にふくまれていないことはほとんど話せなかった。彼はそれからニュース映画班のために声明の一部を読み上げた。映画はオーガスタの〝司令部専用区画（フラッグ・カントリー）〟にある彼の私室で撮影された。明るいタン色のサマー・スーツを着た大統領は、カメラに面した机につき、その背後には丸い舷窓が見えた。

「これは原子爆弾である」と彼はいった。「宇宙の基本的な力を利用したものだ。太陽がそのエネルギーを引きだしている力が、極東に戦争をもたらした者たちにたいして解き放たれた」彼は、アメリカがイギリスの協力を得て一流の科学者たちを集め、この計画に必要な広大な工場を二十億ドル以上の費用をかけて建設したと説明した。計画についてのさらなる詳細は陸軍省から発表されるだろう、と彼はいった。日本にかんしては、ポツダム宣言がこの恐るべき運命を回避する公平な機会をあたえたが、東京の指導者たちはその最後通牒を即座に拒絶した。「もしいまわれわれの条件を受け入れないならば、彼らはこの地球でいまだかつて見られなかったような空からの破壊の雨を予期することになろう[30]」

ソ連の宣戦布告

東京では、広島の大惨事のニュースは断続的にとどいた。爆発から十五分後の午前八時三十分、海軍呉鎮守府は、となりの市が「異常に高性能な特殊弾」の攻撃を受けたと報告した[31]。その一時間半後、広島の八十マイル外側の航空基地が、「マグネシウムのように見える、強烈で大型の特殊爆弾」がまばゆい光とともに爆発し、衝撃波が半径二マイル以内のすべてを破壊したと報告した。それを物語るように、東京の大本営は広島の第二総軍司令部からなんの連絡も受けていなかった。無線および有線の通信網はすべて機能しなくなっていた。市の外側八マイルにいたラジオ記者が午前十時二十分、東京の《同盟通信》に電話で口頭の報道をやっとつたえた。彼は市がわずか一機か二機のB－29が投下した一発もしくは複数の爆弾によって完全に壊滅したといった[32]。

最初、陸軍の指導者と技術の権威たちは、アメリカがそうした兵器を製造できたかどうかあやしいと疑った。豊田提督は、日本のうまくいかなかった核計画について完全な説明を受けていたが、たとえ敵が一発の爆弾にじゅうぶんな量の核分裂性物質を集めたとしても、たぶん一発しか製造していないと判断した。そして、たとえ一発以上持っていたとしても、その数は二発か三発以上ということはありえず、空から国全体を破壊するのにじゅうぶんな数はないだろう（その点については、彼は正しかった）。民間防衛当局は、パニックに駆られた噂を抑えこむために動き、地下防空壕にいた広島市民は全員無傷で逃げだしたと嘘の報告をした。(33)

翌日の夜明け前、東京のニュース傍受者は、原子爆弾が広島に投下されたとつたえるトルーマン大統領の声明を傍受し、和平派は降伏の問題を推し進めるために画策を開始した。東郷外相は翌八日の朝、皇居で天皇に拝謁した。天皇はなんとしても戦争を終わらせねばならないと断言し、東郷に即時和平の希望を首相につたえるようもとめた。七日の午後、天皇に状況の奏上を終えると、木戸公は日記に、天皇が重大な懸念をいだき、多くの質問をされたと記した。

しかし、七日の午後の関係閣僚会議では、強硬派が時間稼ぎをして、調査で広島に正確になにが起きたのかがあきらかになるまでは、いっさいの行動を取ってはならないと主張した。阿南は、陸軍の技術顧問は原子爆弾の存在に懐疑的だが、調査団が事実を知るために広島に派遣されているといった。新たに設置された〈新型爆弾対策委員会〉の会議で、〈技術委員会〉の代表たちは、アメリカがそうした爆弾を製造できたかどうか疑わしいし、できたとしても、そんな不安定な装置を、太平洋を越えて運ぶことはできなかっただろうといった。彼らは広島を攻撃したのが「特殊な装備を持つ新型爆弾だが、その内容は不明である」と推測した。報道機関は新種の爆弾で攻撃されたと述べることしか許されず、原子爆弾への言及は日本の新聞では八日まで行なわれなかった。

調査団は、軍人と科学者七名からなり、飛行機のエンジン故障で一日遅れて、八月八日の午後、同市へ飛んだ。メンバーのなかには、日本の核物理学の第一人者で、中止された原爆開発計画を指揮していた仁科芳雄もいた。彼らが破壊された都市の上空を旋回すると、仁科はひと目で「これは原子爆弾の破壊力に基いたものに違いない」とわかった。(34)彼のガイガー・カウンターがそれを確認した。彼らの乗った飛行機が飛行場で地上滑走して止まると、自分自身、爆弾がなしえたことのかなり生々しい一例である将校が出迎えた。将校は閃光熱傷にさらされていたが、爆心地にたいして九〇度の方向を向いていたので、顔の半分は完全に火傷を負っていたが、もう半分は無傷だった。彼は調査員たちにいった。「暴露したものは凡て焼けますけれども少しでも何かで蔽われて居れば火傷は免れます。対策はないでもありません[35]」翌日、調査団は大本営に報告書を提出し、広島が原子爆弾で攻撃を受けたことに疑いの余地はないと結論づけた[36]。

東京では、八月八日、鈴木首相がまた〈最高戦争指導会議〉の話し合いで〈六巨頭〉を招集したが、一部のメンバーは都合が悪いため出席できないといってきた。最初の原子爆弾投下からまる四十八時間たっても、日本の政策変更は可能性すらなかった。実権を握る会議が、定足数に達していなかったからである。かわりに政府はモスクワへの至急の嘆願をくりかえした。日本政府はまだソ連が満州攻撃を準備していることを知らなかった。東郷が佐藤大使に訓電を打ち、ソ連側に回答する気配はあるかとたずねた。数時間後、返信した佐藤は、モロトフ外相がやっとその日のモスクワ時間で午後五時に面会することに同意したといった。

内閣書記官長の迫水久常によれば、いまや首都全体がじりじりして、ソ連が戦争からの外交的な出口という形の救済を差しだしてくれるかもしれないという、心強いなにかのシグナルを待ち望んでいた[37]。

佐藤はクレムリンのモロトフの執務室に約束の時間きっかりに到着した。日本大使が型どおりのあいさつをはじめると、モロトフはそれをさえぎって、椅子に腰を下ろすよう勧め、読み上げたい公式声明があるとつけくわえた。モロトフは机の上のフォルダーから一枚の紙片を取りだすと、ときどき通訳をはさみながら、ソ連の対日宣戦布告を読み上げはじめた。彼は自分の政府がアメリカ、イギリス、中国の連合国政府の要請に応じて行動するつもりであると述べた。各国はソ連にポツダム宣言への参加を誘っていた（これは嘘だった）。ソ連は、「平和を促進し各国民を此れ以上の犠牲と苦難より救ひ日本人をして独逸が其の無条件降伏拒否後嘗めたる危険と破壊を回避せしめ」るために行動するつもりだった[38]。ソ連は翌日の一九四五年八月九日から自国が日本との戦争状態にあるものと見なす。モロトフは、翌年に失効予定のソ日中立条約を破棄する理由も根拠もしめさなかった。

佐藤はお上品な皮肉をこめて、モロトフに平和のため精力的に働いてくれたことを感謝した。大使は文書の写しを受け取ると、退室をうながされた。差し迫った戦争行為の開始時刻を計算するのにどの時間帯（タイム・ゾーン）を使えばいいのかきちんとたずねるという考えは、彼の頭に浮かばなかった。佐藤はモロトフがモスクワ時間の八月九日のことをいっていると思っていたのかもしれない――つまり、翌朝である。しかし、ロシア人たちはタイミングを慎重に検討していた。モスクワ時間の五時は、ザバイカル時間帯（協定世界時（UTC）プラス十時間）では十一時だった。シベリア満州国境は、一時間後の午前零時には一九四五年八月九日になる。その時刻きっかりに、ソ連の軍用機は離陸し、ソ連の戦車は動きだすことになる。

過去数カ月間、厳重に守られた秘密主義のなかで活動してきたソ連は、史上最大級の規模の圧倒的な地上攻勢を準備していた。集結地域は国境からかなり離れて設定され、上級野戦指揮官は下級将校の制服を着て、お忍びで地域に到着していた。将兵や戦車、野戦砲兵などの軍需物資はシベリア横断鉄道で東へ運ばれ、約十三万六千輌の鉄道車輌がひっきりなしに往復した。三カ月前のドイツ崩壊以降、この地域のソ連赤軍の兵力は倍以上に増え、約八十九師団に達していた[39]。日本軍の情報機関はこうした膨大な準備と部隊移動の形跡をまったくつかんでいなかった。

ソ連の計画では、二千六百マイル以上の戦線全域で、満州に北と東と西から同時に三つ叉攻撃を仕掛けることになっていた。新しい極東ザバイカル地方戦域司令部が、アレクサンドル・ヴァシレフスキー元帥の指揮下で設置された。元帥は幕僚が完全にそろった司令部から軍事作戦全体を指導することになっていた。ザバイカル戦線西部の攻撃には、R・Y・マリノフスキー元帥指揮下の赤軍部隊がゴビ砂漠とアルタイ山脈の砂漠と山地の困難な地形を横切って、すばやく満州の心臓部に入りこみ、奉天（現在の瀋陽）を占領する必要があった。東からは、K・A・メレツコフ元帥指揮する第一極東方面軍が、小興安嶺山脈を横切り、長春の街を占領したのち、朝鮮北部になだれ込む。第二極東方面軍は両翼を支援しつつ、北から満州に進撃する。

　作戦に参加する赤軍将兵の総数は約百五十万名で、地域の日本軍の兵員数の倍以上だった——しかも、ソ連軍部隊は機械化されていた。東部戦線で血を流し勝ち誇る赤軍は、兵力においても能力においても頂点にあった——どの階級も歴戦の兵士がそろい、装備は充実し、指揮官たちも優秀だった。あるアメリカの軍事アナリストが書いているように、「ソ連の計画は戦時中のどんなものにもおとらず革新的だった。こうした計画をみごとに遂行することにより、わずか二週間の戦闘で勝利が達成されたのである[40]」。

　ソ連の計画は〈満州戦略攻勢作戦〉と呼ばれたが、朝鮮北部とサハリン島（日本名、樺太）の南半分、そしてクリル諸島（千島列島）を占領する補助作戦もふくまれていた。千島列島への水陸両用上陸作戦は、日本降伏の翌日の八月十五日（訳註：日本時間十六日）に開始され、赤軍部隊は列島の残りをすばやく占領し、攻勢作戦はソ連代表が一九四五年九月二日に東京湾の戦艦ミズーリ艦上で日本の降伏文書を受理したあともつづくことになる。スターリンはまた、北海道を占領する不測事態対応計画も作成するよう指示していた。もし日本の降伏が数週間でも遅れていたら、日本本土の北の島は鉄のカーテンの向こう側で四十五年間すごしていたかもしれない。

東京がモスクワの宣戦布告を知ったときには、すでに赤軍は満州に押し寄せていた。八月九日の夜明け、陸軍省と大本営はすでに充血した目の将校たちでいっぱいだった。多くの者はソ連の攻撃を予期していたが、ドイツの敗北からこれほどすぐに大規模な攻勢を開始できると思っていた者はほとんどいなかった。一カ月前に公表された幕僚研究は、極東におけるソ連の大攻勢は早くとも一九四六年二月まで実施できないだろうと推定していた。それゆえに、陸軍参謀本部参謀次長の河辺虎四郎中将によれば、突然の攻撃は「実際にやってきたときは大きな驚きでした」[41]。大本営では、高官たちが、ソ連の中立と戦争を終結させるための外交的手助けの見返りに、ロシア人たちがアジア本土からの全日本軍部隊の撤退を要求する可能性を話し合っていた。多くの者は、もしそうした要求が来た場合、日本はそれに応じるべきだと主張していた——日本の最高司令部がこの地域の脆弱性をどの程度自覚していたのかがわかる。

満州から報告が入ってくると、じきに赤軍が巨大な機甲部隊と機械化部隊をもって三つの戦線で同時に攻撃していることがあきらかになった。ドイツ国防軍を圧倒した軍隊が、いまやその猛威を、縮小した関東軍にすべて振り向けているようだった。日本兵はいつもの頑強さと勇気をもって戦ったが、その兵員数、戦車、航空戦力、兵站、そして機動性のあらゆる面で劣勢だった。ソ連兵は戦闘地域になだれ込み、民間人への残虐行為を犯した。その規模と凶暴性は、この年の前半にドイツの民間人にたいして犯されたものに匹敵した。何十万人もの日本兵がソ連軍の捕虜となり、その多くは戦争行為の終了後にシベリアで強制労働者として何年も抑留されることになった。

鈴木首相は内閣綜合計画局長官の池田純久(すみひさ)を呼んで、たずねた。「関東軍はどうですか。ソ連の攻撃を阻止できますか」

池田は答えた。「残念ながら駄目です」かつての精鋭軍は、台湾や本土、そのほかの太平洋の戦場の防衛を強化するために、最優秀の部隊と装備、武器弾薬を引き抜かれていた。いまや以前の自分の〝抜け殻〟にすぎなかった。

鈴木はこの言葉に深いため息をついた。「関東軍はそんなに弱いのですか」と彼は漏らした。「では万事休すですな」

「遅れれば遅れるほど、取り返しのつかぬことになりましょう。最後が参りました。早く御決心なさるべきでしょう」と池田はいった。

これにたいして鈴木はこう答えた。「よくわかりました[42]」

一九四五年八月のスターリンの背信行為は、一九三九年のモロトフ＝リッベントロップ不可侵条約と、ナチとソ連との無慈悲なポーランド分割にはじまる国際的な一連の裏切り行為のあらたな一章だった。この欺瞞に満ちた協定は、一九四一年六月、ヒトラーのソ連奇襲侵攻で幕を閉じた。それと同じように、一九四五年六月から八月のあいだ、東京にたいするモスクワの不誠実な外交ジェスチャーは、差し迫ったスターリンの日ソ中立条約破棄の隠れ蓑となった。計画された満州攻撃のきっちり一時間前に日本側につたえられたソ連の宣戦布告は、一九四一年の日本の真珠湾攻撃に体現された裏切りの間接的なお返しと見ることもできた。真珠湾攻撃も同じように外交交渉に隠れて計画され、準備された。

東京の見かたでは、ソ連の攻撃が引き起こした現在の軍事的緊急事態は、話の半分にしかすぎず、しかもかならずしももっとも重要な半分というわけではなかった。和平推進派は、外交交渉という卵をすべてひとつの籠に入れてしまった。モスクワの突然の宣戦布告は、ほんの少しでも日本の主権が守られるような、交渉による停戦の最後の望みを断ち切った。いまや日本の占領のタイミングは、戦後占領におけるソ連の役割に影響をおよぼすだろう。

池田純久は鈴木首相との会話のなかで、「遅れれば遅れるほど、取り返しのつかぬことになりましょう。最後が参りました。早く御決心なさるべきでしょう」と述べた。彼がいっていたのは、いまや日本が降伏の必要性を認めるのに時間をかければかけるほど、ソ連が日本の統治に一役買わせろと主張する危険が増大するという苦境に直面しているということだった。政権の多くの者は、西洋の民主主義に降伏するという考え以上に、日本国内で共産主義者の影響力が増大することを恐れていた。

外務省の高官たちと打ち合わせをした東郷は、ポツダム宣言を無条件で即座に受諾するが、ただし、和平は「皇室の地位にいかなる影響も及ぼさない」という一方的な宣言をつけくわえることを提言するといった[43]。鈴木と米内との会談で、東郷はこの方針にふたりの事前の支持を取りつけた。米内は海軍省の部下に、広島の原爆投下とソ連の参戦はある意味で「天佑」だと述べた。〈最高戦争指導会議〉の行き詰まりを打破するのに利用できるかもしれない危機を作りだし、陸軍に面子を失わずに敗北を受け入れる道を提供するからである[44]。

第二の任務

ソ連の攻撃が進行するあいだに、第二の原子爆弾がテニアンの第五〇九混成群の施設の、飛行列線から離れたところにあるコンクリート・ブロック製の倉庫で準備されていた。〈ファット・マン〉は、その名にたがわず大きな爆弾だった。ずんぐりとして、中央部分が太く、卵のような形をしていた――あるいは、任務指揮官のチャールズ・スウィーニーがいったように、特大の飾り南瓜のような。爆弾は五トン以上の重量があった。あざやかな黄色で塗装され、鼻面には〈ＦＭ１〉と〈ＪＡＮＣＦＵ〉というふたつの略語がステンシルで書かれていた。これは〈ファット・マン１〉と〈陸軍＝海軍＝文民合同のしくじり（ジョイント・アーミー＝ネイヴィー＝シヴィリアン・ファウル＝アップ）〉を表わしていた。

技術者と科学者は十一ポンドのプルトニウムの核心をあつかうのにじゅうぶん気をつけていた。見かけはごく普通の物質だが、まるで生命体のように、さわると暖かかった。倉庫では、プルトニウムの断片が割り当てられた容器におさめられた。爆縮装置には、五千三百ポンド分のコンポジションB爆薬とバラトール爆薬が入っていた——そのため、〈ファット・マン〉は通常の意味でも、飛行機にかつて搭載された最大級の爆弾だった。レンズ装置の取り付けは繊細な作業で、専門家たちは時間をかけた。装置の組立が終わると、鋼鉄プレートがボルトで閉じられ、緑色の安全栓が外側の差し込み口に押しこまれた。爆弾投下機が無事離陸して、高度を取ると、機上乗組原爆技術員がこれらをはずし、赤い栓と交換する。その時点で原爆は完全に起爆準備がととのう。

八月八日の午後、〈ファット・マン〉は、二人が引っぱる台車に載せられて、空調の効いた窓のない緑色のコンクリート・ブロック製倉庫から引きだされた。彼らは後部に尾部垂直安定板部分をボルト留めして、それから爆弾を、特別に造られたコンクリート製の爆弾搭載溝（ローディング・ピット）に移動させた。爆弾投下機〈ボックスカー〉号が、溝の上にバックしてきた。爆弾倉の扉が開かれた。男たちは慎重に爆弾を機内に吊り上げ、固定した。爆弾はぴったりとおさまった。

もともとティベッツ中佐は、三日前の広島でやったように、この二回目の任務も指揮して、爆弾投下機を操縦するつもりだった。ところが、理由はわからないが、彼は行くのをやめて、スウィーニーにこの仕事を割り当てた。一部の者はこの決定に驚いた。マサチューセッツ州ノース・クインシー出身で二十五歳のスウィーニー陸軍少佐は、天賦の才能のあるパイロットとして知られていて、おそらく第五〇九混成群ではティベッツについで二番目に優秀なパイロットだった（第五〇九群に来る前、スウィーニーはカーティス・ルメイ将軍にB－29の操縦法を訓練する任務をあたえられていた）。彼は三日前の広島の任務では測定機器搭載機である〈ザ・グレート・アーティースト〉号を操縦していた。しかし、スウィーニーはドイツ上空を飛行した経験がなく、戦闘飛行の経験も限られていた。

任務の主目標は小倉だった。九州の北端近く、下関（関門）海峡に面した古い城下町であり、工業都市である。副目標は九州西岸の主要な海港であり造船の中心地、長崎だった。

三機の搭乗員のほとんどは、広島の任務ですでに飛行していた。何人かはのちに、二発目の原爆が投下されると聞いて驚いたといっている。彼らは一発で戦争を終わらせるにはじゅうぶんであることを願っていた。〈ザ・グレート・アーティースト〉号の機上無線員、エイブ・スピッツァーは、自分の失望感を書き記している。「これ以上の任務、これ以上の爆弾、そしてこれ以上の死は必要なかった。やれやれ、どんな馬鹿だってわかることだ[45]」

作戦的には、広島に爆弾を投下する任務は非の打ちどころがなかった。それと対照的に、長崎への飛行は最初から、任務を失敗させかねない、さまざまな不手際や不運に見舞われた。人をおちょくった頭文字〈ＪＡＮＣＦＵ〉は、まさに未来を予見していた。爆弾の技術的問題、爆弾投下機の燃料系統の問題、失敗した空中会合、荒れた天候、不明瞭な無線送信、空中衝突未遂、主目標と副目標両方の上空の悪い視界があった。こうした問題は、スウィーニーのお粗末な判断と、この任務の機上乗組原爆技術長とのあいまいな指揮系統によって悪化した。

〈ボックスカー〉号の十九時間におよぶ長旅のさまざまな地点で、搭乗員の多くは、生きのびるのをあきらめ、自分たちの搭乗機は墜落するか、海に不時着水すると思ったようだ――そして、テニアンの指揮官たちは、だいじな荷物を積んだ爆弾投下機がすでに墜落しているのだろうかと気を揉みつづけた。〈ボックスカー〉号は沖縄に荒っぽい緊急着陸をして、かろうじて生きのびた。エンジンは燃料が尽き、Ｂ－29は駐機中のＢ－24の列をあやうく破壊するところだった。こうした問題の多くは数十年後まであかるみに出なかった。いったんあきらかになると、ティベッツとスウィーニーをふくむさまざまな参加者のあいだで、激しい非難が紙上で応酬された。

スウィーニーのいつもの乗機は、広島の任務で測定機器搭載機として飛ばした〈ザ・グレート・アーティースト〉号だった。もともと、彼は同機から〈ファット・マン〉を投下することになっていて、〈ボックスカー〉号は測定機器搭載機をつとめる予定だった。しかし、それには測定機器を飛行機から飛行機へと積み替える時間のかかる作業が必要で、地上整備員に重い負担をかけることになる。そこでかわりに、スウィーニーとその搭乗員が〈ボックスカー〉号をそのまま爆弾投下機として飛ばし、フレドリック・C・ボック大尉とその搭乗員は〈ザ・グレート・アーティースト〉号に移ることになったのである。測定機器搭載機で乗客として飛行するよう指名された《ニューヨーク・タイムズ》のウィリアム・ローレンス記者は、この入れ替えのことを知らされていなかったので、広く読まれた彼の記事は、〈ザ・グレート・アーティースト〉号が長崎に爆弾を投下したと報じている。このまちがいはその後、戦後の多くの史書でくりかえされた。

トラブルは〈ボックスカー〉号が地上を離れる前からはじまった。八月九日の午前二時十五分、搭乗員が飛行前チェックリストにしたがって点検を進めていたとき、航空機関士は燃料ポンプ一基が動いていないことに気づいた。新しいソレノイドコイルが必要だったが、その作業には数時間必要だった。任務は延期しなければならないだろう。ティベッツによれば、予備の燃料は主として、爆弾の重量のバランスをとるためのバラストの役目をはたしていた。彼はそれが必要になるとは思わなかった。スウィーニーの話によれば、ティベッツは彼が決めろといい、スウィーニーは行くと宣言した。[46] 故障したポンプは、任務に燃料の手持ちが少なくなるということを意味し、この問題にはそれに応じたやりくりが必要になるだろう。

午前三時四十分、〈ボックスカー〉号が離陸線まで地上滑走していくとき、北方の天候は思わしくなかった。午前零時少しすぎから、雨スコールが通過していて、北の水平線には稲光が見えた。飛行経路にそって荒れた天候が予想されていた。〈ボックスカー〉号の重量は七十七トンで、〈ボーイング〉社が推奨する最大重量より三〇パーセントも重かった。スウィーニーは四基のエンジンを毎分二千六百回転でふりしぼり、フラップを下げ、スロットルを前に押しこんで、ブレーキを放した。重い機体は滑走路のアスファルトを全部使って長い離陸滑走を行ない、強力な爆弾を積んだ強力な飛行機は、海岸への岩だらけの急斜面を越えるほんの二百フィートほど手前で地面を離れた。スウィーニーは機体を水平にたもって速度と揚力をつけると、それから長くゆっくりと高度を上げはじめた。

高度一万七千フィートで爆音を上げて北へ向かうあいだ、星はほとんど見えなかった。外気温はマイナス三十度だった。機体は九州南方の会合地点への長い飛行のあいだ、飛行機酔いをするほど揺り動かされた。〈ザ・グレート・アーティースト〉号の機内で、ローレンスは回転するプロペラのまわりに不思議な青く光るプラズマが生じているのに気づいた。「まるで青い炎の戦車で、つむじ風に乗って宇宙を進んでいるかのように」彼がそのことを口に出して不思議がると、ボック大尉があれはセントエルモの火だと説明した。五時数分過ぎ、右舷の水平線に紫色の光が見え、曙光の到来を告げた。会合高度の三万フィートまで上昇すると、綿毛のような積雲は眼下に遠ざかった。「その高度では、眼下の広大な海と頭上の空がひとつの大きな天に溶け合ったようだった」とローレンスは書いた。「わたしはその天空の内側にいて、白い積雲の巨大な山の上を運ばれていった」(47)

トラブル連続の末に

〈ボックスカー〉号の機内では、前回の任務の〈リトル・ボーイ〉であったような、手の込んだ手順はなかった。プルトニウムの爆縮レンズ装置は複雑だったため、爆弾が機内に搭載される前に取りつける必要があった。したがって、この任務の機上乗組原爆技術長であるフレドリック・L・アッシュワース海軍大佐は、〈ボックスカー〉号の爆弾倉に入りこんで、緑の安全栓を抜き、赤い実用栓を差しこむだけでよかった。いまや爆弾は起爆可能状態になった。冗長性のために、爆弾には八つもの起爆装置がついていて、無線でも、レーダーでも、高度でも、あるいは地面との接触でも起爆することができた。

　しかし、テニアンで慎重に準備したにもかかわらず、なにかがおかしかった。七時ごろ、アッシュワースとその助手は、点いていてはいけない赤いライトが点滅していることに気づいた。ライトはどんどん速く点滅しはじめた。一瞬、彼らは爆弾が飛行中に起爆する瀬戸際にあって、〈ボックスカー〉号とその搭乗員にうれしくない結果をもたらすのではないかと思い、パニックに駆られた。アドレナリンがどっと流れだし、彼らはすばやく作業して、爆弾の青写真を広げ、電気回路を調べた。それから外側の覆いをはずし、スイッチを調べた。地上の技術者たちの一見熟練した気遣いを思えば奇妙なことに、ふたつがまちがった位置にセットされていた。スイッチをセットしなおすと、警告灯は消えた。ふたりは覆いをもとに戻し、数十年後まで、なにがあったのかをひと言も漏らさなかった。[48]〈ボックスカー〉号は午前七時四十五分、屋久島上空の会合点に到着した。高度は三万フィートだった。彼らは五時間飛行していた。数分以内に、〈ザ・グレート・アーティースト〉号が、爆弾投下機の右主翼側で合流した。しかし、カメラ搭載機〈ザ・ビッグ・スティンク〉号の姿は見あたらなかった。さらに二十分が経過し、二機は旋回して燃料を消費した。その高度の希薄な空気では、燃料の消費量は多く、毎時約五百ガロンだった。はるか下には雲間から屋久島を垣間見ることができた――ごつごつした緑の丸い島で、けわしい山地と深い峡谷があった。スウィーニーは待ちつづけるという賛否両論の決断を下した。さらに二十五分が経過した。依然として行方不明の飛行機の姿はない。のちに〈ザ・ビッグ・スティンク〉号はあやまって高度三万九千フィートにいたことがわかった。

四十五分間の旋回と燃料消費のすえに、スウィーニーはついに北へ変針して、主目標の小倉に飛ぶことを決意した。いまや太陽は水平線のかなり上にあった。〈ボックスカー〉号と〈ザ・グレート・アーティースト〉号は九州を南の端から北の端まで飛んで、日本最大の特攻隊基地のいくつかの上空を飛行した。二機は電波管制を守っていたが、気まぐれなカメラ搭載機のパイロットがテニアンに呼びかけた。さまざまな記事によれば、彼はこうたずねた。「スウィーニーは引き返したのか？」そして「〈ボックスカー〉号は墜落したのか？」。この問い合わせは聞き取りにくかったが、断片的な無線送信はテニアンで受信され、「〈ボックスカー〉号は墜落した」と解釈された。それから数時間、テニアンの指揮官たちは、同機と原爆が海上で失われたのかもしれないと思っていた。

二機のスーパーフォートレスが小倉上空に到着したとき、市は煙と靄につつまれていた。プレキシガラス製の機首部分から見おろした搭乗員は、いくつかの目標物を確認することができた――しかし、指定された照準点である小倉造兵廠は隠れていた。炎は前日、通常爆弾による空襲に見舞われた近くの八幡で燃えていて、褐色の煙が小倉上空にただよっていた。さらに地元の製鋼所でコールタールを燃やす作業も煙幕を発生させていた――上空からの視界を悪くすることを狙った民間防衛対策だった[49]。市の対空火器が到着後まもない〈ボックスカー〉号と〈ザ・グレート・アーティースト〉号に向かって射撃を開始した。最初、対空砲火の炸裂は低かったが、しだいに高度を上げて、三万フィートで旋回する二機に近づいてきた。第五〇九混成群は、有視界爆撃を使うよう命じられていた。つまり、爆撃手は爆弾を投下する前にノルデン式爆撃照準器で照準点を確認するということだ。スウィーニーは三度旋回して、三回連続で爆撃行程を行なった。そのたびに爆撃手は照準点が見えないといった。対空砲火の炸裂はしだいに近づいてきた。

原子爆弾投下任務

1945年8月

120°
130°
140°
150°
160°
40°
30°
20°
10°
新潟
日本
広島
小倉
長崎
〈エノラ・ゲイ〉
1945年8月6日
屋久島
琉球諸島
沖縄
〈ボックスカー〉
1945年8月9日
硫黄島（会合）
マリアナ諸島
N
テニアン
グアム
400海里

スウィーニーとボックは、高度三万一千フィートに、それから三万二千フィートに上昇した。機上無線員は、現地の戦闘機司令部が使う周波数で日本語のおしゃべりを傍受した。つまり彼らには好ましくないお仲間が予想されるということだ。搭乗員は燃料計の針を困惑しながら見守った——彼らは自分たちが時間的にぎりぎりに近づきつつあることを知っていた。両機の操縦室内で緊張が高まった。搭乗員の多くは、のちの説明によれば、任務は失敗して、たぶん両機は失われそうだと思った。

信じがたいことに、この状況には明確な不測事態対応計画がなかったようだ。視界不良は日本上空では有名な問題だったのに、彼らにはレーダー爆撃を使う権限がなかった。原子爆弾にピンポイントの精度は必要なかったことを思えば、この見落としは不可解だ。

小倉上空で一時間ついやしたあとで、スウィーニーは副目標に狙いを変更することを決意した。彼は南へ翼をかたむけ、航法士に長崎への針路を要求した。アッシュワース大佐によれば、旋回中に〈ボックスカー〉号と〈ザ・グレート・アーティースト〉号はあやうく空中衝突しかけた。それからスウィーニーの肘がうっかり操縦室の選択ボタンをかすって、機内通話機能を指揮用送信機能に切り替えてしまった。搭乗員に向けた通常の質問が、飛行機から送信され、電波管制がやぶられた。行方不明のカメラ搭載機、〈ザ・ビッグ・スティンク〉号のパイロットがこの送信を受信し、すぐに応じた。「チャック？　きみか、チャック？　いったいどこにいる？」[50]スウィーニーは日本軍がこのうっかり送信を疑いなく聞いているとわかっていたので、答えなかった。彼はまた〈ボックスカー〉号が行方不明の機と会合をこころみるには燃料が足りないことを知っていた。

長崎までの百マイルの飛行を終えるには二十分しかかからなかった。〈ボックスカー〉号は、予定された投下時刻から二時間以上も遅い午前十時五十分に、市上空に到着した。同機は八時間以上も空中にあり、燃料の残りは帰還不能点に近づいていた。スウィーニーと副パイロットは見おろして、長崎がかなり雲につつまれ、「高度六千フィートから八千フィートに八〇パーセントから九〇パーセントの積雲」がかかっているのを見てがっかりした[51]。燃料は一回の爆撃行程の分しか残っていなかったが、爆撃手は照準点である〈三菱重工兵器製作所〉が見えなかった。スウィーニーは切羽詰まって、自分の権限でレーダー投下を許可するといった。代替案は、爆弾を海に投棄することだった。しかし、〈ボックスカー〉号が爆撃行程に入ると、爆撃手は突然、目視で位置を確認したと叫んだ。「捉えたぞ！　捉えた！」その四十五秒後、〈ファット・マン〉は〈ボックスカー〉号の爆弾倉を離れ、スウィーニーは回避のために右へ急旋回した。〈ザ・グレート・アーティースト〉号があとにつづいた。

三日前の広島と同様、またしても目がくらむような銀色の光の炸裂が二機の機内にあふれ、空は白く色褪せた。広島上空よりも強力な二度の衝撃波がつづけざまに機体を叩き、機体を異常振動させ、きしませた。ある搭乗員は〈ボックスカー〉号がばらばらになると思ったといった。

見おろす観察者たちは、紫がかったピンク色の光の球体が、まるで水面に浮かび上がる空気の泡のように雲底を抜けて炸裂するのを目にした。〈ザ・グレート・アーティースト〉号の窓から見ていたウィリアム・ローレンスは、畏敬の念に打たれた。球体は立ち上るきたない褐色の煙と灰の柱に溶けこみ、「われわれは、それが宇宙からではなく地球から来た彗星のようにぐんぐん上に伸び、白い雲を抜けて空に向かって上昇するにつれて、いっそう生き生きとするのを見守った。それはもはや煙でも、ほこりでも、炎の雲でさえもなかった。それは生物、わたしたちの懐疑の目の真ん前で誕生した新種の生き物だった[52]」。柱が二機の飛行機の高度より高く立ち上ると、泡立つ白いきのこ雲がてっぺんにできた。下では長崎が煙とほこり、灰、そして炎の沸き立つ大釜のなかに消えていた。足下のプレキシガラス板ごしに見おろしたスウィーニーはこういっている。「われわれに見えたのは、一面のきたない褐色がかった濃い煙と、散発的に現われる炎だけだった[53]」

二機は爆発のまわりを旋回して、写真を撮影し、カメラを回した。きのこ雲が広がると、〈ボックスカー〉号は近すぎたのか、雲に呑みこまれるように思えた。搭乗員のひとりが叫んだ。「きのこ雲がこっちへやってくるぞ！」[54]スウィーニーは爆発から離れて二度目の右急旋回をした。息を呑む数秒間、搭乗員たちは広がる雲を恐怖とともに見守った。〈ボックスカー〉号は危険をまぬがれたが、この空中機動で、ほとんどむだにできない燃料をさらに消費した。

長崎市民の八月九日

〈ファット・マン〉は浦上川流域の約千八百フィート上空で起爆した。長崎の北部地区で、伝統的な日本の木造家屋やキリスト教の大聖堂、学校、大学、〈三菱〉の工場二箇所などが密集して建てられた地域だった。原爆は、計画された照準点の北西方向に約四分の三マイル目標をはずれたが、それでも意図された仕事はなんとかやってのけた。南の〈三菱重工兵器製作所〉と北の〈三菱兵器製作所浦上工場〉の中間地点で爆発した爆弾は、両工場を破壊した。

地元の新聞はまだ広島に原子爆弾が落ちたことを報じていなかったので、多くの住民は、一機か二機のB－29がひとつの都市を破壊する可能性にそなえていなかった。二機が高高度で北から近づいてきたとき、一部の者は空襲警報のサイレンを無視して、その場に留まり、侵入機が頭上を飛ぶのを見守っていた。広島と同様に、爆弾は目がくらむような巨大な光の玉となって起爆し、爆心地から約半マイル以内の戸外でやられた者は、誰もが一瞬で蒸発した。長崎の恐怖は、三日前の広島のそれを忠実に再現した。物陰に隠れていた者たちはのちに出てきて、暗黒郷的な地獄の光景を目にした。

太陽はおおい隠され、炎は迫り、地形は形が変わって、見分けがつかなかった。広島と同様、ほこりと煙の雲は頭上で太陽を翳らせ、風景は不気味な赤い光で満たされた。爆心地の周辺地域はほとんどが伝統的な日本建築の小さな木造住宅からなっていたが、それらはほぼ完全に打ち倒され、蒸発し、焼失した。そこらじゅうで、ねじ曲がって黒焦げになった波状のブリキ板や鉄骨が、はてしない瓦礫の山のあいだに立っていた。爆心地の真下の家々は地面に垂直に押しつぶされ、屋根瓦は泥と残骸に溶けこんだ。爆心地から半マイル離れた長崎医科大学では、構内の木造建築がすべて破壊され、なかにいた全員が殺された。コンクリート建築では、壁がじゅうぶんな遮蔽物となり、なかにいた人間の約六〇パーセントが生きのびたが、多くがひどいけがを負った。十代の少女は、防空壕から学校のほうへ戻りながら、級友たちに叫んだ。「防空壕に来たとき、ここには家がなかったかしら？」[55]

負傷者が道路ぞいに散らばっていた。瓦礫の下敷きになり、足を引きずったり、這ったりしていた。なかには真っ裸かそれに近い者もいた――爆風が衣服を引きはがしたのである。多くの者は動くことができず、水をもとめていた（「水、水、水！」）。一部の者はひどい火傷を負って、顔かたちの見分けがつかず、髪の毛は血で固まり、皮膚がずたずたになって体からたれ下がっていた。裂傷が深く、裂けた肉から骨がのぞいていた。火傷を負って剝けた肌と肌が触れあうとこすれて痛いので、腕は体から離していた。爆心地南方の道路を進む避難民の列は、ある目撃者に「蟻の行進」を連想させた。[56]広島と同じように、生存者は本能的に川を目ざした――この場合には、浦上川を。何千という人々が川岸にそって群がり、傷の痛みをやわらげるか、水を飲むために、川に飛びこんだ。じきに川は巨大な浮かぶ遺体安置所となり、引き潮がたくさんの遺体を港とその先の海へと運んでいった。

爆発から約一時間後、広島に降ったのと同じ忌まわしい雨がやってきた――奇妙なほど大きくねっとりとした黒いペースト状の小球は、固くて重いので、戸外に居合わせた人々の上に降ると、肉体的な痛みを感じさせるほどだった。黒い雨を見て、多くの生存者は最後の審判の日がおとずれたと確信した。なかには地獄（ジゴク）に来たのかと思った者もいた。

1945年9月、長崎・浦上川流域。左後方の丘の上にあるのは日本最大のカトリック教会だった浦上天主堂の廃墟。

〈ファット・マン〉は、日本最大でもっとも有名な教会である浦上天主堂からほんの半マイルの地点に落ちていた。大きな石造の大建築物はほぼ完全に破壊された。いくつかの部分的な壁と、ふたつの鐘楼の片方の基部だけが瓦礫のなかに立っていた。周囲の住宅地は徹底的に破壊された。最初のスペインとポルトガルのイエズス会宣教師の到着以来四世紀のあいだ、長崎周辺の沿岸地帯は日本のキリスト教の上陸拠点だった。一七〇〇年ごろから、浦上川流域は、この小さいが立ち直りの早い信仰共同体の中心地であり、くりかえされる迫害運動を、しばしばひそかに礼拝しながら生きのびてきた。推定一万人の日本人キリスト教徒が原爆の爆発で死ぬか、そのすぐあとで傷のために命を落とした。長崎の大きな神道の神社（諏訪神社）が無傷だったので、日本人のなかには神の摂理がこの差を説明するにちがいないと主張する者もいた。彼らは、古い神道の神々のほうが外国の外来の神より強いと考えた。

平らな沖積平野にある広島とちがって、長崎は丘と尾根で区切られていた。起伏のある地形が市の郊外を爆弾の最悪の被害から守った。浦上川流域の西の急な稜線は、爆風と放射線の大半を受け止め、長崎の残りの部分をほとんど救った。爆心地を向いた山々は焦土と化し、建造物や植生のほとんどが焼失して、(ある目撃者によれば)「早すぎる秋」の様相を呈した[57]。しかし、尾根の反対側では、人は別世界に出くわした。そこでは草や木はまだ緑で、建物の大半は被害を受けていないように見えた。

調査団が両方の原爆投下地からデータを収集すると、すぐに長崎の爆弾がより大きな打撃を浴びせたことがあきらかになった。〈ファット・マン〉の核威力は、〈リトル・ボーイ〉より約三〇パーセント大きく、浦上川流域のお椀状の地形は爆発の威力を増幅していた。二発目の原爆は、爆心地から同等の距離で同等の建築物にたいしてかなり多くの損害をあたえていた[58]。

広島と同じように、正確な死傷者の数は特定がむずかしかった。八月九日とそのあとすぐに、長崎の住民四万人から七万五千人が殺され、一九四五年末までに、さらに七万人が亡くなったと考えられている。

ほうほうの体の帰投

燃料が残り少なくなった二機のB-29に、テニアンに帰投する望みはなかった。いちばん近い味方の飛行場は、四百六十マイルの飛行距離にある沖縄にあった。スウィーニーはそこにたどりつくだけの燃料があるとは思わなかったが、残っているありったけのガソリンからありったけの飛行距離を絞りだす努力をするつもりだった。高度三万フィートを飛行している〈ボックスカー〉号には、差しだせる高度が山ほどあった。スウィーニーはエンジンの出力を通常の巡航設定の毎分二千回転から毎分千八百回転に絞った。それからエンジンの仕様以下の千六百回転に落とした。これはエンジンに大きな負担をかけ、損傷させる可能性もあった。しかし、〈ボックスカー〉号が沖縄にたどりつく前に燃料切れを起こせば、エンジンの状態などどうでもよくなるだろう。海に不時着水せざるを得なくなることを想定して、アッシュワース大佐は搭乗員に救命胴衣を着用するよう指示した。

沖縄の六十マイル北方で、燃料計の針が空（から）の表示の上で跳ねると、機上無線員は読谷飛行場の管制塔に呼びかけようとした。応答はなかった。彼は可能な周波数を全部ためした。それでも応答はない。スウィーニーは〝メーデー〟の救助信号を出した。彼はエンジンを事実上の滑空状態まで絞った。飛行場が前方に見えてくると、スウィーニーには着陸旋回中の戦闘機と爆撃機が見えた。空にはかなりの数の飛行機がいたが、なんらかの理由で、管制塔は応答していなかった。〈ボックスカー〉号には着陸パターンを飛行するだけの燃料がなかった。スウィーニーはそのまま滑走路の端に狙いをつけて、事実上エンジンもプロペラも止まった状態で着陸をこころみるつもりだった。しかし、飛行場は自分が来ることを知っているのか？「どこでもいい、沖縄の管制塔を呼びだせ！」スウィーニーは機上無線員に叫んだ。彼はメーデーの呼びかけをくりかえした。それから搭乗員に頭上のハッチから照明弾を打ち上げるよう命じた。搭乗員がどの照明弾ですかとたずねた。「機内にある照明弾をかたっぱしから打ち上げろ！[59]」

副パイロットがハッチを開け、照明弾を八発打ち上げた。それぞれが特定のメッセージをつたえ、管制塔に（たとえば）〈ボックスカー〉号は火災を起こしている、燃料切れである、あるいは機内に負傷者がいると告げた。しかし、この場合には、照明弾は飛行場の注意を引くというたったひとつの目的のためであり、その点ではうまくいった。〈ボックスカー〉号が最終進入にかかると、ほかの飛行機がいなくなった。

右外側のエンジンが咳きこみ、ぷすぷすいって、止まった。スウィーニーによれば、「わたしはいまや暴走貨物列車のように一直線に突き進んでいた」[60]。彼は対気速度を落とさないようにして、滑走路の中間地点を目ざした。〈ボックスカー〉号は舗装面に激しくぶつかり、二十五フィート宙に跳ね上がって、それからふたたび滑走路に落ちた。左外側エンジンが止まった。対気速度は速すぎ、時速約百四十マイルだった。機体は左にそれはじめ、駐機中のB－24がならぶ舗装駐機場に向かっていた。スウィーニーはプロペラのピッチを逆にして――第五〇九混成群の機体にしか見られない特徴――非常ブレーキを力いっぱい踏みこんだ。〈ボックスカー〉号は滑走路の中心線上に戻り、やっと停止した。誘導路に滑走していくと、三基目のエンジンが止まった。スウィーニーは四基目を停止して、ブレーキをかけた。そして疲労困憊して、座席にぐったりともたれかかった。あとは牽引トラックが飛行機を移動させねばならないだろう。〈ボックスカー〉号のタンクには七ガロンしか燃料が残っていなかった。

第八航空軍の司令官、ジェイムズ・ドゥーリットル将軍は、この荒っぽい着陸を見ていた。彼は飛行機が事故を起こすにちがいないと思った。のちにスウィーニーは、将軍の執務室に出頭して、自分の任務の内容を説明した。ふたりともこの意味を見すごさなかった――彼らはある意味でブックエンドのようなものだった。ドゥーリットルは一九四二年四月に最初の日本本土空襲をひきいていた。スウィーニーはたったいま、実質的に戦争の終わりを印すことになる爆弾を投下したばかりだった。〈ボックスカー〉号の搭乗員は、食堂で食事をとったあと、テニアンへの五時間の航程のために、いまや燃料を補給した飛行機にふたたび乗りこんだ。午後十時三十分、飛行機は北飛行場のA滑走路に着陸した。任務は十九時間におよんでいた。歓迎団も、報道機関も、祝賀会も待っていなかった。スウィーニーはティベッツとルメイからくわしく話を聞かれた。彼らはスウィーニーがいくつかのまちがった判断を下し、あやうく任務を台無しにしかけたと断定した。彼を査問会議にかけるかどうかも話し合われた。しかし、結局、このまま放っておくことにした。世界が知るかぎり、長崎の任務は成功していたし、彼らはそのままの形にしておくことを選んだ。〈ボックスカー〉号の亡失寸前の悲惨な詳細は、数十年後まで公表されなかった。

聖断

東京では、その日の朝、〈最高戦争指導会議〉の長い会合で、〈六巨頭〉は自分たちがいつもの三対三の線でまっぷたつに分かれていることに気づいていた。特筆すべきは、三人の強硬派ですら戦争を終わらせなければならないことを認め、「原則的には」、連合軍との休戦交渉を開始する東郷外相の提案に賛成していたことだった。しかし、彼らはいくつかの条件をつけることを主張した。阿南将軍は、自分も陸軍も無条件降伏を受け入れるつもりはないと断言した。彼は迫り来る無政府状態や内戦の脅威に言及したが、その言葉自体を脅威と見ることもできただろう。彼はいつものように梅津将軍と豊田提督の支持を受けた。

午前十一時三十分、評議の最中に、〈最高戦争指導会議〉は長崎にべつの原子爆弾が投下されたことを知らされた。しかし、不吉なニュースも彼らの行き詰まりを解決する役には立たなかった。三時間の喧々囂々の議論のすえに、二派は、ポツダム宣言に「一条件」付きで応じるか「四条件」付きで応じるかで、膠着状態におちいった。六人は全員、連合国が天皇と皇室を護持することに同意しなければならないということで一致した。和平派の東郷、鈴木、米内は、これを唯一の条件とすべきと主張した。さらなる条件は、ポツダム宣言の拒絶に等しく、戦争は日本が壊滅するまでつづくだろうと、彼らは警告した。しかし、強硬派はさらに三つの条件をあくまで要求した。まず第一に、日本本土は外国に占領されないこと。第二に、外地の日本軍部隊は自分たちの将校の指揮下で撤退、武装解除すること。そして第三に、日本は自分たちで戦争犯罪人の訴追手続きを行なうこと。

その日の午後の閣議で、米内提督は日本が本土で連合軍の侵攻を撃退する見こみはないと大胆に述べた。阿南は陸軍が上陸する連合軍に大損害をあたえると確信しているし、そうした大打撃はすくなくとももっと望ましい和平条件を引きだすだろうと反論した。阿南はこうつけくわえた。「一億玉砕して死中に活を求むべし」[61]（訳註：下村海南〔下村宏〕内閣情報局総裁の『終戦記』によれば、八月九日の第一回目の臨時閣議では、阿南陸相は「死中活を求むる戦法に出づれば完敗を喫する事なくむしろ戦局を好轉させうる公算もあり得る」「併しいよ〳〵本土決戦となれば一億一心國民は憤慨して蹶起するであらう」と発言した）

数名の文民閣僚は、戦争継続は不可能であると強調し、陸上輸送網や船舶輸送、燃料備蓄、経済、農業の悲惨な状況を挙げた。その職務には法執行もふくまれる内務大臣は、もし降伏交渉が進められていることを国民が知ったら、市民秩序が崩壊すると警告した。夜の午後八時、〈最高戦争指導会議〉のメンバーではない閣僚全員の意見が記録された。六名は東郷の「一条件」回答を支持し、四名は継戦派の「四条件」回答に賛成票を入れ、そのほかの者は中間の意見を述べるか、首相の決定を支持すると誓った。

通常の状況なら、行き詰まりはそのうちに解消されたかもしれなかった。いつもの〝根回し〟が進められていた。このきわめて重大な日のもっとも重要な話し合いは、大臣たちの内輪の直接会談と皇居で行なわれた。鈴木首相と木戸公はそれぞれ天皇に直接拝謁して、〈最高戦争指導会議〉と閣内の議論の状況をくわしくつたえていた。重臣（元首相らからなる〝長老政治家〟たち）の一部のメンバーは、木戸に面会した。元外相の重光葵（まもる）は、木戸と親密な関係にあり、日光の別荘から上京させられて、東郷の立場を売りこんだ。皇族の数人のメンバーは午後のあいだずっと、活発に動いた。天皇の弟、高松宮は最初、四条件回答を支持した――しかし、しだいに和平派の論法に説得され、その日の終わりには、一条件回答を断固支持していた(62)。

内閣の和平派と舞台裏で協力していた文官の第二梯団は、降伏の〝聖断〟をお膳立てするために工作していた。迫水内閣書記官長は、皇居での御前会議の開催に同意する文書に〈六巨頭〉の〈花押〉を集めた。あきらかに迫水は〈最高戦争指導会議〉の強硬派に、自分たちは天皇に自分の意見を述べるだけだと信じこませていた。もし天皇が直接行き詰まりを打開する裁定を下すのではないかと疑ったら、彼らは承認の〈花押〉を控えることができ、会議は不可能になるだろう。

歴史的な夜遅くの会議は、皇居地下の狭く息苦しい防空壕で午前零時少し前に開かれた。会議のメンバーは、正礼装あるいは礼装軍服に、白い手袋姿で、電灯の下の固い木製の椅子に着席した。天皇は軍服に身を固めて、彼らと向き合った。その背後には金屏風が置かれた。迫水がポツダム宣言を朗読した。二通りの回答案――和平派の一条件受諾と強硬派の四条件受諾――の草稿が全員に配布されていた。

最初に口を開いた東郷外相は、その日の午前からずっと自分が提案してきた主張を力強く復唱した。天皇の地位に変化はないという唯一の条件をつけてポツダム宣言を受諾する以外に現実的な道はないと、彼はいった。これ以外にだらだらと条件をつけくわえるのは、連合軍の条件をきっぱりとはねつけるのに等しい。交渉ははじまる前に決裂し、日本は完全な破壊をこうむるか、（さらに大きく面目を失って）結局、無条件降伏に同意するといううきわめて不愉快な選択肢に直面することになるだろう。

阿南はこの発言に憤然として、日本陸軍はまだ敗北しておらず、本土決戦ではかなりの戦術的な優位を得られるだろうと豪語した。陸軍は侵攻軍を撃退するのを認められるべきである。そうした戦闘の結果、政府は交渉のテーブルでもっとよい条件を獲得するための影響力を得られるだろう。米内はおだやかな口調で東郷の意見を支持した。ふたりの参謀総長、梅津と豊田は阿南に賛成するといったが、ふたりとも阿南のような確信は持っていないようだった。木戸公と枢密院議長の平沼騏一郎男爵は、一条件受諾の支持者に与(くみ)した。議論は室内の全員が発言するまで二時間つづいた。鈴木は自分の意見を差し控えた。おそらく公平な仲裁者としてのポーズを取りたかったのと、つぎになにが起きるかを知っていたからだろう。

午前二時、年老いた首相は立ち上がり、同僚たちのほうを向いた。彼は声を張った。「本日は、列席者一同熱心に意見を開陳いたしましたが、いまに至るまで意見はまとまりません。しかし事態は緊迫しておりまして、まったく遷延を許さない状態にあります」彼は玉座のほうを向いた。「まことに恐れ多いことではございますが、ここに天皇陛下のおぼしめしをおうかがいして、それによってわたしどもの意思を決定いたしたいと思っております[63]」

この画策の憲法上の前例はなく、強硬派を動揺させたようだった。まれな例外をのぞけば、天皇裕仁は、閣内の行き詰まりを打開するのを控えてきた。彼が最後にこの心もとない権限を行使したのは一九三六年二月、陸軍のクーデター騒ぎのさなかだった。阿南とその同盟者たちは、このとき議事進行上の問題にかんする異議をとなえて、天皇が意見を口にする前に会議を一時休止に追いこむこともできただろう。しかし、そうするためには、現人神の面前で公然と反抗的態度をとる必要があった。そうなれば政府も倒れ、国家の危機を悪化させることになる。あるいはもしかすると、一部の者が推測していたように、強硬派は実際には、天皇に降伏に有利な裁定をしてもらいたかったのかもしれない。彼らは現実的な選択肢がないことを知っていて、天皇の断固たる決断だけが反抗的な部下たちをむりやり命令にしたがわせることができると感じていたからだ。

感情のこめられた沈黙のあとで、天皇は低い声で口を開いた。「わたしの意見は、外務大臣の意見に同意である」と彼はいった。彼は、あまりにも多くの勇敢で忠実な陸海軍将兵の犠牲と、空襲下の日本国民の苦しみに、深く心を痛めていた。しかし、連合国の条件を受諾することに代わる唯一の選択肢は、民族の滅亡と、アジアと全世界のさらなる苦しみだった。陸軍の本土決戦なるものにかんしては、天皇は軍指導者たちへの信頼を失っているとはっきりいった。過去の経験から、「今迄計画と実行とが一致しない」と立証されていたからである。[64]「忍び難きを忍ぶ」ときがきたと、天皇はいった——これは、一八九五年の三国干渉の折りの明治天皇の心持ちに触れての言葉だった。このときロシアとドイツとフランスは、日本に圧力をかけて、日清戦争を終わらせる講和条約を書きなおさせた。彼の祖父の心持ちは、日本の現在の苦しみにふさわしい先例だった。ふたたび、国家の生き残りのために、腹立たしい面目丸つぶれにも耐えなければならなかった。

それから鈴木はいった。「ただ今の思召を拝し、会議の結論といたします[65]」天皇は席を立って、防空壕を離れた。異議はなかった。一条件受諾の文書に、阿南、梅津、豊田をふくむ〈最高戦争指導会議〉の全メンバーが花押した。鈴木は全閣僚をふたたび緊急閣議に招集し、大臣たちは決定を全会一致で採択した。東郷の外務省は、欧州中立国の首都ベルンとストックホルム経由でアメリカのバーンズ国務長官につたえる公式の降伏通告を作成しはじめた。通告は日本時間のその朝七時に送信された。通告は日本が、「天皇ノ國家統治ノ大權ヲ變更スルノ要求ヲ包含シ居ラサルコトノ了解ノ下ニ」、ポツダム宣言を受諾すると告げた。[66]

まったく眠っていなかった阿南将軍は、市ヶ谷の大きな白いアールデコ様式の陸軍省に戻った。彼は各課長と参謀を午前九時の説明会に招集した。押し殺した厳粛な声で、彼は天皇の決断について話した。対案が連合国へ向かっており、その回答によって、陸軍は戦争を継続するか、あるいは「国体」が護持されるという条件でポツダム宣言の条件を受け入れる。この衝撃的なニュースを聞くと、怒りに満ちたつぶやき声で場がざわめいた。ある青年将校は立ち上がってたずねた。「大臣は、本気で降伏を考えておられるのか？」阿南は指揮杖で机を叩いた。陸軍はこの危機にさいして、団結し、軍紀を厳守しなければならない、と彼はいった。「媾和に決ったことは申訳ないが、若し不服で之を阻止したいものは自分を斬ってからにしろ[67]」最後の発言は、たんなる言葉のあやではなく、室内の全員がそのことを知っていた。

ポツダム宣言の条件を受け入れるにさいし、天皇は「国体」（天皇中心の〝政治機構〟あるいは政治体制）の核心を救うために、陸海軍を犠牲にしなければならないと計算していた。将来の戦後版の「国体」は、伝統の軍事的な甲羅をはぎ取られることになるだろう。残されるものは、国家神道にもとづくもっと純粋に宗教的なモデルと、皇統の継続となるだろう。戦後の独白で、天皇は伊勢熱田両神宮の安全を気遣っていたと説明している。もし侵攻部隊が伊勢湾に上陸して、この聖地を占領したら、敵は皇室の象徴――三種の神器――を手中におさめるだろう。その場合には、「国体護持は難しい[68]」。この宗教的信念が、天皇裕仁や皇族と皇室の主要メンバーを奮起させたのかもしれない。もし軍が古代の神道の伝統を守るために犠牲になる必要があるなら、それはそれでしかたがない。天皇の聖断にしたがって、陸海軍は武装解除され解散されるだけでなく、実際に根絶されることになる。その指導者たちは国際戦争犯罪法廷に引きずりだされ、おそらく投獄されるか、絞首刑にされる。

しかし、それが最悪の部分ではなかった。陸軍の指導者たちにとってもっとも腹立たしかったのは、天皇がもはや自分たちの約束を信じていないと明言したことだった。梅津将軍は失望して河辺将軍にこういった。「天皇のお気持ちは……既に相当前から、軍の作戦結果に対して御期待がなくなっており、軍に対する御信頼が全く失われたのだ[69]」長く苦悩に満ちた日記の記載で、河辺はこの屈辱的な現況を嘆いたが、天皇の批判が「現実の姿」であることを認めた。陸軍が差し迫った本土侵攻を撃退する現実的な望みはないことは事実であり、将軍たちは日本の救いようのない窮地を認めることをこばんでいた。河辺は書いている。「『降参はしたくない、殺されても参ったとは言いたくない』の感情あるのみ、しかしてまたこの感情と努力の集積のみが、いわゆる死中に活を求め得べしと思うばかりなるべし[70]」

神妙になった河辺は、陸軍の将兵を説得して、天皇の決断にしたがわせるために、全身全霊をそそぐことを誓った。しかし、軍紀が維持できるかどうかは、はっきりしなかった。太平洋戦争最後の五日間、東京の政情は一触即発だった。陸軍だけでなく海軍の中堅将校までもが、和平交渉を頓挫させるために画策し、一斉蜂起とクーデターの下準備をしていた。対立するタカ派とハト派は国内だけでなく国際ニュース・メディアまでもつうじて、自分たちの意見を広めるために張り合っていた。外務省の高官らは「日本、ポツダム宣言を受諾」の国際電信発表（英文）を《同盟通信》に発信させる手配をしていた[71]。すると激怒した陸軍将校たちは《同盟》の短波放送装置を押さえようとした。八月十日の晩、陸軍省は阿南の名前で、将兵に「断乎神州護持ノ聖戦ヲ戦ヒ抜カンノミ。仮令、草ヲ喰ミ土ヲ齧リ野ニ伏トモ断シテ戦フトコロ死中自ラ活アルヲ信ス」と力説する勇ましい訓示を発した[72]。阿南本人は、海外の直轄各軍司令部に電文で、休戦交渉が進んでいるが、それが実を結ぶまでは、部隊は「全国軍玉砕ストモ」戦いつづけなければならないとつたえていた[73]。

陰謀者たちは人名のリストを作成した。和平派を支持していることがわかっている閣僚は、拘束されるか、暗殺されることになった。降伏はひじょうに不安定な状態でぐらついていた。皇居を占領し、戒厳令を宣言して、ことによっては天皇を「幽閉」さえする話があった。東郷外相の公邸の正門に爆弾が投げこまれた。そのいっぽうで、和平工作者たちは、戦争を終わらせるために、承知の上で命を危険にさらしていた。迫水久常は御璽をもらうために詔書の草案を準備し、木戸は終戦を発表する天皇自身による前例のない放送を計画していた。にもかかわらず、八月十一日の終わりになっても、連合国政府からはひと言もいってこなかった。もし一条件が拒絶されたら、日本は完全な壊滅まで戦いつづけることになる。外交官の加瀬俊一はこの日々のことをこう書いている。「時を刻む時計は一秒毎に今や崩壊し去らんとする帝國の運命を物語るかのやうに思はれた(74)」

受諾通告を受け入れるべきか

日本の通告はいくつかのルートでワシントンにとどいた。最初に、アメリカの暗号解読員たちが、東京とベルン間のメッセージを傍受して解読し、それを指揮系統の上にいそいで上げた。日本の外務省職員が手配した《同盟》の短波無線メッセージは、八月十日の深夜から夜明けにとどいた（このメッセージはアメリカと全世界でトップニュースとなり、阿南のもっと好戦的な陸軍向け声明があたえる有害な印象を相殺した）。その日の午後、公式のメッセージがスイス大使館経由でアメリカ国務省にとどいた。

スティムソン長官は、飛行場へ向かう車中で知らせを受け取った。彼は飛行機に乗って、ニューヨーク州北部のアディロンダック湖沼地方へ向かい、待ちに待った夏季休暇を楽しむつもりだった。車は引き返して、彼を陸軍省へつれもどした。スティムソンは、天皇にかんする保証をもとめる日本の通告に目を通して、こう思った。「これこそまさにわたしが問題を起こすことを心配していた唯一の点だったのは興味深い(75)」日記のなかで彼は、天皇を罰するというアメリカ国内の政治的要求が、いまや日本にたいする無血勝利の希望への脅威となったと書いた。

アメリカ国民のあきらかに大多数は、天皇裕仁に戦争への説明責任を負わせることを望んでいた。

一九四五年五月に行なわれた〈ギャラップ〉の世論調査では、アメリカ人の三三パーセントが天皇の処刑を支持していた。一一パーセントは収監されるべきだといい、九パーセントは国外追放すべきだといった。スティムソンは、政府の上層部でさえも、「ほとんどは日本についてギルバートとサリヴァンの喜歌劇〈ミカド〉で得た知識以上のことは知らない人々によって」、こうした意見は見られると述べた(76)。

トルーマンは、軍の長たちと国務、陸軍、海軍の各長官をホワイトハウスに招集した。彼らは九時にオーヴァル・オフィスで会議を開いた。議論は大部分、三週間前にポツダムでかわされた討論の要約だった。バーンズ国務長官は、通告を受け入れるのは無条件降伏の最後通牒からの後退になるのではないかと懸念していた。「わたしは、ポツダムで、原爆もなく、ソ連もまだ参戦していなかったときの心構えよりも、いまさらに〔懐柔のほうへ〕歩み寄るべき理由が理解できない」彼は、トルーマンにたいする政治的な影響について警告した。日本の条件を受け入れることは、「大統領の苦しい試練」を意味するだろうと、彼はいった(77)。

レイヒーとスティムソンは、日本の条件を額面どおり受け入れる構えだった。天皇を残すことは、戦争のすばやい勝利にとって小さな対価にすぎないと、レイヒーはいった。「わたしは小さなヒロヒトに同情する気はなかったが、降伏を達成するためには彼を利用する必要があると確信していた(78)」スティムソンも賛成して、時間は連合国に不利に働いているとつけくわえた。アジアにおけるソ連の足跡が一時間ごとに拡大しているからだ。赤軍の猛攻を考えれば、アメリカはこの交渉の最終ラウンドにもっと現実的な取り組みをする必要がある、とスティムソンはいった。なぜなら「ソ連が、日本本土を占領してそれを統治するのを手伝うという中身のともなった請求を提出する前に、日本を手中におさめることが大いに重要だった」からだ(79)。

ソ連が中国の北部国境地帯でより多くの領土を呑みこめば呑みこむほど、のちにモスクワは、勃発しようとしている中国内戦で、より多くの支援を毛沢東の共産ゲリラ側に提供するかもしれない。朝鮮半島におけるソ連の野心は、深刻化する問題だった。アメリカの水陸両用部隊を仁川に上陸させるという話さえあった。ソ連は日本占領における役割を、おそらくドイツの場合と同様に多国籍の占領軍当局を導入することで、おおっぴらに要求していた。アジアの将来は東京とワシントンとの行き詰まりを可能なかぎり早く解決することにかかっていたと、誇張抜きでいうことができた。

ジム・フォレスタルのひらめきが、膠着状態を解決した。連合国は日本の条件を受諾することも、却下することも、まったく必要ないと、彼はいった。天皇の従属的地位にかんする見解をはっきりとしめす「肯定的な声明」をただ出せばいい。そうした声明は日本の条件を無視しつつ、暗に日本側に天皇はその玉座に留まることになると保証することになる。[80] この提案は受け入れられた。

バーンズの回答の重要なくだりはこうだった。「降伏のときから、天皇および日本国政府の国家統治の権限は、降伏条項を実施するためその必要と認むる措置をとる連合国最高司令官の制限のもとにおかれるものとする」日本国政府の将来の形態については、「日本国国民の自由に表明する意志によって」さだめられる。[81]「最高司令官」という単数形の言い回しは、占領が連合国合同ではなく、ひとりの将官によって運営されることを強調するために、意図的に選ばれた。その同じ日、トルーマン大統領は誰もが何カ月も予期していた決定を確認した。ダグラス・マッカーサーが、占領下の日本で、連合国軍最高司令官（ＳＣＡＰ）をつとめることになる。

スティムソンとフォレスタルは交渉が進んでいるあいだ、爆撃の一時停止を勧告した。スティムソンは、原子爆弾についてのアメリカ国民の「高まる憂慮と懸念の感情」に言及した。トルーマンは原子爆弾投下の一時中止を命じることには同意した――いずれにせよ、三発目の爆弾は同月後半まで準備がととのわなかった――が、通常爆撃作戦は、日本が最終的に降伏するまで「現在の激しさで」続行すると決定した[82]。

東京のハト派が手配した短波無線放送のおかげで、世界はいまや日本が和平を請うていることを知った。閣僚と軍の長たちが大統領と話し合っているあいだに、群衆がホワイトハウスの門の外に集まり、歓喜の叫びと車のクラクションの喧騒がペンシルヴェニア大通りから聞こえてきた。ラジオの臨時ニュースが、アメリカ全土の各都市で同じような市民のお祭り騒ぎの話をつたえた。太平洋全域の領土では、軍人たちが空に向かって武器を発射した。連合軍の艦艇は汽笛を鳴らし、星弾や照明弾、曳光弾、対空砲弾を打ち上げた。沖縄沖の渡具知泊地では、空がお祭り騒ぎの高角砲弾で埋めつくされ、水兵数名が死亡した[83]。海兵隊の航空機搭乗員サム・ハインズは、これを「狂騒状態のぞっとするような夜、戦争の感情の憂さ晴らし」と思い返している[84]。陸で身の危険を感じた者たちは、個人壕や塹壕に引っこんだ。現地の海軍基地司令官は艦隊に信号を送った。「祝いの目的での対空火器の射撃はすべて、この通信文を受け取りしだい中止するものとする[85]」

第三艦隊は日本北部の沖合にいて、地域全体で目標を攻撃しているところだった。空母ヨークタウンでは、艦長が艦内拡声器でニュースを発表し、「乗組員が飛行機を配置しなおしている飛行甲板の暗闇から歓声が上がった[86]」。戦艦ミズーリでは、ハルゼーとその幕僚が、シンクロナイズドスイミングのスター、エスター・ウィリアムズ主演のテクニカラー・ミュージカルを見ていた。通信長が背後から近づいて、カーニーとハルゼーの耳にこのニュースをささやいた。ハルゼーは手を振って彼を追いはらうと、こういった。「黙って映画を見ようじゃないか[87]」攻勢作戦を中止せよという命令は受け取っていなかったので、強大な艦隊は東京に向かって南下をつづけた。八月十二日には、そこへまた大規模な攻撃を仕掛ける予定だった。

天皇の二度目の介入

バーンズの回答はサンフランシスコの民間ラジオ局によって東京に放送された。回答は八月十二日の夜明け前に受信された。外務省の大臣室に早く来た東郷は、補佐役たちとじっくり検討した。理想的ではないと、彼らは認めたが、もっと悪くなることもありえた。天皇は占領軍の従属的なパートナーになることになる。この条項をやや強引に解釈すれば、これは天皇とその一族を逮捕、退位、あるいはべつの方法で苦しめることはないという誓約と解釈されるかもしれなかった。翻訳者は、バーンズの覚書の表現をやわらげようとして、英語の「subject to」という一節を、日本語で「制限のもとに」と訳した。

東京のさまざまな権力の中心部――大本営や各省、皇居――では、日本の指導者たちが覚書を熟読して、その意味と利点を議論した。八月十二日は、長く、混沌とした一日だった。和平派の忠実なメンバーだった者のなかには、いまや疑念をいだき、心が揺れ動いている者もいた。保守主義者の元首相、平沼騏一郎男爵は、アメリカの条件を受諾すれば「国体」が失われると主張した。彼は、政府が日本国国民の「自由に表明する意志」によって決定されるという条項が気に入らなかった。彼はこれを、「君主政府を轉覆せんとする不法運動」への誘いと見なした(88)。

十二日の朝、〈六巨頭〉で東郷の頼りになる味方だった鈴木首相と米内海相は、こうした異議に少しのあいだ心を揺さぶられそうに思えた。午前の〈最高戦争指導会議〉の会合と、その後の全閣僚会議では、おなじみの行き詰まり状態が復活した。数名の大臣は、天皇にかんする条件について、アメリカに「説明」をもとめたがった。東郷は、その種の反応は交渉を決裂させる危険があり、その場合、日本は破壊されるだろうと、反論した。彼はワシントンにまた一時しのぎの覚書を送るくらいなら辞任するとほのめかした。

八月十日の最初の降伏申し入れと、八月十五日の最終的な降伏のあいだの期間、日本の新聞の論調は揺れ動き、はっきりしなかった。ポツダム宣言の条件受諾は海外の聴取者に英語で放送されていたが、同じ報道は日本放送協会の国内放送では流れなかった。阿南の戦い抜くという声明は、降伏申し入れのわずか一時間後に電波に乗り、八月十日と十一日に新聞とラジオの報道で大々的に取り上げられた。

市ヶ谷の陸軍省は一触即発の状態だった。急進派の若手将校のあいだでは反乱が起きかけていた。彼らはおおっぴらにクーデターの話をした。扇動家のあいだでは、近衛兵を掌握して、皇居を封鎖する計画が進行中だった。彼らは閣内のハト派を逮捕あるいは暗殺して、軍事独裁制を宣言し、外務省を占領して、すべてのラジオ局を支配下に置くつもりだった。そのいっぽうで、海外の上級軍司令官からは、降伏反対をとなえる電報がぞくぞくととどいた。支那派遣軍総司令官の岡村寧次(やすじ)大将は、自分の不敗の部隊が中国の弱小な敵に降伏することなど考えられないといった(89)。陸軍の過激派は最高司令部の署名を偽造して声明を出し、すべての戦線で戦争を激化させようとした。計略を知らされた内閣情報局は報道機関に配布される前に文書を押さえ、もみ消した（訳註：迫水によれば、声明文はすでに報道機関に配布されていた。最終的に文書を取り消したのは梅津参謀総長である）。

阿南の義弟の竹下正彦中佐は、阿南や梅津、河辺などの陸軍高官に反乱計画を売りこんだ。指導者たちは耳をかたむけ、言葉をにごしたが、提案を受け入れも、はねつけもしなかった。気のない返事は反乱の首謀者たちを勇気づけ、のちに最高司令部の支持を勝ち取れるかもしれないという希望のもとに計画を進めさせることになった。阿南は藁にもすがる気持ちで外務大臣に、ソ連政府を連合国との仲介に引き入れる望みはいくらかでも残っていないかとたずねた（いまやソ連赤軍が攻撃を開始して三日たち、すでに赤軍は満州深く侵攻していた）。河辺将軍は陰謀者たちにほとんど共感をおぼえず、「カウナッテジタバタハ無益有害ナルニ過ギズ」と切り捨てた[90]。彼はあきらかにいまだに天皇が陸軍に信頼を失っていたという事実にいささか呆然としていた。

鈴木首相は部下に、ぐずぐずしている時間はないといった。「今日をはずしたら、ソ連が満州、朝鮮、樺太〔サハリン南部〕ばかりでなく、北海道にも来るだろう。そうなれば日本の土台を壊してしまう。相手がアメリカであるうちに始末をつけなければならないのです[91]」

陸海軍の両総長、梅津将軍と豊田提督は、天皇に合同書簡を上奏する非常措置に出た。バーンズ覚書で明記された降伏条件を受諾することは、「収拾スヘカラサル事態ヲ惹起シ……。斯ノ如キハ申スモ畏レ多キコトナカラ帝国ヲ属国化スルコトニ外ナラナイノテ御座イマシテ断シテ受諾致シ難キコト勿論テアリマス[92]」。

こんなやりかたで直接上奏するのは、恥ずべき慣習違反であり、通常の状況なら彼らの軍歴を終わりにしただろう（訳註：軍務局長だった保科善四郎の『大東亜戦争秘史』によれば、米内は豊田を大臣室に呼び、「統帥部が海軍大臣たる私に何らの相談をすることなく、陛下に直接上奏して海軍の伝統たる結束を乱したことは、誠に遺憾である」と厳しく難詰した）。しかし、政府に自分の意志を押しつけることで、すでに天皇はもっと重要な慣習を破棄していた。激怒した米内は豊田を大臣室に呼びつけ、叱責した。しかし、ふたりの総長が実際に降伏を回避しようと決意していたのか、それとも歴史学者の長谷川毅（つよし）が示唆しているように、「過激派将校の不満をやわらげるために」「形式的な」上奏をしただけだったのかどうかは、議論の余地がある[93]。梅津＝豊田上奏文は、「尚（なお）政府トノ間ニ完全ナル意見ノ一致ヲ求メマシテ御聖断ヲ仰ギ度（たい）ト存シマス」と結んでいる[94]。この最後の一節は、自分たちが天皇の最終的な命令にはなんであれしたがうつもりだとつたえていた。

天皇は揺るがなかった。八月九日に自分の意見をつたえた天皇はいまや、太平洋戦争の終幕のカーテンを下ろすために行動を起こした。宮中での一連の私的会議で、彼は、木戸や鈴木、東郷、重臣、皇族、そのほか指導部のメンバーたちに、自分がバーンズ覚書を受諾できると考えているし、交渉を長引かせたくないと思っていることをつたえた。

しかし、内閣は割れていて、さらなる「聖断」が必要だった。天皇の意見のニュースが指導部に広まると、大混乱の可能性はきわめて現実的になった。いつ政権が崩壊してもおかしくなかった。そうなれば降伏は不可能になるだろう。もし阿南が辞任したら、陸軍はべつの陸軍大臣を指名するのをこばむことができ、次期内閣は組閣することさえできなくなるし、それはありえそうに思えた。天皇が終戦の詔勅を発する前に、全閣僚の連署が必要だった。もしひとりでも大臣が文書に署名を控えれば、内閣の総辞職がそれにつづくだろう。いいかえれば、天皇に降伏を決断させるだけではじゅうぶんでなかった。陸軍をふくめた全内閣が天皇の決断にしたがう必要があった。八月十三日の夜がおとずれたとき、その筋書きは実現不可能に思えた。

天皇と協力した、和平派のための協調行動以外に、降伏の可能性を救うことはできなかった。公式のバーンズ覚書はいつなんどきやって来るかわからなかった（ニュースはすでにラジオ放送で受信されていたが、公式の覚書がスイス公使館経由で外務省にとどくのは八月十四日の午前のことだった）。しかし、ふたりの総長は首相が御前会議を開くことを許可する文書に署名をことわった。これが手続き上の障害となった。最終的に十四日の午前、鈴木は天皇を説得して、天皇の権限で会議を召集させることで、この問題を回避する手に出た。

ついにこうした手段で、午前十時、皇居に全閣僚が召集され、彼らは狭苦しい地下の防空壕に入っていった。午前十時五十分まで背筋をのばして待っていると、天皇が入ってきて、着席した。彼は軍服に白い手袋姿だった。鈴木首相が立ち上がり、バーンズ覚書受諾の賛成と反対の主張を要約して、天皇に内閣が長いあいだ努力したにもかかわらず合意にいたらなかったと報告した。それから鈴木は三人の強硬派に彼らの見解を要約するようもとめた。梅津と阿南と豊田はそれぞれ短く発言した。彼らは天皇の地位をもっと明確に保証するようアメリカ側にもとめ、もし回答が不十分ならば最後まで戦いつづけることを望んでいた。それから鈴木は天皇と直接向き合い、彼の決断をもとめた。

事前の予想どおり、天皇は、軍国主義政権の機能しなくなった意思決定機関に二度つづけて介入した。三日前の場面とくらべると、この朝の彼の発言はしっかりとして、直截的で、的確だった。天皇は三人の継戦派に直接、話しかけた。「外に別段意見の発言がなければ私の考えを述べる」と彼はいった。「私の考えはこの前申したことに変りはない。……この際先方の申入れを受諾してよろしいと考える、どうか皆もそう考えて貰いたい[95]」(訳註:訳文は下村『終戦秘史』による)バーンズ覚書は皇統の継続にじゅうぶんな保証をあたえていた。数人の大臣はいまや傍目にも分かるほどむせび泣いていた。天皇は軍の指導者たちに全力をつくして将兵の規律を守らせるよう指示した。そして、降伏を発表する詔書の起草を内閣にもとめ、ラジオの全国放送でマイクの前に立ってそれを読み上げることもいとわないといった。天皇が話しおえると、鈴木が立ち上がり、合意にいたれなかった内閣の不手際を詫びた。

おおっぴらな異議はなかった。内閣の全メンバーが——阿南、梅津、豊田をふくむ——決定書に署名を添え、内閣書記官が詔書に取りかかりはじめた。午後の残りは、詔書の字句をめぐる合意形成についやされた。外務省は連合国への通達のために東郷の名前でスイスとスウェーデンに覚書を打電した。覚書はバーンズ覚書を基礎としてポツダム宣言を受け入れていた。

その日一日、陸軍の反乱軍は市ヶ谷の陸軍省の大玄関ホールと地下室で話し合っていた。天皇が問題を解決したあとでさえ、彼らは軍事占領をたくらみつづけた。彼らを逮捕する措置は講じられなかったし、陰謀者たちは陸軍の高官におおっぴらに働きかけ、脅しさえした。最近、海軍軍令部次長に任命された大西瀧治郎海軍中将は、反乱志望者のなかで最高位の人物だった。彼は同僚たちに降伏など考えられないとむなしく説得しようとしていた。しばしば彼は自分の主張を訴えながら涙を流した。彼は唯一の名誉ある将来の道は、大規模な特攻戦術を使うことだといった。彼は米内に訴えたが、米内は彼を厳しく叱責した。梅津は彼になんの希望もあたえなかった。そして阿南は個人的には同情的だったようだが、立場をあきらかにするのをこばんだ。大西は軍と政府のあらゆる要人だけでなく、皇族の宮様数人にさえも直接働きかけた。

天皇の最終決断の一時間後、反乱軍将校は大本営の偽造命令書を海外の軍司令部にばらまいて、アメリカ、イギリス、ソ連、中国にたいする新たな攻勢を命じようとした。梅津将軍の政府支持者がこの声明文を民間ラジオ局から放送される前になんとか押さえた。これは幸運だった。誤解を招く恐れのある印象を連合国にあたえたかもしれなかったからだ（訳註：これは十三日午後に発表予定だった前述の偽造声明文と同じもの）。

梅津は堅固な支えとなり、自分の権限を行使して、軍紀を維持した。彼は陸軍を説得して、武器を置かせるためのスローガン「承詔必謹」（天皇の意志にかならずしたがう）を広めた。[96] しかし、阿南はぐらついているようだった。彼は陸軍部内のさまざまな重要人物に意見を聞き、陰謀に加担する気になっているという印象を一部の者に残した。もし成功の可能性があるとしたら、首都の主要な地域軍司令部の東部軍が反乱を支持する必要があった。しかし、東部軍は陸軍大臣が直接そうしろと命じないかぎり、予定されたクーデターを支持するつもりはなかった。命令は文書の形でなければならず、阿南自身の署名が必要だった。しかし、阿南は、すでに署名したほかのいくつかの文書はいうまでもなく、天皇の明確な意志と相反する文書に署名をすることに気が進まなかった。

宮城事件

日本人は第二次世界大戦最後の夜のクーデター未遂を〈宮城事件〉と呼んでいる。首謀者の陸軍省勤務将校、畑中健二と椎崎二郎が、警護補強のため派遣された近衛一個大隊につづいて、当時は宮城と呼ばれていた皇居に侵入した（訳註：このとき皇居に入ったのは、近衛第二連隊第三大隊）。畑中と椎崎は厚かましく嘘をついて、近衛第二連隊の連隊長に、陸軍幹部が皇居を外部にたいして封鎖するように命じたといった。近衛兵は、もっと大きな反乱が起きていると信じて、東部軍の到着を待つあいだ、彼らの指示にしたがうことに同意した。しかし、近衛師団長の森赳（もりたけし）中将は、なにかがおかしいと気づいた。陰謀に加担するのを拒否した彼は、冷酷に射殺された。共謀者たちはそれから森将軍の名前で命令書を偽造し、それに森の公印を押した。命令書は、近衛部隊に皇居を占拠し、濠の外部の誰とも通信を遮断して、不特定の脅威にたいして天皇を〝保護〟するよう指示していた。

皇居内では、宮内省の筆記者が降伏の詔書に最後の一筆を揮っているところだった。天皇の御璽が詔書に押され、これを正式のものとした。午前零時少し前、天皇は皇居内の宮内省二階の政務室に入った。そこには日本放送協会の技師のチームが録音器材を設置していた。天皇はマイクに向かって降伏の詔書を読み上げた。録音は四分四十五秒の長さだった。同日、海外に放送された英訳は、合計でわずか六百五十二文字だった。録音は二度しか必要でなかった。技師たちは録音を二枚のレコード盤に記録して、レコード盤は皇居内宮内省一階、皇后宮職事務官室の書類入れの軽金庫にしまわれた。

クーデターの指導者たちは、近衛兵の後ろ盾を得て皇居を占領し、電話線を切断した。東部軍が向かっていると説得された近衛兵たちは、門を閉じ、石垣に囲まれた施設に出入りする自動車と人の流れをすべて遮断した。反乱軍は皇居内の地下室を捜索し、銃剣を突きつけて職員を拘束し、尋問した。彼らは内大臣の木戸公を探したが、見つけられなかった。またレコード盤を見つけるのにも失敗した。空襲の灯火管制がつづくなかで、明かりは消され、捜索者たちは懐中電灯を使わねばならなかった。捜索班は、地下の迷宮のような通路や防空壕の配置を知らず、さまざまな部屋の名札に書かれた古めかしい言葉遣いの解読に苦労した。

そのいっぽうで、ほかの陰謀者たちは東京と横浜全体に散らばった。年老いた鈴木首相は、九年前に暗殺計画で命拾いをしていたが、自分を殺そうとする者たちが私邸に到着するほんの少し前に警告を受けた。彼はからくも逃げだし、自動車で小石川の私邸から芝白金の親戚宅に避難した。いらだった侵入者たちは彼の官邸で機関銃をぶっ放し、火を点けた。反乱軍は阿南の官邸へ向かい、クーデターに参加するよう陸軍大臣を説得しようとした。阿南がことわると、彼らはあえて彼を暗殺しようとはしなかった。阿南はすでに切腹して自決するつもりだった。平沼騏一郎男爵の邸宅も侵入された。鈴木と同じように、彼は反乱軍が到着する少し前に逃げていた（訳註：すぐとなりの国本社本部に逃げこんでいた）。ほかの分遣隊は主要なラジオ局を占領し、天皇の降伏録音盤を、それが全国に放送される前に押さえようとした。

夜明けが近づくと、畑中と椎崎は自分たちの選択肢がかぎられていることを悟った。将軍も提督も誰ひとり、反乱を支持すると約束しなかった。もっとも熱心に徹底抗戦を主張していた大西提督でさえ、大義をあきらめ、武士の解決策をとる準備をしていた。東部軍司令官の田中静壱（しずいち）大将は、反乱を鎮圧する決意を固めていた。装備のととのった一個師団まるごとが、皇居を包囲し、濠にかかる橋を封鎖した。疲労困憊した首謀者たちは、武力で圧倒され、裏をかかれて、自分たちのくわだてが失敗したことを知った。午前八時、彼らは投降した。畑中は、ラジオで十分間の声明を放送する許可を懇願したが、拒絶された。彼と椎崎は逮捕されなかった。おそらく彼らが自決すると考えられていたからだ。それから数時間、ふたりは東京を歩きまわって、自分たちがやったこととその理由を説明するビラを撒いた。天皇の放送が電波に乗る少し前に、ふたりとも拳銃で自殺した。

軍指導部の支持を得られない反乱は、最初から完全に失敗だった。もし阿南か梅津が支持していたら、彼らは田中を説得して加担させられたかもしれない。三人が全員支持していたら、反乱が失敗していた可能性があったとは考えづらい。しかし、指揮系統の最上段にいた将官たちは天皇にしたがい、軍内部の規律を維持するために動いた。敗北がどんな試練や苦難をもたらすにせよ、彼らは国家として団結しつづけることが必要だと判断したのである。

陸軍の狂信者たちは、国家全体を脅して、じつに多くの日本軍将兵が太平洋の無数の島々で戦ったように、全員が死ぬまで最後の戦いを戦わせようとしていた――まさに国家的な「玉砕」である。しかし、日本の国民はそんな戦いを望んでいなかった。文民大臣も、皇族も、宮中も、重臣も、天皇も同様だった。最終的には、陸軍の指導部の最上層さえ、それを望んでいなかった。それからの数日間、降伏と占領軍部隊の到着のあいだに、東京と全国の軍事基地では、散発的な騒動があった。典型的だったのは、中堅将校がかかわって、公共施設を乗っ取ったり、天皇の放送は偽物だと主張するビラを撒いたりするというものだった。しかし、軍または文民の高官が加担して、天皇の聖断をくつがえそうとすることはなかった。

玉音放送の日

その晩の午後七時、日本放送協会のラジオのアナウンサーが、日本人全員に明日の正午はラジオの近くにいるよう指示した。「明日、八月十五日正午に重大放送が行なわれる。この放送は真に未曾有の重大放送であり、一億国民は厳粛にかならず聴取せねばならない[97]」その後のニュース速報は、放送に「陛下の玉音」がふくまれるとつけくわえた[98]。全国民がまちがいなく聞けるようにするため、通常は送電が止められている地域にも電力が供給されることになった。きわめて重大な放送を予期して、あらゆる音楽番組は十四日の午後十時に終わった。再開されたのは、天皇の声が聞かれたあとのことだった。

クーデターのこころみが末期に入ったころ、二枚のレコード盤のうち一枚が、日本の国家放送局である日本放送協会にとどけられた。予定された放送の一時間前、レコードは放送技師たちの手中にあった。東部軍の将兵が日本放送協会本部周辺の通りを掌握していた。クーデターの首謀者も当局も、いったん天皇の声が電波に乗ったら、もう引き返しはきかず、反乱が成功することはありえないと知っていた。

八月十五日の朝、日本全国では国民が低い声で話し合い、来たるべき放送の意味を憶測していた。なかには外国の君主がラジオでしばしば話をしていると聞いたことがあった者もいたが、日本ではそういうことはかつてなかった。裕仁の名前を聞いたことのある日本人はごくわずかだった。天皇はただ「天皇」と呼ばれていた。現人神の「玉音」など、どうして想像できよう？　銀行が払い戻しを引き受けるのを中止するという噂が広まって、ある地方では小銀行の取りつけ騒ぎがはじまった。なかには戦争の終わりは目前だろうと思った者もいたが、ほかの多くの者は、放送がソ連にたいする宣戦布告の目的だろうと思っていた。たぶん天皇は臣民に最後まで戦えと力説するのだろう。

夜明けにはじまって、空襲警報のサイレンは、ほぼひっきりなしに鳴っていて、アメリカの艦載機の波が東京上空に姿を現わした――ハルゼーの第三艦隊は戦争屈指の大攻撃を開始していた。「真相は依然としてすこしも知りようがなく」と竹山道雄は回想した。「われわれはただ自分の身辺の短い半径の中のことを見聞しているにすぎなかった。そして、ただ混沌の中を畏怖しながら流説を手がかりに揣摩臆測しているだけだったが、それでも新聞を読むと何かが進行しつつあることが察せられた」(99)

辺鄙な田舎の共同体では、村に一台のラジオしかないこともあったので、共同体全部が屋外の広場に集まった——通りや公園、学校のグラウンドに。都市部では隣組がラジオを拡声器につないだ。友人や隣人は個人宅に集まった。多くの労働者は家族と放送を聞けるように帰宅した。工場や職場、学校、兵舎で、日本人はラジオのまわりに厳粛にかしこまって集まり、頭を垂れ、帽子を手に持った。なかにはひざまずいて、おずおずとつぶやく者もいた。「聞かせてください」日本放送協会は沈黙の時間を放送し、ときおり特別放送が正午にはじまることを確認する厳粛なアナウンスをはさんだ。

午前十一時五十九分、空襲警報のサイレンが短く鳴り、それから静まりかえった。聴衆は息を呑んで耳をそばだてた。通りは完全な静寂につつまれた。多くの場所で、夏の蟬が騒々しく鳴いていて、人々は首をかしげて耳をすませた。東京の日本放送協会のスタジオでは、技師がレコード盤に針を落とし、それから直立して頭を垂れた。

声が放送電波から聞こえてきた。それはかすかで、かん高く、震えていた。多くの者が空電の雑音のなかでこれを聞き取ることはむずかしいと思った。それはこうはじまっていた。

朕深く世界の大勢と帝国の現状とに鑑み非常の措置を以て時局を収拾せしむと欲し茲に忠良なる爾臣民に告ぐ。

朕は帝国政府をして米英支蘇四国に対し其の共同宣言を受諾する旨通知せしめたり。(100)

言葉は古風で、旧式な皇室言葉だった。高度な教育を受けた日本人でも演説は難解で理解しづらいと思った。若き海軍中尉で将来の〈ソニー・コーポレーション〉の共同創立者である盛田昭夫は、言葉がむずかしくて理解できないと思った。しかし、彼は声を聞いてすぐにそれが天皇であることがわかり、「一語一語ははっきり聞こえなかったが、メッセージの内容と、陛下が国民に伝えようとしていることは、よくわかった。われわれは衝撃を受けると同時に、安堵した(101)」。海軍の航空機搭乗員の前田武には、「蝉が一瞬、鳴くのをやめたように思えた(102)」。天皇はつづけた。

朕が陸海将兵の勇戦、朕が百僚有司の励精、朕が一億衆庶の奉公、各々最善を尽くせるに拘わらず戦局必ずしも好転せず、世界の大勢亦われに利あらず、加之、敵は新に残虐なる爆弾を使用して頻に無辜を殺害し、惨害の及ぶ所真に測るべからざるに至る。而も尚、交戦を継続せんか、終に我が民族の滅亡を招来するのみならず、延て人類の文明をも破却すべし(103)。

「必ずしも好転せず」というくだりは、控えめな表現と皮肉られてきた。以前の草稿はもっと的確に「戦勢、日に非なり」と述べていた(104)。陸軍省がその言葉をやわらげるよう主張したのである。この問題は八月十四日の午後、内閣で長時間、議論された。敗北の苦しみにあっても、陸軍は屈辱をいくぶんなりともやわらげる決意だった。

アメリカと連合国では、メッセージの翻訳が翌日、公表され、多くの者が独善的で挑戦的とさえ思える調子に怒りをおぼえた。天皇裕仁は、宣戦を布告した日本の動機が純粋に「自存と東亜の安定」のためであり、「他国の主権を排し、領土を侵すがごときは」日本の目的ではなかったと示唆していた。天皇の言葉では、彼の降伏の決断は自己犠牲と利他主義の勇気ある意思表示だった。

放送の終わりには、多くの日本人が呆然として、涙ぐんでいた。彼らは隣人に深々とお辞儀をして、それから無言で自宅へ戻っていった。数人は集まって、囁きかわしていた。旧式な皇室言葉をより多く理解できた者たちは、隣人に翻訳してやった。私的な物思いや会話、あるいは日記の記述で、多くの日本人が天皇のお気持ちを深く気遣った。彼らは天皇を悲しませ心配させた共同責任があると感じていた。多くの者は「大御心（おおみこころ）」が明確にしめされたことに感激した。[105]

海軍の整備将校、宮下八郎は、食事も喉を通らず、話す気にもなれず、職務に集中できなかった。彼はただじっと茫然自失の状態で一日すごした。ほかの場所では、怒りの爆発があった。ある男性は自分と隣人たちが「負けたという恐怖」を感じたといった――しかし、もっと恐ろしかったのは、自分たちが、「敗戦国民という目に見えない恐怖」を共有していたことだった。[106] 田舎に疎開していたある五年生は、級友にこう話す失敗を犯した。「戦争が終わったからぼくたち家に帰れる」するとほかの数人の少年たちが彼に飛びかかり、こう叫びながら殴りつけた。「この非国民め。われわれは勝利の日までこの地で頑張ると誓ってやって来たのではないか」[107] 戦争で息子を失った親たちは、息子たちの犠牲が無意味になってしまったことに激怒した。もし戦争を終わらせるのがこんなに簡単であるならば、もし天皇が権力を揮って簡単に戦争をやめさせせられたのならば、なぜ天皇はもっと早く行動に出なかったのか？「陛下さま」とひとりはいった。「ワシの息子らはこれで犬死になってしもうたがや」[108]

広島の医師、蜂谷道彦は原爆で負傷した人々を手当てするために九日間ぶっとおしで働いていた。天皇の放送を聞いたあと、病室の患者の多くは怒りを爆発させた。彼らはどなった。「このまま敗（ま）けられるものか。……今さら敗けるとは卑怯だ。……敗けるより死んだ方がましだ。……何のために今まで辛抱したか。……これでは死んだ者が成仏できるか」蜂谷医師は、原爆投下後、敗戦主義的心情を表明していた多くの者たちが、いまや戦いを継続することを要求していることに気づいた。まるで

1945年8月15日、天皇の玉音放送を聞くグアムの捕虜収容所の日本人捕虜たち。U.S. Navy photograph, now in the collections of the National Archives

全国民を最後の戦いで犠牲にしないかぎり、自分たちのひどい火傷と愛する者たちを失ったことが理解できないかのように。「降伏の一語は全市壊滅の大爆撃より遥かに大きなショックであった」と医師は日記に書いた。「考えれば考えるほど情ない」[109]

しかし、天皇はすでにみずからの意志を表明し、彼に反対することはできなかった。国民の怒りのほとんどは政府と軍指導部に向けられた。ある者は、天皇に降伏するよう説得した指導者たちを非難した。またある者は、日本を無謀で破滅的な戦争に突き進ませたといって、その同じ指導者たちを糾弾した。多くの者は、自分たちが連合軍の勝者たちによって奴隷にされると思っておびえていた。人々は首を横に振りながら、信じられない事実を何度も呆然とくりかえしていた。「戦争は負けましたですね」そして目を見開いてたがいにたずねあった。「戦争もとうとうつん負けて、こりゃァどぎゃんなるじゃろうか」[110]

1945年8月15日、玉音放送を聞いたグアムの日本人捕虜。U.S. Navy photograph, now in the collections of the National Archives

誰もわからなかったが、最悪の事態は容易に想像できた。とくに日本軍が中国大陸やマレー半島、フィリピン、それ以外の場所でどうふるまってきたかを少しでも知っていた者たちには。

それでも、それ以外の多くの者たちは、安堵感のきざしを感じていた。空襲はやっと終わるだろう。侵攻してきた野蛮な軍隊を大きな包丁や竹槍で撃退する必要もない。たぶん政府は銭湯の営業を再開させ、みんな溜まった垢を洗い流すことができるだろう。平和になってはじめての夜である八月十五日の夜でも、空襲警報の管制はゆるみ、暗くなっても電灯はついたままだった。人々は灯火管制用の暗幕をはずした。東京に暮らす秘書の吉沢久子は、近所の人たちがこの重大ニュースをどう受け止めているのだろうかと思い、戦争が終わったと聞いて「明るくなる顔のあったことを見のがせなかった」と日記に書いた。(111)

軍事基地では軍紀が崩壊した。兵士たちは命令を受けるのを拒否した。若い過激分子たちはこう誓った。「君側の奸の首級を挙げるのだ」(112) 外地に配属されていた者たちは、国に帰って、やって来る占領軍から家族を守りたいと切に願った。彼らは日本の土を踏みしだい、軍を脱走するつもりだった。将校から体罰を受けていた兵たちは、この機会を利用して復讐した。敗戦主義的感情を吐露したことのある兵士はこう回想した。「おれは正しかったとバンザイをさけびましたら、なぐられました。なぐり返してやりました[113]」栃木県の陸軍病院の看護婦は、数名の上官が部下たちに袋だたきにされ、「許してくれ」と叫んでいるのを見た[114]。

日本軍将兵は、もっと落ちついた精神状態で、自決するのが自分の務めだろうかと考えた。多くの者は、ほかにたくさんの人間が命を捨てたあとで、負けて国に帰るという考えをよろこばなかった。近所はおろか、家族からも、温かく迎えられるとは思っていなかった。自分たちが「敗戦の汚名を受け」ることになるだろうからだ[115]。大刀洗航空基地に配属されていた特攻機パイロット、土田昭二は、玉音放送の日に最後の飛行任務に飛び立つことを予期していた。彼は日記に書いた。「敗戦の運命のはかなさを痛切に感じる。地方人の眼さえ何物かを訴えんとするが如く、真実、敗戦の汚名を受くるに至る[116]」

東京の大本営では将校たちが、降伏命令にしたがうべきか、山にこもってゲリラ的抵抗運動を開始すべきか、あるいは自決すべきかで、割れていた。多くの者は戦うか自決すると誓ったが、ひとりの若い少尉はこう述べた。「むしろ死ぬ事の方がたやすい。あの醜敵の下で生活する事は思っても見よ。実に惨憺なる辛苦そのものである。……暗黒時代を通って次の時代へ文化を伝える事は容易な事ではない。しかしそうでなければ日本民族が真にめざめる時はないのである[117]」戦争を生きのびるいっさいの希望を捨てていた者たちのなかには、いまや第二の人生をあたえられたという高揚感が湧き上がってくるのに気づいた者もいた。天皇の声明は、国家の敗北の責任から彼らを解放し、平和な日本を再建する仕事に召集していた。降伏を拒否することは、天皇の意志を侮辱し、その権限をないがしろにするようなものだ。詔勅には、明治天皇の『軍人勅諭』を思わせる、以下の厳しい禁止命令がふくまれていた。「若し夫れ情の激する所、濫りに事端を滋くし、或は同胞排擠互に時局を乱り、為に大道を誤り、信義を世界に失うが如きは、朕最も之を戒む[118]」

結局、驚くほど少数の例外をのぞけば、全階級の日本軍将兵は生きることを選んだ。「自決を考えたが、できなかった」と、九州南部のある兵士はのちに認めた。「『七度生まれ変わって米国をうつ』。私はそう決意することによって生きのびることを許した(119)」

言い遺こすへき片言もなし

阿南将軍は例外のひとりだった。彼は天皇の放送を聞かなかった。八月十五日の早朝、彼は武士の解決策を選んでその辱めをまぬがれた。彼はひと晩中起きていて、酒を飲み、来客をもてなして、皇居で進行していた軍事クーデター未遂にいっさいの支持をこばんだ。夜明けに、心ゆくまで酒を飲んだ阿南は、伝統的な〝辞世の句〟を詠んだ。彼はそれを手際のよい筆さばきで短くまとめた。

大君の深き恵みにあみし身は言い遺こすへき片言もなし(120)

それから短い鋼鉄の刃(やいば)を根元まで腹部に突き立て、左から右へと内臓をえぐった。刃は下行大動脈を断ち切り、腹腔に大量の出血を生じさせた。彼はゆっくりと苦しんで死んだ——そして、日本の伝統的な考えかたでは、りっぱに。

翌日の夜、大西提督が同じ流血の儀式を敢行し、腹に短刀を突き立て、腸(はらわた)をかっさばいた。多くの将校が断末魔の苦しみにある彼のもとをおとずれたが、彼は苦痛を終わらせようとする彼らの申し出をことわった。彼が出血多量で死ぬまでに十五時間かかった。このもっとも好戦的な強硬派は、自分の血だまりのなかに横たわり、たずねてきた若い将校たちに、天皇にしたがい、世界の平和を実現するために努力せよという自分の指示を守るよういって聞かせた。

八月十四〜十五日の反乱を鎮圧するのにきわめて重要な役割を演じた田中静壱将軍は、八月二十四日、アメリカ占領軍の最初の先遣隊が日本の土を踏んだ日に拳銃自殺した。阿南の前の陸軍大臣、杉山元将軍は九月十二日、拳銃自殺し、翌日、妻の啓子も自害した。

国家を破滅的な戦争にみちびいた〝小ムッソリーニ〟こと東條将軍は、一九四五年九月十一日、自殺しようとして失敗した。アメリカ兵が彼を戦争犯罪人として逮捕しようとして玄関ドアをノックすると、東條は二階の窓から外をのぞいた。追いつめられたと知ると、彼は書斎に下がって、拳銃で胸を撃った。傷はひどかったが、致命傷ではなかった。彼を捕らえにきたアメリカ兵たちはいそいで病院につれていき、医師が傷を縫い合わせて、失った血を輸血でおぎなった。自殺未遂は、東條の同国人たちからは、彼の忌まわしいキャリアで最大の不名誉と見なされた。彼は完全に回復したが、戦争犯罪で有罪判決を受け、一九四八年、絞首刑にされた。

長き試練への遺言

九州の第五航空艦隊司令部では、宇垣纏提督が最初、天皇が降伏を決断したという「いまはしきニュース」を信じるのをこばんだ。日吉の連合艦隊司令部壕から電話で確認を受けたあと、彼は日記に、東京の指導部は「徒らに眼前の利に走つて國家の前途を深憂せざる所謂る我利の弱者に過ぎざるなり」と書いた。[121] 八月十五日の朝、彼は敵部隊への攻撃を中止する命令を受けた。第五航空艦隊の幕僚は気をつけをして、天皇の正午の放送を聞いた。宇垣はそのすべては聞き取れなかったが、戦争が終わったとわかるだけのことは理解できた。「誠に恐懼之以上の事なし。親任を受けたる股肱の軍人として本日此の悲運に會す。慚愧之に如くものなし。嗚呼！」[122]

九州で指揮を引きついで以来、宇垣は何千という若い特攻機搭乗員を死に送りだしてきた。いま彼は彼らのあとを追う決意だった。彼は、毛筆で入念に書かれた十五巻の私的日記の保管を海軍兵学校一九一二年卒業組の同期会にゆだねた。

宇垣日記はいまも太平洋戦争でもっとも重要な文書記録のひとつでありつづけている。日記は、宇垣が山本五十六提督の参謀長だった真珠湾攻撃の数週間前からはじまって、戦争の全期間を網羅している。日記は珊瑚海海戦、ミッドウェイ海戦、ガダルカナルの戦いの栄枯盛衰から、一九四三年四月の山本の空中暗殺へとつづく。宇垣は、一九四四年のマリアナ沖海戦とレイテ沖海戦では、超戦艦大和と武蔵をふくむ日本海軍の主力戦艦部隊を指揮した。そして一九四五年には、第五航空艦隊の司令長官として、戦中最大の特攻作戦を担当した。この間ずっと、宇垣は日記に日々の個人的な考えを表明していたのである。

東京から公式の停戦命令が来る前に飛び立つ決意だった宇垣は、すばやく動いた。彼は最後の記載に、「餘(よ)又楠公精神を以て永久に盡(つく)す處(ところ)あるを期す」と書いた（訳註：当時、楠木正成は、我が身を捨てて天皇につくした忠臣の鑑として称揚されていた）。敗戦で日本は長い試練(クルーシブル)に直面するだろうが、彼は日本人全員が「益々(ますます)大和魂を振起し皇國の再建に最善を盡し、將來必ずや此の報復を完うせん事を望む」と書き残した[123]。

午後四時、司令部の幕僚たちと別れの盃を酌み交わしたあと、宇垣提督は近くの大分飛行場まで車で運ばれていった。飛行列線には十一機の彗星Ｄ４Ｙ艦上爆撃機がならんでいた。二十二名のパイロットと搭乗員が整列していた。全員が日の丸の鉢巻きを巻いていた。命令は五機の編隊にたいしてあたえられていたが、全航空機搭乗員が任務に参加したがっていた。

宇垣はたずねた。「皆、私と一緒に行って呉れるのか？」

彼らはいっせいに右手を振り上げて、「ハイッ」と叫んだ。

宇垣は階級章をはずした。彼は緑色の軍服に、白手袋、そして山本五十六から贈られた脇差しを帯びていた。搭乗直前に撮影された写真では、宇垣はカメラを真正面から見つめている。覚悟を決めたおだやかな表情で、モナリザのような謎めいた笑みがほんのかすかに浮かんでいる。

彼は先導機の主翼によじ登り、後部席に乗りこんだ。通常はその席に座る偵察員が、自分も乗せてくださいとたのんだ。宇垣は承諾し、若者は提督の膝のすぐ前のスペースに体を押しこんだ。

十一機が滑走路の端まで地上滑走すると、宇垣の白い手袋が風防から振られるのが見えた。爆撃機隊は離陸して、南へ轟々と飛び去った。三機はのちに戻ってきて着陸し、搭乗員は「エンジン故障」と報告した。

午後七時二十四分、宇垣機より基地に打電があった。攻撃隊はこれから沖縄沖の「驕敵米艦」に突入しようとしていた。その後、彼らから連絡を受けた者はいなかった[124]。

アメリカ海軍の報告書によると、ひと握りの敵機が、沖縄沖に浮かぶ伊江島の沖合に錨を下ろしていた輸送艦隊に急降下攻撃をこころみていた。全機が対空砲火で撃墜され、突入あるいは損傷を受けたアメリカ艦艇は一隻もなかった。翌朝、戦車揚陸艦（ＬＳＴ－９２６）の乗組員が島の沖の浅瀬で日本軍機の残骸を複数発見した。残骸からは遺体が回収され、海岸で荼毘に付された。

九州の第五航空艦隊司令部では、副官が親族に送るつもりで宇垣の身の回り品を整理しようとした。彼は自筆の書を発見した。あきらかにその日に書き残されたものだった。そこにはこうあった。「抱夢　征空」（夢を抱き、わたしは空を征く[125]）

終章

太平洋の試練

なぜ、負けたのか。日本の壊滅的な失敗は最初から運命づけられていた。

太平洋戦争とは日本にとっての長き試練となり、同時に米国の一世代にとっても試練だった。

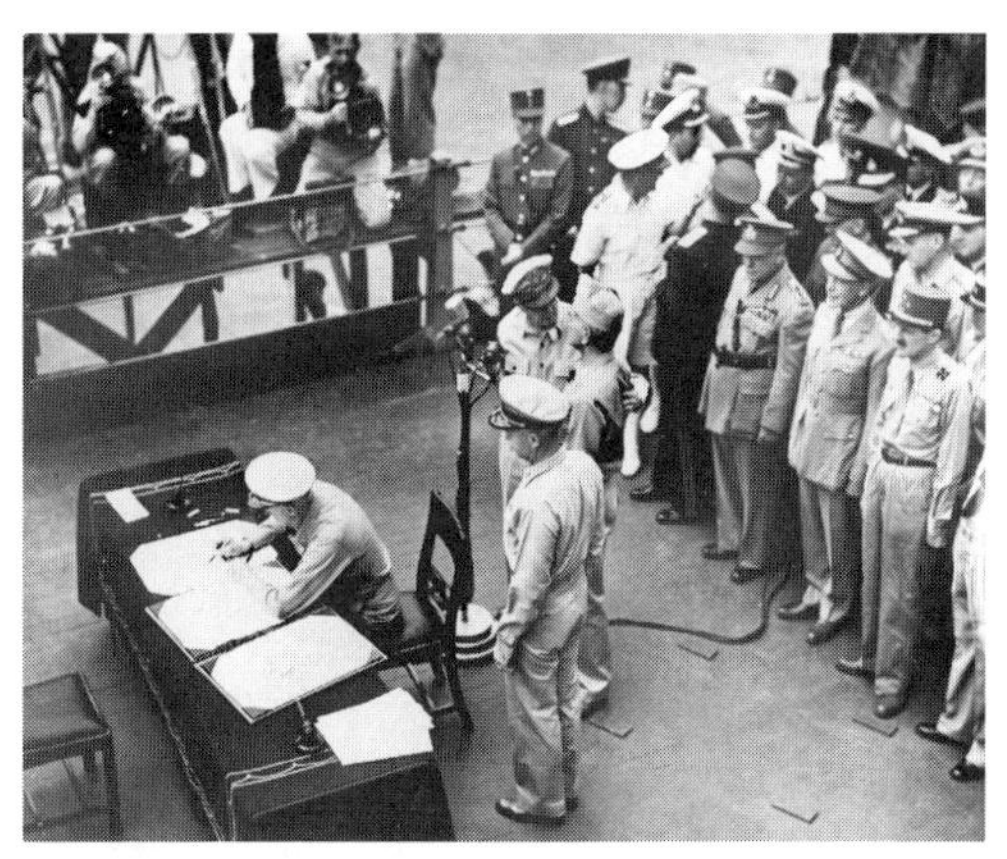

ニミッツ提督がアメリカ代表として降伏文書に署名する。彼のすぐ後ろでマッカーサーとハルゼーがこの瞬間を喜び合うかたわらで、フォレスト・シャーマンが見つめている。右側には連合国の署名者が並んでいる。写真の上方には舷外の取材者用の台が見える。National Archives

わたしには、混乱と、惨禍と、死という土台の上に、将来の展望を築くことなどできません。この世界が徐々に荒廃した原野と化していくのを、わたしはまのあたりに見ています。つねに雷鳴が近づいてくるのを、いつの日かわたしたちをも滅ぼし去るだろういかずちの接近を、いつも耳にしています。幾百万の人びとの苦しみをも感じることができます。でも、それでいてなお、顔をあげて天を仰ぎみるとき、わたしは思うのです——いつかはすべてが正常に復し、いまのこういう惨害にも終止符が打たれて、平和な、静かな世界がもどってくるだろう、と。

——アンネ・フランク、一九四四年七月十五日の日記（深町眞理子訳）

お祭り騒ぎ

八月十四日の晩、ホワイトハウスの記者団はオーヴァル・オフィスに招き入れられた。トルーマン大統領は机の向こうに座り、その後ろには閣僚と各軍の長、補佐官たちが立っていた。彼らのにこやかな表情がすべてを物語っていた。大統領は直接、本題に入った。日本政府がポツダム宣言を受諾し、よって第二次世界大戦は終わった。記者たちは記者室におおいそぎで戻り、すぐにニュースは電話でつたえられた。

じきに大騒ぎの群衆がホワイトハウスの門の前に集まった。レイヒー提督は、日記にこう記した。

「騒々しいお祭り騒ぎが市内でつづき、自動車は全部クラクションを鳴らし、大声を上げる人々の群れが通りを歩きまわって、交通をストップさせている。ラジオはロサンゼルスからボストンまで各市のお祭り騒ぎのニュースをつたえている。どの都市でも住民はごった返す通りで騒々しく戦争の終わりを祝っているようだ」レイヒーは気に入らなかった。彼は、この場にはおちついた、思慮深い、品位のある内省がもとめられると感じていたが、「プロレタリアートは騒音がふさわしいと考え、民主主義の国ぐにでは一般市民の大多数が好き放題にしているにちがいない」(1)。

彼らは確かに、その長い夏の晩から翌日にかけて、好き放題にしていた。群衆は公共広場に押し寄せ、勝ち誇って両手を挙げ、カメラに向かって大げさな表情をした。軍人も、民間人も、男も女も、黒人も白人も、勝利に酔った市民は暴動のようなどんちゃん騒ぎに身をゆだねた。ダウンタウンのビジネス街では、高い窓から投げられた小さくちぎった紙切れ――即席の紙吹雪――があたり一面に舞い、トイレットペーパーのロールが長いティッシュの吹き流しをあとに引いていた。警察は下がって好きなようにさせ、人々や財産にたいするもっとも悪質な犯罪以外は止めなかった。酒瓶が見知らぬ者同士でまわされた。自動車は押し寄せる群衆にはばまれてのろのろとしか進めず、人々は屋根やボンネットによじ登って、通りかかる車をみんな、即席のパレードの山車（だし）に変えた。

ニューヨークでは、六万人の群衆がタイムズ・スクエアになだれ込み、ブロードウェイと七番街の角の建物では電子広告板が点滅してこう告げていた。「ジャップが降伏した！」《ライフ》誌のカメラマンは看護婦にキスする水兵の伝説的なスナップ写真を撮影した。太平洋で三年間、急降下爆撃機を飛ばしていたハル・ビューエル海軍大尉は、興奮状態のニューヨーカーの人ごみにつかまり、制服を着ていたので、「肩を叩かれたり、さわられたり、キスされたり、歓声を浴びたりした」。ある女性は彼にビールを一本差しだし、彼の耳元でこう叫んだ。「戦争が終わって、わたしの息子は生きているの！」ビューエルと仲間の士官たちはその夜、マンハッタンのバーを千鳥足で梯子したが、誰も酒の代金を一杯分も取ろうとはしなかった。[2]

ロサンゼルスでは、ある市民がふりかえった。「お祭り騒ぎはまったく信じられないほどだったよ。人々は通りで踊りまわり、商店はすべて店を閉め、誰もがお祝いの輪にくわわっていた。いくつかの通りは完全に封鎖されていたな。車など、進めたとしても蝸牛なみの速さがせいぜいだった[3]」オレゴン州ポートランドでは、ある女性がこう回想した。「わたしたちが滞在していたホテルは完全に麻痺状態でした。ルームサービスも電話交換手も応じなかった。誰もが通りをただ走りまわっていました。大混乱、完全な混乱状態でした。たくさんの人たちが酒を飲んで、通りをよろめき歩いていたんです[4]」サンディエゴをおとずれていたパトリシア・リヴァモアは、市内をぶらついて、お祭り騒ぎに出くわした。「サンディエゴの繁華街のホートン・プラザでは、女の子がかたっぱしからキスされて、プラザの噴水に放りこまれていたの。わたしは十回ぐらい放りこまれたわ」リヴァモアと友人たちは〈ピックウィック・ホテル〉に滞在していた。地元の酒屋は在庫品を全部、売りつくしていたが、ホテルのベルボーイが上乗せした値段でボトルを何本か売りつけた。高層階の部屋から彼女たちはコンドームに水を詰め、眼下の群衆に向かって窓から投げつけた。「使えるものはそれしかなかったの」と彼女は説明した。「風船がひとつも見つからなかったから[5]」

戦時中のほとんどの期間を戒厳令下ですごしてきたハワイ準州では、灯火管制の規則がうきうきとして無視され、ホノルルのバーはひと晩中、開いていた。水兵（ホワイト・ハット）の大集団がホテル通りでお祭り騒ぎをした。群衆は砂浜から鉄条網を撤去しはじめた。何人かは〈アロハ・タワー〉によじ登って、擬装網を引き下ろしはじめた。陸軍憲兵や海軍憲兵、警察、準州兵は、傍観しているか、お楽しみにくわわった。

サンフランシスコの繁華街では、対日戦勝記念日（VJデイ）は、もっと暗い方向へ進んだ。夕闇が下りると、酔っぱらった市民と軍人がマーケット通りで警察と争った。群衆は商店の窓を割り、車をひっくり返し、罪のない市民を犠牲にした。路面電車三十輛が動けなくなるか破壊された。《サンフランシスコ・クロニクル》紙によれば、「六番通りから三番通りまでの窓が割られている。警察と海軍憲兵はそれを止めることができず、止めようともしていない。厚板ガラスの割れる音が、ほとんど五分おきに、たえまない声の轟きと花火の爆発に割りこんでくる(6)」。

警察は数で圧倒され、煉瓦や瓶を投げつけられて後退した。その二時間後、陸海軍の憲兵で増強された彼らは、いっしょになって横一線で警棒を振り回しながらマーケット通りを前進した。群衆のほとんどは路地に逃げこんだ。踏みとどまった者たちは殴られ、逮捕されて、囚人護送車に放りこまれた。十一人が死亡し、約千人が負傷した(7)。地元の新聞が名づけた、この〈勝利暴動〉事件は、サンフランシスコ史上もっとも多くの犠牲者を出した。しかし、この騒乱は全国的にはほとんど報道されず、すぐに忘れ去られた。

日本南方の海上では、第三艦隊が八月十五日の午前六時十四分、ニミッツの停戦命令を受領した——国際日付変更線の西側なので、日付がアメリカより一日進んでいた。その朝の夜明け前、第三十八機動部隊は東京を攻撃するために数百機の軍用機を発進させていた——そして、第一波はすでに日本の首都上空にあり、爆弾を投下し、ロケット弾を発射していた。アメリカ軍の搭乗員は日本軍戦闘機の抵抗が予想外に激しいことに気づき、「沖縄作戦以来もっとも断固とした空の抵抗」と呼んだ(8)。V-Jデイの朝の航空戦ではアメリカ軍機七機が撃墜され、さらに二機が事故で失われた。それ以外の機は帰投し、十一時にはそれぞれの空母に戻っていた。

正午、戦艦ミズーリは、まる一分間、汽笛とサイレンを鳴らした。戦闘旗と大将の四つ星の将旗が主檣（メンマスト）にひるがえった。ハルゼーは、「よくやった」の信号旗を上げるよう命じた。彼は各空母に、飛行甲板を戦闘機による防空作戦のために空けておけるように、攻撃用の機体を格納庫甲板に下ろせと命じた。上空直衛の戦闘機隊は強化された。ハルゼーは和平が定着するとは確信していなかった――それにたとえ日本政府が本気で降伏するといっていても、反抗的なパイロットによる自爆攻撃はじゅうぶん予測できた。艦隊中を腹の底から笑わせたメッセージで、彼はヘルキャットとコルセアのパイロットに命じた。「こそこそ嗅ぎまわっているやつは全機、調査して撃墜せよ――ただし報復的にではなく、友好的なやり方でだ」(9)

ハルゼーの慎重さは、ちゃんとした根拠にもとづいていた。その二十分後、レーダー・スコープが来襲する敵機を探知した。上空直衛機と警戒の駆逐艦がそれから数時間で八機の日本軍機を撃墜した。最後の一機は、V－Jデイの午後二時四十五分、第三艦隊の戦争に幕を引いた。艦隊は二度と戦闘で射撃することはなかった。

日本軍は本当に降伏するのか？

マッカーサー将軍は、連合国軍最高司令官（ＳＣＡＰ）として、間髪を入れず自分の権限を行使した。マニラの彼の司令部は、いくつかの周波数で東京に直接、放送をはじめ、通信や武装解除、連合軍捕虜の解放、公式な降伏合意、そして来たるべき占領軍の到着について、指示を出した。彼は天皇に、権限を付与された「有能な代表」がマニラに飛んで、これらの問題について話し合うよう指示した。

日本陸海軍の将兵が天皇の降伏の詔勅にしたがうかどうかは、誰にもわからなかった。最初の占領部隊は結局のところ、戦闘をまじえながら日本に入る必要があるかもしれなかった――あるいは、そうでなくても、きわめて重要な施設が破壊されているか、爆弾が仕掛けられているかもしれなかった。部隊は、最大限の戦力が得られるように、あらゆる不測の事態に対応する準備をしている必要があるだろう。部隊の大移動には、全軍種がかかわることになる――マッカーサーとニミッツの両戦域から集まってくる陸軍、海軍、海兵隊、陸軍航空軍が。

必要な地上部隊は沖縄やマリアナ諸島、フィリピンに散らばっていて、各地で九州への〈オリンピック〉上陸作戦の準備をしていた。まだ日本本土沖にいる第三艦隊は、横須賀海軍基地をふくむ東京湾に入ってこれを確保する使命をあたえられていた。時間が押し迫っているため、横須賀への上陸部隊は、すでに艦隊とともに海上にある海兵隊員と海軍兵で編成しなければならなかった。陸上施設の状態がわからないので、彼らには電気整備員や木工員、配管修理員、憲兵、軍医、通訳、そして――ミック・カーニーが回想したように――「文明社会の日常生活を形づくるのに役立つ、それ以外の百一のものすべて」が同行しなければならないだろう。[10]

第十一空挺師団は、八月二十六日に開始される大規模な空輸作戦で、東京の南西の厚木航空基地に飛ぶことになっていた。陸軍の空輸軍団は一日に三百機のC-54輸送機を厚木に送りこむ計画だった。大戦最大の空輸計画である――しかし、大型の四発輸送機は、何カ月も激しい爆撃を受けた航空基地に着陸しようとしていて、おまけに地上施設のほとんどは瓦礫と化していた。兵站上の困難はとほうもなかった。パラシュート兵たちは、V-Jデイの時点で軍国主義者の扇動と反乱の温床だった飛行場に、空から乗りこむことになる。

天皇の放送直後、厚木の搭乗員たちは愛機に乗りこんで、アメリカ艦隊に自爆攻撃を敢行すると誓っていた。軍紀を回復しようとした将校たちは、暴行を受け、叩きのめされた。「基地はまさに修羅場だった」と坂井三郎は回想している。「パイロットの多くはぐでんぐでんに酔っ払い、叫んだり、悪態をついたりしていた[11]」そのころ首都では、反乱軍部隊が都市の中心部に近い上野の丘と愛宕山を占拠し、陸軍の残りにも反乱にくわわるよう訴えていた[12]。デモと集団自決が皇居前の広場で起きた。米内提督は、軍紀が崩壊し、日本が混乱状態におちいるのを深く憂慮していた。彼は天皇の弟、高松宮を説き伏せて厚木にみずから介入させ、やっと基地の反乱を鎮圧することに成功した。米内はさらに近くの横須賀鎮守府の陸戦隊を動員して、厚木を占領させるため彼らを派遣した。彼らは飛行機が飛べないようにプロペラをはずした。米内はのちにこう述べた。「私の海軍大臣としての長い経歴を通じ、八月十四日から二十三日までの期間ほど、心痛したことは恐らくありませんでした[13]」

しかし、その同じ週に、日本政府が、軍の最上層部もふくめ、誠実に降伏を誓っていることがあきらかになってきた。東京とマニラ間の無線のやりとりは、きびきびとして、明確で、礼儀正しい調子だった。日本側はマッカーサーの指示にただちにしたがい、彼らが指示を完全かつ正確に順守すべく努力していることを裏づけるようなやりかたで、しばしば説明をもとめた。より有名な最初の降伏放送から二日後の八月十七日、天皇は軍への直接命令の形でもうひとつの勅語を発し、彼らに「朕が意を體し」、「鞏固なる團決を堅持し、出處進止を嚴明に」するよう指示した[14]。東久邇宮稔彦王が暫定首相に任命され、「今回の大詔の御精神、御誡め、御訓しを、臣民たるもの一人残らず、よくこれを体し、いやしくも、これに背くが如き行動の許されないのは、申すまでもないことでありまして[15]」と宣言した。皇族のメンバーが天皇の名代としてアジア全域の基地と司令部に派遣され、海外の全日本軍がまちがいなく武器を置くようにした。東京がこれらの軍使を乗せた飛行機の安全通行権を要求すると、マッカーサーはただちに同意した[16]。

マッカーサーの指示にしたがって、八月十九日、日本の和平使節団がマニラに飛んだ。使節団をひきいるのは陸軍参謀本部で梅津将軍の補佐役をつとめる河辺将軍だった。マニラの市庁舎での会議は形式ばっていたが、礼儀正しいものだった。アメリカ側は、軍用機と軍艦艇の武装解除、武器弾薬の安全確保、連合軍捕虜の後送、航海灯とブイの設置、そして機雷掃海について詳細な指示をあたえた(17)。日本側はとくに東京にある自分たちの軍隊を集めて武装解除する許可をもとめた。状況は危険をはらんでいると、彼らはいった——しかし、もう少し時間がたてば、反抗的な過激派を抑えることができる。アメリカ側は強硬だったが、ある程度の柔軟性はしめす用意があった。彼らは横須賀と厚木に進駐するのを四十八時間延期することに同意した。日本側の参加者は、勝者の態度に感銘を受け、彼らは厳しいが公正で、「傲慢でも、あざ笑うようでもなかった」と語った(18)。

八月二十七日、第三艦隊の主力が、東京湾の南西に位置する本州海岸の浅い湾入である相模湾に錨を下ろした。艦隊には戦艦と巡洋艦、駆逐艦がふくまれた——しかし、空母は全艦、洋上に残された。その位置なら、反撃にあまり身をさらさないようにしつつ、航空支援にあたることができた。戦艦ミズーリは沿岸部の歴史の街、鎌倉に近い三浦半島沖に投錨した。富士山はわずか四十マイル西方にそびえていた。艦隊の視界からは、日暮れには、太陽が富士山のちょうど向こう側に重なり、沈む赤い夕日が、黒々とした成層火山円錐丘のカルデラに向かってまっすぐ落ちていくように見えた。ハルゼー提督と〝汚い手部門〟の残りの面々は、この息を吞む壮観を見物するために、ミズーリの司令艦橋の張り出しにぞろぞろと出てくると、艦の写真員を呼んで、この光景を記録させた(19)。近くの戦艦アイダホ艦上のある士官によれば、太陽が沈んで見えなくなると、富士山は「日本の軍艦旗でじつにあざやかに見える真紅の光芒を放った。われわれは自分たちがふさわしい場所に来ていたことを知った(20)」。

翌朝の夜明けに、掃海艦の一隊が東京湾入り口から機雷を取りのぞく危険きわまりない作業を開始した。日本の水先人の協力で、安全な水路が海図に記され、ブイが設置された。横須賀と横浜の波止場地区と、東京へとつづく川の流域の周囲をふくむ、東京湾南西部の海域に投錨地が啓開された。ミズーリは横須賀の約四マイル沖の深さ十尋の水域に錨を下ろし、随伴の巡洋艦と駆逐艦がそれを取り囲んだ。近くには戦艦三隻の姿もあった。そのうちの一隻、サウスダコタはいまや、前日グアムから飛来していたニミッツ提督の旗艦をつとめていた。

ここからアメリカ軍は東西南北どの方角も見ることができたし、日本の領土以外なにひとつ見えなかった。わくわくするような感覚だったが、おちつかない気分にもなった。一部の者は、降伏がいんちきで、日本軍は裏切り攻撃を意図していると信じていた。艦隊は依然として一触即発の警戒状態で、乗組員は総員配置につき、艦砲は陸（おか）の目標に向けられていた。

空母航空群にとって、平和の最初の日々は、戦時中経験したのとまったく変わらず多忙だった。八月十六日から九月二日のあいだに、第三十八機動部隊のパイロットは、戦時中の同等の期間をことごとく上回る、合計で七千七百二十六回の飛行任務をこなした[21]。艦載機は連合軍戦時捕虜の収容所にビラを投下し、捕虜たちに連合軍要員が到着するまで収容所付近にとどまるよううながした。「終わりは近い」とそうしたビラの一枚は書きだした。「がっかりするな。われわれはきみたちのことを考えている。可能なかぎり早い機会にきみたちを支援する計画が進行している[22]」食料や衣類、医薬品、煙草の入った救援小包がパラシュートで投下された。

東京湾では、たくさんの捕虜が実際に水際にたどりついて、アメリカの哨戒艇に向かって叫んだり、信号を送ったりしはじめた。ニミッツは救助作戦を許可した。小型舟艇が入り江をさかのぼって、東京に近い収容所から捕虜を収容した。横浜沖の人工島にあった悪名高い〈大森第八収容所〉は八月二十九日、完全に解放された。その日の終わりには、七百名以上の連合軍捕虜が湾内に投錨する病院艦ベネヴレンスに後送された。餓死しかけた男たちは、むさぼるように食べて、信じられないような速さで体重を増やし、毎日二キロ前後ずつ太ることもめずらしくなかった。

1945年8月29日、横浜沖の大森第八収容所から救出された連合国の捕虜。National Archives

第四海兵連隊戦闘団は八月三十日、横須賀に上陸した。彼らは戦闘を予期しているかのように、完全戦闘装備で上陸した——しかし、敵対的な部隊に出会うことはなく、裏切りの証拠も見あたらなかった。一棟の倉庫で彼らは「合衆国海軍と陸軍に万歳三唱！」という言葉が英語で書かれているのを発見した[23]。基地はほとんどもぬけの殻で、残っていた数名の日本軍人はなんとしてももめごとを避けようとしていた。日暮れには、一万名の海兵隊員と海軍将兵が無事上陸していた。日本軍の鎮守府司令長官、戸塚（とづか）道太郎海軍中将は、礼儀正しく、協力的だった[24]。戸塚が深々と一礼して降伏した相手のミック・カーニーは、状況に頭が混乱し、異様とさえ思った。「通りでは子供たちがわれわれにVサインをした。これをどう解釈する？」彼は日本人の友好的な態度を、「不機嫌あるいは抵抗の態度に出会うより恐ろしい。……事態は無気味だった」と思った[25]。

爆弾の被害は横須賀のいたるところで目につ

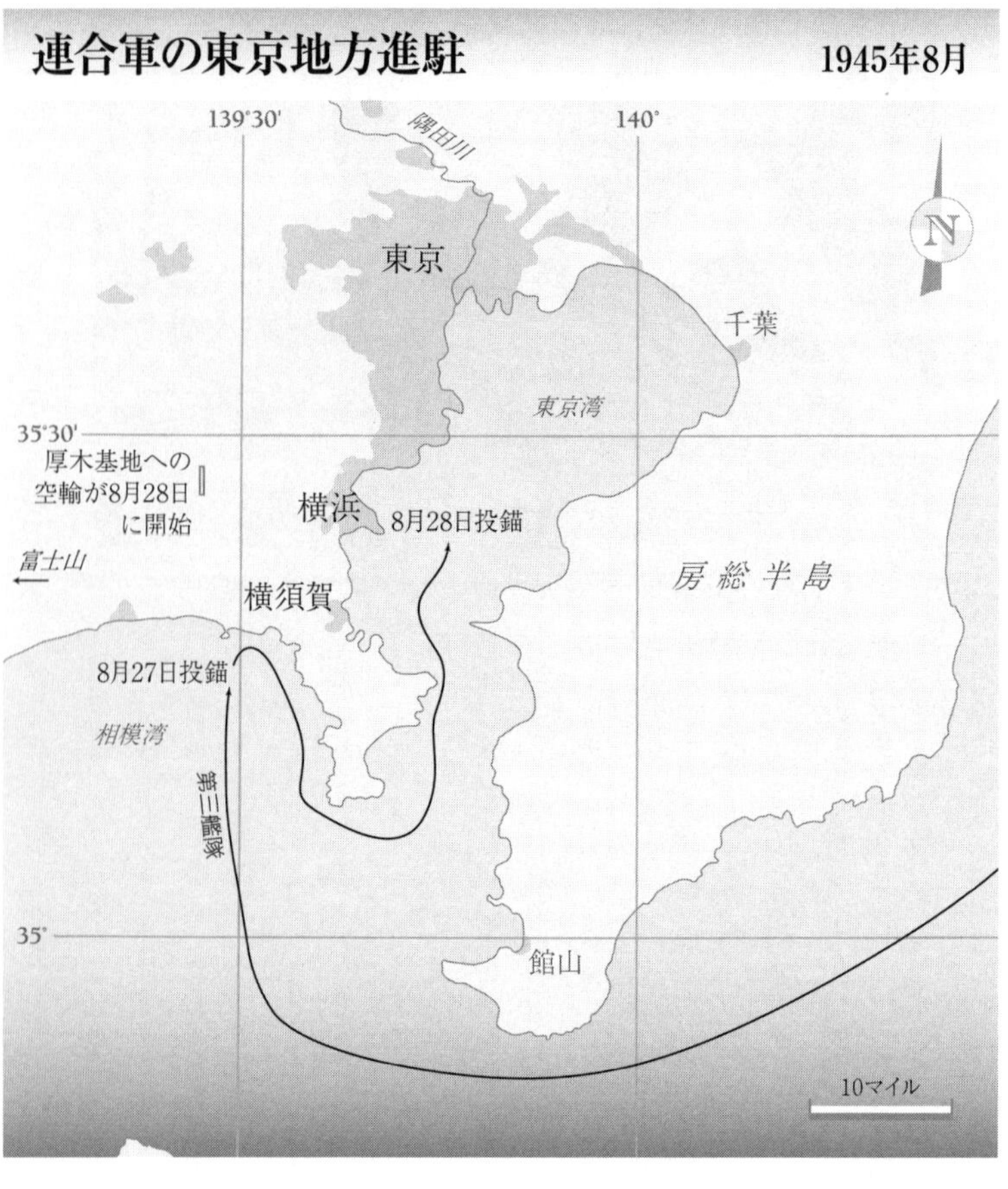
連合軍の東京地方進駐
1945年8月
139°30'
140°
隅田川
N
東京
千葉
東京湾
35°30'
厚木基地への
空輸が8月28日
に開始
横浜
8月28日投錨
富士山
房総半島
横須賀
8月27日投錨
相模湾
第三艦隊
35°
館山
10マイル

き、施設の多くは汚れていた。ある海兵将校はこう回想した。「彼らはあきらかにあきらめていた。兵舎の床は何カ月も磨かれておらず、泥が半インチから一インチ溜まっていた。施設はひどい状態だった。汚水だめは毎日、空にされ、老廃物は木製の手押し車か特大のバケツで運びだされたが、その全部が漏っていた。通りや兵舎、食堂には蠅の群れがたかり、下水設備を改修して、この場所をきれいにするのには、数カ月かかった。わたしは部下たちの健康が心配だった」[26] ハルゼー提督はその日の午後、上陸したとき、士官クラブが「なみはずれた大きさと態度の鼠に蹂躙されている」のを発見した。[27] 横須賀の兵舎のベッドは概してアメリカ人には小さすぎたため、艦隊から折りたたみ式ベッドとハンモックが運びこまれた。海軍建設大隊がすぐに仕事に取りかかり、厨房と食堂を建設して、配電網と電話網を修理し、道路の舗装をやり直して、日本軍の滑走路にアスファルトを敷いた。その後の何週間かで、彼らは礼拝堂や冷蔵施設、野球場、ジム、水の塩素処理施設、温水シャワーを建設することになる。

マッカーサーの到着

厚木への空輸は八月二十八日に実施され、第十一空挺師団の先遣隊が最初のC－54輸送機で着陸した。彼らは日本側の幹部に敬礼と握手で懇ろに迎えられ、特攻隊パイロットが最近まで使っていた兵舎へ案内された。兵舎は彼らの到着にそなえて入念に掃除され、準備がととのえられていた。彼らは食堂でできたての食事を提供された。八月三十日には、三百機以上のC－54スカイマスターが沖縄と厚木のあいだを九百八十マイル飛行して、ひっきりなしに往復した。輸送機は厚木に一時間に約二十機、つまり三分に一機の割合で着陸した。第三十八機動部隊の艦載機が航空路上の戦闘機直衛を提供した。

マッカーサーは八月三十日に到着した。明るく晴れた日で、本州の南岸全体がすばらしくよく見えた。将軍は専用機のC－54〈バターン〉号で沖縄からの五時間の飛行中、通路をいったりきたりしたり、操縦室をおとずれたりをくりかえした。富士山が百マイル以上前方で操縦室の風防ガラスに姿を見せると、彼は右側の副パイロット席に座ってシートベルトを締め、残りの飛行中ずっとそこに留まった。〈バターン〉号は三浦半島のくびれた部分を飛び越えたが、高度が低かったので、窓から鎌倉の青銅の大仏が見えた。それから機は東京湾上空で大きく旋回し、投錨中の第三艦隊を一望した。機は高度を下げながら、緑におおわれた農地や水田の上空を飛行した。航空基地の境目を横切ると、マッカーサーとパイロットの目には、爆撃で破壊された格納庫と地上施設の残骸と、プロペラをはずされた日本軍機の姿が見えた。〈バターン〉号は午後二時きっかりに着陸し、誘導のジープのあとから、駐機エリアに向かって地上滑走していった。そこには将兵と従軍記者の大代表団が集まっていた。

マッカーサーは下りる前に、機内の全将校に、拳銃を抜いて機内に置いていくよう指示した。武器は役に立たない、と彼はいった。なぜなら「われわれの十マイル以内には完全武装のジャップの十五個師団」がいるからだった。「もし彼らがなにかはじめる覚悟なら、われわれのこんなおもちゃの大砲などなんの役にも立たないだろう(28)」マッカーサーは占領下の日本で六年間勤務するあいだ、一度も拳銃を携行することはなかった。マッカーサーの航空部隊指揮官、ケニー将軍は、ふりかえってみてやっと、この意思表示が心理作戦のみごとな一手だったことに気づいたと述べた。なぜなら、「われわれがこの国を丸腰で、自分たちが打ち負かした七千万人の国家からの危険をまったくものともせずに歩きまわっているのを見ることは、ジャップに強烈な印象をあたえた。彼らにとって、それは、もう疑いの余地はないことを意味した。自分たちが負けたことに(29)」。

日本側はさまざまな型、色、年代の自動車とバス五十台を用意した。その多くは木炭で走るように改造されていた。このぽんこつ車の一隊は、マッカーサーとその一行を横浜繁華街の〈ホテル・ニューグランド〉に運ぶことになっていた。先導をつとめるおんぼろの赤い消防車は、騒々しいバックファイアとともに始動した。CBSラジオの記者、ビル・ダンは、「このくたびれて、ぼろぼろの、ぜいぜいいう木炭車は一台たりとも」十八マイルの道のりを走りきれるようには見えないと思った(30)。マッカーサーはリンカーンのセダンの後部席に乗りこみ、車列は穴だらけの道を、よく手入れされた水田と小さな木造家屋のあいだを抜けて走りだした。武装した何千という日本兵が、およそ二メートルの間隔で車道にそってならび、捧げ銃(つつ)の姿勢で道路に背を向けていた。これは敬意の仕草だと、アメリカ側は知った。何人かの農業労働者が通りすぎる自動車を興味深そうに見上げ、数人は手さえ振ったが、ほとんどの者は目を伏せていた。

アメリカ代表団は横浜の郊外に入ると、自分たちの焼夷弾爆撃の結果を地上で目にした。焼け野原が瓦礫の山と交互に現われ、石造りの煙突とコンクリート造りのオフィス街の全焼した残骸以外には、なにひとつ立っていなかった。困窮した市民が瓦礫のあいだをあさっている姿が見えた。多くの者は、材木や配管、波状の鉄板で造った掘っ建て小屋で暮らしていた。横浜の繁華街はまだよく残っていたが、まるでゴーストタウンだった。「商店のウインドーは板でふさがれ、ブラインドは下げられ、歩道の多くは人気がなかった」とコートニー・ホイットニーはふりかえった。「がらんとした通りをわれわれは〈ホテル・ニューグランド〉につれていかれた。われわれはマッカーサーが公式に東京入りするまでここに滞在することになっていた(31)」

マッカーサーの車がホテルの正面につくと、支配人とスタッフが彼を出迎えるために正面の階段で待っていた。彼らはまるで大きな名誉を意識しているかのように、マッカーサーを迎えられて心からよろこんでいるように見えた。支配人は深々と一礼をして、開いた手で先へ進むよう合図すると、マッカーサーをエレベーターから、ホテルの最上級スイートへと案内した。調度品は古く、すり切れていたが、部屋はきれいだった。その一時間後、将軍は下りてきてダイニングルームへ向かい、そこでステーキのディナーを供された。彼の副官たちは毒を盛られる危険を心配したが、マッカーサーは静かに「誰も永遠には生きられないよ」といって、肉にナイフを入れた[32]。ホテルの支配人はあとで、信頼してくれたマッカーサーに感謝し、自分とスタッフは「信じられないほど名誉に思っている」とつけくわえた[33]。

ダイニングルームは連合軍将校と従軍記者で盛況だった。彼らは厚木からぞくぞくと到着していた。厨房はなんとか彼ら全員を食べさせるだけの食事を出すことができた。ステーキの供給は尽き、メニューには魚のソテーしか残っていなかった。マッカーサーは将校たちに、スタッフへの信頼の証として、あまり食欲をそそらなくても魚を食べるよう呼びかけた。なぜなら「これは疑いなく彼らが提供できる唯一の食事だった」からだった[34]。

のちにマッカーサーは、ホテルのロビーでジョナサン・M・ウェンライト将軍と再会した。彼は一九四二年三月にコレヒドール島の司令官としてあとに残され、一九四二年五月に島を日本軍に明け渡していた。ウェンライトは、一九四二年二月にシンガポールを明け渡したイギリスのA・E・パーシヴァル将軍をはじめとするほかの軍高官とともに、満州の収容所に入れられていた。両将軍とも骨と皮ばかりになるほどやせ細っていて、彼らの姿は連合国を大いに怒らせた。戦争のあいだじゅうずっと、ウェンライトは、自分がコレヒドールを明け渡したことで恥ずべきふるまいをしたのだろうかと考えてきた――そしてたしかに、一時期、マッカーサーは部下たちに、最後まで戦わなかったことでウェンライトを非難した。しかし、いまやすべては水に流された。マッカーサーは自分の古い部下を抱きしめ、こういった。「なあ、ジム、きみの古い軍団は、もしきみが望めば、きみのものだよ[35]」

八月三十一日と九月一日は、バケツをひっくり返したような雨が降り、マッカーサーと幕僚は、ホテルから三丁離れた、横浜の波止場に近い大きな石造りの建物、横浜税関に新たな仮司令部を移した。厚木への空輸は休みなくつづけられ、占領軍部隊は国内に押し寄せた。九月二日には、アメリカ軍の歩哨がホテルと波止場の周囲の交差点に検問所と衛兵所を設置していた。第十一空挺師団の隷下部隊は東京郊外まで移動したが、多摩川の南岸で停止した。対岸では日本軍部隊が野営しているのが見えた。日本側当局は、地域の部隊の武装解除にじゅうぶんな時間をあたえるために、マッカーサーにアメリカ軍の首都入城をもう一週間、延期してくれるよう嘆願し、マッカーサーは同意していた。[36]

そのいっぽうで、軍の高官やジャーナリストは厚木に飛来しつづけた。車輌が足りないために自動車の相乗りが必要だったが、階級の序列が働いて、上級将校は待っている車をおかまいなしに徴発した。厚木と横浜のホテル間の十八マイルのルート上では、何十台という自動車と木炭バスが故障して、道ばたで立ち往生していた。はてしない遅延のあとで、バスが立ち往生した乗客を拾うためにときおり到着し、将軍や提督たちは、混み合うバスの通路でスーツケースに座りながら、威厳をたもとうとした。こうしたバスの一台に乗り移るあいだ、ソ連のクズマ・デレビヤンコ将軍は、シャツ姿で、荷物を引きずりながら、私物のウォッカに細心の注意をはらっている姿が見受けられた。[37]

八月三十一日に厚木に飛来したロバート・C・リチャードスン将軍によれば、「道路はひどいありさまで、どれも穴ぼこだらけなうえに、ひどく狭かった。道路はよく耕作された緑の田園地帯や、いくつかの村のあいだを走っていた。村々はどれもきわめて粗末で、貧しさにあえいでいた。びしょ濡れの人間たちが――男も女も――このみじめな道路の脇をばらばらに歩いていた[38]」。彼は横浜を「死者の街だ――人も、商店も、動きもない――ときおり路面電車か電車が通るだけ」だと感じた。[39]

降伏文書調印

〈降伏文書〉の正式な調印は、トルーマン大統領の娘によって命名され、彼の生まれた州の名がつけられた第三艦隊の旗艦、ミズーリの艦上で行なわれることになっていた。四万五千トンの戦艦の乗組員たちは灰色の防火塗料からチーク材が見えるようになるまで甲板をホーリーストーンで磨き上げ、鏡のように光るまで真鍮金具を磨いて、オイルの染みや錆の斑点を新しい塗料で隠した。式典は一分刻みで計画され、海軍と外交上のエチケットを厳格に順守していた。場所はギャラリー甲板の右舷側が使われることになっていた。これは前部十六インチ砲砲塔の見上げるような鋼鉄の基部に押しこまれた小さな三角形の露天甲板だった。参加者はひとりずつ立つ場所を割り当てられ、甲板に印がつけられた。来賓や従軍記者が乗艦すると、彼らはエスコート役をつとめる水兵によって所定の位置に案内されることになっていた[40]。

九月二日は、灰色の雲が空をおおい、季節はずれの涼しい日だった。アメリカと連合国の軍高官と署名者は、午前七時少しすぎから乗艦を開始した。駆逐艦がミズーリの左舷に横付けし、来賓は舷梯から乗艦した。艦の軍楽隊が連合国数カ国の国歌を演奏していた。ニミッツ提督が乗艦すると、ハルゼーの四つ星の将旗が檣頭（マストヘッド）から降下され、ニミッツの五つ星の将旗がひるがえった。ウェンライト将軍は、アイオワ級戦艦を見たことがなかったので、そびえ立つ上部構造物をあっけにとられて口をあんぐりと開けながら見上げた。「これほど巨大で、これほど砲をずらりとならべられるものがあるとは、とても信じられなかった」と彼はのちに書いた。「その砲は巨大な針鼠の刺のように見えた[41]」

マッカーサーと一行は、駆逐艦ブキャナンに乗ってミズーリへ運ばれた。最高司令官は右舷前部の舷梯を上り、ニミッツとハルゼーの出迎えを受けた。艦上に足を踏みだすと、檣頭のニミッツの将旗

1945年9月2日の朝、ミズーリ甲板上につめかける見物人、海軍兵、ジャーナリストたち。National Archives

とまったく同じ高さに、五つ星の三角旗がもう一旒ひるがえった。この措置は前例がなかった。海軍の礼式は、軍艦にはいついかなるときも一旒の長旗——座乗する最先任の提督の——しか掲揚してはならないとさだめていたが、きょうは前例のない日で、誰もマッカーサーの気むずかしい幕僚の機嫌をそこねる危険は冒したくなかったのだ。

ニミッツとハルゼーは、マッカーサーをハルゼーの居室に案内し、そこで三人はしばし私的な会話を交わした。ミック・カーニーは、マッカーサーがハルゼーとは親しげで、打ち解けていて、「ブル」と呼びかけているが、ニミッツにたいしてはいくぶん冷たく、よそよそしいのに気づいた[42]。マッカーサーは、ハルゼーの専用トイレに姿を消して、しばらくそこにこもっていた。ダスティ・ローズは日記にこう記した。「彼が吐いている音が聞こえたので、わたしは軍医を呼んできましょうかとたずねた。彼はすぐによくなると答えた[43]」それから何分かして、彼はギャラリー甲板を見おろす張り出し

1945年9月2日、降伏調印式直前、東京湾のミズーリ艦上のハルゼー（左）とジョン・マケイン提督。調印式が終わってすぐにアメリカへ出発したマケインは4日後、カリフォルニア州コロナドの自宅で心臓発作を起こして死去した。Naval History and Heritage Command

に足を踏みだした。カメラマンたちが彼を見て叫び声を上げ、こっちを見てくださいとたのんだ。マッカーサーはポーズを取って、「いいとも、こいつを撮りたまえ」といった[44]。

式典は、全世界から集まった二百二十五名の記者と七十五名のカメラマンからなる膨大な記者団の取材を受けた。そのなかには日本の〈同盟通信〉の映画撮影班もいた。左舷手すりの舷外に一段高い仮設の報道席がもうけられていたが、この壇は記者とカメラマンでぎゅう詰めだった。行儀の悪いニュース記者たちは同僚たちと張り合い、もっといい位置をもとめて押し合いへし合いするほどだった。あるソ連の新聞記者は、ソ連代表として降伏文書に署名するデレビヤンコ将軍の真後ろに立ちたがった。どくよう指示されると、彼はモスクワから特別な指示を受けているといってことわった。スチュアート・S・マレー艦長は、筋骨隆々の海兵隊員二名を呼び寄せ、彼らは記者の両腕をつかんで、甲板二層分上の彼が割り当てられた場所まで引きずっていった。アメリカ軍士官と外国の要人の何名かは、このささやかなもめごとをおもしろがった——デレビヤンコ将軍もそのひとりで、彼はうれしそうに笑って、「すばらしい、すばらしい」と叫んだ[45]。

出席者が持ち場につくと、ある記者は、この狭い露天甲板にアメリカがかつて第二次世界大戦前に任命していた以上の数の三つ星あるいは四つ星の将軍と提督が立っていることに気づいた。ターナーやマケイン、ロックウッド、ラドフォード、ボーガン、タワーズ、ふたりのシャーマン、そしてふたりのスプレイグなど、太平洋戦争における海軍の中心人物の多くが出席していた――しかし、スプルーアンスとミッチャーがいないのがとくに目についた。ニミッツは、狙いすました特攻機の自爆攻撃が一撃で最高司令部を根こそぎにするといけないので、ふたりには離れているようもとめていた。海兵隊の代表は、ガイガー中将とふたりの准将だった。アメリカ陸軍と陸軍航空軍を代表して、十六インチ砲の巨大な砲塔に背を向けて整列しているのは、カーキ色の密集隊形で、その第一列にはクルーガー、アイケルバーガー、ケニー、スパーツ、スティルウェル、リチャードスンの将軍連がふくまれていた。マッカーサーの補佐役であるサザーランド将軍は、痩せ衰えた元戦時捕虜のウェンライトとパーシヴァル両将軍とならんで立ち、〈降伏文書〉に署名するときにはマッカーサーの真後ろに立つことになっていた。ずんぐりした白い服のC・E・L・ヘルフリッヒ提督はオランダの調印者だった。黒い帯剣ベルトにオリーブの軍服を着用する徐永昌将軍は、中国を代表していた。歯ブラシのような口ひげを生やし、高い円柱状の〝ケピ〟帽をかぶったジャック・ルクレール将軍は、フランスを代表して署名する。白いショートパンツに白い靴、膝の下まである白い靴下という男子生徒のような夏季軍装姿のサー・ブルース・フレイザー提督は、イギリスを代表していた。それ以外の調印者は、カナダ、オーストラリア、ニュージーランドを代表していた。

甲板の中央には、ミズーリの兵員食堂から持ってきたテーブルに、無地の緑のラシャ布が掛けられていた。二通の〈降伏文書〉とたくさんの黒い万年筆がテーブルの上に置かれていた。

日本側の代表団は十一名の文官と軍人からなり、陸軍参謀本部代表の梅津美治郎将軍と、降伏の翌日、(東郷に代わって)その職に返り咲いていた重光葵外務大臣にひきいられた。彼らの名前は、暗

マッカーサーの登場を待つ日本の代表団。先頭に立つのが重光葵外相（シルクハットとフロックコート姿）と陸軍参謀総長・梅津美治郎将軍。重光の補佐役である加瀬俊一はのちにこう回想した。「百萬の眼は百萬の火の箭となり、雨あられと我々を射すくめた。これが五體に突き立つので、私は本當に肉體的な激痛を受けたやうに感じた……凝視する眼がこれほど人を傷つけ得ることを、私は始めて體験したのである」National Archives

殺の標的になるといけないので、日本では秘密にされていた。彼らは横浜の桟橋に到着すると、アメリカ軍の検問所をいくつか通過して、米駆逐艦ランズダウンに乗りこんだ。日本の代表団がアメリカ艦隊の中心部にゆっくりと運ばれていく長い時間、アメリカ軍の乗組員は彼らになにひとついわなかった。彼らはモーターランチに乗り換えさせられ、ミズーリにつれていかれた。巨大な戦艦に近づくと、彼らは顔を上げ、アメリカ軍水兵が手すりに一列にならんで、冷たく押し黙って見おろしているのを目にした。

日本代表団は、武装して整列する海兵隊員に厳しく見張られながら、左舷の舷梯からひとりずつ乗艦した。梅津将軍以下の日本の軍人は敬礼したが、アメリカ側は答礼しなかった。何年も前に上海の爆弾事件で片脚を失っていた重光外相は、杖の助けを借りて、木製の義足で歩いていた。揺れる舷梯を長い時間かけてゆっくりと上っていったが、足の不自由な老外交官を見ても、乗組員は同情する気になれなかった。あるアメリカ人は、「彼がミズーリの舷側を苦労して上ってくると、義足が舷梯の一段一段をごつんごつんと打つ音」を聞くことができたし、ある従軍記者は、重光の苦しい努力が「冷酷な満足感をもって」見守られていたと記した(46)。

露天甲板で、十一名の日本人は三列にならび、ぎごちなく気をつけをして待った。重光は代表団の先頭で杖にもたれ、黒いフロックコートに縦縞のズボン、白手袋に、背の高いシルクハットという、伝統的な外交官の礼装に身をつつんでいた。その左側では、梅津将軍が金モールと胸に略綬をずらりとつけたオリーブ色の軍服を着ていた。ふたりとも目を伏せていた。重光の補佐役である加瀬俊一は、視線を上げて、どの甲板も砲塔も手すりも、空間という空間は見物人でいっぱいであることに気づいた。水兵たちはミズーリのマストの台や索からぶら下がりさえしていた。戦艦の煙突に視線をやると、小さな旭日旗の列が加瀬の目に見えた。それぞれが艦の対空火器によって撃破された日本軍機を表わしていた。艦長室の隔壁にガラスケースで目立つように飾られているのは、マシュー・ペリー代将の〈黒船〉が九十二年前、この同じ海域に錨を下ろしたとき掲げていた三十一星のアメリカ国旗だった。

カメラのシャッターが音を立てたが、誰もしゃべらなかった。日本人たちは四分間、立って待っていたが、その時間は永遠につづくかに思えた。「百萬の眼は百萬の火の箭となり、雨あられと我々を射すくめた。これが五體に突き立つので、私は本當に肉體的な激痛を受けたやうに感じた」と加瀬は書いている。「凝視する眼がこれほど人を傷つけ得ることを、私は始めて體験したのである(47)」

九時きっかりに、ミズーリの砲術長が両手で口のまわりにメガホンをつくると、叫んだ。「総員、気をつけ！」マッカーサーが甲板に足を踏みだし、ニミッツとハルゼーがそれにつづいた。三名は緑色のラシャ布でおおわれたテーブルの後ろの空間へつかつかと歩いていった。全員がネクタイなしの簡素なカーキ色の制服姿だった。ある従軍記者はマッカーサーの制服が着古されていることに気づいた。「ズボンの裾はほつれ、喉元を開いたシャツはあきらかにすり切れていた。胸には略綬や勲章はいっさいつけず、襟に止められた銀の五つ星の小さな円が、この制服を平のGIのものと区別するすべてだった」[48]着古した飾りのないカーキ制服は、彼の後ろに立つ連合軍署名者の数名が着ている華やかな制服と強烈なコントラストをなしていた。

マッカーサーはマイクの放列の前に進みでた。間を置いて、彼はゆったりとした大声で話しはじめた。

われわれ主要交戦国の代表は、平和を回復するという厳粛な協定を締結するため、ここに集まった。異なる理想とイデオロギーがからむ問題は、全世界の戦場で決着がつけられ、よってわれわれが話し合ったり議論したりすることではない。われわれは、不信、悪意、あるいは憎しみの精神で、こうして地球上の人々の大多数を代表して、ここに集まったのでもない。そうではなく、われわれ勝利者と敗者の双方が、これから貢献しようとしている神聖なる目的にのみ役立つ、あのより高い尊厳に立ち至り、ここで公式に受け入れることになる和解に無条件で忠実にしたがう義務をわれわれ全員に負わせるためなのである。[49]

最高司令官ははっきりとしゃべったが、あきらかに感激していた。彼の手は、準備していた手書きのメモを読み上げるあいだ、感情で震えていた。[50]マッカーサーはテーブルの上の文書を指ししめし、こういった。「日本帝国政府と日本帝国参謀部の代表はいまから前に来て、署名するように」

静寂のなかで、重光は足を引きずりながら前に進みでて、テーブルの椅子に腰を下ろした。加瀬がそのわきに立った。外相は帽子と手袋をとり、テーブルに置いた。そのあと一瞬、混乱があって、彼はどこへ署名すればいいのかわからずに、二通の降伏合意をしげしげと見た。重光は完璧に英語を読めたので、手間取る理由はないように思えた。ハルゼーは彼が時間かせぎをしているのではないかと思い、外務大臣の背中を叩いて、「いいから署名するんだ！　署名しろ！」と叫びたくなる衝動を抑えた。[51]最終的に、マッカーサーがサザーランドのほうを見て、簡潔にいった。「サザーランド、どこに署名すればいいか教えてやれ[52]」

サザーランドは外務大臣の名前の上に引かれた線に人差し指を載せた。重光は加瀬を見上げ、彼は時計を見て、九時四分ですといった。外務大臣は万年筆を走らせて自分の名前を漢字で書くと、時刻を添えた。これで第二次世界大戦は公式に終了した。

重光が席を立って、自分の場所に戻ると、梅津将軍がマッカーサーやほかの連合軍将校と目を合わせないようにしながらつかつかと前にやってきた。彼は着席しなかった。胸ポケットから万年筆を抜いて、テーブルに身を乗りだし、署名すると、自分の場所にすぐさまとって返し、依然として目を伏せたまま気をつけの姿勢で立った。ある目撃者は、梅津の後ろに立っているもうひとりの日本軍将校が涙ぐんでいるのに気づいた。

マッカーサーはウェンライトとパーシヴァルに前へ出るよう合図すると、それからテーブルの席に着いた。彼はポケットから六本の万年筆を取りだし、それをテーブルに置いた。彼は自分の名前を書きはじめ、それから中断して、ウェンライトのほうを向き、彼に万年筆をあたえた。彼はもう一本の万年筆を取って、さらに数文字書いてから、ふりかえってそれをパーシヴァルに手渡した。彼は残る四本の万年筆を使って署名を終えた。これらはアメリカのさまざまな相手に贈り物として進呈するつもりだった。ある記者は、マッカーサーの手が署名しながら感情で震えているのに気づいた[53]。

ニミッツ提督がつづいてアメリカを代表して署名した。彼も緊張して感情的になっていたようで、のちに友人に、「興奮で手が震えて、ほとんど名前が書けなかった」と語った[54]。

連合軍の署名者たちはひとりずつ前に進みでて、署名を書き添えた。中国、イギリス、ソ連、オーストラリア、カナダ、フランス、オランダ、そしてニュージーランド。

マッカーサーはそれからマイクの前に戻り、こういった。「世界にいま平和が回復され、神がそれを永遠にお守りくださることを祈ろう。この手続きは終了した」

マッカーサーとほかの連合軍高官は、コーヒーとシナモンロールのためにハルゼーの公室に移動し、重光外相と加瀬俊一は前に進みでて、降伏文書の日本側複写を調べた。彼らは調印者のひとり、カナダのL・ムーア・コスグレイヴが、まちがった線に署名しているのに気づいた。コスグレイヴにつづいたほかの連合軍代表三名は、それぞれ一行下に署名していたので、彼らの署名は、署名用の線の下に印刷された名前と一致していなかった。サザーランド将軍とほかの数名のアメリカ軍将校が文書を調べながら重光と加瀬と協議した。最終的にサザーランド将軍が腰を下ろして万年筆を取り、連合軍代表の印刷された名前を線で消して、あやまった署名の下に正しい名前を書き入れた。サザーランドはのちに、文書はこの編集でやや汚点がついたが、「いずれにせよこれを見るのはごく少数の人間だろう。なぜならおそらくこれは最高機密の公文書保管所のいちばん奥の隅に埋もれることになるだろうからだ」と思ったと語った[55]。

日本側が待機するモーターランチへと舷梯を下りていくと、飛行機のエンジンのうなりが南の方角で聞こえた。彼らが見上げると、うなりはしだいに高まって轟音となった。百機のB－29が、雲底の下の低い高度を、きっちりと間隔を取った編隊で、頭上を通過した。それから第三十八機動部隊所属の艦載機、ヘルキャットとコルセア四百五十機の空の大艦隊がやって来た。彼らは東から進入し、B－29の航跡と直角に交差して、横浜と東京上空へと進んだ。艦載機はほとんど約二百フィートから四百フィートの高度で積み重なり、スーパーフォートレスよりも低い、マストのてっぺんほどの高度で飛んでいた。

儀礼飛行はゆうに三十分間つづいた。低空飛行する軍用機のエンジン音はあまりにも大きかったので、ミズーリ艦上の者たちは声を張り上げなければ言葉が聞き取れなかった。ミック・カーニーは、「畏敬の念を起こさせるすばらしいショー」と呼び、集団航空パレードは、「なにかをまたはじめたがっていた者たちにまちがいなく二の足を踏ませたことだろう」とつけくわえた(56)。

突然かつ完全な平和

アメリカ軍と連合軍は敗戦国に押し寄せた。十四箇所の主要な指定占領地域が、九州南部から北の島、北海道に広がり、あらゆる都市圏と工業地域、あらゆる陸海軍基地、あらゆる主要な戦略的水路と沿岸の通関港がふくまれた。多くの地域では、前衛部隊が空輸で到着して、貨物機を定期スケジュールで受け入れる能力のある飛行場を確保し、それから物資や増援部隊を海路上陸させることのできる近くの海港と連係した。ミズーリ艦上の式典から三日後には、第一騎兵師団と第九軍団の重装甲の先遣パトロール隊が東京に入り、九月八日の主要占領部隊の到着を準備するために、おもな道路と橋を確保した。一九四五年九月末には、アメリカ第八軍は、大東京地方と関東平野全域をふくむ日本の中央部と北部に合計で二十三万二千三百七十九名の将兵を有していた。そして、アメリカ第六軍は、大阪＝京都＝神戸地区と、本州南部の残り、そして四国に部隊の空輸を開始していた。第六軍の司令部付き部隊は大阪湾口の和歌山に上陸し、二日後、京都で店を開いた。第二と第五の二個海兵師団は、九州の佐世保と長崎に上陸し、陸上を移動して、大きな南の島全域の港と都市を占領した。占領の最盛期には、七十万名以上の連合軍将兵が日本に駐留していた[57]。

多くの近郊地域では、形ばかりの占領部隊しか置かれず、もし徹底抗戦を叫ぶ日本軍の過激分子が戦うことを選んでいたら、あっというまに蹂躙することができただろう。マッカーサー将軍の司令部が作成した報告書は、占領を、「計算されているが、大きな軍事上の賭け」と呼んだ[58]。アメリカ軍は、天皇の意志と権限が日本国民、とくにまだ武装解除されていない陸海軍の将兵に、心理的な呪縛をかけることに賭けていた。この賭けはみごとな成果を挙げた。人口の多い国家の端から端まで、一発の銃弾も連合国占領軍にたいして発射されることはなかった。戦争から平和への切り替えは、びっくりするほど突然で完全だった。三、四週間前には、日本国民は竹槍と出刃包丁で侵略軍に立ち向かう準備をととのえていた。いまや、彼らは一礼をして、にこやかに笑い、新参者たちを賓客として歓迎していた。

アメリカ陸軍のリチャード・レナード軍曹は九月十一日、和歌山に上陸した。彼の小隊は、ヒギンズ・ボートから強襲上陸を行なった。彼らが武器をかまえて砂浜を進んでいくと、武器を持たない日本の民間人が温かい笑顔で彼らを歓迎し、露天商人はアクセサリーや土産物を売りこんだ。巡洋艦モントピリアの水兵ジェイムズ・フェーイーは翌日、神戸に上陸し、仲間の乗組員数名と徒歩で一帯を散策した。日本人たちは彼らを興味深そうに見つめたが、恐がっている様子も、敵意も見せなかった。薩摩芋の配給で行列している女性の一群は、アメリカ軍水兵の化け物のような身長——とその目——をおもしろがった。「われわれはいっしょになって笑った」とフェーイーは日記に書いた。「誰もが楽しいときをすごした。彼らはじつに親しみやすかった[59]」

占領軍と日本人はそれぞれに、おたがいに親しくしないよう警告されていた。しかし、この禁令は双方ともほとんど無視されていたようだ。ある若い日本人男性は、フェーイーとのもうひとりの水兵を自宅に招いて家族に会わせた。フェーイーはその訪問をこう描写している。「彼らはとてもすばらしい自宅を持っていた。彼らがいい階級の出であることはわかった。ある部屋には装飾的な大テーブルがあり、隅にはラジオが置かれていた。天皇裕仁の写真も壁に掛かっていた。彼は彼らにとって神だった。帰る前にわれわれは握手をして、別れの手を振った」数多くの激烈な海戦と特攻機の攻撃を経験した歴戦の戦士であるフェーイーは、ふつうの日本人が誠実で勤勉で、「世界のどんな場所の人々とも変わらない」ことを知って驚いた。[60] レナード軍曹も同意見だった。婚約者への手紙のなかで、彼は「平均的なジャップは、きみやぼくと変わらないくらい、『世界を支配すること』なんてどうでもいいと思っている。そうしろと命じられたから戦争に行って、命じられたとおりにつとめをはたした、ごく普通のやつなんだ[61]」戦時中、レナードは日本人を憎んでいた――日本人全員を憎んでいた――が、いまや彼はその感情が記憶のあいまいな夢のように消えていくのを感じた。

ぼくは生まれつきかなり疑り深いほうだが、ぼくは誰を憎めばいいのだろう？　列車が駅を離れる直前にぼくが売ってやった煙草ひと箱の代金をはらうために、列車の窓の横について五十ヤードも走っている少年を憎むことなどできるだろうか？　ぼくたちを自宅につれていって夕食をごちそうし、一家の家宝を土産に受け取らせる老人を憎むことができるだろうか？　通りで駆け寄ってきて、ぼくに抱きつく子供たちを憎むことができるだろうか？　あるいはある夜、何マイルも遠まわりしてぼくを家まで乗せていってくれたジャップのトラック運転手を？　あるいはぼくに駆け寄ってきて、たったひとつしかない人形をプレゼントしてくれた小さな女の子（約四歳）を？　ぼくの答えは、できない、だ。[62]

日本人のほうも同様に、ほとんどのアメリカ人が慎み深く礼儀正しい性質であることを知って、おおいにほっとした。占領軍の最初の先遣隊を受け入れる予定の共同体は、恐怖に見舞われていた。依然として戦時中のプロパガンダの影響下にある民間人は――あるいは、たぶん日本軍が外地でどのようにふるまったかをいくらかでも感づいていた者は――自分たちが残虐行為や略奪、大量殺戮、凌辱を経験するだろうと思っていた[63]。多くの女や娘は人里離れた山村に逃げだした。そのほかの者は通りに近づかないようにして、身を隠し、あるいは少年のふりをしたり、醜く見えることを願って顔に炭を塗りたくったりした。なかには、大動脈を切って自害するつもりでするどい刃物を持ち歩く者もいた。

アメリカ兵たちが東京の北方の宮城にはじめて到着すると、疎開中の学童の一団は宿舎に隠れて、障子に開けた穴からのぞいた。彼らは人間を見るとは思っていなかった。「わたしたちはふと、『やつらには角があるにちがいない』と思いました」とひとりは回想した。「わたしたちは頭から角を生やしたおっかない鬼を想像しました。みんなもちろんがっかりしました。角なんかなかった[64]」少年たちの何人かは出ていき、チョコレートバーを持って意気揚々と戻ってきた。

日本人は小さな親切を心に留めた。路面電車では、アメリカ兵はしばしば妊婦や年配者に席を譲ったが、これは日本ではあまり見られなかった習慣だった。アメリカ軍の将校と下士官兵は比較的肩の凝らない関係にあり、将校や下士官は部下を殴ったりしないことがわかった。アメリカ軍のＧＩは子供には気前のいい性格で、子供たちはすぐに新参者におねだりするのは儲けになる事業であることに気づいた。彼らは英語の断片、「ギブ・ミー・キャンデー」や「ギブ・ミー・チョコレート」をおぼえた[65]。ある日本人女性はアメリカ戦略爆撃調査団の調査員にこういった。「雨が降ったときには、米軍の車は歩行者に泥はねを飛ばさないようにしてくれるので、ありがたいです」[66]東京の狭い道でリヤカーを引く男性は、逆方向から来るアメリカ軍のトラックに行く手をはばまれた。「彼らはトラックを止めると、わたしの小さなリヤカーをトラックの向こう側まで運んでくれた」と男性はふりかえった。「彼らはにこやかに笑いながら別れを告げて去って行った。まったく、なんて思いやりのある人たちだろう。おかしな話だが、わたしはいままで経験したことのない勢いでリヤカーを引っぱりだした[67]」

日本人は当然ながら自分たちが占領軍を食べさせる必要があると思っていた。日本軍が占領した外国の領土では、征服された住民から食糧を徴発するのが通常の手順だったからだ。しかし、戦争で農業生産がひどく落ちこんでいるうえに、占領軍はたらふく食べると予想できるため、大量飢餓は避けがたいように思えた。降伏後、農商省と経済委員会の役人たちは国内の食糧生産が来たるべき冬に最低限必要な量にはるかに足りないだろうと警告した。

しかし、八月十八日、マッカーサーの司令部は、占領軍が自分たちの食糧を運びこむと発表した[68]。実際には、占領軍はしばしば地元の民間人に救援食糧を提供することになった。その大半は、非公式あるいは急場しのぎの慈善行為だった。横須賀海軍基地では、降伏直後、アメリカ軍は「トラック二十台分の小麦粉、押しオート麦、缶詰、そして米」を地元の民間人に提供し、翌日には、さらに十一台のトラックが「医療用品や毛布、茶などの物品」を載せて到着した[69]。東京南部の陸軍駐屯地では、腹を空かせた小さな顔が金網の囲いに押しつけられた。兵士たちは規則を無視して、子供たちに食料をあたえた。噂が広まり、さらに多くの子供たちが姿を現わし、ついには毎朝、女性と子供の行列が門のところにできて、兵士たちは南京袋からC携帯糧食の缶詰を手渡し、そのあいだ指揮官はそっぽを向いていた。

東京のある地域では、アメリカ軍は缶入り固形燃料をくばったが、携帯用の調理容器の機能と目的は言葉の壁のせいで浸透しなかった。受け取った者たちは缶を開けて、燃料を食べようとした。まずくて吐きだした彼らは、アメリカ軍が自分たちに毒を盛ろうとしたと叫んだ。この見解は、少し英語を読める隣人が実際に缶に〈有毒（ポイズン）〉と書いてあるのに気づくと、信頼性を獲得した。この混乱は最終的に、ある日本在住アメリカ人女性によって解消された。「マッチをつけると皆が目をまるくした」と彼女はいっている。「燃料が少い折から使い方がわかると人々は大喜びだった」[70]

占領は、一様に友好的で法を順守していたわけではなかった。古い憎しみはなかなか消えなかった。占領軍の陸軍兵と海兵隊員の多くは、太平洋の島々の非情な戦闘の経験者だった。なかには、最近まで敵だった相手のあきらかな親切を無気味でおちつかなく思い、信用しようとしない者もいた。解放された戦時捕虜の衰弱した状態は、彼らの怒りをかき立てた。アメリカ軍と連合軍の将兵は、日本国内で強盗や強姦、殺人などの犯罪を犯した。しかし、そうした犯罪の統計値は、はっきりしない。占領軍当局は新聞がそれを報じることを許さなかったし、内部の軍事司法手続きの詳細な記録を取っていなかった（このテーマは日本占領史でほとんど注目されてこなかったし、アメリカ側の公文書のなかにはほとんど見つからない）。性的暴行事件の発生を抑えることを願って、日本政府は〈保養娯楽協会〉（訳註：日本側呼称「特殊慰安施設協会」）を設置して、下層階級の日本人女性を何千人も雇い、横浜などの基地に近い娼館で娼婦として働かせていた。しばらくはアメリカ軍当局もこうした施設を大目に見て、（ハワイなどの場所でやっていたように）軍医に女性たちの検査さえさせていた。[71]

多くの日本人は、占領軍将兵とつれだって歩く日本人女性の姿に憤慨し、気分を悪くした。〈パンパン〉と呼ばれた彼女たちは、赤い口紅に、ナイロンのストッキング、ハイヒール姿の若い日本人女性で、しばしばジープやトラックにアメリカ軍人と同乗しているところが見受けられた。占領初期の苦しい時代には、彼女たちはあきらかに仲間の市民の多くよりもよく食べ、いい暮らしをしていた。

アイケルバーガー将軍によれば、彼の第八軍にたいしては、一件の「計画的抵抗」しか発生しなかった。横浜と東京のあいだにある町、ヤマタでは、自警団が結束して、連合軍将兵を非番時に町に入らせなかった。アメリカ兵二名がさらわれて、ぶちのめされた。アイケルバーガーは示威行為を命じ、「戦闘隊形の装甲車輛が数時間、ヤマタの通りを走りまわった」。犯人たちは逮捕され、投獄された[72]。

しかし、そうした事件は、占領軍側からも日本側からも、通例ではなく例外と考えられた。日本人は多かれ少なかれ敗北を受け入れ、それを最大限活用した。日本政府の既存の省庁はマッカーサー司令部の監督下で機能しつづけた。日本軍部隊は、概して敵意あるいは恨みを外に表わすことなく、占領軍の権限を受け入れた。軍の将校は自分の部隊の復員や残存する軍用機、武器弾薬の破壊に進んで協力した。

1945年9～10月頃の東京で、和傘を日除けにさして自転車をこぐ米海軍兵。National Archives

軍人同士の関係は心のこもったものだった。原為一大佐は、九月二十三日、九州の自爆高速艇基地をアメリカ海軍大佐に明け渡したとき、「アメリカ軍の大佐は征服者というより友のようにふるまって、わたしを感服させた」と回想している[73]。例外はまれだった。その同じ日、近くの長崎港では、日本の沿岸防衛艇の艇長がアメリカ海軍の代表団に「無礼で挑発的な行動を取った」。この事件が報告されると、違反者は拘束され、日本海軍から追放されて、当局が協力を強化する覚悟であることを確認した[74]。占領の初期段階はじつに円滑に進行したため、マッカーサー将軍は、ミズーリ号の調印式から一カ月もたたないうちに、日本駐留の連合軍将兵の総数が一九四六年七月までに二十万名に減少するだろうと発表した[75]。

日本人は、かつての敵がおおむね礼儀正しく高潔であることを知って驚き、安堵したが、それと同時にもうひとつの感情に見舞われた。日本の庶民は、唐突に、自国の指導者たちに自分たちがどれほど徹底的にだまされてきたかを理解したのである。プロパガンダは依然として彼らの耳に響いていた――忘れることはほとんどできなかった――が、ふりかえってみれば、すべてが狂っているように思えた。ポツダム宣言はこう主張していた。「日本国民をあざむき、世界征服ができるかのようなあやまちを犯した者の権力および勢力を永久に除去するものである」そして、日本は「無責任な軍国主義」を捨て去らねばならなかった[76]。日本国民は、戦後政府の政策に関係なく、その条件を自分たちで満たすことになる。

戦時中の軍指導部は幅広く軽蔑された。こうした態度は降伏前から広まっていたが、弾圧がこわかったので表立ってはけっして口にされなかった。いまやそれが浮上した――強力で、生理的な、心の底からの戦争への嫌悪と、日本をそこに突き進ませた者たちへの憎しみが。「わたしは軍人が大嫌いだ」と、畑中繁雄は典型的な意見を述べた。「彼らは教育のせいで彼らを別種の人間と思っている。軍人は特別の日には儀礼用の軍服を着る、ああいうのは子供じみた愚かな考えかただ[77]」日本兵が外地から帰還させられると、多くの一般民間人は日本の戦争犯罪の規模をはじめて知った。ある若い女性は、兵士たちが中国で犯した残虐行為のことを冷酷に話し、自分たちが強姦した女性の数を笑い話にしているのを耳にした。彼女は自分がそんな戦争をささえていたという思いに震え上がった。「もう居てもたってもいられませんでした[78]」グエン・テラサキが述べたように、「歴史にかつてなかったような冷静な眼で自分たちをみつめると、日本国民は軍部の無謀さに気がついたのみか軍部に信をおいた自分たちの愚かさを覚った。この幻滅感は骨の髄まで沁み透った」[79]（訳註：グエン・テラサキは日本の外交官、寺崎英成のアメリカ人妻で、戦時中、夫と娘のマリコとともに日本で暮らした）。

運命づけられた壊滅的失敗

負けたばかりの戦争をふりかえった日本の指導者たちは、自分たちの愚かさに驚嘆した。太平洋戦争の転換点を挙げるようもとめられた米内提督は、こう答えた。「きわめて率直に申し上げれば、戦争のターニング・ポイントは、そもそも開戦時にさかのぼるべきでした。私は当初から、この戦争は成算はないものと感じていました。……あの戦争計画は、当時の情勢や、わが国の戦争能力の実際に鑑みるとき、決して適当な計画ではなかったと、今日に至るまで信じています[80]」

同様の見解は、一九四五年秋にアメリカ戦略爆撃調査団の聴取を受けた日本の指導者の多くが表明した。一九四一年十二月にアメリカと連合国を攻撃するという彼らの破滅的な決定は、あやまった想定の一覧にもとづいていた。彼らは、アメリカの経済力が勝敗を決するような長期の消耗戦を回避して、戦争にすばやく勝利できると想定していた。彼らはナチ・ドイツがヨーロッパでは無敵で、イギリスとソ連を打ち負かして服従させるだろうと想定していた。日本とオランダ領東インドの石油供給源とをむすぶ海上交通路は、潜水艦と航空攻撃に抗して確保できると想定していた。そして、アメリカ艦隊の主力が西太平洋に進撃して、一回の海上決戦で迎え撃たれて撃滅され、一九〇五年の日本海海戦における帝国海軍の大勝利を再現するだろうと。

日本人は子供のころから、自分たちは、神聖なる天皇にみちびかれ、古代の神々に見守られて、アジアを支配する聖なる使命を持った、比類のない民族だと教わってきた。アメリカの文化と民主主義にかんする浅薄な固定概念にどっぷり漬かっていた日本人は、敵の気性と性格を見誤っていた。彼らは、アメリカ人が世界の反対側で長く血なまぐさい戦争をつづける度胸を持たないと思っていた。アメリカ人は雑種国民、移民たちの国家であり、結束力も、より高い目標も持たず、人種的、民族的、階級的、イデオロギー的な内紛によって弱体化している。女性には選挙権があり、そのため政治に影響をおよぼす――そして、自分たちの息子や夫を遠い外国の浜辺で戦うために送りだすことに抵抗するだろう。アメリカ経済の規模と力は、もし戦争に動員できなければ問題にならないし、資本主義の財閥たちは自分たちの儲かる産業を改編することに同意しないだろう。真珠湾攻撃はアメリカ国民に衝撃をあたえ、戦意を喪失させることを意図していた。そうすれば、彼らはこの大惨事を受けて、ワシントンに和平協定を結ぶよう圧力をかけるだろう。日本海軍の幹部のひとりはのちにこう認めた。「彼らなど容易に組み伏せられると思った。物質的な快適さに染まり、快楽の追求に没頭している民族は、精神的に堕落していると」(81)

もしこれらの前提がすべて正しかったら、日本は太平洋戦争に勝利していただろうし、現在、この地域の支配的勢力にさえなっていたかもしれない。いくつかが正しかっただけでも、日本は主権が無傷なままで、もしかしたら海外帝国のいくらかの名残とともに、戦争から抜けだしていたかもしれない。しかし、実際には、こうした想定のすべてが、いくらかまちがっていた。ある意味で、米内提督やほかの者たちが理解していたように、太平洋戦争の結果は最初から運命づけられていて、日本の敗北は一九四一年十二月にすらはっきりと予見されていた。それどころか、敗北は、そもそもこの勝てない戦争を開始するという破滅的な決定に同意した者たちの一部によって実際に予見され、予言さえされていたのである。なによりも、太平洋戦争は東京の政治上の失敗の産物だった――壊滅的規模の失敗、どんな政府、どんな国家の歴史においても屈指のひどい失敗の。

日本の上流武士階級が最初に自分たちの孤立して発展の遅れた国家を近代化し、産業化することに乗りだした十九世紀の明治時代から、彼らは祖国の島々には存在しない石油などの物資の海外輸入を確保しなければならないことを理解していた。外国貿易はその必要性を満たした。とくにアメリカやイギリス、オランダ、そして彼らが統治していたアジアの地域や植民地との貿易は。国益にとってきわめて重要な、こうした基本的な経済状況を知りつくしていながら、軍部に支配された一九四〇年の日本の政権は、ドイツとイタリアというヨーロッパのファシスト国家との同盟を決断した。両国は石油などの原材料の主要な輸出国ではなかったし、そうした物資を日本に現に輸出していた国々と戦争状態にあった（あるいはじきに戦争状態に入った）。いいかえれば、東京は主要な貿易相手を敵にまわし、そのいっぽうで、必然的な物資不足を埋め合わせることはなにひとつできない国々を味方につけようとして、完全に予見できる経済的エネルギー的危機をまねいたのである。貿易制裁によって石油などの物資の輸入がストップすると、政権は、ある国家（アメリカ）を攻撃してその失敗を悪化させた。その国は局所的に弱く、戦争にそなえていなかったが、日本の潜在的な産業＝軍事力のすくなくとも十倍を有していた。

明治憲法は陸海軍に特権的な地位を用意し、彼らを玉座との直接的な助言関係に置いていた。それにたいして、天皇は軍隊を指揮する広範囲の権限を認められていたが、一九三〇年代には、この権限は法的な前例によって狭められていた（天皇裕仁よりももっと強力な人物だったら、国家という船をもっとおだやかな水域へとみちびけたかどうかは、推測することしかできない）。軍の両部門は自分たちの予算と政策だけでなく、文民行政府にたいしても主導権をふりかざした。陸軍と海軍両方の同意がなければ内閣は組織できず、首相も任命できなかったし、その同意はいつでも取り下げられ、政府を崩壊させることができた。しかし、両軍間の不和を解決する仕組みはなく、陸軍と海軍の指導者が合意するまではなにもできなかった。権力の中枢における決定は、合意の必要性によって形づくられたが、これは陸海軍の偏狭な利権の要求を同時に満たすことによって、もっとも容易に達成できた。この日本の政体の特徴は、陸海軍の対抗意識がいっそう激しくなった一九三〇年代には、より高い代償をともなうようになり、両軍は資金と重要な原材料の争奪戦で優位をもとめて取っ組み合った。主要な外交政策と国防政策は、予算獲得の目標をにらんで策定された。

何十年にもわたって、海軍は計画立案の目的でアメリカを〈仮想敵国〉と指定してきた――アメリカと実際に戦いたいとか、戦うことを予期していたからではなく、そのシナリオが予算交渉において目的を達成するための手段となったからである。海軍の戦争計画立案は、オランダ領東インドへの〈南進〉を想定していたが、それは主としてその計画が大規模な艦隊増強を正当化したからだった。一九四〇年と一九四一年に危機が近づくと、東京の提督たちは実際には太平洋で戦いたくなかったが、予算と資材の争奪戦で陸軍に負けることを恐れて、率直にそう口にすることに乗り気ではなかった。

いずれにせよ、提督たちはかならずしも海軍のもっとも重要な当事者というわけではなかった。出来事や決定はしだいに、軍令部あるいは海軍省のエリート中堅将校によって推し進められるようになっていた。彼らは無謀にも日本を戦争に向かわせることに力をそそいだ。こうした比較的若いタカ派の中佐や大佐たちは、戦争に賛成する主張を強化するために、推定値や統計値を改竄し、上司たちにそれを額面どおりに受け入れるよう圧力をかけた。しっかりとした根拠のある異議は文字どおり大声で黙らされた。戦時動員を担当する海軍少将（訳註：保科善四郎・兵備局長）が、日本の造船能力はあまりにもとぼしく、対米戦争をささえることはできないと警告すると、ある海軍大佐（訳註：石川信吾・軍務局第二課長）はこうねじこんだ。「あんな意見をつきつけられては戦争はできぬことになる[82]」海軍の高官たちは、自分より下の階級の手に負えない扇動者からの「脅迫に近い圧力」にどうしたわけか耐えられなかった[83]。提督たちは運命論と呪術思考、血気にはやる好戦性の激流に流されていた。

「開戦のそもそもの初めにあたって、多数の人々はあの強大なアングロ・サクソン民族に対して戦争をしかけることは向こう見ずな行動だと承知していました」と、戦前最後の駐米大使だった野村提督はいった。「しかし、情勢やむなく戦争に引きずられたのです[84]」福留繁提督はのちに戦争への決断の全過程が「いかにも不思議であった」と回想した。「一対一で話しあうと、みんな〔海軍の指導者たち〕戦争回避論だが、集まって会議をすると結論はいつも戦争の方向へ一歩一歩近づいていく[85]」

太平洋戦争に反対する主張のなかで、山本五十六提督はこの点を同僚たちにくりかえし力説した。日本がアメリカを征服して従属させることができるという予測可能なシナリオは存在しない、と彼は警告した——しかし、アメリカが日本を征服して従属させることはすくなくともありうる。ギャンブル好きである山本は、危険と報酬の交換条件が偏っていることを理解していた。一九四一年以前には、日本人はアジアの国家のあいだで唯一の偉業を成し遂げていた——彼らは欧米の帝国主義の侵略にたいして独立と自治を守っていた。対米戦争を選択したとき、日本人は彼らのもっともたいせつな財産を——自分たちの独立と自治を——競りにかけ、中国大陸と東南アジア、太平洋の征服と帝国という不確かな未来の報酬に賭けた。

戦争は日本の海＝空＝水陸両用の〝電撃戦〟で幕を開け、真珠湾のアメリカ戦艦部隊に不意打ちを食らわせて、フィリピンのアメリカ軍航空戦力を一掃した。マレー半島のイギリス軍航空戦力を殲滅し、完全戦闘態勢で洋上作戦中のイギリス戦艦二隻を撃沈した。ウェーキ島とグアムのアメリカ領土を制圧し、ジャワ海の連合軍艦隊を撃破して、イギリスを香港とビルマから駆逐し、マッカーサーの部隊をバターン半島の絶望的な籠城戦に追いこみ、シンガポールではイギリス軍将兵七万五千名を捕虜にして、オーストラリアのダーウィンの街を破壊した。この一連の目覚ましい勝利は、日本を戦争にみちびいた想定が正しかったことを証明しているように思え、懐疑派を黙らせて、外交を通じて早期に戦争を終わらせようと努力すべきだという主張の勢いを失わせた。日本軍は欧米が思っていたよりはるかに手強い敵であることを証明したが、この最初の攻勢の驚異的な成功は、日本軍の勇敢さのおかげであると同じぐらい、連合軍の局地的な弱点のおかげだった。

日本では、初期の勝利は盛大に祝われ、喧伝されたが、その後の珊瑚海海戦とミッドウェイ海戦での失敗は国民から入念に隠され、それどころか軍指導部の中枢以外には誰も知らされなかった。一九四二年のソロモン諸島作戦では、日本海軍の航空戦力は深刻な損害をこうむり、真の意味で立ち直ることはなかった。船舶の損失は激しく、取り返しがつかなかった。そして日本陸軍はガダルカナルでほぼ三万の将兵を失った。日本海軍の作戦はしばしば柔軟性に欠け、予測可能で、アメリカ軍がつけいる気になる順応性の欠如を露呈した。これは多くの兵科将校が気づいて対処しようとしていた問題だったが、帝国海軍の硬直した文化が深く染みついていた。その三世紀前、尊敬される武士で哲学者の宮本武蔵は、柔軟性の美徳を賞賛していた。彼はそれを「さんかいのかわりといふ事」と呼んだ。

「山海の心といふは、敵我たゝかいのうちに、同じ事を度々する事悪しき所也。同じ事二度は是非に及ばず、三度するにあらず。敵にわざをしかくるに、一度にてもちいずば、今一つもせきかけて、其利に及ばず、各別替りたる事を、ほつとしかけ、それにもはかゆかずば、亦各別の事をしかくべし。

然るによって、敵山と思はゞ海としかけ、海と思はゞ山としかくる心、兵法の道也。能々吟味有るべき事也。

（海と山の転心法とはつまり、戦いにおいて、定型を何度もくりかえすのはよくないということである。なにかを一度はくりかえさねばならなかったとしても、三度やってはいけない。敵になにかをこころみるとき、もしそれが一度目に失敗したら、あわててそれをもう一度やっても利益は得られないだろう。戦術を突然変え、まったくちがったことをやりなさい。もしそれでもうまくいかなかったら、なにかほかのことをためしなさい。

このように、兵法の道には、『敵が山のようであれば海となり、敵が海のようであれば山となる』心を持つことが必要なのである。このことをじっくりと考えてみなさい[86]）」

一九四二年の末には、アメリカ経済の産業＝軍事力が戦いに影響をおよぼしはじめていた。南太平洋の反攻は、ソロモン諸島ではじまって、つらなる島々を北西に向かって進んでいき、日本軍のもっとも強力な陣地を迂回して、一九四四年二月にはラバウルを飛び越えた。ある日本軍の情報将校の見積もりによれば、連合軍の攻勢は日本軍が占領する十七の島々を迂回して、その後方に十六万人の日本軍将兵を置き去りにした。迂回された守備隊はいずれも完全に撤収することはできず、身動きが取れないまま宙ぶらりんな気持ちで放って置かれ、戦争でそれ以上役割を演じることもなく、その後、約四分の一が飢えと熱帯病で死亡した[87]。日本軍にはこの迂回戦略にたいする妙案がなく、彼らはこの戦略を忌み嫌ったが、理解して感心していた。

もうひとつの並行する北方への攻勢は、もっと決定的で、中部太平洋のミクロネシア諸島を抜けて西へ進撃した。フィリピン海海戦（マリアナ沖海戦）（一九四四年六月十九～二十日）におけるアメリカ海軍の勝利は、日本の空母航空戦力の最終的で取り返しのつかない敗北につながり、サイパンとグアムの征服は新たに展開したB－29スーパーフォートレスがここから東京と関東平野を攻撃できる飛行場を提供した。一九四四年六月と七月のこうした出来事が最終的に、それ以降の戦いの結果がどうあれ、日本の最終的な戦略的敗北を確実にしたのである。

もし太平洋戦争がグランドマスター同士で指されるチェスの一局だったとしたら、終盤戦はなかったことだろう。もはや結果に疑いがなくなった以上、いずれのグランドマスターも最後まで指す必要性を感じなかっただろう。日本側のプレーヤーは、自分のキングがじきにチェックメイトされると見越して、キングを盤上で倒し、相手のプレーヤーと握手しただろう。しかし、これは戦争で、ボードゲームではなく、日本国内の状況は敗戦が不可避になったずっとあとまで、交渉による和平の可能性を許さなかった。一九四五年八月のチェックメイトまでに、さらに日本の百五十万人の軍人と民間人が、あまりにも多くのポーンのように犠牲にされることになった。この戦争最終年の百五十万人の死者は、一九三七年から一九四五年までのアジアと太平洋の戦争で死んだ日本人の合計の半数近くにあたる[88]。

戦争のこの最終年でも、日本軍はたいへんな勇気と大胆さをしめし、ときにはすばらしい戦いぶりを見せた。陸軍は、じゅうぶんに武装して塹壕にたてこもった連合軍の規律の取れた部隊にたいして集団銃剣突撃を仕掛けるという犠牲の大きな戦法を、大部分放棄した。とくにペリリューや硫黄島、沖縄では、日本陸軍は、巧妙な地下〝蜂の巣〟防御陣地を有効に利用して、砲兵と航空戦力におけるアメリカの優勢を大きく低下させた。

日本海軍は、残っている精鋭古参エースパイロットの手にかかればアメリカのヘルキャットやコルセア、ライトニングと互角に戦える数種類の新型戦闘機を生産することに成功した――ただし、その数は戦争全体の流れを逆転させるには足りなかった。連合軍の航空専門家は、寛大な気分のときには、日本の航空機製造会社〈川西〉が世界最高の偵察飛行艇を設計生産したことを進んで認めた。特攻隊はじつに日本的な現象で、独自の文化的背景で発生した。しかし、戦術的見地からは、自爆機は未来から来た兵器のようなもので、ほかの交戦国がそうした兵器を持っていないか、それに対抗する効果的な手段を持っていない時代に、日本軍が誘導ミサイルを投入することを可能にした。

戦後の日本人

敗戦下の日本人は、疲弊し、戦争にうんざりして、将来のことを心配し、しかしそれでも生きのびることで頭がいっぱいだった。政治的弾圧の明確な脅威はなくなったが、それ以外には、戦後の生活は大部分、戦時下の生活と同じだった。誰も一九七〇年代と一九八〇年代に日本を繁栄と経済大国へと押し上げることになる〝経済の奇跡〟を予見できなかった。汚職は蔓延していた。陸海軍の士官が軍の余剰物資を盗んで、闇市で売りさばいていたからだ。復員兵が海港から日本へ押し寄せると、一九四四年と一九四五年に都市を離れた民間人難民の大きな反転潮流――推定一千万人、あるいは日本人全体の七分の一――が、破壊された都市に逆流してきた。「日常生活も困難と突発事にみちています」と竹山道雄は一九四五年秋の日記に書いている（訳註：実際には手紙形式のエッセイ）。「計画のある秩序はたてることができません。その日その日のゆきあたりばったりというのが、生活の根本様式たらざるをえません[89]」

戦争の記憶が薄れ、沈黙と忘却の文化が戦後の日本に根づいた。一九四七年、日本のあるジャーナリストは、一九四二年がまるで三十年も昔のように思えると書いた[90]。都市では瓦礫が片づけられ、新しい建物が灰のなかから立ち上がり、多くの若い世代は自分たちの地域全体がかつて火災で焼失したことをまったく知らなかった。家々の小部屋や仏間は、戦死した夫や父、息子を家族が追悼する個人的な祭壇となった。小さな仏壇には遺影や外地からの手紙、焼香、そして――荼毘に付された遺骨を受け取った家では――木製の骨箱が置かれていた。しかし、これらは完全に私的な儀式だった。

井上一は、忌まわしい古い記憶を掘り起こしたくはないと書いたとき、疑いなく仲間の多くの太平洋戦争従軍経験者を代弁していた。みずからを省みるときがきたら、井上はひとりきりで、個人的な内省のなかでそうするつもりだった。彼は過去の過ちへの懺悔が、おおやけなものでも、集団的なものでもあるべきではないし、まちがいなく公開で討論することでも学校で教えることでもないと考えていた。「大なり小なり、思い出したくないことがそれぞれにあるのではないか。今となっては自慢話はおろか、古傷にさわられたくないと思っているだろう」[91]一九八〇年代のインタビューで、東京のある年配の住民は、戦争を忘れようとしてきたが、衝撃的な記憶がときおりよみがえってくると語った――銀座を歩いていて、「突然、ある場所を見て、『爆撃にあったら、この壁にしがみついて、ここに隠れよう』と考える」ときのように[92]。

多くの日本人は、彼らがそもそも戦争を記憶しているかぎりにおいては、戦争を、日本が意図的に引き起こした巨大な悪としてではなく、自分たちの国に降りかかってきた悲劇として記憶していた。説明責任や内省といった問題は、公共の場からほとんど追放されていた。多くの日本人は戦争犯罪の問題が、東京裁判を行なった極東国際軍事裁判と、戦争を終わらせ、日本の主権を回復した条約によって解決されたと見なした。戦後の法廷ではA級、B級、C級の戦争犯罪人が有罪判決を受け、日本国民は加害者が法に照らして処断されて、国民は戦争の責任から免除されたと考えるよう教えられることになった。

多くの日本人はいまでも、戦争とその苦難にたいする責任の問題を評価するとき、法律至上主義的な反応をしがちで、政府の公式決議や声明、あるいは条約法にこだわる。日本国内でよくある意見はこう主張する。国家の大義は根本的には正しかったし、日本軍が犯した戦争犯罪は嘆かわしいが、他国が犯したもの以上にひどくはなかったし、日本の敗北はアジアを欧米の植民地主義から解放したのだから価値ある犠牲だった。日本の右派の一部は依然として、日本は連合国の〝包囲網〟をやぶるため、国家の生き残りをかけて宣戦布告する以外に選択肢がなかったと主張している。

一九四五年八月、天皇の〝玉音〟が放送されたとき、国家の一八〇度の方針転換が衝撃的なほど唐突に起こった。戦時体制のイデオロギーを支持してきた画家や作家、学者たちは過去の作品をファイル・キャビネットに葬るか焼却して、新たにスタートした。国粋主義的価値観や軍国主義的価値観を教えてきた教師たちは、教室でこう宣言した。「これからはデモクラシーの時代……[93]」生徒たちは教科書を開いて、問題となるページをやぶり取るか、問題となる箇所を墨で塗りつぶせと指示された。多くの子供たちは、以前には敬えと教わっていた教科書を汚す物珍しさを楽しんだ[94]。飛行機の製造に使われていたジュラルミンは闇市に流され、消費財を製造するために設備を入れ替えた企業に売られた。刀は鋤の刃に打ち直されたが、この場合には、ちりとりや食器に打ち直されたのは三菱零戦だった[95]。

戦後の占領期には、マッカーサーの政策の多くは日本人の集団的健忘症を強化し、煽り立てた。最高司令官の命令によって、歴史あるいは戦争の記憶を残すための公的な共同努力は行なわれなかった――記念碑も、教科書の言及も、国立博物館もなかった。天皇裕仁を国家の象徴と崇敬（崇拝ではないにせよ）の対象として玉座に留めるという決定は、継続感を作りだした。天皇の責任を問わないことは、占領を容易にし、アジアの共産主義にたいする防壁を打ち立てるために支払う小さな代償のように思えた。天皇への批判は戦後の日本では完全にタブー――〈菊タブー〉と呼ばれた――で、礼儀正しい日本の世論は、天皇が軍国主義者の陰謀にあやつられたお飾りだったと認めていた。天皇裕仁が在位するあいだずっと日本の暦の基本でありつづけた昭和時代は、一九八九年の天皇の崩御までつづいた。

マシュー・ペリー代将の〈黒船〉が東京湾に錨を下ろし、日本人にその意志に反して外の世界を相手にするよう強制して以来、九十二年しかたっていなかった。九十二年。一世紀にも満たない。ひとりの人間の長い人生ほどの時間だ。一九四五年には、最年長の日本人はまだ徳川幕府時代の幼少期の暮らしの記憶を呼び起こすことができた。当時、日本は、漆塗りの甲冑一式をつけて刀と槍で戦う武士たちに支配されていた。この期間に、日本国民は痛みをともなうほど急激な歴史的変化を経験した。彼らはものすごい速さで近代化し、産業化して、世界屈指の恐るべき海軍国および陸軍国となるまでに成長し、欧米の一流国のいくつかに屈辱的な敗北をもたらした。狂信的な軍国主義者の支配下に入った彼らは、アジアと太平洋全域に軍隊と艦隊を展開させ、地域全体に不幸を広め、隣人たちからの評判をひどく悪くした。この不運な出来事は完全な敗北で終わった。これから先はどうなるのだろう？　日本は鷲の翼の下にかかえこまれながら、どのようにやっていくのだろう？　一九四五年には誰もわかりようがなかったし、たぶんその答えは、さらに九十二年の時が流れるまで、見えてくることはないだろう。

アメリカ兵たちの帰還

アリューシャン列島からニューギニアまで、ミクロネシアの環礁からフィリピンの緑のジャングルまで、太平洋の隔絶したさまざまな群島では——ソロモン諸島、ギルバート諸島、アドミラルティ諸島、マーシャル諸島、ビスマルク諸島、パラオ諸島、東インド諸島、マリアナ諸島、琉球諸島、小笠原諸島、火山列島——侵攻に使われた海岸は粉砕され、形を変えられた。錆びて銃弾で穴だらけになった上陸用舟艇が、浅瀬で波に洗われたり、砂に半分埋まっていた。数歩内陸部の木立の端では、椰子の幹が折れて横たわり、倒れたマッチ棒のように黒ずみ、粉々になって、地面に散らばっていた。砲兵陣地や防塞は破壊されて、コンクリートの崩れた厚板の下敷きになり、鉄筋がよじれ、広がっていた。放棄された小銃壕やトーチカには鼠や蛇、蜥蜴が住みついていた。歩兵のごみが藪のあいだに散らばり、谷底にうずたかく積もっていた。携帯糧食の缶、空薬莢、輸血瓶、弾薬箱、背嚢、水筒、担架、シャベル、想像できるあらゆる種類のがらくたが——その一部は清掃班によって集められ、一部は記念品として持ち帰られ、一部は現地民に再利用され、一部は考古学的遺物のように時間がたつにつれて埋もれていった。

南太平洋の暑く肥沃な島々では、ジャングルはたちまち支配権を取り戻した。一年もたたないうちに、蔓が放棄されたブルドーザーや戦車、火砲の錆びた残骸にからまりはじめた。最終的に、新たに成長した植物は、こうした戦争の遺物を完全に呑みこむことになる。大破して全焼した飛行機が、放棄された滑走路の周辺に散らばっていた——かたむき、逆さまになって、主翼や尾翼はちぎれ、手のつけられない山となって積み重なり、塗料や尾翼の識別標識は日差しを浴びてしだいに色褪せていった。礁湖や停泊地では、錆びて油で汚れ、塩がこびりついた船体が何百と見つかった。輸送船、油槽船、補助艦艇、長持ちするようには造られていなくて中古市場ではほとんど価値がない浮きドック。その一部は屑鉄として価値があるので回収され、一部は沖まで曳航されて、沈められる。それ以外は錨を下ろした状態でそのまま放棄された。マーシャル諸島ではこうした船の一部は、核兵器テストの標的に使われることになる。

軍人墓地は多くの島で見受けられた——白い十字架の対称的な長い列には、そこかしこにダビデの星がちりばめられていた。一部の墓標のかたわらには、ヘルメットや形見の品が地面に置かれたままになっていた。より大きな戦場では、埋葬班の作業が間に合わないほど犠牲者がどんどん到着したた

1945年3月、硫黄島の第五海兵師団の墓地。後景は摺鉢山。U.S. Navy photograph, now in the collections of the National Archives

め、死者はときに、ブルドーザーがいそいで掘った長い溝の共同墓地に入れられ、埋葬の日付が記された一枚のプラカードで印がつけられた。認識票が集められ、もし可能なら、それぞれの遺体の場所が記録された。太平洋の戦場で埋葬されたアメリカの陸軍兵と海兵隊員の大半は、近親者が申し立てる希望に応じて、掘り起こされ、べつの最終的な安息場所に運ばれることになった。海外の恒久的な軍人墓地、アメリカ国内の国立墓地、あるいは死者の故郷の民間墓地に。全世界のアメリカ人戦死者二十七万九千八百六十七名のうち、遺族は十七万一千五百三十九名の遺体をアメリカに送り返すよう要望した[96]。それ以外の大半もまた、掘り返されて、国外地域の大きな恒久的墓地にすくなくとも一度、ときには二度、運ばれた。

第二次世界大戦におけるアメリカの軍事体験のあらゆる側面と同様、この発掘作業はとほうもない規模だった。その仕事はアメリカ陸軍補給部の墓地記録隊（GRS）にあたえられた。同隊はピーク時で一万八千名の軍人と文民を雇っていた。戦場の墓を開けるとき、GRSの作業員はマスクと、肘まである分厚いゴムあるいは革の手袋をつけた。巨大なフライ返しのような、端に固い金属片がついた棒を使って、彼らは土のなかから遺体をほじくり出し、開いたキャンバス製の遺体袋の上にころがした。袋はジッパーで閉じられ、ロープで地表に吊り上げられた。この方式はもっとも効率がよく、士気にもいちばんいいことがわかった。発掘作業にあたる作業員に、「腐敗した肉と液化した遺体がぶちまけられるのを」ふせいだからである。(97)毎日、作業が終わると、各自は着ているものを焼却し、翌日のために新しい制服を支給された。沖縄では、アメリカ兵の墓地はひじょうに大規模で、同時にかなり記録がいいかげんだったので、しばしばひとりを見つけだすために、数カ所の墓を開ける必要があった。GRSによれば、ある例では、「不明者を見つけだすために八十四カ所の墓が開けられた」。(98)当然ながら、発掘班の要員は、のちに心的外傷後ストレス障害と呼ばれることになる症候群に高い確率で苦しめられた。

ある権威ある推定によれば、太平洋におけるアメリカ人戦死者の総数は十一万一千六百六名で、この数字にはアメリカ海軍の将兵三万一千百五十七名がふくまれている。後者の大半は、発掘班の手のとどかない、海の墓場(デイヴィー・ジョーンズ・ロッカー)で永遠に眠り、単調なはてしない青海原以外の墓標はいっさいなかった。(99)

生者たちはただ故郷に帰りたかった。早ければ早いほどいい。そして、家族も彼らに帰ってきてもらいたかった。ワシントンでは、毎朝、ホワイトハウスの門の前にデモ隊が集まり、夫や息子、父の帰還を要求した。手紙が議会に殺到した。一部のアメリカ人は徴兵の即時中止をもとめた――しかし、まだ軍服を着ている者をふくめたそれ以外の者たちは、交替の部隊を海外に送って、古参兵がもっとすばやく帰国できるように、平時の徴兵の延長を働きかけた。(100)

極東で新たに出現した脅威を考慮して――ソ連の領土的野心、中国における毛沢東の共産主義ゲリラの前進、日本軍が朝鮮半島を離れるにつれて迫ってきた力の空白――アメリカの軍事指導者たちは、地域を不安定にさせる性急な兵力縮小を思いとどまるよう警告した。しかし、市民兵や市民水兵、市民海兵隊員、市民航空兵は、彼らの見るところ、自分たちが派遣された仕事をすでに完了していて、自分たちの生活を一刻も早く取り戻したがっていた。太平洋のある若い下級海軍士官がいったように、「われわれは、ひとりひとりが即座に、しかもほかの誰よりも先に、国に帰っていけない理由がわからなかった」[101]。

厳格な公式が除隊の優先順位を決定した。もっとも〈ポイント〉が高い軍人が最初に送りだされた。ポイントは、年齢、勤務年数、外地勤務数、戦闘日数、受章した勲章の数と種類などの各種の変数に割り当てられた。既婚者には追加のポイントがあたえられ、父親にはさらに多くのポイントが割り当てられ、扶養される子供ひとりひとりに一定数がついた。サミュエル・ハインズが書いたように、これは「納得できる方式で、誰も文句をつけなかった。われわれはただ自分の点数を数え、出発の順番を推測して、自分の番が来るのを待った」[102]。

しかし、最初に送りだされる者たちは当然ながら年長の、より経験豊富な古参兵で、下士官の多くがふくまれた。彼らの突然の出発によって、あらゆる階級で戦闘部隊から統率力と経験が失われた。野戦部隊と任務部隊の指揮官たちは、もっとも経験豊富な古参兵を手放すことに抵抗し、彼らに勤務を続けさせるために抜け道を利用した。規則では、現地指揮官が、軍事上の必要性から、ある重要な人員の除隊を「凍結」させることを認めていた。しかし、そうした凍結は不人気で、ワシントンで抗議を引き起こした。キング提督はこの手段を制限する手を打ち、一九四五年九月、全海軍艦艇と基地に命令を発した。「指揮官は、必要とされるポイント点数を満たし、『軍事上の必要性』を理由に留め置かれている兵員すべての事例を、ただちに再検討するものとする。そうした兵員をひきつづき留め置くことは、『軍事上の必要性』という言葉の文字どおりの現実的な解釈にのみ基づくものとする」[103]

太平洋で空母機動群を指揮するラドフォード提督は、急な動員解除がアメリカ軍を「めちゃめちゃに」し、ソ連がその状況を利用しようとくわだてるかもしれないと心配した。ワシントンでは、ジム・フォレスタル海軍長官がトルーマン大統領に、動員解除を闇雲なペースでつづけたら、「陸軍も海軍も訓練を受けた人員が足りなくなって、有効に活動できなくなるでしょう」と警告した。[104]ジョージ・C・マーシャル将軍はサミュエル・エリオット・モリソンにこう語った。「あれは動員解除ではなく、まさに総崩れだった」[105]

必要なポイントを集めた者たちも、急な帰国には自信が持てなかった。ほとんどの下士官兵は、東へ向かう船の船室を割り当てられるのに、ときには何週間も待つことを余儀なくされた。ワシントンは太平洋戦争がすくなくともドイツの崩壊後、九カ月間つづくと思っていたので、日本の突然の降伏は動員解除計画を大混乱におとしいれた。必要とされる船腹の大半はすでに大西洋に投入されていた。数百機のダグラスC－54とC－47輸送機が東京、グアム、沖縄、ルソン、ハワイ、カリフォルニア間の定期ルートを飛んでいた――しかし、座席は将軍や提督、従軍記者、コネのある下級士官、重要な民間人に取っておかれた。

太平洋全域で、一時滞在用の兵舎がぶらぶらしている軍人の群れを収容していた。横浜では、八百台の折りたたみ式ベッドが飛行機の格納庫に設置され、兵士たちはシーツや枕カバー、毛布を受け取るために長い列を作った。彼らは――陸軍兵も海軍兵も海兵隊員も航空兵も――出港する船に乗船するよう命令が来るまで、洞窟のような空間で共同生活をすることになった。埠頭では、いらだった兵士たちが命令なしで船にしのびこもうとして、一部は成功した。ある海兵隊将校によれば、こうした密航者の大半はお咎めを受けることなく、そのまま「処罰をまぬがれた」。[106]

動員解除の混乱のなかで、汚職がはびこった。海軍建設大隊の将校、チャールズ・マッキャンドレスは、マニラの一等事務係兵曹から、ほかに百名の人間が除隊書類を受け取ることになっているので、マッキャンドレスには待ってもらわないといけないといわれた。「わたしは彼に百米ドルあれば役に立つかとたずねた。彼は百五十ドルあれば翌日には命令が手に入るから、朝になったらまた来るようにといった」マッキャンドレスは、賄賂をはらって、必要な文書を手に入れた。その日のうちに、彼は、出港する船の船室のために輸送部隊の誰かにもう百ドルはらった。[107]

〈マジック・カーペット〉と命名された作戦で、戦時船舶管理局（ＷＳＡ）は五百四十六席のリバティー船およびヴィクトリー船をいそいで改装して、帰国する復員兵に海上輸送手段を提供した。[108] 船内には九段も積み重なった多層の木製寝台が、風通しの悪い不潔な貨物倉に設置された。本国行きの海軍艦艇は、戦艦や空母、ＬＳＴもふくめて、臨時の兵員輸送船に徴用された。空母は艦載機を陸に揚げ、多層の寝台を格納庫に設置した。帰国する艦船はすべて将兵を乗せていた——百人単位の艦もあれば、千人単位の艦もあった。

太平洋戦争の復員兵がもっとも頻繁に帰国する通関港、サンフランシスコでは、フェリーが霧笛を鳴らし、消防艇が放水のアーチを空高く掛けて、市民が金門橋の歩道から歓声を送った。エンバーカデロ地区ぞいの桟橋では、帰還兵がぞろぞろと舷梯を下りて、たぶんブラスバンドと、笑顔でコーヒーやクッキーを提供する海軍協会の婦人たちのボランティア代表団に出迎えられたことだろう。こうした意思表示はみんなに感謝されたが、ロッキー山脈の東に住む者たちは、自分たちが腹立たしいことにまたしても身動きが取れなくなり、東行きの輸送手段が足りないせいで足止めを食らう羽目になったことに気づいた。兵舎や飛行場、民間空港、鉄道駅は、座席を待つ手持ちぶさたの軍人でごった返した。海軍は、「西海岸の港は住宅が危機的に不足していること」を引き合いに出して、家族が帰還する息子や夫に会えることを願ってカリフォルニアに旅立たないように警告した。[109] なかには東部の

1945年9月、〈マジック・カーペット〉作戦で復員兵を輸送する空母サラトガ(CV-3)。彼女はほかのどんな船よりも多い、合計2万9204名の太平洋戦争復員兵を故郷に送り届けた。U.S. Navy photograph, originally published in *All Hands* magazine, October 1945

家族に電話をかけようとする者もいたが、一九四五年には、大陸を横断して電話をかけるのは容易なことではなく、ひと握りの硬貨と、生身の電話交換手との慎重な交渉が必要だった。

ある海兵隊員は、サンディエゴの一時滞在兵舎の憂鬱な雰囲気を説明して、これを「負け試合のあとのロッカールーム」にたとえた。(110) 兵士たちは何年もともに暮らし、ともに戦った戦友たちと別れた。「別れを告げるのは、複雑な心境で、それほど感傷的でも感動的でもなかった」と海兵隊員のジョン・ヴォリンジャーはいった。「われわれは『四五年中に生きて家に帰』ったし、そのことがほとんど信じられなかった」(111)（訳註：『四五年中に生きて家に帰る』は〈マジック・カーペット〉作戦の標語）

国内を東へ横切って、動員解除された陸海軍将兵の大集団を移動させるのは、鉄道の乗客輸送能力に重い負担をかけた。旧式な鉄道車輛が車輛置き場から引きだされ、一時的な運行状態に戻された。そのなかには西部開拓時代の石炭を燃やす蒸気機関車や、古ぼけた木製の客車もふくまれていた。サンフランシスコを出発する軍人は、巨大な〈サザン・パシフィック鉄道〉の連絡船の一隻に乗船して、オークランド防波堤の端まで湾を横断した。近くのオークランド駅で、国旗につつまれた棺が吊り索で貨物船から吊り上げられ、アメリカ陸軍輸送隊の鉄道霊柩車に載せられた。(112) 霊柩車は、生き残った復員兵を故郷に連れかえるのと同じ私営鉄道の客車の一部の最後尾に連結された。

大陸横断の旅路は長く、不快だった。どの列車も限界まで詰めこまれ、軍人と民間人は通路に置いた荷物に腰かけるか、頭上の荷物棚で横になった。サンフランシスコからシカゴまでは三日の道のりだった。赤ん坊は泣き叫んだ。車内灯がちらついて消えた。トイレはしだいに汚れ、不潔になっていった。車内は悪臭がして、息がつまったが、ある海軍兵の回想によれば、窓を開けると、「石炭の煙や燃え殻、小石、鳥の羽根といったものが、空気と同じぐらいたくさん飛びこんできた」という。(113) 軍用列車には、コンロや食料、炊事用具が用意されていたが、食料の貯えはしょっちゅう底をつき、兵たちは腹をすかせた。途中の駅で、彼らは脚をのばしてホットドッグかサンドウィッチを買うために下車したが、ホームに降り立つと、将校が、列車が駅を離れる前に戻ってこない者は誰でも、「無許可離隊と見なされて、軍法会議にかけられる」と、彼らに告げた。(114)

戦争に勝ち、祖国に戻ったいま、軍の権威にたいする復員兵の忍耐力は尽きつつあった。多くの列車では、軍紀が崩壊しはじめた。海軍大尉でのちに作家となるルイス・オーキンクロスは、オレゴン州ポートランドからニューヨーク市まで、軍用列車の指揮をゆだねられた。車内にはひそかに大量のアルコール類が持ちこまれていた。オーキンクロス大尉は各客車を見回って、規則違反の酒を没収するといい張ったが、それも一等兵曹たちの代表団に、「もしこのまま列車内の点検をつづけたなら、酒壜で頭をぶちのめされるのは時間の問題にすぎない」と、慇懃に警告されるまでだった。彼はこの進言を賢明にも受け入れ、彼らの手に軍紀をゆだねた。それから大陸横断の旅が終わるまで、オーキンクロスはずっと個室に引きこもって、エドワード・ギボンの『ローマ帝国衰亡史』を読みふけった。

列車が東部に到着すると、多くの復員兵は、このまま我が家に帰りたいという強い衝動に駆られた。しかし、まず正式な除隊が認められなければ、無許可離隊を宣告され、高等軍法会議送りになるかもしれなかった。「誰もが家に帰りたがった」と、ジョッコ・クラーク提督は書いている。「わが軍の若い下士官兵の多くが許可なくそのまま立ち去った。戦争は終わったのだ。海軍の軍規などなんの意味も持たなかった」脱走の罪で出頭した若い海軍兵は、「母に会いたかったんです」とクラークにいった。(115) 海軍は脱走の大流行をふせごうとして、体育館と公会堂に臨時の地域復員センターを大急ぎで設置した。一部の海軍兵たちは再入隊を勧められた。全員が復員軍人援護法――〈GIビル〉――のもとでの権利と恩恵を通知された。除隊する者は除隊証明書と、家までの鉄道かバスの切符を受け取った。

戦後のアメリカ復員軍人

帰還する復員軍人の第一波は、一九四五年夏にヨーロッパから到着したが、演説や万国旗、ブラスバンド、パレードで歓迎された。西海岸でも、帰還する軍人の波は最初のうち、同じような熱烈な歓迎を受けた。しかし、太平洋戦争の復員軍人の大半は一九四五年秋か一九四六年春に帰国したが、そのころには薔薇の花は盛りをすぎていた。アメリカ国民は戦争を忘れたがっていたし、軍服姿の若者を見るのはそれほど目新しいことではなかった。インフレを抑えていた戦時統制策は、世論の重圧と政治的圧力で崩壊しつつあった。労働組合は賃上げを要求し、自動車や鉄鋼、石炭、鉄道など、基幹産業の大半で、全国ストライキを開始した。

復員軍人は、予想された戦後の不況ではなく、活況を呈する経済に戻ってきたが、これはうれしい驚きだった。しかし、多くの者は民間の従業員にふたたび戻るのがむずかしいと感じた。彼らは職場の力関係や出世競争に当惑した。仕事は無意味で退屈に思え、彼らが戦時中に知っていた全員一丸となった目的が欠けていた。彼らはかつての前線部隊の素朴な親交を恋しく思った。復員軍人は、戦争で築いた個人的な絆を、自分の妻や親、きょうだい、友人、子供とさえ置き換えるのはむずかしいと感じた。第一海兵師団のジーン・スレッジ一等兵によれば、「どんな豊かな暮らしやぜいたくも、戦闘で築かれた古い友情に代わることはないように思えた」[116]。

多くの若い復員軍人は大学に復学するか、職業訓練課程に参加したが、ほかの者たちは復員軍人援護法の〈五十二－二十プログラム〉のもとで支払われる政府の恩給で暮らした。アンクル・サムは復員軍人に毎週二十ドルの恩給を最大一年間（訳註：つまり五十二週間）支給して、民間経済への復帰を支援した。彼らは小切手を受け取るために、毎週、失業保険事務所をおとずれて、現時点の仕事探しの努力について話をする必要があった。多くの若い復員軍人は〈五十二－二十クラブ〉で一年間休みを取り、近所のバーで楽しくすごしたり、ポーカーやクラップスをやったり、「忘れるためにできることはなんでもやったり」することに満足していた。[117]

第六海兵師団の復員兵、ジョージ・ナイランドは、毎晩、仲間の復員兵と飲みに出かけた。午前一時に帰宅すると、彼はボストンで消防隊員をしている父親に詰問された。「いいか、この怠け者」と、ナイランド父は息子にいった。「仕事に出るか、大学に行くか、どちらかにしろ、だが、ここにずっと帰ってくるんじゃないぞ、いいな」[118] ナイランドは引っ越して、そのあとすぐに仕事を見つけた。やはり第六海兵師団の復員兵のビル・ピアースはオートバイを買って、ほかの放浪のバイク乗りたちと国中を旅した。彼の両親は彼を「今年いちばんの怠け者」と呼んだが、ピアースは結局、やはり政府の金で大学に進学した。彼はこれを「戦う海兵隊員にとって、じっと座って英語や詩、ビジネス、計算を学ぶのは、べつの恐るべき体験だった……わたしは頭が変になりそうだった」といっている。[119]

ユーモア作家のボブ・ヨーダーは、女性たちが自分で自分の面倒を見て、生計を立てるのに慣れてきたことに気づいた。彼女たちは、男女間の関係を逆転させそうな、ある種の技能と自給自足を手に入れていた。自動車を修理する女性整備士の一団を見て、ヨーダーはこう考察した。「実際問題として、彼女たちは自動車の解剖学的構造を、彼女たちの夫が知ったかぶりをしているよりも、ずっとよく学びつつある」彼はこう冗談を飛ばした。「男たちを待ちかまえているのは、ちょっとした軽い頭脳労働だけかもしれない。これは成人男性が勇気を持って立ち向かうことになる可能性だ。いずれにせよ、われわれは働くには女々しすぎる」[120] しかし、このジレンマは、多くのカップルが戦後知ったように、現実のものだった。シャーリー・ハケットは、独り暮らしをして、ボールベアリング工場の組立ラインで働いて自活していたが、夫がやってもらいたがっている家事に順応するのがむずかしいと感じた。「車のタイヤを交換したり、エンジンを自分で手入れしたりしていたのをおぼえていますが、夫はわたしがそうしたことをできると考えるなんて頭がどうかしているといった態度でした」[121]

政府後援の公共広告は女性たちに、仕事を離れて、動員解除中の復員軍人にそれを明け渡すよう訴えた。一部の者は律儀に離職した。家庭内でのいつもの役割を進んで取り戻し、そうすることを切望さえしていたからだ。ほかの者たちは抵抗して、辞めさせられるか、降格させられた。公共広告と宣伝キャンペーンは、のどかで幸せな家庭生活を描いた。キッチンには、時間の節約になる近代的な電化製品が置かれ、骨の折れる家事は機械が不満も面倒もなくやってのける。夫が戦争から帰ってきたら、妻は彼の権威にしたがうべきです、と雑誌や短編映画はいった。家庭は彼の避難所で、彼が仕切らねばなりません。

「戦争のあと、ファッションはがらりと変わりました」とフランキー・クーパーはいった。彼女は製鋼所でクレーン運転者として働いていた。「みんな女らしくならなければならなかったのです。わたしたちはスラックスやチェックのシャツをやめて、オストリッチの羽根やフリル、ハイヒールに飛びつきました。これはみんな、女性を家庭の〝正当な位置〟に戻すための、雑誌や新聞のプロパガンダの一環でした。さあ元に戻って、学んだことを全部忘れ、女らしくなりなさい。家に帰って、パンを焼き、子供を育てなさい。子供を保育園にあずけて、パンツ姿で働きに出たことは忘れるのです」[122]

夫が陸軍航空軍の軍曹だったデリー・ハーンは、自分たちの戦後の将来について詳細な空想を作り上げていた。その大半は、彼女が《グッド・ハウスキーピング》誌で読んだ記事に触発されたものだった。空想のなかでは、彼女と夫は郊外の寝室が三つある家に住んでいて、「わたしは毎朝七時に起きて、旦那様の朝食を用意し、頭のなかには家事の予定表が入っている。十一時三十分にアイロン掛けをして、午後二時にはキッチンの床をみがき、一日の終わりには、ディナーが食卓に載っていて、わたしはすてきなカクテルドレスに着替えて、マティーニ片手に玄関で旦那様を迎えるの」。しかし、ハーンが結婚した男は、《グッド・ハウスキーピング》の誌面で描かれる旦那様ではなかった。彼はむしろカントリーミュージックの歌に出てくる人物に近かった。「わたしは酔っ払いで、博打好きで、ハンカチについた口紅を見せるのが好きな男と結婚しました――しかも、それはわたしの口紅じゃなかった。だからわたしは思ったわ。もし相手がいなかったら、いったいどうやってアメリカの主婦になれるというの？」[123]

元クレーン運転者のフランキー・クーパーは、戦後三年間、結婚生活をつづけた。それから夫と別れ、教師として労働力に戻った。「わたしは彼と結婚したときと同じ人間ではありませんでした」と彼女は説明した。「わたしは自分が成長したことに気づいたのです。わたしは自分で自分の面倒を見られました。父の家から夫の家に行く必要はなかった。……夫はわたしが結婚したときのような娘に戻っていたらうれしかったでしょう――家にいるのが好きで、農場やキッチンでミルクを漉している小娘に。でも、わたしはもはやそういう人間ではなかった。わたしは三年間、努力したが、どうしてもうまくいきませんでした。そのとき、わたしは自分の姿をよく見て、いやちがうといったんです。ちがう、そんなことをしてはいけない。はじまりの場所に戻ってはいけないとね」[124]多くの社会史家が述べているように、第二次世界大戦は第二波フェミニズムの推進力となった。

一九四二年と一九四三年、若者たちがちょうど戦争に送りだされているときには、カップルはあわてて結婚し、実際におたがいのことをよく知る機会はなかった。彼らは再会したとき、恥ずかしさと不安のまじった目で見つめ合った。もし運がよければ、彼らは自分たちがおたがいにぴったりの相手であることに気づき、長く幸せな人生をともに歩んだかもしれない。ほかの多くのカップルはすぐに自分たちが過ちを犯したことに気づき、離婚した。後者の部類に入るカップルは前例のない離婚率の急増を引き起こした。一九四六年には、千人あたり四・三件の離婚と婚姻無効の宣告があった——その年までに記録されたなかで最大の離婚率であり、この記録は一九七〇年代中期までやぶられなかった[125]。

医学界はまだ、〈戦闘神経症〉あるいは〈戦闘ストレス反応〉と呼ばれる健康状態にたいする効果的な治療法を開発していなかった。医師たちは、医療の手引き書や病院が、〈心の外科〉のようなものをまったく提供していないことを残念そうに認めた。強力な社会的および文化的な不名誉が、そうした疾患について話し合うことをさまたげていた。多くの復員軍人は、助けが必要であることをなかなか認めようとしなかった。通例、彼らは戦争中に見たものや、やったことについて話さないようにしていた。彼らを苦しめていたものには名前がなかった。なかにはこれを〈戦争の悪霊〉と呼ぶ者もいた。

ジェイムズ・カヴァートは、自分の兄についてこう述べている。「兄とその友人たちは、十三歳のわたしには理解できない多くの感情をかかえていました。その年齢では、わたしは兄が戦争中に耐えてきた種類の経験をよく理解できませんでした[126]」多くの復員軍人はたえず心を責めさいなまれるような不安を感じ、悪夢と不眠に悩まされていた。彼らは戦闘で経験したおぞましい光景、音、そして臭いをこらえるか、忘れ去ろうと必死に努力した。多くの者は、大きな音やまぶしい光がきっかけとなってよみがえってくる過去の記憶に寝ても覚めても悩まされた。それはものが落ちたり、車がバックファイアを起こしたり、飛行機が低空で頭上を通過したりすることで、引き起こされるかもしれなかった。過去の衝撃的な出来事は、まるでタイムワープにつかまったように、突然現在に入りこんできた。よみがえる過去の記憶は、突然、戦闘の最悪の瞬間からその光景と音を思いださせるかもしれない。置き去りにした戦友にたいする激しい苦悩と悲しみという形で、あるいは敵の苦痛への悲しみという形でさえ、突然おとずれるかもしれない。彼らは、心臓が早鐘のように打ち、シーツを汗でぐっしょり濡らして、夜更けに目をさました。

もと水兵たちは家が静かすぎて眠れないとこぼした。心臓の鼓動のような低い船舶機関の搏動に慣れてしまったのだ。ある海軍の復員軍人はこういった。「静かすぎて眠れなかった。ディーゼル・エレクトリック機関の震動を聞くことも感じることもできなかった。眠るのはまったく不可能だった[127]」彼らはなかなか他人を信用することができず、友人や愛する人たちにかこまれていても、どうしようもない激しい孤独をおぼえた。発作を起こして身震いと涙が止まらなくなり、やがて慢性的な肉体的苦痛と疲労にいたる筋肉の緊張に苦しんだ。彼らは複雑な仕事になかなか集中できなかった。多くの者は他人との意思の疎通に疲れはて、孤独をもとめた。つらい記憶をよみがえらせるきっかけとなりそうな状況を避け、多くの場合、群衆に耐えられなかった。

多くの者は将来の計画を立てたり、重要な決断をするのに困難を感じた。なかには妻や家族と疎遠になる者もいたが、子供っぽいほど不健全で過剰な感情的依存のパターンを身につける者もいた。彼らは突然、手のつけられないほど怒りだし、妻子に暴力をふるった。将来についての底なしの絶望感、すべては無意味だという感覚、そして存在の空虚さを感じ、そしてかつてはよろこびをあたえてくれた活動ですら楽しく感じられなかった。なかには自殺を考える者もいたし、その考えを実行に移す者もいた。

水兵の夫が海軍から除隊になるのを待ちながらサンフランシスコで戦争をすごしたウェストヴァージニア人、マージョリー・カートライトは、自分が結婚した若者とふたたび心を通じあわせるのがきわめてむずかしいことに気づいた。「わたしの夫は、海軍から帰ってくると、市民生活に順応することができませんでした。うまく対処できなかったのです。入隊したときは、大半の若者と同様、楽天的な人間でした。それが戻ってきたときには、ひどく幻滅して、気むずかしくなっていました。医師は彼がひどい心的外傷を経験してきたのだろうといいました」彼は南太平洋で戦い、ガダルカナル周辺の海戦に何度か参加していた。彼の艦は沈没し、仲間の乗組員の多くが戦死していた。

カートライトはこう回想した。「帰国すると、彼はひどい悪夢に悩まされました。そのせいで夜なかなか眠れませんでした。彼は、『目を閉じるたびに、まわりで仲間たちが殺されるのが見えるんだ』といいました。親友の一人が目の前で頭を吹き飛ばされ、自分の腕に倒れかかってくるという、ひどく恐ろしい経験をしたのです(128)」彼は深酒をするようになった。「夫は感情に対処できず、だらだらと酒を飲み、くよくよ考えていました。男たちはもちろんおたがい同士、戦争体験を蒸し返しましたが、彼はわたしには話せない、わたしにはわからないと思っていましたし、自分でも理解できたとは思いません。彼の経験したことを経験していなかったからです」医師たちは彼を施設に入れたがったが、彼は拒絶した。七年後、ふたりは離婚した。「ほかにどうすればいいかわからなかったのです」とカートライトはいった。「彼といっしょにいても、彼を助けることにも、彼を変えることにもなりませんでした。自分のためになにかしなければならないことはわかっていました。夫を救うことはなにもできなかったからです(129)」

約九十万人のアフリカ系アメリカ人が軍服を着て勤務した。彼らは、市民権の権利と特権を完全にあたえられた人間の自信と期待とともに帰国した。しかし、多くの者にとって、軍服を脱ぐことは、彼らが民間人として持っていたあいまいな地位に戻ることを意味した。とくに兵役を高く評価するアメリカ南部の文化では、元黒人兵は人種的抑圧の体制にとって特異な難題となった。彼らはほかの兵士と同様、背筋をのばし、顎を上げて、肩を引き、胸を張って、閲兵場の姿勢と態度で立つように訓練されていた。多くは白兵戦や武器の取り扱いの高等訓練を受けていた。彼らはもちろん大人だった人は〝生意気だ〟と罵倒される場所に戻った。
が、いまや、ほかの大人から〝ボーイ〟（訳註：黒人の蔑称）と呼ばれ、顔をしゃんと上げている黒人は〝生意気だ〟と罵倒される場所に戻った。

南部のある田舎地方では、リンチなどの違法な暴力が依然として一般的で、軍服を着て国家に奉仕した黒人はとくに標的にされた。一九四五年後半から一九四六年のいくつかの悪名高い事件では、白人の群衆や警察官が、黒人の復員軍人たちを誘拐し、叩きのめし、鞭打って、殺害した。彼らは、あるアラバマ人の言葉によれば、「外地に出征する前に存在していた地位が変わることを、期待も要求もしてはならなかった」のである。[130]表向きはもっと進んでいるはずの北部でも、黒人の復員軍人は、復員軍人援護法の完全な特権を組織的にあたえられなかった。主流派の大学は彼らの入学をすくなくとも大人数は許そうとしなかったし、歴史的に黒人のために開かれた大学は、突然の需要の急増を受け入れるために急速に拡大することができなかった。ごくわずかな件数の住宅ローンが、黒人の復員軍人にも拡大された。

とはいうものの、第二次世界大戦は公民権運動の契機となった。戦争とそれが提供する経済的機会は、アメリカ南部から、北部、中西部、そして西海岸への移住の急増に火をつけた。あらゆる地域で、黒人は都市に移住した――農場の機械化によって土地から追いだされ、高賃金の仕事によって都市に引き寄せられた――ので、一世代のあいだに、アフリカ系アメリカ人の人口動態的な特徴は、圧倒的に地方から、圧倒的に都市へと、目盛りを振り切った。一九四五年には、黒人は軍需産業の職全体の約八パーセントを占めていた。この比率は全国人口における黒人のパーセンテージに近かった。戦時中に七十万人のアフリカ系アメリカ人が南部を離れ、この集団移動は戦後の年月も衰えずにつづいた。一九四〇年代の十年間には、約三十三万九千人の黒人が国の西半分に移動した。大きなアフリカ系アメリカ人の居留地がロサンゼルスやオークランドのような場所に誕生した。

カリフォルニア州バーバンクのロッキード社のリベット工。National Archives

シビル・ルイスはオクラホマ州サパルパの故郷からロサンゼルスに移住し、そこで〈ダグラス〉の飛行機工場でリベット工として働いた。彼女はこうふりかえっている。「もし戦争がなかったら、黒人は現在の地位にはいなかったと思います。戦争と国防の仕事は、黒人に以前にはけっしてつけなかった仕事で働く機会をあたえてくれました。黒人はより多くのお金を稼ぎ、ちがった生活スタイルを経験しはじめました。黒人の期待は変わりました。お金がそれを可能にしたのです。もはや黒人が以前の暮らしぶりに満足することはないだろう。そのことがつたわってきました[131]」戦争がはじまらなかったら、ルイスはたぶん自分が結局オクラホマの田舎で教師をしていただろうと思ったが、「戦争の影響がわたしの人生を変え、小さな町を離れて、べつな生きかたがあることを発見する機会をあたえてくれたのです[132]」。

それは試練だった

除隊に必要なポイントが足りない何十万というアメリカの若者は、太平洋に依然として置き去りにされていた。多くの者は、まぶしい熱帯の太陽のもとで、三度目か四度目のクリスマスを連続してすごすことになった。この年の十二月、ビング・クロスビーのバラード、〈クリスマスをわが家で〉が、米軍放送（ＡＦＲＳ）で何度もくりかえし流された――しかし、いまや、その物悲しいリフレイン「たとえ夢のなかだけでも」は、以前にも増して、彼らのジレンマをあざ笑っているように思えた。責任が少なくなるにつれ、兵士たちは平時のペースで働き、割り当てられた任務を完了するために必要な最小限の努力しかしなくなった。軍紀は皮肉に取って代わられた。無気力な態度が駐屯地や兵舎に広まった。

兵士たちはカードで遊んだり、日光浴をしたりして、余暇の時間をぶらぶらとすごした。闇市の酒が大量に出回った。その大半は違法な蒸留所で製造されたものだった。誰もが自分の集めた除隊ポイントの数と、故郷への切符にあとどれだけのポイントが必要かを正確に知っていた。戦争に勝利した軍人たちは、自分たちが今度は「平和を勝ち取る」必要があるといわれていた。しかし、ある海軍大尉が述べたように、「われわれはみんな、『平和を勝ち取る』ことなどどうでもよかった。ただ家に帰りたかったのだ」(133)。

パイロットたちは通常の捜索哨戒飛行をつづけた。日本軍がまだ占領している島々にビラを投下する任務で派遣される者や、実際にそうした島に着陸して、日本軍守備隊の降伏を受け入れる任務に派遣される者もいた。作戦中の事故は戦時中ほど日常的ではなかったが、痛ましいことに定期的に発生しつづけた。誰もが日本の降伏後に飛行機事故で死んだ者をひときわ気の毒に思った。空中戦で獅子のように戦った搭乗員が、いまや危険な天候で任務のため飛行することをいやがり、指揮官に腹立たしげに抗議した。夜の嵐を抜けて東シナ海上空を飛行する歴戦の急降下爆撃機パイロット、サミュエル・ハインズは、戦闘で経験したどんなものともちがう、新種の恐怖を感じた。彼は、戦争に勝ったのに「たったひとり、稲妻と暗闇で半分周囲が見えない状態で」自分の命を「闇夜の無意味な演習で」危険にさらすという、心細い状況に置かれたことに激怒した。[134]

第一海兵師団と第六海兵師団の大半をふくむ第三水陸両用軍団の五万名の海兵隊員は、〈ビリーガー〉と名づけられた作戦で中国北東部に派遣された。彼らの任務はその地域を安定化させ、日本軍部隊と外国人の降伏と武装解除、本国送還を監督することだった。ペリリューと沖縄の恐怖を生きのびた多くの海兵隊員たちが、この作戦に駆りだされて、一九四六年春までアメリカに戻れなかった。第三海兵師団の彼らの戦友たちは、潜在的な予備兵力としてグアムに留まった。彼らの遊んでいる時間を埋めるために、グアムの将校たちは有志による〝学校〟を組織した。そこでは、特別な知識や技能を持つ海兵隊員が、どんな分野でも仲間の海兵隊員たちの教師役となった。木工や地質学、自動車修理、ラテン語、水彩画など、何十種類もの科目がそろっていた。少佐や中佐、大佐が、一等兵や伍長の教える科目に出席した。ある海兵隊員はニューヨークで〝水上ショー〟――シンクロナイズドスイミング・キャバレー――に出た経験があった。師団にはまだダイナマイトの手持ちがふんだんにあった。彼らはそれを使って、珊瑚礁に巨大なプールを掘り、照明と音楽を用意して、二百名の海兵隊員が隊列を組んで泳ぐショーを上演した。「おかげで師団員はひとり残らずすっかり忙殺されることになり、ほかの一部の部隊で起きたような問題はまったく起きなかった……この『家に帰ろう、ここから抜けだそう』〔的な態度〕は、われわれの師団には影響をおよぼさなかった。なぜなら全員をなにかに取り組ませていたからだ」と、ロバート・E・ホーガブーム大佐はいっている。[135]

大半の若い復員軍人にとって、戦争やその意味、あるいはその経験が自分をどのように形づくったかをふりかえる機会は、まだおとずれていなかった。それは試練であり、普通の人生設計からの不愉快な回り道であり、青春期と成年期のあいだの中間的な段階だった。歴史と運命が、彼らの世代の行く手に戦争を投げこみ、おかげで彼ら――ほかの年齢集団の同胞ではなく――は、それを戦って勝利することを余儀なくされた。戦時中、彼らは将来のため、平和の回復のため、アメリカに帰るためだけに戦っていた。そのとき、彼らの本物の生活がはじまるだろうと。

彼らは戦いの正しい側にいて、ファシズムと日本の軍事帝国主義を打ち負かしたことに正当な誇りをいだいたが、将来をそれほど楽観視していたわけではなかった。多くの者は、世界が将来、こうした戦争をもっと戦うだろうと、当然のように思っていた。ほとんどの者は日本にたいする原子爆弾の使用に拍手を送ったが、時間をかけて原子力の持つ意味を深く考えたとき、彼らは全世界の文明の将来に不安をおぼえた。陸軍の下士官で、駆け出しの作家であるノーマン・メイラーは、妻への手紙で思いを打ちあけた。「二十年以内ではなくても、五十年以内には、また戦争があるだろうし、もし人類の半分が生きのびたとしたら、そのときつぎの戦争はどうなるだろう——明日の世界の都市は、生きのびるために、地下一マイルに建設されるだろうと思う(136)」楽観主義者ですら、自分の予想を抑えていた。海軍大尉のダグラス・リーチは、終戦によって「満足のいく平和の感覚が戻ってきた——本来あるべきだった世界の縮図に——完璧ではないが、しかし生きるに値して、幸福になる可能性のある世界の(137)」といった。

忘れることには、思いだすことと同じぐらい、長所があった。復員軍人たちは、究極の代償をはらった者たちを思いだし、讃えることを強くもとめた——しかし、それをのぞけば、一九四五年と一九四六年には、彼らは戦争について話すことにあまり関心を持たなかったし、民間人もそれを聞くことにあまり関心がなかった。彼らの関心は過去ではなく将来に向けられていた。

太平洋戦争で駆逐艦に乗り組み、やがて《ワシントン・ポスト》の主筆になるベン・ブラッドリーは、戦後の時代精神には戦時中の回想の余地はほとんどなかったと書いている。「一九四六年には、人が戦争でやったことなど誰も気にしなかった。わたしは、仕事もろくにしないで自分の戦争体験のことばかり話している人間を、ひどく退屈だと思った」ときがたち、視野が広まるにつれて、彼はごくゆっくりとだが、戦争が自分自身と自分の世代全体にとって、形成期の重要な経験だったことを理解しはじめた。「いまの人たちが聞くと古くさいと思うかもしれないが、あれはじつのところ人が自分の理解を越えたなにかにかかわることができた時代だった——もはや当然とも、起こりうるとも思えないやりかたで、人をその時代と結びつけるなにかに」[138]

南太平洋の後方基地で勤務した三十七歳の海軍士官、ジェイムズ・ミッチェナーは、例外のひとりだった。一九四五年秋でさえも、彼は「太平洋の偉大な冒険が人間の観点からなにを意味するか」を考えていた。彼が最終的に『南太平洋物語』として出版されることになる小説に取り組みだしたとき、ミッチェナーは、仲間の復員軍人たちが一九四六年、いや一九四七年でさえも、こうした本にほとんど関心をしめさないだろうとわかっていたし、同書の需要を予想した出版社もほとんどなかった。しかし、さらに三、四年が経過し、彼らの退屈とホームシック、恐怖と苦しみ、悲しみの記憶が薄れはじめると、復員軍人たちは自分たちの共通体験を好奇心と興味をもってふりかえった。「わたしは、はっきりと、ほぼ冷静に、こういう結論にいたった。もしある世代の若者全員にエヴェレスト山に登れと命じたら、その登山は彼らの人生で大きな意味を持つことになると考えられる。そして、彼らはそのいまいましい山を登っているあいだ、ぶうぶう文句をいって、この任務を非難するだろうが、後年、ふりかえったとき、彼らはそれが最高の冒険だったと思い、それを追体験するために、そのことについて読みたがるだろう」[139]

一九四五年十二月は〈マジック・カーペット〉作戦が最高潮だった月だった。太平洋中の港や礁湖では、水兵たちが自分の艦を修理するためにせっせと働き、帰国の途につく許可を得られる程度まで艦を航海に適した状態にすることを願っていた。将兵は自分たちを国につれかえることができるどんな船にも押し合いへし合い乗りこんだ。護衛空母ファンショー・ベイは、その秋、帰国するとき、格納庫甲板の多層ベッドで寝起きする何千名という陸軍兵と海兵隊員を乗せていた。空母の航空群である第十混成飛行隊（CV－10）のパイロットや搭乗員、飛行作業員（エアデール）たちは、乗客に場所を空けるために艦載機の大半が陸揚げされてしまったせいで、ほとんどぶらぶらしていた。彼らは陸軍兵や海兵隊員と同じように、飛行甲板でごろごろして、カードやさいころ遊びをするか、読書をするか、日差しのなかでただ座っていた。夜になると、艦は夜間航海灯をともした。彼らはこの平時の手順にいまだに慣れずに、不安をおぼえた。毎日の訓練演習では、対空火器の砲員たちは火器の装塡と照準の手順をおさらいしたが、実弾は発射しなかった。艦は混雑して、居心地が悪かったが、誰も文句をつけなかった。彼らは祖国を目ざしていて、そのことだけが重要だった。

ある夕べ、第十混成飛行隊の指揮官、エドワード・J・ハクスタブル・ジュニアは、太陽が艦の後方に沈んでいくのを見守った。「わたしが見たなかでも屈指の紫がかった美しい日暮れだった。こんな紫色は見たことがなかったし、空にはアリゾナの日暮れのような暗さがあった」しかし、ファンショー・ベイのほかの復員軍人はほとんど注意を向けていなかった。彼らは太平洋の日暮れを千回も見ていて、この光景はもはや彼らの関心を引かなかった。もし彼らが水平線のどこかを見ていたとしたら、前方を、東を、祖国のほうを見ていた。そして、飛行甲板の近くに立っていた第十混成飛行隊のパイロットのひとりは、ハクスタブルにこう語った。「ねえ、隊長、あの連中はまだ知りませんが、この経験は連中の人生で最大の経験ってことになるでしょうね」(140)

著者の覚書と謝辞

いま思いだしてもぞっとするが、二〇〇七年、わたしは一巻本の太平洋戦史の執筆に着手した。わたしのデビュー作『六隻のフリゲート艦』（本邦未訳）の出版社は、出版契約を提示して、前払い印税を支払ってくれた。それから二年半がすぎ、締め切りまであと六カ月というところで、わたしは担当編集者のスターリング・ローレンスに電話をかけ、すでに原稿は八百ページ近く書き上げたという、よい知らせをつたえた。それと同時にわたしは、たぶん電話の受話器を自分の耳から遠ざけて、スターに悪い知らせをつたえた。原稿の中身は、やっとミッドウェイ海戦が終わったところまでしか進んでいなかったのである。つまり、わたしは四十四カ月間つづいた太平洋戦争の六カ月分しか取り上げていなかったのに、すでに指定された原稿枚数を三百ページも超過していたわけだ。

スターは、その同じ電話で、黙って考えこむことなく、その八百ページを見せてくれともいわずに、ひとつの解決策を提案した。じゃあ、この企画を三部作にしようじゃないか。出版契約は修正されて、締め切りが新たに延長され、前払い印税は増額された（ただし、残念ながら、三倍にはならなかったが）。第一部の『太平洋の試練　真珠湾からミッドウェイまで』は二〇一一年に、第二部の『太平洋の試練　ガダルカナルからサイパン陥落まで』は二〇一五年に出版された。第一部は、日本軍の真珠湾奇襲からアメリカ軍によるミッドウェイの壊滅的なカウンターパンチにいたる、戦争の最初の六カ月間を取り上げた。第二部は、一九四二年中期から一九四四年中期にいたるまでの戦争中盤の二年間と、南太平洋および中部太平洋における連合軍の反攻の物語を描いた。本書は、最終巻の第三部にあたり、マリアナ諸島の戦いのあとからはじまって、一九四五年八月の日本降伏にいたる、戦争の最後の一年間を取り上げている。

すでに読者はお気づきかもしれないが、本書は前二作のどちらよりも長い。これは予期したことでも、意図したことでもなかった。わたしは三部作のなかで第三部がいちばん書きやすくて、たぶんいちばん短くなるだろうとすら思っていた。調査の大半はすでに終わっていたし、取り上げる時期も、『ガダルカナルからサイパン陥落まで』が二年間であるのにたいして、一年にすぎないのだから。わたしは、軽率にも、最終巻は二〇一八年には刊行されることになるだろうと自信たっぷりに予測した。それが不可能になると、わたしはツイッターで、「こいつが先にわたしを殺さないかぎり」、二〇一九年には刊行されるだろうと断言した。それから二〇二〇年になって、本はやっと完成したが、まだ出版にはいたっていなかった。

幸いなことに、ツイートは消すことができるし、これを書いている時点で、わたしはまだ死んでいないが、『太平洋の試練　レイテから終戦まで』は、三部作のなかでもっとも完成させるのがむずかしかった本となった。その理由は多々ある。太平洋戦争は一九四四年後半から一九四五年にはあらゆる面で大規模になっていて、わたしは、必要と思われる追加の時間と空間をあたえないかぎり、物語を正しく描くことはできないと気づいた。長年にわたり、わたしは、中心となる物語の周辺部に広がる題材について多くの調査を積み重ねてきた――たとえば、軍と報道機関の関係や、海軍パイロットの訓練、連合軍のラジオおよびビラによるプロパガンダ、そして、疎開した日本人学童の暮らしぶりなど。そして、それを全部、本書に盛りこむことにした（最初の二巻の場合には、わたしには、「これはつぎの巻で取り上げよう」という選択肢があったが、三巻目ではそうはいかない）。その結果、わたしがこの全三巻の太平洋戦争史を完成させるのには、交戦国がそれを戦うのに要した歳月の三倍よりも長い時間がかかった。

『ガダルカナルからサイパン陥落まで』の著者の覚書で、わたしは、エピソード中心のとりとめのない叙述スタイルを弁護した。これは通常の専門的な戦史の枠をはみ出した叙述法である。ここでその表明をくりかえすつもりはない。あのとき正しかったことは、いまやいっそう正しくなったといえば事足りる。第二次世界大戦の最後の年には、ほかの年やほかの戦争よりもいっそう、大戦略上の決定は、純粋な軍事上の計算と、政治的および外交的国政術の融合だった。ヨーロッパとアジアの両方で、主要な作戦の時期や規模、範囲は、戦後の国際秩序に将来的にかかわっていた。さらにアメリカでは、一九四四年の画期的な決定の数々が、国内の大統領選挙戦の輝きのなかで下された。カール・フォン・クラウゼヴィッツは、「戦争はべつの手段による政治の延長である」と書いているが、選挙日程が固定された立憲民主主義では、この格言は逆にしたほうがいい。「政治はべつの手段による戦争の延長である」と。

そうした考えから、わたしは本書の冒頭に、一九四四年七月のホノルル戦略会議にかんする長い章を持ってくることを選んだ。この会議で、フランクリン・デラノ・ローズヴェルト大統領は太平洋の戦域司令官たちと会談して、日本との戦いの最終段階を計画したのである。このエピソードは、太平洋戦争とアジアの将来にとってきわめて重要だったが、歴史書や伝記でしばしばなおざりにされてきた。わたしはこれがもっと長く、陰影に富んだ記述にあたいすると判断した。とりわけ、重要な新しい情報源が最近、発見されたからである——ハワイ駐屯アメリカ陸軍部隊の司令官だったロバート・C・リチャードスン・ジュニア将軍の日記だ。彼は会議中、ダグラス・マッカーサー将軍をもてなし、FDRとの話し合いについて、当時マッカーサー本人から直接聞いた話を日記に残した。

さまざまな形でわたしの調査を手伝ってくれたみなさんにはお礼を申し上げる。硫黄島と戦後日本についての思い出を話してくれた故アドルファス・アンドルーズ・ジュニア。第三十八機動部隊の航空作戦部門で勤務した父ウィリアム・ベルの日記を送ってくれたビル・ベル。駆逐艦ジョンストンの乗艦勤務についての義父の口述史を提供してくれたフランク・ダンレヴィー。ジョン・ヘンリー・タワーズ提督の日記を提供してくれたロナルド・ヌーネス、チェスター・ニミッツとオアフ島のウォーカー家との友情関係について興味深い詳細を教えてくれたチェット・レイとマイクル・A・リリー米海軍退役大佐（これはその後、『ニミッツ・アト・イーズ』という書名でリリーによって上梓された）。ロバート・C・リチャードスン四世米空軍退役大佐は、前述の祖父の日記を提供してくれた。リチャードスン将軍はこの日記を二〇一五年まで外に出さないようにと子孫にいい残していた。〈ミッドウェイ海戦円卓会議〉の元編集者でウェブマスターのロナルド・ラッセルは、第一巻と第二巻同様、原稿に目を通し、貴重な意見を提供してくれた。

さまざまな形で力を貸してくれた日本人のなかには、下山進、村上和久、渡邊裕鴻（ゆうこう）、荒船清彦、佐藤行雄がいる。十八年間にわたってわたしの著作権代理人であるエリック・シモノフは、長い執筆の遅れと破られる締め切りにも信頼を失わずにいてくれた。〈W・W・ノートン〉社の全スタッフ、ンネオマ・アマディ＝オビ、リベカ・ホミスキ、ビル・ラシンにはお礼を申し上げる。とりわけスター・ローレンスは、走行車線からはみ出したがるわたしの気性をつねに支持しながら、わたしが車線をはみ出しすぎているような場合には教えてくれた。

ソースノート　下巻

第九章　銃後のアメリカ

(1) James Orvill Raines to Ray Ellen Raines, September 16, 1944, Raines and McBride, eds., *Good Night Officially*, p. 74.
(2) Sledge, *With the Old Breed*, p. 266.
(3) Willard Waller, "Why Veterans Are Bitter," *American Mercury*, August 1945, p. 147.
(4) Ibid.
(5) 国旗へのブーイングはウォルター・R・エヴァンズの回想による。彼はまた「ハリウッドのいかさま主義」にたいする工作艦ヴェスタルの乗組員仲間の態度も描写している。Evans, *Wartime Sea Stories*, p. 38.
(6) Hunt, *Coral Comes High*, p. 21.
(7) U.S. Commerce Department, *Historical Statistics of the United States*, Chapter F, "National Income and Wealth," Series F 1-5. 時価では、一九四〇年の九九七億ドルから、一九四四年には二一〇一億ドルに増加した。一九五八年の物価では、一九四〇年の二二七二億ドルから、一九四四年には三六一三億ドルに増加した。
(8) 後者の数字は一九四〇年換算では三一六億六〇〇〇万ドルに相当する。U.S. Commerce Department, *Historical Statistics of the United States*, Series F 540-551, "National Saving, by Major Saver Groups, in Current Prices, 1897 to 1945."
(9) Blum, *V Was For Victory*, p. 98.
(10) John Kenneth Galbraith の口述史、Terkel, ed., *"The Good War,"* p. 323.
(11) Winkler, *Home Front U.S.A.*, p. 45.
(12) Marjorie Cartwright の口述史、Harris, Mitchell, and Schechter, eds., *The Homefront*, pp. 190-91.
(13) U.S. Commerce Department, *Historical Statistics of the United States*, Series N1-29, "Value of New Private and Public Construction Put in Place: 1915 to 1970."
(14) Lerner, *Public Journal*, pp. 28-29.
(15) Baime, *The Arsenal of Democracy*, p. 247.
(16) Don McFadden の口述史、Terkel, ed., *"The Good War,"* p. 148.

(17) Perret, *Days of Sadness, Years of Triumph*, p. 315.
(18) Reid, *The Brazen Age*, p. 8.
(19) "Navy Officer Says Teamsters Hit Him," *New York Times*, October 3, 1944, p.15.
(20) Ibid.
(21) "Dickins v. International Brotherhood, Etc., 171 F.2d 21 (D.C. Cir. 1948)," October 18, 1948, United States Court of Appeals District of Columbia Circuit.
(22) Blum, *V Was For Victory*, p. 297.
(23) The "Mead Report" quoted in Cooke, *The American Home Front*, p. 300.
(24) Perret, *Days of Sadness, Years of Triumph*, p. 399.
(25) Peggy Terry の口述記 Terkel, ed., *"The Good War,"* p. 112.
(26) Eisenhower to FDR, March 31, 1945, FDR Library.
(27) King/Marshall letter to FDR, January 1945, excerpted in "Letters on the Pressing Manpower Problem," *New York Times*, January 18, 1945.
(28) "Curfew Used to Teach 'War Awareness' Lesson," *New York Times*, February 25, 1945, p. 67.
(29) Yoder, *There's No Front Like Home*, p. 115.
(30) Hunt, *Coral Comes High*, p. 21.
(31) Elliot Johnson account, in Harris, Mitchell, and Schechter, eds., *The Homefront*, p. 198.
(32) Marjorie Cartwright account, in Harris, Mitchell, and Schechter, eds., *The Homefront*, pp. 190–91.
(33) U.S. Navy Department, "Annual Report, Fiscal Year 1944, Secretary of the Navy James Forrestal to the President of the United States," p. 15, Hopkins Papers, Group 24, FDR Library.
(34) Reynolds, *The Fast Carriers*, p. 324.
(35) Delaney, "Corpus Christi: University of the Air," *Naval History* 27, no. 3, June 2013, p. 37.
(36) Davis, *Sinking the Rising Sun*, p. 42.
(37) Smyth, *Sea Stories*, p. 39.
(38) Buell, *Dauntless Helldivers*, p. 26.
(39) Davis, *Sinking the Rising Sun*, p. 72.
(40) Portz, "Aviation Training and Expansion," *Naval Aviation News*, July–August 1990, p. 24.

(41) Baker, *Growing Up*, p. 216.
(42) Davis, *Sinking the Rising Sun*, p. 61.
(43) Ibid., p. 67.
(44) Hynes, *Flights of Passage*, p. 69.
(45) Smyth, *Sea Stories*, p. 48.
(46) Buell, *Dauntless Helldivers*, p. 39
(47) MacWhorter and Stout, *The First Hellcat Ace*, p. 134.
(48) Vernon, *Hostile Sky*, p. 99.
(49) Davis, *Sinking the Rising Sun*, p. 44.
(50) Hynes, *Flights of Passage*, p. 60.
(51) Lieutenant William A. Bell, "Under the Nips' Nose," pp. 12–13.
(52) Third Fleet War Diary, January 7, 1945, p. 8.
(53) Halsey, *Admiral Halsey's Story*, p. 195.
(54) Third Fleet War Diary, January 11, 1945, p. 11.
(55) William A. Bell Diary, January 12, 1945, p. 7.
(56) Halsey, *Admiral Halsey's Story*, p. 198.
(57) Lieutenant William A. Bell, "Under the Nips' Nose," p. 24.
(58) Ibid., p. 23.
(59) Sherman, *Combat Command*, p. 279; Clark and Reynolds, *Carrier Admiral*, p. 196.
(60) Third Fleet War Diary, January 19, 1945, p. 18.
(61) Ibid., p. 21.
(62) William A. Bell Diary, January 21, 1945, pp. 17–18.

第十章　マニラ奪回の悲劇

(1) 三〇パーセントの損耗率は猪口力平の見積もりによる。Inoguchi et al., *The Divine Wind*, p. 87.
(2) Ibid., p. 88.

(3) Marsden, *Attack Transport*, p. 153.
(4) MacArthur, *Reminiscences*, p. 240.
(5) James Orvill Raines to Ray Ellen Raines, January 15, 1945, Raines and McBride, eds., *Good Night Officially*, p. 204.
(6) Marsden, *Attack Transport*, p. 155.
(7) MacArthur, *Reminiscences*, p. 241.
(8) Herman, *Douglas MacArthur: American Warrior*, p. 570.
(9) Krueger, *From Down Under to Nippon*, p. 228.
(10) Japanese Monograph 114, "Philippine Area Naval Operations, Part IV," January–August 1945, pp. 30–31.
(11) GHQ, SWPA, Communique No. 1027, January 29, 1945, quoted in *Reports of General MacArthur*, vol. 1, p. 270.
(12) Smith, *United States Army in WWII, The War in the Pacific*, p. 219.
(13) Dunn, *Pacific Microphone*, p. 279.
(14) Carl Mydans, "My God, It's Carl Mydans!," *Life*, February 19, 1945, in *Reporting World War II*, Part Two, p. 607.
(15) Dunn, *Pacific Microphone*, p. 293.
(16) Robin Prising quoted in Scott, *Rampage*, p. 188.
(17) Carl Mydans, "My God, It's Carl Mydans!," *Life*, February 19, 1945, in *Reporting World War II*, Part Two, p. 616.
(18) MacArthur, *Reminiscences*, p. 247.
(19) Bill Dunn's CBS Radio Broadcast, February 4, 1945, quoted in Scott, *Rampage*, p. 170.
(20) Scott, *Rampage*, p. 198.
(21) Sworn Affidavit of Hobert D. Mason of the 112th Medical Battalion, "Report on Destruction of Manila and Japanese Atrocities, February 1945," U.S. Army Forces, Southwest Pacific Area, Military Intelligence Section, Bonner Fellers Papers, Box 2, Hoover Institution Archives.
(22) Sworn affidavit, Major David V. Binkley, U.S. Army, "Report on Destruction of Manila and Japanese Atrocities, February 1945," U.S. Army Forces, Southwest Pacific Area, Military Intelligence Section, Bonner Fellers Papers, Box 2, Hoover Institution Archives.
(23) MacArthur, *Reminiscences*, p. 248.
(24) Borneman, *MacArthur At War*, p. 467.
(25) Eichelberger and MacKaye, *Our Jungle Road to Tokyo*, p. 176.

(26) Scott, *Rampage*, p. 205.
(27) Japanese Monograph 114, "Philippine Area Naval Operations, Part IV," January–August 1945, "Battle of Manila, First Phase," p. 12.
(28) "Directions Concerning Combat by Shimbu Group Headquarters," in "Documents and Orders Captured in the Field," accessed October 11, 2018, http://battleofmanila.org.
(29) "Report on Destruction of Manila and Japanese Atrocities, February 1945," p. 1, U.S. Army Forces, Southwest Pacific Area, Military Intelligence Section, Bonner Fellers Papers, Box 2, Hoover Institution Archives.
(30) Japanese Monograph 114, "Philippine Area Naval Operations, Part IV," January–August 1945, p. 15.
(31) Scott, *Rampage*, p. 248.
(32) H. O. Eaton Jr., "Assault Tactics Employed as Exemplified by the Battle of Manila, A Report by XIV Corps."
(33) Scott, *Rampage*, p. 317.
(34) Ibid., p. 350.
(35) Dunn, *Pacific Microphone*, p. 313.
(36) Captured diary, unknown soldier of Ninth Shipping Engineer Regiment, Japanese Army, "Report on Destruction of Manila and Japanese Atrocities, February 1945," U.S. Army Forces, Southwest Pacific Area, Military Intelligence Section, Bonner Fellers Papers, Box 2, Hoover Institution Archives.
(37) Ibid., p. 4.
(38) Ibid., p. 3.
(39) Sworn affidavits of Father Francis J. Cosgrave and Major David V. Binkley, U.S. Army Forces, "Report on Destruction of Manila and Japanese Atrocities, February 1945," in ibid.
(40) Sworn affidavit, Dr. Walter K. Funkel, "Report on Destruction of Manila and Japanese Atrocities, February 1945," U.S. Army Forces, Southwest Pacific Area, Military Intelligence Section. Bonner Fellers Papers, Box 2, Hoover Institution Archives.
(41) Scott, *Rampage*, p. 25.
(42) Ibid., p. 263.
(43) Ibid., p. 309.
(44) Admiral Sanji Iwabuchi to Shimbu Group headquarters, Japanese Monograph 114, "Philippine Area Naval Operations, Part IV," January–August 1945, pp. 18–19.

(45) Admiral Sanji Iwabuchi to C-in-C, Southwest Area Fleet at Baguio, Japanese Monograph 114, "Philippine Area Naval Operations, Part IV," January–August 1945, p. 18.
(46) McEnery, *The XIV Corps Battle for Manila, February 1945*, p. 98.
(47) "Intramuros a City of Utter Horror," George E. Jones, *New York Times*, February 25, 1945, p. 25.
(48) Quoted in Friend, *The Blue-Eyed Enemy*, p. 205.
(49) H. O. Eaton Jr., "Assault Tactics Employed as Exemplified by the Battle of Manila, A Report by XIV Corps."
(50) MacArthur, *Reminiscences*, p. 247.
(51) Ibid., p. 252.
(52) Ibid., pp. 251–52, and newsreel footage, "Ceremony at Malacañang Palace," February 27, 1945, accessed July 20, 2018, http://www.criticalpast.com/video/65675037789_Sergio-Osmena_General-MacArthur_Commonwealth-Government_legislature.
(53) MacArthur, *Reminiscences*, p. 250.
(54) Romulo, *I See the Philippines Rise*, p. 223.
(55) "Report on Destruction of Manila and Japanese Atrocities, February 1945," p. 1, U.S. Army Forces, Southwest Pacific Area, Military Intelligence Section, Bonner Fellers Papers, Box 2, Hoover Institution Archives.
(56) "Imperial Rescript to Soldiers and Sailors (1882)," p. 227, in Allinson, ed., *The Columbia Guide to Modern Japanese History*.
(57) Scott, *Rampage*, p. 265.
(58) "Digest of Japanese Broadcasts," March 9, 1945, p. 2.（訳註：訳文は昭和二十年三月十日《朝日新聞》より）
(59) Takamaro Nishihara letter to the *Asahi Shinbun*, in Gibney, ed., *Senso*, p. 157.
(60) Kiyofumi Kojima の口述史、Cook and Cook, eds., *Japan at War*, p. 376.
(61) Ibid., p. 378.
(62) MacArthur, *Reminiscences*, p. 261.
(63) Reported in 1964 by the Japan Ministry of Health and Welfare, cited by Cook and Cook, eds., *Japan at War*, p. 373.

第十一章　硫黄島攻略の代償

(1) Kakehashi and Murray, *So Sad to Fall in Battle*, p. 18.
(2) Sakai, Caidin, and Saito, *Samurai!*, p. 235.

（3）Kakehashi and Murray, *So Sad to Fall in Battle*, p. 66.

（4）Major Yoshitaka Horie, unpublished manuscript, “Iwo Jima,” John Toland Papers, Series 1: *The Rising Sun*, Box 6, p. 78.（訳註：『闘魂　硫黄島』堀江芳孝著　恒文社　一九六五年のことと思われる）

（5）Major Yoshitaka Horie, unpublished manuscript, “Iwo Jima,” John Toland Papers, Series 1: *The Rising Sun*, Box 6, p. 63.

（6）Private Shuji Ishii quoted in Kakehashi, *So Sad to Fall in Battle*, p. 66.

（7）King and Ryan, *A Tomb Called Iwo Jima*, p. 30.

（8）Kakehashi and Murray, *So Sad to Fall in Battle*, p. 68.

（9）Letters quoted in Kakehashi and Murray, *So Sad to Fall in Battle*, p. 93.（訳註：訳文は『栗林忠道　硫黄島からの手紙』〔文春文庫〕より）

（10）Major Yoshitaka Horie, unpublished manuscript, “Iwo Jima,” John Toland Papers, Series 1: Box 6, p. 78.

（11）Japanese soldier’s diary, entry dated February 18, 1945, in Dixon, Brawley, and Trefalt, eds., *Competing Voices from the Pacific War*, p. 140.

（12）Fields quoted in Alexander, *Closing In*, p. 31.

（13）Kakehashi and Murray, *So Sad to Fall in Battle*, p. 39.（訳註：訳文は『栗林忠道　硫黄島からの手紙』〔文春文庫〕より）

（14）Tsuruji Akikuisa quoted in King and Ryan, *A Tomb Called Iwo Jima*, p. 111.

（15）Toshiharu Takahashi quoted in Kakehashi and Murray, *So Sad to Fall in Battle*, pp. 101–2.

（16）Bruce and Leonard, *Crommelin’s Thunderbirds*, p. 30.

（17）Buell, *The Quiet Warrior*, p. 356.

（18）“Air Combat Notes for Pilots,” Enclosure (C) of Action Report, Commander Task Force 58, Operations of February 10 to March 1, 1945, Serial 0045, pp. 2–3.

（19）Roy W. Bruce quoted in Bruce and Leonard, *Crommelin’s Thunderbirds*, p. 35.

（20）“Areological Summary for Action Report,” Enclosure (G) of Action Report, Commander Task Force 58, February 10 to March 1, 1945, Serial 0045.

（21）J. Bryan III diary, February 16, 1945, Bryan, *Aircraft Carrier*, p. 10.

（22）McWhorter, *The First Hellcat Ace*, p. 152.

（23）Bruce and Leonard, *Crommelin’s Thunderbirds*, p. 52.

（24）Fifth Fleet War Diary, February 17, 1945, p. 2.

(25) Ensign John Morris quoted in Bruce and Leonard, *Crommelin's Thunderbirds*, p. 51.
(26) Sheftall, *Blossoms in the Wind*, p. 180.
(27) "Air Combat Notes for Pilots," Enclosure (C) of Action Report, Commander Task Force 58, February 10 to March 1, 1945, Serial 0045, p. 3.
(28) Action Report, Commander Task Force 58, February 10 to March 1, 1945, Serial 0045, March 13, 1945, p. 25.
(29) William W. Buchanan の口述史、pp. 78–79.
(30) Sherrod, *On to Westward*, p. 169.
(31) Lieutenant Ronald D. Thomas, unpublished written account, PC # 2718, p. 16, U.S. Marine Corps Archive, Quantico, Virginia.
(32) Smith, *Coral and Brass*, p. 214.
(33) Charles F. Barber, Interview by Evelyn M. Cherpak, March 1, 1996, p. 18, Naval War College Archives.
(34) Sherrod, *On to Westward*, p. 154.
(35) Elton N. Shrode, unpublished written account, Coll. 3736, p. 15, U.S. Marine Corps Archive, Quantico, Virginia.
(36) Lieutenant Ronald D. Thomas, unpublished written account, PC # 2718, p. 16, U.S. Marine Corps Archive.
(37) Vernon E. Megee の口述史、p. 34.
(38) Corporal Edward Hartman quoted in Alexander, *Closing In*, p. 12.
(39) Sherrod, *On to Westward*, p. 170.
(40) Smith, *Coral and Brass*, p. 224.
(41) Lieutenant Colonel Justice M. Chambers quoted in Alexander, *Closing In*, p. 14.
(42) Sherrod, *On to Westward*, p. 176.
(43) Smith, *Coral and Brass*, p. 225.
(44) King and Ryan, *A Tomb Called Iwo Jima*, p. 122.
(45) James Orvill Raines to Ray Ellen Raines, February 22, 1945, in Raines and McBride, eds., *Good Night Officially*, p. 238.
(46) Sherrod, *On to Westward*, p. 192.
(47) Major Yoshitaka Horie, unpublished manuscript, "Iwo Jima," John Toland Papers, Series 1: *The Rising Sun*, Box 6.
(48) Lieutenant Ronald D. Thomas, unpublished written account, PC # 2718, p. 18, U.S. Marine Corps Archive.（訳註：訳文は『闘魂　硫黄島』堀江芳孝著〔光人社ＮＦ文庫〕より）
(49) Leo D. Hermle の口述史、p. 86.

(50) Smith and Finch, *Coral and Brass*, p. 227.
(51) Ibid., p. 228.
(52) Forrestal diary, February 23, 1945, in Millis, ed., *The Forrestal Diaries*, p. 30.
(53) Sherrod, *On to Westward*, p. 192.
(54) Smith and Finch, *Coral and Brass*, p. 230.
(55) Joseph L. Stewart の口述史、 pp. 39–40.
(56) John Lardner, "D-Day, Iwo Jima," *New Yorker*, March 17, 1945, p. 48.
(57) Sherrod, *On to Westward*, p. 196.
(58) Ted Allenby の口述史、 Terkel, ed., *"The Good War,"* p. 181.
(59) Elton N. Shrode, unpublished written account, Coll. 3736, p. 16, U.S. Marine Corps Archive.
(60) Edward A. Craig の口述史、 p. 142.
(61) Elton N. Shrode, unpublished written account, Coll. 3736, p. 19, U.S. Marine Corps Archive.
(62) Sherrod, *On to Westward*, p. 182.
(63) Bradley, *Flags of Our Fathers*, p. 268.
(64) James Orvill Raines to Ray Ellen Raines, February 22, 1945, in Raines and McBride, eds., *Good Night Officially*, pp. 239–40.
(65) Vernon E. Megee の口述史、 p. 37.
(66) Ibid., p. 46.
(67) Sherrod, *On to Westward*, p. 195.
(68) King and Ryan, *A Tomb Called Iwo Jima*, p. 131.
(69) Kakehashi and Murray, *So Sad to Fall in Battle*, p. 156.
(70) Elton N. Shrode, unpublished written account, Coll. 3736, p. 16, U.S. Marine Corps Archive.
(71) *Experiences in Battle of the Medical Department of the Navy*, Navmed P-SOS1, U.S. Department of the Navy, 1953, p. 95.
(72) Sherrod, *On to Westward*, p. 187.
(73) Ibid., p. 219.
(74) *Experiences in Battle of the Medical Department of the Navy*, 1953, p. 101.
(75) Griffin, *Out of Carnage*, p. 13.
(76) Sherrod, *On to Westward*, p. 188.

（77）Ibid., p. 213.
（78）Smith and Finch, *Coral and Brass*, p. 238.
（79）Kakehashi and Murray, *So Sad to Fall in Battle*, p. 165.
（80）Major Yoshitaka Horie, unpublished manuscript, "Iwo Jima," John Toland Papers, Box 6, p. 93.
（81）Kakehashi and Murray, *So Sad to Fall in Battle*, p. xviii.
（82）Ibid., p. xx.
（83）Major Yoshitaka Horie, unpublished manuscript, "Iwo Jima," John Toland Papers, Box 6, p. 99.
（84）Bartley, *Iwo Jima: Amphibious Epic*, p. 192.
（85）Miller, *It's Tomorrow Out Here*, p. 180.
（86）Galer quoted in Alexander, *Closing In*, p. 49.
（87）Alexander, *Closing In*, p. 49.
（88）Smith and Finch, *Coral and Brass*, p. 15.
（89）Sherrod, *On to Westward*, p. 235.
（90）Quoted in *San Bernardino Sun*, Vol. 51, February 28, 1945, p. 1.
（91）William W. Buchanan の口述史、p. 79.

第十二章　東京大空襲の必然

（1）Arnold signed Marshall COMGENAAFPOA to Richardson for Harmon Info CINCPOA, December 7, 1944, CINCPAC Gray Book, Book 5, p. 2444.
（2）"Those Who Witnessed Series—How Civilians Viewed the War," NHK television documentary,（ＮＨＫアーカイブス〈[証言記録　市民たちの戦争］封印された大震災～愛知・半田～〉https://www2.nhk.or.jp/archives/shogenarchives/bangumi/movie.cgi?das_id=D0001220050_00000）; Okumiya, Horikoshi, and Caiden, *Zero!*, p. 257.
（3）"War History of the 5th Air Fleet," February 10, 1945, to August 19, 1945, Library of Congress, Japanese Monograph Series, No. 86.
（4）Sakai, Caidin, and Saito, *Samurai!*, p. 264.
（5）John Ciardi の口述史、Terkel, ed., *"The Good War,"* pp. 201–2.

（6） Ibid., p. 201.
（7） Sherrod, *On to Westward*, p. 152.
（8） Hansell, *The Strategic Air War Against Germany and Japan*, p. 217.
（9） Ibid., p. 215.
（10） Matsuo Kato quoted in *Time-Life* Books, *Japan at War*, p. 157.
（11） Yamashita, *Daily Life in Wartime Japan*, p. 100.
（12） Michio Takeyama essay in Minear, ed., *The Scars of War*, p. 62.
（13） Kiyoshi Kiyosawa diary, January 2, 1945, Kiyosawa, *A Diary of Darkness*, p. 300.
（14） "Let There Be a People of 100 Million Heroes," *Mainichi Shinbun*, January 2, 1945, quoted in Kiyosawa, *A Diary of Darkness*, p. 300.（訳註：「一億英雄たれ」毎日新聞一月一日付の徳富蘇峰の記事）
（15） *Yomiuri Shinbun* headlines on January 15 & 16, 1945, quoted in Kiyosawa, *A Diary of Darkness*, p. 307.
（16） Sakai, Caidin, and Saito, *Samurai!*, p. 243.
（17） Kiyoshi Kiyosawa diary, March 29, 1945, Kiyosawa, *A Diary of Darkness*, p. 339.
（18） USSBS, *The Effects of Strategic Bombing on Japanese Morale*, p. 1.
（19） Ibid., p. 26.
（20） Havens, *Valley of Darkness*, p. 158.
（21） Quoted in Cook and Cook, eds., *Japan at War*, p. 337.
（22） Quoted in *Time-Life* Books, *Japan at War*, p. 44.
（23） Statement, Cabinet Board of Information, December 22, 1943, quoted in USSBS, *The Effects of Strategic Bombing on Japanese Morale*, p. 73n1.（訳註：訳文は情報局編集《週報》昭和十八年十二月二十二日号〔三七五号〕より）
（24） Havens, *Valley of Darkness*, p. 162; "Digest of Japanese Broadcasts," October 6, 1944, p. 2.
（25） Havens, *Valley of Darkness*, p. 165.
（26） Yamashita, *Daily Life in Wartime Japan*, p. 122.
（27） Koiso address to Japanese National Diet, quoted in "Digest of Japanese Broadcasts," September 8, 1944, p. 4.
（28） Cook and Cook, eds., *Japan at War*, p. 173.
（29） Hideo Sato の口述史、Cook and Cook, eds., *Japan at War*, p. 236.
（30） "Digest of Japanese Broadcasts," October 4, 1944 memo cited in broadcast of October 11, 1944, p. 3.

(31) Mihoko Nakane, diary entries, April–June 1945, Yamashita, ed., *Leaves from an Autumn of Emergencies*, pp. 268–305.

(32) Naokata Sasaki の口述、Cook and Cook, eds., *Japan at War*, p. 468.

(33) Hideo Sato の口述、Cook and Cook, eds., *Japan at War*, p. 237.

(34) Mihoko Nakane diary, June 17, 1945, Yamashita, ed., *Leaves from an Autumn of Emergencies*, p. 289.

(35) War Diary, Guam Island Commander, March 1945 summary, pp. 5–9, NARA, RG-38: Records of the Office of the Chief of Naval Operations, World War II War Diaries, Box 53.

(36) Pyle, *Last Chapter*, p. 19.

(37) Welfare Office Monthly Report, pp. 2–6, in War Diary, Guam Island Commander, March 1945, NARA, RG-38: Records of the Office of the Chief of Naval Operations, World War II War Diaries, Box 53.

(38) Dos Passos, *Tour of Duty*, p. 73.

(39) Ibid.

(40) War Diary, Guam Island Commander, March 1945, p. 4, NARA, RG-38: Records of the Office of the Chief of Naval Operations, World War II War Diaries, Box 53.

(41) LeMay and Kantor, *Mission with LeMay*, pp. 340–42.

(42) Truman J. Hedding の口述、p. 108; Lamar, "I Saw Stars," p. 12.

(43) LeMay and Yenne, *Superfortress*, p. 110.

(44) LeMay and Kantor, *Mission with LeMay*, p. 342.

(45) Ibid., pp. 341–42.

(46) Message 221837, Arnold (signed Marshall) to Richardson, Harmon, and Nimitz, December 22, 1944, in CINCPAC Gray Book, Book 5, p. 2471.

(47) CINCPOA PEARL to COMGENPOA, COMGENAAFPOA, DEPCOM20THAF, etc., March 28, 1945, CINCPAC Gray Book, Book 6, green pages, p. 2808.

(48) Edwards to King, November 14, 1944; NARA, RG 38, "CNO Zero-Zero Files," Box 60, Folder 21, labeled "General Spaatz."

(49) Straubel, *Air Force Diary*, p. 450.

(50) McKelway and Gopnik, *Reporting at Wit's End*, p. 177.

(51) LeMay and Kantor, *Mission with LeMay*, p. 349.

(52) Selden, "A Forgotten Holocaust," *Asia–Pacific Journal*, Vol. 5, Issue 5, May 2, 2007.

(53) Ralph, "Improvised Destruction," *War in History*, Vol. 13, No. 4, October 2006, p. 498.
(54) Tanaka, Tanaka, and Young, *Bombing Civilians: A Twentieth-Century History*, p. 81.
(55) Parker, *The Second World War: A Short History*, p. 170.
(56) LeMay and Yenne, *Superfortress*, p. 125.
(57) Ibid., p. 122.
(58) McKelway and Gopnik, *Reporting at Wit's End*, p. 185.
(59) LeMay and Kantor, *Mission with LeMay*, p. 312.
(60) Ibid., pp. 351–52.
(61) Ibid., p. 349.
(62) Fedman and Karacas, "A Cartographic Fade to Black," *Journal of Historical Geography*, Vol. 38, Issue 3, July 2012, pp. 306–28.
(63) Caidin, *A Torch to the Enemy*, p. 75.
(64) Phillips, *Rain of Fire*, p. 37.
(65) Pyle, *Last Chapter*, p. 29.
(66) LeMay and Yenne, *Superfortress*, p. 122.
(67) Phillips, *Rain of Fire*, p. 48.
(68) McKelway and Gopnik, *Reporting at Wit's End*, p. 192.
(69) Phillips, *Rain of Fire*, p. 41.
(70) Ibid., p. 42.
(71) Ibid., p. 37.
(72) Caidin, *A Torch to the Enemy*, p. 120.
(73) Phillips, *Rain of Fire*, p. 44.
(74) "Deadly WWII U.S. firebombing raids on Japanese cities largely ignored."
(75) Caidin, *A Torch to the Enemy*, p. 111.
(76) Auer, ed., *From Marco Polo Bridge to Pearl Harbor*, pp. 196–97.
(77) Kazuyo Funato の口述史、Cook and Cook, eds., *Japan at War*, p. 346.
(78) Michiko Okubo letter to the *Asahi Shinbun*, Gibney, ed., *Senso*, pp. 207–8.

(79) Isamu Kase quoted in "Deadly WWII U.S. firebombing raids on Japanese cities largely ignored."
(80) Hiroyasu Kobayashi の口述史' Cook and Cook, eds., *Japan at War*, p. 351.
(81) Ibid., p. 352.
(82) Kazuyo Funato の口述史' Cook and Cook, eds., *Japan at War*, p. 347.
(83) Tomoko Shinoda letter to the *Asahi Shinbun*, Gibney, ed., *Senso*, p. 205.
(84) Ibid.
(85) Caidin, *A Torch to the Enemy*, p. 141.
(86) Sumi Ogawa letter to the *Asahi Shinbun*, Gibney, ed., *Senso*, p. 204.
(87) "Deadly WWII U.S. firebombing raids on Japanese cities largely ignored."
(88) Caidin, *A Torch to the Enemy*, p. 143.
(89) Auer, ed., *From Marco Polo Bridge to Pearl Harbor*, p. 195.
(90) USSBS, *The Effects of Strategic Bombing on Japanese Morale*, p. 37.
(91) *Asahi Shinbun* quoted in Cook and Cook, eds., *Japan at War*, pp. 340–42.
(92) McKelway and Gopnik, *Reporting at Wit's End*, p. 190.
(93) Caidin, *A Torch to the Enemy*, p. 78.
(94) McKelway and Gopnik, *Reporting at Wit's End*, p. 194.
(95) Phillips, *Rain of Fire*, p. 45.
(96) LeMay and Kantor, *Mission with LeMay*, p. 354.
(97) Caidin, *A Torch to the Enemy*, p. 154.
(98) LeMay and Kantor, *Mission with LeMay*, p. 368.
(99) USSBS, *The Effects of Strategic Bombing on Japanese Morale*, p. 123.
(100) Naruo Shirai letter to the *Asahi Shinbun*, Gibney, ed., *Senso*, p. 206.

第十三章　大和の撃沈、ＦＤＲの死

(1) Clark and Reynolds, *Carrier Admiral*, p. 213; USS *Randolph*, CV-15, "Action Report, Attack by Enemy Plane at Ulithi, 11–12 March 1945," CV-15 A6-3 Serial: 004; Fifth Fleet War Diary, March 11, 1945, p. 10; CO *Randolph* to Com5thFlt, March 14,

1945, CINCPAC Gray Book, Book 6, green pages, p. 2793.

（2） 5th Air Fleet War Diary (Japanese Monograph No. 86), entry dated March 11, 1945, p. 18.

（3） Clark and Reynolds, *Carrier Admiral*, pp. 213–14.

（4） Commander Task Force 58 to CINCPAC, Report of Operations of Task Force 58 in support of landings at Okinawa, 14 March Through 28 May, 1945, A16-3 Serial: 00222, 18 June 1945.

（5） Combined Fleet Telegram Order No. 564-B, reproduced in Ugaki, *Fading Victory*, p. 553. （訳註：連合艦隊電令作第五六四B号）

（6） IGHQ Navy Directive No. 510, dated March 1, 1945, p. 157, NARA, RG 38, Imperial Gen. HQ Navy Directives, in "Records of Japanese Navy & Related Documents," Vol. 2, No. 316, Box 42.（訳註：大海指第五一一号別冊〔昭和二十年三月十九日〕「東支那海周辺地域ニ於ル『陸軍航空作戦指導要領』」）

（7） 5th Air Fleet War Diary (Japanese Monograph No. 86) entry dated March 18, 1945, p. 23; Ugaki, *Fading Victory*, p. 527.

（8） Commander Task Force 58 to CINCPAC, "Report of Operations of Task Force 58 in Support of Landings at Okinawa, 14 March through 28 May, 1945," A16-3 Serial: 00222, 18 June 1945.

（9） Ibid.

（10） Commander Joe Taylor, Executive Officer, "Narrative of Action 19 March 1945," Enclosure C, USS *Franklin* (CV-13) Action Report, Serial 00212, 11 April 1945, FDR Library Map Room, Box 191.

（11） Radford and Jurika, *From Pearl Harbor to Vietnam*, p. 46.

（12） J. Bryan III diary, March 19, 1945, Bryan, *Aircraft Carrier*, p. 78.

（13） Commander Fifth Fleet War Diary, March 19, 1945, p. 18.

（14） Potter and Nimitz, *The Great Sea War*, p. 449.

（15） COM5THFLT to CINCPAC, March 21, 1945, CINCPAC Gray Book, Book 6, green pages, p. 2797.

（16） J. Bryan III diary, April 2, 1945, Bryan, *Aircraft Carrier*, p. 105.

（17） Dyer, *The Amphibians Came to Conquer*, p. 1078.

（18） CTF 58 to CTF 51, March 25, 1945, CINCPAC Gray Book, Book 6, green pages, p. 2801.

（19） Charles F. Barber の〝口述史〟 p. 6, Interview by Evelyn M. Cherpak, March 1, 1996, U.S. Naval War College Archives.

（20） Michael Bak Jr. の〝口述史〟 U.S. Naval Institute, 1988, p. 192.

（21） Mace and Allen, *Battleground Pacific*, p. 223.

(22) Sledge, *With the Old Breed*, p. 179.
(23) Ibid., p. 185.
(24) Dyer, *The Amphibians Came to Conquer*, p. 1094.
(25) Morison, *History of United States Naval Operations in World War II*, Vol. 14, *Victory in the Pacific*, p. 149.
(26) U.S. Department of Defense, Department of the Army, Center of Military History, *Ryukyus: The U.S. Army Campaigns of World War II*, p. 11.
(27) Sledge, *With the Old Breed*, p. 187.
(28) Lardner, "Suicides and Bushwhackers," *New Yorker*, May 19, 1945, p. 32.
(29) CTF 51 [Turner] to COM5THFLT [Spruance], April 1, 1945, CINCPAC Gray Book, Book 6, green pages, pp. 2810–11.
(30) Yahara, *The Battle for Okinawa*, p. xi.
(31) Ibid., p. 8.
(32) Ibid., p. 46.
(33) Huber, *Japan's Battle of Okinawa, April–June 1945*, p. 12.
(34) *Okinawa Shinpo*, January 27, 1945, quoted in Auer, ed., *From Marco Polo Bridge to Pearl Harbor*, p. 163.
(35) IGHQ Navy Directive No. 510, March 1, 1945, p. 143. NARA, RG 38, Imperial Gen. HQ Navy Directives, in "Records of Japanese Navy & Related Documents," Vol. 2, No. 316, Box 42.（訳註：『大海令第三七号別冊　帝国陸海軍作戦計画大綱』のアメリカ側による要約より）
(36) "Outline of Army and Navy Operations," January 19, 1945, NARA, RG 38, Imperial Gen. HQ Navy Directives, in "Records of Japanese Navy & Related Documents," Vol. 2, No. 316, Box 42.（訳註：同）
(37) IGHQ Navy Directive No. 510, dated March 1, 1945, p. 157, NARA, RG 38, Imperial Gen. HQ Navy Directives, in "Records of Japanese Navy & Related Documents," Vol. 2, No. 316, Box 42.（訳註：大海指第五一二号別冊）
(38) 5th Air Fleet War Diary, Japanese Monograph No. 86, entry dated March 17, 1945, p. 22.
(39) Matome Ugaki diary, March 21, 1945, Ugaki, *Fading Victory*, pp. 559–60.
(40) 5th Air Fleet War Diary (Japanese Monograph No. 86), entry dated March 22, 1945, p. 28.（訳註：〈第五航空艦隊作戦記録〉三月二十二日）
(41) Ibid., entry dated April 4, 1945, p. 42.（訳註：同四月四日）
(42) Matome Ugaki diary, March 11, 1945, Ugaki, *Fading Victory*, p. 550.

(43) J. Bryan III diary, April 4, 1945, Bryan, *Aircraft Carrier*, p. 110.
(44) Michael Bak Jr. の口述史、pp. 193–94.
(45) Walker, *Ninety Day Wonder*, pp. 109–10.
(46) Clark and Reynolds, *Carrier Admiral*, p. 224.
(47) Sherrod, *On to Westward*, p. 292.
(48) Commander Task Force 58 to CINCPAC, Report of Operations of Task Force 58 in support of landings at Okinawa, 14 March Through 28 May, 1945. A16-3 Serial: 00222, 18 June 1945.
(49) CTF 58 to ATFC5THFLT Info CINCPAC, April 7, 1945, CINCPAC Gray Book, Book 6, green pages, p. 2823.
(50) Reynolds, *On the Warpath in the Pacific*, p. 413.
(51) Admiral Keizo Komura, commander of the fleet's destroyer squadron, quoted in Hara, Saito, and Pineau, *Japanese Destroyer Captain*, p. 261.（訳註：第二水雷戦隊司令官、古村啓蔵少将の発言）
(52) Hara, Saito, and Pineau, *Japanese Destroyer Captain*, p. 262.
(53) Yoshida and Minear, *Requiem for Battleship Yamato*, p. 8.
(54) Ibid., p. 24.
(55) Yoshida, "The Sinking of the *Yamato*," in Evans, ed., *The Japanese Navy in World War II*, p. 482.（訳註：米海軍協会誌《プロシーディングス》に寄稿されたもので、『戦艦大和ノ最期』とは異なる）
(56) Yoshida, "The Sinking of the *Yamato*," p. 484.
(57) Astor, *Wings of Gold*, p. 402.
(58) J. Bryan III diary, April 7, 1945, Bryan, *Aircraft Carrier*, p. 118.
(59) Astor, *Wings of Gold*, p. 405.
(60) Yoshida, "The Sinking of the *Yamato*," p. 485.
(61) Ibid.
(62) Hara, Saito, and Pineau, *Japanese Destroyer Captain*, p. 278.
(63) Yoshida, "The Sinking of the *Yamato*," p. 486.
(64) Hara, Saito, and Pineau, *Japanese Destroyer Captain*, p. 280.
(65) Yoshida, "The Sinking of the *Yamato*," p. 492.
(66) Ibid., p. 488.

(67) Ibid., p. 492.
(68) Hara, Saito, and Pineau, *Japanese Destroyer Captain*, p. 282.
(69) Yoshida, "The Sinking of the *Yamato*," p. 494
(70) Yoshida and Minear, *Requiem for Battleship Yamato*, p. 118.
(71) Mace and Allen, *Battleground Pacific*, p. 235.
(72) Sledge, *With the Old Breed*, p. 197.
(73) Ibid., pp. 192–93.
(74) Pyle, *Last Chapter*, p. 89.
(75) Sherrod, *On to Westward*, p. 285.
(76) Reported in Admiral Ugaki's diary on April 1, 1945, Ugaki, *Fading Victory*, p. 571.
(77) Auer, ed., *From Marco Polo Bridge to Pearl Harbor*, p. 161.
(78) Matome Ugaki diary, Friday, April 6, 1945, Ugaki, *Fading Victory*, pp. 572–73.
(79) 5th Air Fleet War Diary, April 6, 1945, pp. 45–46.
(80) Clark and Reynolds, *Carrier Admiral*, p. 227.
(81) Wallace, *From Dam Neck to Okinawa*, p. 36.
(82) Appendix 1, "Ships Damaged or Sunk on Radar Picket Duty," in Rielly, *Kamikazes, Corsairs, and Picket Ships*, pp. 351–53.
(83) Wallace, *From Dam Neck to Okinawa*, pp. 35–36.
(84) LeMay and Kantor, *Mission with LeMay*, p. 372.
(85) Wallace, *From Dam Neck to Okinawa*, p. 9.
(86) Rowland and Boyd, *U.S. Navy Bureau of Ordnance in World War II*, Bureau of Ordnance, Department of the Navy, Washington, DC, 1953, pp. 270–74.
(87) USS *Purdy* Serial 024 Action Report 20 April 1945, p. 28, quoted in Rielly, *Kamikazes, Corsairs, and Picket Ships*, p. 134.
(88) Wallace, *From Dam Neck to Okinawa*, p. 38.
(89) Ibid., p. 40.
(90) Commander Task Force 58 to CINCPAC, Report of Operations of Task Force 58 in support of landings at Okinawa, 14 March Through 28 May, 1945, A16-3 Serial: 00222, 18 June 1945, p. 12.
(91) Morison, *History of United States Naval Operations in World War II*, Vol. 14, *Victory in the Pacific*, p. 231.

(92) Ibid.
(93) Lardner, "Suicides and Bushwhackers," *New Yorker*, May 19, 1945, p. 32.
(94) Reynolds, *On the Warpath in the Pacific*, p. 415.
(95) Dunn, *Pacific Microphone*, p. 319.
(96) Sledge, *With the Old Breed*, p. 201.
(97) Yahara, *The Battle for Okinawa*, p. 45.
(98) Quoted in Rielly, *Kamikazes, Corsairs, and Picket Ships*, p. 151.
(99) Matome Ugaki diary, Friday, April 13, 1945, Ugaki, *Fading Victory*, p. 584.

第十四章　惨禍の沖縄戦

(1) Appleman, *Okinawa: The Last Battle*, p. 194.
(2) Appleman, *Okinawa: The Last Battle*, p. 187.
(3) Lardner, "Suicides and Bushwhackers," *New Yorker*, May 19, 1945, p. 32.
(4) Leckie, *Okinawa*, p. 125.
(5) Appleman, *Okinawa: The Last Battle*, p. 163.
(6) Sledge, *With the Old Breed*, p. 205.
(7) Manchester, *Goodbye, Darkness*, p. 360.
(8) Huber, *Japan's Battle of Okinawa, April–June 1945*, p. 83.
(9) Appleman et al., *Okinawa: The Last Battle*, p. 286.
(10) Yahara, *The Battle for Okinawa*, p. 42.
(11) "Tokyo, Domei, in English, to China and South Seas," Digest of Japanese Broadcasts, April 14, 1945, p. 1.
(12) "Tokyo, Domei, in English, to America," Digest of Japanese Broadcasts, April 20, 1945, p. 2.
(13) Toshiyuki Yokoi, "Kamikazes in the Okinawa Campaign," in Evans, ed., *The Japanese Navy in World War II*, p. 469.
(14) Matome Ugaki diary, April 9, 1945, Ugaki, *Fading Victory*, p. 578.
(15) 5th Air Fleet War Diary (Japanese Monograph No. 86), entry dated April 18, 1945, p. 59.
(16) Inoguchi et al., *The Divine Wind*, p. 141.

(17) Iwao Fukagawa quoted in Sheftall, *Blossoms in the Wind*, p. 214.
(18) Ohnuki-Tierney, *Kamikaze Diaries*, p. 88.
(19) Ibid., p. 69.
(20) Ibid., p. 175.
(21) Toshiyuki Yokoi, "Kamikazes in the Okinawa Campaign," in Evans, ed., *The Japanese Navy in World War II*, p. 468.
(22) Letter from Takeo Kasuga to Shozo Umezawa, June 21, 1945, quoted in Ohnuki-Tierney, *Kamikaze Diaries*, p. 10.
(23) Matome Ugaki diary, April 13, 1945, Ugaki, *Fading Victory*, p. 584.
(24) Ibid., p. 595.
(25) Matome Ugaki diary, April 21, 1945, Ugaki, *Fading Victory*, p. 594.
(26) Matome Ugaki diary, April 29, 1945, Ugaki, *Fading Victory*, p. 600.
(27) Reiko Torihama quoted in Sheftall, *Blossoms in the Wind*, p. 287.
(28) Shigeko Araki の口述史、Cook and Cook, eds., *Japan at War*, p. 320.
(29) Chief Ship's Clerk (W-2) C. S. King の口述史、Wooldridge, ed., *Carrier Warfare in the Pacific*, p. 282.
(30) Dr. David Willcutts, "Reminiscences of Admiral Spruance," p. 6, Manuscript Item 297, U.S. Naval War College Archives.
(31) H. D. Chickering, commanding officer of LCS(L) *51*, quoted in Rielly, *Kamikazes, Corsairs, and Picket Ships*, p. 346.
(32) Charles Thomas, crewman on the LCS(L) *35*, quoted in Rielly, *Kamikazes, Corsairs, and Picket Ships*, p. 10.
(33) "CO USS *Aaron Ward* comments," in Secret Information Bulletin No. 24: "Battle Experience: Radar Pickets and Methods of Combating Suicide Attacks Off Okinawa, March–May 1945," July 20, 1945, p. 81-41.
(34) Fenoglio, Y3C, "This I Remember," accessed April 21, 2019, https://dd803.org/crew/stories-from-the-crew/melvin-fenoglio-account.
(35) Ronald D. Salmon の口述史、p. 110; John C. Munn の口述史、p. 81.
(36) Reynolds, *On the Warpath in the Pacific*, p. 419.
(37) Ibid, p. 417.
(38) Pyle, *Last Chapter*, p. 83.
(39) J. Bryan III diary, April 11, 1945, Bryan, *Aircraft Carrier*, p. 121.
(40) Phelps Adams, "Attack on Carrier *Bunker Hill*," *New York Sun*, June 28, 1945, article reprinted in *Reporting World War II*, Part 2, p. 757.

(41) Commander Task Force 58 to CINCPAC, Report of Operations of Task Force 58 in support of landings at Okinawa, 14 March Through 28 May, 1945, A16-3 Serial: 00222, 18 June 1945, p. 14.

(42) Phelps Adams, "Attack on Carrier *Bunker Hill*," *New York Sun*, June 28, 1945; article reprinted in *Reporting World War II*, Part 2, p. 759.

(43) Marc Mitscher quoted in Reynolds, *On the Warpath in the Pacific*, p. 417.

(44) Charles F. Barber, Interview by Evelyn M. Cherpak, March 1, 1996, p. 27, Naval War College Archives.

(45) Dr. David Willcutts, "Reminiscences of Admiral Spruance," p. 8, Manuscript Item 297, Naval War College Archives.

(46) 「ぞっとするほど巨大な穴」は、Dr. Willcutts の言葉による。 Willcutts, "Reminiscences of Admiral Spruance," p. 8, Manuscript Item 297, Naval War College Archives.

(47) Letter, Raymond Spruance to Charles J. Moore, May 13, 1945, NHHC Archives, Raymond Spruance Papers, Coll/707, Box 1.

(48) Mace and Allen, *Battleground Pacific*, p. 293; Sledge, *With the Old Breed*, p. 223.

(49) Bill Pierce quoted in James Holland, "The Battle for Okinawa: One Marine's Story," *BBC History Magazine* and *BBC World Histories Magazine*, accessed May 2, 2019, https://www.historyextra.com/period/second-world-war/the-battle-for-okinawa-one-marines-story/.

(50) William Manchester, "The Bloodiest Battle of All," *New York Times*, June 14, 1987.

(51) Sledge, *With the Old Breed*, p. 278.

(52) Ibid., p. 253.

(53) Yahara, *The Battle for Okinawa*, p. 59.

(54) Ibid., p. 67.

(55) Ibid., p. 83.

(56) Ushijima quoted in Auer, ed., *From Marco Polo Bridge to Pearl Harbor*, p. 162.

(57) ニミッツ「〈オリンピック〉作戦では、スプルーアンスが細心の計画立案を必要とする水陸両用作戦段階を監督し、ハルゼーは攻勢的な掩護作戦に従事することが、国にとってもっとも役立つであろうというのが、小官の見解です。……そうすることで、それぞれがもっとも適任な分野に従事することになるでしょう」CINCPAC to COMINCH, Message 0226, April 5, 1945, in CINCPAC Gray Book, Book 6, p. 3078. キングは返電した。「この部隊はスプルーアンスとターナーの第五艦隊チームであるべきだという貴官の見解に同意する」Message 1921, April 9, 1945, in CINCPAC Gray Book, Book 6, p. 3079.

(58) Third Fleet War Diary, June 4, 1945, p. 7.

(59) Roy L. Johnson account, Wooldridge, ed., *Carrier Warfare in the Pacific*, pp. 245–46.
(60) Radford, *From Pearl Harbor to Vietnam*, p. 60.
(61) Sherman, *Combat Command*, p. 308.
(62) Third Fleet War Diary, June 4, 1945, p. 7.
(63) Radford, *From Pearl Harbor to Vietnam*, p. 60.
(64) *Time* magazine, July 23, 1945.
(65) Hynes, *Flights of Passage*, p. 236.
(66) Thomas McKinney quoted in Lacey, *Stay Off the Skyline*, p. 86.
(67) "Japanese Radio Plan," pp. 1–2, "Weekly Plan for Psychological Warfare, April 28, 1945." Office of Military Secretary to Commander Chief, U.S. Army Forces in the Pacific, Hoover Institution Archives, Bonner Fellers Papers.
(68) Appendix, "Inducement to Surrender of Japanese Forces," Combined Chiefs of Staff, Anglo-American Outline Plan for Psychological Warfare Against Japan, Reference A, CCS-539 Series, p. 10, Hoover Institution Archives, Bonner Fellers Papers.
(69) Frank B. Gibney's commentary in Yahara, *The Battle for Okinawa*, p. 199.
(70) Masahide Ota quoted in Lacey, *Stay Off the Skyline*, p. 61.
(71) Kikuko Miyagi の口述、Cook and Cook, eds., *Japan at War*, pp. 357–58.
(72) The leaflet is reproduced in Yahara, *The Battle for Okinawa*, illustrations insert after p. 70.
(73) Norris Buchter quoted in Lacey, *Stay Off the Skyline*, p. 67.
(74) John Garcia の口述、Terkel, ed., *"The Good War,"* p. 23.
(75) Charles Miller quoted in Lacey, *Stay Off the Skyline*, p. 73.
(76) Lewis Thomas account in Shenk, ed., *Authors at Sea*, pp. 241–42.
(77) Yahara, *The Battle for Okinawa*, p. 135.
(78) Ibid., p. 137.
(79) Ibid., p. 136.
(80) Quoted in Appleman, et al., *Okinawa: The Last Battle*, p. 463.
(81) Yahara, *The Battle for Okinawa*, p. 136.
(82) Masahide Ota の口述、Cook and Cook, eds., *Japan at War*, p. 369.

(83) Kikuko Miyagi の口述史、Cook and Cook, eds., *Japan at War*, p. 358.
(84) Ibid., p. 360.
(85) Ibid.
(86) Ibid., p. 362.
(87) *Building the Navy's Bases in World War II*, p. 410, Department of the Navy, Bureau of Yards and Docks.
(88) Huie, *From Omaha to Okinawa*, p. 214.
(89) Hynes, *Flights of Passage*, p. 209.
(90) "The World War II Memoirs of John Vollinger," http://www.janesoceania.com/ww2_johann_memoirs/index.htm.
(91) Morison, *History of United States Naval Operations in World War II*, Vol. 14, *Victory in the Pacific*, p. 282.
(92) Huber, *Japan's Battle of Okinawa, April-June 1945*, p. 122.
(93) Auer, ed., *From Marco Polo Bridge to Pearl Harbor*, p. 162.

第十五章　近づく終わり

(1) Smith, *Thank You, Mr. President*, p. 218.
(2) Brown, "Aide to Four Presidents," *American Heritage*, February 1955, Vol. 6, Issue 2.
(3) Truman diary, June 1, 1945.
(4) William D. Leahy diary, April 12, 1945, William D. Leahy Papers, LCMD; Adams, *Witness to Power*, p. 283.
(5) Leahy, *I Was There*, p. 347.
(6) Forrestal diary, entries dated May 1, 12, & 29, 1945, Millis, ed., *The Forrestal Diaries*, pp. 52–66.
(7) Wedemeyer to Marshall, May 1, 1945, CINCPAC Gray Book, Book 6, p. 3220.
(8) Truman J. Hedding の口述史、p. 109.
(9) Statement Released to the Press, SWPA Headquarters, February 16, 1944; RG-4, Reel 612, MacArthur Memorial Archives.
(10) MacArthur to Marshall, April 21, 1945, #1920, CINCPAC Gray Book, Book 6, p. 3212.
(11) CINCPAC to COMINCH, #0230, April 5, 1945, CINCPAC Gray Book, Book 6, p. 3073.
(12) Messages between Nimitz and MacArthur, April 7–8, 1945, CINCPAC Gray Book, Book 6, pp. 3077–78.
(13) Robert C. Richardson Jr. diary, April 10, 1945, Richardson Papers, Hoover Institution Archives.

(14) Nimitz to King, May 17, 1945, CINCPAC Gray Book, Book 6, p. 3229.

(15) Layton, *"And I Was There,"* p. 484.

(16) Nimitz to King, April 13, #2346, CINCPAC Gray Book, Book 6, p. 3203.

(17) Leahy, *I Was There*, p. 370.

(18) Marshall to MacArthur, April 4, 1945, War Department #63196; RG-30, Reel 1007, radio files, MacArthur Memorial Archives.

(19) Nimitz to MacArthur, May 26, 1945, #0552, CINCPAC Gray Book, Book 6, p. 3233.

(20) MacArthur to Nimitz, May 25, 1945, #1102, CINCPAC Gray Book, Book 6, pp. 3141–42.

(21) Marshall to King, memorandum dated May 22, 1945, NARA, RG 38, "CNO Zero-Zero Files," Box 60, Folder 20.

(22) MacArthur, *Reminiscences*, p. 261.

(23) Frank, *Downfall*, p. 98.

(24) USSBS, *Interrogations of Japanese Officials*, Nav No. 76, USSBS No. 379, Admiral Mitsumasa Yonai, IJN.

(25) USSBS, *Japan's Struggle to End the War*, p. 5.

(26) Ibid., p. 20.

(27) USSBS, *Interrogations of Japanese Officials*, Nav No. 75, USSBS No. 378, Admiral Soemu Toyoda.

(28) *Reports of General MacArthur, The Campaigns of MacArthur in the Pacific*, Vol. 1, p. 402.

(29) Shillony, *Politics and Culture in Wartime Japan*, p. 82.

(30) *Reports of General MacArthur, The Campaigns of MacArthur in the Pacific*, Vol. 1, p. 403.

(31) Kort, ed., *The Columbia Guide to Hiroshima and the Bomb*, p. 64.

(32) USSBS, *Japan's Struggle to End the War*, p. 13.

(33) Lockwood and Adamson, *Hellcats of the Sea*, p. 40.

(34) Joint Army-Navy Assessment Committee (JANAC) scores cited in Lockwood, *Sink 'Em All*, pp. 274–75, 285–86.

(35) James Fife の口述録、CCOH Naval History Project, No. 452, Vol. 2, p. 415.

(36) Lockwood, *Sink 'Em All*, pp. 249–50.

(37) Russell, *Hell Above, Deep Water Below*, p. 103.

(38) Smith, "Payback: Nine American Subs Avenge a Legend's Death," *World War II Magazine*, 10/24/2016, accessed August 22, 2018, http://www.historynet.com/uss-wahoo-vengeance.html.

（39） Blair, *Silent Victory*, p. 863.
（40） Ostrander, "Chaos at Shimonoseki," *Naval Institute Proceedings*, Vol. 73, No. 532, June 1947, p. 652.
（41） USSBS, *The Offensive Mine Laying Campaign Against Japan*, p. 2.
（42） Phillips, *Rain of Fire*, p. 99.
（43） Third Fleet War Diary, July 10, 1945.
（44） Morison, *History of United States Naval Operations in World War II*, Vol. 14, *Victory in the Pacific*, p. 312.
（45） Third Fleet War Diary, July 14, 1945.
（46） Radford, *From Pearl Harbor to Vietnam*, p. 62.
（47） Halsey, *Admiral Halsey's Story*, p. 257.
（48） Robert Bostwick Carney の口述史、CCOH Naval History Project, No. 539, Vol. 1, p. 442.
（49） Arthur R. Hawkins account, in Wooldridge, ed., *Carrier Warfare in the Pacific*, p. 273.
（50） Ibid.
（51） Radford, *From Pearl Harbor to Vietnam*, p. 62.
（52） Robert Bostwick Carney の口述史、CCOH Naval History Project, No. 539, Vol. 1, p. 465.
（53） Sherman, *Combat Command*, p. 312.
（54） "Halsey Ridicules Japanese Power," *New York Times*, June 4, 1945.
（55） Wukovits, *Admiral "Bull" Halsey*, p. 232.
（56） *Time* magazine, Vol. 46, No. 4, July 23, 1945.
（57） Robert Bostwick Carney の口述史、CCOH Naval History Project, No. 539, Vol. 1, pp. 443–44.
（58） Office of War Information, Bureau of Overseas Intelligence, Special Report No. 5, "Current Psychological and Social Tensions in Japan," June 1, 1945, p. 5, Hoover Institution Archives, Office of War Information, Box 3, "Reports on Japan, 1945."
（59） Leaflet 36J6, Leaflet File No. 2, Box 2, Bonner Fellers Papers, Hoover Archives.
（60） Williams, "Paths to Peace: The Information War in the Pacific, 1945," p. 4, Center for the Study of Intelligence, CIA, accessed November 4, 2018, https://www.cia.gov/library.
（61） Leaflet entitled "What Can Be Done Against Overwhelming Odds?," Leaflet File No. 2, Box 2, Bonner Fellers Papers, Hoover Archives.
（62） "The Reaction of Japanese to Psychological Warfare," p. 6, Annex 26, Report of SWPA Headquarters, "Psychological Effect

of Leaflets," RG-4, MacArthur Archives.

(63) Davis and Price, *War Information and Censorship*, p. 20.

(64) *Foreign Relations of the United States: Diplomatic Papers, The Conference of Berlin (The Potsdam Conference), 1945*, Vol. 2, 740.00119 PW/7-2245: Telegram No. 1243, The Acting Secretary of State to the Secretary of State, July 22, 1945.

(65) Zacharias, *Secret Missions*, p. 358.（訳註：『昭和史の天皇3　本土決戦とポツダム宣言』所収「ザカライアス放送」読売新聞社編〔中公文庫〕を参照）

(66) Interview with George C. Marshall, by Forrest C. Pogue Jr., February 11, 1957, George C. Marshall Foundation Collections.

(67) Smyth, *Atomic Energy for Military Purposes*, p. 146.

(68) Truman, *Year of Decisions*, pp. 10–11.

(69) "Notes of the Interim Committee Meeting," Thursday, 31 May 1945, accessed September 2, 2018, https://www.trumanlibrary.org/whistlestop/study_collections/bomb.

(70) Kort, ed., *The Columbia Guide to Hiroshima and the Bomb*, p. 51.

(71) "Notes of the Interim Committee Meeting," Thursday, 31 May 1945, accessed September 2, 2018, https://www.trumanlibrary.org/whistlestop/study_collections/bomb.

(72) "Address Before the Cleveland Public Affairs Council," February 5, 1943, in Grew, *Turbulent Era*, Vol. 2, p. 1398.

(73) Joseph C. Grew to Randall Gould, ed., *Shanghai Evening Post and Mercury*, April 14, 1945, in Grew, *Turbulent Era*, Vol. 2, p. 1420.

(74) Grew, *Turbulent Era*, Vol. 2, p. 1424.

(75) King and Whitehill, *Fleet Admiral King*, p. 598.

(76) MacArthur, *Reminiscences*, p. 261.

(77) King and Whitehill, *Fleet Admiral King*, p. 598; Forrestal diary, entry dated July 28, 1945, and additional references to a 1947 conversation with Eisenhower, undated, Millis, ed., *The Forrestal Diaries*, p. 78.

(78) Byrnes, *Speaking Frankly*, p. 210.

(79) Walter Brown diary quoted in Hasegawa, *Racing the Enemy*, p. 158.

(80) Hasegawa, *Racing the Enemy*, p. 130.

(81) Churchill to Eden, July 23, 1945, meeting "minute," in Alperovitz and Tree, *The Decision to Use the Atomic Bomb*, p. 271.

(82) Trinity Test observer instructions quoted in Laurence, *Dawn Over Zero*, p. 7.

(83) No. 1305, Commanding General, Manhattan District Project (Groves) to the Secretary of War (Stimson), 18 July 1945, p. 1367, *Foreign Relations of the United States: Diplomatic Papers, The Conference of Berlin (The Potsdam Conference), 1945*, Vol. 2.

(84) Brigadier General Thomas F. Farrell quoted in No. 1305, Commanding General, Manhattan District Project (Groves) to the Secretary of War (Stimson), 18 July 1945, p. 1365, *Foreign Relations of the United States*, Vol. 2.

(85) Kort, ed., *The Columbia Guide to Hiroshima and the Bomb*, p. 25.

(86) No. 1305, Commanding General, Manhattan District Project (Groves) to the Secretary of War (Stimson), 18 July 1945, Encl. 4, "Thoughts by E. O. Lawrence," p. 1369, *Foreign Relations of the United States*, Vol. 2.

(87) Kistiakowsky quoted in Laurence, *Dawn Over Zero*, p. 10.

(88) Kort, ed., *The Columbia Guide to Hiroshima and the Bomb*, p. 25.

(89) H. D. Smyth, *Atomic Energy for Military Purposes*, Appendix 6: War Department Release on New Mexico Test, July 16, 1945, p. 250.

(90) No. 1305, Commanding General, Manhattan District Project (Groves) to the Secretary of War (Stimson), 18 July 1945, Encl. 3, p. 1368, *Foreign Relations of the United States*, Vol. 2.

(91) No. 1303, Acting Chairman of the Interim Committee (Harrison) to the Secretary of War (Stimson), 16 July 1945, *Foreign Relations of the United States*, Vol. 2.

(92) Stimson diary, July 21, 1945, accessed September 23, 2018, www.doug-long.com/stimson8.htm.

(93) Stimson diary, July 22, 1945, Kort, ed., *The Columbia Guide to Hiroshima and the Bomb*, pp. 222–23.

(94) MAGIC Diplomatic Summaries Nos. 1204 & 1205, July 12–13, 1945, Kort, ed., *The Columbia Guide to Hiroshima and the Bomb*, pp. 278–79.

(95) MAGIC Diplomatic Summary No. 1206, July 14, 1945, Kort, ed., *The Columbia Guide to Hiroshima and the Bomb*, p. 282.

(96) MAGIC Diplomatic Summaries Nos. 1208 & 1212, July 16–20, 1945, Kort, ed., *The Columbia Guide to Hiroshima and the Bomb*, pp. 282–84.

(97) MAGIC Diplomatic Intercept No. 1225, August 2, 1945, Kort, ed., *The Columbia Guide to Hiroshima and the Bomb*, p. 287.

(98) Ralph Bard, "Memorandum on the Use of S-1 Bomb," June 17, 1945, Kort, ed., *The Columbia Guide to Hiroshima and the Bomb*, p. 209.

(99) The Scientific Panel, Interim Committee, "Recommendation on the Immediate Use of Nuclear Weapons," June 16, 1945, Kort, ed., *The Columbia Guide to Hiroshima and the Bomb*, p. 201.

（100） Memorandum for General Arnold, July 24, 1945, Document B18, Kort, ed., *The Columbia Guide to Hiroshima and the Bomb*, p. 258.

（101） Joint Chiefs of Staff, Memorandum to the President, July 17, 1945, Document B17, Kort, ed., *The Columbia Guide to Hiroshima and the Bomb*, p. 257.

（102） Henry L. Stimson diary, July 24, 1945, Stoff et al., eds., *The Manhattan Project*, p. 214.

（103） U.S. National Archives, Record Group 77, Records of the Office of the Chief of Engineers, Manhattan Engineer District, TS Manhattan Project File '42 to '46, Folder 5B, "Directives, Memos, Etc. to and from C/S, S/W, etc."

（104） Truman diary, June 25, 1945.

（105） Memorandum from Major J. A. Derry and Dr. N. F. Ramsey to General L. R. Groves, May 10–11, 1945, accessed September 14, 2018, https://www.atomicheritage.org/key-documents/target-committee-recommendations.

（106） Truman, *Year of Decision*, p. 421.

（107） Document A45, "The Potsdam Declaration," July 26, 1945, Kort, ed., *The Columbia Guide to Hiroshima and the Bomb*, p. 226.

（108） Hasegawa, *Racing the Enemy*, p. 166.

（109） *Yomiuri Shinbun* headline quoted in Hasegawa, *Racing the Enemy*, p. 167.

（110） Suzuki quoted in *Yomiuri Shinbun* account, Hasegawa, *Racing the Enemy*, pp. 167–68.

（111） Ferrell, *Harry S. Truman*, p. 215.

（112） Sourced to assistant naval aide George Elsey: Adams, *Witness to Power*, p. 298.

（113） LeMay and Yenne, *Superfortress*, pp. 159–60.

（114） Arnold to Marshall, Joint Chiefs of Staff, June 17, 1945, RG-30, Reel 1007, MacArthur Memorial Archives.

（115） LeMay quoted in Caidin, *A Torch to the Enemy*, p. 157.

（116） USSBS, *The Effects of Strategic Bombing on Japanese Morale*, p. 132.

（117） Ibid.

第十六章　戦局必ずしも好転せず

（1） Phillip Morrison quoted in Rhodes, *The Making of the Atomic Bomb*, p. 681.

(2) Kort, ed., *The Columbia Guide to Hiroshima and the Bomb*, p. 49.
(3) Sweeney, *War's End*, Foreword, p. i.
(4) Groves, *Now It Can Be Told*, p. 318.
(5) Julian Ryall, "Hiroshima Bomber Tasted Lead After Nuclear Blast, Rediscovered Enola Gay Recordings Reveal," *The Telegraph* (UK), August 6, 2018.
(6) Kort, ed., *The Columbia Guide to Hiroshima and the Bomb*, p. 4; Interview with crew of Enola Gay, October 1962, Unknown Collections: 509th Composite Group, https://www.manhattanprojectvoices.org/oral-histories/atomic-bombers.
(7) Merle and Spitzer, *We Dropped the A-Bomb*, Introduction, p. 1.
(8) Kelly, ed., *The Manhattan Project*, p. 330.
(9) Stiborik quoted in Patricia Benoit, "From Czechoslovakia to Life in Central Texas," *Temple Daily Telegram*, August 23, 2015.
(10) Yoshito Matsushige の口述史、Cook and Cook, eds., *Japan at War*, p. 391.
(11) "Chapter 25 – Eyewitness Account," Hiroshima, August 6, 1945, by Father John A. Siemes, Avalon Project, Yale Law School, Lillian Goldman Law Library, http://avalon.law.yale.edu.
(12) Hachiya and Wells, *Hiroshima Diary*, p. 2.
(13) Michiko Yamaoka の口述史、Cook and Cook, eds., *Japan at War*, p. 385.
(14) Eiko Taoka, "Testimony of Hatchobori Streetcar Survivors," The Atomic Archive, http://www.atomicarchive.com/Docs/Hibakusha/Hatchobori.shtml.
(15) Hersey, *Hiroshima*, p. 19.
(16) Futaba Kitayama quoted in Robert Guillain, "I Thought My Last Hour Had Come," *The Atlantic*, August 1980.
(17) Hersey, *Hiroshima*, p. 19.
(18) Ibid., p. 31.
(19) Michiko Yamaoka の口述史、Cook and Cook, eds., *Japan at War*, p. 385.
(20) Yoshito Matsushige の口述史、Cook and Cook, eds., *Japan at War*, p. 392.
(21) Ibid., p. 393.
(22) Futaba Kitayama quoted in Robert Guillain, "I Thought My Last Hour Had Come," *The Atlantic*, August 1980.
(23) Frank, *Downfall*, p. 265.

(24) Hersey, *Hiroshima*, p. 50.

(25) Hachiya and Wells, *Hiroshima Diary*, p. 8.

(26) Hersey, *Hiroshima*, p. 89.

(27) Lieutenant William M. Rigdon, USN, "Log: President's Trip to the Berlin Conference," August 6, 1945, p. 50, Leahy, *I Was There*, pp. 432–33.

(28) Ibid.

(29) Truman's Statement on the Bombing of Hiroshima, August 6, 1945, Kort, ed., *The Columbia Guide to Hiroshima and the Bomb*, p. 230.

(30) Ibid.

(31) Hasegawa, *Racing the Enemy*, p. 184.

(32) The Pacific War Research Society, *The Day Man Lost*, p. 270.

(33) Frank, *Downfall*, p. 269.

(34) Kort, ed., *The Columbia Guide to Hiroshima and the Bomb*, p. 26.

(35) Frank, *Downfall*, p. 270.（訳註：訳文は『ＧＨＱ歴史課陳述録――終戦史資料――（下）』〔原書房〕所収「原子爆弾に対する日本参謀部本部の反響」有末精三より）

(36) The Pacific War Research Society, *The Day Man Lost*, p. 293.

(37) USSBS Interrogation No. 609, Hisatsune Sakomizu, December 11, 1945, Kort, *The Columbia Guide to Hiroshima and the Bomb*, p. 361.

(38) "Soviet Declaration of War on Japan," August 8, 1945, Avalon Project, Yale Law School Lillian Goldman Law Library, http://avalon.law.yale.edu/wwii/s4.asp.

(39) Lieutenant Colonel David M. Glantz, *August Storm: The Soviet 1945 Strategic Offensive in Manchuria*, pp. 1–2, Leavenworth Papers, Combat Studies Institute, U.S. Army Command and General Staff College, Fort Leavenworth, Kansas, February 1983.

(40) Glantz, *August Storm*, p. xiv.

(41) Document G9, Miscellaneous Statements of Japanese Officials, Document No. 52608: Lieutenant General Torashirō Kawabe, November 21, 1949, in Kort, ed., *The Columbia Guide to Hiroshima and the Bomb*, p. 382.

(42) Document G7, Miscellaneous Statements of Japanese Officials, Document No. 54479: Statement of Sumihisa Ikeda, December

23, 1949, in Kort, ed., *The Columbia Guide to Hiroshima and the Bomb*, p. 379.（訳註：訳文は『陸軍葬儀委員長　支那事変から東京裁判まで』池田純久著〔日本出版協同〕より）

(43) Hasegawa, *Racing the Enemy*, p. 197.

(44) Auer, ed., *From Marco Polo Bridge to Pearl Harbor*, p. 201.

(45) Merle and Spitzer, *We Dropped the A-Bomb*, p. 123.

(46) Sweeney, *War's End*, p. 204; Paul Tibbets の口述史, accessed November 7, 2018, https://www.manhattanprojectvoices.org/oral-histories/general-paul-tibbets.

(47) William L. Laurence, "Atomic Bombing of Nagasaki Told by Flight Member," *New York Times*, September 9, 1945.

(48) Ellen Bradbury によれば、「なにが起きたのかは、どの公式史にも書かれてはいないようだが、アッシュワースはそれが真実だとわたしに誓った」という。Bradbury and Blakeslee, "The Harrowing Story of the Nagasaki Bombing Mission," *Bulletin of the Atomic Scientists*, August 4, 2015.

(49) Alex Wellerstein, "Nagasaki: The Last Bomb," *New Yorker*, August 7, 2015.

(50) Sweeney, *War's End*, p. 215.

(51) Ibid., p. 216.

(52) William L. Laurence, "Atomic Bombing of Nagasaki Told by Flight Member," *New York Times*, September 9, 1945.

(53) Sweeney, *War's End*, p. 219.

(54) Bradbury and Blakeslee, "The Harrowing Story of the Nagasaki Bombing Mission."

(55) William L. Leary and Michie Hattori Bernstein, "Eyewitness to the Nagasaki Atomic Bomb," *World War II magazine*, July/August 2005, http://www.historynet.com/michie-hattori-eyewitness-to-the-nagasaki-atomic-bomb-blast.htm.

(56) Shizuko Nagae eyewitness account, as told to her daughter, Masako Waba, "A Survivor's Harrowing Account of Nagasaki Bombing," *CBC News*, May 26, 2016, https://www.cbc.ca/news/world/nagasaki-atomic-bomb-survivor-transcript-1.3601606.

(57) "The Atomic Bombings of Hiroshima and Nagasaki," p. 11, Report by the Manhattan Engineer District, June 29, 1946, http://www.atomicarchive.com/Docs/MED/med_chp9.shtml.

(58) "The Atomic Bombings of Hiroshima and Nagasaki," p. 11.

(59) Sweeney, *War's End*, p. 225.

(60) Ibid.

(61) Auer, ed., *From Marco Polo Bridge to Pearl Harbor*, p. 253.

(62) Document D14, diary entries of Marquis Koichi Kido, in Kort, ed., *The Columbia Guide to Hiroshima and the Bomb*, p. 307.

(63) この部分の加瀬の記述は言葉をいい換えている。戦略爆撃調査団にたいする迫水の説明では、迫水の言葉づかいは少しちがうが、意味は同じである。Kase, *Journey to the Missouri*, p. 234; USSBS, *Japan's Struggle to End the War*, p. 8.（訳註：訳文は、御前会議に出席していた迫水の『大日本帝国最後の四か月』〔河出文庫〕による。原書英文は加瀬俊一『ミズリー號への道程』による。加瀬は、「既に會議をすること長時間に及ぶが未だに決定に達する模様もない。御承知のとほり、現在の事態は寸刻の空費をも許さぬ。故に陛下の思召しをうかがって、會議の決定に代へ度いと思ふ」と書いている）

(64) Document E1, Emperor Hirohito's Surrender Decision, August 10, 1945, in Kort, ed., *The Columbia Guide to Hiroshima and the Bomb*, p. 323.（訳註：訳文は迫水久常『大日本帝国最後の四か月』と外務省編纂『終戦史録』所収「保科善四郎手記」を参考にした）

(65) USSBS, *Japan's Struggle to End the War*, p. 9.

(66) Document 412, "The Secretary of State to the Swiss Chargé (Grässli), Washington, August 11, 1945," in U.S. Department of State, *Foreign Relations of the United States: The British Commonwealth*, Vol. 6, p. 627.（訳註：訳文は下村海南『終戦秘史』〔講談社学術文庫〕による）

(67) Document G11, Miscellaneous Statements of Japanese Officials, Document No. 50025A, Lieutenant Colonel Masahiko Takeshita, June 11, 1949, in Kort, ed., *The Columbia Guide to Hiroshima and the Bomb*, pp. 383–84.（訳註：訳文は『証言記録　太平洋戦争　終戦への決断』〔サンケイ新聞出版局〕所収「阿南陸相終戦時の心境」竹下正彦より）

(68) Emperor's "Monologue," quoted in Irokawa, *The Age of Hirohito*, p. 125.

(69) Auer, ed., *From Marco Polo Bridge to Pearl Harbor*, p. 201.

(70) Torashirô Kawabe diary, August 10, 1945, in Kort, ed., *The Columbia Guide to Hiroshima and the Bomb*, p. 313.（訳註：訳文は『河辺虎四郎回想録』〔毎日新聞社〕所収「参謀次長の日記」より）

(71) Hasegawa, *Racing the Enemy*, p. 217.

(72) Document D9, Army Minister Korechika Anami Broadcast: "Instruction to the Troops," August 10, 1945, in Kort, ed., *The Columbia Guide to Hiroshima and the Bomb*, p. 300.

(73) Document D10, Army General Staff Telegram, August 11, 1945, in Kort, ed., *The Columbia Guide to Hiroshima and the Bomb*, p. 301.

(74) Kase, *Journey to the Missouri*, p. 240.

(75) Stimson diary, August 10, 1945, quoted in Alperovitz and Tree, *The Decision to Use the Atomic Bomb*, p. 489.

(76) Stimson diary, August 10, 1945, quoted in Janssens, '*What Future for Japan?* ': *U.S. Wartime Planning for the Postwar Era, 1942–1945*, p. 318.
(77) Hasegawa, *Racing the Enemy*, p. 220.
(78) Leahy, *I Was There*, p. 434.
(79) Hasegawa, *Racing the Enemy*, p. 220.
(80) Forrestal diary, August 10, 1945, Millis, ed., *The Forrestal Diaries*, p. 83.
(81) *Foreign Relations of the United States*, The British Commonwealth, Vol. 6, pp. 631–32.
(82) Forrestal diary, August 10, 1945, Millis, ed., *The Forrestal Diaries*, pp. 83–84.
(83) James J. Fahey diary, August 10, 1945, Fahey, *Pacific War Diary, 1942–1945*, p. 375.
(84) Hynes, *Flights of Passage*, p. 254.
(85) Wallace, *From Dam Neck to Okinawa*, p. 54.
(86) Radford, *From Pearl Harbor to Vietnam*, p. 64.
(87) Robert Bostwick Carney の口述史' CCOH Naval History Project, Vol. 1, No. 539, p. 447.
(88) Kase, *Journey to the Missouri*, pp. 243–44.
(89) Documents C-17, C-18, C-19, Magic Diplomatic Intercept Numbers 1236–1238, August 13–15, 1945, in Kort, ed., *The Columbia Guide to Hiroshima and the Bomb*, pp. 289–90.
(90) Hasegawa, *Racing the Enemy*, p. 228.
(91) Ibid., p. 237.
(92) Document D12, Toyoda and Umezu Report to the Emperor, August 12, 1945, in Kort, ed., *The Columbia Guide to Hiroshima and the Bomb*, pp. 302–3.
(93) Hasegawa, *Racing the Enemy*, p. 229.
(94) Document D12, Toyoda and Umezu Report to the Emperor, August 12, 1945, in Kort, ed., *The Columbia Guide to Hiroshima and the Bomb*, pp. 302–3.
(95) USSBS, *Japan's Struggle to End the War*, p. 9.
(96) Wray et al., *Bridging the Atomic Divide*, p. 159.
(97) "Digest of Japanese Broadcasts," August 14, 1945, pp. 2–3.
(98) Yamashita, *Daily Life in Wartime Japan*, p. 175.

(99) Takeyama and Minear, eds., *The Scars of War*, p. 50.
(100) "Master Recording of Hirohito's War-End Speech Released in Digital Form," *The Japan Times*, August 1, 2015 (includes English translation of the surrender rescript as it appeared in the newspaper on August 15, 1945).
(101) Morita, Reingold, and Shimomura, *Made in Japan*, p. 34.
(102) Takeshi Maeda account in Werneth, ed., *Beyond Pearl Harbor*, p. 126.
(103) "Master Recording of Hirohito's War-End Speech."
(104) Kase, *Journey to the Missouri*, p. 256.
(105) Yamashita, *Daily Life in Wartime Japan*, p. 177.
(106) Ibid., p. 179.
(107) Iwamoto Akira letter to the *Asahi Shinbun*, in Gibney, ed., *Senso*, p. 258.
(108) Irokawa, *The Age of Hirohito*, p. 35.
(109) Dr. Michihiko Hachiya diary, August 15, 1945, in Hachiya and Wells, *Hiroshima Diary*, p. 83.
(110) Yamashita, *Daily Life in Wartime Japan*, p. 179.
(111) Hisako Yoshizawa diary, August 15, 1945, Yamashita, ed., *Leaves from an Autumn of Emergencies*, p. 217.
(112) Sadao Mogami の口述、Cook and Cook, eds., *Japan at War*, p. 456.
(113) Haruyoshi Kagawa letter to the *Asahi Shinbun*, Gibney, ed., *Senso*, p. 50.
(114) Michi Fukuda letter to the *Asahi Shinbun*, Gibney, ed., *Senso*, p. 42.
(115) Yamashita, *Daily Life in Wartime Japan*, p. 187.
(116) Ibid., p. 186.
(117) Ibid., p. 184.
(118) "Master Recording of Hirohito's War-End Speech."
(119) Hideo Yamaguchi letter to the *Asahi Shinbun*, in Gibney, ed., *Senso*, p. 273.
(120) "Digest of Japanese Broadcasts," August 15, 1945, p. 16.
(121) Matome Ugaki diary, August 11, 1945, Ugaki, *Fading Victory*, p. 659.
(122) Ibid., p. 664.
(123) Ibid.
(124) Ugaki, *Fading Victory*, p. 666.

（125）　Ibid.

終章　太平洋の試練

（1）　William D. Leahy diary, August 14, 1945, Leahy Papers, LCMD.
（2）　Buell, *Dauntless Helldivers*, p. 307.
（3）　Sylvia Summers の口述史、Richardson and Stillwell, *Reflections of Pearl Harbor*, p. 98.
（4）　Barbara De Nike の口述史、Harris, Mitchell, and Schechter, eds., *The Homefront*, p. 213.
（5）　Patricia Livermore の口述史、Harris, Mitchell, and Schechter, eds., *The Homefront*, p. 212.
（6）　Stanton Delaplane, "Victory Riot," *San Francisco Chronicle Reader*, p. 198.
（7）　Carl Nolte, "The Dark Side of V-J Day," *San Francisco Chronicle*, August 15, 2005.
（8）　Third Fleet War Diary, August 15, 1945; CINCPAC to CNO, "Operations in the Pacific Ocean Areas, August 1945," Serial: 034296, December 10, 1945.
（9）　Halsey, *Admiral Halsey's Story*, p. 272.
（10）　Robert Bostwick Carney の口述史、CCOH Naval History Project, No. 539, Vol. 1, p. 449.
（11）　Sakai, Caidin, and Saito, *Samurai!*, p. 269.
（12）　Kase, *Journey to the Missouri*, p. 262; USSBS *Interrogations of Japanese Officials*, Nav No. 90, USSBS No. 429, Admiral Kichisaburo Nomura, IJN.
（13）　USSBS *Interrogations of Japanese Officials*, Nav No. 76, USSBS No. 379, Admiral Mitsumasa Yonai, IJN.（訳註：『高松宮日記』、『東久邇日記』や関係者の証言によれば、高松宮は、東久邇首相の上奏を受けた天皇により、八月二十三日、反乱部隊説得のため厚木に差遣された。しかし、すでに高松宮は二十日に海軍軍令部で厚木の第三〇二航空隊の副長と整備長と面談し、事態収拾への協力を取り付けていた。二十三日に高松宮自身が厚木に赴いたときには、すでに反乱は終わっていた）
（14）　Imperial Rescript of August 17, 1945, in Kort, ed., *The Columbia Guide to Hiroshima and the Bomb*, p. 334.
（15）　"Speech of Prince Higashi-Kuni to the Japanese People Upon Becoming Premier," August 17, 1945, accessed June 4, 2019, http://www.ibiblio.org/pha/policy/1945/1945-08-17c.html.（訳註：訳文は長谷川峻『東久邇政権・五十日』〔行研〕による）
（16）　"Exchange of Messages Between General MacArthur and Japanese General Headquarters on Manila Meeting," August 15–19, 1945, *United States Department of State Bulletin*, accessed June 7, 2019, http://www.ibiblio.org/pha/policy/1945/1945-

08-15b.html.

(17) "General MacArthur's Instructions to Japanese on Occupation Landings," reprinted in *New York Times*, August 23, 1945.

(18) Radford, *From Pearl Harbor to Vietnam*, p. 67.

(19) Robert Bostwick Carney の口述史、CCOH Naval History Project, No. 539, Vol. 1, p. 451.

(20) Wallace, *From Dam Neck to Okinawa*, p. 55.

(21) CINCPAC to CNO, "Operations in the Pacific Ocean Areas, August 1945," Serial: 034296, December 10, 1945.

(22) Hoover Institution Archives, U.S. Office of War Information, Psychological Warfare Division, "Leaflets," Box 2.

(23) Wheeler, *Dragon in the Dust*, p. xxiv.

(24) Roland Smoo の口述史、p. 192.

(25) Robert Bostwick Carney の口述史、CCOH Naval History Project, No. 539, Vol. 1, pp. 452–53.

(26) John C. Munn の口述史、p. 86.

(27) Halsey, *Admiral Halsey's Story*, p. 280.

(28) Kenney, *General Kenney Reports*, p. 575.

(29) Ibid.

(30) Dunn, *Pacific Microphone*, p. 351.

(31) Courtney Whitney, "Lifting Up a Beaten People," *Life* magazine, August 22, 1955, p. 90.

(32) Courtney Whitney's recollections, quoted in MacArthur, *Reminiscences*, p. 271.

(33) Manchester, *American Caesar*, p. 447.

(34) Whelton Rhoades diary, August 30, 1945, Rhoades, *Flying MacArthur to Victory*, p. 448.

(35) MacArthur, *Reminiscences*, p. 272.

(36) CINCPAC to CNO, "Operations in the Pacific Ocean Areas, August 1945," Serial: 034296, December 10, 1945.

(37) Whelton Rhoades diary, August 31, 1945, Rhoades, *Flying MacArthur to Victory*, p. 450.

(38) Robert C. Richardson Jr. diary, August 31, 1945.

(39) Ibid.

(40) Stuart S. Murray の口述史、"A Harried Host in the *Missouri*," in Mason, ed., *The Pacific War Remembered*, p. 350.

(41) Jonathan M. Wainwright, *General Wainwright's Story*, pp. 279–80.

(42) Robert Bostwick Carney の口述史、CCOH Naval History Project, Vol. 1, No. 539, pp. 472–73.

（43）Whelton Rhoades diary, September 2, 1945, Rhoades, *Flying MacArthur to Victory*, p. 452.
（44）Robert Bostwick Carney の口述史、CCOH Naval History Project, No. 539, Vol. 1, pp. 472–73.
（45）Stuart S. Murray の口述史、"A Harried Host in the *Missouri*," in Mason, ed., *The Pacific War Remembered*, p. 355.
（46）Lamar, "I Saw Stars," p. 22; Manchester, *American Caesar*, p. 451.
（47）Kase, *Journey to the Missouri*, p. 7.
（48）Dunn, *Pacific Microphone*, pp. 360–61.
（49）MacArthur, *Reminiscences*, p. 275.
（50）ハルゼーとリチャードスンはそれぞれ別々に、マッカーサーの手が震えていたことを記録している。Halsey, *Admiral Halsey's Story*, p. 523; Robert C. Richardson Jr. diary, September 2, 1945.
（51）Halsey, *Admiral Halsey's Story*, p. 524.
（52）Kenney, *General Kenney Reports*, p. 577.
（53）Associated Press, "Tokyo Aides Weep as General Signs," September 2, 1945.
（54）Lilly, *Nimitz at Ease*, p. 303.
（55）Whelton Rhoades diary, September 2, 1945, Rhoades, *Flying MacArthur to Victory*, p. 454.
（56）Robert Bostwick Carney の口述史、CCOH Naval History Project, Vol. 1, No. 539, p. 472.
（57）*Reports of General MacArthur*, Vol. 1 Supplement, pp. 32–45.
（58）*Reports of General MacArthur*, Vol. 1, p. 452.
（59）James J. Fahey diary, October 22, 1945, Fahey, *Pacific War Diary, 1942–1945*, p. 400.
（60）Ibid.
（61）Richard Leonard to Arlene Bahr, November 3, 1945, in Carroll, ed., *War Letters*, p. 318.
（62）Ibid., pp. 318–19.
（63）たとえば、一九四五年後半に実施されたＵＳＳＢＳの調査では、日本人の三分の二が「残虐行為や奴隷化、圧政、飢餓、従属」を予期していたことがわかった。USSBS, *The Effects of Strategic Bombing on Japanese Morale*, p. 155n7.
（64）Naokata Sasaki の口述史、Cook and Cook, eds., *Japan at War*, p. 469.
（65）Radike, *Across the Dark Islands*, p. 258.
（66）USSBS, *The Effects of Strategic Bombing on Japanese Morale*, p. 155.
（67）Ibid.

(68) *Reports of General MacArthur*, Vol. 1 Supplement, p. 23.
(69) Ibid., p. 49.
(70) Terasaki, *Bridge to the Sun*, p. 200.
(71) Charles F. Barber, Interview by Evelyn M. Cherpak, March 1, 1996, U.S. Naval War College Archives.
(72) Eichelberger and MacKaye, *Our Jungle Road to Tokyo*, p. 255.
(73) Hara, Saito, and Pineau, *Japanese Destroyer Captain*, Foreword, p. x.
(74) Morison, *History of United States Naval Operations in World War II*, Vol. 15, *Supplement and General Index*, p. 9.
(75) *Reports of General MacArthur*, Vol. 1 Supplement, p. 47.
(76) Document A45, "The Potsdam Declaration," July 26, 1945, in Kort, ed., *The Columbia Guide to Hiroshima and the Bomb*, p. 227.
(77) Shigeo Hatanakaの口述史、Cook and Cook, eds., *Japan at War*, p. 227.
(78) Junko Ozaki letter to the *Asahi Shinbun*, in Gibney, ed., *Senso*, p. 75.
(79) Terasaki, *Bridge to the Sun*, p. 233.
(80) USSBS *Interrogations of Japanese Officials*, Nav No. 76, USSBS No. 379, Admiral Mitsumasa Yonai, IJN.
(81) Chihaya Masataka quoted in Asada, *From Mahan to Pearl Harbor*, p. 292.
(82) Asada, *From Mahan to Pearl Harbor*, p. 289.
(83) Ibid.
(84) USSBS *Interrogations of Japanese Officials*, Nav No. 90, USSBS No. 429, Admiral Kichisaburo, Nomura, IJN.
(85) Asada, *From Mahan to Pearl Harbor*, p. 292.
(86) "Fire Scroll," *Book of Five Spheres*, quoted in Cleary, *The Japanese Art of War*, p. 84.
(87) Eizo Hori, statistics cited in Auer, ed., *From Marco Polo Bridge to Pearl Harbor*, p. 148.
(88) 日本の厚生労働省によれば、一九三七年から一九四五年のアジア太平洋戦争では、三百十万人の日本人が戦没した。その内訳は、軍人軍属の戦没者が二百三十万人で、民間人戦没者が八十万人である。後者のうち、推定五十万人が日本国内で、三十万人が外地で戦没した。 Auer, ed., From *Marco Polo Bridge to Pearl Harbor*, p. 242.
(89) Michio Takeyama quoted in Takeyama and Minear, eds., *The Scars of War*, p. 68.
(90) Goldstein and Dillon, eds., *The Pacific War Papers*, p. 67.
(91) Hitoshi Inoue letter to *Asahi Shinbun*, in Gibney, ed., *Senso*, p. 80.

(92) Uichiro Kawachi の口述史, Cook and Cook, eds., *Japan at War*, p. 214.
(93) Kazuo Ikezaki letter to *Asahi Shinbun*, in Gibney, ed., *Senso*, p. 301.
(94) Fusako Kawamura letter to *Asahi Shinbun*, in Gibney, ed., *Senso*, p. 279.
(95) Yukio Hashimoto letter to *Asahi Shinbun*, in Gibney, ed., *Senso*, p. 181.
(96) Murrie and Petersen, "Last Train Home," *American History*, February 2018. Adapted with permission from *Railroad History*, Spring–Summer 2015.
(97) Steere, *The Graves Registration Service in World War II*, p. 405.
(98) Ibid., p. 426.
(99) 事故や病気など、戦闘以外の原因によって海で命を落とした者たちの大半もまた水葬された。米海軍は第二次世界大戦中、全世界で二万五千六百六十四名の戦闘行為以外の死者を発表している。Naval History and Heritage Command (NHHC) website, accessed August 4, 2019, https://www.history.navy.mil/research/library/online-reading-room/title-list-alphabetically/u/us-navy-personnel-in-world-war-ii-service-and-casualty-statistics.html.
(100) たとえば、兵士で、未来の作家であるノーマン・メイラーはこう書いている。「ぼくのなかのほとんどの部分は、戦争を早く終わらせて、ぼくを早く国に帰らせてくれるようなことにはなんでも賛成しているけれど、こいつがしばしばもっと古くて基本的な原則と対立している。たとえば、ぼくは平時の徴兵が成立してもらいたいと思っている。もし成立しなければ、除隊が苦痛なほど遅くなるかもしれないからだ」Letter to Beatrice Mailer, August 8, 1945, "In the Ring: Life and Letters," *New Yorker*, October 6, 2008, pp. 51–52.
(101) Lee, *To the War*, p. 163.
(102) Hynes, *Flights of Passage*, p. 257.
(103) Radford, *From Pearl Harbor to Vietnam*, p. 70.
(104) James Forrestal diary, October 16, 1945, Millis, ed., *The Forrestal Diaries*, p. 102.
(105) Morison, *History of United States Naval Operations in World War II*, Vol. 15, *Supplement and General Index*, p. 17.
(106) John C. Munn の口述史、p. 91.
(107) McCandless, *A Flash of Green*, p. 219.
(108) Morison, *History of United States Naval Operations in World War II*, Vol. 15, *Supplement and General Index*, p. 13.
(109) "Plan of the Day," Sunday, September 2, 1945, USS *Missouri*, p. 2, "Notes," accessed May 21, 2019, http://www.bb63vets.com/docs/DOC_6.pdf.

（１１０） Hynes, *Flights of Passage*, p. 266.
（１１１） "The World War II Memoirs of John Vollinger," http://www.janesoceania.com/ww2_johann_memoirs/index.htm.
（１１２） Murrie and Petersen, "Last Train Home," *American History*, February 2018. Adapted with permission from *Railroad History*, Spring–Summer 2015.
（１１３） Beaver, *Sailor from Oklahoma*, p. 226.
（１１４） "The World War II Memoirs of John Vollinger," http://www.janesoceania.com/ww2_johann_memoirs/index.htm.
（１１５） Clark and Reynolds, *Carrier Admiral*, p. 245.
（１１６） Sledge, *With the Old Breed*, p. 266.
（１１７） Mace and Allen, *Battleground Pacific*, p. 327.
（１１８） George Niland の口述史、 Lacey, *Stay Off the Skyline*, p. 189.
（１１９） William Pierce の口述史、 Lacey, *Stay Off the Skyline*, p. 193.
（１２０） Yoder, *There's No Front Like Home*, pp. 108, 112.
（１２１） Shirley Hackett の口述史、 Harris, Mitchell, and Schechter, eds., *The Homefront*, p. 231.
（１２２） Frankie Cooper の口述史、 Harris, Mitchell, and Schechter, eds., *The Homefront*, p. 249.
（１２３） Dellie Hahne の口述史、 Harris, Mitchell, and Schechter, eds., *The Homefront*, p. 228.
（１２４） Frankie Cooper の口述史、 Harris, Mitchell, and Schechter, eds., *The Homefront*, p. 249.
（１２５） Randal S. Olson, "144 Years of Marriage and Divorce in One Chart," June 15, 2015, accessed June 2, 2019, www.randalolson.com. Data from Centers for Disease Control (CDC)/National Center for Health Statistics (NCHS).
（１２６） James Covert の口述史、 Harris, Mitchell, and Schechter, eds., *The Homefront*, p. 223.
（１２７） Marshall Ralph Doak, *My Years in the Navy*, http://www.historycentral.com/Navy/Doak.
（１２８） Marjorie Cartwright の口述史、 Harris, Mitchell, and Schechter, eds., *The Homefront*, p. 226.
（１２９） Ibid., p. 228.
（１３０） Caro, *Master of the Senate*, p. 196.
（１３１） Sybil Lewis の口述史、 Harris, Mitchell, and Schechter, eds., *The Homefront*, p. 251.
（１３２） Ibid., p. 252.
（１３３） Lee, *To the War*, p. 164.
（１３４） Hynes, *Flights of Passage*, p. 255.

（135） Robert E. Hogaboom の口述史、Marine Corps Project, No. 813, Vol. 1, p. 235.

（136） Norman Mailer to Beatrice Mailer, August 8, 1945, "In the Ring: Life and Letters," in *New Yorker*, October 6, 2008, pp. 51-52.

（137） Leach, *Now Hear This*, p. 175.

（138） Ben Bradlee, "A Return," *New Yorker*, October 2, 2006.

（139） Michener, *The World Is My Home*, p. 265.

（140） Edward J. Huxtable, commanding officer, Composite Squadron Ten, 1943-1945, "Some Recollections," pp. 27-28, Huxtable Papers, Hoover Institution Archives.

参考文献

公文書館所蔵資料

Archives and Special Collections, Library of the Marine Corps, Quantico, Virginia (USMC Archives)

Fifth Amphibious Corps files
Elton N. Shrode, unpublished written account, Coll. 3736
Holland M. Smith Collection
Ronald D. Thomas, unpublished written account, PC No. 2718
Arthur Vandegrift Collection

Hoover Institution Library & Archives, Stanford University, Palo Alto, California

Bonner Fellers Papers
Edward J. Huxtable, "Composite Squadron Ten, Recollections and Notes"
William Neufeld Papers, 1942–1960
Robert Charlwood Richardson Jr. Papers
U.S. Office of War Information (OWI), Psychological Warfare Division Files

Library of Congress, Manuscript Division, Washington, DC (LCMD)

William Frederick Halsey Jr. Papers
Ernest J. King Papers
William D. Leahy Papers
Samuel Eliot Morison Papers
John Henry Towers Papers

MacArthur Memorial Archives, Norfolk, Virginia

LeGrande A. Diller, oral history, recorded September 26, 1982
Papers of Lieutenant General Richard K. Sutherland (RG-30)
General Douglas MacArthur's Private Correspondence, 1848–1964
Radio Message files, 1941–1951
Records of Headquarters, U.S. Army Forces Pacific (USAFPAC), 1942–1947 (RG-4)

National Archives and Records Administration, College Park, Maryland (NARA)

Digests of Japanese Radio Broadcasts
Office Files of the Chief of Naval Operations ("CNO Zero-Zero Files")

Records of Japanese Navy and Related Documents
Records of the Office of the Chief of Engineers, Manhattan Engineer District (RG-77)
Records of the Office of the Chief of Naval Operations, 1875–2006 (RG-38)
World War II Action and Operational Reports
World War II Oral Histories and Interviews
World War II War Diaries

Naval Historical Collection, Naval War College, Newport, Rhode Island

Charles F. Barber, "Reminiscences of Admiral Raymond A. Spruance"
Thomas B. Buell Collection
Raymond A. Spruance Papers
David Willcutts, "Reminiscences of Admiral Spruance"
World War II Battle Evaluation Group Project ("Bates Reports")

Operational Archives Branch, Naval History and Heritage Command Archives, Washington, DC (NHHC)

Japanese Monographs (U.S. Army, Far East Command, Military History Section)
Samuel Eliot Morison Papers
Raymond A. Spruance Papers
Richmond K. Turner Papers

Franklin D. Roosevelt Library, Hyde Park, New York

"FDR Day by Day," White House Daily Log
FDR Safe Files
Stephen T. Early Papers
Harry L. Hopkins Papers
Motion Pictures Collection
The President's Secretary's File, 1933–1945
Press Conferences of President Franklin D. Roosevelt, 1933–1945
John Toland Papers, 1949–1991
White House Map Room Papers, 1941–1945

口述史コレクション

The Columbia Center for Oral History (CCOH), Columbia University, New York, NY

John J. Ballentine
Robert Blake
William W. Buchanan
Robert Bostwick Carney

Joseph J. Clark
Edward A. Craig
Donald Duncan
Graves B. Erskine
James Fife
Leo D. Hermle
Harry W. Hill
Robert E. Hogaboom
John Hoover
Louis R. Jones
Thomas C. Kinkaid
John C. McQueen
Vernon E. Megee
Charles J. Moore
John C. Munn
Ralph C. Parker
Dewitt Peck
James S. Russell
Ronald D. Salmon
Joseph L. Stewart
Edward W. Snedeker
Felix B. Stump
Henry Williams

Oral History Program, U.S. Naval Institute, Annapolis, Maryland, 1969–2005

George W. Anderson Jr.
Bernard L. Austin
Paul H. Backus
Michael Bak Jr.
Hanson W. Baldwin
Bernhard H. Bieri
Gerald F. Bogan
Roger L. Bond
Thomas B. Buell
Arleigh A. Burke
Slade D. Cutter
James H. Doolittle
Thomas H. Dyer
Harry D. Felt
Noel Gayler
Truman J. Hedding
Stephen Jurika Jr.
Cecil S. King Jr.
Edwin T. Layton
Fitzhugh Lee
Kent L. Lee
David McCampbell
Arthur H. McCollum
John L. McCrea
George H. Miller
Henry L. Miller
Catherine Freeman Nimitz et al., *Recollections of Fleet Admiral Chester W. Nimit*
James D. Ramage
Herbert D. Riley
Joseph J. Rochefort
William J. Sebald
Roland N. Smoot
Arthur D. Struble
Ray Tarbuck
John S. Thach

政府と軍の公刊物、公式史、未公刊の日記、講義、手紙類

Alexander, Joseph H. *Closing in: Marines in the Seizure of Iwo Jima.* History and Museums Division, Headquarters, U.S. Marine Corps, 1994.

参考文献

Appleman, Roy Edgar. *Okinawa: The Last Battle*. The Department of the Army, 1948.（邦訳『沖縄　日米最後の戦闘』米国陸軍省編　外間正四郎訳　光人社ＮＦ文庫　1997年／『沖縄戦　第二次世界大戦最後の戦い』アメリカ陸軍省戦史局編　喜納健勇訳　出版舎Mugen　2011年）

Bartley, Whitman S. *Iwo Jima: Amphibious Epic*. Historical Branch, G-3 Division, Headquarters, U.S. Marine Corps, 1954.

Bates, Richard W. *The Battle for Leyte Gulf, October 1944: Strategical and Tactical Analysis. Vol. 5. "Battle of Surigao Strait."* U.S. Naval War College Battle Evaluation Group Report, prepared for Bureau of Naval Personnel, 1958.

Bell, William A. Diary, December 1944 to January 1945.

Bell, William A. "Under the Nips' Nose," unpublished manuscript.

Boyd, William B., and Buford Rowland. *U.S. Navy Bureau of Ordnance in World War II*. Bureau of Ordnance, Department of the Navy, Washington, DC, 1953.

Carter, Worrall Reed. *Beans, Bullets, and Black Oil: The Story of Fleet Logistics Afloat in the Pacific During World War II*. Washington: Department of the Navy, 1953.

Clary, John W. "Wartime Diary." Accessed January 3, 2018. http://www.warfish.com/gaz_clary.html.

Commander in Chief, U.S. Pacific Fleet. "CINCPAC Grey Book: Running Estimate of the Situation for the Pacific War." Naval Historical Center, Washington, DC.

Craven, Wesley Frank, and James Lea Cate, eds. *The Army Air Forces in World War II. Vol. 5. The Pacific: Matterhorn to Nagasaki: June 1944 to August 1945*. University of Chicago Press, 1948.

Davis, Elmer, and Byron Price. *War Information and Censorship*. American Council on Public Affairs, 1944.

Deal, Robert M. Personal account. *USS Johnston* Veterans Association pamphlet.

Donigan, Henry J. *Peleliu: The Forgotten Battle. Marine Corps Gazette*, September 1994. Accessed October 19, 2017. https://www.sofmag.com/fury-in-the-pacific-battle-of-peleliu-battle-of-angaur-world-war-ii/.

Dyer, George C. *The Amphibians Came to Conquer: The Story of Admiral Richmond*

Kelly Turner. Washington: U.S. Dept. of the Navy, U.S. Govt. Print. Off., 1972.

Fenoglio, Melvin. "This I Remember." Accessed April 21, 2019. https://dd803.org/crew/stories-from-the-crew/melvin-fenoglio-account.

Gayle, Gordon D. *Bloody Beaches: The Marines at Peleliu*. Diane Publishing, 1996.

Genda, Minoru. "Tactical Planning in the Imperial Japanese Navy." Lecture delivered at the U.S. Naval War College, March 7, 1969.

Glantz, David M. *August Storm: The Soviet 1945 Strategic Offensive in Manchuria*. Leavenworth Papers, Combat Studies Institute, U.S. Army Command and General Staff

College, Fort Leavenworth, Kansas, 1983.

Green, Maurice Fred. *Report by Lieutenant Maurice Fred Green, Survivor of the Hoel*. Accessed October 2017. http://ussjohnston-hoel.com/6199.html.

Hansell, Haywood S. *The Strategic Air War Against Germany and Japan: A Memoir*. Office of Air Force History, U.S. Air Force, 1986.

Hayes, Grace P. *The History of the Joint Chiefs of Staff in World War II: The War Against Japan*. Historical Section, Joint Chiefs of Staff, 1953.

Heimdahl, William C., and Edward J. Marolda, eds. *Guide to United States Naval Administrative Histories of World War II.* Washington: Naval History Division, Dept. of the Navy, 1976.

Japanese Defense of Cities as Exemplified by the Battle of Manila, A Report by XIV Corps. Published by A. C. of S., G-2, Headquarters Sixth Army, July 1, 1945.

Joint Army Navy Assessment Committee (JANAC). *Japanese Naval and Merchant Shipping Losses During World War II by All Causes.* Washington: Government Printing Office, 1947.

Koda, Yoji, Vice Admiral, JMSDF (ret.). "Doctrine and Strategy of IJN." Lecture with slides delivered at the U.S. Naval War College, January 6, 2011.

Matloff, Maurice, and Edwin M. Snell. *Strategic Planning for Coalition Warfare 1941–1942.* Washington: Office of the Chief of Military History, Dept. of the Army, 1953–59.

McDaniel, J. T., ed. U.S.S. Tang (SS-306): *American Submarine War Patrol Reports.* Riverdale, GA: Riverdale Books, 2005.

——. *U.S.S. Wahoo (SS-238): American Submarine War Patrol Reports.* Riverdale, GA: Riverdale Books, 2005.

McEnery, Kevin T. *The XIV Corps Battle for Manila, February 1945.* U.S. Army, Fort Leavenworth, KS, 1993.

Nelson, Charlie. "Report of Captain Charlie Nelson, USNR." http://destroyerhistory.org/fletcherclass.

Parker, Frederick D. *A Priceless Advantage: U.S. Navy Communications Intelligence and the Battles of Coral Sea, Midway, and the Aleutians.* Series IV: World War II, Vol. 5, 2017. Center for Cryptologic History, National Security Agency, Washington.

Price, Byron. *A Report on the Office of Censorship.* United States Government Printing Office, Washington, 1945.

Reports of General MacArthur: The Campaigns of MacArthur in the Pacific. U.S. Army General Staff of G.H.Q., 1966.

Rigdon, William. "Log of the President's Trip to the Berlin Conference," July 6 to August 7, 1945. Washington: Office of the President, 1945.

Ryukyus: The U.S. Army Campaigns of World War II. U.S. Department of Defense, Department of the Army, Center of Military History, 2014.

Sato, Kenryo. "Dai Toa War Memoir" (unpublished manuscript). John Toland Papers, FDR Library, Hyde Park, New York.（『大東亜戦争回顧録』佐藤賢了著　徳間書店　1966年）

Schwartz, Joseph L. *Experiences in Battle of the Medical Department of the Navy.* U.S. Department of the Navy, 1953.

Shaw, Nalty, et al. *History of U.S. Marine Corps Operations in World War II: Central Pacific Drive.* Historical Branch, G-3 Division, Headquarters, U.S. Marine Corps, 1958.

Smith, Robert Ross. *Triumph in the Philippines.* Office of the Chief of Military History, Department of the Army, 1963.

Smyth, H. D. *Atomic Energy for Military Purposes.* Princeton University Press, 1945.

Steere, Edward. *The Graves Registration Service in World War II.* Q.M.C. Historical Studies No. 21. Washington: Historical Section, Office of the Quartermaster General, General Printing Office, 1951.

Stimson, Henry L. *Henry Lewis Stimson Diaries.* Manuscripts and Archives, Yale University Library, New Haven, Connecticut.

U.S. Army, Far East Command. *5th Air Fleet Operations, February–August 1945.* Japanese Operational

Monograph Series, No. 86. Tokyo: Military History Section, Special Staff, General Headquarters, Far East Command, published in English translation, March 14, 1962.

U.S. Army, Far East Command. *The Imperial Japanese Navy in World War II: A Graphic Presentation of the Japanese Naval Organization and List of Combatant and Non-Combatant Vessels Lost or Damaged in the War.* Japanese Operational Monograph Series, No. 116. Tokyo: Military History Section, Special Staff, General Headquarters, Far East Command, 1952.

U.S. Civilian Production Administration. *Industrial Mobilization for War: History of the War Production Board and Predecessor Agencies, 1940–1945.* Washington: U.S. Govt. Print. Off., 1947.

U.S. Department of Commerce, Bureau of the Census. *Historical Statistics of the United States, Colonial Times to 1970.* Washington: U.S. Govt. Print. Off., 1975.

U.S. Department of State. *Foreign Relations of the United States: Diplomatic Papers. The Conference of Berlin (the Potsdam Conference) 1945.* U.S. Govt. Print. Off., 1960.

U.S. Department of the Navy. *Building the Navy's Bases in World War II: History of the Bureau of Yards and Docks and the Civil Engineer Corps, 1940–1946.* Washington: U.S. Govt. Print. Off., 1947.

U.S. Department of the Navy. Secret Information Bulletin No. 24: "Battle Experience: Radar Pickets and Methods of Combating Suicide Attacks Off Okinawa, March–May 1945," July 20, 1945.

U.S. Department of War. *Basic Field Manual: Regulations for Correspondents Accompanying U.S. Army Forces in the Field.* Washington: U.S. Govt. Print. Off., 1942.

U.S. Office of Naval Operations. *U.S. Naval Aviation in the Pacific.* Washington: U.S. Govt. Print. Off., 1947.

U.S. Strategic Bombing Survey (USSBS). *Air Campaigns of the Pacific War.* Washington: U.S. Strategic Bombing Survey, Military Analysis Division, 1947.

——. *The Campaigns of the Pacific War.* Washington: U.S. Strategic Bombing Survey (Pacific), Naval Analysis Division, 1946.（邦訳「報告第七三　対日船舶撃滅戦」冨永謙吾訳〔「太平洋戦争の諸作戦」の第十六章だけを訳したもの〕『太平洋戦争報告書（米国戦略爆撃調査団一九四六―四七）抄』――『現代史資料39　太平洋戦争５』冨永謙吾編　みすず書房　1975年所収／『太平洋戦争の諸作戦　第２巻』米国戦略爆撃調査団編　史料調査会訳編　出版協同社　1956年　※全４巻で翻訳刊行される予定だったが、第２巻しか刊行されなかった模様）

——. *Effects of Air Attack on Japanese Urban Economy (Summary Report).* 1947.

——. *Effects of Atomic Bombs on Hiroshima & Nagasaki.* 1946.（邦訳『日本人の戦意に与えた戦略爆撃の効果』合衆国戦略爆撃調査団戦意調査部著　森祐二訳　広島平和文化センター　1988年）

——. *The Effects of Bombing on Health and Medical Services in Japan.* 1947.

——. *The Effects of Strategic Bombing on Japanese Morale.* 1947.（邦訳『広島、長崎に対する原子爆弾の効果』合衆国戦略爆撃調査団総務部著　森祐二訳　広島平和文化センター　1987年）

——. *The Effects of Strategic Bombing on Japan's War Economy.* 1946.（邦訳『日本戦争経済の崩壊　戦略爆撃の日本戦争経済に及ぼせる諸効果』アメリカ合衆国戦略爆撃調査団編　正木千冬訳　日本評論社　1950年）

——. *Effects of the Incendiary Bomb Attacks on Japan (a Report on Eight Cities).* 1947.

——. *Interrogations of Japanese Officials.* 2 vols. 1947.（「報告第七二　重臣、陸海軍人尋問録」大井篤・冨永謙吾訳　『太平洋戦争報告書（米国戦略爆撃調査団一九四六―四七）抄』――『現代史資料39　太平洋戦争５』冨永謙吾編　みすず書房　1975年所収／『太平洋戦争史　証言記録　第1巻（戦争指導篇）』米国戦略爆撃調査団編　大井篤・冨永謙吾訳編　日本出版協同　1954年　※全５巻で翻訳刊行される予定だっ

たが、第１巻しか刊行されなかった模様／『証言記録　太平洋戦争　終戦への決断』『証言記録　太平洋戦争　作戦の真相』『証言記録　太平洋戦争　開戦の原因』サンケイ新聞出版局編著　サンケイ新聞社出版局　1975年／『GHQ歴史課陳述録　終戦史資料（明治百年史叢書・第453巻および第454巻）』佐藤元英・黒沢文貴編　原書房　2002年に、証言の一部が翻訳収録されている）

——. *Japanese Air Power*. 1946.（邦訳『ジャパニーズ・エア・パワー　米国戦略爆撃調査団報告／日本空軍の興亡』米国戦略爆撃調査団著　大谷内一夫訳編　光人社　1996年）

——. *Japanese Merchant Shipping*. 1946.（*Japanese Merchant Shipbuilding*. 1947のことか？）（邦訳「報告第四八　造船工業」実松譲訳『太平洋戦争報告書（米国戦略爆撃調査団一九四六—四七）抄』——『現代史資料39　太平洋戦争５』冨永謙吾編　みすず書房　1975年所収）

——. *Japanese War Production Industries*. 1946.（邦訳「報告第四三　軍需工業」実松譲訳『太平洋戦争報告書（米国戦略爆撃調査団一九四六—四七）抄』——『現代史資料39　太平洋戦争５』冨永謙吾編　みすず書房　1975年所収）

——. *Japan's Struggle to End the War*. 1946. 邦訳「報告第二　日本の終戦努力」冨永謙吾訳『太平洋戦争報告書（米国戦略爆撃調査団一九四六—四七）抄』——『現代史資料39　太平洋戦争５』冨永謙吾編　みすず書房　1975年所収）

——. *The Offensive Mine Laying Campaign Against Japan*. 1946.

——. *A Report on Physical Damage in Japan (Summary Report)*. 1947.

——. *The Strategic Air Operations of Very Heavy Bombardment in the War Against Japan (Twentieth Air Force)*. 1947. 邦訳「報告第六六　B29部隊の対日戦略爆撃作戦」冨永謙吾訳『太平洋戦争報告書（米国戦略爆撃調査団一九四六—四七）抄』——『現代史資料39　太平洋戦争５』冨永謙吾編　みすず書房　1975年所収）

——. *Summary Report (Pacific War)*. 1946.（邦訳『太平洋戦争始末記』アメリカ合衆国戦略爆撃調査団編　中山善行訳　ジープ社　1950年 ※後半部は「米ソ軍備の實態解剖」になっている／「太平洋戦争総合報告書（報告第一）」冨永謙吾訳『現代史資料39　太平洋戦争５』冨永謙吾編　みすず書房　1975年

——. *The War Against Japanese Transportation*, 1941–45. 1947. 邦訳「報告第五四　対日輸送攻撃戦」冨永謙吾訳『太平洋戦争報告書（米国戦略爆撃調査団一九四六—四七）抄』——『現代史資料39　太平洋戦争５』冨永謙吾編　みすず書房　1975年所収）

Vollinger, John. "The World War II Memoirs of John Vollinger." http://www.janesoceania.com/ww2_johann_memoirs.

The War Reports of General of the Army George C. Marshall, Chief of Staff, General of the Army H. H. Arnold, Commanding General, Army Air Forces [and] Fleet Admiral Ernest J. King, Commander-in-Chief, United States Fleet and Chief of Naval Operations. Philadelphia: Lippincott, 1947.

Wolfson Collection of Decorative and Propaganda Arts. The Wolfsonian Library, Miami Beach, Florida.

書籍

Adams, Henry Hitch. *Witness to Power: The Life of Fleet Admiral William D. Leahy*. Naval Institute Press, 1985.

Agawa, Hiroyuki. *The Reluctant Admiral: Yamamoto and the Imperial Navy*. Kodansha International, 1979.（『山本五十六』阿川弘之著　新潮文庫　1973年の英訳）

参考文献

Albion, Robert G. *Makers of Naval Policy, 1798–1947.* Naval Institute Press, 1980.

Allinson, Gary D., ed. *The Columbia Guide to Modern Japanese History.* New York: Columbia University Press, 1999.

Alperovitz, Gar, and Sanho Tree. *The Decision to Use the Atomic Bomb.* New York: Harper Collins, 1996.（邦訳『原爆投下決断の内幕　悲劇のヒロシマ・ナガサキ』ガー・アルペロビッツ著　鈴木俊彦・他訳　ほるぷ出版　1995年）

Arnold, Henry Harley. *Global Mission.* 1st ed. New York: Harper, 1949.

Asada, Sadao. *From Mahan to Pearl Harbor: The Imperial Japanese Navy and the United States.* Naval Institute Press, 2006.

Astor, Gerald. *Wings of Gold: The U.S. Naval Air Campaign in World War II.* Presidio Press/Ballantine Books, 2004.

Auer, James E., ed. *From Marco Polo Bridge to Pearl Harbor: Who Was Responsible?* Yomiuri Shimbunsha, 2010.（『検証　戦争責任』読売新聞戦争責任検証委員会著　中央公論新社　2006年の英訳）

Badgley, John. *Frigate Men: Life on Coast Guard Frigate U.S.S. Bisbee, PF-46, During World War II.* New Vintage Press, 2007.

Baime, A. J. *The Arsenal of Democracy: FDR, Detroit, and an Epic Quest to Arm an America at War.* Mariner Books, Houghton Mifflin Harcourt, 2015.

Baker, Russell. *Growing Up.* Congdon & Weed, 1982.（邦訳『グローイング・アップ』ラッセル・ベイカー著　麻野二人訳　中央公論社　1986年ほか）

Barbey, Daniel E. *MacArthur's Amphibious Navy: Seventh Amphibious Force Operations, 1943–1945.* Naval Institute Press, 1971.

Beach, Edward L. *Submarine!* Pocket Star Books, 2004.

Beaver, Floyd. *Sailor from Oklahoma: One Man's Two-Ocean War.* Naval Institute Press, 2009.

Becton, F. J., et al. *The Ship That Would Not Die.* Pictorial Histories Publ. Co., 1993.

Belote, James H., and William M. Belote. *Titans of the Seas: The Development and Operations of Japanese and American Carrier Task Forces During World War II.* New York: Harper & Row, 1975.

Benedict, Ruth. *The Chrysanthemum and the Sword: Patterns of Japanese Culture.* Tokyo: Charles E. Tuttle Co., 1954.（邦訳『菊と刀』ルース・ベネディクト著　長谷川松治訳　講談社学術文庫　2005年ほか）

Bix, Herbert P. *Hirohito and the Making of Modern Japan.* New York: HarperCollins, 2000.（邦訳『昭和天皇』ハーバート・ビックス著　吉田裕監修　岡部牧夫・川島高峰・永井均訳　講談社学術文庫　2005年ほか）

Black, Conrad. *Franklin Delano Roosevelt: Champion of Freedom.* New York: Public Affairs, 2003.

Blaik, Earl H. *The Red Blaik Story.* Arlington House, 1974.

Blair, Clay. *Silent Victory: The U.S. Submarine War Against Japan.* 1st ed. Philadelphia: Lippincott, 1975.

Blum, John Morton. *V Was for Victory: Politics and American Culture During World War II.* Harcourt Brace, 1977.

Boquet, Yves. *The Philippine Archipelago.* Springer, 2017.

Borneman, Walter R. *MacArthur at War: World War II in the Pacific.* Back Bay Books, 2017.

Bradlee, Benjamin C. *A Good Life: Newspapering and Other Adventures.* Simon & Schuster, 1995.

Bradley, James. *Flags of Our Fathers: Heroes of Iwo Jima.* Bantam, 2000.（邦訳『硫黄島の星条旗』ジェイムズ・ブラッドリー／ロン・パワーズ著　島田三蔵訳　文春文庫　2002年）

——. *Flyboys: A True Story of Courage*. Little, Brown, 2006.

Bridgland, Tony. *Waves of Hate: Naval Atrocities of the Second World War*. Leo Cooper, 2002.

Brinkley, David. *Washington Goes to War: The Extraordinary Story of the Transformation of a City and a Nation*. New York: Alfred A. Knopf, 1988.

Bruce, Roy W., and Charles R. Leonard. *Crommelin's Thunderbirds: Air Group 12 Strikes the Heart of Japan*. Naval Institute Press, 1994.

Bruning, John R. *Ship Strike Pacific*. Zenith Press, 2005.

Bryan, J. III. *Aircraft Carrier*. Ballantine Books, 1954.

Budiansky, Stephen. *Battle of Wits: The Complete Story of Codebreaking in World War II*. Free Press, 2000.

Buell, Harold L. *Dauntless Helldivers: A Dive-bomber Pilot's Epic Story of the Carrier Battles*. New York: Orion, 1991.

Buell, Thomas B. *Master of Sea Power: A Biography of Fleet Admiral Ernest J. King*. Little, Brown, 1980.

——. *The Quiet Warrior: A Biography of Admiral Raymond A. Spruance*. Naval Institute Press, 1987.（邦訳『提督スプルーアンス』トーマス・B・ブュエル著　小城正訳　学習研究社　2000年）

Buhite, Russell D., and David W. Levy, eds. *FDR's Fireside Chats*. Penguin Books, 1992.

Burgin, R. V., and Bill Marvel. *Islands of the Damned: A Marine at War in the Pacific*. NAL Caliber, 2011.

Burlingame, Roger. *Don't Let Them Scare You: The Life and Times of Elmer Davis*. Greenwood Press, 1974

Burns, James MacGregor. *Roosevelt: The Soldier of Freedom*. Harcourt Brace Jovanovich, 1970.（邦訳『ローズベルトと第二次大戦』ジェームズ・バーンズ著　井上勇・伊藤拓一訳　時事通信社　1972年）

Buruma, Ian. *Inventing Japan, 1853–1964*. Modern Library, 2003.（邦訳『近代日本の誕生』イアン・ブルマ著　小林朋則訳　ランダムハウス講談社　2006年）

Byrnes, James F. *Speaking Frankly*. Greenwood Press, 1974.

Caidin, Martin. *A Torch to the Enemy: The Fire Raid on Tokyo*. Bantam Books, 1992.

Calhoun, C. Raymond. *Tin Can Sailor: Life Aboard the USS Sterett, 1939–1945*. Naval Institute Press, 1993.

Calvert, James F. *Silent Running: My Years on a World War II Attack Submarine*. Castle, 2008.

Caro, Robert A. *Master of the Senate: The Years of Lyndon Johnson*, Vol. 3. Random House, 2003.

Carroll, Andrew, ed. *War Letters: Extraordinary Correspondence from American Wars*. Scribner, 2001.

Casey, Robert J. *Battle Below*. Bobbs-Merrill, 1945.

——. *Torpedo Junction*. London: Jarrolds, 1944.

Childs, Marquis W. *I Write from Washington*. Harper, 1942.

Clark, J. J., and Clark G. Reynolds. *Carrier Admiral*. New York: D. McKay, 1967.

Cleary, Thomas. *The Japanese Art of War: Understanding the Culture of Strategy*. Boston: Shambhala Classics, 2005.

Coffey, Thomas M. *Hap: The Story of the U.S. Air Force and the Man Who Built It, General Henry H. "Hap" Arnold*. Viking Press, 1982.

Coletta, Paolo E. *Admiral Marc A. Mitscher and U.S. Naval Aviation: Bald Eagle*. Edwin Mellen Press, 1997.

Colman, Penny. *Rosie the Riveter: Women Working on the Home Front in World War II*. Crown Publishers, 1995.

Conant, Jennet. *Tuxedo Park: A Wall Street Tycoon and the Secret Palace of Science That Changed the Course of World War II.* Thorndike, 2002.

Conrad, Joseph, and Cedric Thomas Watts. *Typhoon and Other Tales.* Oxford University Press, 2008.

Cook, Haruko Taya, and Theodore F. Cook, eds. *Japan at War: An Oral History.* The New Press, 1992.

Cooke, Alistair. *The American Home Front, 1941–1942.* Atlantic Monthly Press, 2006.

Cooper, Page. *Navy Nurse.* New York: Whittlesey House, McGraw-Hill, 1946.

Crew, Thomas E. *Combat Loaded: Across the Pacific on the USS Tate.* Texas A & M University Press, 2007.

Current, Richard Nelson. *Secretary Stimson: A Study in Statecraft.* Rutgers University Press, 1954.

Cutler, Thomas J. *The Battle of Leyte Gulf, 23–26 October, 1944.* Naval Institute Press, 2001.

Dallek, Robert. *Franklin D. Roosevelt: A Political Life.* Viking, 2017.

——. *Franklin D. Roosevelt and American Foreign Policy, 1932–1945.* Oxford University Press, 1995.

Davidson, Joel R. *The Unsinkable Fleet: The Politics of U.S. Navy Expansion in World War II.* Naval Institute Press, 1996.

Davis, Kenneth S. *FDR: The War President, 1940–1943: A History.* Random House, 2000.

Davis, Robert T. *The U.S. Army and the Media in the 20th Century.* Combat Studies Inst. Press, 2009.

Davis, William E. *Sinking the Rising Sun: Dog Fighting & Dive Bombing in World War II: A Navy Fighter Pilot's Story.* Zenith Press, 2007.

Deacon, Richard. *Kempei Tai: The Japanese Secret Service Then and Now.* Tokyo: Charles E. Tuttle Co., 1982.

DeRose, James F. *Unrestricted Warfare: How a New Breed of Officers Led the Submarine Force to Victory in World War II.* Castle Books, 2006.

Dixon, Chris, Sean Brawley, and Beatrice Trefalt, eds. *Competing Voices from the Pacific War: Fighting Words.* Santa Barbara, CA: Greenwood/ABC-CLIO, 2009.

Dos Passos, John. *Tour of Duty.* Greenwood Press, 1974.

Dower, John W. *Cultures of War: Pearl Harbor, Hiroshima, 9–11, Iraq.* W. W. Norton, 2010.

——. *Japan In War and Peace: Selected Essays.* New Press; distributed by W. W. Norton, 1993.（邦訳『昭和：戦争と平和の日本』ジョン・W・ダワー著　明田川融監訳　みすず書房　2010年）

——. *War Without Mercy: Race and Power in the Pacific War.* Pantheon Books, 1986.（邦訳『容赦なき戦争』ジョン・W・ダワー著　猿谷要監修　斎藤元一訳　平凡社　2001年）

Drea, Edward J. *In the Service of the Emperor: Essays on the Imperial Japanese Army.* University of Nebraska Press, 2003.

Driscoll, Joseph. *Pacific Victory 1945.* Lippincott, 1944.

Drury, Bob, and Thomas Clavin. *Halsey's Typhoon: The True Story of a Fighting Admiral, an Epic Storm, and an Untold Rescue.* Atlantic Monthly Press, 2007.

Dull, Paul S. *A Battle History of the Imperial Japanese Navy, 1941–1945.* Naval Institute Press, 1978.

Dunn, William J. *Pacific Microphone.* Texas A & M Univ. Press, 1988.

Edgerton, Robert B. *Warriors of the Rising Sun: A History of the Japanese Military.* W. W. Norton, 1997.

Eichelberger, Robert L., and Milton MacKaye. *Our Jungle Road to Tokyo.* The Viking Press, 1950.

Eisenhower, Dwight D. *Crusade in Europe.* The Easton Press, 2001.（邦訳『ヨーロッパ十字軍　最高司令

官の大戦手記』Ｄ・Ｄ・アイゼンハワー著　朝日新聞社訳　1949年）

Eisenhower, Dwight D. *The Eisenhower Diaries*, ed. Robert Hugh Ferrell. The Easton Press, 1989.

Ellis, John. *World War II, a Statistical Survey: The Essential Facts and Figures for All the Combatants.* New York: Facts on File, 1995.

Elphick, Peter. *Liberty: The Ships That Won the War.* Naval Institute Press, 2001.

Enright, Joseph F., and James W. Ryan. *Sea Assault: The Sinking of Japan's Secret Supership.* St. Martin's Paperbacks, 2000.（邦訳『信濃! 日本秘密空母の沈没』ジョセフ・Ｆ・エンライト／ジェームス・Ｗ・ライアン著　高城肇訳　光人社　1990年ほか）

Evans, David, and Mark Peattie. *Kaigun: Strategy, Tactics, and Technology in the Imperial Japanese Navy, 1887–1941.* Naval Institute Press, 1997.

Evans, David C., ed. *The Japanese Navy in World War II: In the Words of Former Japanese Naval Officers.* Naval Institute Press, 1993.

Evans, Hugh E. *The Hidden Campaign: FDR's Health and the 1944 Election.* Routledge, 2016.

Evans, Walter R. *Wartime Sea Stories: Life Aboard Ships, 1942–1945.* IUniverse, 2006.

Ewing, Steve. *Thach Weave: The Life of Jimmie Thach.* Naval Institute Press, 2004.

Fahey, James J. *Pacific War Diary, 1942–1945.* Houghton, 1963.（邦訳『太平洋戦争アメリカ水兵日記』ジェームズ・Ｊ・フェーイー著　三方洋子訳　ＮＴＴ出版　1994年）

Feifer, George. *Tennozan: The Battle of Okinawa and the Atomic Bomb.* Ticknor & Fields, 1992.（邦訳『天王山：沖縄戦と原子爆弾』ジョージ・ファイファー著　小城正訳　早川書房　1995年）

Feis, Herbert. *From Trust to Terror: The Onset of the Cold War, 1945–1950.* W. W. Norton, 1970.

Ferrell, Robert H. *Harry S. Truman.* CQ Press, 2003.

——. *Harry S. Truman and the Bomb: A Documentary History.* High Plains Pub. Co., 1996.

Fisher, Clayton E. *Hooked: Tales & Adventures of a Tailhook Warrior.* Denver, CO: Outskirts, 2009.

Forrestal, James. *The Forrestal Diaries*, ed. Walter Millis. The Viking Press, 1951.

Frank, Richard B. *Downfall: The End of the Imperial Japanese Empire.* Penguin Books, 2001.

Friend, Theodore. *The Blue-Eyed Enemy: Japan Against the West in Java and Luzon, 1942–1945.* Princeton University Press, 2014.

Fujitani, Takashi, et al. *Perilous Memories: The Asia-Pacific Wars.* Duke University Press, 2001.

Fussell, Paul. *Wartime: Understanding and Behavior in the Second World War.* Oxford University Press, 1989.（邦訳『誰にも書けなかった戦争の現実』ポール・ファッセル著　宮崎尊訳　草思社　1997年）

Gadbois, Robert O. *Hellcat Tales: A U.S. Navy Fighter Pilot in World War II.* Merriam Press, 2011.

Galantin, I. J. *Take Her Deep! A Submarine Against Japan in World War II.* Naval Institute Press, 2007.

Garvey, John. *San Francisco in World War II.* Arcadia Pub., 2007.

Giangreco, D. M. *Hell to Pay: Operation Downfall and the Invasion of Japan, 1945–47.* Naval Institute Press, 2017.

Gibney, Frank, ed. *Senso: The Japanese Remember the Pacific War.* Armonk, NY: M. E. Sharpe, 1995.（『戦争　血と涙で綴った証言』朝日新聞テーマ談話室編　朝日ソノラマ　1987年の英訳）

Gilbert, Alton. *A Leader Born: The Life of Admiral John Sidney McCain, Pacific Carrier Commander.* Philadelphia: Casemate, 2006.

Gluck, Carol. *Japan's Modern Myths: Ideology in the Late Meiji Period.* Princeton Univ. Press, 1985.

Gluck, Carol, and Stephen R. Graubard, eds. *Showa: The Japan of Hirohito.* W. W. Norton, 1992.

参考文献

Glusman, John A. *Conduct Under Fire: Four American Doctors and Their Fight for Life as Prisoners of the Japanese 1941–1945.* Penguin Books, 2006.

Goldstein, Donald M., and Kathryn V. Dillon. *The Pacific War Papers: Japanese Documents of World War II.* Washington, DC: Potomac Books, 2006.

Goodwin, Doris Kearns. *No Ordinary Time: Franklin and Eleanor Roosevelt: The Home Front in World War II.* Simon & Schuster, 1994.（邦訳『フランクリン・ローズヴェルト』ドリス・カーンズ・グッドウィン著　砂村榮利子・山下淑美訳　中央公論新社　2014年）

Grew, Joseph C. *Turbulent Era: A Diplomatic Record of Forty Years: 1904–1945.* Ayer Co. Pub., 1952.

Grider, George, and Lydel Sims. *War Fish.* Ballantine Books, 1973.

Griffin, Alexander R. *Out of Carnage.* Howell, Soskin, 1945.

Groves, Leslie Richard. *Now It Can Be Told: The Story of the Manhattan Project.* Harper & Row, 1962.（邦訳『私が原爆計画を指揮した　マンハッタン計画の内幕』レスリー・R・グローブス著　冨永謙吾・実松譲 共訳　恒文社　1964年）

Hachiya, Michihiko, and Warner Wells. *Hiroshima Diary: The Journal of a Japanese Physician, August 6–September 30, 1945: Fifty Years Later.* University of North Carolina Press, 1995.（『ヒロシマ日記』蜂谷道彦著　朝日新聞社　1955年の元になった機関誌連載を英訳したもの）

Halsey, William F., and J. Bryan III. *Admiral Halsey's Story.* Whittlesey House, 1947.

Hammel, Eric, ed. *Aces Against Japan: The American Aces Speak.* Pocket Books, 1992.

Hara, Tameichi, Fred Saito, and Roger Pineau. *Japanese Destroyer Captain: Pearl Harbor, Guadalcanal, Midway—The Great Naval Battles As Seen Through Japanese Eyes.* Naval Institute Press, 2007.（『帝国海軍の最後』原為一著　河出書房　1967年を英訳し、大幅に増補加筆したもので、原著とはかなり異なる）

Harper, John A. *Paddles! The Foibles and Finesse of One World War II Landing Signal Officer.* Schiffer Publishing, 2000.

Harries, Meirion, and Susie Harries. *Soldiers of the Sun: The Rise and Fall of the Imperial Japanese Army.* Random House, 1991.

Harris, Brayton. *Admiral Nimitz: The Commander of the Pacific Ocean Theater.* Palgrave Macmillan, 2012.

Harris, Mark Jonathan, Franklin D. Mitchell, and Steven J. Schechter, eds. *The Homefront: America During World War II.* Putnam, 1984.

Hasegawa, Tsuyoshi. *Racing the Enemy: Stalin, Truman, and the Surrender of Japan.* Belknap Press of Harvard University Press, 2006.（『暗闘　スターリン、トルーマンと日本降伏』長谷川毅著　中央公論新社　2006年は、著者自身による邦訳で、大幅に加筆されている。）

Hassett, William D. *Off the Record with F.D.R., 1942–1945.* Academy Chicago Publishers, 2001.

Hastings, Max. *Retribution: The Battle for Japan, 1944–45.* Vintage, 2008.

Havens, Thomas R. H. *Valley of Darkness: The Japanese People and World War Two.* University Press of America, 1986.（『学童集団疎開　世田谷・代沢小の記録』浜館菊雄著　太平出版社　1971年の英訳抜粋をおさめる）

Healy, George W., and Turner Catledge. *A Lifetime on Deadline: Self-Portrait of a Southern Journalist.* Pelican, 1976.

Henderson, Bruce B. *Down to the Sea: An Epic Story of Naval Disaster and Heroism in World War II.*

HarperCollins, 2008.

Herman, Arthur. *Douglas MacArthur: American Warrior.* Random House, 2017.

Hersey, John. *Hiroshima.* Pendulum Press, 1978. （邦訳『ヒロシマ』ジョン・ハーシー著　石川欣一・谷本清訳　法政大学出版局　1949年）

Higa, Tomiko. *The Girl with the White Flag.* Dell Pub., 1991.（『白旗の少女』比嘉富子著　講談社　1989年の英訳）

Hoehling, A. A. *The Fighting Liberty Ships: A Memoir.* Naval Institute Press, 1996.

Holmes, W. J. *Double-Edged Secrets: U.S. Naval Intelligence Operations in the Pacific During World War II.* Naval Institute Press, 1979.（邦訳『太平洋暗号戦史』W・J・ホルムズ著　妹尾作太男訳　朝日ソノラマ　1985年）

Hoopes, Townsend, and Douglas Brinkley. *Driven Patriot: The Life and Times of James Forrestal.* Naval Institute Press, 2000.

Hornfischer, James D. *The Last Stand of the Tin Can Sailors.* Bantam Books, 2005.

——. *The Fleet at Flood Tide: America at Total War in the Pacific, 1944–1945.* Bantam Books, 2017.

Hoyt, Edwin Palmer. *How They Won the War in the Pacific: Nimitz and his Admirals.* Weybright and Talley, 1970.

Huber, Thomas M. *Japan's Battle of Okinawa, April–June 1945.* University Press of the Pacific, 2005.

Hughes, Thomas Alexander. *Admiral Bill Halsey: A Naval Life.* Harvard University Press, 2016.

Huie, William Bradford. *Can Do! The Story of the Seabees.* E. P. Dutton, 1944.

——. *From Omaha to Okinawa: The Story of the Seabees.* E. P. Dutton & Company, Inc., 1945.

Hull, McAllister H., et al. *Rider of the Pale Horse: A Memoir of Los Alamos and Beyond.* University of New Mexico Press, 2015.

Hunt, George P. *Coral Comes High.* Harper, 1946.（邦訳『悲劇の珊瑚礁　ペリリュー島の戦い』ジョージ・P・ハント著　西村建二訳　筑波書林　1988年）

Hynes, Samuel L. *Flights of Passage: Reflections of a World War II Aviator.* Naval Institute Press, 1988.

Inoguchi, Rikihei, and Tadashi Nakajima. *The Divine Wind: Japan's Kamikaze Force in World War II.* Translated by Roger Pineau. Naval Institute Press, 1994.（『神風特別攻撃隊』猪口力平・中島正著　日本出版協同　1951年の英語版。日本版とは構成がことなる）

Irokawa, Daikichi. *The Age of Hirohito: In Search of Modern Japan.* The Free Press, 1995.（『昭和史と天皇』色川大吉著　岩波書店　1991年の英訳）

Itô, Masanori. *The End of the Imperial Japanese Navy*, trans. Roger Pineau. Jove, 1986. （『連合艦隊の最後』伊藤正徳著　文藝春秋新社　1956年ほかの英訳）

Jackson, Robert H. *That Man: An Insider's Portrait of Franklin D. Roosevelt.* Oxford University Press, 2004.

Jackson, Steve. *Lucky Lady: The World War II Heroics of the USS Santa Fe and Franklin.* Carroll & Graf Pub., 2004.

James, Dorris Clayton. *The Years of MacArthur. Vol. 1, 1880–1941; Vol. 2, 1941–1945.* Houghton Mifflin, 1970.

Janssens, Ruud. *"What Future for Japan?": U.S. Wartime Planning for the Postwar Era, 1942–1945.* Rodopi, 1995.

Jeffries, John W. *Wartime America: The World War II Home Front.* Ivan R. Dee, 1998.

参考文献

Jernigan, Emory J. *Tin Can Man*. Vandamere Press, 1993.

Johnston, Stanley. *Queen of the Flat-Tops: The U.S.S. Lexington and the Coral Sea Battle*. E. P. Dutton, 1942.

Josephy, Alvin M. *The Long and the Short and the Tall: The Story of a Marine Combat Unit in the Pacific*. Burford Books, 2000.

Kakehashi, Kumiko, and Giles Murray. *So Sad to Fall in Battle: An Account of War Based on General Tadamichi Kuribayashi's Letters from Iwo Jima*. Translated by Giles Murray. Presidio Press/Ballantine Books, 2007.（『散るぞ悲しき　硫黄島総指揮官・栗林忠道』梯久美子著　新潮社　2005年の英訳）

Kase, Toshikazu. *Journey to the Missouri*. Yale University Press, 1950.（『ミズリー號への道程』加瀬俊一著　文藝春秋新社　1951年の底本）

Kawahara, Toshiaki. *Hirohito and His Times: A Japanese Perspective*. Tokyo: Kodansha International, 1990. （『天皇裕仁の昭和史』河原敏明著　文春文庫　1986年の抄訳に天皇崩御の情報を加筆したもの）

Keene, Donald. *So Lovely a Country Will Never Perish: Wartime Diaries of Japanese Writers*. Columbia University Press, 2010.（邦訳『日本人の戦争　作家の日記を読む』ドナルド・キーン著　角地幸男訳　文藝春秋　2009年）

Keith, Don. *Undersea Warrior: The World War II Story of "Mush" Morton and the USS Wahoo*. Dutton Caliber, 2012.

Kelly, Cynthia C., ed. *The Manhattan Project: The Birth of the Atomic Bomb in the Words of Its Creators, Eyewitnesses, and Historians*. Black Dog & Leventhal, 2017.

Kennedy, David M. *The American People in World War II: Freedom from Fear, Part Two*. Oxford University Press, 2003.

Kenney, George C. *General Kenney Reports: A Personal History of the Pacific War*. Duell, Sloan, and Pearce, 1949.

Kershaw, Alex. *Escape from the Deep: The Epic Story of a Legendary Submarine and Her Courageous Crew*. Da Capo, 2009.

Kido, Kōichi. *The Diary of Marquis Kido, 1931–45: Selected Translations into English*. Frederick, MD: University Publications of America, 1984. （『木戸幸一日記』木戸日記研究会編　東京大学出版会　1966年の英訳）

King, Dan. *The Last Zero Fighter: Firsthand Accounts from WWII Japanese Naval Pilots*. Pacific Press, 2016.

King, Dan, and Linda Ryan. *A Tomb Called Iwo Jima: Firsthand Accounts from Japanese Survivors*. CreateSpace Independent Publishing Platform, 2015.

King, Ernest J., and Walter Muir Whitehill. *Fleet Admiral King: A Naval Record*. W. W. Norton, 1952.

Kiyosawa, Kiyoshi. *A Diary of Darkness: The Wartime Diary of Kiyosawa Kiyoshi*. Translated by Eugene Soviak and Kamiyama Tamie. Princeton University Press, 1999. （『暗黒日記　戦争日記1942年12月～1945年5月』清沢洌著　評論社　1995年の英訳）

Kort, Michael, ed. *The Columbia Guide to Hiroshima and the Bomb*. Columbia University Press, 2007.

Krueger, Walter. *From Down Under to Nippon: The Story of Sixth Army in World War II*. Battery Classics, 1989.

Kuehn, John T., et al. *Eyewitness Pacific Theater: Firsthand Accounts of the War in the Pacific from Pearl Harbor to the Atomic Bombs*. Sterling, 2008.

Lacey, Laura Homan. *Stay off the Skyline: A Personal History of the 6th Marine Division.* Potomac Books, 2007.

Lane, Frederic Chapin. *Ships for Victory: A History of Shipbuilding under the U.S. Maritime Commission in World War II.* Johns Hopkins Univ. Press, 2001.

Laurence, William L. *Dawn Over Zero: The Story of the Atomic Bomb.* Greenwood Press, 1972.（邦訳『0の暁』W・L・ローレンス著　崎川範行訳　創元社　1950年ほか）

Lawson, Robert. *U.S. Navy Dive and Torpedo Bombers of World War II.* Zenith Press, 2001.

Lawson, Robert, and Barrett Tillman. *U.S. Navy Air Combat, 1939–46.* Osceola, WI: MBI Publishing, 2000.

Layton, Edwin T., with Roger Pineau and John Costello. *"And I Was There": Pearl Harbor and Midway—Breaking the Secrets.* William Morrow, 1985.（邦訳『太平洋戦争暗号作戦　アメリカ太平洋艦隊情報参謀の証言』エドウィン・T・レートン／ロジャー・ピノー／ジョン・コステロ著　毎日新聞外信グループ訳　ＴＢＳブリタニカ　1987年）

Lea, Tom, and Brendan M. Greeley. *The Two Thousand Yard Stare: Tom Lea's World War II.* Texas A & M University Press, 2008.

Leach, Douglas Edward. *Now Hear This: The Memoir of a Junior Naval Officer in the Great Pacific War.* Kent, OH: Kent State Univ. Press, 1987.

Leahy, William D. *I Was There.* Whittlesey, 1950.

Leary, William M. *MacArthur and the American Century: A Reader.* University of Nebraska Press, 2003.

Leckie, Robert. *Okinawa: The Last Battle of World War II.* Penguin, 1996.（邦訳『南太平洋戦記　ガダルカナルからペリリューへ』ロバート・レッキー著　平岡緑訳　中央公論新社　2014年）

Lee, Clark. *They Call It the Pacific: An Eye-Witness Story of Our War Against Japan From Bataan to the Solomons.* Viking Press, 1943.

Lee, Robert Edson. *To the War.* Alfred A. Knopf, 1968.

LeMay, Curtis E., and MacKinlay Kantor. *Mission with LeMay.* Doubleday, 1965.

LeMay, Curtis E., and Bill Yenne. *Superfortress: The Boeing B-29 and American Airpower in World War II.* Westholme Publishing, 2007.（邦訳『超・空の要塞:B-29』カーチス・E・ルメイ／ビル・イェーン著　渡辺洋二訳　朝日ソノラマ　1991年）

Lerner, Max. *Public Journal: Marginal Notes on Wartime America.* Viking Press, 1945.

Lilly, Capt. Michael A., USN (Ret). *Nimitz at Ease.* Stairway Press, 2019.

Lingeman, Richard. *Don't You Know There's a War On? The American Home Front, 1941–45.* G. P. Putnam's Sons, 1970.（邦訳『銃後のアメリカ人：1941～1945　パールハーバーから原爆投下まで』リチャード・リンゲマン著　滝川義人訳　悠書館　2017年）

Litoff, Judy Barrett, and David C. Smith, eds. *American Women in a World at War: Contemporary Accounts from World War II.* Wilmington, DE: Scholarly Resources, 1997.

——. *Since You Went Away: World War II Letters from American Women on the Home Front.* Oxford University Press, 1991.

Lockwood, Charles A. *Sink 'Em All.* Bantam Books, 1951.

Lockwood, Charles A., and Hans Christian Adamson. *Hellcats of the Sea: Operation Barney and the Mission to the Sea of Japan.* Chilton Co., 1955.

Lotchin, Roger W. *The Bad City in the Good War: San Francisco, Los Angeles, Oakland and San Diego.*

Bloomington: Indiana Univ. Press, 2003.

Lott, Arnold S. *Brave Ship, Brave Men.* Naval Institute Press, 1994.（邦訳『沖縄特攻』アーノルド・S・ロット著　戦史刊行会訳　朝日ソノラマ　1983年）

Lucas, Jim Griffing. *Combat Correspondent.* New York: Reynal & Hitchcock, 1944.

Lundgren, Robert. *The World Wonder'd: What Really Happened off Samar.* Nimble Books, 2014.

Luvaas, Jay, ed. *Dear Miss Em: General Eichelberger's War in the Pacific, 1942–1945.* Greenwood Press, 1972.

MacArthur, Douglas. *Reminiscences.* 1st ed. McGraw-Hill, 1964.（邦訳『マッカーサー回想記』ダグラス・マッカーサー著　津島一夫訳　朝日新聞社　1964年　なお『マッカーサー大戦回顧録』中公文庫　2003年はその第３～５部の抜粋を文庫化したもの）

Mace, Sterling, and Nick Allen. *Battleground Pacific: A Marine Rifleman's Combat Odyssey in K/3/5.* St. Martin's Griffin, 2013.

McWhorter, Hamilton, and Jay A. Stout. *The First Hellcat Ace.* Pacifica Military History, 2000.

Mahan, A. T., and Allan F. Westcott. *Mahan on Naval Warfare: Selections from the Writing of Rear Admiral Alfred T. Mahan.* Dover Publications, 1999. 邦訳『マハン海戦論』アルフレッド・セイヤー・マハン著　アラン・ウェストコット編　矢吹啓訳　原書房　2017年）

Mair, Michael. *Kaiten: Japan's Secret Manned Suicide Submarine and the First American Ship It Sank in WWII.* Penguin Group US, 2015.

Manchester, William Raymond. *American Caesar: Douglas MacArthur, 1880–1964.* Little, Brown, 1978.（邦訳『ダグラス・マッカーサー』ウィリアム・マンチェスター著　鈴木主税・高山圭訳　河出書房新社　1985年）

——. *Goodbye, Darkness: A Memoir of the Pacific War.* Little, Brown, 1980.（邦訳『回想太平洋戦争　アメリカ海兵隊員の記録』ウィリアム・マンチェスター著　猪浦道夫訳　コンパニオン出版　1984年）

Marsden, Lawrence A. *Attack Transport: The Story of the U.S.S. Doyen.* University of Michigan Press, 1946.

Marshall, George Catlett. *The Papers of George Catlett Marshall,* ed. Larry I. Bland and Sharon R. Stevens. Johns Hopkins Univ. Press, 2003.

Mason, John T., ed. *The Pacific War Remembered: An Oral History Collection.* Naval Institute Press, 1986.

Mason, Theodore C. *Battleship Sailor.* Naval Institute Press, 1982.

——. *Rendezvous with Destiny: A Sailor's War.* Naval Institute Press, 1997.

——. *"We Will Stand by You": Serving in the Pawnee, 1942–1945.* Naval Institute Press, 1996.

McCandless, Charles S. *A Flash of Green: Memories of World War II.* Authors Press, 2019.

McCrea, John L., et al. *Captain McCrea's War: The World War II Memoir of Franklin D. Roosevelt's Naval Aide and USS Iowa's First Commanding Officer.* Skyhorse Publishing, 2016.

McCullough, David. *Truman.* Simon & Schuster, 1992.

McIntire, Vice-Admiral Ross T. *White House Physician.* G. P. Putnam's Sons, 1946.

McKelway, St. Clair, and Adam Gopnik. *Reporting at Wit's End: Tales from The New Yorker.* Bloomsbury USA, 2010.

Meijer, Hendrik. *Arthur Vandenberg: The Man in the Middle of the American Century.* University of Chicago Press, 2019.

Melton, Buckner F. *Sea Cobra: Admiral Halsey's Task Force and the Great Pacific Typhoon.* Lyons Press, 2007.

Mencken, H. L., and Marion Elizabeth Rodgers. *The Impossible H. L. Mencken: A Selection of His Best Newspaper Stories.* Doubleday, 1991.

Mendenhall, Corwin. *Submarine Diary.* Naval Institute Press, 1995.

Merrill, James M. *A Sailor's Admiral: A Biography of William F. Halsey.* 1st American ed. Crowell, 1976.

Michener, James A. *The World Is My Home.* Random House, 1992.

Miller, Edward S. *War Plan Orange: The U.S. Strategy to Defeat Japan, 1897–1945.* Naval Institute Press, 1991. (邦訳『オレンジ計画　アメリカの対日侵攻50年戦略』エドワード・ミラー著　沢田博訳　新潮社　1994年)

Miller, Max. *It's Tomorrow Out Here.* Whittlesey House, 1945.

Miller, Merle, and Abe Spitzer. *We Dropped the A-Bomb.* T. Y. Crowell Co., 1946.

Monroe-Jones, Edward, and Michael Green. *The Silent Service in World War II: The Story of the U.S. Navy Submarine Force in the Words of the Men Who Lived It.* Casemate, 2012.

Morison, Samuel Eliot. *History of United States Naval Operations in World War II. Vol. 7. Aleutians, Gilberts and Marshalls, June 1942–April 1944; Vol. 8. New Guinea and the Marianas, 1944; Vol. 12. Leyte, June 1944–January 1945; Vol. 13. The Liberation of the Philippines, 1944–1945; Vol. 14. Victory in the Pacific; Vol. 15. Supplement and General Index.* Little, Brown, 1947–1962.

Morita, Akio, Edwin M. Reingold, and Mitsuko Shimomura. *Made in Japan: Akio Morita and Sony.* Dutton Books, 1986. (邦訳『MEDE IN JAPAN　わが体験的国際戦略』盛田昭夫／下村満子／E・ラインゴールド著　下村満子訳　朝日新聞社　1987年)

Morris, Ivan. *The Nobility of Failure: Tragic Heroes in the History of Japan.* Tokyo: Charles E. Tuttle Co., 1982. (邦訳『高貴なる敗北：日本史の悲劇の英雄たち』アイヴァン・モリス著　斎藤和明訳　中央公論社　1981年)

Newcomb, Richard F. *Iwo Jima.* Holt, Rinehart and Winston, 1965. (邦訳『硫黄島』リチャード・F・ニューカム著　田中至訳　弘文堂　1966年ほか)

Naitō, Hatsuho. *Thunder Gods: The Kamikaze Pilots Tell Their Story.* Dell Pub., 1990. (『桜花　非情の特攻兵器』内藤初穂著　文藝春秋　1982年ほかの英訳)

Nitobe, Inazo. *Bushido: The Soul of Japan.* Tokyo: Charles E. Tuttle Co., 1969. (邦訳『武士道』新渡戸稲造著　矢内原忠雄訳　岩波文庫ほか)

O'Donnell, Patrick K, ed. *Into the Rising Sun: In Their Own Words, World War II's Pacific Veterans.* Free Press, 2010.

Ohnuki-Tierney, Emiko. *Kamikaze Diaries: Reflections of Japanese Student Soldiers.* University of Chicago Press, 2007. (『学徒兵の精神誌』大貫恵美子著　岩波書店　2006年の英訳)

O'Kane, Richard H. *Clear the Bridge!: The War Patrols of the U.S.S. Tang.* Chicago: Rand McNally, 1977.

——. *Wahoo: The Patrols of America's Most Famous World War II Submarine.* Novato, CA: Presidio Press, 1987.

Okumiya, Masatake, Jiro Horikoshi, and Martin Caidin. *Zero!* E. P. Dutton, 1956. (『零戦』堀越二郎・奥宮正武著　学研M文庫　2007年などの主として実戦関係の部分を英訳し、さらに終戦までの海軍航空隊の戦歴を大幅に加筆したもので、事実上べつの著作といっていい)

Oliver, Douglas L. *Oceania: The Native Cultures of Australia and the Pacific Islands.* Univ. of Hawaii

Press, 1989.

Olson, Michael Keith. *Tales from a Tin Can: The USS Dale from Pearl Harbor to Tokyo Bay*. St. Paul: Zenith Press, 2007.

Overy, Richard James. *Why the Allies Won*. Random House, 1995.

The Pacific War Research Society. *The Day Man Lost: Hiroshima, 6 August 1945*. Kodansha International, 1972.（『原爆の落ちた日』戦史研究会編　文藝春秋　1972年ほかの英訳。実際の著者は半藤一利と湯川豊である）

——. *Japan's Longest Day*. Kodansha International, 1973.（『日本のいちばん長い日 運命の八月十五日』大宅壮一編　文藝春秋新社　1965年ほかの英訳。実際の著者は半藤一利である）

Parker, Robert Alexander Clarke. *The Second World War: A Short History*. W. Ross MacDonald School Resource Services Library, 2011.

Perret, Geoffrey. *Days of Sadness, Years of Triumph: The American People, 1939–1945*. University of Wisconsin Press, 1985.

Perry, Glen C. H. *"Dear Bart": Washington Views of World War II*. Greenwood Press, 1982.

Perry, Mark. *The Most Dangerous Man in America: The Making of Douglas MacArthur*. Basic Books, 2014.

Petty, Bruce M., ed. *Voices from the Pacific War: Bluejackets Remember*. Naval Institute Press, 2004.

Phillips, Charles L. *Rain of Fire: B-29s over Japan, 1945*. Paragon Agency, 2002.

Potter, E. B. *Bull Halsey*. Naval Institute Press, 1985.（邦訳『キル・ジャップス！　ブル・ハルゼー提督の太平洋海戦史』Ｅ・Ｂ・ポッター著　秋山信雄訳　光人社　1991年）

——. *Nimitz*. Naval Institute Press, 1976.（邦訳『提督ニミッツ』Ｅ・Ｂ・ポッター著　南郷洋一郎訳　フジ出版社　1979年）

Potter, E. B., and Chester W. Nimitz. *The Great Sea War: The Story of Naval Action in World War II*. Englewood Cliffs, NJ: Prentice-Hall, 1960.（邦訳『ニミッツの太平洋海戦史』チェスター・Ｗ・ニミッツ／エルマー・ポッター著　実松譲・冨永謙吾訳　恒文社　1962年ほか）

Prados, John. *Storm over Leyte: The Philippine Invasion and the Destruction of the Japanese Navy*. New American Library, 2016.

Pyle, Ernie. *Last Chapter*. Henry Holt, 1946.（邦訳『最後の章』アーニイ・パイル著　瀧口修造訳　青磁社　1950年）

Radford, Arthur William, and Stephen Jurika. *From Pearl Harbor to Vietnam: The Memoirs of Admiral Arthur W. Radford*. Hoover Institution Press, 1980.

Radike, Floyd W. *Across the Dark Islands: The War in the Pacific*. Presidio Press/Ballantine, 2003.

Raines, James Orvill, and William M. McBride. *Good Night Officially: The Pacific War Letters of a Destroyer Sailor: The Letters of Yeoman James Orvill Raines*. Westview, 1994.

Reid, David. *The Brazen Age: New York City and the American Empire: Politics, Art, and Bohemia*. Pantheon Books, 2016.

Reilly, Michael F., and William J. Slocum. *Reilly of the White House*. Simon & Schuster, 1947.

Reischauer, E. O. *The Japanese*. Charles E. Tuttle Co., 1977.（邦訳『ザ・ジャパニーズ：日本人』エドウィン・Ｏ・ライシャワー著　国弘正雄訳　文藝春秋　1979年）

Reporting World War II. Part One: American Journalism 1938–1944; Part Two: American Journalism 1944–1946. New York: Literary Classics of the United States, 1995.

Reynolds, Clark G. *Admiral John H. Towers: Struggle for Naval Air Supremacy*. Naval Institute Press, 1992.

——. *The Fast Carriers: The Forging of an Air Navy*. Naval Institute Press, 2015.

——. *On the Warpath in the Pacific: Admiral Jocko Clark and the Fast Carriers*. Naval Institute Press, 2005.

Rhoades, Weldon E. *Flying MacArthur to Victory*. Texas A & M University Press, 1987.

Rhodes, Richard. *The Making of the Atomic Bomb*. Simon & Schuster, 1987.（邦訳『原子爆弾の誕生：科学と国際政治の世界史』リチャード・ローズ著　神沼二真・渋谷泰一訳　啓学出版　1993年ほか）

Richardson, K. D., and Paul Stillwell. *Reflections of Pearl Harbor: An Oral History of December 7, 1941*. Greenwood Publishing Group, 2005.

Rielly, Robin L. *Kamikazes, Corsairs and Picket Ships: Okinawa 1945*. Casemate, 2010.

Rigdon, William McKinley. *White House Sailor*. Doubleday, 1962.

Ritchie, Donald A. *Reporting from Washington: The History of the Washington Press Corps*. Oxford University Press, 2006.

Robinson, C. Snelling. *200,000 Miles Aboard the Destroyer Cotton*. Kent State University Press, 2000.

Roeder, George H. *The Censored War: American Visual Experience During World War II*. Yale University Press, 1995.

Rogers, Paul P. *The Good Years: MacArthur and Sutherland*. Praeger, 1990.

Romulo, Carlos P. *I See the Philippines Rise*. AMS Press, 1975.

Rosenau, James N. *The Roosevelt Treasury*. 1st ed. Garden City, NY: Doubleday, 1951.

Rosenman, Samuel Irving. *Working with Roosevelt*. Harper, 1952.

Ruhe, William J. *War in the Boats: My World War II Submarine Battles*. Brassey's, 2005.

Russell, Dale. *Hell Above, Deep Water Below*. Tillamook, OR: Bayocean Enterprises, 1995.

Russell, Ronald W. *No Right to Win: A Continuing Dialogue with Veterans of the Battle of Midway*. New York: iUniverse, Inc., 2006.

Rynn, Midori Yamanouchi., and Joseph L. Quinn. *Listen to the Voices from the Sea: Writings of the Fallen Japanese Students*. University of Scranton Press, 2000.（『きけわだつみのこえ　日本戦歿学生の手記』日本戦歿学生手記編集委員会編　東大協同組合出版部　1949年ほかの英訳）

Sakai, Saburo, with Martin Caidin and Fred Saito. *Samurai!* E. P. Dutton, 1956.（『大空のサムライ』坂井三郎著　光人社　1967年ほかの底本で、日本版にはない記述が見られる）

Sakaida, Henry. *Imperial Japanese Navy Aces, 1937–45*. Osprey Aerospace, 1998.（邦訳『日本海軍航空隊のエース 1937-1945』ヘンリー・サカイダ著　小林昇訳　大日本絵画　2000年）

Sawyer, L. A., and W. H. Mitchell. *The Liberty Ships: The History of the Emergency Type Cargo Ships Constructed in the United States During the Second World War*. Lloyds of London Press, 1985.

Schaller, Michael. *Douglas MacArthur: The Far Eastern General*. Oxford University Press, 1989.（邦訳『マッカーサーの時代』マイケル・シャラー著　豊島哲訳　恒文社　1996年）

Schratz, Paul R. *Submarine Commander: A Story of World War II and Korea*. Pocket Books, 1990.

Schultz, Robert, and James Shell. *We Were Pirates: A Torpedoman's Pacific War*. Naval Institute Press, 2009.

Scott, James. *Rampage: MacArthur, Yamashita, and the Battle of Manila*. W. W. Norton, 2018.

——. *The War Below: The Story of Three Submarines That Battled Japan*. Simon & Schuster, 2014.

Sears, David. *At War with the Wind: The Epic Struggle with Japan's World War II Suicide Bombers.* Citadel, 2009.

Sears, Stephen W. *Eyewitness to World War II: The Best of American Heritage.* Houghton Mifflin, 1991.

Sheftall, Mordecai G. *Blossoms in the Wind: Human Legacies of the Kamikaze.* NAL Caliber, 2006.

Shenk, Robert, ed. *Authors at Sea: Modern American Writers Remember Their Naval Service.* Naval Institute Press, 1997.

Sherman, Frederick C. *Combat Command: The American Aircraft Carriers in the Pacific War.* Dutton, 1950.

Sherrod, Robert. *On to Westward: War in the Central Pacific.* Duell, Sloan and Pearce, 1945.

Sherwood, Robert E. *Roosevelt and Hopkins: An Intimate History.* Harper & Brothers, 1948. （邦訳『ルーズヴェルトとホプキンズ』ロバート・シャーウッド著　村上光彦訳　みすず書房　1957年／未知谷　2015年）

Shillony, Ben-Ami. *Politics and Culture in Wartime Japan.* Oxford: Clarendon Press, 1981.（邦訳『Wartime Japan ユダヤ人天皇学者が見た独裁なき権力の日本的構造』ベン・アミー・シロニー著　古葉秀訳　五月書房　1991年）

Skulski, Janusz. *The Battleship Yamato.* Naval Institute Press, 1988.（邦訳『戦艦「大和」図面集』ヤヌス・シコルスキー著　原勝洋訳・監修　光人社　1998年）

Sledge, E. B. *With the Old Breed: At Peleliu and Okinawa.* Presidio Press, 1990.（抄訳『泥と炎の沖縄戦』Ｅ・Ｂ・スレッジ著　外間正四郎訳　琉球新報社　1991年）

Sloan, Bill. *Brotherhood of Heroes: The Marines at Peleliu, 1944: The Bloodiest Battle of the Pacific War.* Simon & Schuster, 2006.

——. *The Ultimate Battle: Okinawa 1945 — The Last Epic Struggle of World War II.* Simon & Schuster, 2009.

Smith, Holland M., and Percy Finch. *Coral and Brass.* Scribner, 1949.

Smith, Merriman. *Thank You, Mr. President: A White House Notebook.* Harper & Brothers, 1946.

Smith, Peter C. *Kamikaze: To Die for the Emperor.* Pen & Sword Aviation, 2014.

Smith, Rex Alan, and Gerald A. Meehl. *Pacific War Stories: In the Words of Those Who Survived.* Abbeville Press, 2011.

Smyth, Robert T. *Sea Stories.* iUniverse, 2004.

Solberg, Carl. *Decision and Dissent: With Halsey at Leyte Gulf.* Naval Institute Press, 1995. （邦訳『決断と異議　レイテ沖のアメリカ艦隊勝利の真相』カール・ソルバーグ著　高城肇訳　光人社　1999年）

Sommers, Sam. *Combat Carriers and My Brushes with History: World War II, 1939–1946.* Montgomery, AL: Black Belt, 1997.

Spector, Ronald H. *Eagle Against the Sun: The American War with Japan.* Free Press, 1984.（邦訳『鷲と太陽　太平洋戦争　勝利と敗北の全貌』ロナルド・Ｈ・スペクター著　　毎日新聞外信グループ訳　ＴＢＳブリタニカ　1985年）

Springer, Joseph A. *Inferno: The Epic Life and Death Struggle of the USS Franklin in World War II.* Voyageur Press, 2011.

Stafford, Edward Peary. *The Big E: The Story of the USS Enterprise.* Random House, 1962.（邦訳『空母エンタープライズ　THE BIG E』エドワード・Ｐ・スタッフォード著　井原裕司訳　元就出版社　2007年）

Starr, Kevin. *Embattled Dreams: California in War and Peace, 1940–1950.* Oxford University Press, 2002.

Stenbuck, Jack, ed. *Typewriter Battalion: Dramatic Frontline Dispatches from World War II*. W. Morrow, 1995.

Sterling, Forest. *Wake of the Wahoo*. Riverside, CA: R. A. Cline Publishing, 1999.

Stillwell, Paul, ed. *Air Raid, Pearl Harbor! Recollections of a Day of Infamy*. Naval Institute Press, 1981.

——. *Carrier War: Aviation Art of World War II*. Barnes & Noble, 2007.

Stimson, Henry L., and McGeorge Bundy. *On Active Service in Peace and War*. Harper & Brothers, 1947.（邦訳『ヘンリー・スティムソン回顧録』ヘンリー・L・スティムソン／マックジョージ・バンディ著 中沢志保・藤田怜史訳　国書刊行会　2017年）

St. John, John F. *Leyte Calling*. The Vanguard Press, 1945.

Stoff, Michael B., et al. *The Manhattan Project: A Documentary Introduction to the Atomic Age*. McGraw-Hill, 2000.

Stoler, Mark A. *Allies and Adversaries: The Joint Chiefs of Staff, the Grand Alliance, and U.S. Strategy in World War II*. Chapel Hill: University of North Carolina Press, 2000.

Straubel, James H. *Air Force Diary: 111 Stories from the Official Service Journal of the USAAF*. Simon & Schuster, 1947.

Sturma, Michael. *Surface and Destroy: The Submarine Gun War in the Pacific*. University Press of Kentucky, 2012.

Summers, Robert E., ed. *Wartime Censorship of Press and Radio*. H. W. Wilson Co., 1942.

Sweeney, Charles W. *War's End: An Eyewitness Account of America's Last Atomic Mission*. Avon Books, 1997.（邦訳『私はヒロシマ、ナガサキに原爆を投下した』チャールズ・W・スウィーニー著　黒田剛訳　原書房　2000年）

Takeyama, Michio. *The Scars of War: Tokyo During World War II: The Writings of Takeyama Michio*, ed. Richard H. Minear. Lanham, MD: Rowman & Littlefield, 2007.（竹山道雄「昭和十九年の一高」「終戦の頃のこと」「樅の木と薔薇」「きずあと」等をおさめる）

Tamayama, Kazuo, and John Nunneley. *Tales by Japanese Soldiers*. Cassell, 2001.（邦訳『日本兵のはなし　ビルマ戦線――戦場の真実』玉山和夫／ジョン・ナンネリー著　企業ＯＢペンクラブ訳　マネジメント社　2002年）

Tanaka, Toshiyuki, Yuki Tanaka, and Marilyn Blatt Young. *Bombing Civilians: A Twentieth-Century History*. New Press, 2010.

Tanaka, Yuki. *Hidden Horrors: Japanese War Crimes in World War II*. Routledge, 2019.

Taylor, Theodore. *The Magnificent Mitscher*. Naval Institute Press, 1991.

Terasaki, Gwen. *Bridge to the Sun*. Rock Creek Books, 2009.（邦訳『太陽にかける橋』グエン・テラサキ著　新田満里子訳　中央公論社　1982年）

Terkel, Studs, ed. *"The Good War": An Oral History of World War II*. New Press, 1984.（邦訳『よい戦争』スタッズ・ターケル著　中山容・他訳　晶文社　1985年）

Thomas, Evan. *Sea of Thunder: Four Commanders and the Last Great Naval Campaign, 1941–1945*. The Easton Press, 2008.（邦訳『レイテ沖海戦1944　日米四人の指揮官と艦隊決戦』エヴァン・トーマス著　平賀秀明訳　白水社　2008年）

Tillman, Barrett. *Whirlwind: The Air War Against Japan, 1942–1945*. Simon & Schuster, 2011.

Time-Life Books. *Japan at War / World War II*. Time-Life Books, 1980.

Toland, John. *The Rising Sun: The Decline and Fall of the Japanese Empire, 1936–1945*. Random House,

1970.（邦訳『大日本帝国の興亡』ジョン・トーランド著　毎日新聞社訳　ハヤカワ文庫　2015年ほか）

Tolischus, Otto David. *Through Japanese Eyes*. Reynal & Hitchcock, 1945.

Townsend, Hoppes, and Douglas Brinkley. *Driven Patriot: The Life and Times of James Forrestal*. Knopf, 1994.

Truman, Harry S. *Year of Decisions*. Doubleday, 1955.

Tully, Anthony P. *Battle of Surigao Strait*. Indiana University Press, 2014.

Tully, Grace. *F.D.R.: My Boss*. Charles Scribner's Sons, 1949.

Tuohy, Bill. *The Bravest Man: Richard O'Kane and the Amazing Submarine Adventures of the USS Tang*. Sutton, 2001.

Ugaki, Matome. *Fading Victory: The Diary of Admiral Matome Ugaki, 1941–1945*. Translated by Masataka Chihaya. University of Pittsburgh Press, 1991.（『戦藻録　大東亜戦争秘記』宇垣纏著　原書房　1968年の英訳）

Vernon, James W. *Hostile Sky: A Hellcat Flyer in World War II*. Naval Institute Press, 2014.

Veronico, Nick. *World War II Shipyards by the Bay*. Arcadia, 2007.

Victoria, Brian Daizen. *Zen at War*. Weatherhill, 1997.（邦訳『禅と戦争　禅仏教は戦争に協力したか』ブライアン・アンドルー・ヴィクトリア著　エイミー・ルィーズ・ツジモト訳　光人社　2001年ほか）

Wainwright, Jonathan M. *General Wainwright's Story*. Doubleday, 1946.

Walker, Lewis Midgley. *Ninety Day Wonder*. Harlo Press, 1989.

Wallace, Robert F. *From Dam Neck to Okinawa: A Memoir of Antiaircraft Training in World War II*. Washington: Naval Historical Center, Department of the Navy, 2001.

Wees, Marshall Paul, and Francis Beauchesne Thornton. *King-Doctor of Ulithi: The True Story of the Wartime Experiences of Marshall Paul Wees*. Macmillan, 1952.

Weinberg, Gerhard L. *A World at Arms: A Global History of World War II*. Cambridge University Press, 1994.

Weller, George, and Anthony Weller, ed. *First into Nagasaki: The Censored Eyewitness Dispatches on Post-Atomic Japan and Its Prisoners of War*. Three Rivers Press, 2007.（邦訳『ナガサキ昭和20年夏　GHQが封印した幻の潜入ルポ』ジョージ・ウェラー著　アンソニー・ウェラー編　小西紀嗣訳　毎日新聞社　2007年）

——. *Weller's War: A Legendary Foreign Correspondent's Saga of World War II on Five Continents*. Three Rivers Press, 2010.

Werneth, Ron, ed. *Beyond Pearl Harbor: The Untold Stories of Japan's Naval Airmen*. Atglen, PA: Schiffer Pub., 2008.

Wheeler, Post. *Dragon in the Dust*. Marcel Rodd Co., 1946.

White, Graham J. *FDR and the Press*. Univ. of Chicago Press, 1979.

Whitney, Courtney. *MacArthur: His Rendezvous with History*. Greenwood Press, 1977.（抄訳『日本におけるマッカーサー　彼はわれわれに何を残したか』コートニー・ホイットニー著　毎日新聞社外信部訳　毎日新聞社　1957年）

Willmott, H. P. *The Battle of Leyte Gulf: The Last Fleet Action*. Indiana University Press, 2005.

Winkler, Allan M. *Home Front U.S.A.: America During World War II*. Arlington Heights, IL: Harlan Davidson, 1986.

Woodward, C. Vann. *The Battle for Leyte Gulf*. Ballantine Books, 1957.

Wooldridge, E. T., ed. *Carrier Warfare in the Pacific: An Oral History Collection*. Smithsonian Institute Press, 1993.

Wray, Harry, et al. *Bridging the Atomic Divide: Debating Japan–US Attitudes on Hiroshima and Nagasaki*. Lexington Books, 2019.（『日本人の原爆投下論はこのままでよいのか　原爆投下をめぐる日米の初めての対話』ハリー・レイ／杉原誠四郎著　山本礼子訳　日新報道　2015年の英訳）

Wukovits, John F. *Admiral "Bull" Halsey: The Life and Wars of the Navy's Most Controversial Commander*. Palgrave Macmillan, 2010.

Yahara, Hiromichi. *The Battle for Okinawa*. John Wiley & Sons, 1995.（『沖縄決戦 高級参謀の手記』八原博通著　読売新聞社　1972年ほかの英訳）

Yamashita, Samuel Hideo. *Daily Life in Wartime Japan, 1940–1945*. University Press of Kansas, 2016.（「百姓日記」田中仁吾著〔『戦争中の暮しの記録』暮しの手帖編　暮しの手帖社　1969年に収録〕／『私の学徒動員日記』寺田美代子著　秋桜社出版サービス部製作　1995年／『特攻日誌』土田昭二著　林えいだい編　東方出版　2003年からの英訳抜粋をおさめる）

——, ed. *Leaves from an Autumn of Emergencies: Selections from the Wartime Diaries of Ordinary Japanese*. Honolulu: University of Hawaii Press, 2005.（「開戦からの日記」高橋愛子著〔昭和戦争文学全集14『市民の日記』集英社　1965年に収録〕／『辛酸』田村恒次郎著　岡光夫編集・解題　ミネルヴァ書房　1980年／『疎開学童の日記』中根美宝子著　中公新書　1965年／「終戦まで」吉沢久子著〔昭和戦争文学全集14『市民の日記』集英社　1965年に収録〕の英訳をおさめる）

Yoder, Robert M. *There's No Front like Home*. Hardpress Publishing, 2012.

Yokota, Yutaka. *Suicide Submarine!* Ballantine Books, 1962.（『人間魚雷生還す』横田寛著　鱒書房　1956年の英訳）

Yoshida, Mitsuru, and Richard H. Minear. *Requiem for Battleship Yamato*. Naval Institute Press, 1999.（『戦艦大和ノ最期』吉田満著　講談社文芸文庫　1994年ほかの英訳）

Yoshimura, Akira. *Battleship Musashi: The Making and Sinking of the World's Biggest Battleship*. Translated by Vincent Murphy. Kodansha International, 1999.（『戦艦武蔵』吉村昭著　新潮文庫　1978年ほかの英訳）

——. *Zero Fighter*. Westport, CT: Praeger, 1996.（『零式戦闘機』吉村昭著　新潮文庫　1971年ほかの英訳）

Zacharias, Ellis M. *Secret Missions: The Story of an Intelligence Officer*. Naval Institute Press, 2003.（邦訳『密使　米國の對日諜報活動』エリス・マーク・ザカリアス著　土居通夫訳　改造社　1951年／『日本との秘密戦』E・M・ザカリアス著　日刊労働通信社訳　朝日ソノラマ　1985年など）

Zich, Arthur, and the Editors of Time-Life Books. *The Rising Sun*. Alexandria, VA: Time-Life Books, 1977.（邦訳『真珠湾からミッドウェー』アーサー・ジッチ著　タイムライフブックス編集部編　渡辺育夫訳　タイムライフブックス　1979年）

記事

Anderson, George. "Nightmare in Ormoc Bay." *Sea Combat*. Accessed October 14, 2018. http://www.dd-692.com/nightmare.htm.

Associated Press, "Deadly WWII U.S. firebombing raids on Japanese cities largely ignored." https://www.japantimes.co.jp/news/2015/03/10.

——. "Tokyo Aides Weep as General Signs." September 2, 1945.

Bennett, Henry Stanley. "The Impact of Invasion and Occupation on the Civilians of Okinawa." *Naval Institute Proceedings*, Vol. 72, No. 516, February 1946.

Benoit, Patricia. "From Czechoslovakia to Life in Central Texas." *Temple Daily Telegram*, August 23, 2015.

Bradbury, Ellen, and Sandra Blakeslee. "The Harrowing Story of the Nagasaki Bombing Mission." *Bulletin of the Atomic Scientists*, August 4, 2015.

Ben Bradlee. "A Return." *The New Yorker*, October 2, 2006.

Brown, Wilson. "Aide to Four Presidents." *American Heritage*, February 1955.

Cosgrove, Ben. "V-J Day, 1945: A Nation Lets Loose." *Life*, August 1, 2014.

Davis, Captain H. F. D. "Building Major Combatant Ships in World War II." *Naval Institute Proceedings*, Vol. 73, No. 531, May 1947.

Delaney, Norman C. "Corpus Christi, University of the Air." *Naval History*, Vol. 27, No. 3, June 2013.

Delaplane, Stanton. "Victory Riot." In Hogan, William, and William German, eds. *The San Francisco Chronicle Reader*. McGraw-Hill Book Co., 1962.

De Seversky, Alexander P. "Victory Through Air Power!" *The American Mercury*, Vol. 54, February 1942.

"Dewey Refuses to Say Directly That Roosevelt Withheld Pacific Supplies." *The Courier-Journal* (Louisville, KY), September 15, 1944.

Eckelmeyer, Edward H. Jr. "The Story of the Self-Sealing Tank." *Naval Institute Proceedings*, Vol. 78, No. 4, May 1952.

Eller, Ernest M. "Swords into Plowshares: Some of Fleet Admiral Nimitz's Contributions to Peace." Fredericksburg, TX: Admiral Nimitz Foundation, 1986.

Ewing, William H. "Nimitz: Reflections on Pearl Harbor." Fredericksburg, TX: Admiral Nimitz Foundation, 1985.

Fedman, David, and Cary Karacas. "A Cartographic Fade to Black: Mapping the Destruction of Urban Japan During World War II." *Journal of Historical Geography*, Vol. 38, Issue 3, July 2012.

"General MacArthur's Instructions to Japanese on Occupation Landings." Reprinted in *New York Times*, August 23, 1945.

Goldsmith, Raymond W. "The Power of Victory: Munitions Output in World War II." *Military Affairs*, 10, No. 1, Spring 1946.

Guillain, Robert. "I Thought My Last Hour Had Come." *The Atlantic*, August 1980.

Hagen, Robert C., as told to Sidney Shalett. "We Asked for the Jap Fleet–and Got It." *The Saturday Evening Post*, May 26, 1945.

Halsey, Ashley Jr. "The CVL's Success Story." *Naval Institute Proceedings*, Vol. 72, No. 518, April 1946.

Halsey, William F. Jr. "The Battle for Leyte Gulf." *Naval Institute Proceedings*, Vol. 78/5/591, May 1952.

Hammer, Captain D. Harry. "Organized Confusion: Building the Base." *Naval Institute Proceedings*, Vol. 73, No. 530, April 1947.

Heinl, R. D. Jr. "Naval Gunfire: Scourge of the Beaches." *Naval Institute Proceedings*, Vol. 78, No. 4, May 1952.

Herbig, Katherine L. "American Strategic Deception in the Pacific: 1942–1944." In *Strategic and Operation-*

al Deception in the Second World War, ed. Michael I. Handel, 260–300. London: Cass, 1987.

Hessler, William H. "The Carrier Task Force in World War II." *Naval Institute Proceedings*, Vol. 71, No. 513, November 1945.

Holland, James. "The Battle for Okinawa: One Marine's Story." *BBC History Magazine* and *BBC World Histories Magazine*. Accessed May 2, 2019. https://www.historyextra.com/period/second-world-war/the-battle-for-okinawa-one-marines-story/.

Holloway, James L. III. "Second Salvo at Surigao Strait." *Naval History*, Vol. 24, No. 5, October 2010.

Hunt, Richard C. Drum. "Typhoons in the North Pacific." *Naval Institute Proceedings*, Vol. 72, No. 519, May 1946.

Jones, George E. "Intramuros a City of Utter Horror." *New York Times*, February 25, 1945.

Lamar, H. Arthur. "I Saw Stars." Fredericksburg, TX: The Admiral Nimitz Foundation, 1985.

Lardner, John. "D-Day, Iwo Jima." *The New Yorker*, March 17, 1945.

——. "Suicides and Bushwhackers." *The New Yorker*, May 19, 1945.

Laurence, William L. "Atomic Bombing of Nagasaki Told by Flight Member." *New York Times*, September 9, 1945.

Leary, William L., and Michie Hattori Bernstein. "Eyewitness to the Nagasaki Atomic Bomb." *World War II*, July/August 2005.

Liebling, A. J. "The A.P. Surrender." *The New Yorker*, May 12, 1945.

Mailer, Norman. "In the Ring: Life and Letters." *The New Yorker*, October 6, 2008.

Manchester, William. "The Bloodiest Battle of All." *New York Times*, June 14, 1987.

"Master Recording of Hirohito's War-End Speech Released in Digital Form." *The Japan Times*, August 1, 2015. (Includes English translation of the surrender rescript as it appeared in the newspaper on August 15, 1945.)

McCarten, John. "General MacArthur: Fact and Legend." *The American Mercury*, Vol. 58, No. 241, January 1944.

Morris, Frank D. "Our Unsung Admiral." *Collier's Weekly*, January 1, 1944.

Murrie, James I., and Naomi Jeffery Petersen. "Last Train Home." *American History*, February 2018. Adapted with permission from *Railroad History*, Spring–Summer 2015.

Mydans, Carl. "My God, It's Carl Mydans!" *Life*, February 19, 1945.

Nimitz, Chester W. "Some Thoughts to Live By." The Admiral Nimitz Foundation, Fredericksburg, TX, 1971.

Nolte, Carl. "The Dark Side of V-J Day." *San Francisco Chronicle*, August 15, 2005.

Ostrander, Colin. "Chaos at Shimonoseki." *Naval Institute Proceedings*, Vol. 73, No. 532, June 1947.

Petillo, Carol M. "Douglas MacArthur and Manuel Quezon: A Note on an Imperial Bond." *Pacific Historical Review*, Vol. 48, No. 1, Feb. 1979.

Portz, Matthew H. "Aviation Training and Expansion." *Naval Aviation News*, July–August 1990.

——. "Why Primary Flight Training?" *Naval Institute Proceedings*, Vol. 70, No. 496, June 1944.

Pratt, Fletcher. "Spruance: Picture of the Admiral." *Harper's Magazine*, August 1946.

Price, Bryon. "Governmental Censorship in War-Time." *The American Political Science Review*, Vol. 36, No. 5, October 1942.

Ralph, William W. "Improvised Destruction: Arnold, LeMay, and the Firebombing of Japan." *War in Histo-*

ry, Vol. 13, No. 4, October 2006.

Ryall, Julian. "Hiroshima Bomber Tasted Lead After Nuclear Blast, Rediscovered Enola Gay Recordings Reveal." *The Telegraph* (UK), August 6, 2018.

Say, Harold Bradley. "They Pioneered a Channel to Tokyo." *Naval Institute Proceedings*, Vol. 71, No. 513, November 1945.

Sears, David. "Wooden Boats at War: Surigao Strait." *World War II*, Vol. 28, issue No. 5, February 2014.

Selden, Mark. "A Forgotten Holocaust: U.S. Bombing Strategy, the Destruction of Japanese Cities and the American Way of War from World War II to Iraq." *Asia-Pacific Journal*, Vol. 5, No. 5, May 2, 2007.

Siemes, John A. "Eyewitness Account, Hiroshima, August 6, 1945," by Avalon Project, Yale Law School, Lillian Goldman Law Library. http://avalon.law.yale.edu.

Smith, Merriman. "Thank You, Mr. President!" *Life*, August 19, 1946.

Smith, Steven Trent. "Payback: Nine American Subs Avenge a Legend's Death." *World War II Magazine*, October 24, 2016.

Sprague, Rear Admiral C. A. F., U.S.N. "The Japs Had Us on the Ropes." *The American Magazin*e, Vol. 139, No. 4, April 1945.

Taoka, Eiko. "Testimony of Hatchobori Streetcar Survivors." The Atomic Archive. http://www.atomicarchive.com/Docs/Hibakusha/Hatchobori.shtml.

Trumbull, Robert. "All Out with Halsey!" *New York Times Magazine*, December 6, 1942.

Vandenberg, Arthur. "Why I Am for MacArthur." *Collier's Weekly*, February 12, 1944.

Vogel, Bertram. "Japan's Homeland Aerial Defense." *Naval Institute Proceedings*, Vol. 74, No. 540, February 1948.

Waba, Masako. "A Survivor's Harrowing Account of Nagasaki Bombing." *CBC News*, May 26, 2016. https://www.cbc.ca/news/world/nagasaki-atomic-bomb-survivor-transcript-1.3601606.

Waller, Willard. "Why Veterans Are Bitter." *The American Mercury*, August 1945.

Wellerstein, Alex. "Nagasaki: The Last Bomb." *The New Yorker*, August 7, 2015.

Whitney, Courtney. "Lifting Up a Beaten People." *Life*, August 22, 1955, p. 90.

Williams, Josette H. "Paths to Peace: The Information War in the Pacific, 1945." Center for the Study of Intelligence, CIA. Accessed November 4, 2018. https://www.cia.gov/library.

Williams, R. E. "You Can't Beat 'Em If You Can't Sink 'Em." *Naval Institute Proceedings*, Vol. 72, No. 517, March 1946.

Wylie, J. C. "Reflections on the War in the Pacific." *Naval Institute Proceedings*, Vol. 78, No. 4, May 1952.

訳者解説　壮大な交響曲の締めくくりにふさわしい最終章

一九四四年六月、日本連合艦隊は最新鋭空母大鳳をふくむ開戦以来最大規模の機動部隊を投入し、アメリカ海軍にたいして乾坤一擲の海空決戦、〈マリアナ沖海戦〉を挑んだ。しかし、すでにガダルカナル島をめぐる死闘で熟練搭乗員を失っていた日本側は、戦力とテクノロジーにおいて勝る米機動部隊に大敗する。そして、絶対国防圏の要となるマリアナ諸島のサイパン島が陥落し、ついに日本本土は超大型爆撃機Ｂ－29の攻撃圏内に入ることになった。

もはや日本にとって最後の望みは、フィリピンでアメリカ軍に一大決戦をいどむことのみ。フィリピンを失えば、旧オランダ領東インド（蘭印）の石油をはじめとする天然資源を日本本土に送る海上交通路が断たれることになる。それは資源国ではない日本にとって、軍事面だけではなく、国民生活にとっても、致命的な事態だった……。

『太平洋の試練　真珠湾からミッドウェイまで』で、真珠湾攻撃からミッドウェイ海戦までの日米海軍の激突をダイナミックに描きだし、日米の書評子から絶賛された海軍史家のイアン・Ｗ・トール。古典的名著や戦闘報告、公刊戦史、当時の手記、口述史など、さまざまな資料を駆使して、日米両方の視点から重層的に太平洋戦争を描く三部作の第二作『太平洋の試練　ガダルカナルからサイパン陥落まで』では、太平洋戦争の転換点となったガダルカナルの戦いから、戦争の主導権がしだいに連合軍側に移り、ついにマリアナ沖海戦で日本海軍が決定的な打撃をこうむって、本土防衛の要サイパンが陥落するまでを描いた。

　そして三部作の掉尾を飾るのが本書『太平洋の試練　レイテから終戦まで』だ。本書の第一章は意外にも、天下分け目の戦いであるレイテ決戦ではなくハワイにおける戦略会議の描写からはじまる。早期に、かつ少ない損害で戦争を終わらせるために最適な進撃路は、南西太平洋戦域司令官マッカーサー将軍の主張するフィリピン・ルソン島ルートか？　それとも、海軍のキング作戦部長が主張するように、ルソン島を飛び越えて台湾に侵攻するルートか？　激論の末、アメリカ軍指導部はフィリピン奪還作戦を選択するのだ。日本側の戦史では見すごされがちな戦略会議だが、著者は新資料も入手し、太平洋戦争でもっとも重要ともいえるこの会議の内幕を入念に描き出す。まさにディテールを積み重ねながら戦争の巨大な潮流へと読者を導く手法を得意とする著者の面目躍如といえよう。

　アメリカ統合参謀本部の計画立案部門は、一九四三年前半にすでに『日本の敗北のための戦略計画』を配布していた。その計画は、日本本土空襲の基地として、そしてアジアと日本本土の日本軍を撃破するための人的資源としての、中国の重要な役割を想定していた。そのためには、連合軍は中国本土に上陸する必要があるだろうし、台湾は大陸の正面ドアの錠前を開けるための鍵になると思われた。

　しかし、マッカーサーは、「きっと帰ってくる」と公言したフィリピンの奪還を主張。ニミッツ提督麾下の米海軍も、機動部隊司令官スプルーアンス提督以下、実施部隊の幕僚が、台湾ではなく硫黄島経由の沖縄ルートのほうが、攻略に必要とされる兵力規模の点で好ましいという考えにかたむいていた。その場合、フィリピンのルソン島攻略が、航空部隊の前進基地として、日本本土侵攻に必要となる。もしこのとき台湾が選ばれていれば、中国の体制をふくめ、戦後のアジアの秩序がどうなったのか、というテーマも興味深い。

こうしてはじまったフィリピン攻略戦の描写は本書上巻の大きな柱であり、なかでもハイライトといえるのが、「史上最大の海戦」ともいわれる、レイテ沖海戦だろう。

史上空前の米大機動部隊であるハルゼー麾下の第三十八機動部隊は、フィリピン攻略の前段階として一九四四年十月十日、沖縄を空襲、つづいて台湾の航空基地に航空撃滅戦を仕掛ける。これにたいし、日本陸海軍航空部隊は、台湾沖の米艦隊に大規模な反撃を敢行。生還した搭乗員たちは、空母十隻撃沈をはじめとする大戦果を報告する。日本国内は久々の大勝利の報に沸くが、その戦果報告はじつは大幅に水増しされていた。しかし、日本海軍指導部には、それでもフィリピンで戦わねばならない理由があった。

「海軍軍令部の中澤佑少将（訳註：軍令部第一部長）は、目に涙を浮かべながら、海軍のために答えた。彼は将軍の心遣いに感謝したが、『しかし帝国連合艦隊に死に場所を与えてもらいたい』と述べた。石油の不足と増大する敵の航空優勢のせいで、〈捷一号〉作戦計画は、艦隊が『死に場所を得』る、『最後の機会』だった。中澤はこう結んだ。『これが海軍の切なる願いだ』（中略）〈捷号〉作戦は事実上、海軍の〝バンザイ〟突撃だった。その語られざる目的は、日本艦隊が戦争の終わる前に最後にもう一度、りっぱに戦うことだった」（第四章）

一九四四年十月、米攻略艦隊がフィリピンのレイテ島に来襲。これを受けて、日本陸海軍首脳部は、フィリピン防衛作戦である〈捷一号〉作戦を発令する。それは勝利への一縷の望みをかけた戦いだったが、かつて威容を誇った連合艦隊にとって、死に場所をもとめる最後の戦いでもあったのだ。

連合艦隊は石油不足のため三方向に分かれ、栗田提督ひきいる第一遊撃部隊が中央から、そして西村提督ひきいる第二戦隊と志摩提督の第二遊撃部隊は南方から、レイテ湾の敵攻略艦隊と輸送船団を目指す。小沢提督ひきいる空母艦隊は、日本本土を出て、北方からフィリピンに接近するが、その空母はほとんど艦載機を持たず、米艦隊を引き寄せるための囮艦隊だった。

米艦隊はシブヤン海で栗田艦隊に熾烈な航空攻撃をかけ、超戦艦武蔵を撃沈。栗田提督の進軍を一時中止させる。スリガオ海峡では西村艦隊と志摩艦隊を迎え撃ち、砲雷戦でこれを撃滅する。しかし、日本の空母を撃破するという強迫観念に駆られたハルゼー提督は、ここで北方の小沢囮艦隊にひっかかるという、痛恨のミスを犯すのである。

すると栗田艦隊は反転して、ふたたび進軍を開始。ハルゼーの北上で防御が手薄になったマッカーサー麾下の米攻略艦隊の護衛空母群に襲いかかった。艦砲射撃でつぎつぎに炎上する米護衛空母群。まさに「天佑的戦機」が訪れた。しかし、栗田提督はレイテ湾を目の前にして、なぜか再度の反転を命じる。おかげで湾内の米攻略艦隊は攻撃をまぬがれた。

大惨事を回避できた米軍だが、もし攻略艦隊が大損害をこうむっていたら、太平洋戦域におけるマッカーサー将軍とニミッツ提督の二重指揮体制の問題がふたたび持ちだされ、大統領選を控えた米国内で政治問題化していたかもしれない。この失態はハルゼーの経歴に一生消えない汚点を残すことになった。

一方、出撃前に「国破れて艦隊残るも恥さらしであろう」と訓示し、死に場所を求めていたはずの栗田提督は、なぜ掌中にあった勝利を逃してまで反転、避退したのか。こうしたレイテの戦いの機微について、米国人である著者が日本の陸海軍の考え方の違いや、「恥」の観念についてまで考察していることは極めて興味深いし、第一部、第二部以上に作品全体に深みを増すことに成功しているといえるだろう。

台湾沖航空戦とレイテ沖海戦は、大本営から大勝利と発表された。連合艦隊がこの海戦で事実上壊滅したことは隠蔽された。そのため陸軍指導部はこの戦果を信じこみ、海軍に後れを取るなとばかり、山下奉文現地司令官の反対を押し切って、ルソン島防衛の方針を変更。レイテ島を決戦場と定めて、海上から精鋭部隊を逐次投入する。

しかし、台湾沖航空戦で多数の飛行機を失い、航空掩護を受けられない日本陸軍部隊は、ガダルカナルの二の舞だった。上陸時に空襲で重装備を失った兵士たちは、海上補給路を断たれ、しだいに追いつめられて、一九四四年十二月末、レイテの戦いは終わりを告げる。

陸海軍の連絡の欠如、情報分析の軽視、物資補給計画のずさんさ、戦力の逐次投入。まさに、ビジネス書のロングセラー『失敗の本質』が指摘する、ガダルカナルの戦いの要因の再現である。一方の米軍側は、当初、ミンダナオ島を先に攻略する予定だったが、ハルゼー提督は、現地からの情報と航空偵察の結果、レイテ島に日本軍がほとんどいないことを知るや、ただちに作戦変更を具申。ニミッツとマッカーサーの賛同を得て、全兵力をレイテ島攻略に振り向ける。

敗北に学ばず、同じ失敗をくりかえす日本軍指導部にくらべ、緒戦の敗北に学び、情報を活用して臨機応変に対応するアメリカ軍指導部の手腕には感心せざるを得ない。たいして日本は精神主義に陥り、敵を甘く見て、戦況を自分たちの都合のいいようにしか解釈しなかった。こうした軍指導部の驕りが敗北の大きな要因だったことも、膨大な証言によって説得力をもって語られてゆく。

上巻ではおおよそここまでが描かれるが、下巻に至り、いよいよ日本の戦局は絶望の度合いを増す。フィリピンの戦闘で、日本軍は敵を撃滅する一縷の望みを断たれた。以後、戦いはもっぱら、勝つためではなく日本本土決戦のための時間稼ぎが目的となる。そのためには、上陸地点で敵を撃退する水際防御戦術ではなく、内陸部に構築した蜂の巣陣地に立てこもって徹底抗戦する縦深防御戦術が適していた。米軍が本土空襲の重要な中継基地として目をつけた硫黄島でも、守備隊司令官の栗林忠道将軍は、海軍守備隊の反対を押し切って、地下に陣地を構築させる。

映画〈父親たちの星条旗〉、〈硫黄島からの手紙〉二部作でも描かれたように、この戦術で日本軍は一カ月以上抵抗を続けた。アメリカ海兵隊と海軍は上陸した人間の約三分の一にあたる二万四千五十三名の死傷者を強いられ、この小さな島にそれほどの犠牲をはらう必要があったのかと米国内で物議を醸したほどだった。

この作戦は最大規模の上陸戦となった沖縄の戦いでも用いられ、アメリカ軍は、太平洋戦争のあらゆる島々の地上戦中でももっとも激しく死に物狂いの戦闘を余儀なくされる。しかし、米海軍に太平洋戦争最悪の打撃を与えたとはいえ、沖縄の失陥は、日本にとって「指導者たちがすでに知っていることを確認したにすぎなかった――この戦争は負け戦で、彼らの敵は、自分たちの祖国を侵略し、征服する手段と意志を持っていることを」と著者は断じる。

もはや軍事的には決着がつき、いかに日本を降伏させるかをめぐる日本国内の工作と連合国との交渉が、本書の最後の読みどころである。やがて、広島と長崎に原子爆弾が投下され、ソ連軍が満州に侵攻して、ついに大日本帝国は、本書の原題でもある「神々の黄昏」を迎えることになる。

日本人とすれば、終戦の確たる展望もなく精神論でひたすら戦争をつづけようとする軍上層部の姿に歯がゆい思いをしつつ、圧倒的な劣勢のなかで、祖国や家族を守るために命を投げだす搭乗員や兵士たちの姿には心を打たれざるを得ない。その一方で、本書を読めば、圧倒的な兵力と物量にものをいわせて勝ち誇っていたかに思えるアメリカ側もまた、けっして楽な戦いをしていたわけではなく、硫黄島と沖縄の戦いや特攻機によって終戦まで大きな犠牲を強いられていたということがわかる。そして、戦争というものはいったん始まってしまえば、それを終わらせるのは、勝者にとっても敗者にとっても容易ではないということを、読者にあらためて気づかせてくれるのである。

前作のあとがきでも書いたが、太平洋戦争は、日米両国にとって、史上空前の資源と人命を投じ、国の命運をかけた大事業だった。「史上最大で、もっとも血なまぐさく、もっとも多くの代償をはらい、もっとも大きな技術革新をともない、もっとも兵站的に複雑な水陸両用作戦」であり、陸海空の連携なしでは勝つことはできなかった。まさに陸海空のオーケストラによるシンフォニーで、指揮者の力量が問われる戦いだった。

三部作の掉尾を飾る本書は、日本陸海軍が勝利の最後の希望を託したフィリピンの戦いから、硫黄島と沖縄の絶望的な戦い、そしてソ連参戦と原爆投下による終戦にいたる戦争最後の一年間の大きな流れを描きだす。その主旋律に、捨て身の特攻作戦で命を散らす若者たち、死に場所を求めて出撃する戦艦大和、焼夷弾空襲で逃げまどう市民たちの悲劇や、アメリカ国内の検閲体制、もみ消された人種暴動、そして帰還兵を迎えた厳しい現実などの知られざるエピソードを織りこむことで、太平洋戦争という壮大な交響曲を締めくくるのにふさわしい、重層的でドラマティックな最終章を奏でている。

《ウォールストリート・ジャーナル》のジョナサン・ジョーダンは本書について、「イアン・トールは、人類の叙事詩的悲劇のひとつを描いたみごとな最終章をつむぎだす。〔本書〕とその前二作は、太平洋戦争の戦史家にとって、ハードルを高くした」と評した。また、『白鯨との闘い』で全米図書賞を受賞した歴史作家のナサニエル・フィルブリックは、「わたしはイアン・トールの第一作 *Six Frigates* 以来のファンだが、彼の太平洋戦争三部作の完結篇は、彼をまったく別の次元に押し上げた。『太平洋の試練　レイテから終戦まで』は、冒頭から読者の心をつかんで、最後の最後まで離さない

──軍事史の叙事詩的大傑作である」と絶賛している。太平洋戦争三部作の最終巻にあたる本書は、第二部同様、《ニューヨーク・タイムズ》のベストセラー・リスト入りしている。

すでに『太平洋の試練』シリーズ第一部・第二部を読まれた方々はご存じだろうが、本書の著者であるイアン・W・トールの経歴を簡単にご紹介しよう。アメリカ東部ニューイングランドやロードアイランドの海で少年時代からセイリングに親しみ、帆船時代の船乗りたちに思いを馳せた経験を持つ。父親の仕事の関係で一九七八年に来日、東京都南麻布で五年間暮らし、インターナショナルスクールで中学時代を送った。太平洋戦争への関心を抱いたのはこのころだ。

一九八九年、ジョージタウン大学で米国史の学士号を得て、政界で補佐役やスピーチライターをつとめたのち、一九九五年にハーヴァード大学のケネディ行政大学院で公共政策学修士号を授与される。その後、連邦準備制度理事会やウォールストリートで五年間、アナリストをつとめる。

海軍史に本格的に関心を抱くようになったのは、一九九〇年代前半に、映画〈マスター・アンド・コマンダー〉で有名なイギリスの海洋作家パトリック・オブライアンの〈英国海軍の雄ジャック・オーブリー〉シリーズに触れたのがきっかけだった。二〇〇二年から、米国海軍草創期の歴史を作った六隻のフリゲート艦に焦点をあてたノンフィクション *Six Frigates: The Epic History of the Founding of the U.S. Navy* の取材と執筆に着手。二〇〇六年に刊行されたこの処女作はアメリカで絶賛され、サミュエル・エリオット・モリソン海軍文学賞、ウィリアム・E・コルビー賞を受賞し、《ニューヨーク・タイムズ》の「エディターズ・チョイス」の一冊にも選ばれた。

第二作で太平洋戦争を取り上げた理由は、アメリカにおける第二次世界大戦関係の書籍がヨーロッパ戦線にかたより、そして海戦より陸戦偏重であること。そして、当時は映画〈父親たちの星条旗〉

や〈硫黄島からの手紙〉、テレビのミニ・シリーズ、〈ザ・パシフィック〉の影響で、アメリカの若い世代は真珠湾攻撃を知っていても、太平洋戦争が陸戦主体の戦いだったという誤った印象を抱き、海戦のことはほとんど知られていない状況を変えたかったからだった。

太平洋戦争三部作の第一部となった『太平洋の試練　真珠湾からミッドウェイまで』は、米主要紙で大きな話題となり、一般ノンフィクション部門で北カリフォルニア図書賞を受賞した。《ウォールストリート・ジャーナル》は「われわれが負け犬だったとき」という見出しで、「展開が早くて、じつにおもしろく書かれた、迫真の物語」と賞賛した。また、《ニューヨーク・タイムズ》は、「太平洋戦争の最初の六カ月についての有益で入念に構築された歴史ノンフィクション……。トールは、戦争を詳細に物語ったり、高官や平の重要な人物を簡潔に描写することを得意としている」と評した。

第二部『太平洋の試練　ガダルカナルからサイパン陥落まで』も好評をもって迎えられ、《ニューヨーク・タイムズ》のベストセラー・リスト入り。同紙の「エディターズ・チョイス」の一冊にも選ばれた。また、《フィナンシャル・タイムズ》紙の編集長ライオネル・バーバーから、「二〇一六年の傑出した一冊」に選ばれ、「最高の軍事史書」と絶賛されている。

現在はニューヨークで家族と暮らし、執筆のかたわら、《ニューヨーク・タイムズ・ブック・レヴュー》に書評を寄稿したり、国防総省や海軍大学、海軍兵学校、国立第二次世界大戦博物館のような政府機関や博物館で講演を行なうほか、テレビやラジオでインタビューを受けている。二〇一九年には、USSコンスティテューション博物館よりその功績をたたえられ、同財団のサミュエル・エリオット・モリソン賞を授与された。

三部作を訳し終えてあらためて感じるのは、重要な海戦や陸戦、戦略会議のキモを、アメリカ側のみならず日本側の当時の戦闘報告や当事者の証言なども使って、あざやかに描きだす著者の手腕である。司令官や士官の視点だけでなく、戦争にいやおうなく巻きこまれた一介の兵士の声や、銃後の日米国民の嘆きまで丹念に拾い上げ、疑わしい通説には文献による証拠を提示して疑義を呈しながら、それでも細部に深入りしすぎて全体の流れを乱すことのない、絶妙のストーリーテリングなのである。レイテ沖海戦や大和の海上特攻などの個々の海戦や、フィリピンや硫黄島の戦い、沖縄の地上戦をそれぞれ深く掘り下げて分析した著作は数あれど、戦争全体の流れを日米両側の視点からとらえ、そのなかで個々の戦いを位置づける通史は希有である。太平洋戦争に関心のある読者はもとより、これから太平洋戦争について知りたいという方々にも、ぜひ読んでいただきたい所以である。

最後に、私事で恐縮ではありますが、スタート時には予想もできない九年越しの大事業となった『太平洋の試練』三部作の翻訳企画を最後まで無事完結に導いていただいた文藝春秋の歴代編集者諸氏と編集スタッフの方々に、そして訳者の問い合わせに快く応じてくれた著者トール氏に、この場を借りてお礼を申し上げます。

二〇二二年二月

著者

Ian W. Toll（イアン・トール）

ニューヨーク在住の海軍史家。2006年『*Six Frigates*』（『6隻のフリゲート艦　アメリカ海軍の誕生』／未訳）でデビュー。サミュエル・エリオット・モリソン賞、ウィリアム・E・コルビー賞を受賞する。太平洋戦争を日米両国の海軍の視点から調査する三部作を構想し、2012年の第一部『*Pacific Crucible*』（『太平洋の試練　真珠湾からミッドウェイまで』上下、文春文庫）、2015年の第二部『*The Conquering Tide*』（『太平洋の試練　ガダルカナルからサイパン陥落まで』上下、文春文庫）はいずれも高く評価されて、ニューヨーク・タイムズのベストセラーリストに。三部作の掉尾を飾る本書『*Twilight of the Gods*』（『太平洋の試練　レイテから終戦まで』上下）は執筆に5年を要し、史上最大の海の戦いの結末までを余すところなく描き切っている。

訳者

村上和久（むらかみ・かずひさ）

1962年、札幌生まれ。早稲田大学文学部卒。海外ミステリの編集者を経て翻訳家に。豊富な知識、緻密な調査で軍事もの、歴史ものの翻訳を得意とし、『太平洋の試練』三部作でも原史料を綿密にあたりながら、正確かつエレガントな訳業を見せている。主な訳書に『キリング・スクール　特殊戦狙撃手養成所』上下（ブランドン・ウェッブ他）、『ヴィジュアル版　世界特殊部隊大全』（リー・ネヴィル）、『航空機透視図百科図鑑』（ドナルド・ナイボール）、『武器ビジネス　マネーと戦争の「最前線」』上下（アンドルー・ファインスタイン、以上原書房）、『ケネディ暗殺　ウォーレン委員会50年目の証言』上下（フィリップ・シノン、文藝春秋）ほかがある。

DTP制作　言語社

TWILIGHT OF THE GODS
War in the Western Pacific, 1944-1945
Ian W. Toll

Printed in Japan

太平洋の試練
レイテから終戦まで 下

二〇二二年三月二十五日 第一刷

著 者 イアン・トール
訳 者 村上和久
発行者 花田朋子
発行所 株式会社文藝春秋
〒一〇二―八〇〇八
東京都千代田区紀尾井町三―二三
電話 〇三―三二六五―一二一一
印刷所 大日本印刷
製本所 大口製本

ISBN 978-4-16-391522-7

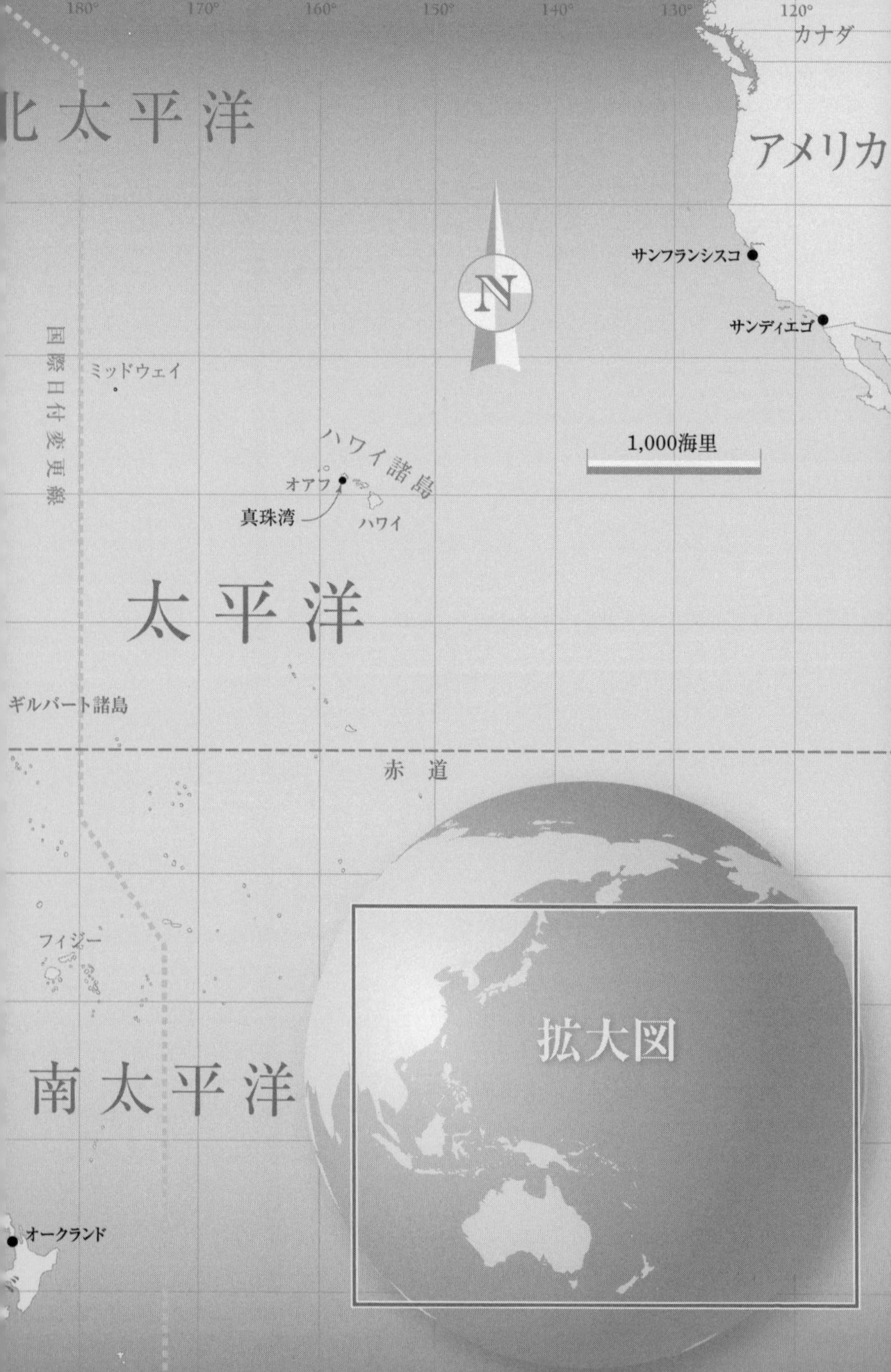

180°
170°
160°
150°
140°
130°
120°
カナダ
北太平洋
アメリカ
サンフランシスコ
N
サンディエゴ
国際日付変更線
ミッドウェイ
1,000海里
ハワイ諸島
オアフ
真珠湾
ハワイ
太平洋
ギルバート諸島
赤道
フィジー
拡大図
南太平洋
オークランド